"十二五"普通高等教育本科国家级规划教材

工业和信息化部"十四五"规划教材　　微机电系统工程系列教材

微机电系统

（第2版）

苑伟政　乔大勇　虞益挺　编著

西北工业大学出版社

西　安

【内容简介】 本书是在教育部对研究生推荐教材《微机械与微细加工技术》的基础上，结合微机电系统（MEMS）领域最新的研究成果编著而成的。全书分为6章，分别介绍了MEMS发展历程，MEMS理论基础，MEMS基本工艺技术，MEMS设计技术，以及典型微器件与微系统和微测试技术。在介绍微加工工艺方面，本书结合大量工艺实例，易于学生理解，有助于提高其动手能力；对各种典型微机电器件的介绍，大部分来源于实验室的课题研究实例，内容充实新颖。

本书可以作为高年级本科生和研究生学习微机电系统相关课程的教材，也可供工程技术等专业人员参考。

图书在版编目（CIP）数据

微机电系统 / 苑伟政，乔大勇，虞益挺编著. — 2版. — 西安 ：西北工业大学出版社，2021.6

ISBN 978-7-5612-7676-1

Ⅰ. ①微… Ⅱ. ①苑… ②乔… ③虞… Ⅲ. ①微机电系统-高等学校-教材 Ⅳ. ①TH-39

中国版本图书馆CIP数据核字(2021)第093636号

WEIJIDIAN XITONG

微 机 电 系 统

责任编辑：张 潼　　**策划编辑**：杨 军

责任校对：孙 倩　　**装帧设计**：李 飞

出版发行：西北工业大学出版社

通信地址：西安市友谊西路127号　　邮编：710072

电　　话：(029)88491757，88493844

网　　址：www.nwpup.com

印 刷 者：兴平市博闻印务有限公司

开　　本：787 mm×1 092 mm　1/16

印　　张：22.25

字　　数：584千字

版　　次：2011年3月第1版　2021年6月第2版　2021年6月第1次印刷

定　　价：69.00元

本书编委会

第 2 版前言

微机电系统(Micro Electromechanical System,MEMS)技术最早由理查德·费曼于 1959 年提出设想,是一门融合了微电子、微机械、微流体、微光学和微生物学等多种现代信息技术的新兴、交叉学科。美国 ADI 公司于 1993 年发布的微加速度计标志着 MEMS 第一次进入商业领域。经过数十年的发展,MEMS 技术已经实现了数字化、智能化和商业化,其产业规模快速增长,以润物细无声的方式进入人们的日常生活,并不动声色地改变着人们的生活方式。办公室投影仪中的数字投影装置,笔记本电脑中的硬盘碰撞保护系统,激光或喷墨打印机中的激光引擎或者喷墨头;智能手机的运动感应装置、麦克风、扬声器和摄像头防抖;家庭中的智能音箱、电子血压计,智能马桶;以及未来汽车中的激光雷达中全都已经引入了 MEMS 技术,它的发展已经对 21 世纪的人类生产和生活方式产生重要影响,并在未来高科技竞争中,也将起到举足轻重的作用。

我国的 MEMS 研究始于 20 世纪 90 年代初,起步较早,在学术研究和产业化方面取得了长足的进步,涌现出一大批研发水平较高的高校、研究所和市场份额较高的企业,已经出现专门向本科生开设的 MEMS 专业。本书第 1 版是普通高等教育"十二五"国家级规划教材,自 2011 年出版发行以来,已作为 MEMS 专业高年级本科生和研究生学习微机电系统的教材,以及学生实习的参考手册使用,获得一致好评。本次修订紧密结合 MEMS 领域发展动态,根据 MEMS 领域在材料、设计、工艺、典型器件与系统的最新发展,补充了大量 MEMS 领域最新研究成果,并对第 1 版的纰漏之处进行了更正。全书共分为六章,分别介绍 MEMS 发展历程,MEMS 理论基础,MEMS 设计技术,MEMS 工艺技术,MEMS 测试技术,以及典型微器件与微系统和微测试技术。

本书是在国家重点研发计划、国家自然科学基金等多年的支持下,在世界一流大学和一流学科建设所形成的 MEMS 制造条件辅助下完成的,在此对相关部门表示感谢。诸多老师结合自身的研究积累,承担了本书修订过程中诸多章节内容的增补工作,在此向叶芳、谢建兵、罗剑、陶凯、张瑞荣、马志波、吕湘连、袁广民、何洋、邓进军、常洪龙、冯慧成以及其他没有列出名字但付出了辛勤劳动的老师和同学表示感谢。

最后要特别说明的是,笔者有限的经验和知识不能详括包容万千的 MEMS 技术,书中不尽之处敬请谅解。

编著者

2021 年 3 月于西安

第 1 版前言

微机电系统(Micro Electromechanical Systems，MEMS)技术是一门融合了微电子、微机械、微流体、微光学和微生物学等多种现代信息技术的新兴、交叉学科，它正以润物细无声的方式进入人们的日常生活，并不动声色地改变着人们的生活方式。办公室投影仪中的 DLP 系统、笔记本电脑中的硬盘碰撞保护系统、喷墨打印机的喷墨头、随身携带的 iPhone 的运动感应、数码照相机和数码摄像机的防抖系统以及家庭影院系统等全都已经引入了 MEMS 技术，它的发展已经对 21 世纪的人类生产和生活方式产生重要影响，并在未来高科技竞争中将起到举足轻重的作用。

目前，国内研究 MEMS 的机构超过 100 家，有 500 多位专家学者和数千名研究生从事 MEMS 研究，并且已经出现专门向本科生开设的 MEMS 专业。而国内目前关于微机电系统方面的书籍多为国外专著的翻译版或影印版，比较偏重于微机电系统的某些特定领域或特定技术，用作研究生或本科生教材难度偏高，因而需要一本系统全面的入门教材。本书在教育部对研究生推荐教材《微机械与微细加工技术》的基础上，结合微机电系统领域最新的研究成果，深入浅出地讲授微器件的设计、制造、工艺、测试以及基础理论等方面内容。尤其是在介绍微加工工艺方面，本书结合大量工艺实例，易于理解，有助于提高学生的动手能力；对各种典型微机电器件的介绍，大部分来源于实验室的课题研究实例，内容充实新颖。本书可以作为高年级本科生和研究生学习微机电系统的教材使用，还可以作为学生实习的参考手册。

全书共分为 6 章，分别介绍 MEMS 发展历程，MEMS 理论基础，MEMS 基本工艺技术，MEMS 设计技术，以及典型微器件与微系统和微测试技术。

本书是在国家高技术研究计划(“863”计划)、国家自然科学基金等多年的支持下，在“985 工程”和“211 工程”建设所形成的 MEMS 制造条件辅助下完成的，在此对相关部门表示感谢。实验室许多老师和研究生做了大量研究工作，为本书的内容提供了帮助，在此向任森、虞益挺、马志波、梁庆、谢建兵、孙磊、姚贤旺、臧博、董鹏、高鹏、田力以及其他没有列出名字但付出了辛勤劳动的老师和同学表示感谢。

最后要特别说明的是，笔者有限的经验和知识不能详括包容万千的 MEMS 技术，书中不尽之处敬请谅解。

编著者

2010 年 12 月

目 录

第1章 绪　　论

1.1 微机电系统的定义

微机电系统(Micro Electromechanical Systems,MEMS)是指可批量制作的,集微机构、微传感器、微执行器以及信号处理和控制电路,乃至通信和电源等于一体的微型器件或机电系统。如图1.1所示,MEMS通过微传感器感知外界环境,通过处理器对环境信号进行处理和决断,然后通过微执行器对外界环境做出反应。部分MEMS还内置有通信组件,可以在不同的MEMS器件或系统间进行信息交互。不同于微电子电路,MEMS不仅能对电流的开、合进行控制,还能对外界的光、磁、热、流体、速度和温度等多种环境变量进行感知和操纵。

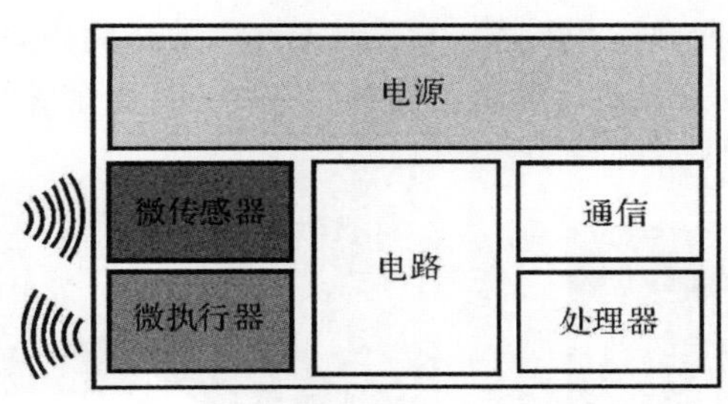

图1.1　微机电系统示意图

MEMS是随着半导体集成电路技术、微细加工技术和超精密机械加工技术的发展而发展起来的。MEMS技术的目标是通过系统的微型化、集成化来探索具有新原理、新功能的器件和系统,从而开辟一个新技术领域和产业。MEMS既可以深入狭窄空间完成大尺寸机电系统所不能完成的任务,又可以嵌入大尺寸系统中,把自动化、智能化和可靠性提高到一个全新的水平。21世纪MEMS将逐步从实验室走向实用化,对工农业、信息、环境、生物工程、医疗、空间技术、国防和科学发展产生重大影响。MEMS技术是一种典型的多学科交叉研究领域,几乎涉及如电子技术、机械技术、物理学、化学、生物医学、材料科学和能源科学等自然及工程科学的所有领域。MEMS具有微型化、集成化和批量生产等三个基本特征。

(1)微型化:MEMS器件体积小,其特征尺寸介于1 μm～10 mm之间,其在尺度体系中的位置如图1.2所示。小体积带来质量轻、耗能低、惯性小、谐振频率高(数千赫兹甚至数吉赫兹)和响应时间短等各方面的优势。

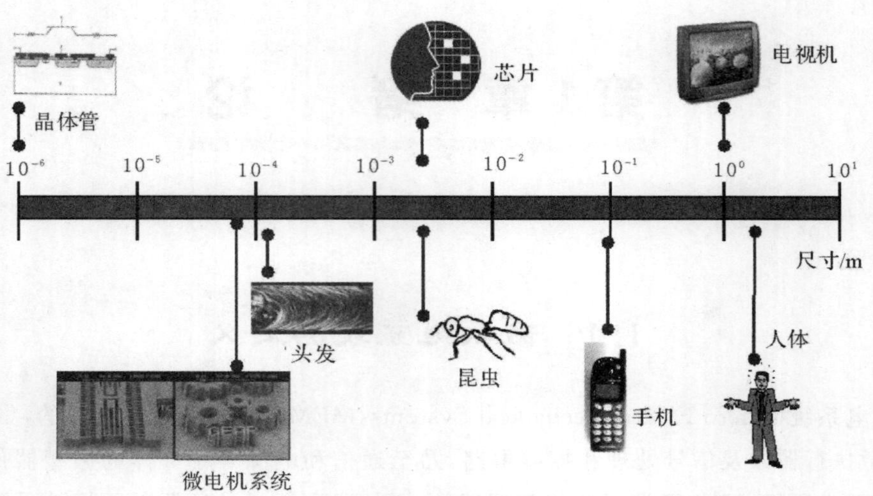

图 1.2　微机电系统的特征尺寸范围

(2)集成化:可以把不同功能、不同敏感方向或致动方向的多个传感器或执行器集成于一体,或形成微传感器阵列、微执行器阵列,甚至可以通过微电子工艺和微制造工艺的兼容化,实现传感器、执行器、信号处理和控制电路的单片集成,形成复杂的微系统。图 1.3 所示为由加州 Berkeley 大学研制的智能微尘系统[1],在不到 1 cm^3 的空间内集成了传感、通信、运算控制电路和电池等复杂的功能,能够大量散布于战场、桥梁和楼宇等场所,并通过各智能微尘间的通信和自协调形成监控网络。

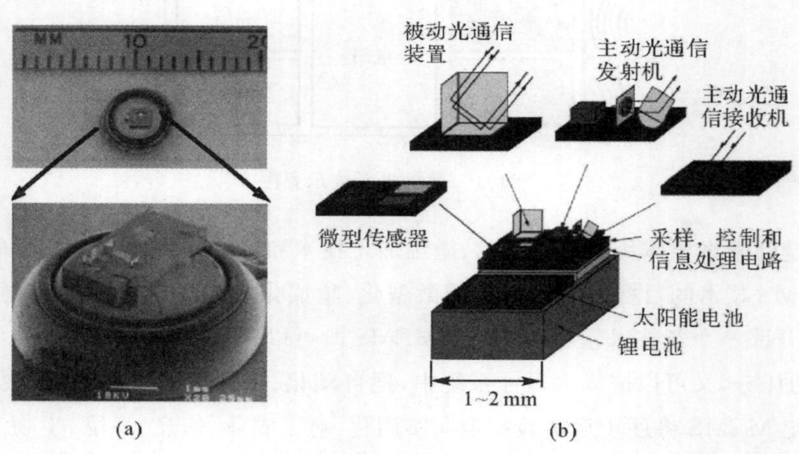

图 1.3　智能微尘(Smart Dust)

(a)实物图;　(b)原理图

(3)批量生产:用源于半导体工艺的微制造工艺在一片衬底上可同时批量制造成百上千个微型机电器件,从而大大降低生产成本。图 1.4(a)所示是采用表面牺牲层工艺制备的分立式微变形镜阵列,整个阵列是由大量的镜面单元组成的,所有的镜面单元都是经过相同的加工工艺一次加工而成的,单元的一致性好,成本低,而如果使用传统工艺制备,每个镜面单元需要分别制作并手工装配和测试,成本高昂。

图1.4(b)所示是采用KOH各向异性湿法腐蚀工艺制备的微针阵列，所有的微针是一次制成的，而如果采用传统超精密机械加工方法制备，其工作量则十分巨大。

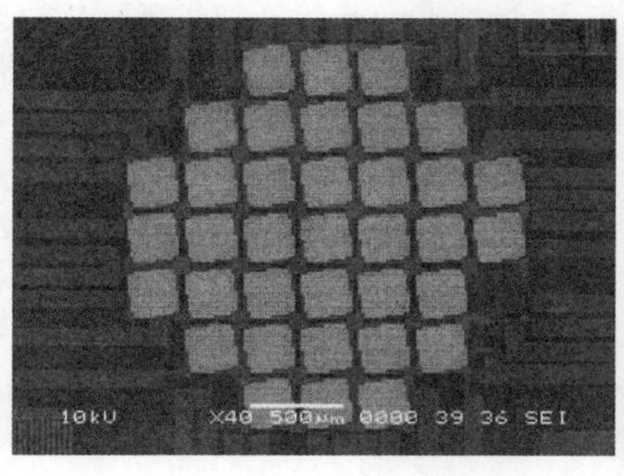

(a)

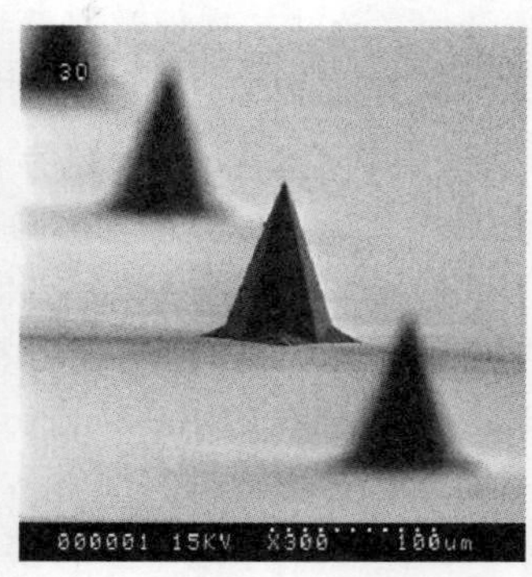

(b)

图1.4　微机电系统的批量化优势(西北工业大学)

(a)分立式微变形镜；(b)微针

1.2　微机电系统的发展历程

MEMS是伴随着微电子技术的发展而发展起来的，但其起源甚至可追溯到比微电子技术更早的年代。早在18世纪50年代，Andrew Gordon和Benjamin Franklin就建立了利用静电荷间的吸引力和排斥力进行驱动的静电马达，这比现在传统机电领域常用的电磁马达的出现还要早100年。

1824年，瑞典化学家Jons Jakob Berzelius在如图1.5所示的石英晶体中发现了质量含量占地球地表25.7%的硅(Si)，为微电子技术和MEMS技术的发展奠定了材料基础。

1926—1928年，Julius Lilienfield在他的专利中首次提出了场效应晶体管(Field Effect Transistor，FET)的结构和原理[2-4]，而贝尔实验室则在1947年利用半导体材料锗(Ge)研制出如图1.6所示的第一个晶体管，奠定了半导体产业的基石。

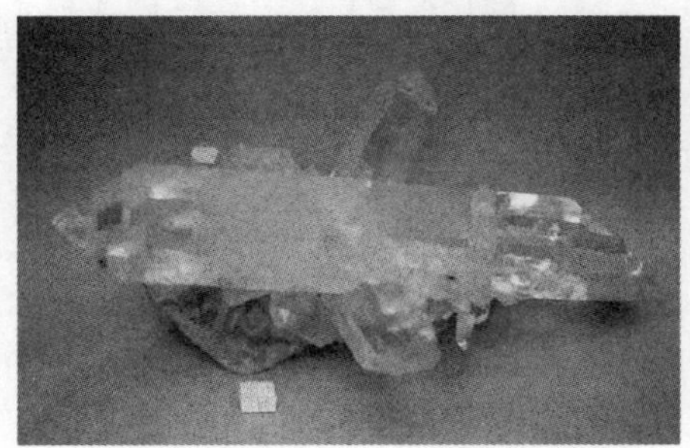

图1.5　石英晶体

图片来源于史密斯学会(Smithsonian Institution)

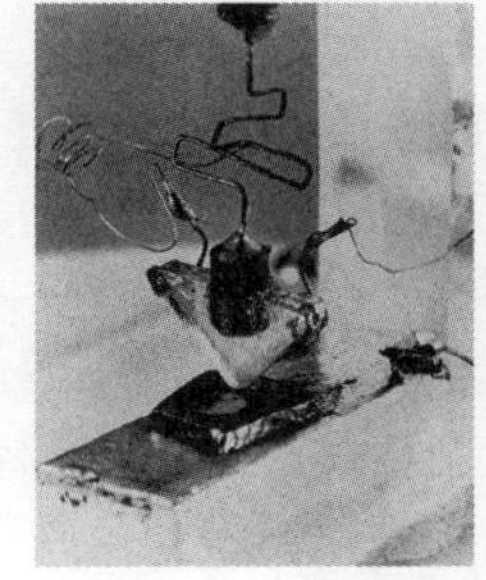

图1.6　第一个晶体管(AT&T)

1954年，贝尔实验室的Charles S. Smith发现了硅与锗的压阻效应[5]，即当有外力作用于半导体材料时，其电阻将明显发生变化，这为微型压力传感器的研制提供了理论基础。1956年，硅应变计成为商业化产品[6]，而美国 Kulite 公司则于 1961 年展示了第一个硅基压阻式压力传感器。1959 年，诺贝尔物理学奖获得者 Richard Feynman 在加州理工大学进行了其名为《底层大有可为》的著名演讲，预言制造技术将沿着从大到小的途径发展，即用大机器制造出小机器，用小机器又能制造出更小的机器，并许诺将给第一个研制出直径小于 1/64 in(1 in=2.54 cm)马达的人员 1 000 美元的奖励。

1967 年，Harvey C. Nathanson 在他的 *The Resonant Gate Transistor*[7]一文中提出了表面牺牲层工艺技术，并以金作为结构材料，制备出了具有高谐振频率(5 kHz)的悬臂梁结构。而加州大学 Berkeley 分校的 R. T. Howe 和 R. S. Muller 则在此基础上继续发展，于 1982年发表了以多晶硅作为结构材料来制备悬臂梁结构的表面牺牲层工艺[8]，所制备的微梁结构如图 1.7 所示，并于 1984 年进一步将多晶硅微梁结构与 NMOS 电路集成到一个芯片上。

1970 年，美国 Kulite 公司展示了其第一款硅基加速度计。1977 年，Stanford 大学展示了第一款电容式压力传感器。1979 年，第一个微喷墨打印头(Inkjet Nozzle)诞生。1980 年，Kurt E. Petersen 研发出第一款单晶硅材料的静电力驱动微扫描镜[9]。1982 年，Honeywell 研发出第一款抛弃型血压传感器(价格为 40 美元)。

1981 年，在 Boston 召开了第一届 Transducers 会议(固态传感器、执行器与微系统国际会议，International Conference on Solid - State Sensors, Actuators and Microsystems)，会议由葛文勋(Wen H. Ko)教授任大会主席。这是微技术研究领域的第一次专门性学术会议，也见证了华裔科学家在世界 MEMS 发展史上所做出的突出贡献。1982 年，IBM 的 Kurt E. Peterson 发布了其长达 38 页的 *Silicon as a Mechanical Material* 一文[10]，详细论述了硅作为机械结构材料的优良特性。同年，德国核能研究所提出了一种以高深宽比结构为特色的 LIGA(LIthographie Galvanoformung Abformtechnik，德文，中文名称为：同步 X 光光刻、微电铸成型)工艺，用于制造微齿轮等微型机械部件。采用 LIGA 工艺制备的高深宽比结构如图 1.8 所示。

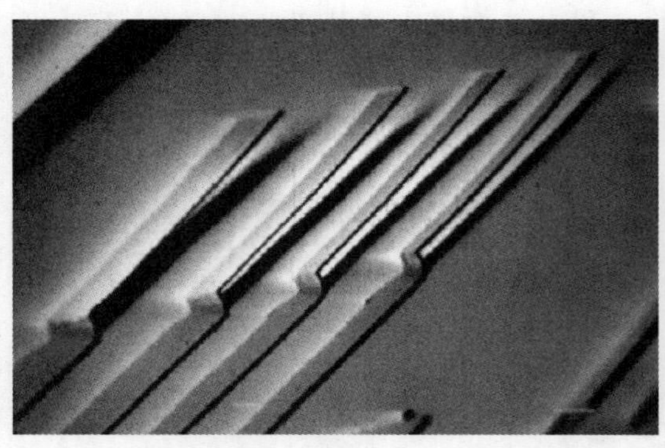

图 1.7　使用表面牺牲层工艺制备的多晶硅悬臂梁

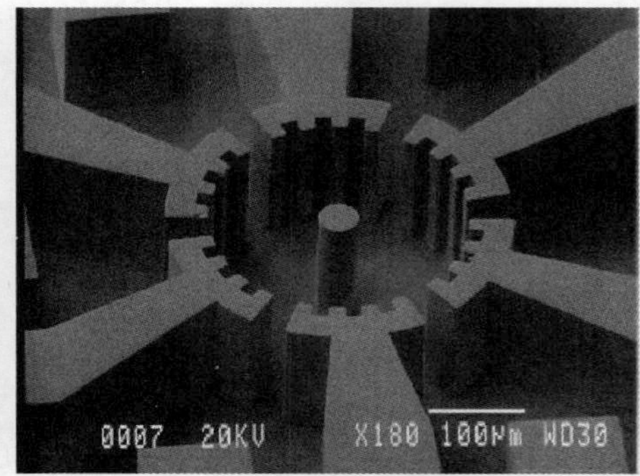

图 1.8　使用 LIGA 工艺制备的微结构

1987 年是具有里程碑意义的一年，MEMS 作为一个正式的名称在美国诞生，并吸纳了各个领域的专家和学者，开始蓬勃发展。同年，美国的 AD 公司开始了它的微加速度计项目。1988 年，加州大学 Berkeley 分校的 L. S. Fan, Y. C. Tai 和 R. S. Muller 首次研制出如图 1.9 所示的静电力驱动微型马达，将 Richard Feynman 的愿望在 29 年后变成现实。同年，美国Novasensor公司还使用硅-硅熔融键合技术实现了微压力传感器的量产。1988年，还召开了第一届IEEE MEMS国际会议，这个会议现在已经成为MEMS领域的国际顶级会议。

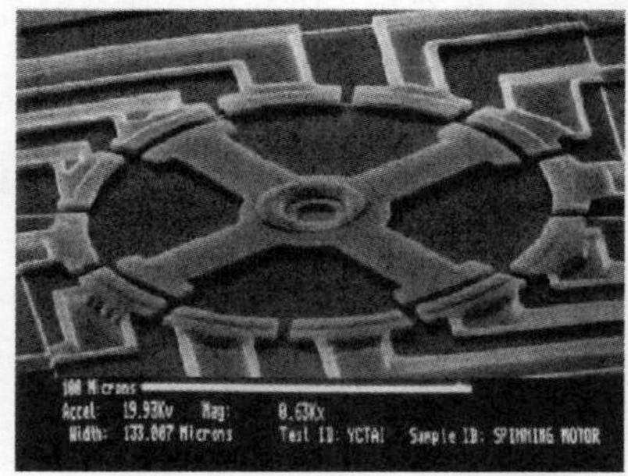

图1.9 静电力驱动微马达

1989年，加州大学Berkeley分校的William C. Tang，Tu－Cuong H. Nguyen，Michael W. Judy和Roger T. Howe等人研制出第一个梳齿式静电力驱动器[11]，如图1.10所示。

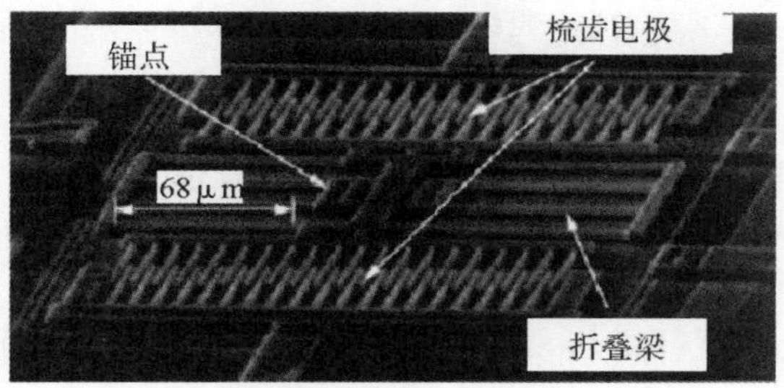

图1.10 梳齿式静电力驱动器

1991年，加州大学Berkeley分校的K. S. J. Pister，M. W. Judy，S. Burgett和R. Fearing研制出第一个多晶硅微铰链(Hinge)[12]，使得研制具有出平面变形的微机构成为可能。使用微铰链实现的出平面变形如图1.11所示。

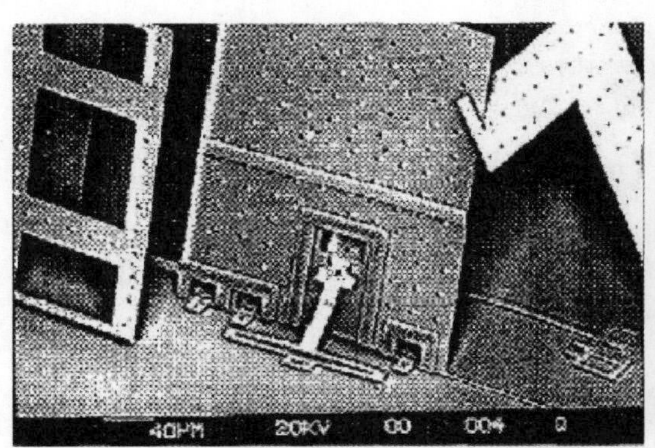

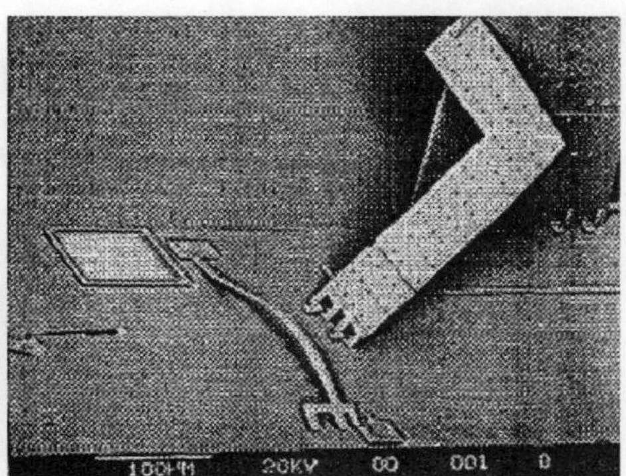

图1.11 使用多晶硅铰链实现微机构的出平面变形[13]

1992年，MIT的S. D. Senturia推出了第一个MEMS设计软件MEMCAD 1.0版。同年，MCNC公司引入加州大学Berkeley分校的工艺技术，推出了首个标准化的三层多晶硅表面牺牲层微制造工艺 MUMPs(Multi - User MEMS Processes),并对外提供代加工服务。使用 MUMPs 工艺制造的微铰链结构如图 1.12 所示。提供这个工艺的 Cronos 子公司 1999 年脱离 MCNC 公司,并于 2002 年加入 MEMSCAP 公司,现在由 MEMSCAP 公司提供 MUMPs 的加工服务。

图 1.12 使用 MUMPs 工艺实现的微铰链结构

图 1.13 使用 SCREAM 工艺制备的微驱动器阵列

1992 年,O. Solgaard, F. S. A. Sandejas 和 D. M. Bloom 研制出一种静电力控制的,工作带宽为 1.8 MHz,开关电压为 3.2 V 的可变光栅调制器(Deformable Grating Modulator)[14]。1993 年,第一个采用表面牺牲层工艺制造的微加速度计 ADXL50 开始商业销售,到 2002 年为止,主要的微惯性器件厂商(AD 和 Motorola 等)的年平均销售额达到 10 亿美元。1993 年,Cornell 大学发布了其 SCREAM(Single Crystal silicon Reactive Etch And Metal)工艺,可以制备单晶硅材料的悬空结构。使用此工艺制备的微驱动器阵列如图 1.13 所示。1993 年,美国 TI 公司的数字微镜装置(Digital Mirror Devices,DMD)研制成功,从此彻底改变了投影仪等视频装置的成像方式。1994 年,博世公司为它的深度反应离子刻蚀(Deep Reactive Ion Etching,DRIE)工艺申请专利,改变了只能依靠 KOH 各向异性湿法腐蚀工艺来制备硅基高深宽比微结构的现状,为微制造工艺技术又增添了一项利器。采用 DRIE 工艺制备的微结构如图 1.14 所示。

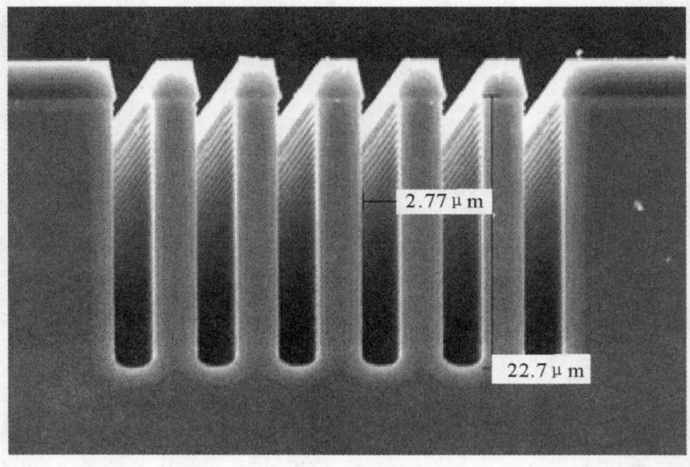

图 1.14 使用 DRIE 工艺在硅上刻蚀的高深宽比微槽(西北工业大学)

1995年，Intellisense也加入开发MEMS设计软件的行列，发布了其MEMS设计软件IntelliSuite。同年，MEMCAD发行2.0版本，并于1996年成立Microcosm公司，开始MEMCAD的商业销售，该公司2001年更名为Coventor公司，并将MEMCAD软件更名为CoventorWare，目前在MEMS设计软件市场上占据最大的份额。1998年，美国Sandia国家实验室出于军事用途的考虑，推出了5层多晶硅的SUMMiT(Sandia Ultra-planar, Multi-level MEMS Technology)工艺，能够为功能更加复杂的MEMS器件提供工艺服务。使用SUMMiT工艺制造的微结构如图1.15所示。1995年，除了微传感器和微执行器以外，生物MEMS器件也已经走向成熟。

(a)

(b)

图1.15 使用SUMMiT工艺制造的微结构(Sandia)

(a)安保机构密码锁； (b)“原木堆”结构

1998—2002年，光学MEMS器件成为热点，其中以Lucent公司研发的微光开关最具代表性，如图1.16所示。

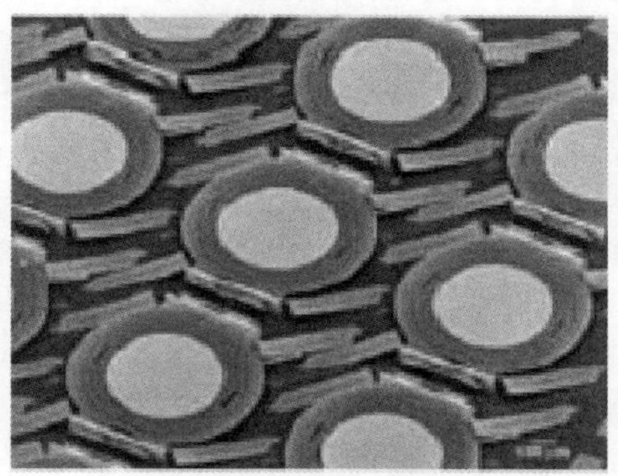

图1.16 Lucent公司研发的微光开关装置

2000年以后，MEMS向更广、更深高速发展，在声学MEMS、光学MEMS、生物MEMS和能源MEMS等许多领域出现了形形色色的微器件，出现了一大批从事MEMS产业化的国际化高新企业，已经基本形成一个比较独立的产业，完成了其从起源、发展到壮大的历史进程。近年来，国际上MEMS的专利数正呈指数规律增长，说明MEMS技术全面发展和产业快速起步的阶段已经到来。

1.3 微机电系统的主要研究内容

MEMS的研究内容一般可以归纳为基础理论研究、支撑技术研究和应用技术研究三个基本方面。

1.3.1 基础理论研究

在当前MEMS所能达到的尺度下,宏观世界基本的物理规律仍然起作用。但由于尺寸缩小带来的影响(Scaling Effects),许多物理现象与宏观世界有很大区别,因此许多原来的理论基础都会发生变化,如力的尺寸效应、微结构的表面效应、微观摩擦机理等,有必要对微动力学、微流体力学、微热力学、微摩擦学、微光学和微结构学进行深入的研究。这一方面的研究虽然受到重视,但难度较大,有相当数量的常规理论需要进行修正,往往需要多学科的学者进行基础研究。目前,MEMS的理论研究主要还是依赖经验和反复试验,微观尺度下完整的理论体系尚未建立,这已经严重地阻碍了MEMS技术的进一步发展。因此,微观尺度下的基础性理论研究仍然十分重要。

1.3.2 支撑技术研究

1.设计与仿真技术

建立符合MEMS多学科交叉和多物理域耦合特征的,能够支持MEMS器件的系统级、器件级和工艺级设计,能够满足不同工程背景设计者需要的MEMS设计方法和设计工具。

2.工艺标准化与集成技术

MEMS的多学科交叉特性导致了其器件种类和加工工艺的多样化。正在使用和处于研发状态的加工工艺有体硅湿法腐蚀工艺、表面牺牲层工艺、溶硅工艺、深槽反应离子刻蚀工艺、SCREAM工艺、LIGA工艺和其他一些微器件所独有的工艺等。MEMS加工工艺的多样化,导致MEMS无法像微电子行业那样将设计与制造独立开来。每个MEMS研究者都必须熟知MEMS从设计、制造、封装到测试的所有环节,各MEMS研究机构都针对自己的MEMS器件定制工艺,而特定MEMS器件的成熟工艺又无法为其他MEMS器件的加工提供支持,延长了MEMS器件的开发周期,加大了开发难度。制定一套或几套能够满足大多数MEMS器件加工需求的标准化工艺以提供商业化代工服务,并实现MEMS工艺与集成电路工艺的单片集成以解决微器件与外接电路间的寄生电容和电阻问题,对于提高MEMS器件的性能和缩短MEMS器件的研发周期非常重要。

3.封装技术

MEMS封装不仅像集成电路封装那样要保护芯片及与其互连的引线不受环境的影响,还要实现芯片与外界环境的能量交互,需要实现高气密性、高隔离度(固态隔离)和低应力,比微电子封装面临更多挑战,是MEMS器件失效的主要原因。对于一般MEMS器件来说,封装成本占到其总制造成本的80%,而对于特种MEMS器件(如高温压力传感器),这一比例则高达95%。MEMS封装腔体内可能需要真空、充氮、充油或其他特殊条件,其悬置结构在释放后容易在清洗和划片过程中损坏,发生黏附或沾染灰尘,需要在释放后马上封装或者将封装融合到其制造过程中。目前，MEMS器件主要采用芯片级封装，如图1.17(a)所示，属于先划片再释放，以避免划片过程中的芯片损坏。该封装无法充分发挥其批量化优势，所得到的成品尺寸较大，成本高。MEMS封装的发展方向是采用圆片级封装，如图1.17(b)所示，即先释放后封装。该封装能够完全实现批量化，所得到的成品较小，成本低。

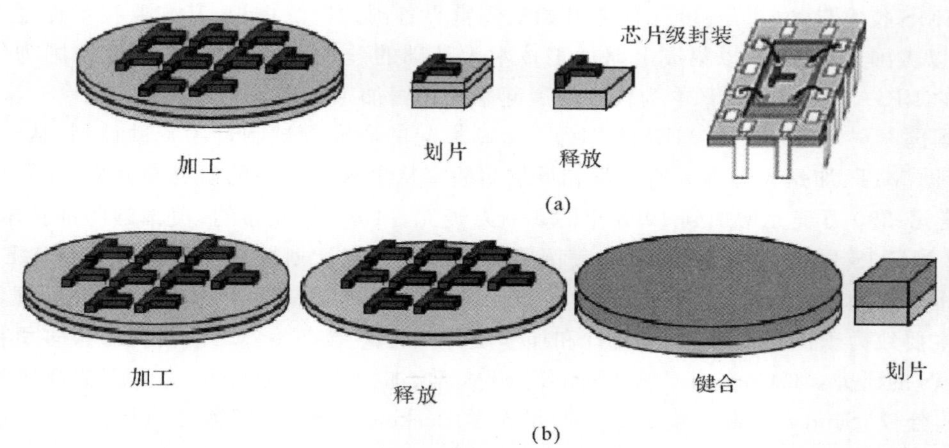

图1.17 两种MEMS器件封装形式

(a)芯片级封装； (b)圆片级封装

4. 测量与测试技术

MEMS使用由沉积、溅射、蒸镀、旋涂和外延等方法制备的薄膜材料制造机械结构，涉及更广范围的材料形态，受到晶向、晶粒、残余应力和尺寸效应的影响，其材料的力学特性相比宏观的块体材料有很大不同。同时，MEMS还涉及更高空间分辨率的图形传递，其几何参数和运动参数的测量和表征，对制备高质量、高可靠性和高重复性的微器件至关重要。鉴于MEMS器件本身的微小尺寸和高频特性，传统的压电、应变等接触式测量方法无法胜任，而扫描电子显微镜和原子力显微镜等微观测试设备也无法实现动态测试的要求。基于MEMS测试的复杂性和特殊性，开发新型的非接触式测量方法和仪器对MEMS至关重要。

1.3.3 应用技术研究

MEMS与不同的技术结合，产生了大量的新型微器件，主要有以下几大类：

(1)微传感器，包括机械类、磁学类、热学类、化学类、生物学类等，每一类中又包含很多种。例如机械类中又包括压力、应变、加速度、角速度和流量传感器，化学类中又包括气体成分、湿度和温度传感器等。

(2)微执行器，主要包括微马达、微齿轮、微泵、微阀、微喷、微麦克风、微位移台、微夹持器、微光开关和微镜阵列等。

(3)微构件，主要包括微膜、微梁、微针、微齿轮、微弹簧、微腔、微沟道、微轴和微连杆等。

MEMS研究者要研究各种微传感器、微执行器和微构件等MEMS分立器件，还要将MEMS技术与航空航天、信息通信、生物化学、医疗、自动控制、消费电子以及兵器等应用领域相结合。一方面利用MEMS的批量制造、低成本优势，发展普通商用低性能MEMS系统(如车用微加速度计)；另一方面利用MEMS的小体积、高谐振频率的优势，开发高性能特殊用途

(如航空、航天、军事用的谐振式微压力传感器)MEMS 系统。

1.4 微机电系统的国内外研究及产业化现状

MEMS 技术自 20 世纪 80 年代末开始受到世界各国的广泛重视,其主要技术途径有以下 3 种:①以美国为代表的、以集成电路加工技术为基础的硅基微加工技术;②以德国为代表发展起来的 LIGA 技术;③以日本为代表发展起来的精密加工技术。

美国国家科学基金会把 MEMS 作为一个新崛起的研究领域制订了资助计划,从 1989 年开始,资助 MIT、加州大学等 8 所大学和贝尔实验室从事这一领域的研究与开发,年资助额从 100 万美元、200 万美元增加到 1993 年的 500 万美元。1994 年发布的《美国国防部技术计划》报告,把 MEMS 列为关键技术项目。美国国防部高级研究计划局积极领导和支持 MEMS 的研究和军事应用,现已建成一条 MEMS 标准工艺线以促进新型元件/装置的研究与开发。美国工业主要致力于位移传感器、应变计和加速度计等传感器有关领域的研究。很多机构参加了 MEMS 的研究,如 Cornell 大学、Standford 大学、加州大学 Berkeley 分校、威斯康星大学 Madison 分校、Sandia 国家实验室等。加州大学 Berkeley 分校传感器和执行器中心(BSAC)得到国防部和十几家公司资助 1 500 万美元后,建立了 1 115 m^2 的 MEMS 研发超净实验室。

日本通产省 1991 年开始启动一项为期 10 年、耗资 250 亿日元的微型机器人研究计划,研制两台样机,一台用于医疗、进入人体进行诊断和微型手术,另一台用于工业,对飞机发动机和原子能设备的微小裂纹实施维修。该计划有筑波大学、东京工业大学、东北大学、早稻田大学和富士通研究所等数十家单位参加。

欧洲国家也相继对微型系统的研究开发进行了重点投资。德国自 1988 年开始微加工的 10 年计划项目,其科技部于 1990—1993 年拨款 4 万马克支持微系统计划研究,并把微系统列为 20 世纪初科技发展的重点。德国首创的 LIGA 工艺,为 MEMS 的发展提供了新的技术手段,并已成为三维结构制作的优选工艺。法国 1993 年启动 7 000 万法郎的微系统与技术项目。欧共体组成多功能微系统研究网络 NEXUS,联合协调 46 个研究所的研究。瑞士在其传统的钟表制造行业和小型精密机械工业的基础上也投入了 MEMS 的开发工作,1992 年投资为 1 000 万美元。英国政府也制订了纳米科学计划,在机械、光学、电子学等领域列出 8 个项目进行研究与开发。

MEMS 的产业化主要经历了以下 4 个发展阶段:

第一轮产业化浪潮始于 20 世纪 70 年代末 80 年代初。1987 年,加州大学 Berkeley 分校发明了基于表面牺牲层技术的微马达,引起国际学术界的轰动。人们看到了电路与执行部件集成制作的可能性。1988 年,美国的一批著名科学家提出"小机器、大机遇",并呼吁美国应当在这一重大领域发展中走在世界的前列。这一时期的 MEMS 产品主要为微型压力传感器。

第二轮产业化出现于 20 世纪 90 年代,主要围绕着 PC 和信息技术的兴起。1993 年,美国 AD 公司将微型加速度计商品化,并大批量应用于汽车防撞气囊。同年,美国 TI 公司的数字微镜装置研制成功,从此彻底改变投影仪等视频装置的成像方式。而此期间推出的热式喷墨打印头现在仍然大行其道。这一时期出现的深度反应离子刻蚀技术以及围绕该技术发展的多种新型加工工艺极大地推动了 MEMS 技术的发展。

第三轮产业化出现在 20 世纪末 21 世纪初。美国 Lucent 公司开发出基于 MEMS 光开关的路由器、全光开关及相关器件，从而成为光纤通信的补充。这个阶段，AD的MEMS部门开始赢利。2002年，AD的MEMS器件销售额超过1亿美元，但绝大部分仍来自汽车领域的安全气囊、倾翻检测、导航、汽车报警和车辆动态控制系统等，其他应用仍显得零星。

第四轮产业化出现在2006年以后。在这个阶段，MEMS在汽车方面的应用继续推动市场，然而，其增长的真正驱动力转向手机、游戏系统和体育应用方面的消费品市场。2006年，随着任天堂Wii和索尼PS3等新一代游戏机开始采用MEMS加速计，MEMS产业终于打破了过去10多年来依赖于汽车应用的宿命，ST，AD和Avago公司2006年、2007年的增长率都超过了20%。Knowles和Avago分别以其在MEMS硅麦克风和FBAR(薄膜腔声波谐振滤波器，Film Bulk Acoustic Resonator)器件的表现成为MEMS全球30强中增长最快的两家公司，与2007年相比其增长速率都超过35%。MEMS全球30强2007年的销售额达到56亿美元，占MEMS总市场的80%，而在2010年，MEMS全球销售额达到99亿美元。

我国MEMS的研究始于20世纪90年代初，起步并不晚，在“八五”“九五”期间得到了科技部、教育部、中国科学院、国家自然科学基金委和原国防科工委的支持。国家自然科学基金委早在1986年正式成立之初就开始资助MEMS方面的研究(如：686760005，鲍敏杭，复旦大学，横向压阻压力传感器件的电极短路效应研究，2.5万元)，在过去的约20年中，资助项目852项，资助金额合计1.8亿元人民币，涉及机械、信息、物理、化学、材料和生物等多个学科，主要研究领域包括：微纳加工技术、微纳设计技术、微流控技术、微纳传感器与执行器及其系统应用等。科技部的973项目和863项目在2002—2005年间，投入MEMS领域的总经费达2亿元人民币。

经过近20年的发展，我国在多种微型传感器、微型执行器和若干微系统样机等方面已有一定的基础和技术储备，初步形成了以下几个MEMS研究力量比较集中的地区：

(1)东北地区，包括信息产业部电子49所、哈尔滨工业大学、中科院长春光机所、大连理工大学、东北大学和沈阳仪器仪表工艺研究所等；

(2)京津地区，包括北京大学、清华大学、中科院电子所、声学所、力学所、化学所、北京理工大学、天津大学、南开大学、信息产业部电子13所、中北大学等；

(3)西北地区，包括西北工业大学、西安交通大学、航空618所、航天771所、兵器212所、兵器213所、西安工业大学、西安电子科技大学等；

(4)西南地区，包括重庆大学、四川大学、成都电子科技大学、绵阳九院、中科院成都光电所、信息产业部电子24所、44所和26所等；

(5)华东地区，包括中科院上海微系统与信息技术研究所、南京中电55所、华中科技大学、中国科技大学、上海交通大学、复旦大学、上海大学、东南大学、浙江大学、厦门大学、台湾大学、台湾“清华大学”、“台湾交通大学”、成功大学、香港科技大学和香港中文大学等。

这些因地域而组成的研究集群，已形成彼此协作、互为补充的关系，为我国的MEMS研究打下了良好的基础。全国超过100家高校和研究院所从事MEMS研究，并出现了北京大学微电子所、石家庄中电13所、中科院上海微系统所、南京中电55所、西北工业大学微/纳米系统实验室、西安交通大学、厦门大学萨本栋微机电研究中心、大连理工大学微系统中心、重庆大学微系统研究中心等10多家具备MEMS加工能力，能够辐射周边地区，提供对外加工服务的研究机构。

国内外在各个领域所出现的MEMS高新企业见表1.1。

表 1.1　国内外 MEMS 相关企业

行　业	国　外		国　内	
	企业名称	LOGO	企业名称	LOGO
惯性传感	美国 AD 公司	ANALOG DEVICES	美新半导体	MEMSIC
	霍尼韦尔公司	Honeywell		
	飞思卡尔半导体	freescale 飞思卡尔半导体		
	美国 Kionix 公司	Kionix		
	意法半导体	ST		
	日本 OKI 半导体	OKI Open up your dreams		
声学	楼氏电子		歌尔声学	歌尔声学 GoerTek Inc.
	英飞凌	infineon 英飞凌		
	AKUSTICA	AKUSTICA		
	丹麦声扬公司	SONION		
生物	MICROCHIPS	MicroCHIPS	博奥生物有限公司	博奥生物 CapitalBio
	美国 Cardiomems 医疗器械公司	cardiomems	重庆金山科技	
光学	TI(德州仪器)	Texas Instruments	无	
	索尼公司	SONY		
	Lucent(朗讯公司)	Lucent Technologies		
设计工具	COVENTOR	COVENTOR	江苏英特神斯科技有限公司	
商业化代工服务	法国 MEMSCAP 公司	MEMSCAP The Power of a Small World	亚太优势微系统股份有限公司(台湾)	apm
	美国 IMT	imt		
喷墨打印头	惠普	hp	无	
谐振器	美国 AVAGO(安华)高科技	AVAGO TECHNOLOGIES	无	
传感器	通用电气	GE Sensing	北京青鸟元芯微系统科技有限责任公司	ifeel 青鸟元芯
	德国博世	BOSCH		
无线通信	欧姆龙	OMRON Sensing tomorrow	深圳市远望谷信息技术股份有限公司	远望谷

习题与思考题

1. MEMS技术从诞生到蓬勃发展，是按照一个什么样的路线逐步演进的？请进行思考和总结。

2. 请阐述芯片级封装和圆片级封装分别有什么特点和优缺点。

3. 从MEMS的4个产业化发展阶段我们可以总结出什么样的特点和规律？

4. 进入2010年以后，中国的MEMS技术蓬勃发展，在声学、光学、惯性和压力等产品领域涌现出一批知名的中国企业，请通过文献检索和阅读市场调研报告，列出至少4家中国MEMS企业及其典型产品特征。

参考文献

[1] WARNEKE B, LAST M, LIEBOWITZ B, et al. Smart Dust: Communicating with A Cubic - Millimeter Computer[J]. Computer, 2001, 34(1): 44 - 51.

[2] EDGAR L J. Method and Apparatus for Controlling Electric Currents: U. S. Patent 1 745 175[P]. 1930 - 1 - 28.

[3] EDGAR L J. Device for Controlling Electric Current: U. S. Patent 1 900 018[P]. 1933 -03 - 07.

[4] EDGAR L J. Amplifier for Electric Currents: U. S. Patent 1 877 140[P]. 1932 - 09 - 13.

[5] CHARLES S S. Piezoresistive Effect in Germanium and Silicon [J]. Physical Review, 1954, 94(1): 42 - 49.

[6] HIGSON G R. Recent Advances in Strain Gauges[J]. J Sci Instrum, 1964, 41: 405 - 414.

[7] NATHANSON H C, NEWELL W E, WICKSTROM R A, et al. The Resonant Gate Transistor[J]. IEEE Trans on Electorn Devices, 1967, ED - 14: 117.

[8] HOWE R T, MULLER R S. Polycrystalline Silicon Micromechanical Beams[J]. Journal of the Electrochemical Society, 1983, 130(6): 1420.

[9] PETERSEN K E. Silicon Torsional Scanning Mirror[J]. IBM Journal of Research and Development, 1980, 24(5): 631 - 637.

[10] PETERSEN K E. Silicon as a Mechanical Material[J]. Proceedings of the IEEE, 1982, 70(5): 420 - 457.

[11] TANG W C, NGUYEN T C H, JUDY M W, et al. Electrostatic - comb Drive of Lateral Polysilicon Resonators[J]. Sensors and Actuators A: Physical, 1990, 21(1 - 3): 328 - 331.

[12] PISTER K S J, JUDY M W, BURGETT S R, et al. Microfabricated Hinges[J]. Sensors and Actuators A: Physical, 1992, 33(3): 249 - 256.

[13] CHU P B, NELSON P R, TACHIKI M L, et al. Dynamics of Polysilicon Parallel - plate Electrostatic Actuators[J]. Sensors and Actuators A: Physical, 1996, 52(1 - 3): 216 - 220.

[14] SOLGAARD O, SANDEJAS F S A, BLOOM D M. Deformable Grating Optical Modulator[J]. Optics Letters, 1992, 17(9): 688 - 690.

第 2 章　微机电系统理论基础

2.1 尺度效应

所谓“微尺度”并没有严格的界定，只是一个相对大小的概念。随着研究对象的不同，出现微尺度效应的尺寸范围也不相同。通常所指的微尺度是跨越原子到微米尺度，介于 1 nm～100 μm 的宽广范围[1]。

MEMS 器件尺度的缩小带来很多传统宏观器件所无法比拟的优势，能够实现许多传统宏观系统所无法实现的新功能。但需要指出的是，并不是所有的微尺度特性都是有益处的，很多微尺度效应在给传统学科带来巨大变革的同时，也给人类的科技进步造成了很大的困难。任何一个方面的尺度特性都有可能是可制造性和经济可行性上的一个难以逾越的障碍，导致现有对宏观现象研究的结果和设计经验无法直接地运用到微观的场合。因此，很好地理解微尺度特性对微系统的全局设计、材料选择以及制造工艺的影响是微机电系统的设计过程中必须考虑的问题，这也决定了微机电系统设计与传统宏观机电系统设计的主要不同。本节主要介绍一些可供选择的尺度规律，使微机电设计者对于哪些微型化是有益的，哪些微型化是无益的，甚至是无法实现的，有一个基本的概念。

对于一个边长为 L 的正方体，其表面积 S 与 L 的二次方成正比，即

$$S \propto L^2 \tag{2.1}$$

其体积 V 与 L 的三次方成正比，即

$$V \propto L^3 \tag{2.2}$$

那么表面积与体积的关系为

$$S \propto V^{2/3} = V^{0.67} \tag{2.3}$$

从式(2.3)可以看出，当一个物体的体积缩小时，其表面积并不是等比例缩小，而是以体积的 2/3 次方缩小，即表面积缩小的速度远落后于体积的缩小速度。

如图 2.1 所示，对于一个边长为 1 的正方体，当边长缩小为原来的 1/100 时，其体积缩小为原来的 1/1 000 000，而表面积则仅缩小为原来的 1/10 000，其表面积与体积之比由原来的 1 增大为 100，与表面积有关的力学特性要取代与体积有关的力学特性，或者说与特征尺寸的低次方成正比的物理特性要取代与特征尺寸的高次方成正比的物理特性，这成为决定物体微观表现的主导因素。

对于一个特征尺寸为 L 的对象，其各种物理特性与特征尺寸之间的关系见表 2.1。

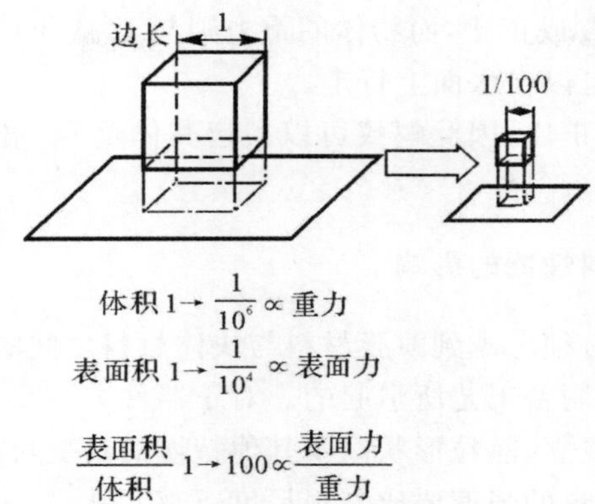

图 2.1　尺寸缩小时体积力和表面力缩小的情况

表 2.1　物理特性与特征尺寸之间的关系

机械特性	与 L 的关系
重力	L^3
黏附力	L^2
摩擦力	L^3（宏观），L^2（微观）
表面张力	L
静电力	L^2
电磁力	L^4
动能	L^3（速度恒定），L^5（速度～L）
重力势能	L^3（高度恒定），L^4（高度～L）
弹性势能	L^2
弹簧回复力	L
弹簧谐振频率	$L^{-3/2}$
弹簧谐振周期	$L^{3/2}$
转动惯量	L^5
强度	L^2
跳跃高度	L^0
游动速度	$L^{1/2}$
飞行速度	$L^{1/2}$

在自然界中可以找到很多和尺度效应有关的自然现象，比较常见的有以下几种：

(1)动物的食物摄入量与 L^3 成正比，而热量流失则与 L^2 成正比，越小的动物其热量流失越严重，越小的动物就需要花更多的时间进食。

(2)动物的水分流失与 L^2 成正比，故干燥环境下动物体积的下限是 25～30 cm^3，再小则无法保留保持其生存所需要的水分。

(3)动物能够跳起的高度与 L^0 成正比（即与特征尺寸无关），故不同大小的动物所能跳起的高度基本相同。身长只有 2～5 mm 长的跳蚤，一次可以跳 20 mm 高，30 mm 远，与人类所能跳到的高度处于同一数量级。

(4)液体的表面张力与 L 成正比,而物体的重力则与 L^3 成正比,因此硬币可以靠液体的表面张力浮在水面上,水黾则可以在水面上行走。

(5)物体的强度与 L^2 成正比,因此蚂蚁可以搬运其体重 50 倍的重物,而人类则只能举起与自己体重相当的物体。

2.1.1 尺度效应对材料性能的影响

当设计一个微器件时,必须考虑到薄膜材料与块体材料之间的性能差异[2],这些差异是由薄膜材料和块体材料不同的制备工艺所引起的。对于器件大小与材料晶粒尺寸处于同一尺度的情况下,均质性假设不再成立,晶粒形状以及其他特性的改变对材料的影响很大。在微尺度下,由于材料的缺陷减少,材料的强度要比宏观尺度下好得多。一些重要的材料特性(包括弹性模量、泊松比、断裂强度、屈服强度、残余应力、硬度、疲劳特性、传导率等)与宏观条件下有显著不同,使得它们的准确测量也更加困难。由于不同批次间薄膜材料的沉积参数不同,甚至相同批次内沉积腔室内的温度和气体浓度的不均匀分布,所制造出的薄膜与薄膜之间,甚至单个薄膜上不同位置的材料性能都可能不相同。

2.1.2 尺度效应对黏附特性的影响

1.表面张力

任何液体都有力图缩小其表面的趋势。一个液滴总是力求成为球状,因为球状是同一容积的所有液体表面积中最小的。液体表层分子彼此拉得很紧,犹如一层拉紧的弹性薄膜。若在液面上画一根长度为 L 的线段,此线段两边的液面,以一定的力 F 相互吸引,力的作用方向平行于液面,而与此线段垂直,大小与线段长度 L 成正比,即

$$F=\gamma L \tag{2.4}$$

这个力称为液体的表面张力(Surface Tension)。其中,γ 是表面张力系数,单位为 N/m。水在不同温度下的表面张力系数(表面为空气)见表 2.2[3]。

表 2.2 水在不同温度下的表面张力系数

温度/℃	表面张力系数/(N·m^{-1})
0	0.075 6
10	0.074 2
20	0.072 8
30	0.071 2
40	0.069 6
50	0.067 9
60	0.066 2
70	0.064 4
80	0.062 6
90	0.060 8
100	0.058 9

表面张力使弯曲的液面对液面以内的液体产生附加表面压强，附加表面压强的方向总是指向液体表面的曲率中心方向：

(1)凸的弯液面(不浸润)，对液面内侧的液体，附加一个正的附加表面压强(指向液体内部)，使得液面高度下降 h；

(2)凹的弯液面(浸润)，对液面内侧的液体，附加一个负的附加表面压强(背离液体内部)，使得液面高度上升 h。

当上升或下降液柱的重力和表面压力达到平衡时，液面停止上升或下降。液面上升或下降的高度由下式确定，即

$$\rho g \pi R^2 h = \gamma 2\pi R\cos(\theta) = P\pi R^2 \tag{2.5}$$

式中，θ 是接触角；g 是重力加速度；ρ 是液体密度；P 是附加表面压强，有

$$P = \gamma \frac{2\pi R\cos(\theta)}{\pi R^2} = \frac{2\gamma\cos(\theta)}{R} \tag{2.6}$$

当 $\theta < 90°$时(浸润)，附加表面压强使得液面上升，如图 2.2(a)所示；当 $\theta > 90°$时(不浸润)，附加表面压强使得液面下降，如图 2.2(b)所示。

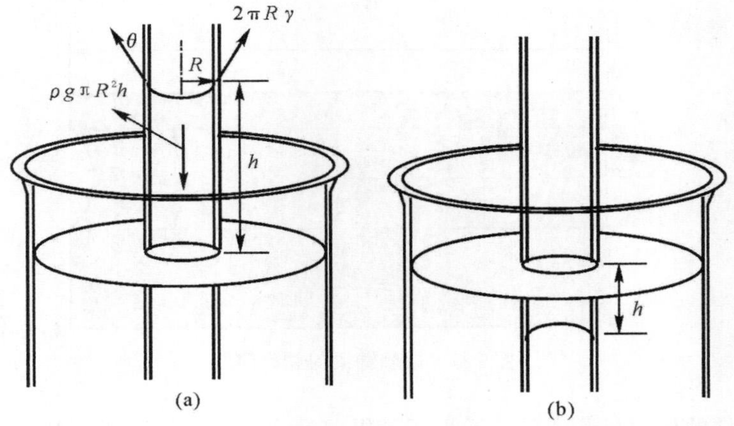

图 2.2　尺寸缩小时体积力和表面力缩小的情况

(a)凹液面受到的负压强使得液面升高；　(b)凸液面受到的正压强使得液面降低

当液体直径足够小的时候，弯液面的形状接近半球形，当 $\theta = 0°$时，附加表面压强 P 可以表示为

$$P = \frac{2\gamma}{R} \tag{2.7}$$

可以计算出，室温下 1 μm 直径的毛细管中的水柱，能在液体表面张力的作用下上升近 30 m的高度，可见宏观下经常忽略的表面张力在微观尺度下的作用多么显著。

形状如图 2.3 所示的液滴，其所受的附加表面压强的表达式为

$$P = \gamma\left(\frac{1}{R_1} + \frac{1}{R_2}\right) \tag{2.8}$$

这个方程称为拉普拉斯方程(Laplace Equation)。其中，R_1，R_2 分别是液滴表面的两个主要曲率半径，当 $R_1 = R_2$ 时，$P = 2\gamma/R$ 是拉普拉斯的特殊形式。

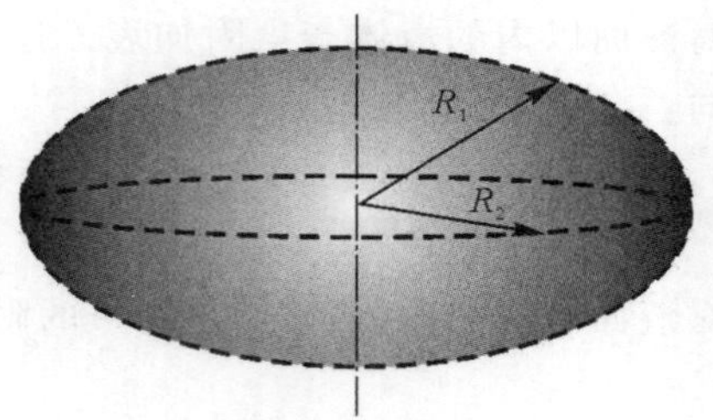

图 2.3　拉普拉斯公式所讨论的液体形状

拉普拉斯方程表明，弯曲的液面将产生一个指向液面凹侧的附加表面压强，附加表面压强与表面张力系数成正比，与表面的曲率半径成反比。

如图 2.4 所示，在 MEMS 表面工艺中，在牺牲层被刻蚀完成以后，器件要用去离子水清洗刻蚀剂及刻蚀产物，从去离子水中取出时，在两个平行平面间形成一个“液体桥”界面，在器件的底部半月形的液体会产生一个压强[4]，有

$$P=\gamma(\frac{1}{R_1}+\frac{1}{R_2}) \tag{2.9}$$

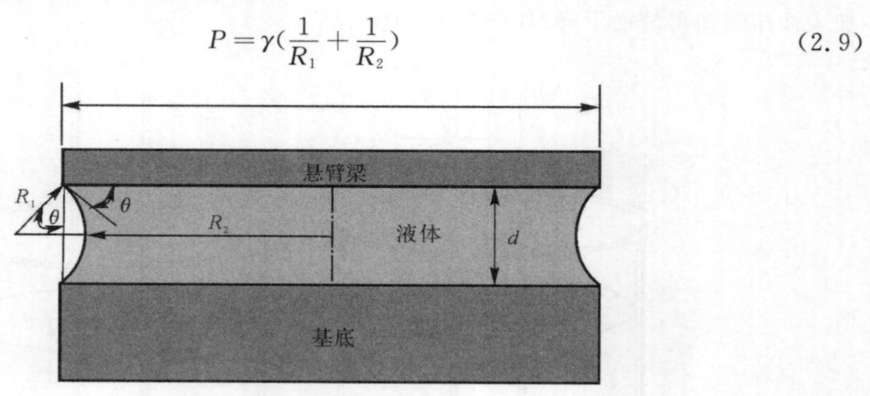

图 2.4　微悬臂梁的黏附问题

因为 MEMS 器件的横向尺寸通常远远大于其纵向尺寸，可知 $R_2 \gg R_1$，则有

$$P=\frac{\gamma}{R_1}=\frac{2\gamma\cos(\theta)}{d} \tag{2.10}$$

当液体与悬臂梁的接触角 $\theta<90°$ 时，附加表面压强将悬臂梁拉向衬底并与衬底发生接触，形成黏附。黏附发生在微结构的工艺过程中和工作过程中，分别称为工艺黏附和工作黏附。工艺黏附发生在释放工艺的干燥过程中，残留在柔性结构和衬底之间液滴的表面张力，将柔性结构拉向衬底并与衬底发生接触，即便是在后续过程中液体完全挥发，如果弹性回复力小于由固体桥、范德华力或氢键结合力等引起的黏附力，柔性结构也将永久性地黏附在衬底上，称为工艺黏附。工作黏附发生在微器件的工作过程中，当释放后的结构工作在潮湿环境时，又有可能因为环境中的水汽凝结而发生黏附，称为工作黏附。目前存在多种防止黏附的方法，如采用低表面张力的冲洗液置换去离子水的置换蒸发干燥法（Evaporation Drying with Methanol）[5]，借助叔丁醇（t－butyl alcohol）或对二氯苯（p－dichlorobenzene）来避免液-气界面形成的升华法（Sublimation Drying with）[5]，超临界二氧化碳干燥法（Super Critical Drying with CO_2）[6]，减小接触表面积的物理改性法[7-9]，改变接触表面疏/亲水特性的化学改性法[10-15]，以及通过增加“防黏附凸点（Dimple 或 Bumper）”[16-17]或“额外支撑”[18]的辅助方法。

置换蒸发干燥法、升华法和超临界二氧化碳干燥法都能获得良好的释放防黏附效果，但是对工作黏附却无能为力。而物理改性和化学改性则可以同时防止工艺黏附和工作黏附，但是其操作过程则比其他方法要复杂得多。

虽然液体表面张力在 MEMS 制造过程中造成黏附问题，但是也可以利用这一特性在 MEMS 制造中实现传统方法所不能及的装配技术。在 MEMS 加工中，装配技术对于批量生产和封装都起着重要作用。当 MEMS 中某些组件的尺寸小于 1 μm 时，目前还没有什么机械的办法来组装它们。传统器件中可以忽略的装配误差，在微器件装配中变成不可容忍。微自组装(Self - assembly)技术就是一种依靠液体表面张力，将微型器件(甚至是分子、原子或团簇)自动组装到衬底上的新型微装配技术。自组装方法使得装配过程简化，可以实现批量、快速的装配，从而提高效益。图 2.5[19]所示就是利用焊料在回流过程中产生的表面张力，使得微结构产生旋转，从而使得平行于衬底的微结构变成与衬底有一定夹角的微结构，并通过焊料的固化使得这种变化固定下来。

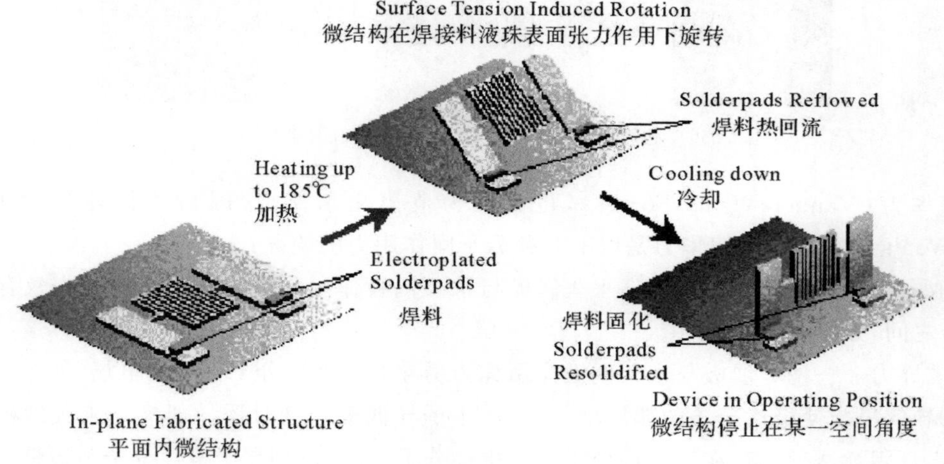

图 2.5　利用液体表面张力实现微结构的旋转组装

图 2.6[20]所示则是利用液体表面张力，使得大量的微结构能够自对准组装到模板上，能够进行阵列化批量处理，从而提高效率。

2. 分子间作用力

分子间作用力是将气体分子凝聚成相应的液体或固体的作用力。分子间作用力是一种静电作用，但比化学键弱得多。分子间作用力与化学键的区别见表 2.3。常见的分子间作用力分为范德华力和氢键。

表 2.3　分子间作用力与化学键区别

对比内容	分子间的作用力	化学键
存在于何种微粒之间	分子与分子之间	相邻原子之间
相互作用的强弱	弱(几到几十个 kJ/mol)	强(120～800 kJ/mol)
性质影响	影响物质的物理特性	影响物质的化学特性

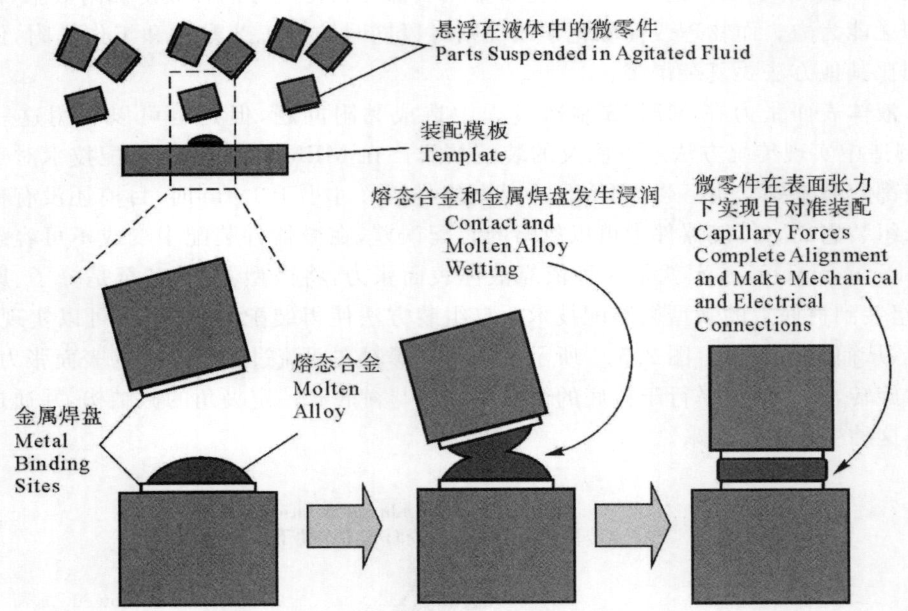

图 2.6　利用液体表面张力实现微结构自对准组装

范德华力(Vander Waals Forces),也翻译为范德瓦尔斯力,因荷兰物理学家 J. D. Vander Waals 而得名。范德华力是以下 3 种分子间作用力的统称：

(1)取向力——极性分子之间靠永久偶极与永久偶极作用称为取向力。取向力仅存在于极性分子之间,如图 2.7(a)所示。

(2)诱导力——诱导偶极与永久偶极作用称为诱导力。极性分子作用为电场,使非极性分子产生诱导偶极或使极性分子的偶极增大(也产生诱导偶极),这时诱导偶极与永久偶极之间形成诱导力,因此诱导力存在于极性分子与非极性分子之间,也存在于极性分子与极性分子之间,如图 2.7(b)所示。

(3)色散力——瞬间偶极与瞬间偶极之间有色散力。由于各种分子均有瞬间偶极,故色散力存在于极性分子与极性分子、极性分子与非极性分子及非极性分子与非极性分子之间,如图 2.7(c)所示。色散力不仅存在广泛,而且在分子间力中,色散力经常是重要的。

范德华力具有以下的共性：

(1)它是永远存在于分子之间的一种作用力。

(2)它是弱的作用力(几个到数十个 kJ/mol)。

(3)它没有方向性和饱和性。

(4)范德华力属于短程力,作用范围一般是 300～500 pm(1 pm$=10^{-12}$ m)。

除水分子以外,对大多数分子来说,分子间的 3 种作用力中色散力是主要的。几种分子间作用力的分配见表 2.4。

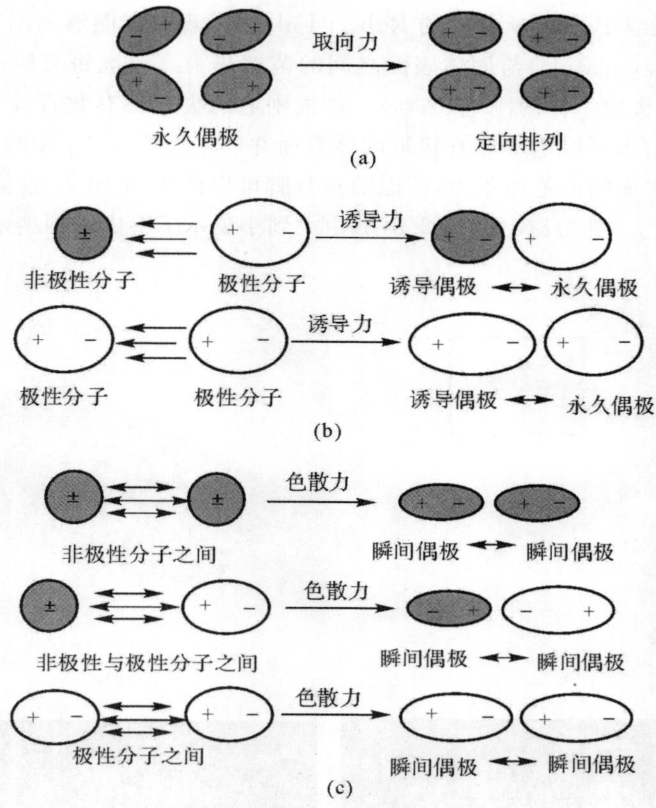

图 2.7　3 种范德华力的形成原理示意图[21]

表 2.4　几种分子间作用力的分配　　(单位:kJ/mol)

分　子	取向力	诱导力	色散力	总　和
Ar	0.000	0.000	8.49	8.49
CO	0.002 9	0.008 4	8.74	8.75
HI	0.025	0.113 0	25.86	25.98
HBr	0.686	0.502	21.92	23.09
HCl	3.305	1.004	16.82	21.13
NH_3	13.31	1.548	14.94	29.58
H_2O	36.38	1.929	8.996	47.28

一般来说,结构相似,相对分子质量越大,范德华力越大,熔沸点越高;相对分子质量相同或相近时,分子的极性越大,范德华力越大,其熔沸点越高。分子型物质能由气态转变为液态,由液态转变为固态,与分子间的范德华力是分不开的。当其他表面力减至忽略不计时,范德华力对微机械表面黏附的影响将占主导地位,尤其当器件尺寸减小到纳米量级时,它对器件工作性能的影响不可忽略。

2000 年,加州大学 Berkeley 分校的 Robert Full[22] 发现壁虎能够黏附在光滑表面依靠的就是脚垫上纳米纤维(Spatula)与固体表面之间的范德华力。壁虎每只脚的脚垫上都长满了大约 50 万根类似于头发一样的刚毛(Seta)。每根刚毛的尖端都有数百或数千根直径为纳米尺度的纤维。每根纳米纤维能够非常接近固体表面并产生大约 0.4 μN 的范德华吸引力。依靠纳米纤维和固体表面间的范德华力,壁虎的每只脚可以产生约 10 N 的黏附力,足以使得壁虎悬挂在光滑表面上。图 2.8(a)～图 2.8(d)由大到小展示了壁虎脚到纳米纤维的结构。

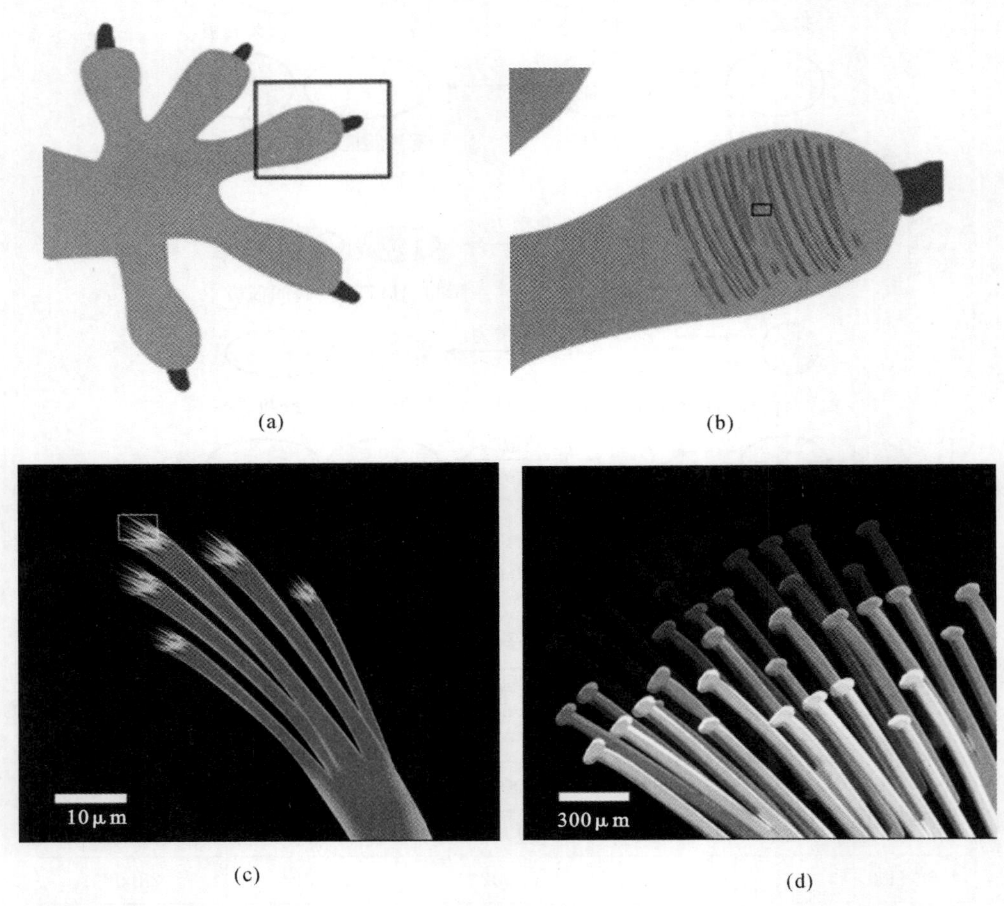

图 2.8 壁虎脚的结构[22]

(a)脚; (b)脚垫; (c)刚毛; (d)纳米纤维

与电负性大的原子 X(氟、氯、氧、氮等)共价结合的氢,如与电负性大的原子 Y(与 X 相同的也可以)接近,在 X 与 Y 之间以氢为媒介,生成 X－H…Y 型的键。这种键称为氢键(Hydrogen Bonding)[23]。

不仅同种分子之间可以存在氢键,某些不同种分子之间也可能形成氢键。如 NH_3 与 H_2O 之间形成的氢键导致了氨气在水中惊人的溶解度:1 体积水中可溶解 700 体积氨气。以 HF 为例说明氢键的形成,在 HF 分子中,由于 F 的电负性(4.0)很大,共用电子对强烈偏向 F 原子一边,而 H 原子核外只有一个电子,其电子云向 F 原子偏移的结果,使得它几乎要呈质子状态。这个半径很小、无内层电子的带部分正电荷的氢原子,使附近另一个 HF 分子中含有孤电子对并带部分负电荷的 F 原子有可能充分靠近它，从而产生静电吸引作用。这个静电吸引作用力就是所谓氢键，即 F－H…F。HF 分子间形成氢键的原理如图 2.9 所示。

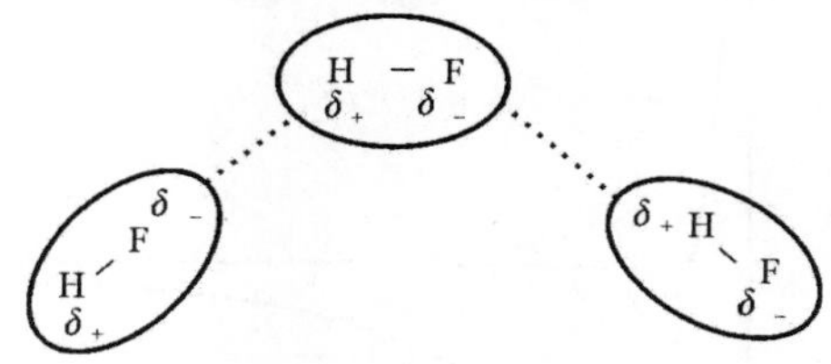

图 2.9 氢键的形成机理

氢键不同于范德华引力，它具有饱和性和方向性。由于氢原子特别小而原子 X 和 Y 比较大，所以 X—H 中的氢原子只能和一个 Y 原子结合形成氢键。同时由于负离子之间的相互排斥，另一个电负性大的原子 Y 就难于再接近氢原子。这就是氢键的饱和性。

氢键具有方向性则是由于电偶极矩 X—H 与原子 Y 的相互作用，只有当 X—H…Y 在同一条直线上时最强，同时原子 Y 一般含有未共用电子对，在可能范围内氢键的方向和未共用电子对的对称轴一致，这样可使原子 Y 中负电荷分布最多的部分最接近氢原子，这样形成的氢键最稳定。

氢键的牢固程度——键强度也可以用键能来表示。粗略而言，氢键键能是指每拆开单位物质的量的 H…Y 键所需的能量。氢键的键能一般在 42 kJ/mol 以下，比共价键的键能小得多，比范德华力稍大。

氢键通常是物质在液态时形成的，但形成后有时也能继续存在于某些晶态甚至气态物质之中。例如在气态、液态和固态的 HF 中都有氢键存在。能够形成氢键的物质是很多的，如水、水合物、氨合物、无机酸和某些有机化合物。氢键的存在，影响到物质的某些性质。分子间有氢键的物质熔化或汽化时，除了要克服纯粹的分子间力外，还必须提高温度，额外地供应一份能量来破坏分子间的氢键，因此这些物质的熔点、沸点比同系列氢化物的熔点、沸点高。在极性溶剂中，如果溶质分子与溶剂分子之间可以形成氢键，则溶质的溶解度增大，HF 和 NH_3 在水中的溶解度比较大，就是这个缘故。分子间有氢键的液体，一般黏度较大，例如甘油、磷酸、浓硫酸等多羟基化合物，由于分子间可形成众多的氢键，这些物质通常为黏稠状液体。

分子间作用力是短程力，包含引力和斥力两部分，由于其来源比较复杂，难以用简单的公式予以表述。通过实验分析，人们提出了各种分子间作用力模型和半经验公式。本书介绍一下常用的林纳德-琼斯（Lennard－Jones）模型。分子间的林纳德-琼斯势能表述为

$$U(r)=U_{\text{Attractive}}(r)+U_{\text{Repulsive}}(r)=-\frac{A}{r^{6}}+\frac{B}{r^{12}} \tag{2.11}$$

式中，A 是引力势能常数，表示两分子在远距离时以互相吸引为主的作用；B 是斥力势能常数，表示两分子在近距离时以互相排斥为主的作用；r 是分子间距离。分子间作用力是林纳德-琼斯势能对分子间距离求偏导的负数，即

$$F=-\frac{\partial U}{\partial r} \tag{2.12}$$

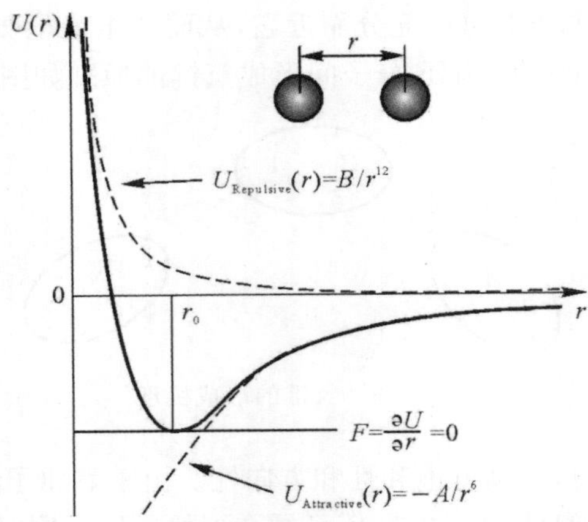

图 2.10　林纳德-琼斯势能与分子间距离的关系曲线

图 2.10 绘制出林纳德-琼斯势能与分子间距离的关系曲线。林纳德-琼斯模型描述下的分子间作用力具有如下特征：

(1)当 $r=r_0$(r_0 是分子平衡间距，约为 10^{-10} m)时，分子间的引力和斥力相平衡，分子间作用力为零，此位置叫作平衡位置，当分子略微偏移 r_0 时，它所受到的力是准弹性力，分子将在平衡位置附近作简谐振动；

(2)当 $r<r_0$ 时，分子间斥力大于引力，分子间作用力表现为斥力；

(3)当 $r>r_0$ 时，分子间引力大于斥力，分子间作用力表现为引力；

(4)当 $r>10r_0$ 时，分子间引力和斥力都十分微弱，分子间作用力为零；

(5)斥力的力程比引力的短。

2.1.3　尺度效应对静电特性的影响

在微观尺度下，与面积成正比的静电力相对增大，成为静电平板电容驱动器、静电梳齿驱动器和静电马达等微机电器件中应用广泛的驱动力。图 2.11 展示了一个静电驱动的梳齿驱动器的未加电状态和加电状态。静电力能够成为微尺度下常用的驱动力，不仅是由于其在微尺度下要比体积力更加显著，还因为在尺度效应的影响下，微尺度静电击穿场强的显著提高能够免除静电击穿问题的困扰。

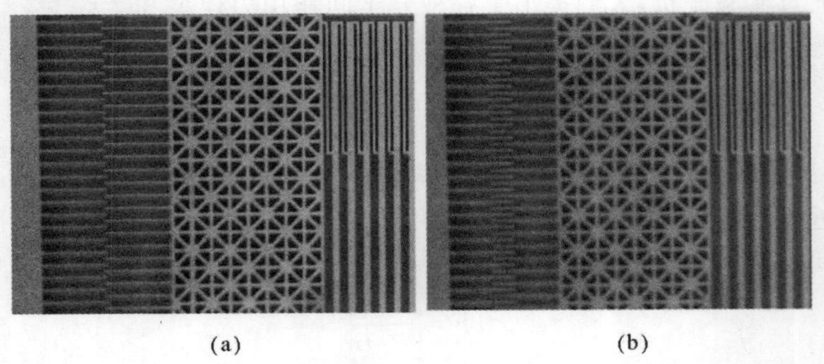

(a)　　　　(b)

图 2.11　静电梳齿驱动器(西北工业大学)

(a)未驱动状态；　(b)驱动状态

在宏观尺度下，两个电极之间的自由电子在电场加速下与其他原子碰撞并引起其他原子的电离，电离形成更多的自由电子，电极的间距远大于电子的自由行程，电离出的自由电子在电场加速下会引起更多的原子电离，形成雪崩击穿。而在微观尺度下，电极间距与电子自由行程相当（常压下为 0.5 μm），电子难以在电极之间多次碰撞引起数量成几何级数增长的原子电离，不能形成雪崩击穿，使得微观尺度下的击穿特性与宏观尺度下的击穿特性有很大的差异[24]。在宏观尺度下的击穿场强为 3×10^6 V/m，击穿电压随着距离电极间距的减小而减小，但是当导体之间的间距缩小到微尺度范围时（当电介质是空气，电极间距小于 5 μm 时），这一规律不再适用，击穿电压反而随着间距的缩小而增大[25]。当电极间距是 1.5 μm 时，击穿场强为 1.7×10^8 V/m[26]，当电极间距是 2 μm 时，击穿场强为 10^8 V/m[27]，当电极间距是12.5 μm 时，击穿场强为 3.2×10^7 V/m，都远大于宏观尺度下的击穿场强。Paschen 通过实验证明，击穿电压是电极间距和环境压力乘积的函数，并通过实验数据绘制了帕刑曲线来描述击穿电压与环境压力和电极间距之间的关系。图 2.12 给出了常压下平行板电极之间的帕刑曲线，表明随着电极间距的减小，电极间的击穿场强逐渐增大，而击穿电压则先下降、后增加。

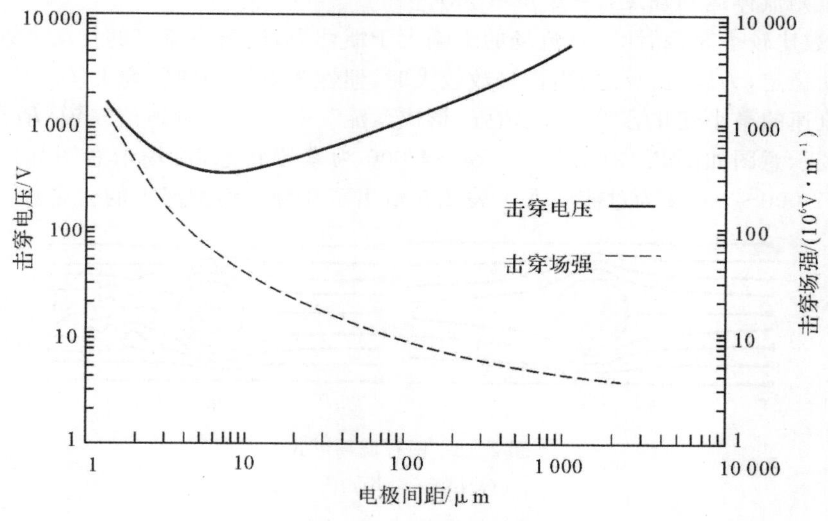

图 2.12　常压下的帕刑曲线

帕刑曲线给出了击穿电压、电极间距和环境压力的一般关系。但是，当电极间距缩小到数个微米量级时，特定微结构的击穿电压并不一定完全符合帕刑曲线，还可能因电极材料和电极形状的不同而产生偏差[24]。对于硅材料的平板电极，Esashi 等人通过实验证明，当电极的间距介于 0.5～7 μm 范围内时，常压下的击穿电压全部都在 300 V 以上[28]，与帕刑曲线符合得比较好，而对于金属材料的电极，由于电极材料表面的二次电子发射，实际的击穿电压要低于帕刑曲线估计值，1 μm 电极间距下的击穿电压只有约 100 V[28]，与帕刑曲线有较大偏离。

在宏观尺度下，电磁力是经常用到的驱动力，如电磁继电器就是利用在线圈通电以后铁芯磁化产生的电磁力吸动衔铁，使动触点和静触点闭合或分开。当尺寸缩小到微尺度范围时，电磁力不能获得广泛应用的原因来源于两个方面，一方面是微器件中没有足够的空间容纳一定的线圈来产生驱动磁场；另一方面则是与体积成正比的电磁力在微尺度下急剧缩小，无法产生足够的力进行驱动。由表 2.1 可知，电磁力与特征尺寸的 4 次方成正比，尺寸减小为 1/10 将会导致电磁力减为 1/10 000，而静电力则只减小 1/100，电磁力在尺度方面不利的减小是静电力的 100 倍。

2.1.4　尺度效应对流体系统的影响

在微观领域，流体在运动过程中会受到尺寸效应的影响，表面力作用增强，而惯性力作用减弱，从而导致了微流体力学特性的不同。在介绍尺度效应对流体系统的影响之前，首先介绍雷诺数(Reynolds Number)的概念。流体流动时的惯性力和黏性力(内摩擦力)之比称为雷诺数，用符号 Re 表示。Re 是一个无量纲量，其求解公式为

$$Re=\frac{\rho Vl}{\mu}=\frac{Vl}{\nu} \tag{2.13}$$

式中，ρ 是流体的密度(kg/m^3)；V 是流场的特征速度(m/s)，对外流问题，V 一般取前方来流速度，内流问题则取通道内平均流速；l 是流场的特征尺寸(m)，对外流问题，l 一般取物体主要尺寸(如机翼弦长或圆球直径)，内流问题则取通道直径；μ 是流体动力黏度(Pa·s 或 $N\cdot s/m^2$)；ν 是流体运动黏度，$\nu=\mu/\rho$(m^2/s)。

当雷诺数比较小时，黏性力对流场的影响大于惯性力，流场中流速的扰动会因黏性力而衰减，流体流动稳定，为层流；反之，当雷诺数较大时，惯性力对流场的影响大于黏性力，流体流动较不稳定，流速的微小变化容易发展、增强，形成紊流。对于一般管道流来说，$Re<2\,000$ 为层流状态，流场示意图如图 2.13(a)所示；$Re>4\,000$ 为紊流状态，流场示意图如图 2.13(b)所示；Re 介于 2 000～4 000 为过渡状态。表 2.5 给出了几种典型情况下的雷诺数。

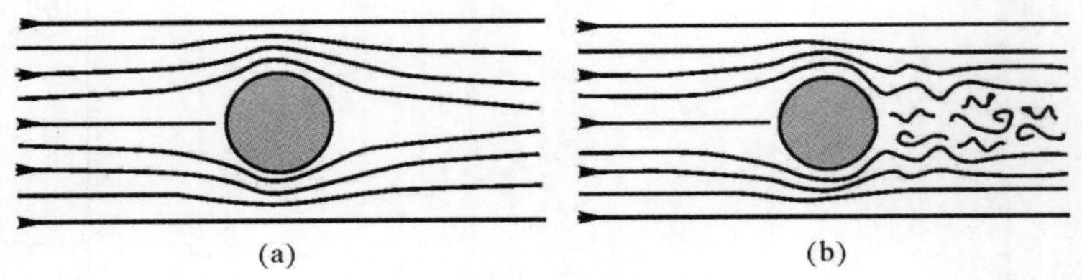

(a)　　(b)

图 2.13　两种流场形式

(a)层流；(b)紊流

表 2.5　几种典型雷诺数

对　象	雷诺数 Re	流体类型
精子	1×10^{-4}	层流
大脑中的血液流	1×10^{2}	
主动脉中的血液流	1×10^{3}	
棒球	2×10^{5}	湍流
游泳运动员	4×10^{6}	
蓝鲸	3×10^{8}	
大型邮轮	5×10^{9}	

在微尺度下，因为雷诺数较小，层流是主要的流场形式。小雷诺数下的层流给微尺度带来

了如下几个特有的问题：

1. *两种流体难以混合*

由于分子扩散的独特特性，流体扩散时间通常会比较长，因此快速混合往往需要搅动或晃动使其形成湍流。由于微尺度下流体很难形成湍流，快速混合成为一个非常棘手的问题。微机电技术中一般采用两种方法来改善小雷诺数下的流体混合[29]。一种是采用超声，微泵注入和电磁搅拌等借助外界能量进行激励的方式来增强流体分子的扩散作用，叫作主动式微流体混合。另外一种是利用蛇形管道、扰流微结构和分叉管道等具有特殊结构或形状的微管道来改变流场，增加两流体的接触面积，加快混合，叫作被动式流体混合。

2. *物体在流体中难以移动*

微型飞机的尺寸仅有 15 cm 大小，要想使如此之小的飞行器飞上天空并不是一件容易的事，有许多极其复杂的技术问题亟待解决。由于飞机的尺寸受到严格限制，传统的空气动力学已不再适用，这意味着要解决在低雷诺数空气动力学环境下的飞行稳定与控制问题。在这么小的尺寸下，空气的黏滞性很大。设计人员不可能把一架波音 737 飞机按比例缩小到15 cm长，还让它能够飞起来。微型飞机给空气动力学家提出了许多新问题。对于大飞机来说，只需解决平滑气流的空气动力学问题。随着飞行物的变小，空气的黏度大大增加，对于最小的昆虫来说，它们就好像在蜂蜜中游泳一样。

2.1.5　尺度效应对电学特性的影响

电是微机电系统中的静电驱动、压电驱动和热驱动的能量来源。根据电阻的计算公式：

$$R=\rho\frac{1}{A}\propto l^{-1} \tag{2.14}$$

其中，ρ，l，A 分别是电阻率、特征尺寸和横截面积。由式(2.14)可知，电阻与特征尺寸的倒数成正比。而电压是一个与尺度无关的量，即

$$V\propto l^{0} \tag{2.15}$$

在电阻的两端施加电压时，电阻中有电流通过，电阻发热而产生的功率损失为

$$P=\frac{V^{2}}{R}\propto l \tag{2.16}$$

对于电源来说，其所能输出的总电能与体积成正比，即

$$W\propto l^{3} \tag{2.17}$$

功率损失与总电能之比为

$$\frac{P}{W}=\frac{l}{l^{3}}\propto l^{-2} \tag{2.18}$$

式(2.18)说明了能源系统在尺寸缩小时所面临的问题，当电源尺寸减小为 1/10 时，功率损失比增大 100 倍[30]。由于自身能量密度和工作原理的限制，以化学电池、燃料电池和光伏电池为代表的常规电池缩小到与微系统相匹配的尺度时，无法长久供电。目前，常用锂电池的能量密度约为 0.3 mW·h/mg，甲醇燃料电池的能量密度约为 3 mW·h/mg，在这样的能量密度下，常规电池难以对微系统连续供能，需要不定期更换或充电，尤其不适用于有移动性、植入性或分布性要求的长期工作场合。以常规电池供电的微飞行器仅能持续飞行数十秒；每立方毫米常规电池仅能使一个分布式传感网络节点满负荷工作 1.5 h。尺度效应下的电源问题是制约各类微系统实用化的瓶颈问题。

2.1.6 尺度效应对热传导的影响

工程上，热传导现象是由傅里叶定律来描述的。利用唯象理论，假定介质连续，忽略介质的微结构及尺度，通过介质的热流密度、介质材料热导率和温度之间具有下列关系：

$$q=\chi\frac{\mathrm{d}T}{\mathrm{d}x} \tag{2.19}$$

式中，q 是沿 x 方向的热流密度[单位时间内通过单位面积的热能，单位是 $\mathrm{J/(s\cdot m^2)}$]；x 是空间坐标；T 是温度；χ是介质的热导率[单位温度梯度(在 1 m 长度内温度降低 1 K)在单位时间内经单位导热面所传递的热量，单位是 $\mathrm{J/(s\cdot m\cdot K)}$]

傅里叶热传导模型假定热在介质中是以无限大的速度进行传播的，对于热作用时间较长、强度较低的稳态传热过程以及热传播速度较快的非稳态常规热传导过程，这个假设具有足够的准确度。但对热冲击问题，即极端热传导条件下的非稳态传热过程，如微时间或微空间尺度条件下的传热问题，热波传播速度的有限性必须考虑，此时会出现一些不同于常规传热过程的物理现象，被称为热传导的非傅里叶(non - Fourier)效应。导热是依靠组成物质的微观粒子的热运动进行热量传递的传热过程。对固体非金属，导热是由于粒子在平衡位置上的振动所形成的弹性波的作用；对固体金属，导热的发生除弹性波的作用外，还有自由电子的迁移作用；对液体，导热是弹性波的传播与分子扩散联合作用的结果。实际的情形是无论弹性波的传播还是自由电子的迁移或分子的扩散，其速度都是有限的，在此作用下热量的传播速度也必然是有限的。瞬时热源在瞬间发出的热量不可能瞬间传遍整个介质，介质内温度场的建立必滞后于热量的传播；反过来，某一时刻介质内的温度分布变化引起的热量传递，必滞后于温度发生变化的时刻。热量的传播与温度分布不是同步变化的，相互之间都有一个时间迟延。因此，建立在热量在介质中的传播速度为无限大或热传导过程是热弛豫时间为零的准平衡过程假设条件之上的傅里叶定律，显然不能全面地、真实地概括各种导热情形，必须针对实际情形作具体的分析。

在宏观尺度下，热导率是材料的一种与体积大小无关的物理性质。当空间尺度细化时，微器件中各种薄膜的厚度与其中热载子(电子、声子、原子和分子)的平均自由行程处于相同或更小的数量级上，热导率会随着尺寸的减小而降低，有的甚至可降低 1～2 个数量级，导热体甚至可以变为绝缘体。以金刚石薄膜为例，其厚度从 30 μm 降低到 5 μm 时，其热导率可降低 4 倍[31]。

2.2 材料基础

微机电系统中用于制造微结构的材料既要满足微机械性能要求，又必须满足微加工所需条件。微机电系统所需要材料随微结构功能与制造工艺参数变化很大。按照具体应用场合，微机电系统材料分为微结构材料、微致动材料和微传感器材料。用于微结构的材料有多晶硅、单晶硅、氧化硅、陶瓷、铝、铜、镍、塑料和纸基材料，用于微致动的材料则有电致伸缩材料、形状记忆合金等。

2.2.1 硅材料

微机电加工技术源于微电子制造技术，因此微机电系统材料中，硅是最常用到的材料。硅是现在各种半导体中使用最广泛的电子材料，它的来源极广。例如我们脚下所踩的砂子，它的含量占地球表层的 25%，纯化容易，取得成本较低，被用来作为集成电路制作的主要材料。常见的微处理器(CPU)，动态随机存取内存(DRAM)等，都是以硅为主要材料。在元素周期表里，它属于四价元素，排在三价的铝与五价的磷之间。硅的屈服强度相当高，可与不锈钢相比拟，且它没有任何塑性延迟和力学滞后，几乎没有疲劳失效问题，这使得硅在许多应用中优于任何一种金属。硅与其他材料的特性比较见表 2.6。

表 2.6　硅与其他常用材料特性对比[32]

材　料	屈服强度 / GPa	努氏硬度 / $kg \cdot mm^{-2}$	弹性模量 / 100GPa	密度 / $1\,000kg \cdot m^{-3}$	线膨胀系数 / $10^{-6}K^{-1}$
金刚石	53	7 000	10.35	3.5	1.0
SiC	21	2 480	7.0	3.2	3.3
Si_3N_4	14	3 480	3.85	3.1	0.8
Si	7	850	1.9	2.3	2.33
不锈钢	2.1	660	2.0	7.9	17.3
Al	0.17	130	0.7	2.7	25

硅分为单晶硅、多晶硅和非晶硅。单晶硅内原子呈周期性排列，每个硅的 4 个外层电子分别与 4 个邻近硅原子的一个外层电子形成共价键，组成一个中心有 1 个硅原子，4 个顶点上有 4 个硅原子的四面体单元，如图 2.14(a)所示。多个四面体构成的面心立方结构(Face Centered Cubic，FCC)称为金刚石结构，如图 2.14(b)所示，是单晶硅晶体的基本晶胞①结构。每个金刚石结构的晶格②常数为 $5.430\,710\times10^{-10}$ m($1Å=10^{-10}$ m)。金刚石结构的硅晶胞是正方体，八个顶点和六个面的中心都是格点，每条空间对角线上距顶点 1/4 对角线长的地方有一个格点，单位晶胞占有的原子数为

$$8\times\frac{1}{8}+6\times\frac{1}{2}+4=8$$

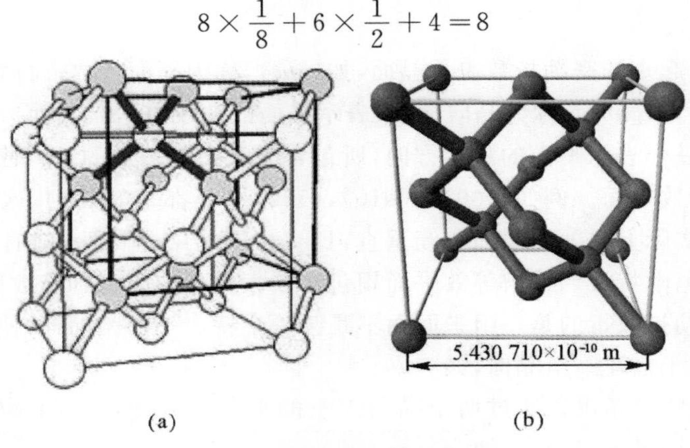

图 2.14　单晶硅晶体结构
(a)四面体结构；　(b)金刚石结构

① 晶胞(unit cell)：能完全反映晶格特征的最小几何单元。

② 晶格(crysta lattice)：用以描述晶体中原子排列规律的空间点阵格架。

同其他晶体结构一样，单晶硅沿不同方向和不同的平面其原子的排列情况是不同的，而原子排列的不同又导致了性能的不同，即各向异性。为方便起见，通常用密勒指数(Miller index)，即晶向[①]指数和晶面[②]指数来分别表示不同的晶向和晶面。为了计算密勒指数，首先必须指定3个晶轴。这些晶轴互相垂直，对应于笛卡儿(Cartesian)坐标系统的 x，y 和 z 轴。立方晶胞沿着这3个晶轴整齐地按行或按列排列，每个点的位置都可以表示为晶轴坐标。与晶格相交的平面就可以用其在 x，y，z 轴上的截距描述。例如，图2.15所示的平面可用其在3个轴上的截距(m, l, n)来描述。

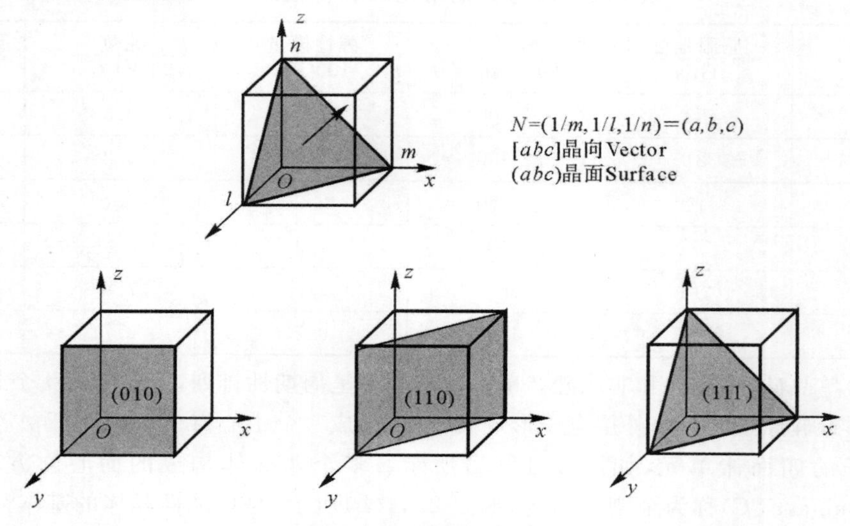

图2.15　密勒指数含义

考虑到晶面可能平行于晶轴而可能出现的无穷大截距，密勒指数是通过对截距求倒数并化为最小整数的方式求得的，而非直接使用截距本身。如截距为(m，l，n)的平面的密勒指数为($1/m$, $1/l$, $1/n$)。

使用圆括号括起来的密勒指数表示晶面，如(abc)，称为晶面指数；而使用方括号括起来的密勒指数表示晶向，如[abc]，称为晶向指数，表示晶面的法线方向。晶面指数和晶向指数一个表示晶格平面，另一个表示平面的法线方向，所包含的意义是一致的。将密勒指数的顺序调整所得的平面称为等效平面。例如，(001)，(010)，(100)平面都是等效的，这并不意味着这些平面是相同的平面，实际上这3个平面相互垂直，且有相同的结晶特性，同时也意味着它们有相同的化学、机械和电学特性。一组等效平面用包含在大括号内的密勒指数表示，如{abc}，称为晶面族，表示该密勒指数指的是一组平面而不是某一个特定平面。同样，使用角括号包含起来的密勒指数也被用于描述一组晶向，如 $<abc>$。

两个晶向之间的夹角可以通过两个晶向矢量的乘积公式确定。如[abc]和[mnl]两个晶向之间的夹角可以通过下式确定，即

$$am + bn + cl = |(a,b,c)| \times |(m,n,l)| \times \cos\theta \tag{2.20}$$

① 晶向(crystal direction)：在晶格中，任意两原子之间的连线所指的方向。

② 晶面(crystal face)：在晶格中由一系列原子所构成的平面称为晶面。

$$\theta=\arccos\frac{am+bn+cl}{\sqrt{a^2+b^2+c^2}\sqrt{m^2+n^2+l^2}} \tag{2.21}$$

使用式(2.21)可以求出单晶硅中两个常用晶向，(100)和(111)之间的夹角是 54.74°。

沿不同的晶向，单晶硅具有不同的属性。如晶体生长时，[100]向生长速度最快，[110]向次之，[111]向最慢；而在进行湿法腐蚀时，[100]向腐蚀速度最快，[110]向次之，[111]向最慢。表 2.7 给出了单晶硅沿不同晶向的拉伸弹性模量和剪切弹性模量。

表 2.7　单晶硅沿不同晶向的拉伸弹性模量与剪切弹性模量[33]

晶　向	拉伸弹性模量 E/GPa	剪切弹性模量 G/GPa
[100]	129.5	79.0
[110]	168.0	61.7
[111]	186.5	57.5

直拉法(Czochralski，CZ)和区熔法(Float - Zone，FZ)是目前制备单晶硅的主要工艺。使用直拉法制备的主要是中低阻及重掺单晶硅，适用于微机电系统、集成电路、半导体分立器件及太阳能电池；使用区熔法制备的主要是高阻硅，适用于各类半导体功率器件及高效太阳能电池等。

直拉法也叫切克劳斯基法，是由切克劳斯基于 1917 年发明的，现为制备单晶硅的主要方法。用直拉法制备单晶硅的工艺原理如图 2.16 所示。把高纯多晶硅放入高纯石英坩埚，在硅单晶炉内熔化，然后用一根固定在籽晶轴上的籽晶插入熔体表面，待籽晶与熔体熔和后，慢慢向上拉籽晶，晶体便在籽晶下端生长成硅锭。单晶硅锭再经过切片工艺和抛光工艺之后，就成为生产过程中使用的硅片，如图 2.17 所示。直拉法设备简单，生产效率高，易于制备大直径硅锭。但是，使用直拉法制备单晶硅时，原料容易被坩埚污染，所制备的单晶硅纯度低，无法实现高阻硅。

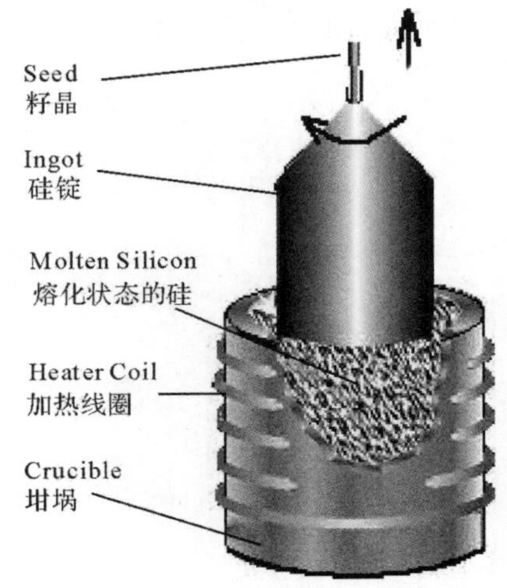

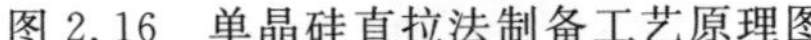

图 2.16　单晶硅直拉法制备工艺原理图

图 2.17　直拉法制备的硅锭和切割而成的硅片

区熔法于 1952 年出现，正发展成为生产单晶硅的一种重要方法。悬浮区熔法是将多晶硅棒用卡具卡住上端，下端对准籽晶，高频电流通过线圈与多晶硅棒耦合，产生涡流，使多晶硅棒部分熔化并与籽晶接合，自下而上地在籽晶上生长成为单晶。区熔法不使用坩埚，污染少，经过区熔提纯后生长的硅单晶纯度高，含氧量与含碳量低，可生长高阻硅。区熔设备不及直拉设备成熟，在生产大直径硅锭方面存在困难。截至 2002 年，国际直拉硅单晶的商业产品已达到 300 mm，而区熔硅单晶的直径仅为 160 mm。

目前由 SEMI 标准规定的商业化硅片标准尺寸和厚度见表 2.8。对于微电子行业来说，采用大直径的硅片可以在一块衬底上生产更多的元芯，更加经济，因此微电子行业一般使用的规格都是 6 in 及其以上的硅片。而对于微机电系统器件来说，目前还没有进入大规模商业化生产的阶段，大部分实验室使用的都是 4 in 甚至 2 in 硅片，少数商业化量产的器件也大部分是采用 6 in 硅片。

表 2.8 标准硅片直径和厚度[34-40]

规　格	公制直径/mm	厚度/μm
2 in	50.8±0.38	279±25
4 in	100±0.5	525±20 或 625±20
6 in	150±0.2	675±20 或 625±15
8 in	200±0.2	725±20
12 in	300±0.2	775±20

由于硅片的各向异性特点，硅片厂商在供货时一般利用“参考面”给出硅片是按照哪个方向切割的。参考面一般有“主参考面(Primary Flat)”和“副参考面(Secondary Flat)”两个。大的参考面称为主参考面，它平行于特定的晶面，主要用作光刻和划片过程的对准基准面。小的参考面称为副参考面，副参考面与主参考面之间的位置关系指明了硅片的晶向和掺杂类型。由 SEMI 标准规定的不同晶向和掺杂类型下的硅片其主参考面和副参考面位置关系如图 2.18 所示。以微机电系统中常用的(100)硅片为例，其主参考面平行于(110)晶面，硅片的表面平行于(100)晶面。副参考面与主参考面平行时为 n 型硅片；副参考面与主参考面垂直的则为 p 型硅片。

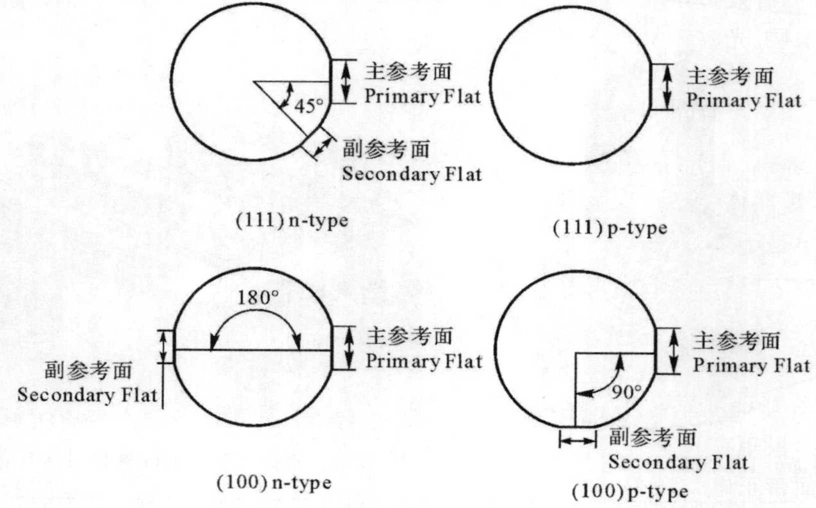

图 2.18　主参考面和副参考面与硅片晶向和掺杂类型的关系

多晶硅是指晶体内部各个局部区域内原子是周期性排列的晶体结构，不同区域之间原子的排列方向并不相同，可以看作是由许多个取向不同的小单晶硅组成的。多晶硅薄膜与单晶硅具有相近的机械特性，多用于表面牺牲层工艺中的结构层。

非晶硅(Amorphous Silicon，a－Si)，又名无定形硅，是硅的一种同素异形体。晶体硅通常呈正四面体排列，每一个硅原子位于正四面体的顶点，并与另外四个硅原子以共价键紧密结合。这种结构可以延展得非常庞大，从而形成稳定的晶格结构。而无定形硅中并非所有的原子都与其他原子严格地按照正四面体排列，部分原子含有悬空键。这些悬空键对硅作为导体的性质有很大的负面影响。非晶硅的制造成本较晶体硅要低很多，可用于制造热成像相机中的微辐射探测仪。

2.2.2　硅化合物

二氧化硅(SiO_2)和氮化硅(Si_3N_4)是微机电系统中常用的硅化合物。

1. 二氧化硅

二氧化硅在微机电系统中主要有以下三个应用：

(1)作为热和电的绝缘体。一般在硅衬底上生长其他薄膜材料之前，都要先生长一层二氧化硅和氮化硅的复合膜作为绝缘层，同时，二氧化硅在高温下具有回流特性，还起到释放热应力的作用。

(2)作为刻蚀/扩散掩膜。如可用作 KOH 硅各向异性湿法腐蚀的掩膜，也可以用作 SF_6 等离子体各向同性干法刻蚀硅的掩膜，还可以用作向硅中进行磷扩散或硼扩散的掩膜。

(3)作为牺牲层，特别是掺杂磷之后的二氧化硅(磷硅玻璃，Phosphosilicate Glass，PSG)，在 HF 酸中具有较快的腐蚀速度，是表面工艺中的标准牺牲层材料。

二氧化硅可以通过干/湿法氧化或者气相沉积的方法制备，在本书的第 3 章“微机电系统制造基本工艺”中将详细介绍。

2. 氮化硅

氮化硅可以有效阻挡水和离子(如钠离子)的扩散，具有超强的抗氧化和抗腐蚀能力，可用作绝缘层、防水层、光波导和离子注入掩膜。氮化硅可以通过气相沉积的方法制备，在第 3 章中将详细介绍。

2.2.3　压电材料

一些离子型晶体(如石英)存在压电效应。压电效应是材料中一种机械能与电能互换的现象，此现象最早是于 1880 年由皮埃尔·居里(Pierre Curie)和雅克·居里(Jacques Curie)兄弟发现的。其中，压电材料在外力作用下发生形变，在两相对表面上产生电压的现象称为正压电效应；而压电材料在外界电场的作用下产生形变的现象则称为逆压电效应。正压电效应和逆压电效应统称为压电效应。压电材料在自然状态时，材料内部的电偶极矩互相抵消，对外呈现电中性，如图 2.19(a)所示。当对压电材料施加外加压力时，材料内部的电偶极矩因受压而变形，下方的两个极矩在垂直方向的分量无法抵消上方的一个极矩，从而材料整体表现为上表面带负电，下表面带正电，如图 2.19(b)所示；当对压电材料施加外加拉力时，材料内部的电偶极矩因受拉而变形，下方的两个极矩在垂直方向的分量大于上方的一个极矩，从而材料整体表现为上表面带正电，下表面带负电，如图 2.19(c)所示。

逆压电效应的作用原理正好相反，当在材料表面施加电压，材料内部处于电场当中，电场会导致电偶极矩沿着平行于电场的方向变形，导致材料沿电场方向伸长，如图 2.20 所示。

压电材料既可以大块使用,也可以小块分散使用;既可以作为传感器,也可以作为驱动器。作为驱动器时,它的激励功率小,响应速度快,是形状记忆合金的一万倍,且可以做得很小很薄。压电材料除了石英晶体外,还有压电陶瓷、压电高分子材料和压电半导体等。由于压电陶瓷的化学惰性、机械稳定性、热传导性和热膨胀特性,所以成为微机电系统的主要衬底材料。由于压电陶瓷具有微小位移和高精度的突出优势,所以被广泛地用于制作微执行器。常用的压电陶瓷有钛酸钡(BT)、锆钛酸铅(PZT)等。

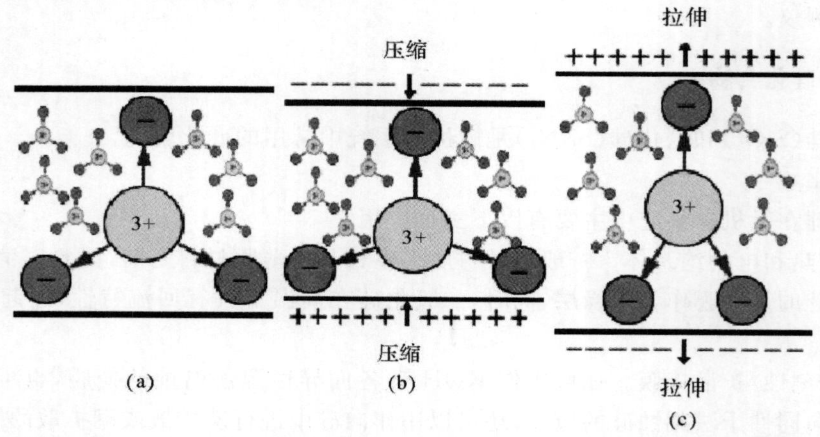

图 2.19 压电效应原理

(a)自然状态; (b)受压状态; (c)受拉状态

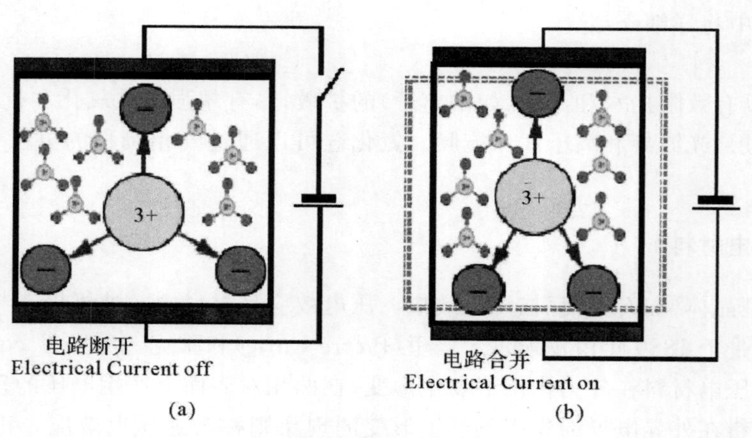

图 2.20 逆压电效应原理

(a)自然状态; (b)加电状态

机械能到电能的转换效率可通过机电耦合系数(Electromechanical Coupling Coefficient) k 衡量,其定义如下:

$$k=\sqrt{\frac{\text{Mechanical Energy Stored}}{\text{Electrical Energy Applied}}} \tag{2.22}$$

或者

$$k=\sqrt{\frac{\text{Electrical Energy Stored}}{\text{Mechanical Energy Applied}}}$$

一些简化的公式可用于单向承载情况下压电换能器的设计。应力产生的电场可根据下式确定，即

$$E = g\sigma \tag{2.23}$$

式中，E 是电场强度，单位为 V/m；σ 是应力，单位是 Pa；g 是电压系数（Voltage Constant，也叫“g”系数）。电场产生的应变可根据下式确定：

$$\varepsilon = dE \tag{2.24}$$

式中，ε是应变；d 是应变系数（Strain Constant，也叫“d”系数）。表 2.9 给出了常用压电材料的应变系数。

表 2.9　常用压电材料的应变系数[41]

压电材料	应变系数 d / $10^{-12}\,m\cdot V^{-1}$	机电耦合系数 k
石英（晶体 SiO_2）	2.3	0.1
钛酸钡（$BaTiO_3$）	100～190	0.49
锆钛酸铅，PZT（$PbTi_{1-x}Zr_xO_3$）	480	0.72
$PbZrTiO_6$	250	N/A
$PbNb_2O_6$	80	N/A
罗舍耳盐（$NaKC_4H_4O_6-4H_2O$）	350	0.78
聚偏二氟乙烯，PVDF	18	0.116

注：N/A，Not Available

综合式(2.23)和式(2.24)，可知应变系数和电压系数有如下关系：

$$\frac{1}{gd} = Y \tag{2.25}$$

式中，Y 是压电材料的弹性模量。

2.2.4　形状记忆合金

1932 年，瑞典科学家 Arne Olander 发现了金镉（Au－Cd）合金的形状记忆效应（Shape Memory Effect，SME）。1961 年，美国科学家又发现了镍钛（Ti－Ni）合金的形状记忆效应。到目前为止，人们已经发现了数十种形状记忆材料，大部分都含有镍。形状记忆效应是指材料在转变温度（Transmission Temperature）以下（马氏体状态，Martensite），材料非常柔软，容易在较小的外力作用下发生塑性变形；而当温度升高到转变温度以上时（奥氏体状态，Austenite），材料能自动恢复到变形前的原有形状。具有这种效应的合金材料称为形状记忆合金。以镍钛合金为例，它的转变温度在 40℃左右，在转变温度以上，镍钛合金很坚硬，强度很高；而在转变温度以下，它相当柔软，强度低，可以很方便地制作成各种形状。除上述形状记忆效应外，这种合金的另一个独特性质是在高温（奥氏体状态）下发生的“超弹性”（Super Elasticity）行为，能表现出比一般金属大几倍甚至数十倍的弹性应变。形状记忆合金的记忆性随合金材料的不同而不同，最大可恢复应变的记忆上限为 15%，即形状变形程度达到原形的 15%时，还能“记住”原先的外形，只要通过加热，形状即可恢复，超过 15%时，“记忆”将不会再现[42]。

形状记忆合金的电阻率较大，故常采用电流加热方式。在恢复其记忆形状的过程中，形状

记忆合金能发出很大的力，适合于制作微泵、微阀等驱动器或执行器，可以服务于医疗器械、空间技术、电子仪器、汽车部件和机器人等领域。形状记忆合金的种类很多，但目前实用化的只有镍钛系合金、Cu 基合金(Zn - Al - Cu，Ni - Al - Cu 等)和 Fe 基合金。镍钛合金为高性能形状记忆材料，具有良好的耐疲劳特性、抗腐蚀特性以及较大的可恢复应变量(8%～10%)，自 20 世纪 70 年代初进入工业应用以来，至今已有 20 多年的发展历史，是微机电系统最有发展潜力的致动材料之一。因其价格昂贵，加工工艺性差，相变温度难以控制，大量推广应用还存在一定困难。铜基形状记忆合金的成本低(约为镍钛合金的 1/5)，但其最大可恢复应变只有 4%，存在晶粒粗大、抗疲劳性较差和形状记忆效应的时效稳定性差等缺点，其推广应用也受到很大限制。近年来，低成本(为镍钛合金的 1/10)、高强度、易冶炼加工的 Fe 基形状记忆合金受到国内外研究者的特别关注，尤以加入 Cr，Ni 后的改良耐蚀 Fe - Mn - Si - Cr - Ni 合金更是成为最近研究的热点。形状记忆合金的最大缺点是需要热源辅助工作，长期使用会产生蠕变，使用寿命有限(若干万次)。

图 2.21 所示为金属马氏体相变过程中的 4 个转变温度，即马氏体转变开始温度 M_s，马氏体转变终了温度 M_f，奥氏体转变开始温度 A_s 和奥氏体转变终了温度 A_f。在金属的马氏体相变中，根据马氏体相变和逆相变的温度滞后大小(即 $A_s \sim M_s$)和马氏体的长大方式大致分为热弹性马氏体相变(Thermoelastic Martensitic Transformation)和非热弹性马氏体相变。普通铁碳合金的马氏体相变为非热弹性马氏体相变。其相变温度滞后非常大，约为几百摄氏度。各个马氏体片几乎是在瞬间就长到最终大小，且不会因温度降低而再长大。而形状记忆合金的马氏体相变属于热弹性马氏体相变，其相变温度滞后比非热弹性马氏体相变小一个数量级以上，有的形状记忆合金只有几摄氏度的温度滞后。冷却过程中形成的马氏体会随着温度的变化而继续长大或收缩。在热弹性马氏体相变过程中，晶体中不是出现滑移形变，而是出现孪生形变，即晶体原子排列沿一个公共晶面构成镜面对称的位向关系。

形状记忆合金的独特性质源于其内部发生的热弹性马氏体相变。记忆元件随温度变化而改变形状的过程，就是材料内部马氏体相变随温度的降低和升高连续生长和消减的过程(即热弹性相变过程)。一般认为，呈现形状记忆效应的合金必须具有以下特点：①马氏体是热弹性的；②形变是通过孪生而不是滑移发生的；③马氏体是由有序的母相形成的。

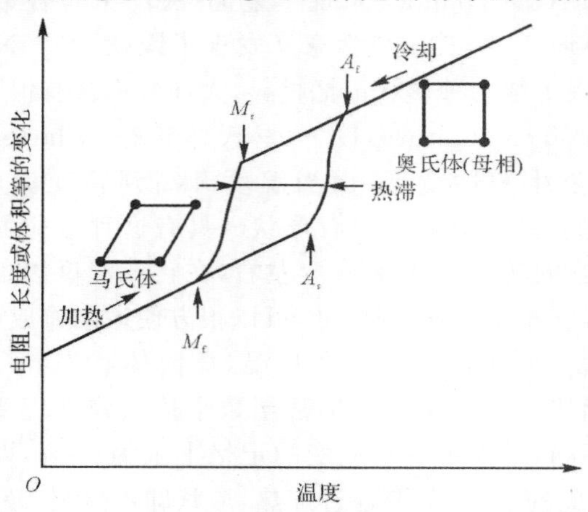

图 2.21　金属马氏体相变过程中的 4 个转变温度

M_s—马氏体转变开始温度；　M_f—马氏体转变终了温度；　A_s—奥氏体转变开始温度；　A_f—奥氏体转变终了温度

形状记忆合金在冷-热循环过程中的内部相变如图 2.22 所示。形状记忆合金的高温相(或叫作母相或奥氏体相)具有较高的结构对称性,通常为有序立方结构,如图 2.22(a)所示;在 M_s 温度以下,单一取向的高温相转变成具有不同取向的马氏体变体,如图 2.22(b)所示;当在 M_s 温度以下施加应力使这种材料变形以制成元件时,材料内出现孪生应变体之间相互吞并现象,与应力方向相左的马氏体变体不断消减,相同的则不断生长。试样不断变形直至所有变体形成可带来最大形变的对应变体,成为具有单一取向的有序马氏体的元件,如图2.22(c)所示;如再度加热到 A_s 点以上,这种对称性低的、单一取向的马氏体发生逆转变时,按照对应变体和母相之间的点阵对应关系,每个对应变体分别形成位向完全与变形前相同的母相,如图 2.22(d)所示。对应于这种微观结构的可逆性转变,元件便恢复了高温时的宏观形状。

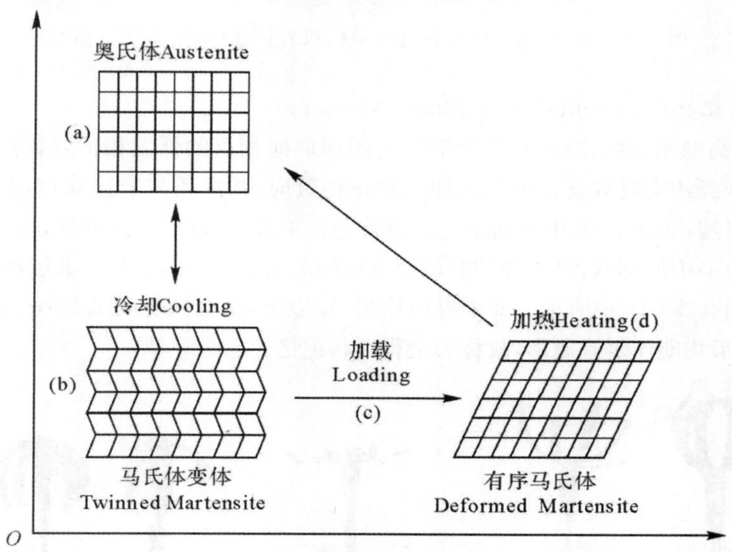

图 2.22　形状记忆合金在冷-热循环过程中的相变

根据不同的记忆功能,形状记忆合金可分为单程、双程和全程记忆效应。

1. 单程形状记忆(One Way Shape Memory)

单程形状记忆只在加热到 A_f 以上时,马氏体逆转变成奥氏体,发生形状回复的现象,显示出记忆原来形状的能力。但是当温度再次冷却到低于 M_f 时,却不能恢复到升温前的形状。以图2.23所示的形状记忆合金弹簧为例,在低于 M_f 时把压紧弹簧拉长。当将其加热到 A_f 以上时,弹簧就会收缩到原来的形状;当弹簧温度再次冷却到低于 M_f 时,压紧螺旋弹簧并不改变形状。

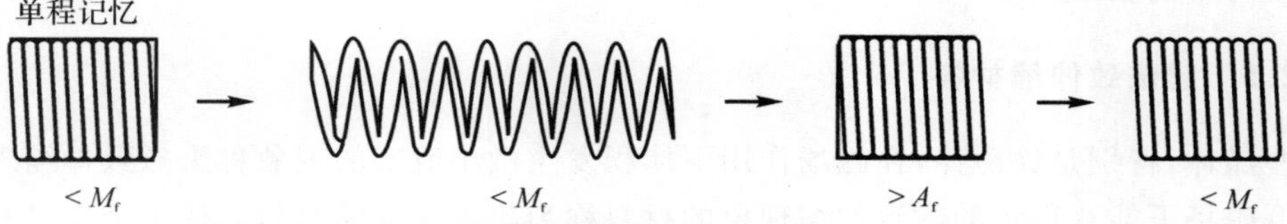

图 2.23　形状记忆合金弹簧演示的单程记忆(四川大学　赖丽)

2. 双程形状记忆(Two Way Shape Memory)

加热时恢复高温相形状,冷却时又能恢复低温相形状,称为双程记忆效应。双程形状记忆如图 2.24 所示。加热温度超过 A_f 时，压紧弹簧伸长；冷却到低于 M_f 时，它又自动收缩。再加热时，再次伸长。这个过程可以反复进行，弹簧显示出能分别记忆冷和热状态下原有形状的能力。双程形状记忆需要对合金进行一定训练后才能得到，也就是把记忆合金制作的元件在外加应力作用下，反复加热和冷却。当合金恢复到它的原来形状时，即可输出力而做功。通常可用这种合金制成各种驱动器。

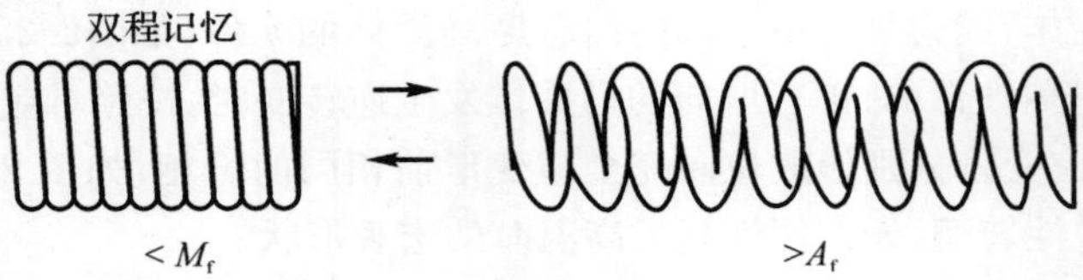

图 2.24 形状记忆合金弹簧演示的双程记忆（四川大学 赖丽）

3. 全程形状记忆（All-round Way Shape Memory）

加热时恢复高温相形状，冷却时变为形状相同而取向相反的低温相形状，称为全程记忆效应。富 Ni 的镍钛合金经约束时效就会出现这种反常记忆效应，其本质与上述双程记忆效应类似，但是变形更明显、更强烈，如图 2.25 中的演示。合金首先在 1 273 K，1 h 固溶处理，然后在奥氏体相将合金约束成图 2.25(a)中的形状，当它冷却时就会变成图 2.25(b)(c)的形状。继续冷却，形状又会向相反方向变形，如图 2.25(d)(e)所示。如果再加热至 A_f 以上，便会恢复到 2.25(a)中的原样。由于这种相反方向的变形均能恢复到原形，故称为全程形状记忆。

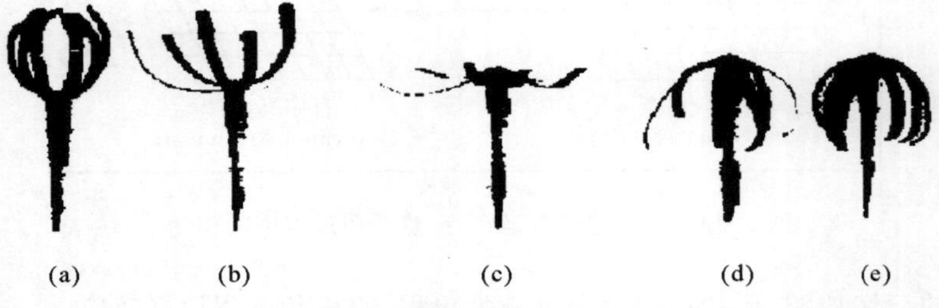

图 2.25 形状记忆合金的全程形状记忆（四川大学 赖丽）

除了形状记忆合金以外，另一类形状记忆材料是形状记忆高分子聚合物，属于弹性记忆材料。当温度达到相变温度时，材料从玻璃态转变为橡胶态，相应的弹性模量变动较大并伴随产生很大变形。随着温度增加，材料会变得柔软，容易加工变形；当温度下降时，材料逐渐硬化，变成持续可塑的新形状。

2.2.5 超磁致伸缩材料

某些晶体，特别是铁磁体，在磁场作用下体积发生微小改变的现象称为磁致伸缩现象。在室温和低磁场下能获得大的磁致伸缩现象的材料称为超磁致伸缩材料。稀土金属具有非常大的磁致伸缩性，但居里点很低。为了提高居里点，经常将稀土金属与 Fe，Ni，Co 构成金属化合物来进行研究。但这种二元系材料的磁致伸缩要求有强的磁场。为了在低磁场下获得大的磁致伸缩，Tb－Dy－Fe 系和 Tb－Ho－Fe 系等三元素材料（如 Tb0.5，Dy0.7，Fe2.0 等）已经被研制开发出来。

超磁致伸缩材料具有以下优点：

(1)变形量大；

(2)随着材料的不同，正磁致伸缩(沿外部磁场方向伸长)和负磁致伸缩(沿外部磁场方向收缩)可以变化；

(3)居里点①高(380℃)，故可在高温下使用；

(4)可以低电压驱动；

(5)因为是通过施加磁场来驱动，所以可以在高温下使用；

(6)产生应力大；

(7)磁滞损耗小，并且可调；

(8)响应速度快；

(9)磁致伸缩量的温度特性可调。

实验表明，即使超磁致伸缩材料薄膜化后，上述优点依然存在。超磁致伸缩材料在智能结构或系统中常用作传感器和执行器。压电材料、磁致伸缩材料和形状记忆合金应用在执行器中时的性能对比见表 2.10。

表 2.10　三类执行器材料的性能比较[42]

材　料	输出力	输出位移	输出频率	功　耗
压电材料	中	小	高	小
磁致伸缩材料	小	中	高	小
形状记忆合金	大	大	低	中

2.2.6　电流变体与磁流变体

电流变体 ERF(Electro - Rheologic Fluids)属于一种很有发展潜力的仿生智能材料，一般情况下呈现悬浊液状态。但其黏度可以随外加电场强度的增减而增减，并能在液态和固态之间进行快速可逆的转换。电流变液体对电压的响应时间很短，可以小于 1 ms。外加电场在电流变液体内部形成的电流密度很小，因此实际消耗功率极小。

电流变液体的悬浮液主要包括悬浮微粒分散相和分散介质，此外通常还包含有活性剂和稳定剂等。表 2.11 为典型的电流变液体的组成。

表 2.11　典型电流变液体的组成

分散相	分散介质	添加剂
SiO_2	矿物油、硅油、二甲苯	水和甘油等
SiO_2	石油馏出物、变压器油、硅油	水或水加甘油或表面活性剂
Al_2O_3	矿物油	聚丁基琥珀酸酰亚胺

① 居里点(The Curie Temperature)，又称为居里温度，是指材料可以在铁磁体和顺磁体之间改变的温度。温度低于居里点时该物质成为铁磁体，此时和材料有关的磁场很难改变；当温度高于居里点时，该物质成为顺磁体。磁体的磁场很容易随周围磁场的改变而改变。

不施加电场时，分散相粒子的正负电荷中心相重合，没有固有电偶极矩或电偶极矩为零，电流变体呈现液态；在施加电场后，分散相粒子将产生电偶极矩，并在电场方向形成连接两极的链结构，而无数条链又会交织成网状结构，从而在垂直于电场方向表现出较强的抗剪切强度，使材料的外观黏性显著增加，可呈现固体状态。当电场取消时，电流变体又可以迅速恢复成液态。

电流变体主要用于制造各种力学器件，如减震器、离合器、微执行器和液压阀等。由于响应快速、连续可调和能耗极低等优点，ERF 的广泛应用将给一些传统的液压设备、机械器件与控制系统等带来革命性的变化，同时为微机电系统与智能控制等新学科的发展注入了活力。

与电流变液体相似，磁流变体 MRF(Mageto - Rheologic Fluids)在外加磁场作用下也可以从液态向固态转变。磁流变体的分散相粒子在磁场的作用下产生磁偶矩形成链结构，从而可以显著增加材料强度。与电流变体相比，磁流变体的强度更高，其抗剪切强度可达纯铝水平，但其响应频率较低。目前，实用化的磁流变体的抗剪切强度可以达到 90 kPa。磁流变体的用途也很广，例如用于大尺寸镜头的超精密研磨，制造磁液驱动装置，制作各种传感器和执行器等。

2.2.7 有机聚合物材料

有机聚合物材料主要是高碳聚合物，包括 SU - 8 光刻胶、聚二甲基硅氧烷(Polydimethylsiloxane，PDMS)、聚酰亚胺(Polyimide，PI)、聚甲基丙烯酸甲酯(Polymethyl Methacrylate，PMMA)、聚合苯二甲基、环已烷(Hexamethydisilazane)、聚苯乙烯、压电聚乙烯二氟(Polyvinylidene Fluoride)、四氟乙烯和乳胶膜等。

1. *SU - 8 光刻胶*

SU - 8 光刻胶是 Kayaku Advanced Materials 公司(前身 MicroChem)出品的一类负性光刻胶产品。SU - 8 光刻胶是一种基于 Epson SU - 8 的树脂型近紫外光刻胶，相关资料最早见于 IBM 专利[43]。与一般的正性厚胶不同，SU - 8 光刻胶单层涂覆厚度覆盖 0.6～650 μm(见图 2.26)，多次旋涂厚度可达 2 mm。另外，SU - 8 光刻胶在光刻中对紫外光吸收率低、透射率高，固化后对 i 线(365 nm)紫外光透射率高达 97%[44]。根据所能涂覆的厚度范围主要分为 SU - 8，SU - 8 2000，SU - 8 3000 三大类(见表 2.12)，因此 SU - 8 光刻胶特别适合制备单层或多层高深宽比微结构(见图 2.27)。

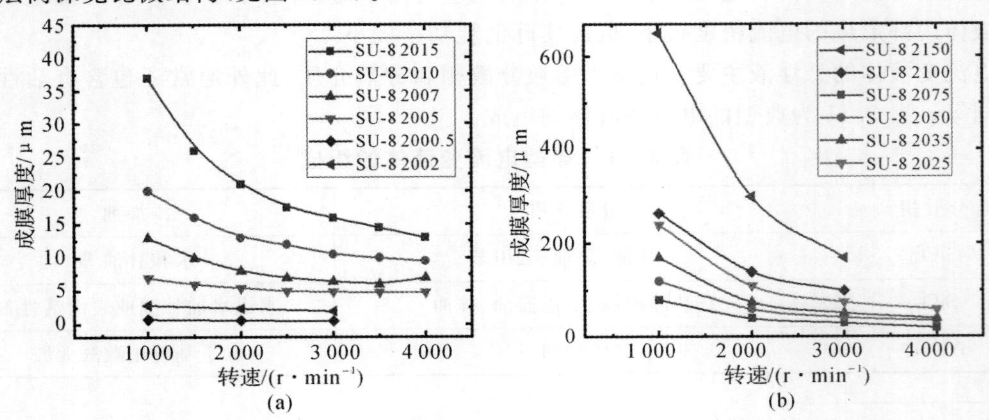

图 2.26 SU - 8 2000 系列光刻胶单层旋涂厚度与旋涂速度关系图[44]

(a)薄胶；(b)厚胶

表 2.12　SU－8 光刻胶类型及基本特性

光刻胶种类	特性	UV 波长	深宽比
SU－8	黏度范围广； 高长宽比图案； 适合制备超厚结构	365 nm	>10∶1
SU－8 2000	基材润湿改善； 热烘时间短	365 nm	>10∶1
SU－8 3000	改善基材附着力； 涂层应力低	365 nm	>5∶1

SU－8 负性光刻胶成分主要包括环氧多功能双酚 A 甲醛酚醛树脂、光酸发生剂(PAG)和其他溶剂。环氧多功能双酚 A 甲醛酚醛树脂平均含有 8 个环氧基团(见图 2.28),六氟锑酸－三甲基硫盐作为 PAG。

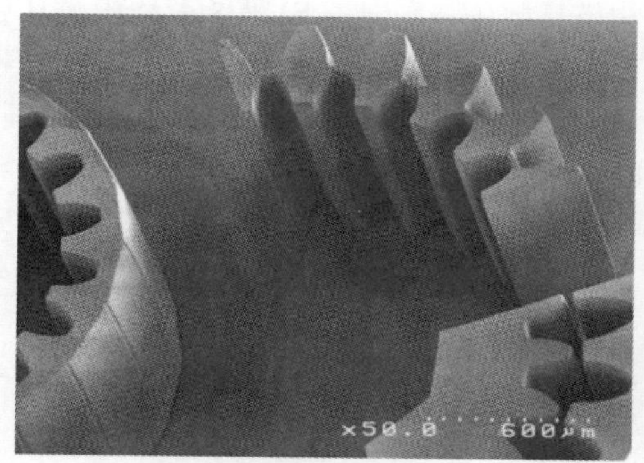

图 2.27　典型高深宽比 SU－8 微结构

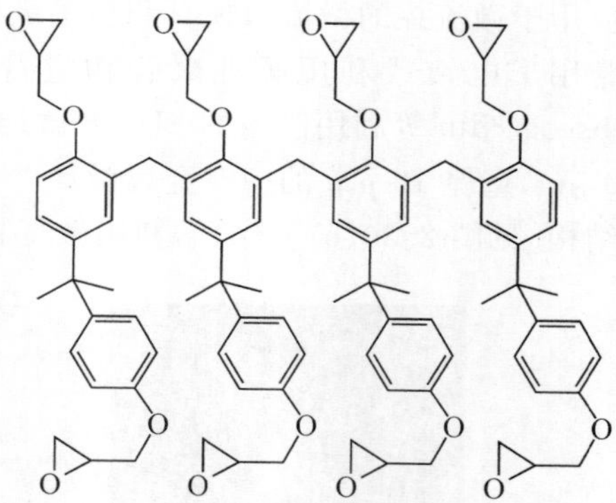

图 2.28　双酚 A 甲醛酚醛树脂分子式

基于 SU－8 光刻胶的微结构制备工艺流程如下(见图 2.29):

(1)基底预处理:SU－8 光刻胶固化后与基底的黏附力与基底本身的清洁程度有很大关系,在显影过程中,高深宽比微结构极易从含有机物或水分的基底上脱落,必须保证基底水分和有机物的彻底去除。另外,传统增黏助剂六甲基二硅胺(HMDS)对提升 SU－8 光刻胶与玻璃片基底的黏附力作用很小。

(2)旋涂:SU－8 光刻胶旋涂厚度超过 40 μm 后出现会明显的"边珠效应",影响光刻精度,应及时去边胶,保证胶面平整度。

(3)前烘:SU－8 光刻胶的玻璃化转变温度为 65℃,一般需要根据不同胶厚在 65℃ 和 95℃的高精度恒温热板上加热数分钟。

(4)曝光:在曝光过程中,曝光区域中的光催化剂会发生光化学反应,产生强酸催化剂。曝光区域的光刻胶在酸催化剂作用下发生交联反应,同分子及不同分子的环氧基团间发生反应,扩展交联成致密网络,分子量迅速增加。在显影过程中,未发生交联反应的光刻胶溶于丙二醇甲醚醋酸酯(PGMEA),留下所需的微结构。

(5)后烘:后烘是 SU－8 微结构制备的重要工艺过程。SU－8 光刻胶后烘过程中内部发生环氧基团交联反应,直接影响结构成形质量。固化后的 SU－8 光刻胶微结构(简称 SU－8 微结构)具有良好的热稳定性和化学稳定性,坚膜后耐温高达 200℃,对常见溶剂和酸碱等具有很强的抵抗力。与此同时,固化后的 SU－8 光刻胶去除困难,通常需要 RIE 工艺才能完全去除[44]。

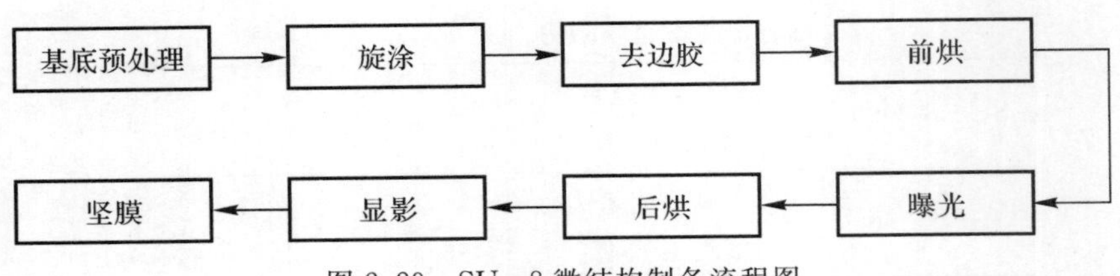

图 2.29　SU－8 微结构制备流程图

SU－8 光刻胶的应用领域主要有以下几方面:

(1)SU－8 微结构模具。SU－8 光刻胶可旋涂厚度高达 2 mm,结合 X 射线光刻技术(UV－LIGA)深宽比可达 20,固化后的 SU－8 光刻胶刚度大,是一种较为理想的模具材料,广泛应用于微流控的微流道模具和多层级特殊微结构模具制备。在制备 SU－8 微结构模具后,通常用于电镀或利用柔性聚合物进行微复制工艺制备复杂柔性三维微结构。2004 年,Kabseog Kim 等利用制备的 SU－8 微结构作为电镀模具[见图 2.30(a)(b)],最终制备出高度 400 μm,壁厚 10 μm 的中空金属微针[45]。2007 年 P. Michael 等人制备出垂直和倾斜 SU－8 微结构[见图 2.30(c)～(d)],利用微复制工艺得到了聚氨酯基柔性仿壁虎脚微结构[46-47]。

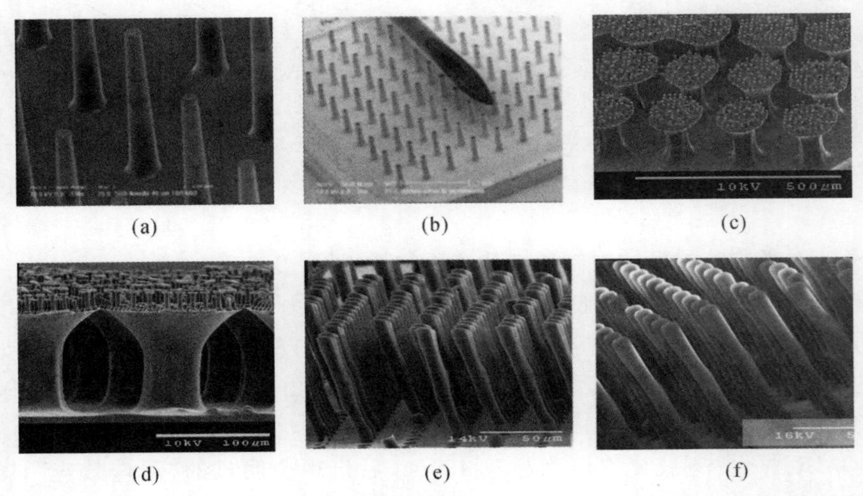

(a)　(b)　(c)　(d)　(e)　(f)

图 2.30　SU－8 微结构模具及制备得到的微结构

(a)高深比 SU－8 微针模具;　(b)电镀得到的空心金属微针;　(c)基于 SU－8 模具的多层微结构整体图;
(d)基于 SU－8 模具的多层微结构局部放大图;　(e)倾斜 SU－8 微柱;　(f)倾斜聚氨酯微柱

(2)永久性 SU－8 微结构。SU－8 微结构还可作为永久性结构、作为执行器或其他特殊结构使用,这些应用以 SU－8 微针最为典型。2007 年 H. Huang 等人利用背面曝光,通过改变掩膜与光刻胶的距离,实现光刻胶内部光强的特殊分布,在 PDMS 上制备得到 SU－8 微针[48][见图 2.31(a)(b)]。2014 年 Ki Yong Kwon 利用液滴背面曝光技术在一片柔性聚合物基底上制备出不同高度的 SU－8 微针[49][见图 2.31(c)(d)]。2018 年 Richa Mishra 等人利用激光直写技术在硅片上制备得到高 600 μm，深宽比为 5 的中空 SU－8 微针[见图 2.31(e)～(g)]，在穿破小鼠和大鼠皮肤后未出现任何破破损[50]。

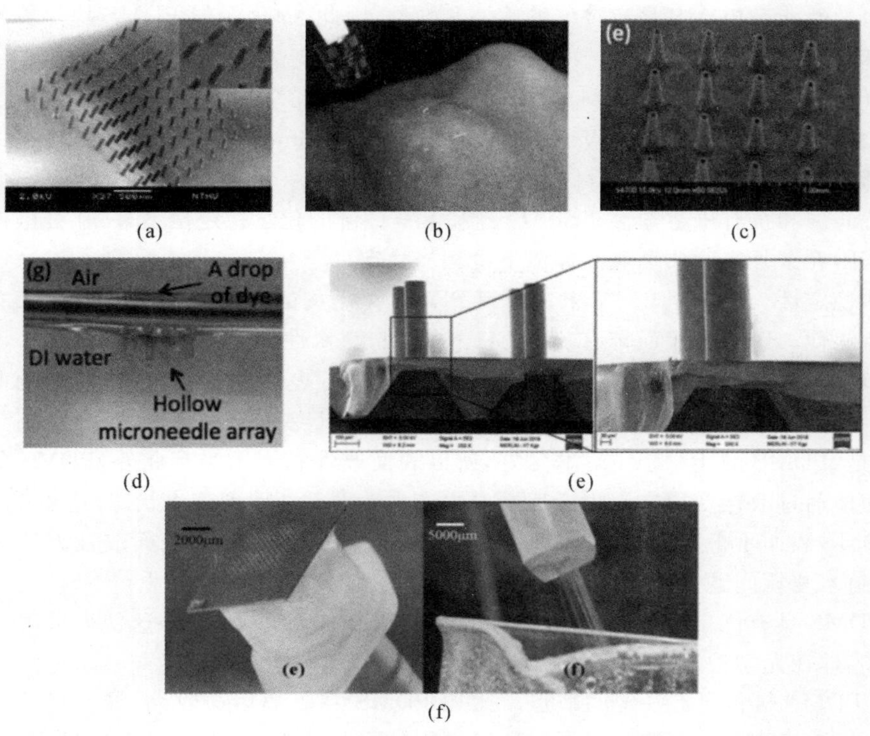

(a)　(b)　(c)　(d)　(e)　(f)

图 2.31　不同文献报道的 SU－8 微针

(a)PDMS 基底的 SU－8 微针；(b)PDMS 基底的 SU－8 微针皮肤测试；(c)液滴背面曝光制备的 SU－8 微针；(d)液滴背面曝光制备的 SU－8 微针液体测试；(e)激光直写微针；(f)激光直接微针装配及测试

2. 聚二甲基硅氧烷

聚二甲基硅氧烷(PDMS)是一种高分子有机硅聚合物，是以 Si—O—Si 为主链，硅原子上连接甲基的线型二甲基硅油，其分子式为 $(CH_3)_3O[Si(CH_3)_2O]_nSi(CH_3)_3$，分子结构式如图 2.32 所示。Si—O 键能为 451 kJ/mol，键长为 0.164 nm，Si—O 键在通常情况下是稳定的，但是在强酸强碱的作用下会断开。由于 PDMS 分子间作用力小，分子呈螺旋状结构，甲基朝外排列并可自由旋转，所以具有有机硅的一系列特性，如无色透明液体，黏度范围宽，耐高低温、耐辐射，表面张力低，压缩率高，抗氧等离子体，高绝缘性，高光泽，对材料有惰性，有化学及生理惰性等。纯 PDMS 是线性聚合物，室温下呈现出液体或半固体状态，机械强度差，用作固体材料时须将其交联以提高力学性能。交联常采用化学交联或辐射交联[交联反应是指 2 个或者更多的分子(一般为线型分子)相互键合交联成网络结构的较稳定分子(体型分子)的反应]。

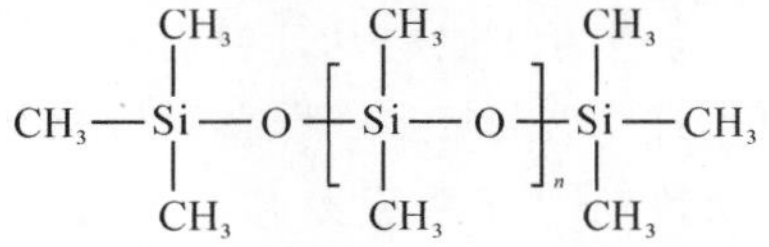

$$CH_3-\overset{CH_3}{\underset{CH_3}{\overset{|}{\underset{|}{Si}}}}-O-\left[\overset{CH_3}{\underset{CH_3}{\overset{|}{\underset{|}{Si}}}}-O\right]_n-\overset{CH_3}{\underset{CH_3}{\overset{|}{\underset{|}{Si}}}}-CH_3$$

图 2.32　PDMS 的分子结构

PDMS 有以下特点：

(1)生物相容性。由于 PDMS 本身的生物惰性和无毒性，和细胞可以有很好的生物相容性，能够大量应用于生物相关的器件中[51]。

(2)力学性能。PDMS 具有较好的柔性和弹性，因此，固化后的 PDMS 块体能够实现在微尺度表面间的充分接触。

(3)气体透过性。PDMS 材料的分子具有大量的微孔结构，极易吸附气体分子。尤其当 PDMS 材料遇到挥发性有机物(Volatile Organic Compounds，VOCs)时，会对 VOCs 分子有明显的吸附效应，引起 PDMS 材料体积上的膨胀。

(4)抗酸碱和抗有机溶剂性。Si—O 键和 Si—C 键的化学稳定性良好，在强酸碱条件下才可能被打开，在紫外光、氧、臭氧的环境下也相当稳定。

(5)热稳定性。加热至 250℃未观测到 PDMS 微结构的任何变化，热稳定性良好。

(6)疏水性。PDMS 表面带有疏水 CH_3—基团，疏水性良好。

(7)PDMS 的化学构成使其能够通过物化方法进行表面改性，得到特定的功能表面。通常情况下 PDMS 表面是疏水的，通过等离子体处理可以变为亲水性，从而应用到更为广泛的领域。但是，PDMS 的化学稳定性非常好，所以表面改性相当困难。此外，PDMS 的表面性质不稳定，即使通过改性变得亲水也会逐渐失去亲水性而重新回到疏水状态，这种现象称为疏水复原。PDMS 表面不稳定的机理至今尚未明确，截至目前，大部分表面改性方法都没有解决 PDMS 的疏水复原问题。

(8)PDMS 具有优良的透光性。可以透过波长 280 nm 以上的光，这使得采用 PDMS 制作的微流控芯片在光学检测中具有很大的优势[51]。

当然 PDMS 材料也有一定的缺点。比如 PDMS 在剥离后会收缩，导致尺寸与母模尺寸存在偏差，无法实现精确复型。此外，PDMS 是一种很柔软的材料，杨氏模量比较小，受压容易变形，因此用 PDMS 制作的微管道不耐高压，当用泵进样时如果压力过大，微流体芯片的黏合部分就会产生裂纹从而发生渗漏现象等。

PDMS 材料的大规模应用与软光刻技术(soft lithography)的出现密切相关，该技术用弹性模代替光刻中的硬模产生微形状和微结构，故而称之为软光刻。软光刻的核心是弹性印章，PDMS 则是软光刻中最常用的弹性印章。PDMS 的加工工艺主要是注模法，由哈佛大学的 whitesides 课题组最先提出[52]，其优势在于价格便宜、工艺简单且图形复制性好。PDMS 的加工工艺如图 2.33 所示，将 PDMS 预聚体与固化剂按一定比例(一般为 10:1)充分混合均匀，真空脱气后，浇注到玻璃或硅基片上，待完全交联固化后，脱模即形成了带有结构的 PDMS 基底。这种固化过程是不可逆的，再次加热时，PDMS 已不能再变软流动了。

由于 PDMS 材料本身的优良特性，PDMS 被广泛应用于微流控系统、微纳功能结构以及生物微机电系统中。

在微流控系统中，PDMS 用于制造各种微流控芯片，微阀和微泵是微流控芯片的关键器件。通过调整 PDMS 预聚物和固化剂的配比、涂覆参数等，可以制作出弹性模量可控的 PDMS 薄膜，将该薄膜与带有微沟槽的其他层基片键合在一起，可以得到薄膜泵和薄膜阀结构。Unge 等人[53]将气动致动原理与 PDMS 薄膜高弹性易形变的特征相结合，加工制作的 PDMS 气动微阀是迄今为止气动致动力在微流控芯片中最成功的应用。通过采用多层软光刻技术在 PDMS 微芯片上制作新结构气动致动 PDMS 微阀，体积微小、结构简单、控制方便可靠、易实现集成化微加工。

PDMS 具有较好的柔性和弹性，因而可以应用在不规则曲面上。由 PDMS 制备的微纳复合结构超疏水表面在防污、流动减阻、飞机防冰等领域具有广阔的应用前景。PDMS 也可用于光学领域，例如微纳光纤传感器的制造，使用 PDMS 制备的微纳结构的薄膜状基底，利用 PDMS 本身可以与二氧化硅产生永久键合的性质来实现微纳结构与光纤端面的黏合。此外，由于 PDMS 薄膜基微纳结构恰好可以满足柔性电子需要的柔性、可拉伸等基本特性，该类微纳结构在柔性电子领域获也得了极高的关注度。

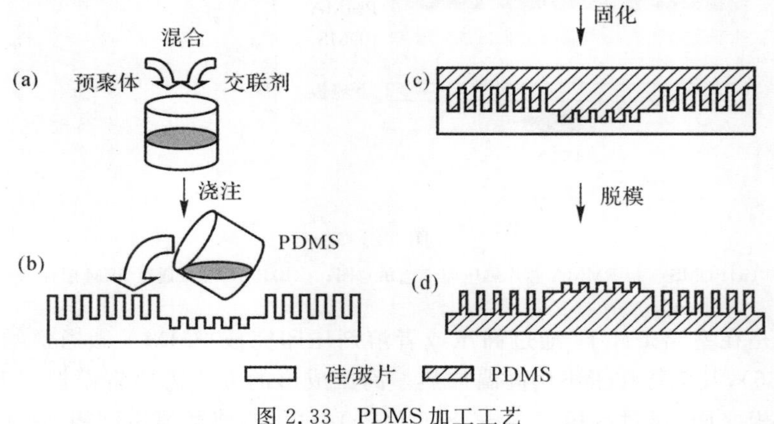

图 2.33　PDMS 加工工艺

在生物微机电系统中，相比于硅晶圆和玻璃，使用 PDMS 制造的微通道对细胞几乎没有不利影响，生物相容性佳，气体渗透性好，加之 PDMS 本身良好的化学惰性和物理性质，PDMS 材料的微机电系统在核酸研究、蛋白质分析以及细胞研究中都有着广泛的应用。

3. 聚甲基丙烯酸甲酯

聚甲基丙烯酸甲酯（PMMA），又称亚克力（英文 Acrylic）或有机玻璃。PMMA 化学式为 $(C_5O_2H_8)_n$，相对分子质量约 200 万，是长链高分子聚合物，化学结构如图 2.34 所示。

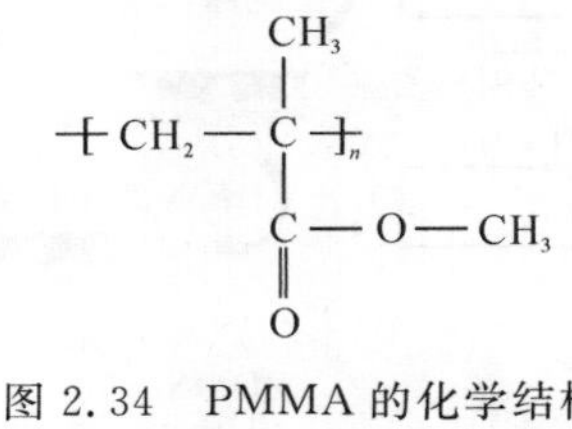

$$\left[CH_2 - \underset{\underset{\overset{\|}{O}}{C - O - CH_3}}{\overset{CH_3}{C}} \right]_n$$

图 2.34　PMMA 的化学结构

PMMA 密度为 1.19 g/cm^3，是普通玻璃（2.4～2.8 g/cm^3）的一半，熔点 130～140℃，沸点 200℃，具有良好的光学透明度且价格低廉。其聚合分子链很柔软，使得材料具有很好的韧性，在机械加工中不易破裂，具有良好的机械加工特性，有利于微芯片的批量生产。此外，PMMA 能在高温下分解为甲基丙烯酸甲酯（methyl methacrylate，MMA）进而重复使用，这使其成为制备“绿色微芯片”的理想材料，在 MEMS 领域得到广泛应用。

PMMA 在 MEMS 中通常被加工成包含微纳米槽道结构的底片。PMMA 微通道底片的加工工艺有热压印、室温压印、注塑、激光烧蚀、原位聚合、溶剂蚀刻等方法。

热压印是应用最为广泛的 PMMA 微通道加工工艺[54]。热压印系统有一个固定上热板和一个可移动下热板,热压印过程中:①将 PMMA 平板与带有微流控芯片槽道结构的硅基、金属基或者 PDMS 模板一起固定于上热板,此时,热压印系统温度高于 PMMA 的玻璃化温度(~105℃),且处于高真空状态以避免形成气泡;②当 PMMA 与模板加热至目标温度后,以一个恒定的压印力将下热板推至 PMMA 处,并维持约 15 min;③其后,在约 5 min 内将压印系统温度降至室温,并剥离下热板;④从模板上分离 PMMA 底片,该底片即带有相应的微通道结构(见图 2.35)。

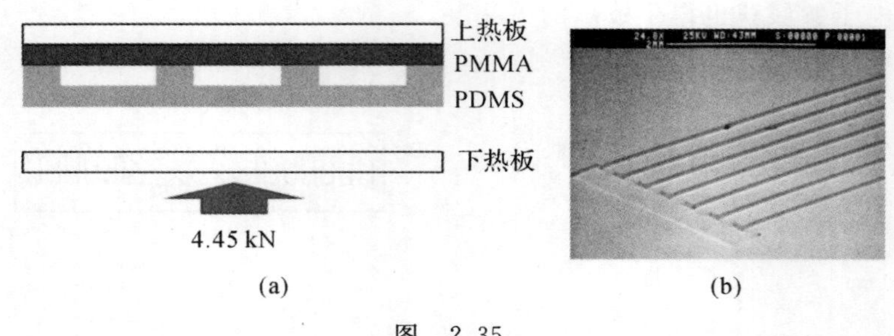

图 2.35

(a)PDMS 模板 PMMA 芯片热压印工艺示意图; (b)PMMA 微通道 SEM 照片[54]

室温压印是在室温条件下,通过高压或者溶剂压印完成 PMMA 微通道结构成形的一种工艺(见图 2.36),其优势在于不用高温加热。高压成形的方式需要将模板与 PMMA 底片一起夹于金属平板之间,通过高压(3.1~18.6 MPa)挤压,构建微通道结构,这一加工方式的重复性好[55]。溶剂压印通过将溶解于溶剂的 PMMA 旋涂于带有微纳米结构的 PDMS 模板上,然后对其进行氧等离子体处理,完成表面改性后与硅片结合,剥去 PDMS 模板,即得到 PMMA 微纳结构[56]。此外,也可以通过溶剂软化 PMMA 平板表面后采用模板压印的方式完成构型。

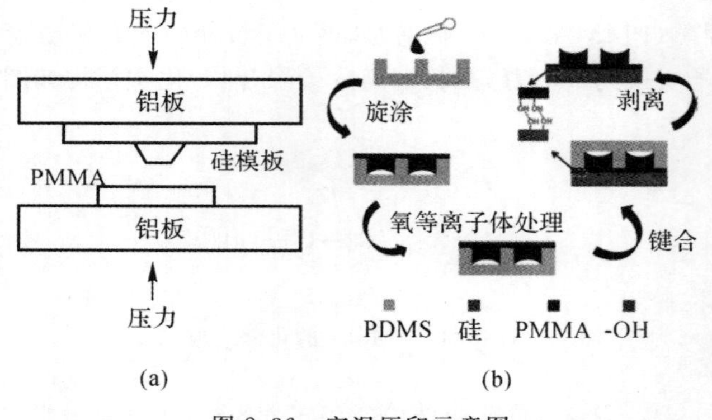

图 2.36 室温压印示意图

(a)高压压印[55]; (b)溶剂压印[56]

注塑成形采用颗粒状 PMMA,将其熔化后,在高压下注入插有硅基或金属基模板的腔中;然后冷却模板,脱模,即完成微通道构型[57]。注塑过程通常耗时几分钟。

激光烧蚀采用高能激光束破坏 PMMA 聚合物分子,烧蚀出所要的微纳米结构[58]。激光划片机通常包含一个激光器与一个 $X-Y$ 坐标台。$X-Y$ 坐标台上面安装 PMMA 底片,通过调节 X、Y 坐标控制激光器的行进路径与烧蚀深度,加工出预先用 CAD 软件绘制的结构。激光烧蚀的一个缺点是深度方向多为锥形或弧形结构，难以加工出垂直的槽道（见图 2.37）。

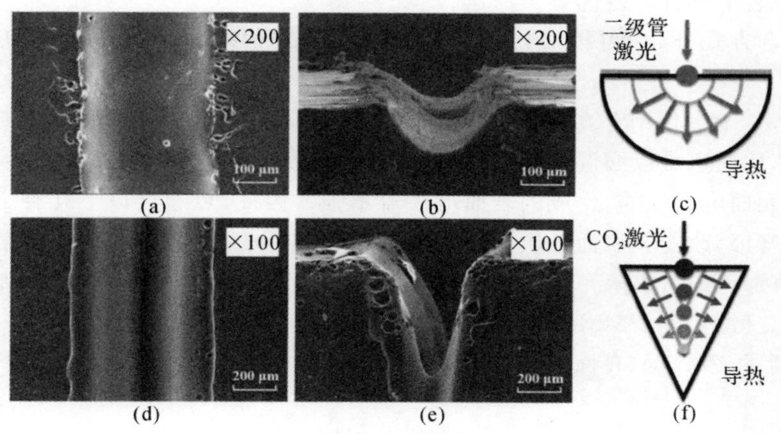

图 2.37　激光烧蚀 SEM 照片与示意图

(a)～(c)二极管激光烧蚀；　(d)～(f)CO_2 激光烧蚀[58]

原位聚合是在紫外光或热辅助下，通过模具中 MMA 的原位聚合加工 PMMA 芯片微纳米结构的方法。例如，将含有安息香乙醚和 2－2′-异丁腈的 MMA 置于水浴中进行预聚合（～15 min），形成黏性预聚合物溶液，其后置于无光冷环境（～4℃）中保存；加工微纳结构时，将该黏稠溶液置于模板与 PMMA 平板之间，在紫外光照射下，挤压完成构型。整个过程在常温下进行，耗时 30 min[59]。此方式加工成本低，有望用于即弃型 PMMA 芯片的制造。

溶剂蚀刻采用溶剂辅助的方式完成 PMMA 微纳结构加工。可以预先在 PMMA 底片上制作出图案化的槽道结构涂层，控制刻蚀溶剂（例如，丙酮与乙醇的混合物）流路，由溶剂刻蚀出目标微结构；也可以将 PMMA 溶解于溶剂中，其后旋涂于模板上，完成构型[60]。

加工出的微通道结构是开放的，在很多场合还需要与盖片键合，完成封装。一般有以下 5 种键合方式。

(1)热键合。热键合广泛应用于 PMMA 芯片的封装中。通常，将 PMMA 微通道与盖片组合后，置于高温烘箱中加热至 PMMA 的玻璃化温度（105℃）之上实现键合[61]。但玻璃化之后的 PMMA 微通道在温度或压力波动时容易发生变形，影响芯片性能。通过在 PMMA 表面涂抹热塑性弹性体可以将热键和温度降至 105℃以下，能够有效解决这一问题[62]。

(2)溶剂键合。采用有机溶剂（例如，乙醇、异丙醇等）软化 PMMA 表面，实现底片与盖片的结合[63-64]。溶剂键合在室温下完成，可以避免热键合中温度、压力波动对微通道结构的影响，封装强度较高。

(3)表面改性键合。通常使用氧等离子体或紫外臭氧处理等方法在 PMMA 表面形成氢氧基等基团并增加其表面能。同溶剂键合类似，此方式能够降低键合所需的温度和压力，同时保持微通道形貌不变。

(4)聚合键合。源于原位聚合加工，将预聚合的 MMA 涂抹于 PMMA 盖片，然后用夹子将其与 PMMA 底片组装固定，放入烘箱中烘烤后完成键合，此方式的结合面光滑，键合效果好[65]。

(5)微波键合。通过微波将两个 PMMA 板之间的金属（例如，金）或聚合物（例如，导电聚苯胺)涂层熔化,黏合上下板,实现键合[66-67]。PMMA 对微波基本透明,因此微波键合在 PMMA 芯片封装中具有一定优势。

除以上键合方式外,还可以通过环氧胶、压敏胶带、PDMS 薄膜等实现 PMMA 的键合封装。

尽管 PMMA 在 MEMS 领域应用广泛,但其发展仍然受到自身性质的限制。PMMA 表面疏水性强,芯片通道难以润湿且会吸附疏水性样本,极大地限制了其在疏水性分析物方面的应用;此外,其表面电荷较弱,生成的表面电渗流不强。因此,可通过以下几种方式对 PMMA 通道进行表面修饰,改变其表面性质,以拓展 PMMA 芯片的适用范围,提升芯片性能。

(1)共价修饰。通过氨解等化学或光化学反应的方式将涂层材料(例如,氨基、十八烷基等基团,酶,聚乙二醇等)与 PMMA 表面结合,改变 PMMA 的亲疏水性与生物兼容性。通过溶胶-凝胶修饰后的 PMMA 表面的接触角大幅下降,电渗流强度得到了显著提升,如图 2.38 所示[68]。

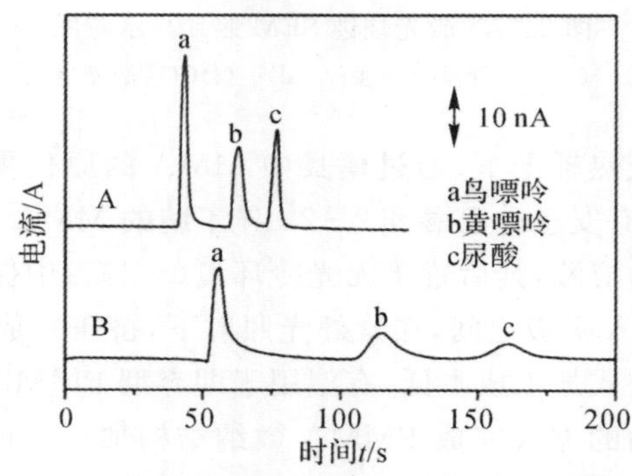

图 2.38 PMMA 通道内鸟嘌呤、黄嘌呤与尿酸混合溶液的电泳图[68]

A—PMMA 芯片; B—溶胶-凝胶修饰后的 PMMA 芯片

(2)动态涂层。通过在缓冲液中溶解带正负电荷的表面活性剂或亲水性中性聚合物来进行 PMMA 表面修饰。涂层种类多种多样,且不会永久附着于通道壁面。Lin 等人[69]对 DNA 分离 PMMA 芯片进行了动态涂层修饰,测试了多种动态涂层材料,发现 PEG 涂层能够有效减少 DNA 与 PMMA 表面之间的相互作用。

(3)主体修饰。通过在芯片成型过程中添加修饰物来改变芯片通道性质,达到芯片修饰的目的。例如,在常压模塑的过程中添加特殊的共聚单体以此来改变微通道的表面性质[70]。这一方式可以引入羧基、硫基和氨基等基团,显著改变通道表面的电渗流强度、pH 值等参数,稳定性高,且将表面修饰与微通道成形合成为一步,有利于 PMMA 微芯片的批量化推广应用。

PMMA 在微流控芯片领域应用最为广泛,涉及各类生物、化学检测,例如生物细胞、DNA、蛋白质(氨基酸)、糖类、嘌呤、化学污染物、神经毒素、离子等。Xun 等人开发的航天用微流式细胞仪即采用了 PMMA 微流控芯片,包括全血样本预处理芯片与细胞检测芯片[71]。预处理芯片由精雕机在 PMMA 底片上加工出微通道结构;经异丙醇超声清洗及去离子水冲洗后,放入烘箱中做退火处理,去除机械加工应力;然后采用热键合的方式将底片与盖片结合在一起,完成芯片封装。此预处理芯片可以自动完成全血样本的定量取样,以及与红细胞裂解液及荧光抗体的均匀混合,完成样本预处理(见图 2.39)。

图 2.39　PMMA 全血样本预处理芯片[71]

检测芯片采用基于泊松过程的无鞘流通道聚焦方式使目标细胞通过检测区，进行细胞识别与计数。为保证检测精度，检测区通道截面积仅 50 μm × 50 μm，机械加工无法满足精度要求。因此，检测芯片采用热压的方式进行加工，加工出的通道结构如图 2.40 所示。芯片封装采用表面改性键合的方式完成。将清洗、退火处理后的 PMMA 底片与盖片放入氧等离子体清洗机中（～1 min）进行表面改性；取出后，对准、压合，放入热压机（80℃，8 kN）完成键合。

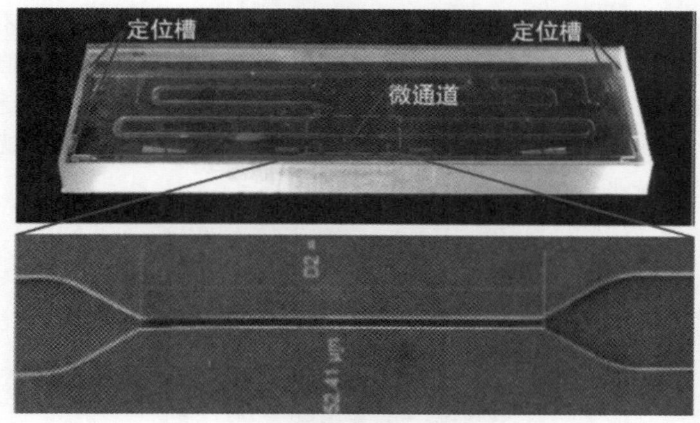

图 2.40　热压出的检测芯片微通道结构与封装后的检测芯片[71]

PMMA 具有成本低、耐腐蚀、光学性能优异、生物兼容性好、易于加工等优点，在微流控芯片领域应用广泛，可用于即弃型、可回收微流控芯片的开发，有助于促进微流控芯片的产业化发展。

4. 聚酰亚胺

20 世纪随着军事、航空航天工业的发展，对长期耐高温高分子材料的需求越来越大，聚酰亚胺（PI）随之诞生，并凭借优秀的综合性能从众多高分子材料中脱颖而出。聚酰亚胺是一类高分子链状聚合物的统称，分子基本特征为主链上含有亚胺环（—CO—N—CO—），结构简图如图 2.41 所示。由于聚酰亚胺分子中具有稳定性较高的芳杂环结构，所以表现出区别于其他高分子材料的优异性能[72]，如拥有其他高分子材料难以企及的耐高低温范围，具有良好的介电性能、机械性能、化学稳定性，且这些优异性能受温度变化影响较小。

聚酰亚胺材料按物理性质可分为缩合型、热塑型和热固型三大类。缩合型聚酰亚胺是最常见的种类，耐热性极好，不溶不熔，但是可加工性不高。随后出现的热塑型聚酰亚胺允许在加热条件下进行二次加工，一定程度上克服了缩合型聚酰亚胺难以后期加工的缺点。缩合型和热塑型聚酰亚胺由于在制备过程中会释放水，容易使已加工完成的制品出现缺陷，在质量要求高的 MEMS 加工领域应用受限。热固型聚酰亚胺不涉及上述问题，所以在 MEMS 领域备受重视，主要是通过改变单体材料，使其在制备过程中不释放水等副产物。常见的热固型聚酰亚胺有降冰片烯封端的聚酰亚胺(NTI)、双马来酰亚胺(BMI)、乙炔封端的聚酰亚胺(ATI)、苯丙环丁烷封端聚酰亚胺(BCBTI)等。

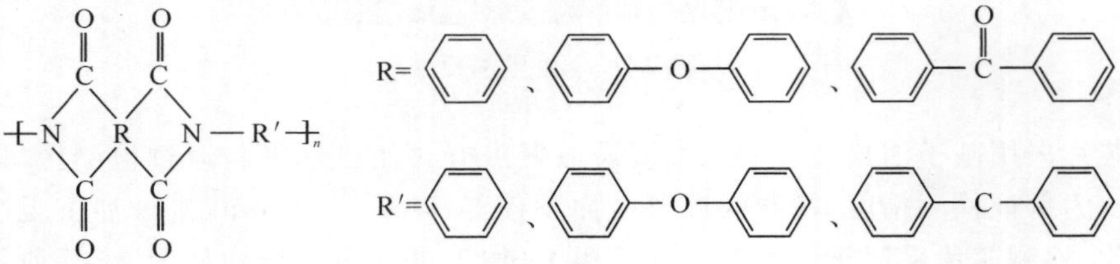

图 2.41 聚酰亚胺结构式

聚酰亚胺最主要的特点就是耐高低温。对全芳香聚酰亚胺，其热分解温度在 500℃左右，部分产品能超过 600℃。聚酰亚胺也可耐受极低温，其在 −269℃液氮中仍不会脆裂。聚酰亚胺还具有很高的耐辐照特性，其薄膜在经过 5×10^9 rad 剂量辐射后其强度能保证在 86%。因为其较为宽泛的温度耐受性以及良好的耐辐射性能，聚酰亚胺薄膜制品广泛应用于航空航天工业，例如卫星蒙皮、航天用太阳能电池底板等。图 2.42 所示的标注部分就是阿波罗登月飞船表面使用的大量聚酰亚胺薄膜为飞船提供防护。

图 2.42 阿波罗登月舱表面覆盖的聚酰亚胺薄膜

聚酰亚胺的介电性能很好，介电常数一般为 3.4 左右，通过引入氟元素可降低为 2.5 左右，介电强度为 100～300 kV/mm，且这些电学性能在较宽温度范围仍能保持在较高水平。作为一种良好的绝缘材料，聚酰亚胺被广泛应用于电子工业中，柔性电子发展迅速也是离不开聚酰亚胺的贡献。图 2.43 所示是一种以聚酰亚胺为基底和绝缘层的柔性压力条带和一种聚酰亚胺为基底的热膜传感器。

聚酰亚胺还有很好的机械性能，均苯型聚酰亚胺的薄膜(Kapton)的抗张强度为 170 MPa，而联苯型聚酰亚胺(UpilexS)的抗张强度可达到 400 MPa。聚酰亚胺纤维的弹性模量可达 200 GPa[75]，据理论计算，由聚酰亚胺合成的纤维弹性模量可达 500 GPa，仅次于碳纤维，固常作为防弹防火织物的原材料。图 2.44 所示是工业中常见的黄色聚酰亚胺纤维和薄膜。由聚酰亚胺纤维制成的复合材料也常用于航空工业，例如美国超声速客机计划设计马赫数为 2.4，飞行时表面温度 177℃，据报道已确定 50%的结构材料为以热塑型聚酰亚胺为基体树脂的碳纤维增强复合材料。

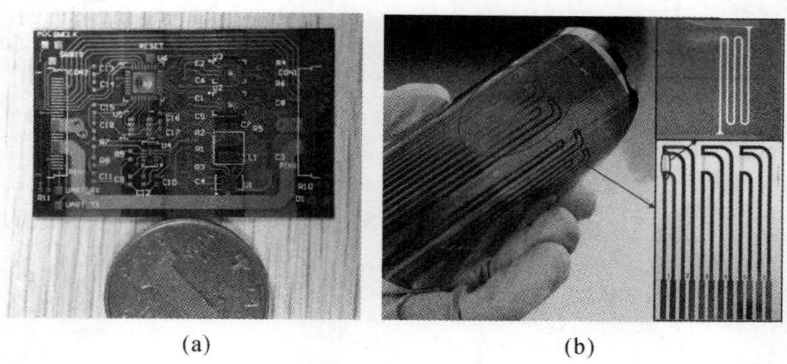

(a) (b)

图 2.43

(a)柔性压力条带； (b)聚酰亚胺基底的热膜传感器[73-74]

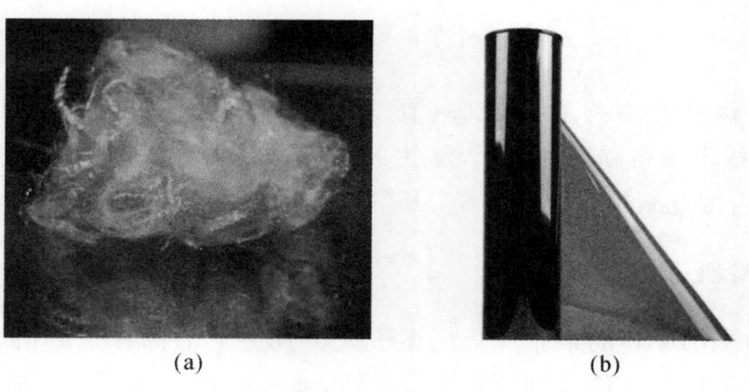

(a) (b)

图 2.44

(a)聚酰亚胺纤维； (b)聚酰亚胺薄膜

聚酰亚胺无毒，生物兼容性高，适合制造餐具及医疗用品。因为其良好的生物兼容性，目前较多柔性医疗器件选择聚酰亚胺作为器件基底材料。图 2.45 所示是一种使用聚酰亚胺作为基底材料的脑深部刺激电极的平面展开图[76]。

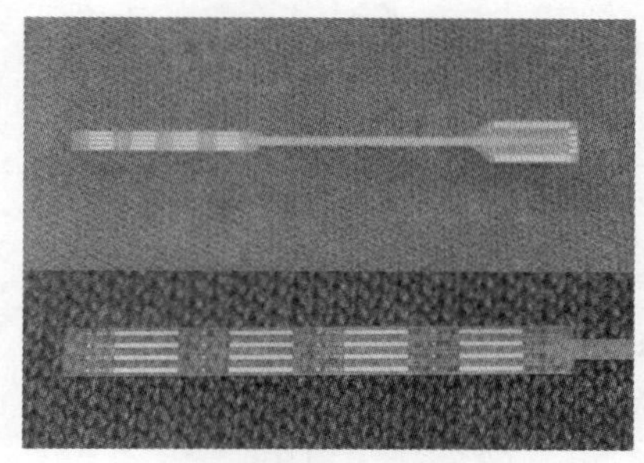

图 2.45 一种聚酰亚胺基底的脑电极[76]

常用的聚酰亚胺品种化学稳定性较高，不溶于有机溶剂，耐稀酸，但不耐水解。但不耐水解这个特点却能被用于回收聚酰亚胺的原料[77]，聚酰亚胺碱性条件水解反应式如图 2.46 所示，其产物为其制备原料的二酐和二胺。对于 Kapton 薄膜，其回收率可高达 80%以上。

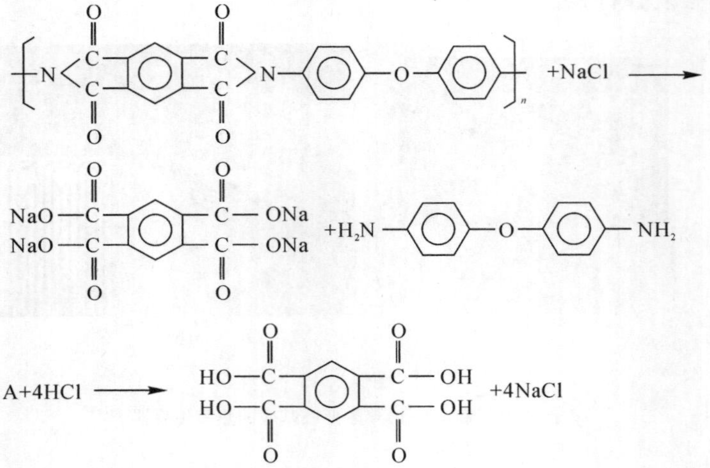

图 2.46　聚酰亚胺水解反应式[77]

由于聚酰亚胺优异的性能，除了薄膜、泡沫、纤维类制品外，还可以应用于智能制造领域，尤其是在 3D 打印技术中备受关注[78]。聚酰亚胺不论是作为结构材料还是功能性材料，都具有巨大的应用前景，因此聚酰亚胺的研究、开发及利用都愈加广泛。

2.2.8　纸基材料

以植物纤维为基础原料的纸张广泛应用于人类社会生活的各个方面，如书籍、包装、装饰和医疗等领域。造纸用的植物纤维原料来源广泛，通常取自木材、麦草、棉花、稻草和麻等。这些纤维素纤维之间通过羟基间的氢键结合力以无序或有序排列方式组合形成纸张[79]。因其材料组成和结构特点，纸基材料具有以下优点[80,81]：

(1)成本低廉。相比之下纸张来源更丰富，其价格远低于硅、玻璃/石英和高分子聚合物等材料；

(2)可通过简单方式实现功能化。以纸芯片为例，纸张可通过光刻、喷墨打印、凹版印刷、柔板印刷等方式制作二维(2D)纸芯片[82]，或通过简单的折纸或多层制片叠加的方法制作三维(3D)纸芯片，其加工成本远低于传统微流控芯片[81]；

(3)更易于微型化、便携化。纸张薄(0.07～1 mm)、质地轻、柔性良好，可折叠、弯曲，便于保存、运输和卷对卷制造；

(4)独特的纤维网状多孔结构，使其具有良好的吸收性、透气性和毛细管效应；

(5)生物兼容性好。纸张的主要成分是纤维素，具有良好的生物兼容性，可以在其表面固定酶、蛋白质和 DNA 等生物大分子；

(6)环境友好，可生物降解，也可回收循环利用。

这些优点使其在微机电系统领域受到了普遍关注。早在 20 世纪 50 年代，J. P. Comer[83] 就曾利用纸基材料首次制造了尿糖半定量检测器，这对便携式医疗诊断器件的发展具有重要的启蒙意义。目前以纸基材料为基础的电子器件如传感器[84,85]、微流控纸芯片[81,86]、纸基驻极体发电机[87,88]、可折叠印刷电路板[89]、柔性超级电容器[90]等相继被开发出来。

哈佛大学的 J. Lessing 等人通过喷墨印刷的方式制备了以氟烷基纸张（fluoroalkylated

paper)作为衬底材料的 MEMS 偏转传感器,其实物如图 2.47 所示[85]。较之传统的硅、玻璃、陶瓷或聚合物高分子材料,纸基衬底材料的使用,使得该器件具有良好的可折叠性、柔性、质量轻、成本低和可透气的优点,而且该器件后续处理简单,对环境友好。但采用纸张衬底的 MEMS 结构加工精度和可靠性还需进一步提升。

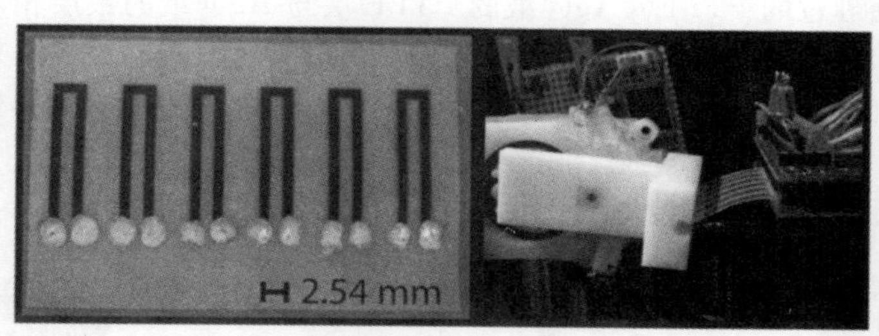

图 2.47　利用喷墨打印机制备的基于康松牛皮纸的 MEMS 偏转传感器(左图) MEMS 传感器的实际装置图(右图)[85]

日本庆应义塾大学的 T. G. Henares 等人利用全喷墨印刷方法制备了一款微流控纸基分析器件[86]。该器件的全喷墨印刷制备流程如图 2.48 所示,研究人员使用压电和热驱动台式喷墨打印机,依次沉积了用于制版的紫外固化墨水、用于固定指示剂的聚合物纳米颗粒、显色离子指示剂和不同样品的预处理墨水溶液,最终开发出基于液滴滑流的液体传输全喷墨打印微流控纸基分析器件。该器件优化的通道宽为 2 mm,高为 110 μm,可利用比色法实现特定金属离子的检测(如 Zn^{2+},Cu^{2+} 和 Fe^{2+})。其比色反应结果短短 5 分钟就可获得,这主要得益于纸基材料的使用。纸张中多孔纤维素的润湿层可以自发诱导液体样品流到多通道微流控纸基分析器件的表面,并且亲水的纤维素上沿着所制通道的液体流动是横向毛细管流动和液体滑移流动的总和,这使得液体样品可以快速分布到多个传感区域,从而实现了液体样品的快速检测。

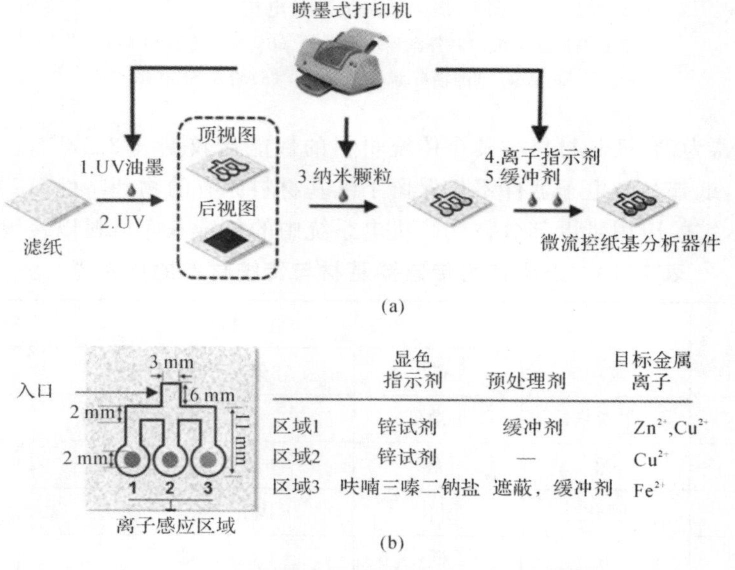

图 2.48　微流控纸基分析器件的全喷墨印刷制备

(a)全喷墨印刷制备流程示意图;　(b)器件实物尺寸展示和喷墨印刷条件汇总[86]

国内华中科技大学的周军教授等人[88]设计和制备了一款基于纸基的纳米发电机，其制备流程见图 2.49(a)。研究人员首先利用热蒸发镀膜工艺在普通打印纸上制备一层银，形成如图 2.49(b)所示的银纸(Ag@纸)结构。随后在 Ag@纸上旋涂聚四氟乙烯(PTFE)涂层，制成PTFE@Ag@纸，其结构见图 2.49(c)和(d)。再将 PTFE@Ag@纸依次通过热固化和电晕极化处理。最后将处理过的 PTFE@Ag@纸的 PTFE 层与 Ag@纸的银层相对组装成拱形的纳米发电机(见图 2.49)。该器件可收集外部机械能，其瞬时功率高达 90.6 μW cm^{-2}，足以点亮70 个 LED。因其以纸张作为基础材料，该器件还呈现出成本低、质量轻和环境友好等优点。

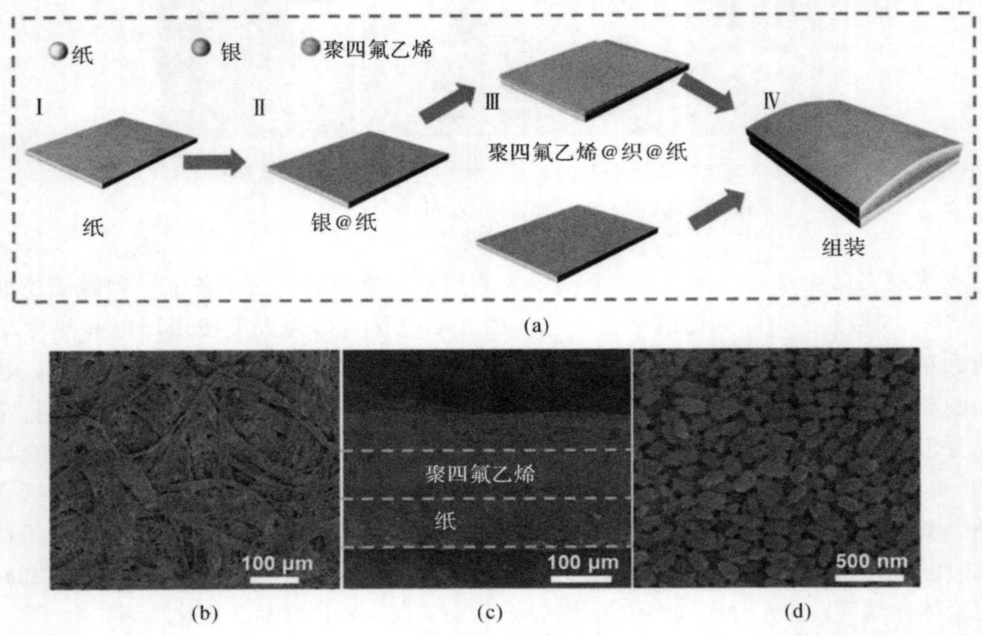

图 2.49　纸基纳米发电机

(a)纸基纳米发电机的制备流程示意图；　(b)Ag@纸的 SEM 图；
(c)PTFE@Ag@纸的横截面 SEM 图；　(d)俯视 SEM 图[88]

以纸基传感器为例，纸基材料与其余传统材料的性能比较见表 2.13[80]。总的来说，由于纸基材料的特性，纸基微纳电子器件不仅保留了纸基材料原有的物理特性，还具备了许多薄膜塑料基材的性能，它的应用可以部分替代微机电系统中的传统基底材料以缓解生态问题。

表 2.13　纸张作为传感器基材与传统材料的比较[80]

性　质	材　料			
	玻璃	硅	聚二甲基硅氧烷	纸
面轮廓度	非常低	非常低	非常低	中等
柔性	无	无	有	有
结构	固化	固化	固化、气体可渗透	纤维状
比表面积	低	低	低	高
液体流动方式	强迫流动	强迫流动	强迫流动	毛细作用

续表

性　质	材　料			
	玻璃	硅	聚二甲基硅氧烷	纸
对水分的敏感性	无	无	无	有
生物兼容性	有	有	有	有
可弃性	无	无	无	有
可生物降解性	无	无	一定程度可降解	有
高通量生产	可以	可以	不可以	可以
功能化难度	困难	中等难度	困难	容易
空间分辨率	高	非常高	高	低～中等
材料同质性	有	有	有	无
价格	中等	高	中等	低
初始投资	中等	高	中等	低

2.3　力学基础

微机电系统的一些结构本质上就是一些微尺度的机械元件，如齿轮、弹簧和梁等。掌握和使用传统的固体力学和流体力学知识，并将其进行一定的修正以适应微小结构，是进行微机电系统设计的基础。本节将介绍梁、阻尼和机械振动系统中的基本设计公式。

2.3.1　微梁

如图 2.50 所示，由于微加工工艺无法制作复杂的三维结构，在宏观尺度下常见的螺旋弹簧是很难在微尺度下实现的。微机电系统需要用到弹性支撑的时候，通常是采用微梁来代替弹簧，如果需要较大的柔性，则将微梁制成如图 2.50(b)所示的往复曲折的蛇形，以保证在有限的面积内得到较大的柔性。一般来说，微机电器件中常用的微梁有 4 种，如图 2.51 所示，分别是悬臂梁、蟹臂梁、折叠梁和蛇形梁。

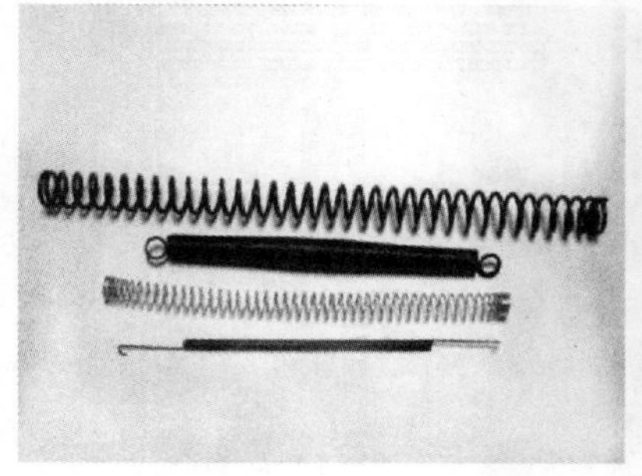

(a)

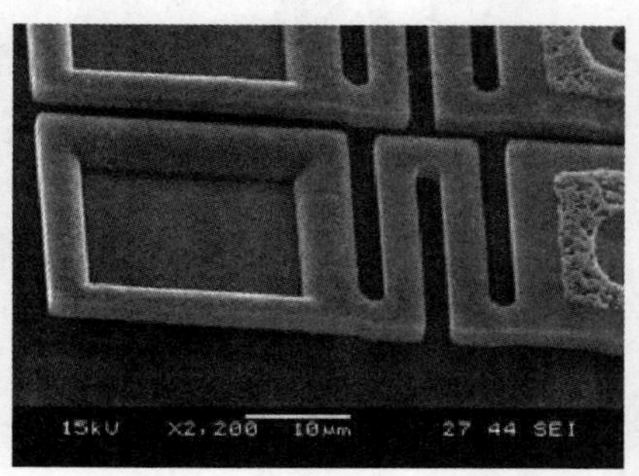

(b)

图 2.50　宏观尺度下的弹簧和微观尺度下的“弹簧”

(a)弹簧；　(b)蛇形梁(图片来自西北工业大学)

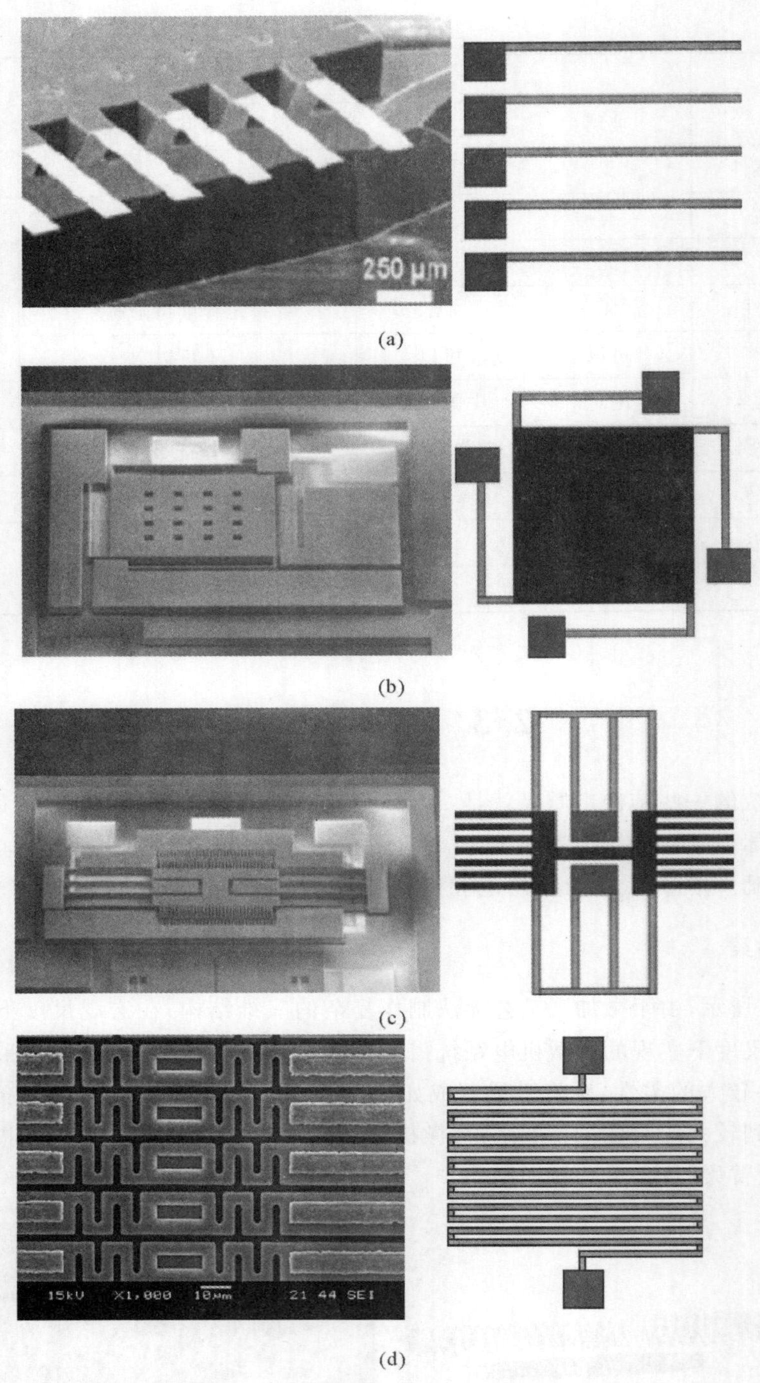

图 2.51 微机电系统中几种常用的微梁

(a)悬臂梁； (b)蟹臂梁； (c)折叠梁； (d)蛇形梁

1. 应力与应变

如图 2.52 所示，当长度为 l_0 的悬臂梁在受到轴向外力 F 产生拉伸变形 δl 时，悬臂梁内部

的应变为

$$\text{strain}=\frac{\delta l}{l_0}=\varepsilon \tag{2.26}$$

应力为

$$\text{stress}=\frac{F}{A}=\frac{F}{ab}=\sigma \tag{2.27}$$

式中，A 是悬臂梁的截面积；a 是悬臂梁的横截面高度；b 是横截面宽度。应力和应变之间的关系是

$$\sigma=E\varepsilon_x \tag{2.28}$$

式中，E 是材料的拉伸弹性模量。综合式(2.26)、式(2.27)和式(2.28)，根据胡克定律，可知悬臂梁轴线拉伸变形的弹性系数为

$$k=\frac{F}{\delta l}=\frac{\sigma A}{l_0\varepsilon_x}=\frac{EA}{l_0} \tag{2.29}$$

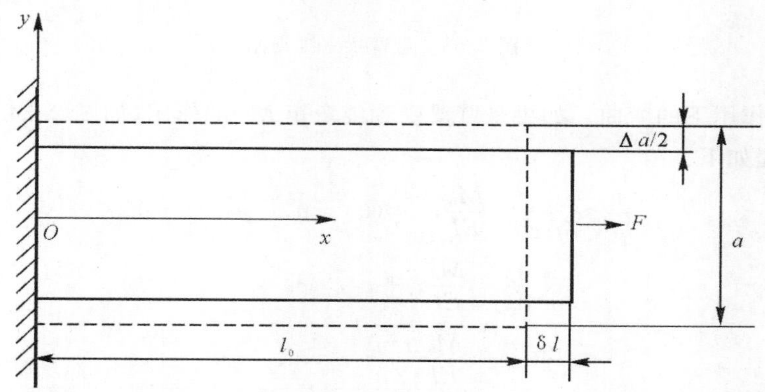

图 2.52　悬臂梁的轴向变形

2. 泊松比

如图 2.52 所示，在受到外力拉伸时，悬臂梁长度变长的同时，其高度和宽度也同时减小。泊松比(Poisson's Ratio)给出了某一方向上应变与其所引起的正交方向上应变之间的对应关系，其定义为

$$\varepsilon_y=\frac{\delta a}{a}=-\upsilon\,\varepsilon_x \tag{2.30}$$

即泊松比是 y 方向上的横向应变与 x 方向上的轴向应变的比值，其表达式为

$$\upsilon=-\frac{\varepsilon_y}{\varepsilon_x} \tag{2.31}$$

式中，负号表示轴向与横向的应变符号相反。

3. 悬臂梁的弯曲

悬臂梁是 MEMS 结构中经常用到的支撑梁。图 2.53 是一个长度为 l，高度为 a，宽度为 b 的悬臂梁的三维视图。

悬臂梁在弯曲时，其所受到的弯矩与在此弯矩作用下悬臂梁变形的曲率半径之间满足如下关系：

$$\frac{1}{\rho}=\frac{M(x)}{EI(x)} \tag{2.32}$$

式中，ρ 是曲率半径；$M(x)$是弯矩；$I(x)$是绕 z 轴的转动惯量，由下式定义：

$$I(x)=\frac{ba^3}{12} \tag{2.33}$$

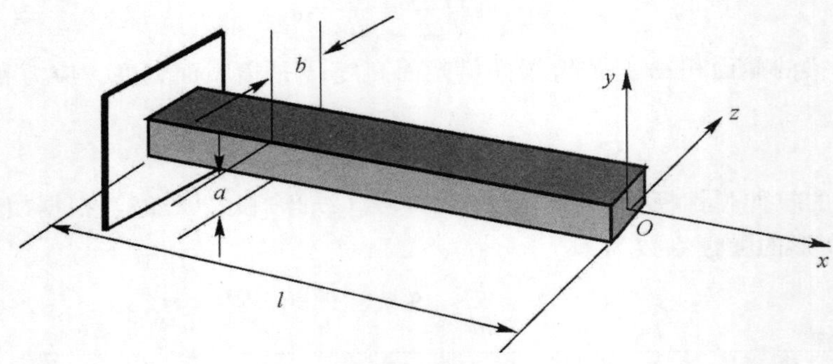

图 2.53　悬臂梁三维视图

(1)纯弯矩作用下的弯曲。如果悬臂梁受到纯弯矩 M_0 的作用，如图 2.54 所示，求解方程式(2.32)的过程如下：

$$\frac{1}{\rho}\approx\frac{\mathrm{d}^2y}{\mathrm{d}x^2}=\frac{M_0}{EI},\quad y(0)=0,\quad y'(0)=0$$

$$\frac{\mathrm{d}y}{\mathrm{d}x}=\frac{M_0}{EI}x+c_1,\quad c_1=0$$

$$y(x)=\frac{M_0}{EI}\frac{x^2}{2}+c_2,\quad c_2=0$$

$$\theta(x)=\frac{\mathrm{d}y}{\mathrm{d}x}=\frac{M_0}{EI}x$$

式中，$\theta(x)$是 x 坐标处悬臂梁的弯曲角；$y(x)$是 x 坐标处悬臂梁的弯曲位移量。

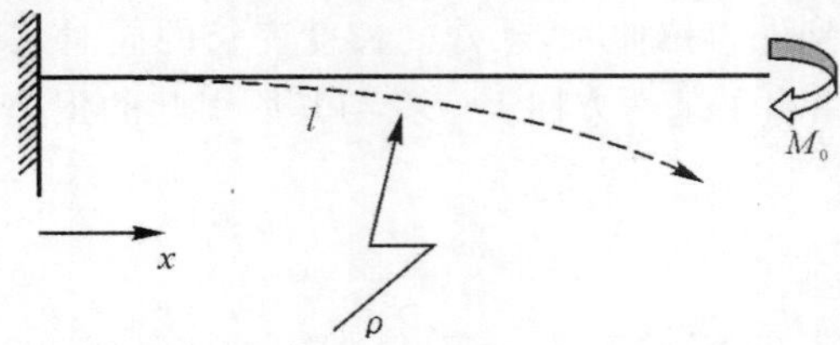

图 2.54　纯弯矩作用下的悬臂梁弯曲

(2)纯力作用下的弯曲。如果悬臂梁受到纯力 F_0 的作用，如图 2.55 所示，求解方程式(2.32)的过程如下：

$$M(x)=F_0(l-x)$$

$$\frac{\mathrm{d}^2y}{\mathrm{d}x^2}=\frac{F_0(l-x)}{EI},\quad y(0)=0,\quad y'(0)=0$$

$$\theta(x)=\frac{F_0}{EI}(lx-\frac{x^2}{2}),\quad y(x)=\frac{F_0}{EI}(l\frac{x^2}{2}-\frac{x^3}{6})$$

在悬臂梁的自由端，有

$$y(l)=\frac{F_0}{EI}(l\frac{l^2}{2}-\frac{l^3}{6})=F_0\frac{l^3}{3EI}$$

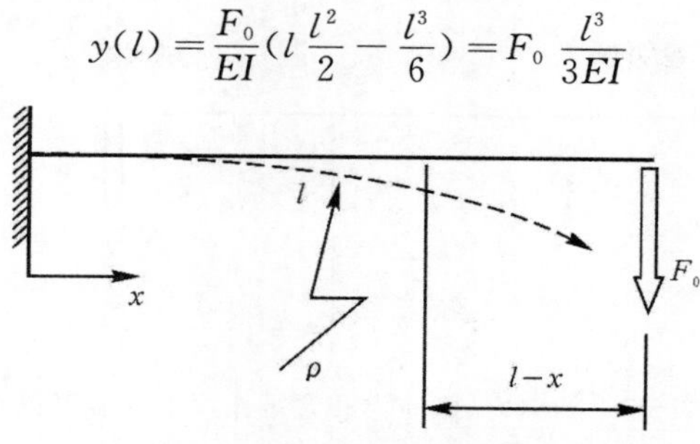

图 2.55　纯力作用下的悬臂梁弯曲

(3) 力和弯矩作用下的弯曲。如果悬臂梁在外力 F_0 和弯矩 M_0 同时作用下弯曲，求解方程式(2.32) 的结果如下：

$$M(x)=F_0(l-x)+M_0$$

$$y(x)=\frac{F_0}{EI}(l\frac{x^2}{2}-\frac{x^3}{6})+\frac{M_0x^2}{2EI}$$

$$\theta(x)=\frac{F_0}{EI}(lx-\frac{x^2}{2})+\frac{M_0x}{EI}$$

在悬臂梁的自由端，有

$$\begin{bmatrix}y\\\theta\end{bmatrix}=\frac{1}{EI}\begin{bmatrix}\frac{l^2}{2}\\l\end{bmatrix}M_0+\frac{1}{EI}\begin{bmatrix}\frac{l^3}{3}\\\frac{l^2}{2}\end{bmatrix}F_0\longrightarrow\begin{bmatrix}y\\\theta\end{bmatrix}=\frac{1}{EI}\begin{bmatrix}\frac{l^3}{3}&\frac{l^2}{2}\\\frac{l^2}{2}&l\end{bmatrix}\begin{bmatrix}F_0\\M_0\end{bmatrix}$$

式中，$\frac{1}{EI}\begin{bmatrix}\frac{l^3}{3}&\frac{l^2}{2}\\\frac{l^2}{2}&l\end{bmatrix}$ 是悬臂梁的柔性矩阵，求柔性矩阵的逆阵，有

$$\begin{bmatrix}F\\M\end{bmatrix}=\frac{12EI}{l^4}\begin{bmatrix}l&-\frac{l^2}{2}\\-\frac{l^2}{2}&\frac{l^3}{3}\end{bmatrix}\begin{bmatrix}y\\\theta\end{bmatrix}$$

可以得到刚度矩阵为

$$\boldsymbol{k}=\frac{12EI}{l^4}\begin{bmatrix}l&-\frac{l^2}{2}\\-\frac{l^2}{2}&\frac{l^3}{3}\end{bmatrix}=EI\begin{bmatrix}\frac{12}{l^3}&-\frac{6}{l^2}\\-\frac{6}{l^2}&\frac{4}{l}\end{bmatrix}$$

(4) 双向力和弯矩作用下的弯曲。如果悬臂梁同时受到轴向力、横向力和弯矩的作用，如图 2.56 所示，则求解方程式(2.32) 的结果如下：

$$\begin{bmatrix}F_x\\F_y\\M_0\end{bmatrix}=\begin{bmatrix}\frac{EA}{I}&0&0\\0&\frac{12}{l^3}&-\frac{6}{l^2}\\0&-\frac{6}{l^2}&\frac{4}{l}\end{bmatrix}\begin{bmatrix}x\\y\\\theta\end{bmatrix}$$

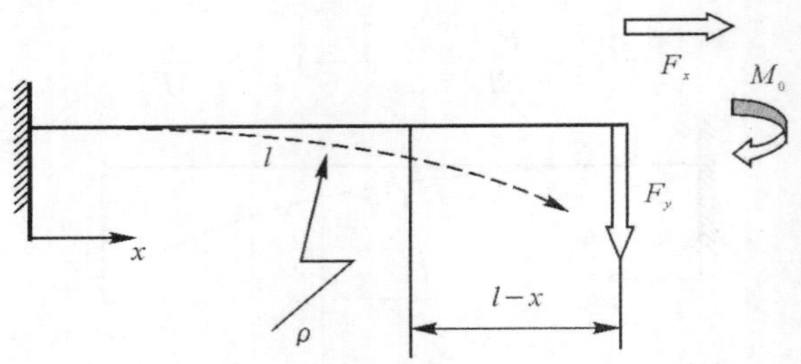

图 2.56　轴向力、横向力和弯矩作用下的悬臂梁弯曲

在MEMS结构的设计中，能够快速计算出结构的刚度以对结构的性能进行预估是十分重要的。Fedder 于 1994[91] 年对微梁在不同的载荷条件和约束条件下的弹性系数进行了研究，并给出了对应的解析公式，如图 2.57 所示。图中的 L 是梁的 x 向尺寸，w 是梁的 y 向尺寸，h 是梁的 z 向尺寸。

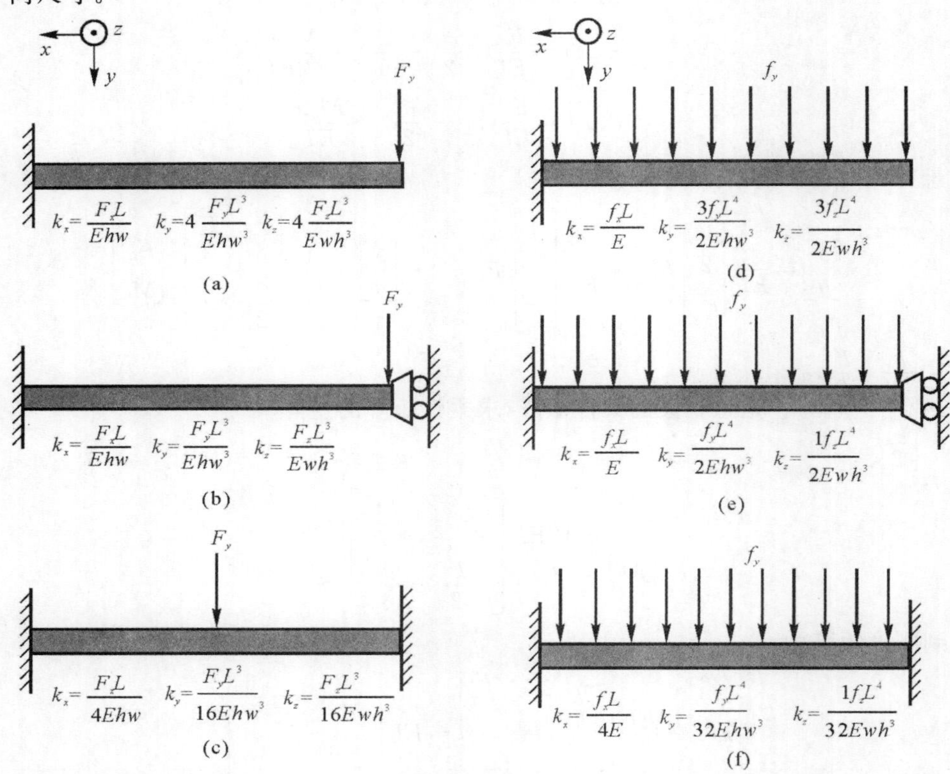

图 2.57　微梁在不同载荷和约束条件下的各向弹性系数

(a) 悬臂梁集中截荷；(b) 固支-导向固支梁架集中载荷；(c) 固支-固支梁集中载荷；(d) 悬臂梁分布载荷；(e) 固支-导向固支梁分布载荷；(f) 固支-固支梁分布载荷

对于比较复杂的微梁，也可以进行等效，简化为比较简单的悬臂梁，再使用图 2.57 中所给出的解析公式求解弹性系数。如图 2.58 所示，微谐振器结构的支撑梁可以简化为 4 根 U 形折叠梁的并联，每根 U 形梁又可以简化成 2 根固支-导向固支梁的串联，而每个固支-导向固支梁又可以简化成 2 根长度减半的悬臂梁的串联，这样，整个微谐振器支撑梁的弹性系数问题，就

变成了一根悬臂梁的弹性系数问题。

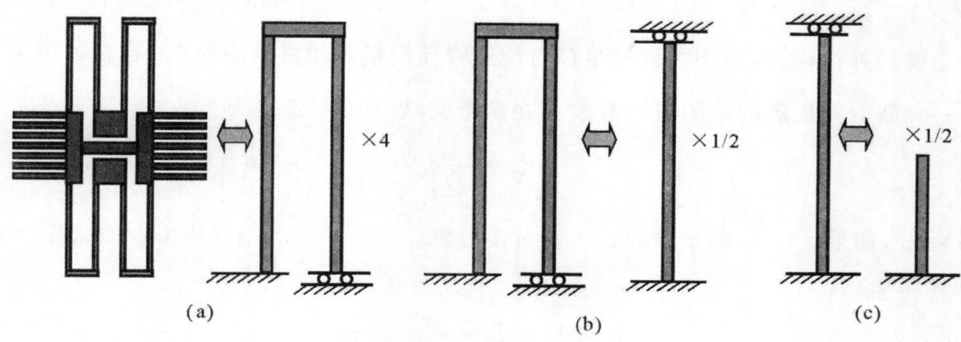

图 2.58　微梁的简化

(a) 第一次简化；(b) 第二次简化；(c) 第三次简化

4. 蟹臂梁的弯曲

对于如图 2.59 所示的蟹臂梁，其弹性系数的推导可以采用能量法。由于其推导过程比较复杂，此处只给出推导的结果，具体的推导过程请参阅文献[92]。

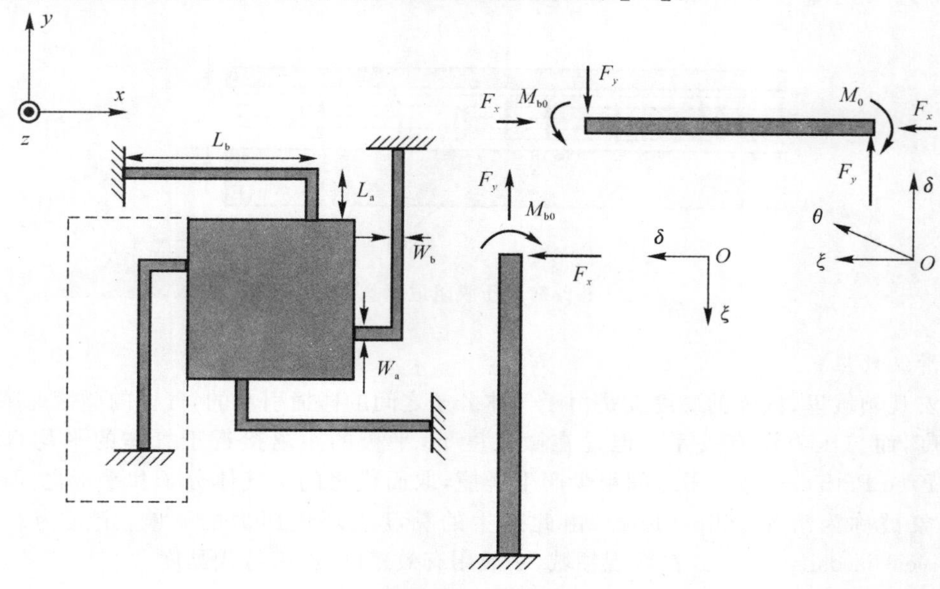

图 2.59　蟹臂梁

蟹臂梁在 x，y，z 三个方向上的弹性系数可以表示为

$$k_x=\frac{F_x}{\delta x}=\frac{Etw_b^3(4L_b+aL_a)}{L_b^3(L_b+aL_a)}$$

$$k_y=\frac{F_y}{\delta y}=\frac{Etw_a^3(L_b+4aL_a)}{L_a^3(L_b^3+aL_a)}$$

$$k_z=\frac{F_z}{\delta z}=\frac{12S_{ea}S_{eb}(S_{gb}L_a+S_{ea}L_b)(S_{eb}L_a+S_{ga}L_b)}{\begin{array}{c}(S_{eb}^2S_{gb}L_a^5+4S_{ea}S_{eb}^2L_a^4L_b+S_{eb}S_{ga}S_{gb}L_a^4L_b+4S_{ea}S_{eb}S_{ga}L_a^3L_b^3+\\4S_{ea}S_{eb}S_{gb}L_a^2L_b^3+4S_{ea}^2S_{eb}L_aL_b^4+S_{ea}S_{ga}S_{gb}L_aL_b^4+S_{ea}^2S_{ga}L_b^5)\end{array}}$$

式中，$a=\frac{I_b}{I_a}=\left(\frac{w_b}{w_a}\right)^3$，$S_{ea}=EI_{x,a}$，$S_{eb}=EI_{x,b}$，$S_{ga}=GJ_a$，$S_{gb}=GJ_b$。

G 是剪切弹性模量，剪切弹性模量 G 与拉伸弹性模量 E 和材料泊松比 υ 存在如下关系：$G=\frac{E}{2(1+\upsilon)}$。截面为矩形的梁的扭转常数 J 在参考文献[16]中定义为

$$J=\frac{1}{3}t^3w\left[1-\frac{192}{\pi^5}\frac{t}{w}\sum_{i=1,\mathrm{iodd}}^{\infty}\frac{1}{i^5}\tanh\left(\frac{i\pi w}{2t}\right)\right]$$

式中，$t<w$，如果 $t>w$，则式中的 t，w 要对换位置。当 $t=w$ 时，有 $J=0.843I_p$，其中 I_p 是矩形轴的极惯矩，有

$$I_p=I_x+I_y=\frac{wt^3}{12}+\frac{tw^3}{12}$$

2.3.2 压膜阻尼

当位于两个非常接近的运动平板之间的气体薄膜被挤压时，它会产生反作用力阻止平板的运动。这种黏性和可压缩性效应消耗了运动平板的能量，这就是压膜阻尼(Squeeze Film Damping)。其示意图如图 2.60 所示。

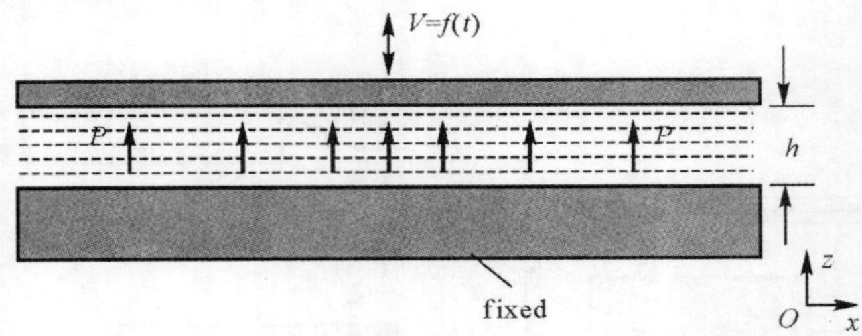

图 2.60　压膜阻尼示意图

1. 滑流效应

在宏观领域里，气体的黏度 μ 是由于气体分子之间的碰撞引起的，气体的碰撞速率主要取决于温度，而与压力没有关系。但是在微尺度下，平板的距离接近于气体的平均自由行程(Mean Free Path)，气体分子之间很少产生碰撞，取而代之的是气体分子和平板之间的碰撞，这种现象被称为滑流(Slip Flow)，由此产生的黏度受环境压力的影响，定义为有效黏度(Effective Viscosity，μ^*)。在微观领域，一般用有效黏度 μ^* 来替代黏度 μ。

定义努森数(Knudsen Number)如下：

$$K_{\mathrm{n}}=\frac{L_{\mathrm{m}}}{L_{\mathrm{c}}} \tag{2.34}$$

式中，L_{c} 是上、下电极之间的间距；L_{m} 是气体的平均自由行程，L_{m} 与环境压力(Ambient Pressure)成反比，由下式定义：

$$L_{\mathrm{m}}=\frac{0.069}{P_{\mathrm{a}}}(\mu\mathrm{m}) \tag{2.35}$$

式中，P_{a} 是环境压力(atm，1atm $=1.013\times10^5$ Pa)。

目前存在很多有效黏度和努森数之间的关系式，本书选取 Burgdorfer 模型，有

$$\mu^*=\frac{\mu}{1+6K_{\mathrm{n}}} \tag{2.36}$$

2. 雷诺兹方程

在压膜阻尼的计算方面，雷诺兹方程(Reynolds Equation) 的通用性强，但由于它是非线性偏微分方程，只能用数值方法求解。当满足如下条件时：

1) 动平板的移动距离很小；

2) 平板间的电压变化很小。

雷诺兹方程可以简化为线性雷诺兹方程(Linearized Reynolds Equation)

$$\nabla^2\Theta - \sigma\frac{\partial\Theta}{\partial\tau} = \sigma\frac{\partial e}{\partial\tau} \tag{2.37}$$

$$\sigma = \frac{12\mu^* L^2\omega}{P_a h_0^2} \tag{2.38}$$

式中，$\tau=\omega t$；$e=\frac{\delta}{h_0}\cos\omega t$；$\Theta=\frac{\delta p}{P_a}$；$\omega$ 是振动频率；σ 是挤压数 (Squeeze Number)。

挤压数是衡量平板间气体可压缩性的重要标准，如果 σ 接近于零(低速或低频)，气体表现为不可压缩的黏性流；当 σ 很大的时候(高速或高频)，气体很难逃逸出两平板间的缝隙，表现出可压缩性。

用解析的方法求解线性雷诺兹方程，得阻尼系数 B 的表达式为

$$B = \frac{l^2\beta P}{\omega t}\frac{64\sigma}{\pi^6}\frac{1+\left(\frac{1}{\beta}\right)^2}{\left[1+\left(\frac{1}{\beta}\right)^2\right]^2+\frac{\sigma^2}{\pi^4}} \tag{2.39}$$

式中，$\beta=\frac{w}{l}$；t 是平板电极间的距离。

当振动频率较低的时候，空气薄膜表现出不可压缩性，式子可以简化为

$$B = \frac{l^2\beta P}{\omega t}\frac{64\sigma}{\pi^6}\frac{1+\left(\frac{1}{\beta}\right)^2}{\left[1+\left(\frac{1}{\beta}\right)^2\right]^2} \tag{2.40}$$

当平板长度和宽度满足 $w=l$ 时，进一步简化为

$$B = \frac{l^2\beta P}{\omega t}\frac{64\sigma}{\pi^6}\frac{1}{2} = 0.4\mu^*\frac{l^4}{t^3} \tag{2.41}$$

3. 穿孔对压膜阻尼的影响

在 MEMS 设计中，为了加速释放或者减小阻尼，通常在大的平板上加工释放孔或叫作阻尼孔。实验表明，穿孔可以使阻尼减小数个数量级，但这些孔的存在使压膜阻尼的模型变得更加复杂，精确的求解只能使用数值方法。当孔的直径和平板的厚度相差不大时，可以将平板等效为很多各边长为孔间距的小平板，分别计算各平板的阻尼，再相加以得到总阻尼。

2.3.3　滑膜阻尼

如图 2.61 所示，两块无限大的平行极板，极板正对面积为 A，间距为 d_0，在板间充满密度为 ρ，黏滞系数为 μ 的气体，下极板固定，上极板在其自身平面内以速度 u 沿 x 方向平行于下极板运动。由于板间介质具有黏性，运动极板带动板间介质流动，反过来运动极板又受到板间介质的黏滞阻尼作用，这种类型的阻尼称为滑膜阻尼。

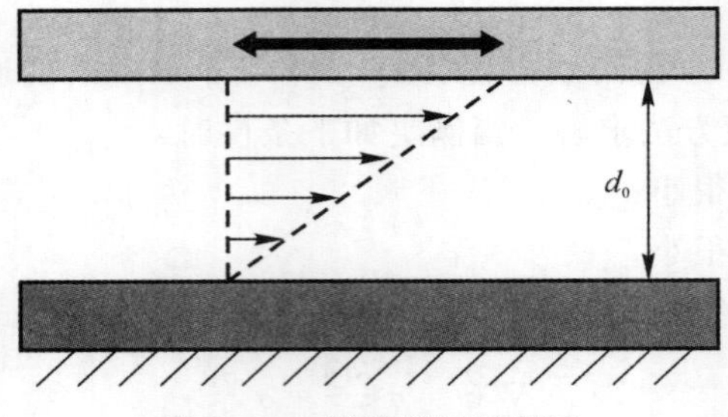

图 2.61　滑膜阻尼示意图

滑膜阻尼目前有两种模型：Couette Flow 模型和 Stokes Flow 模型。其选取原则主要由 MEMS 器件的振动频率和 δ 参数决定。δ 称为流体的穿透深度，定义为流体的瞬时速度降为其最大瞬时速度的 1% 时的距离，即

$$\delta=\sqrt{\frac{2\mu}{\rho_{\mathrm{air}}\omega_0}} \tag{2.42}$$

另外一些研究者采用 μ_{eff} 对 μ 进行修正，μ_{eff} 为有效空气黏滞系数，

$$\mu_{\mathrm{eff}}=\frac{\mu}{1+9.638K_{\mathrm{n}}^{1.159}}$$

式中，K_{n} 为努森数，有

$$K_{\mathrm{n}}=\frac{\lambda P_{\mathrm{ref}}}{dp_0}$$

式中，λ 为平均分子自由程；d 为流体特征尺寸；P_{ref} 为平均分子自由程的参考压强；P_0 为周围环境压强。

(1)δ 很大时，满足 $\delta\gg d_0$，使用 Couette 流模型，阻尼系数计算为

$$B_{\mathrm{c}}=\frac{\mu A}{d_0} \tag{2.43}$$

(2)δ 很小时，不满足 $\delta\gg d_0$，则使用 Stokes Flow 模型，阻尼系数计算为

$$B_{\mathrm{S}}=\frac{\mu A}{\delta} \tag{2.44}$$

对于常见的面内运动的微传感器，其阻尼主要为滑膜阻尼，包括敏感结构上表面同封装外壳之间的阻尼 B_1、敏感结构下表面同基底之间的阻尼 B_2、可动梳齿与固定梳齿之间的阻尼 B_3。

1. 敏感结构上表面同封装外壳之间的阻尼

B_1 使用 Stokes Flow 模型，空气密度 $\rho_{\mathrm{air}}=1.23\times10^{-18}\ \mathrm{kg}/\mu\mathrm{m}^3$，$\mu=1.81\times10^{-11}$ MPa·s，硅密度 $\rho_{\mathrm{m}}=2.33\times10^{-15}\ \mathrm{kg}/\mu\mathrm{m}^3$，温度 300 K，假设传感器谐振频率为 4 000 Hz，根据式(2.42)，流体穿透深度

$$\delta=\sqrt{\frac{2\times1.81\times10^{-11}}{1.23\times10^{-18}\times2\pi\times4\ 000}}\ \mu\mathrm{m}=34.22\ \mu\mathrm{m}$$

一般情况下，微传感器结构上表面同封装外壳之间距离较大，因此不满足 $\delta\gg d_0$ 条件，故阻尼系数计算采用式(2.44)。当微传感器可动质量的面积为 2 000 μm×2 000 μm 时，敏感结构上表面同封装外壳之间的阻尼 B_1 为

$$B_1 = \frac{\mu A_{\text{mass}}}{\delta} = 2.12 \times 10^{-6}$$

2. 敏感结构下表面同基底之间的阻尼

B_2 使用 Couette 流模型，当微传感器结构下表面同基底之间距离 $d_0 = 5\ \mu\text{m}$ 时，有

$$B_2 = \frac{\mu A_{\text{mass}}}{d_0} = 1.45 \times 10^{-5}$$

当微传感器敏感结构面积及结构与基底之间的距离变化时，其上下表面的滑膜阻尼如图 2.62 所示，从图中可以看出，微传感器敏感结构面积比较大时，其下表面的滑膜阻尼远大于其上表面，敏感结构与基底之间的距离越小则阻尼越大，因此，在微传感器设计时应尽量增大敏感结构与基底之间的距离。

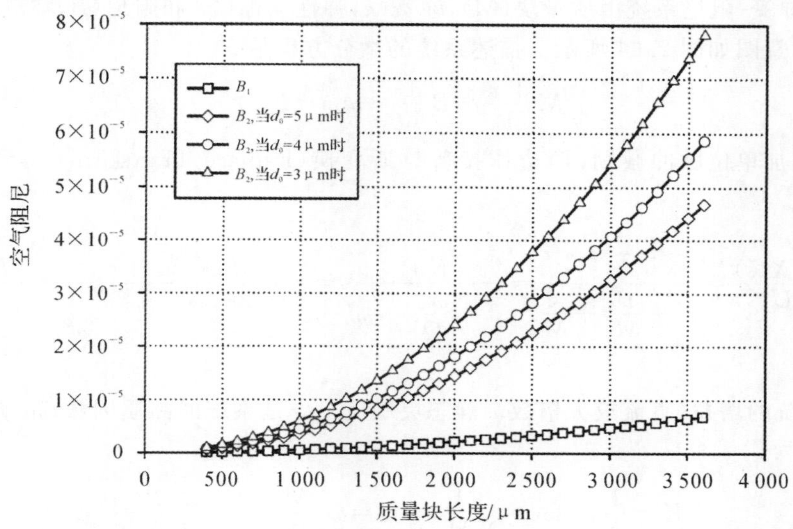

图 2.62　微传感器结构上下表面的滑膜阻尼

3. 可动梳齿与固定梳齿之间的阻尼

B_3 使用 Couette 流模型，梳齿结构如图 2.63 所示，其滑膜阻尼主要由重叠部分长度引起。

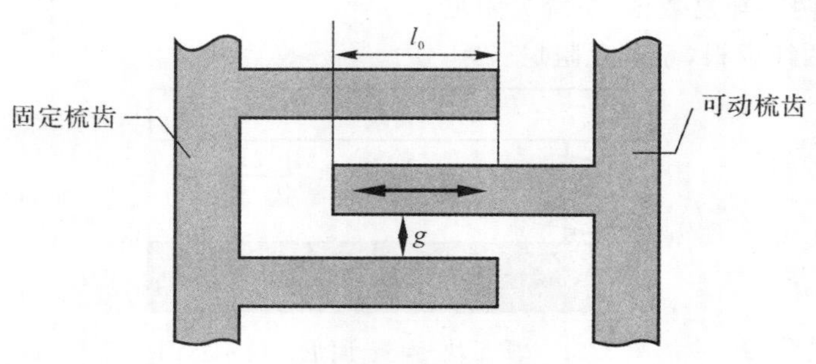

图 2.63　梳齿滑膜阻尼示意图

根据式(2.43)，其阻尼为

$$B_3 = \frac{\mu A}{d} = \frac{2\mu N l_0 T}{g} \tag{2.45}$$

其中,N 为可动梳齿个数;T 为梳齿结构厚度;l_0 为梳齿重叠长度;g 为梳齿间隙。可见,可动梳齿与固定梳齿之间的滑膜阻尼与其重叠长度 l_0 成正比,与梳齿间隙 g 成反比。因此,在不考虑其他因素时,应适当减小梳齿重叠长度并增大梳齿间隙。

2.3.4 质量块-弹簧-阻尼系统

1. 系统的传递函数

质量块-弹簧-阻尼(Mass - Spring - Damping)系统是微机电系统中非常普遍的二阶系统,MEMS 的许多典型器件,如微加速度计、微陀螺、微镜和微谐振器等都可以简化为这一系统。质量块-弹簧-阻尼系统由质量块(M),弹簧(k,弹性支撑梁)和阻尼(B,空气及其他因素)组成。系统示意图如图 2.64 所示。描述系统的微分方程是

$$M\frac{\mathrm{d}^2 x}{\mathrm{d}t} + B\frac{\mathrm{d}x}{\mathrm{d}t} + kx = F(t) \tag{2.46}$$

给系统施加单位脉冲激励,两边作拉普拉斯变换(Laplace Transform)得到系统的传递函数

$$H(s) = \frac{X(s)}{U(s)} = \frac{\frac{1}{M}}{s^2 + \frac{B}{M}s + \frac{k}{M}} = \frac{K\omega_0^2}{s^2 + \frac{\omega_0}{Q}s + \omega_0^2} = \frac{K\omega_0^2}{s^2 + 2\xi\omega_0 s + \omega_0^2} = \frac{K}{\frac{1}{\omega_0^2}s^2 + \frac{2\xi}{\omega_0}s + 1} \tag{2.47}$$

式中,K 是系统的增益(直流放大倍数 / 静态灵敏度);Q 是系统的品质因数;ω_0 是系统的固有角频率

$$K = \frac{1}{k}, \quad \omega_0 = \sqrt{\frac{k}{M}}, \quad Q = \omega_0 \frac{M}{B}, \quad \xi = \frac{B}{2\sqrt{kM}} \tag{2.48}$$

传递函数的两个极点为

$$S_{1,2} = -\xi\omega_n \pm \omega_n\sqrt{\xi^2 - 1} \tag{2.49}$$

当 $\xi > 1$ 时,两根相异,系统过阻尼;

当 $\xi = 1$ 时,二重根,系统临界阻尼;

当 $\xi < 1$ 时,两共轭复数根,系统欠阻尼;

当 $\xi = 0$ 时,两纯虚根,系统无阻尼。

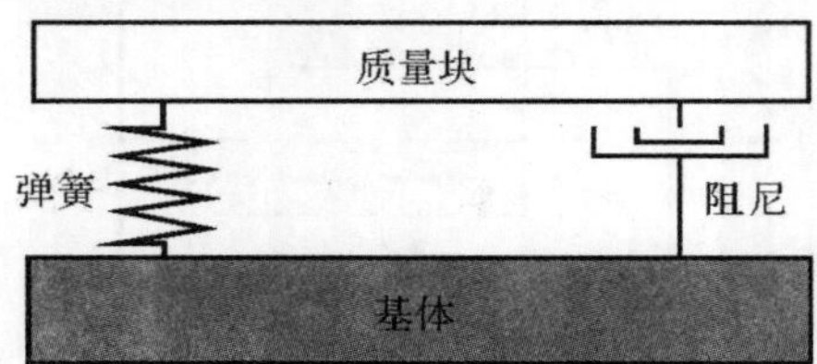

图 2.64 质量块-弹簧-阻尼系统示意图

2. 系统的幅频特性与相频特性

根据系统的传递函数,可求系统的对数幅频特性为

$$L(\omega)=20\lg\frac{1}{\sqrt{\left[1-\left(\frac{\omega}{\omega_0}\right)^2\right]^2+\left(2\xi\frac{\omega}{\omega_0}\right)^2}} \tag{2.50}$$

相频特性为

$$\varphi(\omega)=-\arctan\left[\frac{2\xi\frac{\omega}{\omega_0}}{1-\left(\frac{\omega}{\omega_0}\right)^2}\right] \tag{2.51}$$

由于系统的增益 K 不影响频率特性的形状，只影响其位置，所以在计算频率特性的时候不予考虑。

3. 系统的瞬态响应-阶跃响应

在单位阶跃信号下(阶跃信号的拉氏变换为 $R(s)=1/s$)，系统的瞬态响应为：

(1) 欠阻尼：$0<\xi<1$，则有

$$c(t)=1-\mathrm{e}^{-\xi\omega_0 t}\left(\cos\omega_\mathrm{d}t+\frac{\xi}{\sqrt{1-\xi^2}}\sin\omega_\mathrm{d}t\right) \tag{2.52}$$

或

$$c(t)=1-\frac{\mathrm{e}^{-\xi\omega_0 t}}{\sqrt{1-\xi^2}}\sin(\omega_\mathrm{d}t+\beta) \tag{2.53}$$

式中，ω_d 表示阻尼自然频率，$\omega_\mathrm{d}=\omega_0\sqrt{1-\xi^2}$；$\beta=\arctan\frac{\sqrt{1-\xi^2}}{\xi}$。

(2) 临界阻尼：$\xi=1$，则有

$$c(t)=1-\mathrm{e}^{-\omega_\mathrm{n}t}(1+\omega_\mathrm{n}t) \tag{2.54}$$

(3) 过阻尼：$\xi>1$，则有

$$c(t)=1-\mathrm{e}^{-(\xi-\sqrt{\xi^2-1})\omega_\mathrm{n}t} \tag{2.55}$$

(4) 无阻尼：$\xi=0$，则有

$$c(t)=1-\cos\omega_\mathrm{n}t \tag{2.56}$$

系统的瞬态响应指标包括最大超调量、调整时间和上升时间，定义如图 2.65 所示。

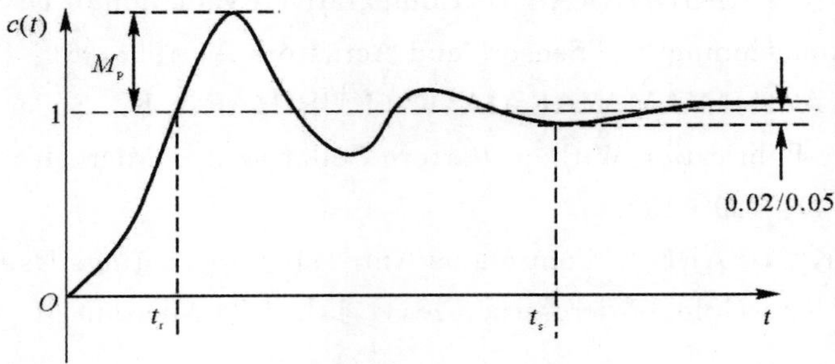

图 2.65　阶跃响应指标图示

(1) 最大超调量 M_p：指响应曲线的最大值和稳态值之差，即

$$M_\mathrm{p}=\mathrm{e}^{-(\xi/\sqrt{1-\xi^2})\pi}\times 100\% \tag{2.57}$$

(2) 调整时间 t_s：调整时间是指响应曲线进入并且保持在$(1\pm5\%)/(1\pm2\%)$范围内所需要的时间。对于欠阻尼二阶系统，有

$$t_s=\frac{3}{\xi\omega_0}(\Delta=\pm5\%),\quad t_s=\frac{4}{\xi\omega_0}(\Delta=\pm2\%) \tag{2.58}$$

(3) 上升时间(响应时间)t_r:对于过阻尼系统,是指响应曲线从稳态值的10%上升到90%所需要的时间;对于欠阻尼系统,是指响应曲线从0上升到稳态值的100%所需要的时间,即

$$t_r=\frac{\pi-\beta}{\omega_d} \tag{2.59}$$

习题与思考题

1. 请从尺度效应的角度解释为什么宏观尺度下很少用静电力进行驱动,而微观尺度下则较多地使用静电力作为驱动力。

2. 请列式计算,证明(100)和(111)径面之间的夹角是54.74°。

3. 请用列式计算说明弹性系数分别为k_1和k_2的两根弹性梁,其串联在一起和并联在一起后的弹性系数分别为多少?

4. 微加速度计和微陀螺因为工作原理的不同,其瞬态响应的阻尼状态有很大区别。请查阅文献,阐述微加速度计和微陀螺仪的阻尼状态有什么不同,并分析其原因。

参考文献

[1] 唐祯蔓,王立鼎. 关于微尺度理论[J]. 光学精密工程,2001,9(6):493-498.

[2] 林谢昭. 微机电系统的尺度效应及其影响[J]. 机电产品开发与创新,2005,18(5):28-30.

[3] MUNSON B R, YOUNG D F, OKIISHI T H. Fundamentals of Fluid Mechanics[J]. Oceanographic Literature Review, 1995, 10(42): 831.

[4] ROYA M, ROGER T H. Critical Review: Adhesion in Surface Micromechanical Structures[J]. J Vac Sci Technol B, 1997, 15(1): 1-29.

[5] KIM C, KIM J Y, SRIDHARAN B. Comparative Evaluation of Drying Techniques for Surface Micromachining[J]. Sensors and Actuators A, 1998, 61: 17-26.

[6] NAMATSUA H, YAMAZAKAIA K, KURIHARA K. Supercritical Drying for Nanostructure Fabrication Without Pattern Collapse [J]. Microelectronic Engineering, 1999, 46(1-4): 129-132.

[7] KIM J, BAEK C, PARK J. Continuous Anti-stiction Coatings Using Self-assembled Monolayers for Gold Microstructures [J]. J Micromech Microeng, 2002, 12: 688-695.

[8] ALLEY R L, MAI P, KOMVOPOULOS K, et al. Surface Roughness Modification of Interfacial Contacts in Polysilicon Microstructures[C]//Proc 7th Int Conf Solid-State Sensors and Actuators. Yokohama, Japan: IEEE, 1993: 288-291.

[9] YEE Y, CHUN K, LEE J D. Polysilicon Surface-modification Technique to Reduce Sticking of Microstructures[J]. Sensors and Actuators A, 1996, 52: 145-150.

[10] DENG K, COLLINS R J, MEHREGANY M, et al. Performance Impact of

Monolayer Coating of Polysilicon Micromotors[C]//Proc of Micro Electra Mechanical Systems Workshop. Amsterdam, Netherlands:IEEE, 1995: 368 - 373.

[11] HOUSTON M R, MABOUDIAN R, HOWE R T. Ammonium Fluoride, Anti - stiction Treatments for Polysilicon Microstructures[C]//Tech Digest of 8th Int Conf Solid - State Sensors and Actuators. Stockholm,Sweden:IEEE, 1995: 210 - 213.

[12] HOUSTON M R, MABOUDIAN R, HOWE R T. Self - assembled Monolayer Films as Durable Anti - stiction Coating for Polysilicon Microstructures[C]//Proc of Solid - State Sensors and Actuators Workshop. Hilton Head Island:IEEE, 1996, 42 - 47.

[13] DUTOIT B M, BARBIERI L, VON KAENEL Y. Self - Assembled Real Monolayer Coating to Improve Release of MEMS Structure[C]//Proc of The 12th International Conference on Solid Slate Sensors, Actuators and Microsystemsm. Boston: IEEE, 2003: 810 - 812.

[14] ASHURST W R, CARRARO C, MABOUDIAN R. Vapor Phase Anti - Stiction Coatings for MEMS[J]. IEEE Transactions on Device and Materials Reliability, 2003, 3(4): 173 - 178.

[15] ASHURST W R, CARRARO C, MABOUDIAN R,et al. Wafer Level Anti - stiction Coatings for MEMS[J]. Sensors and Actuators A, 2003, 104: 213 - 221.

[16] KOBAYASHI D, KIM C, FUJITA H. Photoresist - assisted Release of Movable Microstructures[J]. Jpn J Appl Phys, 1993, 32: 1642 - 1644.

[17] BENITEZ M A, PLAZA J A, SHENG S Q. A New Process of Releasing Micromechanical Stuctures in Surface Micromachining[J]. J Micromech Microeng, 1996, 6: 36 - 38.

[18] KOZLOWSKI F, LINDMAIR N, SCHEITER T H, et al. A Novel Method to Avoid Sticking of Surface — micromachined Structures [J]. Sensors and Actuators A: Physical, 1996, 54(1 - 3): 659 - 662.

[19] YEATMAN E, HOLMES A, KIZIROGLOU M, et al. 3 - D Self Assembly of Microwave Inductors [EB/OL] [2010 - 7 - 10]. http://www. imperial. ac. uk/opticalandsemidev/microsystems/electrical/ 3dsefassembly.

[20] MORRIS C J. Microscale Electrical Contacts for Self - assembly[EB/OL] [2010 - 8 - 1]. http://www. defensetechbriefs. com/component/content/article/4852.

[21] KATHRYN R, LISA P, SEILA B, IRENE L. Van der Waals Forces [EB/OL]. [2020 - 08 - 16]. https://chem. libretexts. org/Bookshelves/Physical_and_Theoretical_Chemistry_Textbook_Maps/Supplemental_Modules_(Physical_and_Theoretical_Chemistry)/Physical_Properties_of_Matter/Atomic_and_Molecular_Properties/Intermolecular_Forces/Van_der_Waals_Forces.

[22] AUTUMN K, LIANG Y A, HSIEH S T, et al. Adhesive Force of A Single Gecko Foot - hair[J]. Nature, 2000, 405(6787): 681 - 685.

[23] PIMENTEL G C, MCCLELLAN A L. Hydrogen Bonding[J]. Annual Review of Physical Chemistry, 1971, 22(1): 347 - 385.

[24] STRONG F W, SKINNER J L, Dentinger P M. Electrical Breakdown Across Micron Scale Gaps in MEMS Structures[J]. Proc SPIE, 2006, 6111:03.

[25] MADOU M. Fundamentals of Microfabrication[M]. New York: CRC press, 1997: 406 - 412.

[26] BAR T S F, LOBER T A, HOWE R T, et al. Design Considerations for Micromachined Electric Actuators[J]. Sensors Actuators, 1998, 14: 269 - 292.

[27] BUSCH - VISHNIAC I J. The Case for Magnetically Driven Microactuators [J]. Sensors and Actuators A, 1992, A33: 207 - 220.

[28] ONO T, SIM D Y, ESASHI M. Imaging of Micro - discharge in a Micro - gap of Electrostatic Actuator[C]//Proc of the Micro Electro Mechanical Systems. Miyazaki: MEMS, 2000: 651 - 656.

[29] 孙长敬,褚家如. 基于 MEMS 技术的微流体混合器及相关技术[J]. 微纳电子技术, 2004, 5: 28 - 32.

[30] 刘晓明,朱钟淦. 微机电系统设计与制造[M]. 北京: 国防工业出版社, 2006.

[31] 莫锦秋,梁庆华,汪国宝,等. 微机电系统设计与制造[M]. 北京: 化学工业出版社, 2004.

[32] 姜岩峰. 硅微机械加工技术[M]. 北京: 化学工业出版社, 2006.

[33] MADOU M. Fundamentals of Microfabrication[M]. New York: CRC Press, 1997: 145 - 209.

[34] SEMI M1. 1 - 89, Standard for 2 inch Polished Monocrystalline Silicon Wafers [S]. North American Silicon Wafer Committee, 1998.

[35] SEMI M1. 5 - 89, Standard for 100mm Polished Monocrystalline Silicon Wafer [S]. North American Silicon Wafer Committee, 1998.

[36] SEMI M1. 8 - 89, Standard for 150mm Polished Monocrystalline Silicon Wafers [S]. North American Silicon Wafer Committee, 1998.

[37] SEMI M1. 9 - 89, Standard for 200mm Polished Monocrystalline Silicon Wafers (Notched) [S]. North American Silicon Wafer Committee, 1998.

[38] SEMI M1. 9 - 89, Standard for 200mm Polished Monocrystalline Silicon Wafers (Fatted) [S]. North American Silicon Wafer Committee, 1998.

[39] SEMI M1. 15 - 1000, Standard for 300mm Polished Monocrystalline Silicon Wafers (Notched) [S]. North American Silicon Wafer Committee, 2000.

[40] SEMI M1. 11 - 90, Standard for 100mm Polished Monocrystalline Silicon Wafers Without Secondary Flat (525 um thickness) [S]. North American Silicon Wafer Committee, 1998.

[41] 王晓浩. MEMS 和微系统:设计与制造[M]. 北京: 机械工业出版社, 2004.

[42] 刘广玉,樊尚春,周浩敏. 微机械电子系统及其应用[M]. 北京: 北京航空航天大学出版社, 2003.

[43] HUBERT LORENZ. SU - 8: A Thick Photo - resist for MEMS [EB/OL]. [2020 - 09 - 08]. https://www.memscyclopedia.org/su8.html.

[44] KAYAKUAM. SU - 8 Photoresist Datasheet[EB/OL]. [2020 - 05 - 06]. https://kayakuam.com/products/su - 8 - photoresists.html.

[45] KIM K, PARK D S, LU H M, et al. A Tapered Hollow Metallic Microneedle Array Using Backside Exposure of SU - 8 [J]. Journal of Micromechanics and Microengineering, 2004, 14(4): 597 - 603.

[46] AKSAK B, MURPHY M P, SITTI M. Adhesion of Biologically Inspired Vertical and Angled Polymer Microfiber Arrays [J]. Langmuir the Acs Journal of Surfaces & Colloids, 2007, 23(6):3322 - 3325.

[47] MURPHY M P, KIM S, SITTI M. Enhanced Adhesion by Gecko - inspired Hierarchical Fibrillar Adhesives [J]. Acs Appl Mater Interfaces, 2009, 1(4):849 - 855.

[48] HUANG H, FU C. Different Fabrication Methods of Out - of - plane Polymer Hollow Needle Arrays and Their Variations [J]. Journal of Micromechanics & Microengineering, 2007, 17(2):393 - 398.

[49] KWON K Y, WEBER A, LI W. Varying - Length Polymer Microneedle Arrays Fabricated by Droplet Backside Exposure [J]. Journal of Microelectromechanical Systems, 2014, 23(6):1272 - 1280.

[50] MISHRA R, MAITI T K, BHATTACHARYYA T K. Development of SU - 8 Hollow Microneedles on A Silicon Substrate with Microfluidic Interconnects For Transdermal Drug Delivery [J]. Journal of Micromechanics and Microengineering, 2018, 28(10): 105017 - 105020.

[51] AZIZ T, WATERS M, JAGGER R. Surface Modification of an Experimental Silicone Rubber Maxillofacial Material to Improve Wettability [J]. Journal of Dentistry, 2003, 31(3):213 - 216.

[52] WHITESIDES GM, DERTINGER SKW, CHIU DT, et al. Generation of Gradients Having Complex Shapes Using Microfluidic Networks [J]. Analytical Chemistry, 2001, 73(6):1240 - 1246.

[53] OCHI M, TAKAHASHI R, TERAUCHI A. Phase Structure and Mechanical and Adhesion Properties of Epoxy/Silica Hybrids [J]. Polymer: The International Journal for the Science and Technology of Polymers, 2001, 42(12):5151 - 5158.

[54] NARASIMHAN J, PAPAUTSKY I. Polymer Embossing Tools for Rapid Prototyping of Plastic Microfluidic Devices [J]. J Micromech Microeng, 2004, 14: 96 - 103.

[55] XU J D, LOCASCIO L, GAITAN M, et al. Room - temperature Imprinting Method for Plastic Microchannel Fabrication [J]. Anal Chem 2000, 72: 1930 - 1933.

[56] SHI G, LI X, SANG X, et al. Patterning Thermoplastic Polymers by Fast Room - temperature Imprinting [J]. Journal of Materials Science, 2018, 53: 5429 - 5435.

[57] YOO Y E, KIM T H., JE T J, et al. Injection Molding of Micro Patterned PMMA Plate[J]. Trans Nonferrous Met Soc China, 2011, 21: s148 - s152.

[58] GAO K, LIU J, FAN Y, et al. Ultra - low - cost Fabrication of Polymer - based Microfluidic Devices with Diode Laser Ablation [J]. Biomedical Microdevices, 2019, 21: 83 - 85.

[59] CHEN Z, YU Z, CHEN G. Low - cost Fabrication of Poly(methyl methacrylate) Microchips Using Disposable Gelatin Gel Templates [J]. Talanta, 2010, 81: 1325 -1330.

[60] LIN Y, LU K, DAVIS R. Patterning of ZnO Quantum Dot and PMMA Hybrids with a Solvent - assisted Technique [J]. Langmuir, 2019, 35: 5855 - 5863.

[61] GALLOWAY M, STRYJEWSKI W, HENRY A, et al. Contact Conductivity Detection in Poly (methyl methacylate) - Based Microfluidic Devices for Analysis of Mono - and Polyanionic Molecules [J]. Anal Chem, 2002, 74: 2407 - 2415.

[62] YU S, NG S P, WANG Z, et al. Thermal Bonding of Thermoplastic Elastomer Film to PMMA for Microfluidic Applications [J]. Surface and Coatings Technology, 2017, 320: 437 - 440.

[63] FAGHIH M M, SHARP M K. Solvent - based Bonding of PMMA - PMMA for Microfluidic Applications [J]. Microsystem Technologies, 2019, 25:3547 - 3558.

[64] LYNH H D, CHEN P C. Novel Solvent Bonding Method for Creation of a Three - dimensional, Non - planar, Hybrid PLA/PMMA Microfluidic Chip [J]. Sensors and Actuators A: Physical, 2018, 280: 350 - 358.

[65] CHEN G, LI J H, QU S, et al. Low Temperature Bonding of Poly (methyl methacrylate) Electrophoresis Microchips by in Situ Polymerization [J]. J Chromatog. A, 2005, 1094:138 - 147.

[66] LEI K F, AHSAN S, BUDRAA N W, et al. Microwave Bonding of Polymer - based Substrates for Potential Encapsulated Micro/Nanofluidic Device Fabrication [J]. Sens Actuators A, 2004, 114:340 - 346.

[67] YUSSUF A A, SBARSKI I, HAYES J P, et al. Microwave Welding of Polymeric - Microfluidic Devices [J]. Micromech Microeng, 2005, 15:1692 - 1699.

[68] CHEN G, XU X J, LIN J Y H, et al. A Sol - Gel - Modified Poly (methyl methacrylate) Electrophoresis Microchip with a Hydrophilic Channel Wall [J]. Chem Euro J, 2007, 13:6461 - 6467.

[69] LIN Y W, CHANG H T. Modification of Poly(methyl methacrylate) Microchannels for Highly Efficient and Reproducible Electrophoretic Separations of Double - stranded DNA [J]. J Chromatogr A, 2005, 1073:191 - 199.

[70] WANG J, MUCK A, CHATRATHI M P, et al. Bulk Modification of Polymeric Microfluidic Devices [J]. Lab Chip, 2005, 5:226 - 230.

[71] XUN W, YANG D, HUANG Z, et al. Cellular Immunity Monitoring in Long - duration Spaceflights Based on an Automatic Miniature Flow Cytometer [J]. Sens Actuators B, 2018, 267:419 - 429.

[72] LIAW D J, HUANG C C, CHEN W H. Color Lightness and Highly Organosoluble

Fluorinated Polyamides, Polyimides and Poly(amide - imide)s Based on Noncoplanar 2,2′- Dimethyl - 4,4′- Biphenylene Units[J]. Polymer, 2006, 47(7):2337 - 2348.

[73] 马炳和，赵建国，邓进军，等. 全柔性热膜微传感器阵列制造工艺及性能优化[J]. 光学精密工程，2009(08):195 - 201.

[74] MA B , REN J , DENG J , et al. Flexible Thermal Sensor Array on PI Film Substrate for Underwater Applications[C]//23rd IEEE International Conference on Micro Electro Mechanical Systems. Wanchai, Hong Kong,China: IEEE, 2010.

[75] 武德珍，牛鸿庆，齐胜利，等. 一种高强高模聚酰亚胺纤维及其制备方法：201110222300.0[P]. 2012 - 02 - 08

[76] FOMANI A A, MORADI M, ASSAF S, et al. 3D Microprobes for Deep Brain Stimulation and Recording[C]// Engineering in Medicine & Biology Society Buenos Aires. Argentina: IEEE, 2010.

[77] 韩文广，李耀星. 聚酰亚胺废料回收的研究[J]. 绝缘材料，2002(06):19 - 23.

[78] ZHANG Y, ZHANG F, YAN Z, et al. Printing, Folding and Assembly Methods for Forming 3D Mesostructures in Advanced Materials [J]. Nature Reviews Materials, 2017,2(4):17019.

[79] TOBJÖRK D, ÖSTERBACKA R. Paper Electronics [J]. Advanced Materials, 2011, (23):1935 - 1961.

[80] NERY E W, KUBOTA L T. Sensing Approaches on Paper - based Devices: a review [J]. Analytical and Bioanalytical Chemistry, 2013,405:7573 - 7595.

[81] 蒋艳，马翠翠，胡贤巧，等. 微流控纸芯片的加工技术及其应用[J]. 化学进展，2014,26: 167 - 177.

[82] CATE D M, ADKINS J A, METTAKOONPITAK J, et al. Recent Developments in Paper - based Microfluidic Devices [J]. Analytical Chemistry,2015,87:19 - 41.

[83] COMER J P. Semiquantitative Specific Test Paper for Glucose in Urine [J]. Analytical chemistry,1956,28:1748 - 1750.

[84] LIU X, THUO M M, LI X, et al. Paper - based Piezoresistive MEMS Sensors [J]. Lab on a Chip,2011,11:2189 - 2196.

[85] LESSING J, GLAVAN A C, WALKER S B, et al. Inkjet Printing of Conductive Inks with High Lateral Resolution on Omniphobic "RF paper" for Paper - based Electronics and MEMS [J]. Advanced Materials, 2014,26:4677 - 4682.

[86] HENARES T G, YAMADA K, TAKAKI S, et al. "Drop - slip" Bulk Sample Flow on Fully Inkjet - printed Microfluidic Paper - based Analytical Device [J]. Sensors and Actuators,2017,244(B):1129 - 1137.

[87] 钟其泽. 纸基驻极体发电机的制备及其传感应用研究[D]. 武汉：华中科技大学，2016.

[88] ZHONG Q, ZHONG J, HU B, et al. A Paper - based Nanogenerator As a Power Source and Active Sensor [J]. Energy Environmental Science 2013(6):1779 - 1784.

[89] SIEGEL A C, PHILLIPS S T, DICKEY M D, et al. Foldable Printed Circuit Boards on Paper Substrates[J]. Advanced Functional Materials,2010,20:28 - 35.

[90] YAO B, YUAN L, XIAO X, et al. Paper - based Solid - state Supercapacitors with Pencil - drawing Graphite/Polyaniline Networks Hybrid Electronics [J]. Nano Energy,2013,2:1071 - 1078.

[91] Fedder G K. Simulation of Microelectromechanical Systems[D]. Berkeley: U. C. Berkeley, 1994.

[92] 乔大勇. 基于 MEMS 技术的自适应光学微变形镜的设计与分析[D]. 西安: 西北工业大学, 2003.

第3章 微机电系统设计

3.1 MEMS集成设计

集成设计(Integrated Design)是以并行工程、快速原型设计等先进的设计制造理念为指导,对设计过程所涉及的各个环节进行综合考虑,并通过先进的技术方法以达到最优设计的设计新理论。其目的在于充分发挥设计过程的潜力、服务和面向产品的研制与生产过程,得到低的生产与开发成本、短的研制与生产周期、高的产品质量、高的生产稳定性的优良设计。集成设计的思想已经广泛用于微电子设计中,并产生了良好的效益。

微机电系统具有微型化、多学科交叉、多功能高度集成的特点,其设计呈现下述特点:

1. 多学科(Multi - Discipline)交叉设计

微机电系统在衬底上高度集成微传感器、微执行器和微控制器形成微系统。其设计过程涉及机械、电子、光、热、流体、生物、材料和控制等多门学科的知识,设计人员需要掌握相关学科的知识并集成各个分离学科的设计工具来完成设计,对任何一门学科知识掌握不够,都可能导致设计的失败。

2. 多阶层(Multi - Level)设计

微机电系统的设计比较复杂,通常将其分成系统级设计、器件级设计和工艺级设计三个阶层。系统级(System Level)设计对象是由微机电器件与相关电子电路组成的微系统,研究系统的整体行为特性与性能。器件级(Device Level)设计是根据微机电器件的三维实体模型分析和研究其行为特性和物理特性。工艺级(Process Level)设计则结合微机电器件的版图设计制定其加工工艺。这三个阶层组成微机电系统设计的多阶层架构。在具体的MEMS集成设计过程中,三个阶层之间可以进行数据传递,形成特定流程的完整设计。

3. 多影响因素设计

微机电系统的加工和封装都对微机电器件的结构和尺寸设计带来约束,或者说微机电系统的设计严重依赖于加工和封装。另外,这些影响因素是相互关联的,在消除一个影响因素的时候,往往产生一个新的影响因素。

MEMS的集成设计(MEMS Integrated Design,MEMS - ID)适应了MEMS的特点与特殊要求,即将不同学科以及产品全生命周期的要素,如制造、封装、测试等综合考虑在内,对产品进行综合设计与分析,使MEMS设计变得更加科学和系统化,这对减少制造过程的重复和浪费、缩短开发周期和提高设计与生产质量具有重要价值。20世纪90年代以来,商业化的MEMS设计工具取得快速发展。美国的CoventorWare、Intellisuite都是比较成熟的具有较全设计功能的代表,这些软件都遵循了多学科交叉设计、多阶层设计等思想。

3.1.1 系统级设计

系统级设计直接面向应用、面向需求，主要产生设计概念、制定设计方案并根据性能指标评价系统功能，为器件级设计提供依据。系统级设计研究的对象是由微机电器件与信号提取、信号反馈、行为控制等相关电子电路组成的微机电系统，因此制定其设计方案需要有相当全面的知识。为了简化其设计任务，人们通常根据学科种类将其分解成功能相对单一的子系统，分别对其子系统进行设计。但为了进行快速设计，人们通常会利用已有的研究成果，建立MEMS元件库，来快速搭建由机械和电子的子系统所组成的MEMS系统。

微机电系统从功能组成上包括传感器、控制器、执行器等部分，每一部分又由相关的功能元件组成，从被处理信号的能量形式看包括机械能、电能、光能等，因此用一种方法清晰、准确地描述其复杂的结构组成并能进行仿真分析，就成了系统级设计需要解决的首要问题。通常对MEMS由多学科组成的复杂结构进行描述的方法有三种，分别是等效电路法、Bond Graph法和混合信号硬件描述语言(VHDL Analog Mixed Signal，VHDL－AMS)法。

等效电路法根据系统中元件所承担的能量存储、消耗和转换作用是否一致将机械元件等效为电子元件，将机械系统等效为电路系统。如图3.1所示是二阶弹簧(k)-质量块(m)-阻尼(b)机械系统和二阶电感(L)-电容(C)-电阻(R)电路系统的等效。

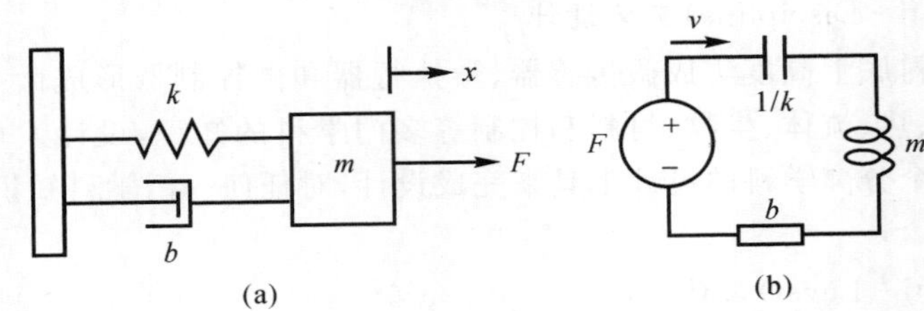

图3.1 二阶机械系统及其等效电路

(a)弹簧-质量-阻尼二阶机械系统；(b)电感-电容-电阻二阶电路系统

等效电路法是把非电能量域的组件的数学模型用电领域的物理量通过结构建模来模拟，然后通过电路仿真器(如SPICE,Saber等)实现整个系统数学模型的仿真。使用这种方法，组件不是被描述为微分方程和边界条件，而是被描述为诸如电阻、电容、电感等物理参数。把其他能量域的物理参数用电路中的物理参数来模拟，如动力学系统中的质量等效为电感，弹簧等效为电容，阻尼等效为电阻等，然后通过这些组件进行结构建模为模拟系统的模型。目前，等效电路法广泛应用于微机电系统的分析，但这种方法具有以下一些局限：

(1)当等效非线性组件时，需要引入附加的能量源，这个能量源在实际系统中是并不存在的。

(2)通常，所有的组件在某一偏置点的邻域内呈现线性特性，这把模型局限于小信号分析。

(3)这种方法受到SPICE仿真器中基本电路元素类型的限制。

(4)通常很难找到一个系统的等效电路。

Bond Graph法采用信号流的方式精确描述微机电系统中的能量流动，但由于该方法比较抽象且不易学习，已较少使用。

现在随着VHDL－AMS的诞生，等效电路法的局限性可以得到避免。VHDL－AMS可以同时描述机械量和电量，因此用其定义跨领域的微机电系统准确、方便和简洁，是当前的流行做法。以 VHDL - AMS 在后台作为微机电系统描述的基础，前台采用形象化的图形符号表示微机电系统的结构组成，既易于系统的分析和仿真又能以形象直观的形式反映其结构组成。为了快速设计并重复利用已有的研究成果，需要根据元件的几何和行为参数利用 VHDL -AMS 语言建立 MEMS 元件库。每一个库元素有这么两个方面的特性：行为特征和几何特征。库元素的行为特征是用 VHDL - AMS 语言描述的抽象数学模型(通常为代数方程和微分方程)，而几何特征则主要反映库元素的几何形状，为参数化的实体或版图生成技术提供接口。根据 MEMS 元件库可以迅速搭建系统，并以示意图(Schematic)表示。使用这种方法进行 MEMS 系统级设计为 MEMS 系统级设计人员提供了一个系统设计环境，简化了用 VHDL -AMS 描述 MEMS 系统行为模型的过程，MEMS 系统级设计人员无须知道 VHDL - AMS 的具体细节就可以对 MEMS 系统进行抽象，进行系统级设计。系统的输出是硬件描述语言文件，可以用使用 VHDL - AMS 仿真器(如 Smash, hAMSter)对系统进行仿真、分析和验证。

3.1.2　器件级设计

器件级设计的任务主要是完成 MEMS 器件的实体设计、分析和优化，为器件的工艺和版图设计奠定基础，并且可以从中提取器件的行为模型，再进行系统级的行为仿真，以验证设计方案。其设计遵循以下步骤：

1. MEMS 器件参数化实体建模

根据系统级设计确定的 MEMS 器件结构和优化确定的参数，利用实体造型软件进行 MEMS 器件的实体设计。

2. MEMS 器件分析

MEMS 器件通过其可动部分的机械运动转换不同形式的能量，因为其尺寸的微小化，器件结构就会容易断裂，所以对其进行精确的物理分析就非常必要。通常采用有限元、边界元等精确的数值方法对器件进行耦合场分析、模态分析、瞬态分析、应力应变分析等。因为这些数值方法都比较复杂，所以选用适当的软件工具将会减轻分析的工作量。

由于尺寸的微小化，传统的宏观设计理论已经不能用于微小器件的物理性能模拟。因为在大尺寸实验的基础上总结出来的宏观定律及常数在微机电系统所涉及的尺度范围内是未经证明的，例如在宏观力学中两物体间的摩擦因数是与接触面积无关的常数，但是在微小尺寸下，有实验证明这一规律不再成立。因此对器件进行分析必须注意 MEMS 尺寸微小化所带来的影响。当前，很多解决传统耦合问题的有限元软件，如 ANSYS、COMSOL 等纷纷增加了 MEMS 的分析模块来帮助设计者进行 MEMS 器件分析。

3. 器件的行为模型分析

这一步提取微机电器件本身的主要行为特性，并用抽象的数学模型(通常为代数方程和微分方程)来表示，而此模型正是系统级仿真所需要的。

3.1.3　工艺级设计

MEMS 工艺级设计主要包括器件的掩膜版图设计和工艺流程设计，是 MEMS 器件付诸加工前的最后一步，因此其设计成败在很大程度上取决于这一环节。其主要的设计任务如下：

1. 基于实体模型的工艺定义

根据器件的实体模型，选用不同的加工方法（表面加工、体加工和 LIGA 等）对其进行工艺定义，确定其工艺过程。

2. 基于实体的版图生成

器件的版图直接反映了加工过程中的光刻掩膜版的图案。对于机械背景的研究者，在 MEMS 集成设计中可采用先建立三维实体，经过工艺编辑后自动生成二维掩膜版图的方法，而对于微电子背景的研究者，则可以直接绘制二维版图和编制工艺，借助于集成设计软件工具得到三维实体。

3. 加工工艺仿真

根据给定器件的二维掩膜版图和工艺路线，进行加工模拟得到器件的三维实体。若模拟通过，则可以输出版图用于加工。

工艺级设计时必须要考虑到实际工艺因素对器件的电学、力学、光学等特性的影响，如：

(1)多晶硅薄膜沉积工艺中晶粒尺寸所带来的表面粗糙度变化对光学器件反射效率的影响。

(2)薄膜沉积中随薄膜厚度、成分、生长条件而变化的残余应力在微结构释放后所造成的结构翘曲对器件性能的影响。

(3)干法刻蚀中如果被刻蚀的微结构线宽存在显著差异，需要增加过刻蚀以保证所有刻蚀结束，但是微小结构处的线条容易在过刻蚀中被横向刻蚀所破坏，甚至完全消失。

3.1.4 典型器件设计实例

当前，系统级—器件级—工艺级的“自顶向下”设计方法已成为 MEMS 领域的主流设计方法。该方法从系统级设计开始，经器件级性能分析与优化，最终进行工艺级的版图与加工工艺流程设计。这里以一个 Z 轴微机械陀螺为例，进行该设计过程的实例展示。

如图 3.2 所示，该陀螺的敏感质量在驱动力矩作用下沿驱动方向（Y 方向）振动，此时由于外解耦梁在驱动方向上具有较大的刚度，反馈梳齿不会在驱动方向产生运动，从而消除了驱动模态对反馈环节的机械耦合。当垂直于敏感质量平面的 Z 轴方向有一个角速度 Ω 输入时，由于科氏效应的存在，敏感质量将在敏感方向（X 方向）振动，由于内解耦梁在敏感方向具有较大的刚度，敏感方向的振动不会传递给驱动梳齿，从而消除了敏感模态对驱动模态的机械耦合。检测电极采用上下对称的布置方式，将上下对应的检测电极进行电连接，即可保检测电极与检测活动梳齿形成的电容器正对面积不发生变化，电容值只与电容器的极板间距有关。

在该 Z 轴微机械陀螺的设计过程中，系统级设计通过系统级参数化三维组件库中的组件模型搭建器件的系统级模型，在系统级可以进行模型的频域分析、时域分析、直流小信号分析等分析仿真。系统级设计结果将为后续器件级设计和工艺级设计提供设计参考。器件级设计从器件三维实体模型入手，通过三维造型软件得到器件的三维实体模型，将该模型导入有限元软件中即可进行分析。工艺级设计从版图设计和工艺设计入手，通过版图编辑软件创建器件的二维版图，通过工艺编辑软件创建器件的具体工艺流程，得到完整的版图文件和工艺文件后即可通过工艺几何仿真模块得到器件的工艺流程模拟。

在系统级设计中，搭建 Z 轴微机械陀螺系统级模型如图 3.3 所示。所用到的元件包括梁、刚性质量平板、变面积式直线梳齿电容器、变间距式偏置梳齿电容器、锚点等。陀螺的角速度输入在芯片运动组件中定义，陀螺的具体结构参数和工艺参数在环境变量元件中定义。

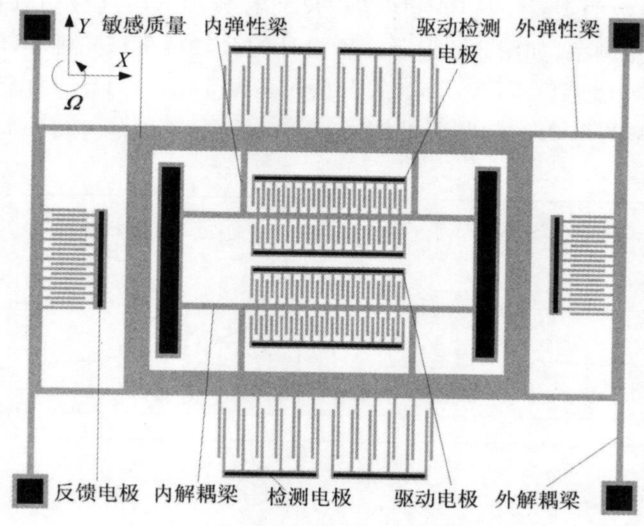

图 3.2　设计实例中的 Z 轴微机械陀螺结构

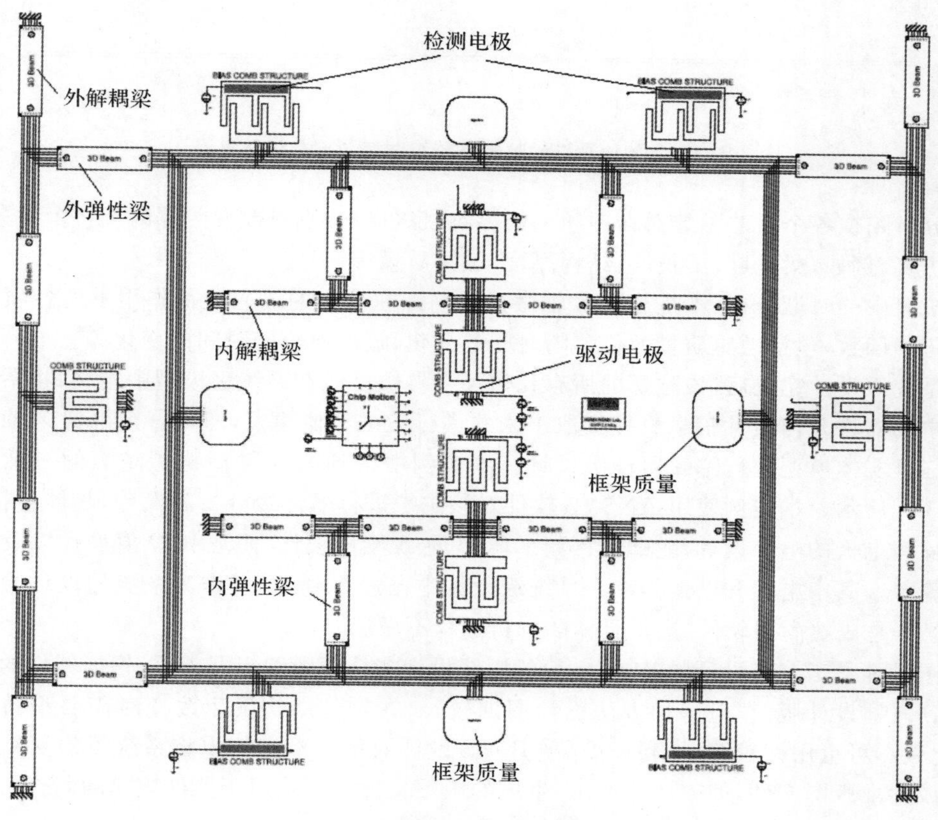

图 3.3　Z 轴微机械陀螺系统级模型

基于系统级模型进行 Z 轴微机械陀螺系统级频域分析时，主要分析 Z 轴微机械陀螺的谐振频率与几何尺寸参数的关系。按照具体结构尺寸参数进行系统级仿真得到的 Z 轴微机械陀螺 3～8 kHz 的谐振频率，如图 3.4 所示。所设计的 Z 轴微机械陀螺驱动模态(Y 方向)的谐振频率为 5 072.7 Hz，敏感模态(X 方向)的谐振频率为 5 013.3 Hz。两个模态之间的频率差为 59.4 Hz，小于频率的 1.2%，频率匹配较好。

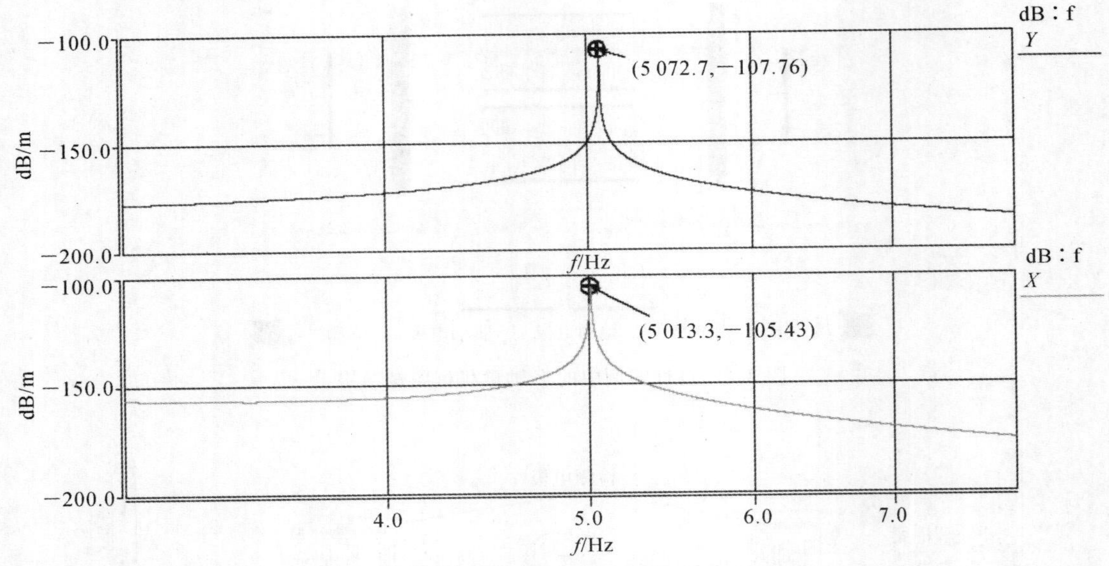

图 3.4　Z 轴微机械陀螺系统级谐振频率分析结果

为分析陀螺各个尺寸参数对谐振频率的影响，也可以分别只改变陀螺的某一个参数，进行系统级仿真，例如，梁宽度、梁长度、结构厚度、敏感质量等。

系统级中的时域分析，则是分析 Z 轴微机械陀螺在特定的输入载荷作用下的各项指标随时间变化的函数，包括敏感质量的位移随时间的变化、输出电容随时间的变化等。

在系统级设计完成后，该陀螺的所有几何尺寸参数已经在系统级模型中定义，将系统级设计结果中的器件几何尺寸信息直接提取出来并进行三维实体建模，即可直接得到 Z 轴微机械陀螺的三维实体模型进行陀螺器件级设计。本实例中得到的 Z 轴微机械陀螺的三维实体模型如图 3.5 所示。本实例使用 ANSYS 软件对该陀螺进行器件级分析和设计，具体包括驱动、检测和反馈电极的电容设计，陀螺谐振频率设计、陀螺刚度设计、阻尼和 Q 值设计以及陀螺精度的计算等。其中电容和谐振频率在系统级设计中已经得到，可以作为系统的设计验证。鉴于 ANSYS 是成熟商用软件，这里具体的分析过程不做展开。

版图设计是工艺级设计的基础，一般的版图设计多从版图编辑器入手，根据器件的实际结构从无到有地设计版图，但这种方法设计周期较长，在器件结构发生改变时需要重新设计版图，因此版图可重用性较差，不利于提高 MEMS 设计效率。本实例中将系统级仿真结果文件直接生成标准版图文件，如图 3.6 所示，生成的版图文件可直接用于器件掩膜的制作。

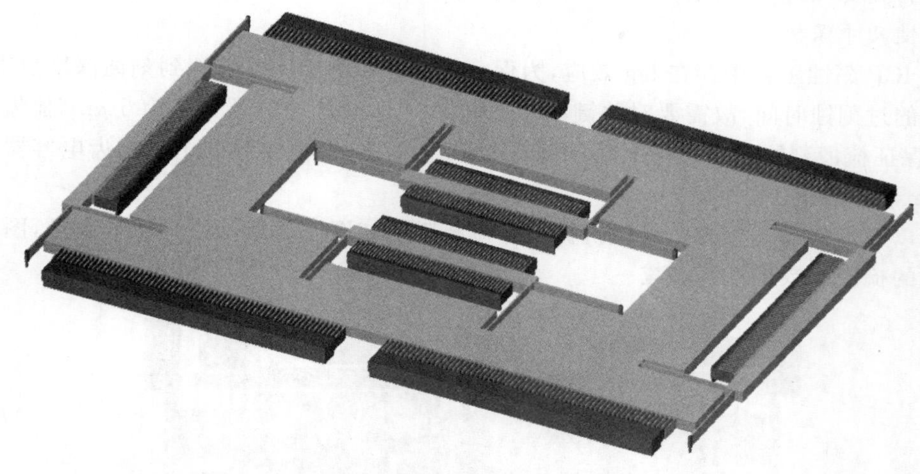

图 3.5　Z 轴微机械陀螺三维实体模型

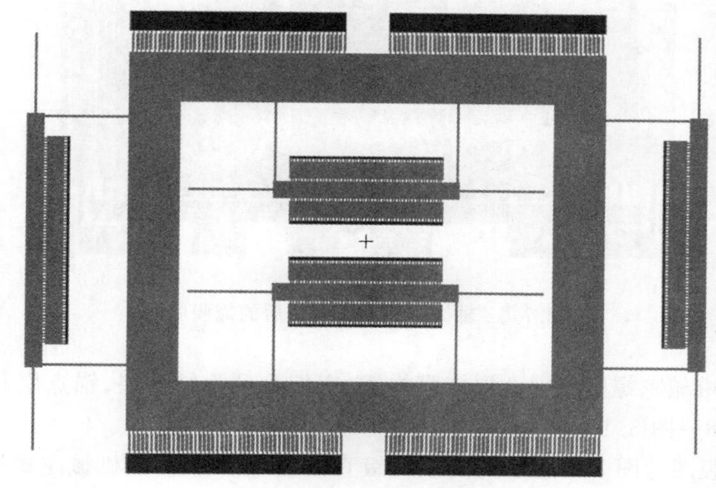

图 3.6　系统级直接生成的陀螺版图

实际加工用的版图不但要求具有结构层和锚点层的版图，另外还需要具有电极引线版图。本实例的 Z 轴微机械陀螺采用体硅工艺加工，根据实际工艺的需要对 Z 轴微机械陀螺版图进行了如下工艺编辑：

1. 减小暴露面积

由于陀螺拟采用体硅工艺加工，其中结构层采用 ICP 刻蚀工艺进行硅深刻蚀，而该工艺要求结构暴露面积较小，一般以不超过版图总面积的 20% 为宜，故需要将版图中空白区域进行填充。本实例将空白区域填充为敏感质量，以降低 Z 轴微机械陀螺谐振频率，提高陀螺机械灵敏度。

2. 增大键合台面积

陀螺结构层与下电极采用静电键合工艺连接，要求键合台具有较大的面积以确保键合强度，避免结构脱落的情况发生。

3. 关键尺寸保护

由于 ICP 刻蚀工艺中存在 lag 效应，为保证线宽较小的结构能够达到刻蚀深度要求，就需要有一定的过刻蚀时间，故需要对关键尺寸进行保护，如梳齿电容器齿宽为 5 μm，梳齿间距为 4 μm，为保证梳齿刻蚀后的结果准确，根据具体工艺经验，在掩膜版图中将梳齿电容器齿宽增加为 6 μm，梳齿间距减小为 3 μm。

按照以上步骤修改后的 *Z* 轴微机械陀螺掩膜版图如图 3.7 所示。为清晰起见，图中将梳齿电容器的梳齿个数进行了删减。

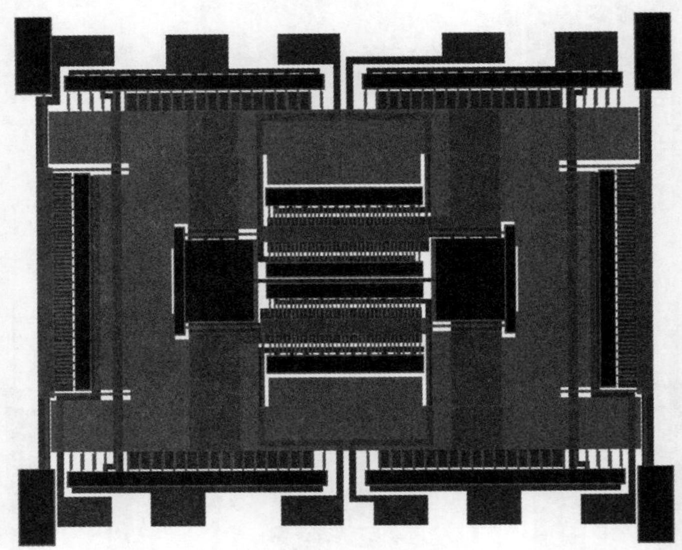

图 3.7　*Z* 轴微机械陀螺修正后的掩膜版图

整个 *Z* 轴微机械陀螺版图由 3 层掩膜构成，它们分别为结构层、锚点层和电极层，3 层的掩膜分别如图 3.8～图 3.10 所示。

将三个掩膜版图与图 3.6 所示的由系统级直接生成的 *Z* 轴微机械陀螺版图相比可以发现，在图 3.8 中，原有的空白区域均填充了结构层，并与敏感质量直接相连，这样不但有效地减小了整个陀螺的暴露面积，同时降低了陀螺的谐振频率，提高了陀螺的机械灵敏度；图 3.9 中的所有键合台均适当增加了面积，保证了键合强度；图 3.10 中设计了 11 个引脚的陀螺引线版图，同时，在活动梳齿下方设计了防止静电吸附的下电极。

本实例中也在版图生成的基础上进行了加工工艺仿真，具体包括工艺几何仿真和工艺物理仿真，鉴于篇幅原因不再赘述。

至此，*Z* 轴微机械陀螺的系统级—器件级—工艺级设计流程完成。当然，上述这种“自顶向下”设计过程为采用标准元件库时的设计流程。但在实际加工时，可根据工艺条件调整结构，如为了防止直梁与敏感质量的接触点发生断裂，因此采用变截面梁结构取代直梁结构。该变截面梁模型无法直接在系统级中建立，因而可首先进行版图的编辑与绘制，进行实体生成和有限元分析，然后提取变截面梁的宏模型，进行系统级仿真，完成 MEMS 设计的全流程。

有关微机电系统集成设计的内容已经在专著《泛结构化微机电系统集成设计方法》一书中

专门论述，有兴趣的读者可自行拓展阅读。

有关微机电系统集成设计的内容已经在专著《泛结构化微机电系统集成设计方法》一书中专门论述，此处不作展开介绍。

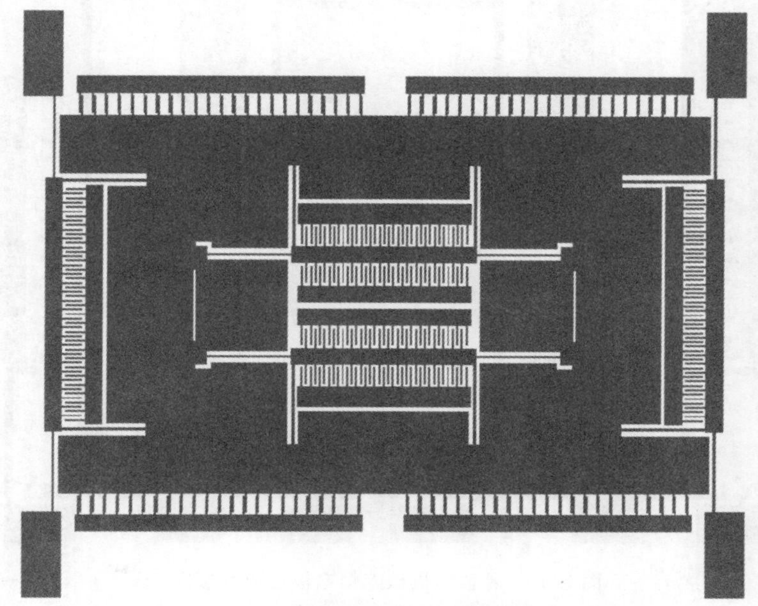

图 3.8　Z 轴微机械陀螺结构层掩膜版图

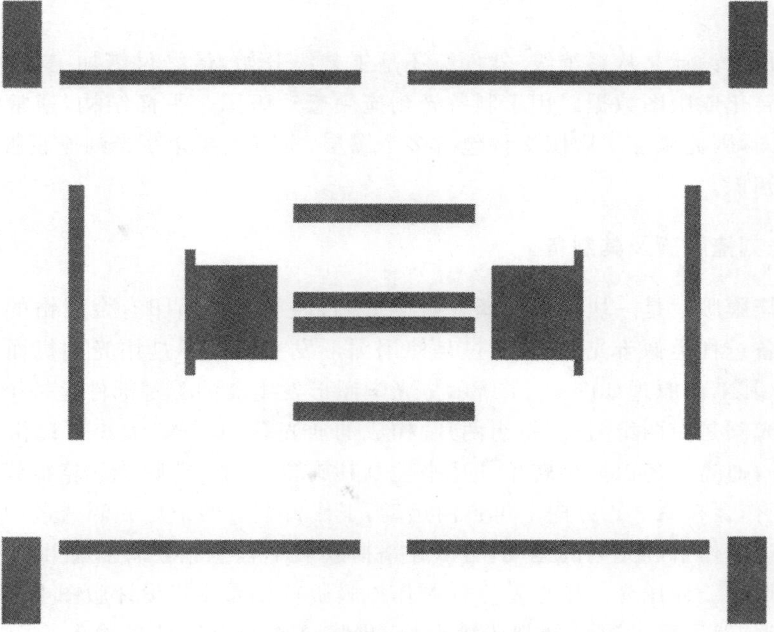

图 3.9　Z 轴微机械陀螺锚点层掩膜版图

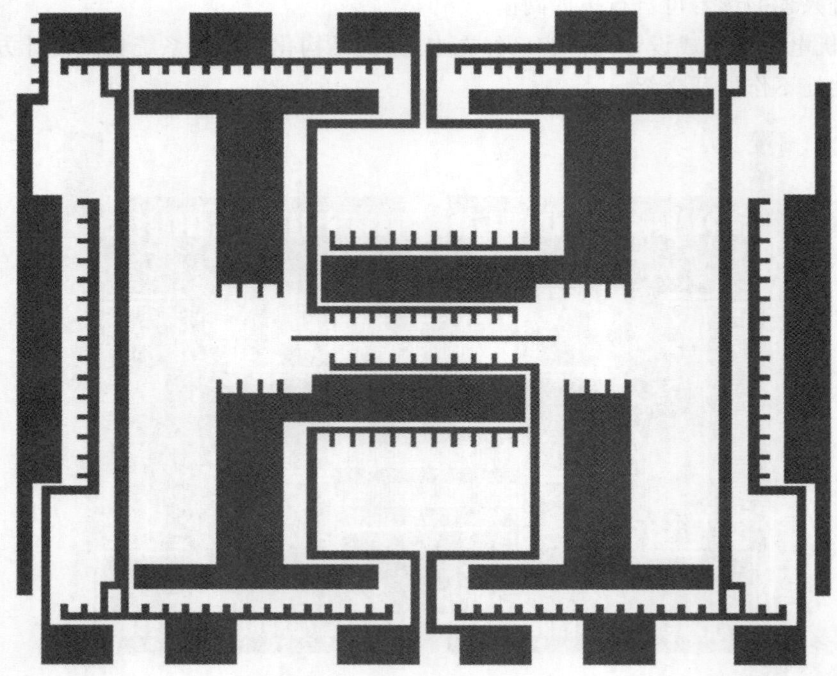

图 3.10　Z 轴微机械陀螺电极层掩膜版图

3.2　版图设计

无论微器件的设计是从系统级、器件级还是工艺级开始，最终付诸加工的时候，器件的结构数据都必须转化成版图数据以用于制备光刻掩膜版。版图是平面结构，通常每一层加工工艺对应一层版图，因此微加工版图文件包含多个图层，本节主要介绍光刻掩膜版及与之密切相关的版图设计知识。

3.2.1　光刻掩膜版及其制备

一块光刻掩膜版就是一块普通玻璃或石英玻璃，玻璃的一面印有金属铬的几何图形。光刻掩膜版的制备过程类似于光刻，只不过是使用图形发生器而不是用光刻机而已。以光学图形发生器为例，其工作原理如图 3.11 所示。光学图形发生器的关键部件是一个尺寸和位置都可变的光阑。光阑是由两组刀片(每组两片)构成的通光孔，其开口大小可以由刀片的线性运动来控制，此外，通光孔还由一个转角马达来控制其旋转运动。待曝光的铬掩膜版置于最下方的工作台上，工作台在 $X-Y$ 方向上可自由运动，工作台上方的汞灯光源透过中间的光阑照射铬掩膜版。通过工作台和光阑的运动，可以在铬掩膜版上任意指定位置曝出一个指定大小及旋转角度的矩形块。使用光学图形发生器制作掩膜版首先需要将设计版图上的所有几何图形用多边形来逼近，然后将多边形分割成矩形块，再将这些矩形块信息输入给图形发生器控制端，最后由图形发生器通过选择性曝光而在铬版的感光胶上形成所需版图图形，再通过显影、腐蚀、去胶而完成制版。由于光学图形发生器使用矩形来拟合其他图形的特点，要使用光学图形发生器来精确制作圆弧或锐角是不可能的，只能尽可能地近似。除了光学图形发生器以外，还可以通过激光直写、电子束扫描和 X 射线制版等制版设备。

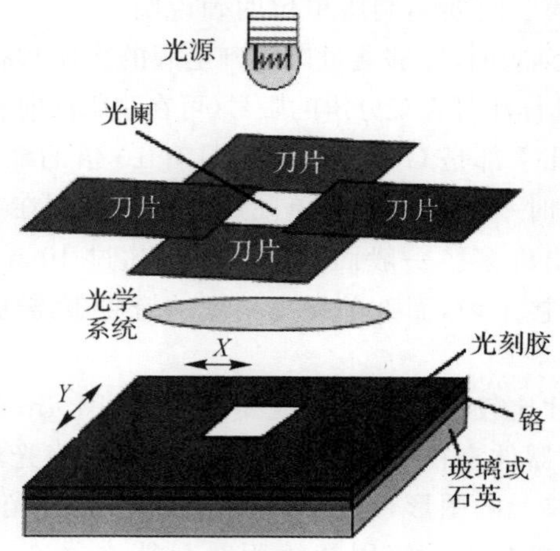

图 3.11　光学图形发生器工作原理

通常，一块 1∶1 的接触式光刻机（如 SUSS 公司的 MA6 光刻机）用的掩膜版是由同一个单元图形在掩膜版上重复分布而形成的图形矩阵。如果用图形发生器直接来做这样的光刻版，需要重复曝光相同的图形，数据量大，机时成本高，精度要求也难以得到保证。一般的做法是，先通过图形发生器做一块放大了 10 倍的只有一个单元图形的初缩版（Reticle），然后通过步进精缩机，将初缩版上的单元图形缩小 10 倍后投影到工作台上的精缩版上，由工作台在 $X-Y$ 方向的步进运动完成单元图形在精缩版上的分布。

3.2.2　版图设计工具

早期的掩膜版制备技术是先画出比实际掩膜版大几百倍的总图，然后把总图覆盖到红膜上，经过手工刻图、初缩照相和分步精缩等工序得到实际掩膜版。随着微电子和微机电器件结构越来越复杂，手工绘图的方式不再可行，采用一定的计算机辅助设计（Computer Aided Design，CAD）绘制版图和借助程控的专用制版设备制备光刻版已经成为主流。

常用的版图设计工具是 Tanner EDA 公司的 L－Edit 软件。其他一些 CAD 工具，如 AutoDesk 公司的 AutoCAD 软件，也可以用于版图设计。无论采用何种软件进行版图设计，为了方便制版设备和 CAD 软件之间的数据交换，CAD 软件需要能够将版图数据导出为 GDS－Ⅱ，CIF 和 EDIF 等版图文件格式。GDS－Ⅱ格式出现较早，它可以表示版图的几何形状、拓扑关系和结构层次及其他属性。作为一种二进制流格式，GDS－Ⅱ占用磁盘空间小，但可读性差。CIF 格式是用一组文本命令来表示掩膜分层和版图图形，可读性强。GDS－Ⅱ和 CIF 格式在常用的版图绘制软件中都可以生成，但是两者都是中间格式，需要相应处理程序进行转换之后提供给图形发生器。

3.2.3　版图总体设计

本节将以微制造工艺中常用的 4 in 衬底和常用的 SUSS 光刻机为版图设计对象，介绍版图设计总体布局方面的注意事项。

(1)版图要比所使用衬底的尺寸大 1 in,如加工 4 in(ϕ100 mm)衬底应选用 5 in(边长 127 mm)光刻版,在制作掩膜版时要向制版单位明确说明。

(2)光刻工程师在使用光刻版时,能够通过肉眼判定版的次序和版的方向是十分方便的,因此尽量在每张光刻版的右下角处标注可直观分辨的版号(可在制版前向制版单位提出要求)。

(3)国内的步进精缩机几乎都是 GCA3696 型,具有 10 倍的缩小倍率和 10 mm ×10 mm 的最大重复单元尺寸。制版时一般要求最大单元尺寸最好控制在 9 mm ×9 mm,超过此范围需通过拼版来做,成本要高出许多。一般而言,大单元(超过 10 mm×10 mm)低精度的掩膜版可通过光学图形发生器直接来做,而大单元高精度的掩膜版需通过电子束来做,成本要高昂得多。

(4)有的微器件总体尺寸比较大而尺寸精度要求不高(10 μm 的特征尺寸),如薄膜式的微变形镜,根据使用要求,有时器件直径可达数十毫米,此时,每张光刻版上不再是相同图形单元的重复矩阵,而是只有一个单元的图形,这样的光刻版可以通过光学图形发生器直接制备,而不需要经过精缩程序,称为初缩版。使用初缩版时只能在 ϕ80 mm 以内区域设计图形,而 ϕ80 mm以外区域用于镊子夹持,薄膜沉积时石英舟卡片和金属溅射时夹具卡片,不属于可用区域,应尽量避免设计图形。初缩版因为没有重复单元,需要设计两组对准标记,对准标记位于大小为 5 mm×5 mm的独立区域内,两区域间距为 70 mm(此距离由光刻机两物镜间距所决定),如图 3.12 所示。在光刻机上进行对准时,可以同时在左、右两个视场中各看到一个对准标记,从而实现对准。

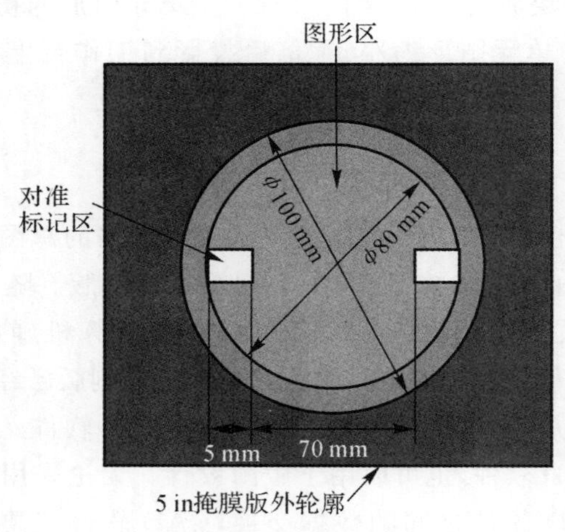

图 3.12　初缩版设计

除了少部分的微器件采用初缩版外,大部分的微器件都采用精缩版。精缩版由小于 9 mm×9 mm 的图形在水平和竖直方向上多次单元而成,国内的制备条件可以达到 2 μm 的特征尺寸。在设计精缩版版图时,只需要设计一个单元的图形并告诉制版单位生成重复单元矩阵时的排布要求即可。图 3.13(a)所示是一个微镜阵列器件的精缩版版图单元,该单元由微结构(包括引线和焊盘)、对准标记、工艺参数测试窗口和划片槽组成。与初缩版不同,精缩版的每一个单元中都有一组对准标记,只要在显微镜中找到任意两个在同一水平线上的对准标记即可实施对准。

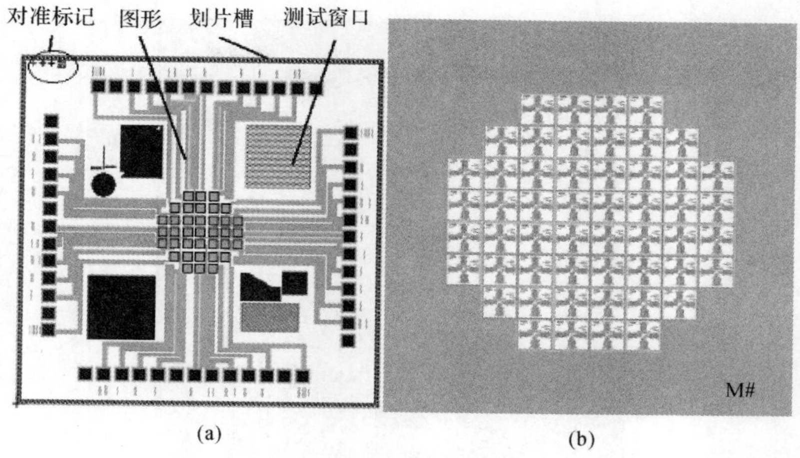

图 3.13 精缩版总体设计
(a)单元设计； (b)单元排布要求

对存在材料刻蚀或腐蚀的工艺，工艺参数测试窗口可方便地用光学膜厚仪或接触式台阶仪测量刻蚀或腐蚀深度。用于光学膜厚仪测量的测试窗口尺寸应大于 50 μm×50 μm；用于接触式台阶仪测量的测试窗口宽度应大于深度的 2.2 倍，但最小应大于 50 μm×50 μm。实在无法设计测试窗口时，可考虑在流程中添加陪片，以便监测刻蚀结果。

焊盘便于封装时通过打线实现微结构和外管壳的电连接。相邻焊盘间距应大于 100 μm，压焊点尺寸最好大于 150 μm×150 μm。

划片槽的用途仅仅是为划片对刀时提供目视参考，没有功能性，也不一定非要是槽，只需要在衬底表面形成凸起或凹下的网格即可。为了方便划片时自动走刀，应该将单元步距设为 10 μm 的整数倍，以满足划片机最小步距 10 μm 的要求，同时，划片槽的宽度应大于等于 300 μm，并保证最近的结构(如焊盘)与划片槽边的距离大于等于 100 μm。因为划片槽宽度较大且贯穿整个衬底，所以应尽量避免在 DRIE 或 KOH 腐蚀层设计划片槽，以防止衬底在工艺过程中沿划片槽破裂。因为金属有黏刀现象，也要尽量避免在金属层设计划片槽。在工艺允许的前提下，划片槽应尽量设计为光刻版图上的透光区，以便于快速套准。

(5)设计双面光刻或阳极键合的两张相关版图时，注意在送制版前完成水平方向的翻转(Horizontal Flip)，或者告知制版单位，由其代为翻转。

(6)若工艺中涉及 DRIE 和 KOH 等深刻蚀，在版图设计中不能出现沿晶向的贯通槽，以免刻蚀到一定深度时，硅片沿解理晶向断裂，同时注意在版图设计时尽量减少刻蚀区面积，以提高刻蚀速率；应尽量避免在 DIRE 刻蚀或 KOH 腐蚀后的衬底上涂胶光刻，否则需要喷涂设备涂胶；工艺中涉及 KOH 腐蚀时，首张版图应添加用于晶向定位的平行条，如图 3.14 所示，平行条应为透明，两平行条间距为 98 mm，平行条高度为 0.8 mm，宽度为 50 mm；普通硅片的实际晶向与主参考边的偏差小于 1°，光刻工艺可以保证硅片的主参考边与光刻版的平行边的偏差小于 1°，因此 KOH 腐蚀结构应允许硅片的实际晶向与实际光刻图形的偏差为 2°。

(7)金属剥离版图中应尽量避免大面积封闭图形的出现，以免造成剥离困难。

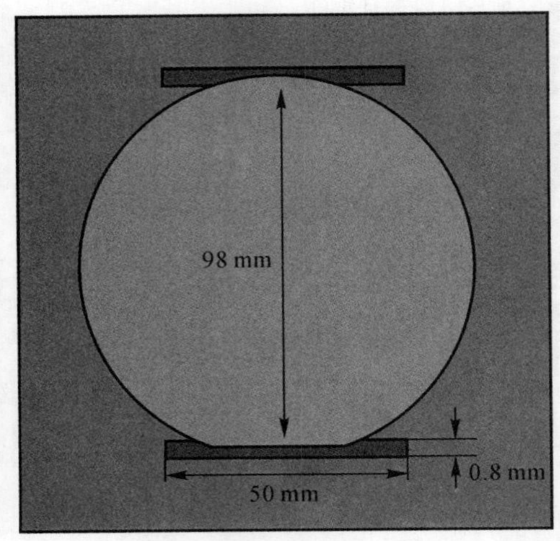

图 3.14　KOH 腐蚀首张版图的晶向定位平行条

3.2.4　对准标记设计

对准标记可以是一个十字、一个矩形或者一个“L”形几何图形，可以是实心的，也可以是空心的，如图 3.15 所示。

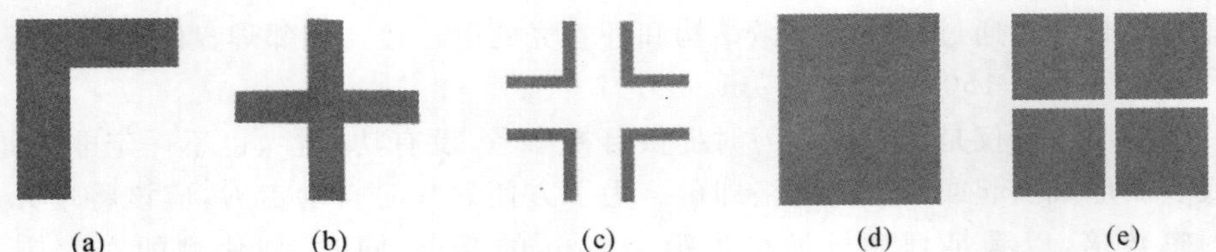

图 3.15　各种对准标记

(a)“L”形；(b)实心十字；(c)空心十字；(d)矩形；(e)矩形阵列

如果将 KOH 深腐蚀(腐蚀深度大于 50 μm)后的图形用于后续光刻的套准和检查，应将需经受 KOH 腐蚀的对准标记设计为漏空的方块形状，可以使用如图 3.15(d)(e)所示的图形作为对准标记，以避免 KOH 凸角腐蚀效应造成对标记的损伤。

在每张版图中都制作一个线宽检查标记和对准标记编号。线宽检查标记的宽度应为结构中的特征尺寸。对准标记进行编号的目的是方便光刻工程师查找与光刻掩膜版相对应的衬底上的对准标记。

在单面光刻版图设计中，要考虑到两次相关对准标记的大小覆盖问题，当后一次版为暗场版时，对准十字应设计为小于前次版的十字并在其周围设置大面积透光区，这样才能方便对准的时候容易透过掩膜版找到衬底上的对准标记；在双面光刻中不必考虑；在阳极对准键合中，只需考虑玻璃片上的金属十字标记不要覆盖硅片上的十字标记，以便于键合后透过玻璃进行键合偏差检查。

图 3.16 给出了北京大学目前在使用的十字形对准标记的画法，各位读者可以参考。

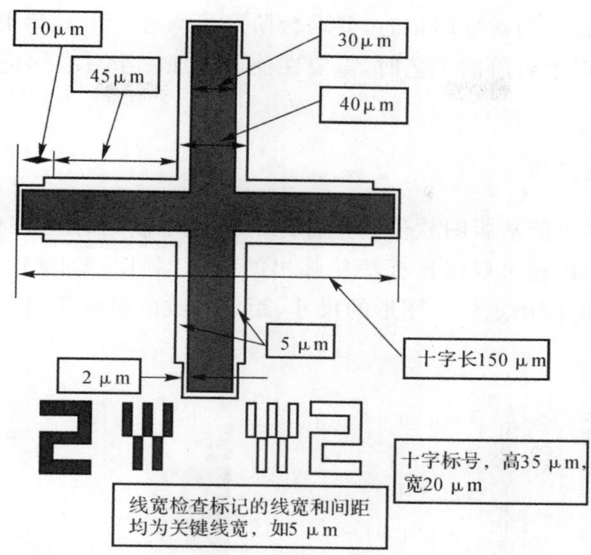

图 3.16 北京大学使用的对准标记绘制方法

3.2.5 覆盖关系设计

所谓覆盖关系，就是指版图文件中，不同图层上的结构在存在包容、相邻、交叠和外出的位置关系时应该遵循的最小覆盖尺寸，如图 3.17 中所示的最小尺寸 a。

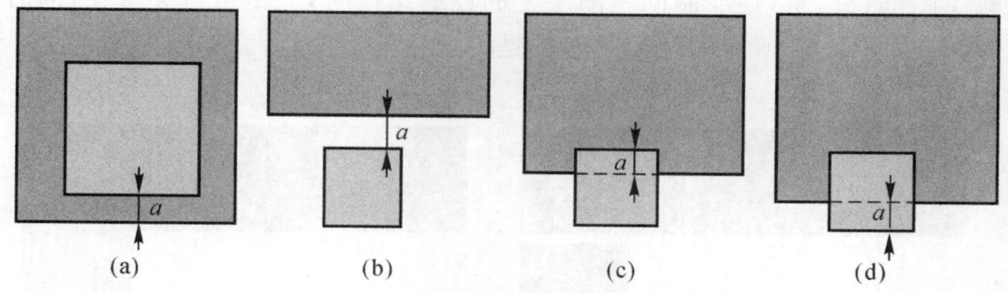

图 3.17 版图中不同图层之间的覆盖关系

(a)包容；(b)相邻；(c)交叠；(d)外出

以 MUMPs 工艺中的焊盘结构为例，焊盘结构涉及 POLY0，POLY1，ANCHOR1 和 METAL 四个版图图层，如果焊盘的设计值为 150 μm×150 μm，那么并不是所有的版图图层上图形的大小都是 150 μm×150 μm，而是存在一个互相包容的关系。比如说在可以将各个图层正方形焊盘边长的大小设计为 ANCHOR1（150 μm)/METAL（170 μm)/POLY1（190 μm)/POLY0(220 μm)，如图 3.18 所示。当然，这只是一个举例，具体的数值应该参考工艺服务商的工艺手册来确定。

覆盖关系设计实际上是预先将对准误差、各种线宽变化（如湿法腐蚀中的侧向掏蚀，扩散中的横扩）和衬底本身的晶向定位偏差等工艺考虑进版图设计阶段，提前预留出冗余量，以防止由于工艺不确定性而导致的器件短路或断路等失效。具体工艺手册中给出的覆盖关系会涉及多个版图图层，需要在版图设计的时候仔细掌握和运用。

以衬底上图形的台阶为对准印记时，要求台阶高度大于 800Å，因此当工艺的第一步为选择性扩散等无法形成对准台阶的工艺时，需要在前面多加一步对准标记刻蚀工艺，以为后续的套刻提供对准基准。

3.2.6 版图绘制技巧

在绘制版图时，尽可能从版图软件的坐标原点开始绘制，如图 3.19(a)所示，这样可以在绘制比较复杂的图形时，通过双击鼠标滚轮弹出的对话框（L - Edit 软件的功能）直接输入图形的坐标来实现图形的准确定位。图形的尺寸、距离等数值尽量使用约整数(如 5,10,50 等)，以方便运算。

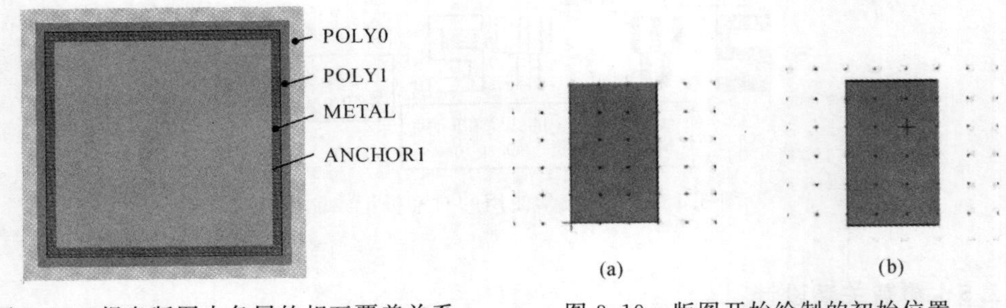

图 3.18 焊盘版图中各层的相互覆盖关系

图 3.19 版图开始绘制的初始位置

(a)从坐标原点开始； (b)没有从坐标原点开始

为了减小图形数据量，在绘制同一图层上的连通结构时，应尽量避免重叠；同时，也应注意不要让图形断开，图 3.20 所示的两种状态都是不合适的。

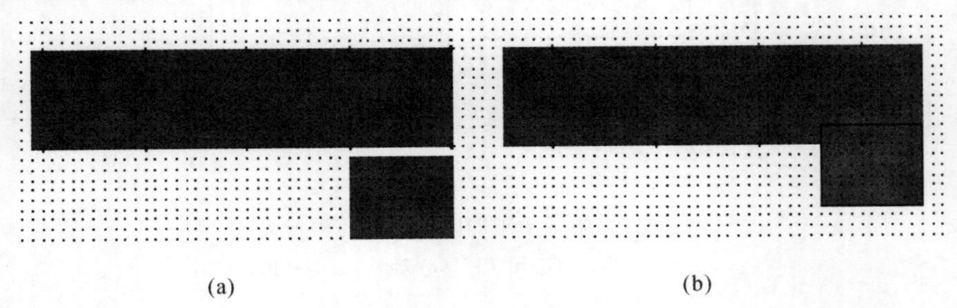

图 3.20 连通结构的两种不正确画法

(a)结构断开； (b)结构重叠

因为图形发生器是通过矩形来拟合一切图形的，所以在绘制版图的时候要尽量避免斜线、曲线、三角形和圆形等不容易被矩形拟合的图形，以减小数据量。如果确实无法避免使用斜线，切记要考虑到图形发生器用阶梯形折线拟合斜线而导致的斜线和直线设计宽度相同而实际宽度不同的问题。如图 3.21(a)所示，六边形微镜由 3 根悬臂梁支撑，两根倾斜，一根竖直，3 根悬臂梁设计宽度和长度都相同。但是，实际制版时，由于图形发生器使用矩形来拟和任何图形，斜悬臂梁和竖直悬臂梁的实际宽度不同，从而导致微镜的 3 个悬臂梁刚度不同，使得微镜在静电力驱动下产生倾斜失稳。为避免竖直悬臂梁与斜悬臂梁加工后的性能不一致，该版图在设计完毕后还需顺时针或逆时针旋转 15°，使得所有的悬臂梁都为斜梁。同时，为了防止结构连接处在旋转后脱离，还要在连接处的结构设计一定的冗余量。

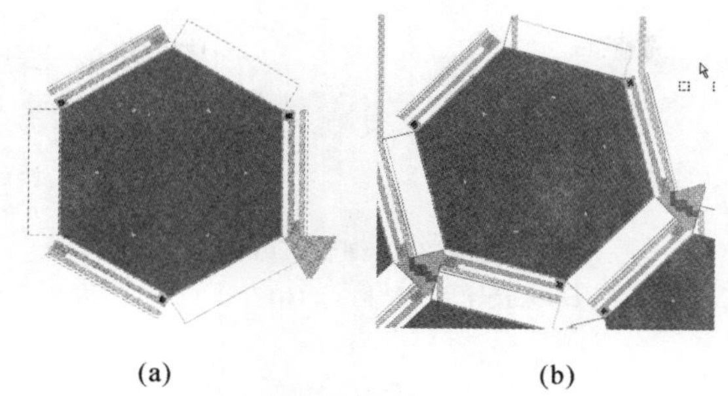

(a)　　(b)

图 3.21　利用旋转保证结构一致性

(a)结构未旋转；(b)结构逆时针旋转 15°

要注意使用版图绘制软件的命令来简化绘制和修改工作量。图 3.22(a)所示的图形，看似复杂，但如果先绘制图 3.22(b)所示的图形，再通过 L－Edit 软件的“实例”(Instance)命令，生成 X 方向上的 3 列行阵就可以了。这个命令对于绘制焊盘等这样具有相同结构并按照一定的周期大量重复的图形非常有帮助。

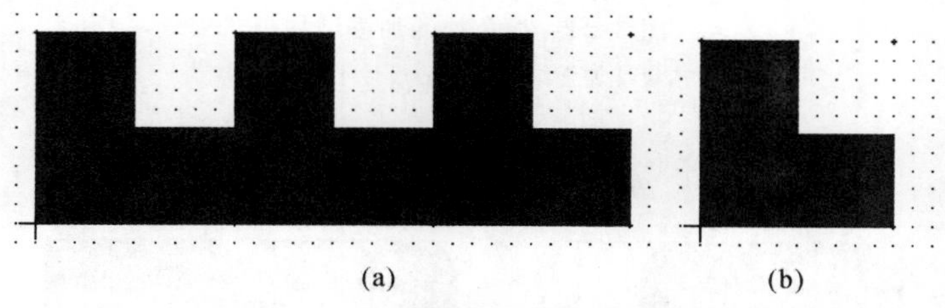

(a)　　(b)

图 3.22　利用“实例”命令简化绘图

(a)3 列行阵实例；(b)被实例单元

在实际加工过程中要尽量避免出现细长的直线，但如果确实需要使用时，如比较长的寻址线，应该在线的两边设计加强结构，如图 3.23 所示。同样，在设计细长线拐角的时候，也最好能够设计出一定形式的加强结构，如图 3.24 所示。

我们在 MEMS 制造分步工艺一章中讲过，多层薄膜沉积时，下层的台阶结构会传递到上层薄膜，从而在上层薄膜上产生与下层相对应的起伏不平，影响微结构表面的平整度。在图 3.25 中，有在二氧化硅上刻蚀出的编号分别为 1＃和 2＃的两个台阶，二氧化硅台阶上再沉积多晶硅。对于 1＃台阶，台阶宽度比较大，沉积多晶硅后，多晶硅薄膜上的起伏高度和下面二氧化硅台阶的高度一致，即下层薄膜的起伏完全传递到了上层薄膜，表面起伏没有得到改善；对于 2＃台阶，台阶宽度比较小，沉积多晶硅后，由于薄膜沉积工艺的共形性，在台阶的上表面和侧壁同时沉积多晶硅，使得宽度较小的台阶被填充，最终形成的起伏小于台阶高度，即下层薄膜的起伏只有部分传递到了上层，表面起伏得到了改善。台阶的宽度越小，表面起伏的改善就越显著。

根据如图 3.26 所展示的现象，在进行版图设计的时候可以进行如图 3.27 所示的调整，既保证锚点的大小不发生变化(锚接强度不变)，又保证锚点处不会产生过大的起伏。

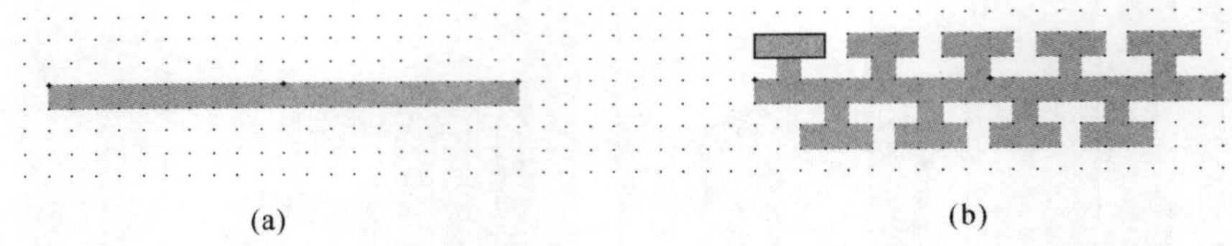

图 3.23 细长直线的加强
(a)未设计加强结构；(b)设计了加强结构

图 3.24 拐角处的加强结构
(a)未设计加强结构；(b)设计了加强结构

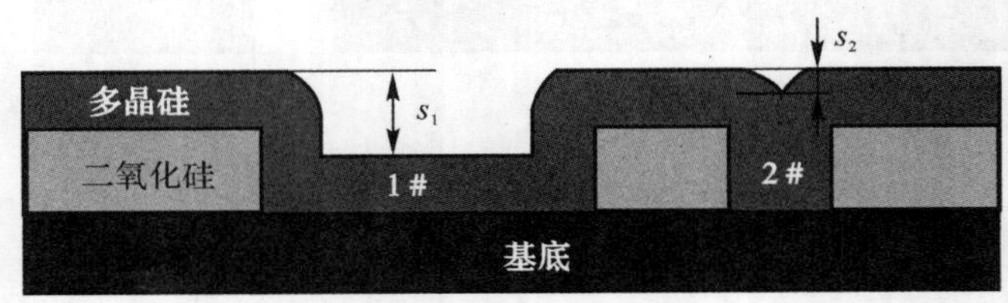

图 3.25 不同台阶宽度对应不同的表面起伏

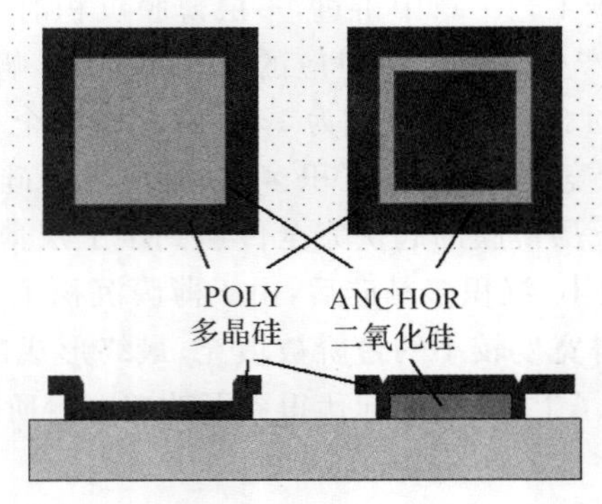

图 3.26 从版图设计的角度改善保形性引起的表面起伏

习题与思考题

1. 请阐述你对以下观点的看法:“MEMS 设计的流程并不是呆板的,根据设计人员专业背景的不同,可以从任意层级入手开始设计,并不一定要拘泥于先系统级,后器件级,最终工艺级的固定流程”。

2. 进行 DRIE 工艺的版图设计时,需要进行刻蚀部分的窗口面积应该尽可能的小,请问原因是什么?特别是对于 SOI 硅片,需要进行刻蚀部分的沟槽宽度应该尽可能一致,请通过预习第四章论述原因。

3. 请解释,在进行版图设计时,为什么要在暗场版的对准标记周围设计大范围的镂空区域。

4. 请自行设计一组对准标记,共计 2 张光刻版,进行 2 次套刻。其中,第 1 张版和第 2 张版是明场版,第 3 张版是暗场版。

5. 请问在版图绘制中为何在硅片左右设置两个对准标记?

6. 请问在绘制多层对准标记时什么时候采用空心十字?什么时候采用实心十字?

第 4 章　微机电系统制造基本工艺

4.1　引　　言

MEMS 制造工艺(Microfabrication Process)是下至纳米尺度，上至毫米尺度微结构加工工艺的通称。广义上的 MEMS 制造工艺，方式十分丰富，几乎涉及了各种现代加工技术。本章所介绍的 MEMS 制造工艺主要是指起源于半导体和微电子工艺，以光刻、外延、薄膜沉积、氧化、扩散、注入、溅射、蒸镀、刻蚀、划片和封装等为基本工艺步骤来制造复杂三维形体的微加工技术。微机电器件制造过程中常用的体工艺、表面工艺及键合技术都是由半导体工艺演变而来的，要掌握 MEMS 制造工艺技术，必须要熟悉半导体制造技术的基本工艺步骤。但是，微机电器件需要可动并具有一定纵向高度的微结构，需要与外部环境之间进行能量交互，涉及残余应力变形、工艺及工作黏附和静电拉入(Pull - in)等微器件的特有问题，其 MEMS 制造工艺又在半导体工艺的基础上有所发展，具有显著的不同。本章对 MEMS 制造过程中各基本工艺步骤进行介绍，为读者提供 MEMS 制造工艺技术的入门知识。

4.2　光　　刻

1965 年，也就是集成电路发明后不久，美国人戈登・摩尔(Gordon Moore)曾预言晶体管的集成密度将每隔 18 个月增长一倍，后来他又将其修正为每隔两年翻一倍，这就是著名的摩尔定律(Moore's Law)。摩尔定律并非数学、物理定律，而是对半导体技术发展趋势的一种分析预测。如图 4.1 所示，在微处理器方面，从 1979 年的 Intel 8086 和 Intel 8088，到 1982 年的 Intel 80286，1985 年的 Intel 80386，1989 年的 Intel 80486，1993 年的 Pentium，1996 年的 Pentium Pro，1997 年的 Pentium Ⅱ，功能越来越强，每一次更新换代都是摩尔定律的直接结果。

由图 4.1 也可以看出，摩尔定律成立的原动力实际上是光刻技术的发展，只有光刻技术不断取得突破，元器件的密度才会相应提高。因此光刻工艺被认为是整个半导体工业的关键，也是摩尔定律问世的技术基础。如果没有光刻技术的进步，集成电路就不可能从微米进入深亚微米及纳米时代。

4.2.1　光刻基本原理

光刻是将制作在光刻掩膜版上的图形转移(Pattern Transfer)到衬底的表面上。无论加工何种微器件，微加工工艺都可以分解成薄膜沉积、光刻和刻蚀这 3 个工艺步骤的一个或者多个循环，如图 4.2 所示。与半导体工艺相比，MEMS 制造对光刻技术的要求要相对简单。复杂集成电路的制造过程中需要经过数十次光刻，关键线宽为亚微米到数十纳米量级，而

MEMS 制造过程中一般只需要数次光刻，关键线宽也仅为微米到亚微米量级。尽管如此，光刻仍然在 MEMS 制造过程中位于首要地位，其图形分辨率、套刻精度、光刻胶侧壁形貌、光刻胶缺陷和光刻胶抗刻蚀能力等性能都直接影响到后续工艺的成败。

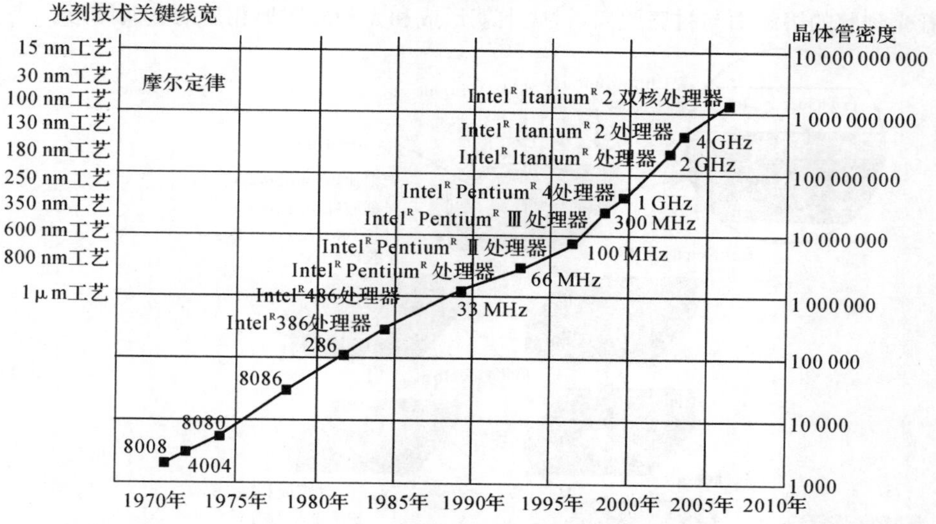

图 4.1　摩尔定律

光刻Lithography
光刻胶
薄膜
衬底
薄膜淀积Deposition
外延Epitaxy
氧化Oxidation
溅射Sputtering
蒸镀Evaporation
气相沉积CVD
旋涂Spin-on Method
溶胶－凝胶法So-gel
阳极键合Anodic Bonding
熔融键合Silicon Fusion Bonding
刻蚀Etch
各向同性湿法腐蚀Wet Isotropic
各向异性湿法腐蚀Wet Anisotropic
等离子体刻蚀Plasma
反应离子刻蚀RIE
深度反应离子刻蚀DRIE

图 4.2　MEMS 制造工艺的基本组成

光刻的基本原理如图 4.3 所示。需要转移到衬底上的图形首先是制作在光刻掩膜版上的。光刻掩膜版以透明的石英或玻璃为本体，表面溅射或蒸镀有一层不透光的铬金属，并根据所制备图形的需要将铬腐蚀形成对应的透光区。曝光时，在衬底表面涂覆光刻胶（光致抗蚀剂），将掩膜版覆盖在衬底上面，并使得有铬金属的一面朝下以减小衍射对图形传递准确度的影响。当紫外光透过掩膜版照射在光刻胶上时，正胶（Positive）受到光照的部分化学性质改变，能够被碱性显影液所溶解，留下被铬金属所掩蔽的部分形成图形；而负胶（Negative）则恰恰相反，受到照射的部分不容易被显影液所溶解，留下未被铬金属所掩蔽的部分形成图形。显影后光刻掩膜版上的图形被传递到衬底的光刻胶上。具有图形的光刻胶在坚膜后具有一定的抗刻蚀性，可以用作湿法腐蚀或干法刻蚀的掩蔽层，将自身的图形再进一步传递到衬底或其他薄膜材料上。未坚膜的光刻胶可用于剥离(Lift－off)工艺，即直接在光刻胶图形上溅射或蒸镀金属，再浸泡在适当的化学试剂(如正胶用丙酮)中将胶溶解。这样，附着在衬底上的金属被保留下来，而附着在光刻胶上的金属则随着光刻胶的溶解而与衬底脱离，衬底上就形成和光刻胶图形相反的金属图形。

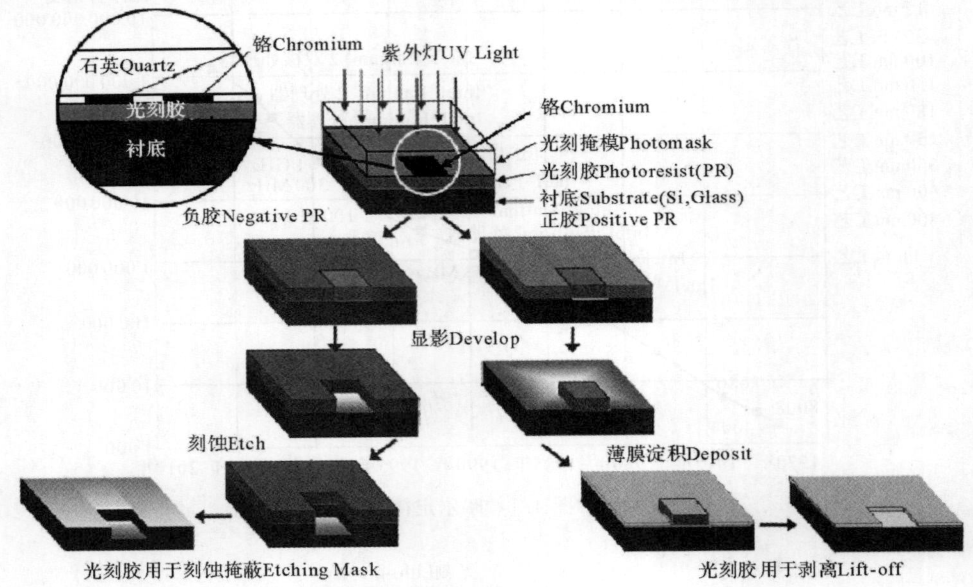

图 4.3　光刻基本原理

光刻分为脱水烘(包括打底膜)、涂胶、软烘、对准、曝光、中烘、显影、坚膜和镜检等多个步骤，如图 4.4 所示。为了避免颗粒污染光刻胶线条，微加工的光刻需要在 100 级洁净间环境下进行，并全程使用黄光照明以避免光刻胶失效。下面将对光刻的每个步骤进行详细介绍。

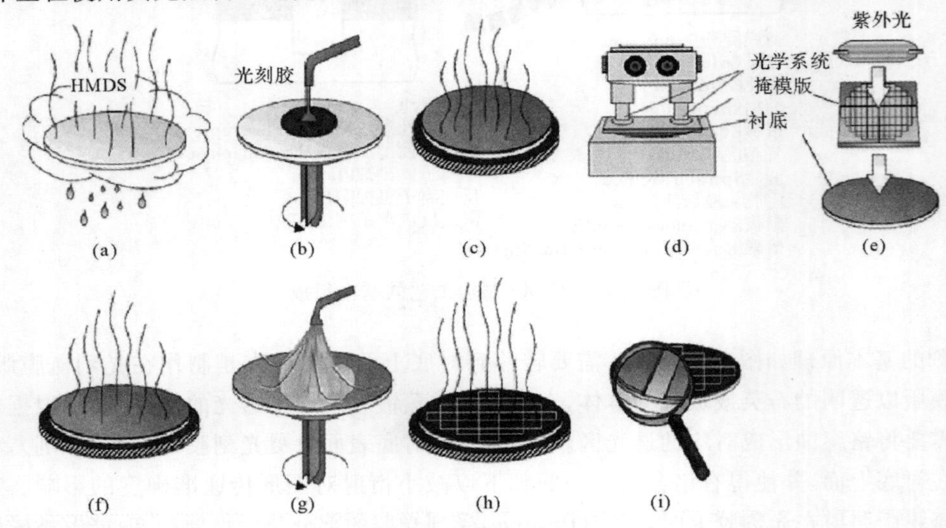

图 4.4　光刻基本流程

(a)脱水烘(打底膜)(Vapor Prime)；(b)涂胶(Spin Coat)；(c)软烘(Soft Bake)；(d)对准(Alignment)；(e)曝光(Exposure)；(f)中烘(Post-exposure Bake)；(g)显影(Develop)；(h)坚膜(Hard Bake)；(i)镜检(Develop Inspect)

4.2.2　制版

微器件设计者首先使用计算机辅助设计软件(如 L－Edit 或 AutoCAD)设计出微器件加工所需要的版图文件。通过计算机绘制的版图是一组复合图,是由分布在不同图层(Layout)上的图形叠合而成的,而每一个图层则对应一张光刻掩膜版。制版的目的就是根据版图数据产生一套分层的光刻掩膜版,为光刻做准备。

制版单位将版图数据进行矩形分割——将版图文件中各种图形实体都分割为图形发生器可识别的曝光矩形,称为 PG(Pattern Generator)数据。图形发生器将版图数据转移到掩膜版上(为涂有感光材料的优质玻璃板或石英板),并通过分步重复技术,产生具有一定行数和列数的重复图形阵列,形成最终的掩膜版。通常,MEMS 制造的一套掩膜版有一张到数张。MEMS 制造过程的复杂程度和制作周期在很大程度上与掩膜版的多少有关。

图 4.5 给出了版图图形的版图设计、制版和硅片加工过程中不同的存在形态。图 4.5(a)是计算机中以数据文件形式存放的版图图形,制版单位根据版图文件,制作出如图 4.5(b)所示的光刻掩膜版,然后使用此掩膜版,对沉积了氮化硅的硅片上进行涂胶、光刻,并以光刻胶为刻蚀掩蔽层,使用反应离子刻蚀机对氮化硅进行刻蚀的结果如图 4.5(c)所示。

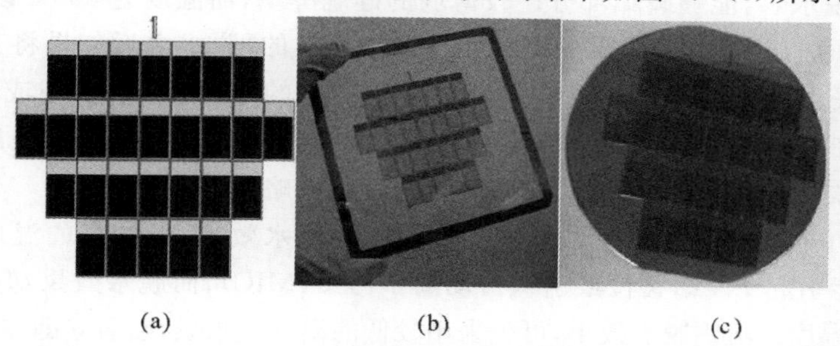

(a)　　(b)　　(c)

图 4.5　版图图形的不同存在形态(西北工业大学)

(a)版图文件；　(b)光刻掩膜版；　(c)硅片

4.2.3　脱水烘

脱水烘(Dehydration Bake),通常伴随有“打底膜”(Priming)工艺,目的都是为了增强衬底与光刻胶之间的黏附性。衬底表面的水汽会大大降低光刻胶的黏附性,如图 4.6 所示,如果不进行脱水,则光刻胶是和衬底表面的水膜接触,而不是和衬底接触,黏附效果就比较差。由于黏附效果差而在显影后产生的浮胶现象如图 4.7 所示。

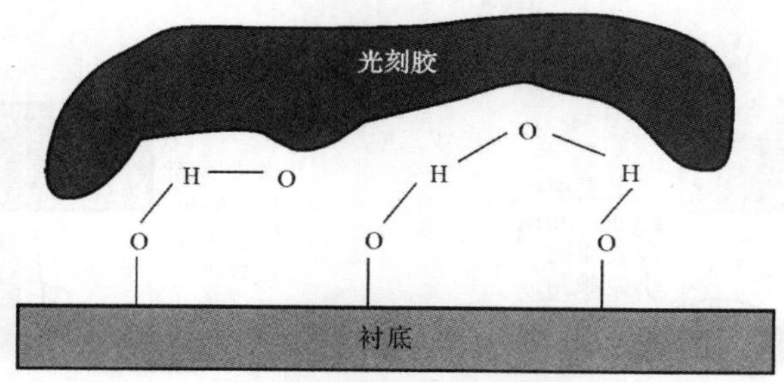

图 4.6　衬底表面有水汽时的涂胶效果示意图

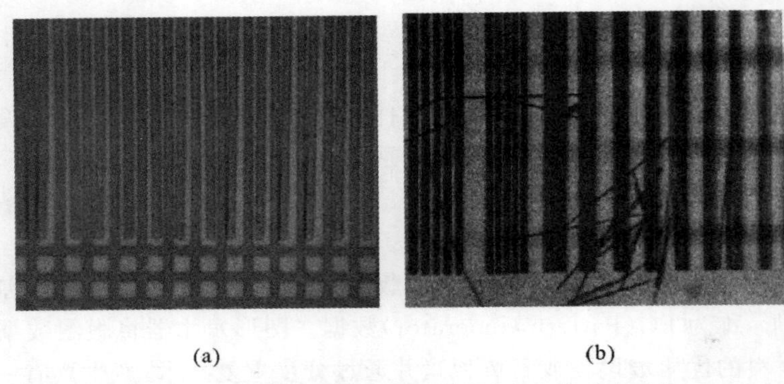

图 4.7　由于黏附性差而在显影后产生的浮胶现象
(a)线条部分脱落发生漂移；(b)线条完全脱落

脱水烘可以通过热板、对流烘箱、真空烘箱或管式炉进行，时间一般为 30～60 min。以硅基衬底为例(单晶硅、多晶硅、二氧化硅和氮化硅)，羟基(—OH)与硅原子之间结合成牢固的硅烷醇基(SiOH)，温度为 100～200℃的脱水烘，可以去除大部分水分，但无法破坏硅烷醇基；温度为 400℃的脱水烘，能够破坏部分比较薄弱的硅烷醇基；而温度为 600℃以上的脱水烘，才能够完全去除表面的硅烷醇基水膜。脱水的过程是可逆的，脱水之后如果将其长时间放置在潮湿环境中，衬底表面的水膜会重新形成，故脱水烘之后的冷却必须在真空或者干燥气体的保护下进行，并且在冷却完毕后立即进行后续的涂胶工艺。在热氧化工艺和低压化学气相沉积等高温工艺完成之后，如果立即进行涂胶工艺，则可以省略掉脱水烘步骤。

采用温度为 600℃以上的脱水烘可以实现较好的脱水效果，但较高的温度不仅需要大量的热预算，并可能引起 PN 结移位或引入可动离子污染(MIC)，而脱水效果却并不持久。为了降低脱水烘焙的温度并巩固脱水效果，可先采用较低的温度脱水烘，然后立即在衬底表面涂覆一层增黏剂。增黏剂可与硅烷醇基发生化学反应，利用与光刻胶具有良好黏附性的有机官能团(Organic Functional Group)取代与光刻胶黏附性不好的羟基，实现脱水和增黏附的目的。涂覆增黏剂的过程称作“打底膜”工艺，微加工常用的增黏剂是六甲基二硅胺烷[HexaMethylDiSilazane，HMDS，分子式为$(CH_3)_3SiNHSi(CH_3)_3$]。图 4.8 演示了 HMDS 与硅片表面的硅烷醇基发生化学反应，利用有机官能团取代羟基，使硅衬底表面由亲水表面改性为憎水表面的过程。

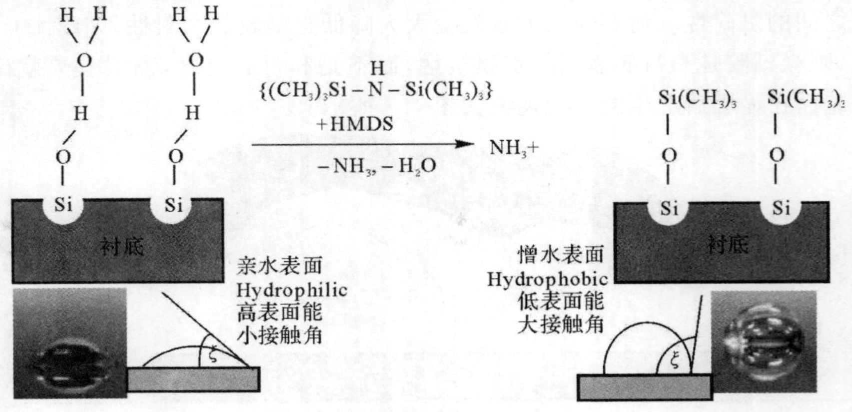

图 4.8　打底膜工艺对衬底表面的化学改性

可以采用浸泡法、旋涂法和蒸汽法三种方式使用 HMDS 对衬底进行增黏附处理。浸泡法得到的 HDMS 膜较厚，不易干燥，且比较浪费 HMDS；旋涂法打底通过涂胶机进行，比较容易与涂胶步骤集成并实现自动化；而蒸汽法则使用对流烘箱或真空烘箱进行，能够在脱水烘工艺之后马上进行，避免衬底在脱水烘后冷却的过程中重新吸附水汽。图 4.9 给出了采用对流烘箱和真空烘箱进行蒸汽打底的工作原理。

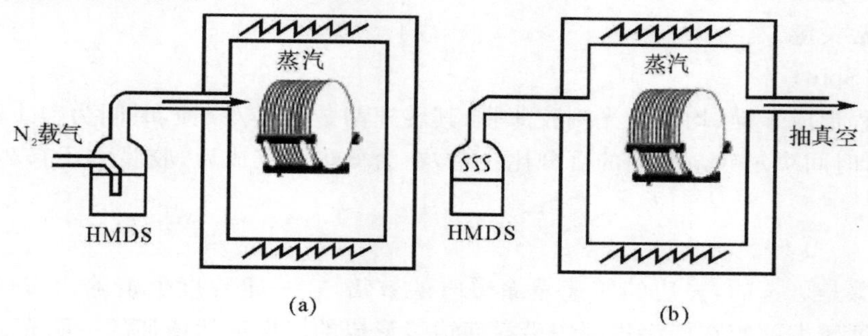

图 4.9　两种打底膜方法

(a)对流烘箱；(b)真空烘箱

4.2.4　涂胶

脱水烘完成后，硅片要立即采用旋转涂胶的方法涂上光刻胶。涂胶时，硅片被固定在一个真空吸盘上，将一定数量的光刻胶滴在硅片的中心，然后硅片旋转得到一层均匀的光刻胶涂层，如图 4.10 所示。

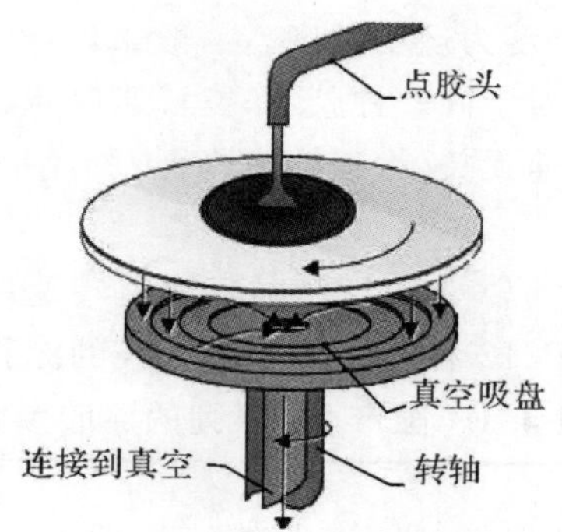

图 4.10　涂胶机结构原理

涂胶时转速的变化基本上分为 4 个过程，如图 4.11 所示。

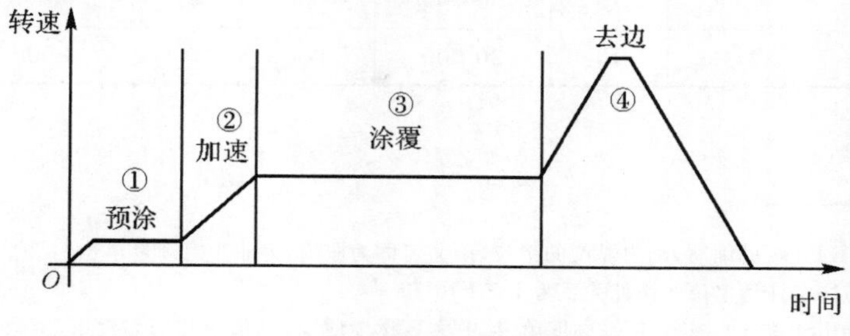

图 4.11　涂胶转速曲线

1. 预涂(Spread)

预涂的目的是将光刻胶在硅片上匀开,预涂转速较低,一般在数百转/分钟(revolutions per minute,r/min)左右,在这个过程中,光刻胶中65%～85%的溶剂挥发掉。

2. 加速(Ramp)

通常在零点几秒的时间加速到数千转/分钟,多余的胶被甩离衬底,此步骤对于旋涂厚度的均匀性非常关键。

3. 涂覆(Spin)

这个过程形成干燥、均匀的光刻胶薄膜,其转速为数千转/分钟,时间为数十秒,转速决定最终的胶厚,时间决定残余溶剂的百分比含量,在涂覆步骤完成后,胶膜中还有20%～30%的溶剂残留。

4. 去边

这个步骤是可选的,去边的转速是涂覆时的数倍,在一定程度上消除边珠(Edge Bead)。边珠是指黏度较大的胶在旋涂过程中沿衬底边缘形成的厚度突然增加的一圈光刻胶。边珠附近光刻胶的厚度是正常厚度的20～30倍,可以通过合理设计旋涂程序,在衬底边缘倒角或在旋涂结束时使用去边珠试剂来去除。

光刻胶数据表中的厚度-转速曲线中所指的转速一般是指涂覆转速,其他如预涂转速、加速度和去边转速等需要结合具体的设备试验摸索。

一般购买光刻胶所附带的数据表中会给出光刻胶的涂覆转速和厚度的关系曲线(Spin Curve)供使用者参考。国产正胶BP212、BP218和进口正胶AZ1518[1]、AZ4620的涂覆曲线如图4.12所示。在图4.12中,光刻胶型号后所跟随的数字为胶的黏度,单位cP① 表示黏度为动力黏度,单位cSt② 则表示黏度为运动黏度。一般来说,在相同的转速下,黏度越高的胶,其涂覆所得到的胶膜厚度越大;对于同一种胶,涂覆转速提高,胶厚变小,但是到一定程度之后变小的幅度越来越小,直至与转速无关,涂覆转速降低,胶厚提高,但厚度均匀性变差,所以不能无限降低转速来提高胶厚。

借助于涂覆曲线,可以根据所需要的胶厚确定涂覆转速,并通过一定的试验确定预涂转速、加速度和涂覆时间。国产BP212和BP218系列正胶的涂胶参数见表4.1,供读者参考。

表 4.1 国产BP系列的涂胶参数

步 骤	预 涂			涂 覆			去 边		
	加速度 $r \cdot min^{-1} \cdot s^{-1}$	转速 $r \cdot min^{-1}$	时间 s	加速度 $r \cdot min^{-1} \cdot s^{-1}$	转速 $r \cdot min^{-1}$	时间 s	加速度 $r \cdot min^{-1} \cdot s^{-1}$	转速 $r \cdot min^{-1}$	时间 s
BP212	250	500	15	30 000	4 000	60	0	0	0
BP218	200	1 000	10	30 000	5 000	90	30 000	6 000	5

① cP为英文Centi Poise的缩写,动力黏度的单位,中文名称为厘泊,为非法定计量单位,目前仍有部分光刻胶以此为单位来表示黏度。cP与法定计量单位的换算关系为 $1cP = 10^3 Pa \cdot s$。

② cSt为英文Centi Stokes的缩写,运动黏度单位,中文名称为厘斯,其值为相同温度下液体的动力黏度与其密度之比。cSt与法定计量单位的换算关系为 $1cSt = 1mm^2/s$。

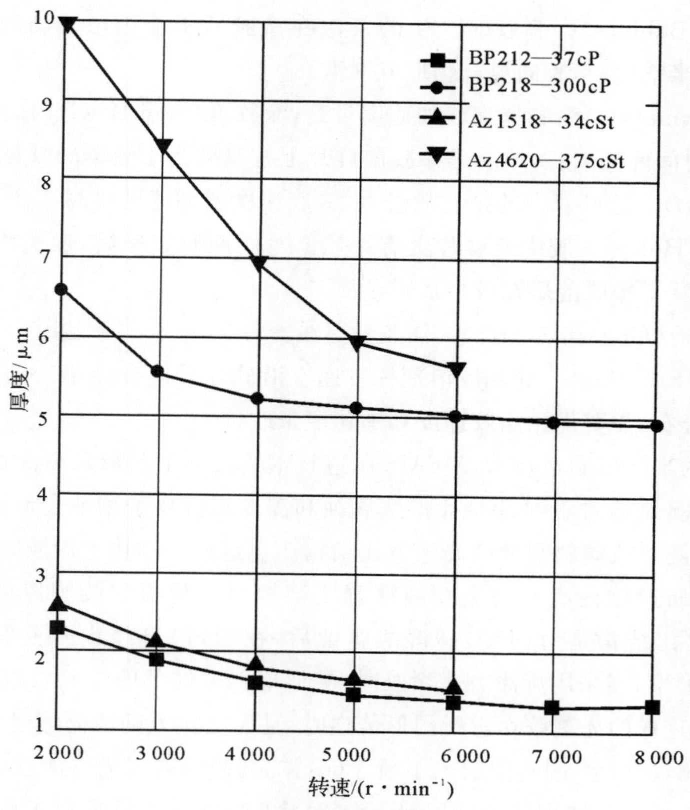

图 4.12　胶厚与涂覆转速的关系曲线

涂胶过程中常见的缺陷如图 4.13 所示，每一种缺陷的成因和可能的解决措施如下。

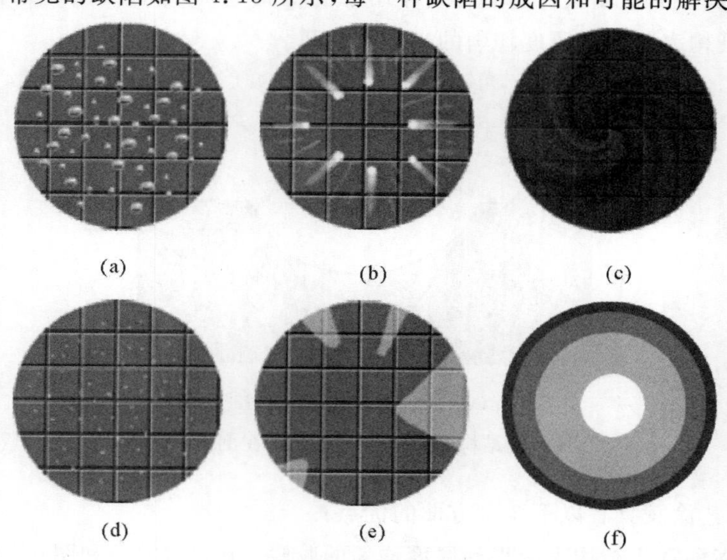

图 4.13　涂胶过程中常见缺陷

(a)气泡；（b)彗尾；（c)漩涡；（d)针孔；（e)不完全覆盖；（f)彩色条纹

(a)气泡(Air Bubbles)。滴胶时产生的气泡在涂胶后不能消散。滴胶时应该将滴管吸满,以防止滴胶时半空气/半胶的混合物形成气泡。

(b)彗尾(Commets)。涂胶速度或加速度过高,涂胶罩(Spin Bowl)内的排气速率太快,滴胶和涂胶之间的时间间隔太长,或者是涂胶前硅片上有厚度大于胶厚的颗粒。

(c)漩涡(Swirl)。涂胶罩内的排气量过大,涂胶速度或加速度过高。

(d)针孔(Pin Holes)。胶中或硅片上有杂质。每次滴胶完毕后,避免将滴管上的余胶抹在胶瓶瓶口,以免其干燥脱落后在胶中形成杂质。

(e)不完全覆盖(Uncoated Area)。滴胶量过少。

(f)彩色条纹(Striation)。光刻胶溶剂挥发速率沿硅片径向分布不均匀,造成光刻胶厚度在径向上不均匀分布,需要优化涂胶速度和加速度来改善。

相对于传统的半导体制造技术,MEMS 制造技术给光刻工艺带来高深宽比结构上涂胶的新挑战。在 MEMS 制造过程中,KOH 湿法腐蚀和深度反应离子刻蚀会形成深度为几十微米到几百微米,具有陡直或倾斜侧壁的高深宽比结构。在这样的结构上涂胶时,如果采用旋涂的方式,高速旋转下所产生的离心力会在高深宽比结构突变处引起胶膜厚度分布不均。如图 4.14所示,高深宽比结构是对(100)硅湿法腐蚀后,在(111)自停止面上形成的与水平面成 54.74°夹角的 V 形槽,当采用旋涂方式涂胶时,V 形槽斜坡底部的光刻胶很厚,而斜坡顶部则几乎没有光刻胶,这样的光刻胶在进行图形传递时,是无法作为刻蚀掩蔽层的。为了解决高深宽比结构涂胶问题,MEMS 制造中引入了喷涂(喷雾涂胶)的方式进行涂胶。喷涂系统的实物图和原理图如图 4.15(a)和图 4.15(b)所示。喷涂时,超声波喷嘴以振动产生平均直径为 20 μm的微小光刻胶液滴,均匀附着在低速旋转(50 r/min 或 100 r/min)的衬底上。低转速可以防止附着在衬底上的光刻胶在离心力的作用下流动而重新分布,不会在结构突变处产生堆积,从而在整个结构表面得到厚度均匀的光刻胶薄膜。

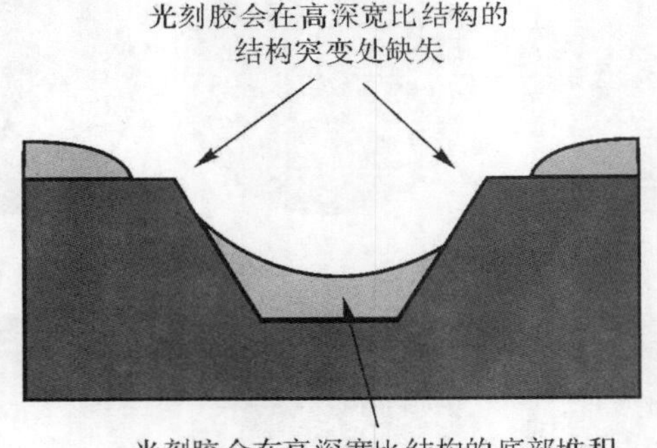

图 4.14 高深宽比结构旋涂涂胶时光刻胶在剖面上的分布情况[2]

使用喷涂工艺涂胶具有以下 3 个方面的优点:

(1)可以在高深宽比结构表面得到厚度均匀的胶膜。图 4.16(a)和图 4.16(b)比较了高深宽比结构上分别采用旋涂和喷涂涂胶的不同效果。可以看出采用喷涂方法后,斜坡上光刻胶的厚度均匀性得到明显提高。图 4.17 是在 KOH 刻蚀形成的 V 形深槽表面采用喷涂方式涂胶并光刻后得到的光刻胶图形。其中图 4.17(b)是在深度为 200 μm 的 V 形槽上制备的线宽为 50 μm,间距为 150 μm 微米的光刻胶线条。

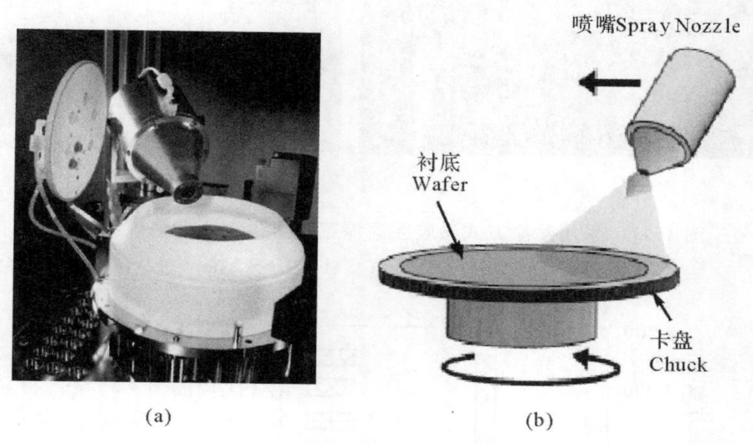

(a)　　(b)

图 4.15　喷涂系统(TU Delft 大学)[3]

(a)实物图；(b)原理图

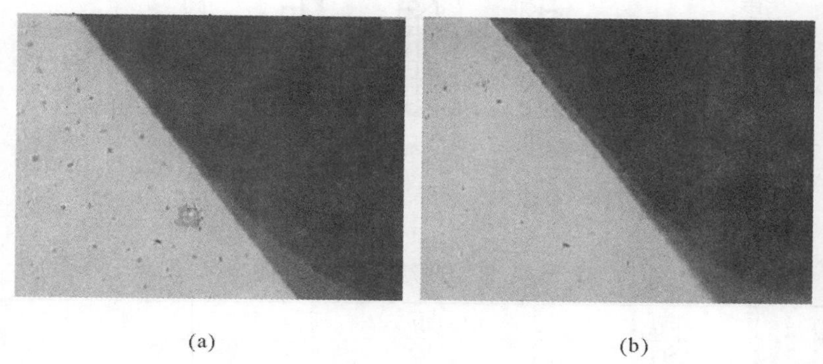

(a)　　(b)

图 4.16　在 KOH 湿法腐蚀形成的高深宽比微结构侧壁上分别采用旋涂和喷涂所得到的胶膜厚度均匀性对比[4]

(a)旋涂；(b)喷涂

(2)可以节约光刻胶用量。文献[3]使用表 4.2 所示的 AZ4562 旋涂胶和 AZ4823 喷涂胶各 1 L,相应进行旋涂和喷涂,在给定的胶厚下所能生产的衬底数如图 4.18 所示。表明 1 L AZ4823喷涂胶所能完成的涂胶片数是 1 L AZ4562 旋涂胶的 3 倍,即采用喷涂法涂胶,需要的胶量更小,更经济。因为 AZ4562 旋涂胶的黏度比较大,为了使用喷涂法对这种胶进行涂覆,参考文献[4]还使用 MEK(Methyl - ethyl Ketone,丁酮)溶剂对 AZ4823 进行稀释,使其黏度下降到喷涂所能接受的范围后(小于 20cSt)实施喷涂,结果 1 L AZ4562 稀释后所能喷涂的片数也大于其稀释前的旋涂片数。

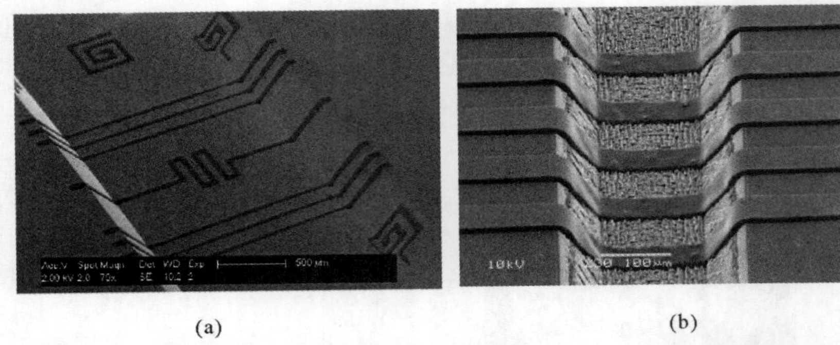

(a) (b)

图 4.17　采用喷涂方式涂胶在高深宽比结构表面光刻得到的图形
(a)TU Delft DIMES；(b)SUSS MicroTec

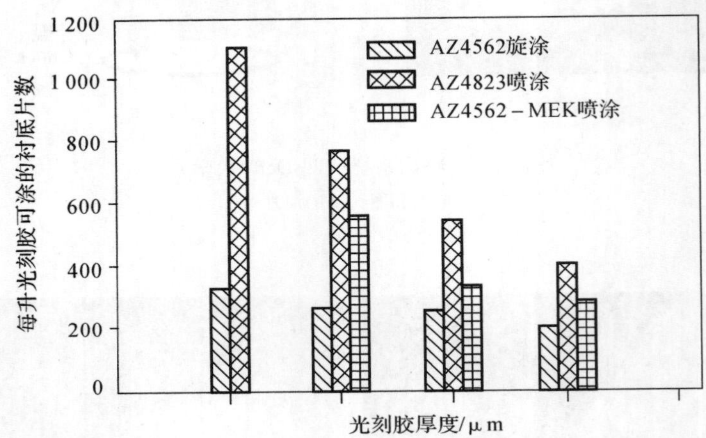

图 4.18　喷涂法和旋涂法涂胶所消耗的胶量对比

表 4.2　光刻胶性能参数

光刻胶名称	黏度 cSt,25℃	固态物含量（%）	原本溶剂	稀释溶剂
AZ4823	5	15	PGMEA	
AZ4562	440	39.5	PGMEA	
AZ4562－MEK	<20	5～15	PGMEA	MEK

(3)无须真空吸盘固定衬底。因为喷涂时衬底的转速很低(50 r/min 或 100 r/min)，喷涂时不需要将衬底像旋涂那样通过真空吸盘固定，所以能够在具有通孔的衬底上涂胶。同时，由于转速低，也可以在不规则的衬底上涂胶，而不必担心不对称结构会在高速旋转下剧烈震动而破碎。

4.2.5　软烘

软烘(Soft－bake)能够将光刻胶中的溶剂含量由 20%～30%降低到 4%～7%，光刻胶的厚度会减少 10%～25%。软烘温度和时间的控制，不但会影响光刻胶的固化，更会影响光刻胶曝光及显影的结果。烘烤不够时，除了光刻胶黏附性较差以外，曝光的精确度也会因为溶剂含量过高使光刻胶对光不敏感而变差。太高的溶剂浓度将使得显影液对“曝光”与“未曝光”的光刻胶选择性下降，致使曝光的区域不能在显影的时候完全去除，如图 4.19 所示。烘烤过度时，则会使光刻胶变脆而使黏附性降低，同时会使部分感光剂（Photo Active Component，PAC）发生反应，使光刻胶在曝光时对光的敏感度变差，并使得显影延长甚至变得较为困难。

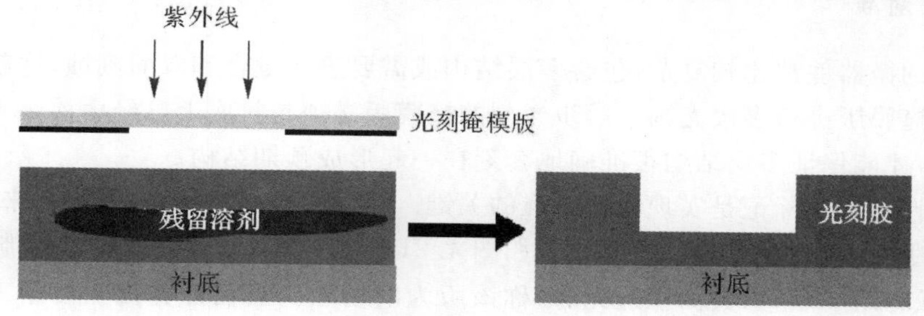

图 4.19　软烘不足引起的显影不彻底

软烘有以下作用：

(1)将光刻胶的溶剂去除；

(2)增强光刻胶的黏附性，以防止在显影的时候脱落；

(3)缓和在光刻胶旋涂过程中产生的内应力，并使光刻胶回流平坦化；

(4)防止光刻胶黏到光刻机或光刻版上(保持器械洁净)。

如果不经过软烘直接曝光，则容易出现以下问题：

(1)光刻胶发黏而易受颗粒污染；

(2)旋涂造成的内应力导致黏附力差；

(3)溶剂含量过高导致在显影时的溶解差异不明显，很难区分曝光和未曝光的光刻胶；

(4)光刻胶散发的气体可能会玷污光学系统透镜。

软烘可以采用热板或对流烘箱进行。热板软烘的温度通常在 80～90℃，时间一般为 1 min。热量自下向上传导，更加彻底地挥发胶膜内溶剂，所需时间更少，更利于实现自动化。图 4.20 给出使用热板进行软烘时的 3 种不同接触方式：

(a)软接触：靠重力将衬底落在热板上，传热不均匀，适合于比较平整的衬底；

(b)硬接触：靠真空吸附力将衬底吸附在热板上，传热均匀，适合于比较平整的衬底；

(c)接近接触：使用氮气将衬底托起到距离热板 25～100 μm 的高度，适合于不平整衬底、背面有图形的衬底或厚胶需要缓慢加热的软烘。

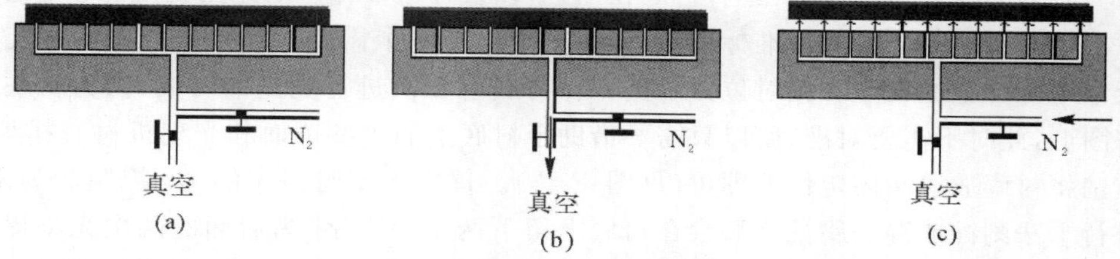

图 4.20　热板软烘时 3 种不同的接触方式

(a)软接触(Soft Contact)；　(b)硬接触(Hard Contact)；　(c)接近接触(Proximity)

对流烘箱软烘温度为90～100℃，时间要数分钟到数十分钟。采用对流烘箱软烘时，表层光刻胶的溶剂先挥发，会在胶膜表面形成一层硬膜(Skin Effect)，导致内部的溶剂不易逸出，故必须缓慢加热以免挥发不出的溶剂形成气泡并破裂。由于对流烘箱内存在温度梯度，加热均匀性较差，现在已经较少采用它作为软烘的设备。

4.2.6 对准

大部分的微器件都比较复杂，包含多层结构或需要进行键合和双面刻蚀，这就必然需要使用多张光刻掩膜版进行多次光刻。后步光刻的掩膜版必须与衬底上已经由前步工艺形成的图形精确对准，才能保证多层结构很准确地套刻在一起形成预期结构。

合理设计的对准标记是实现精确对准的关键。在介绍对准标记之前，首先来了解一下“明场版”“暗场版”和“阳版”“阴版”的概念。如图4.21所示，当所制作的光刻掩膜版大面积不透光时，称该版为暗场版；当大面积透光时，称该版为明场版。当在计算机上使用L－Edit软件绘制图形的区域为所制光刻掩膜版上的不透光区域时，称该版为阳版；当绘制图形的区域为所制光刻掩膜版上的透光区域时，称该版为阴版。简单来说，暗场版和明场版是由版上透明区域和不透光区域的面积对比定义的，透光面积大于50%的称为明场版，反之则为暗场版；阳版和阴版则是由版图设计软件中所绘制图形与最终光刻掩膜版上图形的对应关系决定的，如果绘制为不透光区域的地方制成的光刻版也为不透光，则为阳版，反之则为阴版。

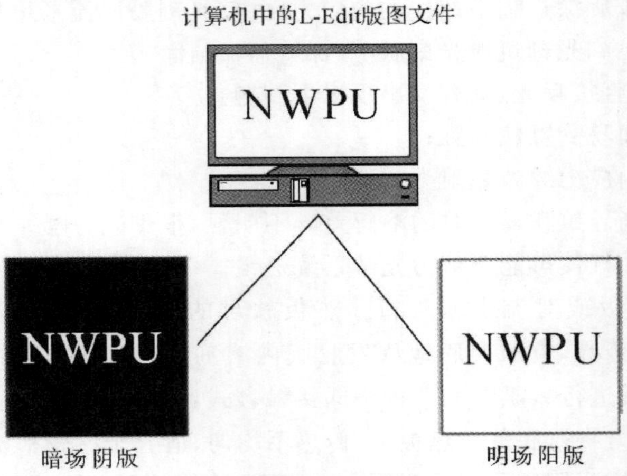

图4.21 暗场版、明场版、阳版和阴版的定义示意图

因为光刻的时候是掩膜版在上，衬底在下，所以设计对准标记的原则就是能够透过掩膜版上的对准标记看到衬底上的对准标记。图4.22给出了一个需要进行3次光刻的工艺中3张掩膜版上对准标记的大小和相对位置示例。在衬底上首次进行光刻的时候，因为衬底上还没有任何图形，此时不需要对准，所以只需要借助于衬底上的主参考面和光刻机衬底托盘上的3个定位销将衬底放置在固定位置即可(见图4.23)。首次光刻时使用的1＃掩膜版为阳版，光刻后进行干法刻蚀或湿法腐蚀之后会在衬底上留下两个小十字，为后面的两次光刻提供对准基准。2＃掩膜版和3＃掩膜版皆为阴版(即有图形的地方为透光区)，在制成的掩膜版上会形成透光的大十字，透过这些大十字，可以看到衬底上由1＃掩膜版生成的小十字，从而实施对准。

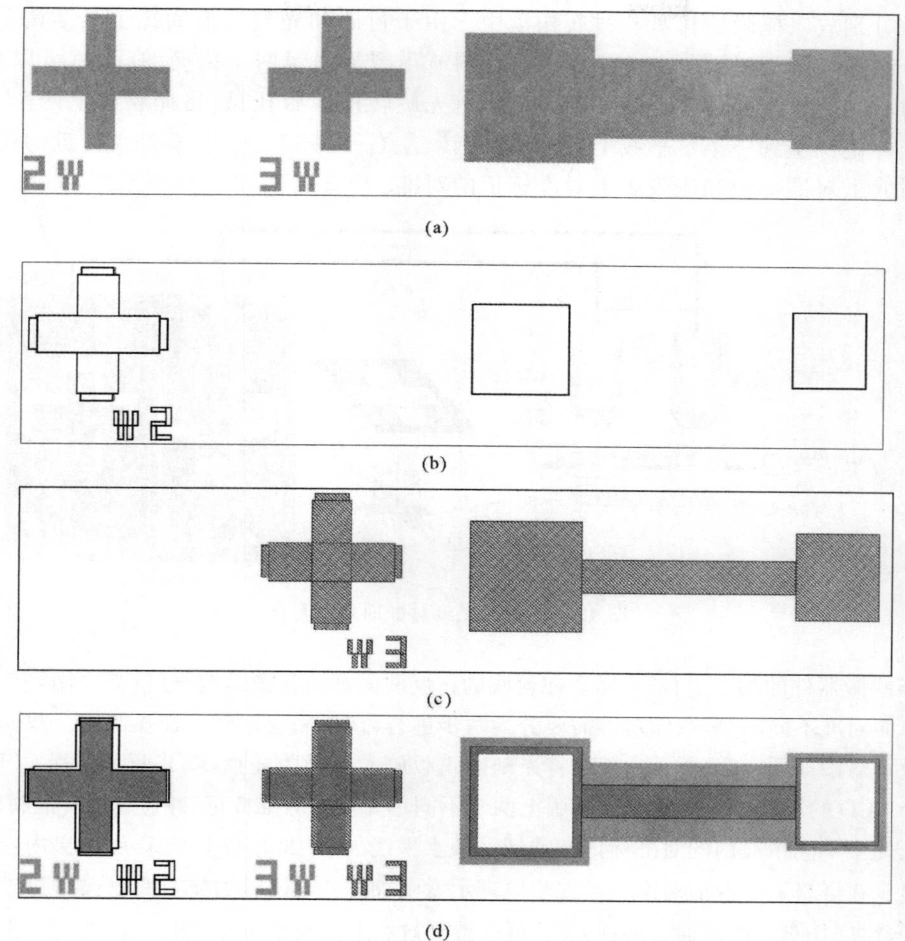

图 4.22　一个 3 次光刻工艺中 3 张掩膜版上的对准标记和微结构版图

(a)1＃光刻掩膜版上对准标记及微结构版图；　(b)2＃光刻掩膜版上对准标记及微结构版图

(c)3＃光刻掩膜版上对准标记及微结构版图；　(d)三层版图图形文件叠加显示的效果

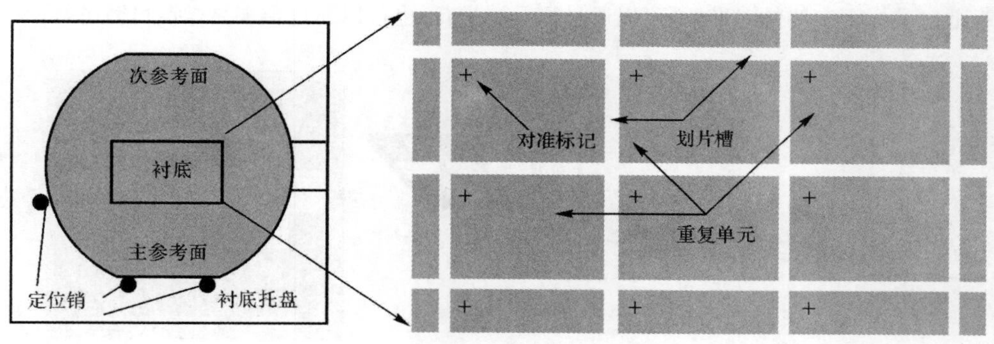

图 4.23　衬底托盘上的 3 个定位销

单面对准是通过光刻机上的顶视显微镜实现的，原理如图 4.24 所示。光刻机的顶视显微镜是双视场显微镜，两个镜筒相距 70 mm 并可以在小范围内调节。对准时，将光刻掩膜版和衬底前后分别放入掩膜版托盘和衬底托盘中。由于衬底和光刻版上的每个微结构单元(Die)中都有一组对准标记(见图 4.23),通过适当调节顶视显微镜两个镜筒的间距,可以在两个视场中同时看到两个不同单元上的对准标记。首先旋转掩膜版托盘,将掩膜版上两个不同单元内的对准标记调整到一条水平线上,再通过旋转、左右平移和上下平移衬底托盘的位置,则可以实现衬底上对准标记和掩膜版上对准标记的对准。

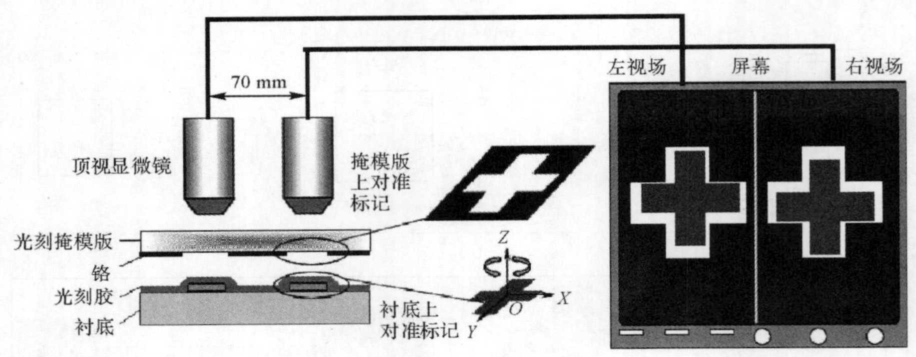

图 4.24 单面光刻对准原理示意图

在某些微器件的加工过程中,需要在衬底的正反两面都制备微结构,这就需要用到双面对准工艺。与单面对准不同的是,双面对准需要分为两步进行,且只需要用到底视显微镜。双面对准第一步的原理示意图如图 4.25 所示。首先将光刻掩模版放入掩膜版托盘,调节两个底视 CCD 的位置,保证两个 CCD 的视场中同时看到光刻版上两个不同单元内的对准标记,并通过旋转掩膜版托盘,将掩膜版上两个不同单元内的对准标记调整到一条水平线上,将此时两个 CCD 所拍摄内容保存为静态图像显示在屏幕上。双面对准的第二步原理示意图如图 4.26 所示,将衬底已经做过结构的一面朝下,放入衬底托盘。此时通过底视 CCD 可以看到衬底上的对准标记,通过旋转、左右平移和上下平移衬底托盘的位置,则可以在显示屏上实现衬底上对准标记和掩膜版对准标记静态图像的对准,并对衬底的另外一面进行光刻。双面对准与单面对准最大的不同就是双面对准是衬底上对准标记实物和掩膜版上对准标记图像的对准,只能在显示屏上进行;而单面对准则是底上对准标记实物和掩膜版上对准标记实物的对准,既可以通过显示屏进行,也可以通过顶视显微镜目镜进行。

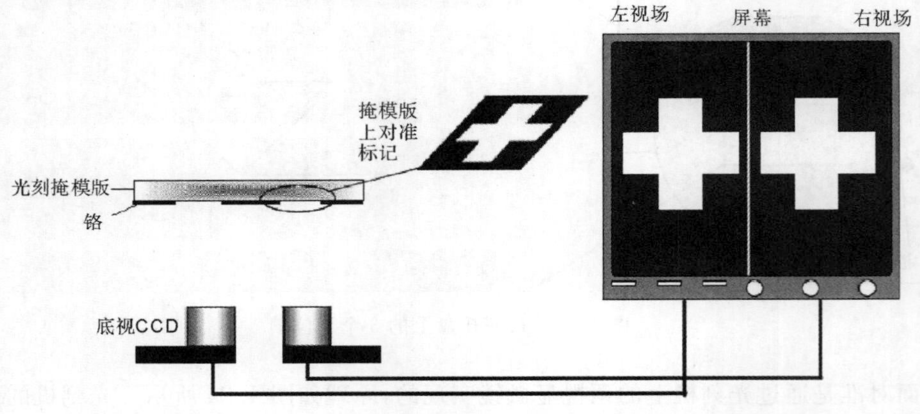

图 4.25 双面光刻对准第一步原理示意图

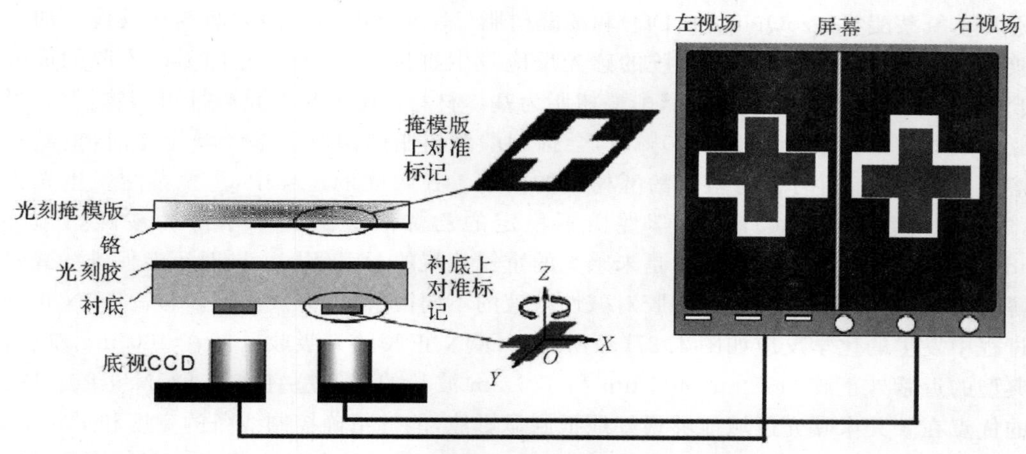

图 4.26　双面光刻对准第二步原理示意图

4.2.7　曝光

完成光刻掩膜版和衬底的对准之后，一般使用紫外灯作为曝光源，当光线经过掩膜版照射到光刻胶上时，使光刻胶未被掩膜版所遮蔽部分的感光剂产生高分子聚合(负胶)或分解(正胶)，从而达到图形转移的目的。在 20 世纪 70 年代中期以前，负胶一直在光刻工艺中占主导地位。虽然负胶的黏附力强且曝光速度快，但是其容易产生针孔缺陷，需要使用污染环境的有机显影剂，故到 20 世纪 80 年代，具有更好的台阶覆盖性并且使用水溶性显影剂的正胶得到广泛应用并替代负胶。由于微器件的关键线宽都在微米级，所以微加工对光刻胶分辨率的要求要远低于微电子工艺。其常用正胶和负胶的性能对比见表 4.3。

表 4.3　微加工常用正、负光刻胶性能对比

性　能	正　胶	负　胶
黏附力	一般	优良
显影剂	水溶性	有机
分辨率	0.5μm	2μm
台阶保形覆盖	好	差
抗干法刻蚀能力	优良	一般
抗湿法腐蚀能力	一般	优良
对微尘颗粒的敏感度	不敏感	易造成针孔
热稳定性	优良	一般
曝光速度	慢	快
能否用于剥离工艺	适合	不适合
显影后残留	少见	常见

正胶通常分为 DQN 和 PMMA 两类。DQN 属于双成分(2 - component)正胶，两种成分

分别为重氮萘醌(DiazoQuinone,DQ)和酚醛树脂(N,Novolak)。因为溶剂和其他添加物只改变胶的黏度和物理形态,并不与胶的感光反应发生直接关系,所以它们不计入胶的成分。在DQN正胶中,重氮萘醌为感光剂,酚醛树脂为基体材料。酚醛树脂是碱性可溶物,但是当胶中重氮萘醌的质量分数为20%~50%时,会抑制酚醛树脂的溶解。未经曝光之前,重氮萘醌是不溶于显影剂的,同时也会阻止酚醛树脂的溶解。在曝光的过程中,重氮萘醌发生光化学反应,成为乙烯酮(Ketene),而化学性质不稳定的乙烯酮会进一步水解为羧酸(Carboxylic Acid),羧酸在碱性溶剂的溶解度是未感光的重氮萘醌的10倍以上,同时还能促进酚醛树脂的溶解,从而实现感光/未感光光刻胶对碱性溶液的不同溶解度,完成图形转移。DQN正胶在曝光过程中发生的化学反应如图4.27(a)所示。DQN正胶的光吸收区间在400 nm左右,是一种典型的近紫外正胶,365 nm,405 nm和436 nm波长的曝光适宜使用DQN正胶。DQN正胶的优点在于其未曝光区域能够很好地抵制显影液,能够精确控制线条的宽度和形状。此外,由于酚醛树脂抵抗化学侵蚀的能力较强,DQN正胶也是干法刻蚀中优良的刻蚀掩蔽材料。

PMMA(PloyMethyl Methacrylate)的中文名称为聚甲基丙烯酸甲酯,属于单成分(1-component)正胶,其中的树脂成分既为基体材料,又为感光剂,但是感光反应非常缓慢。PMMA在深紫外光照下,聚合物结合链断开,变得易溶解。PMMA对波长为220 nm的光最为敏感,而对波长高于240 nm的光完全不敏感。PMMA要求曝光剂量大于250 mJ/cm^2,初期的深紫外曝光时间要求10 min。通过添加光敏剂,如t-丁基苯酸,PMMA的紫外光谱吸收率增加,可获得150 mJ/cm^{2}的灵敏度。PMMA常用于电子束光刻,也用于离子束光刻和X射线光刻。PMMA抵制干法刻蚀的能力比较差,用作刻蚀掩蔽层的时候,其选择比较差。同时,PMMA的分解产物还会在等离子环境中产生残留物沉积在衬底表面。

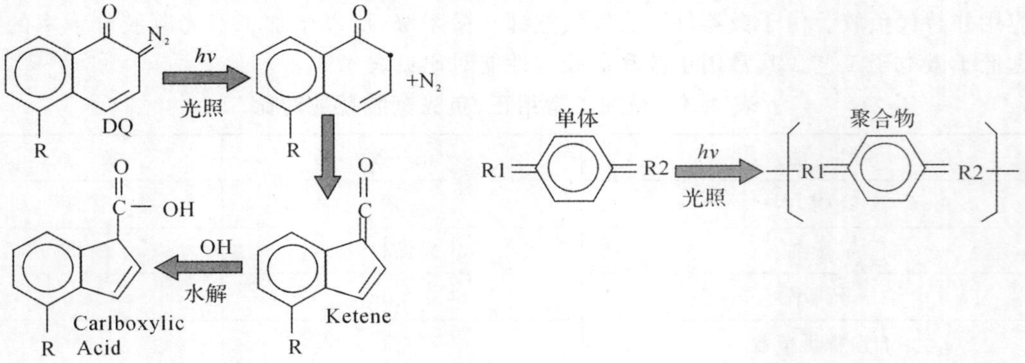

图4.27 光刻胶曝光化学过程的示意图

(a)正胶; (b)负胶

负胶的优点是与衬底的黏附性能、机械性能和抵抗化学腐蚀的性能都比较好,但是去胶困难,需要使用有机显影剂,显影的过程中容易发生膨胀,无法精确控制线条尺寸,只适合于关键线宽2 μm以上的场合。负胶的类型比较多,以环化橡胶-双叠氮型紫外负型光刻胶为例,该系列负胶以带双键基团的环化橡胶为成膜树脂,以含两个叠氮基团的化合物作为交联剂。在紫外线照射下,叠氮基团分解形成氮宾,氮宾在树脂分子骨架上吸收氢而产生碳自由基,使不同成膜树脂分子间产生“桥”而交联。负胶曝光化学过程的示意图如图4.27(b)所示。

微加工中用到的一种特别的负胶是 SU－8 胶[5-6]。SU－8 胶的黏度非常大，其涂覆厚度范围非常宽广，最小可到 1 μm，最大则可到 2 mm。它的敏感波长为 365 nm，在紫外波段的穿透性很好，可以用来制作深宽比高达 25，厚度高达数百微米并具有垂直侧壁的微结构。SU－8 胶具备良好的机械性能，可以直接替代硅基材料制备微结构[7]。直接采用 SU－8 胶作为结构材料制备的两种微结构如图 4.28 所示。

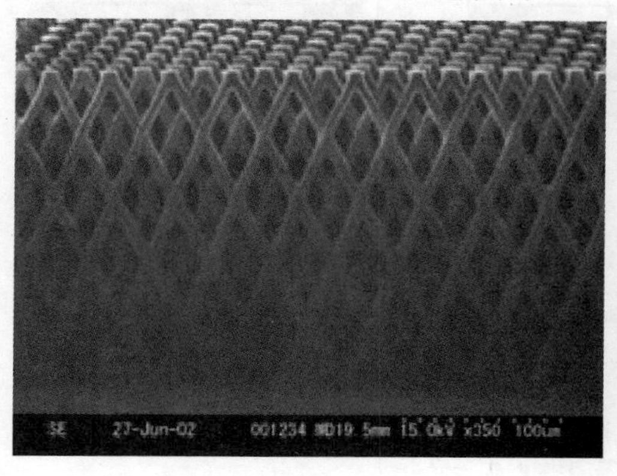

(a)

(b)

图 4.28　使用 SU－8 胶制备的微结构(台湾师范大学)
(a)微过滤网[8]；(b)微光开关

按照曝光过程中光刻掩膜版和衬底之间的距离关系和缩放比例，可以划分为如图 4.29 所示的 3 种曝光方式，其定义和优缺点如下：

(1)接触式(Contact)曝光：光刻掩膜版和光刻胶直接接触，光刻掩膜版和衬底上的图形为 1∶1 转移，优点是系统简单，价格便宜，分辨率高，缺点是光刻掩膜版容易被光刻胶玷污，缺陷是密度比较高。

(2)接近式(Proximity)曝光：光刻掩膜版与光刻胶之间有数微米的距离，优点是不会损伤掩膜版，缺点是分辨率低，无法得到数个微米以下的线宽(X 光系统除外)。

(3)投影式(Projection)曝光：以投射方式将光刻掩膜版上图形转移到衬底上，掩膜版上的图形要比衬底上的大，通常有 5 倍和 10 倍两种缩放倍数的光路设计，分辨率介于接触式和接近式之间，优点是掩膜版的制造成本低，无掩膜版损伤，缺陷是密度低，缺点是设备造价昂贵(高达数百万美元)，通常配置有步进系统(Step and Repeat)，完成整个衬底曝光所花费的时间较长。

如图 4.30 所示，当掩膜版和衬底之间有一定间隙的时候，由于衍射的影响，紫外光透过掩膜版之后会在光刻胶上形成一个衍射斑，使得曝光能量超越掩膜版所限定的区域分散到更大的面积上去，降低极限分辨率。对于接触式曝光机，由于光刻胶上颗粒玷污、涂胶时产生的边珠和衬底初始弯曲变形等因素的影响，掩膜版和光刻胶也不能实现完美的紧密接触，仍然有可能存在一定的间隙。对于接触式和接近式曝光，其理论极限分辨率和曝光波长 λ、掩膜版-衬底间距 s 和光刻胶厚度 t 的关系可以表示为

$$w=\frac{3}{2}\left[\lambda(s+0.5t)\right]^{1/2} \tag{4.1}$$

由式(4.1)可见，曝光光源的波长越短，掩膜版一衬底间的距离越小，光刻胶的厚度越小，接触

式和接近式曝光的理论极限分辨率越高。常用的曝光波长及其光源见表4.4。

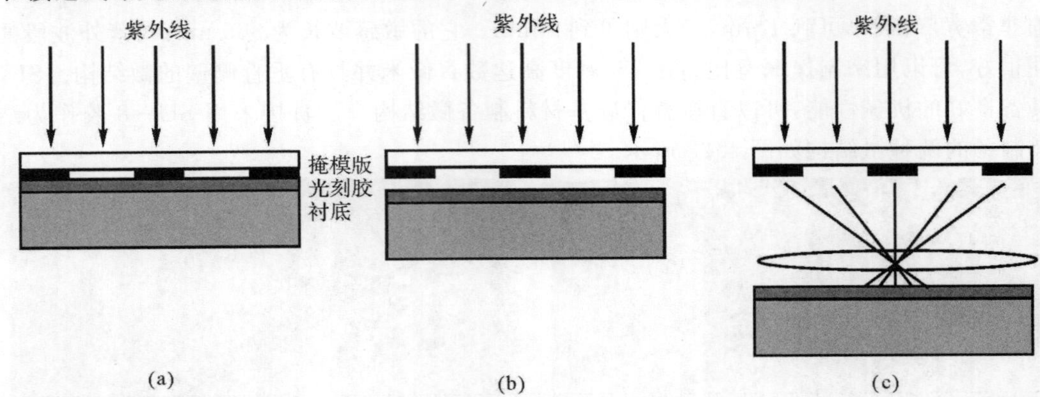

图4.29　3种曝光方式

(a)接触式；(b)接近式；(c)投影式

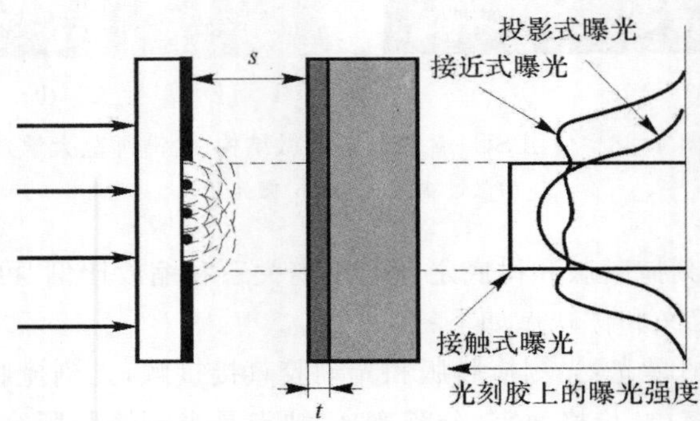

图4.30　3种曝光方式下光刻胶上的曝光强度分布

表4.4　常用曝光波长及其光源

紫外波长/nm	名　称	光　源	目标分辨率/μm
436	G线	汞灯	＞0.5
405	H线	汞灯	0.35～0.5
365	I线	汞灯	0.25～0.35
248	深紫外(DUV)	KrF准分子激光	0.15～0.25
193	深紫外(DUV)	ArF准分子激光	0.13～0.18
157	真空紫外(VUV)	F_2准分子激光	0.1～0.13

除了分辨率外，光刻胶另外一个重要的曝光指标是对比度(Contrast)。对比度是指光刻胶从曝光区到非曝光区过渡的陡度。对比度越好，形成图形的侧壁越陡直，分辨率越好。在如图4.31所示的光刻胶曝光曲线中，D_0和D_r的值越接近，曝光曲线就越陡直，图形转移越准确。

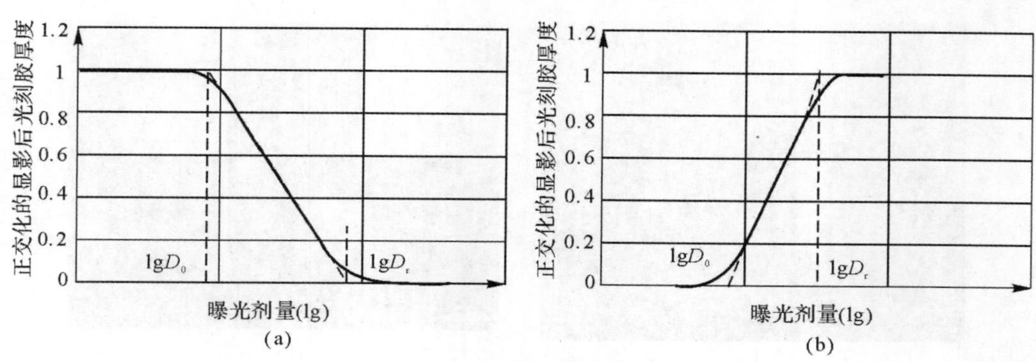

图 4.31　光刻胶的曝光曲线

(a)正胶；（b)负胶

光刻胶的对比度由下式定义：

$$\gamma = \frac{1}{\lg (D_r / D_0)} \tag{4.2}$$

对比度实际上就是曝光曲线直线部分的斜率，对比度越大，曝光曲线就越陡直。一般来说，正胶的对比度介于 3～10 之间，负胶的对比度介于 1～3 之间。

由于曝光曲线不可能是完全陡直的，所以正胶和负胶曝光并显影后所得到的侧壁也不完全是陡直的，正胶会得到倒梯形(或称为倒八字形)的侧壁形貌，而负胶则会得到正梯形(或称为正八字形)的侧壁形貌，如图 4.32 所示。

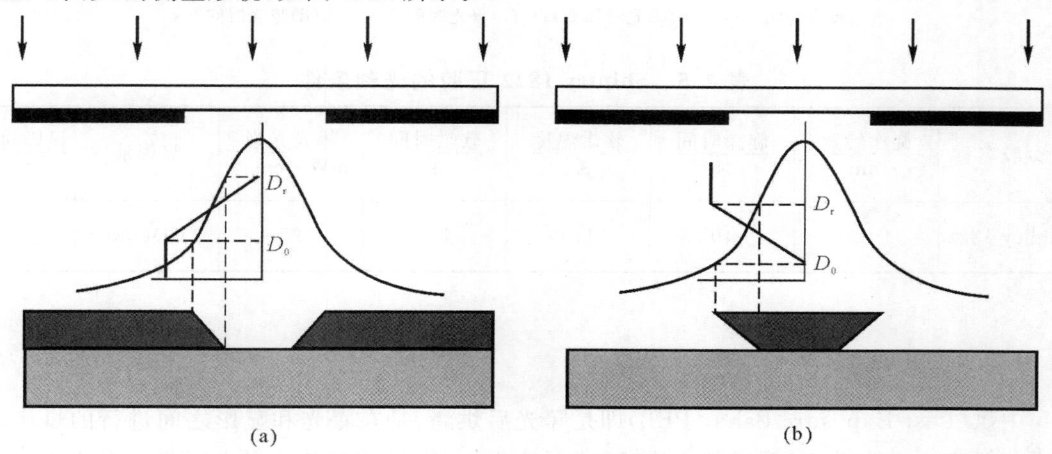

图 4.32　光刻胶曝光并显影后的侧壁形貌

(a)正胶；（b)负胶

光刻胶的侧壁形貌对曝光剂量比较敏感，额定的曝光剂量一般在光刻胶的数据表上给出(单位为 mJ/cm^2)，曝光的时候需要根据光刻机汞灯光源的光强(单位为 mW/cm^2)和额定曝光剂量计算所需要的曝光时间。图 4.33 所示为 Shipley 1822 正胶在如表 4.5 所示的涂胶、软烘和显影条件下，采用不同的曝光剂量所得到的侧壁形貌。由图 4.33 可以看出，最佳的曝光时间是 6 s，而过曝光和欠曝光都无法得到良好的线条。

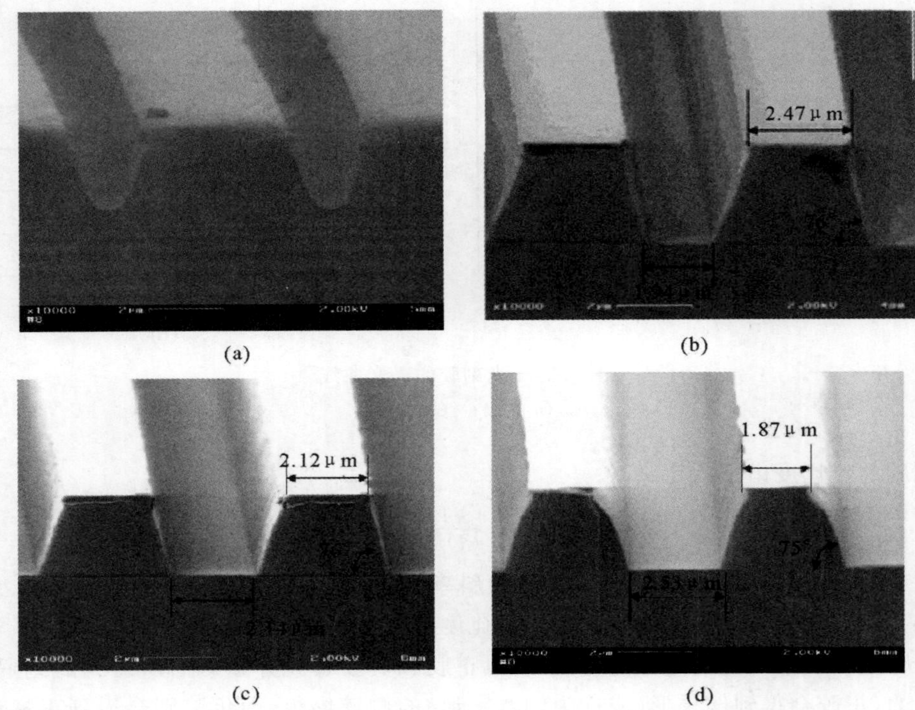

图 4.33 曝光时间对 Shipley 1822 正胶侧壁形貌的影响(胶厚为 3 μm)

(a)曝光时间 3 s； (b)曝光时间 6 s； (c)曝光时间 7.5 s； (d)曝光时间 9 s

表 4.5 Shipley 1822 正胶的光刻条件

光刻胶名称	旋涂转速/r・min^{-1}	旋涂时间/s	软烘温度/℃	软烘时间/s	曝光光强/mW・cm^{-2}	显影液	显影时间/s
Shipley 1822	4 000	40	115	180	25	CD－30	60

4.2.8 中烘

中烘(Post Exposure Bake, PEB)即是曝光后烘烤，是在曝光和显影之间进行的烘烤，其温度一般略高于软烘，时间大约需要 1 min(热板)。中烘的目的主要是消除驻波(Standing Wave)[9]，但它不是每一种光刻胶都必须有的步骤。驻波现象是光刻中反射和干涉作用的结果。驻波形成的机理如图 4.34 所示，入射光照到光刻胶并通过光刻胶层后被衬底反射，反射光和入射光之间发生干涉，在波峰叠加处光刻胶过曝光，而在波谷叠加处光刻胶欠曝光，光刻胶侧壁由过曝光和欠曝光而形成条纹。驻波降低了光刻胶成像分辨率，在某些光刻胶的光刻中需要进行控制。除了在显影后进行中烘以减少光刻胶驻波条纹的宽度以外，使用抗反射涂层(Anti Reflection Coating，ARC)直接涂于衬底的表面也可减小光刻胶的驻波效应。图4.35给出了 Shipley 1813 光刻胶曝光后无中烘和有中烘时光刻胶的侧壁形貌。

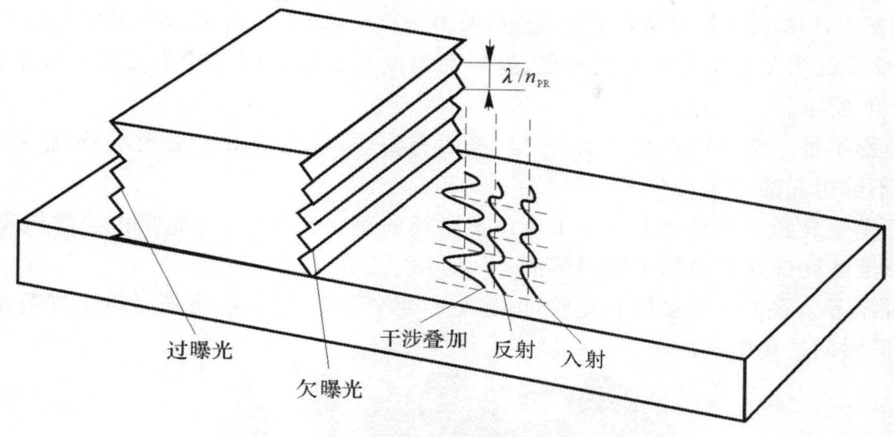

图 4.34　驻波形成机理

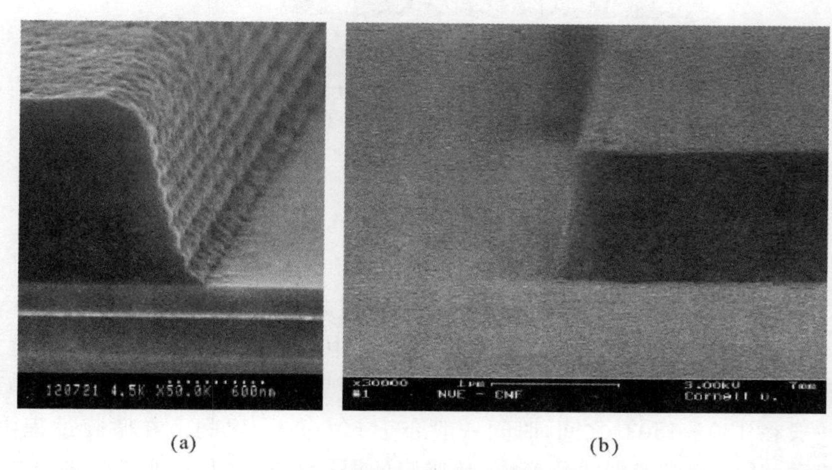

(a)　　　　(b)

图 4.35　中烘对消除驻波的作用[10]

(a)无中烘；(b)115℃热板中烘 60 s

4.2.9　显影

显影(Develop)就是用化学显影液溶解掉由曝光造成的光刻胶的可溶解区域，其主要目的就是把掩膜版上的图形准确复制到光刻胶中。由于显影液对光刻胶有溶解作用(特别是对正胶)，所以必须控制好显影时间，显影时间最好控制在 1 min 以内。为了避免曝光后的光刻胶因为其他副反应而改变化学结构，曝光后应该尽快进行显影。

正胶和负胶使用不同的显影液和显影后清洗：

(1)正胶显影液一般是碱性溶液，如 TMAH(四甲基氢氧化氨)，NaOH 和 KOH，显影完成后用去离子水冲洗 5 min 左右。

(2)负胶显影液一般是有机溶剂(如二甲苯)，显影完成后必须采用有机溶剂进行冲洗(如乙醇)，切忌用水冲洗。

显影一般采用以下两种方式进行：

(1)浸没式，将一花篮硅片浸没在显影液中，不适合高密度集成电路制作。

(2)喷雾式,用喷雾显影设备将显影液连续喷淋到旋转的单片衬底上(固定在真空吸片台上)。

控制显影的主要条件是显影剂浓度、显影剂温度和显影时间。显影过程中经常出现的问题如图 4.36 所示。

(1)显影不足。线条比正常线条宽并且侧面有斜坡,可能是由于曝光不足、显影时间或显影液浓度不够引起的。

(2)不完全显影。在衬底上留下了应该显影掉的剩余光刻胶,可能是由于软烘不足、曝光不足、显影液浓度或显影时间不够引起的。

(3)过显影。除去了太多的光刻胶,引起图形变窄和图形残缺,可能是由于过曝光、显影液浓度或显影时间过高引起的。

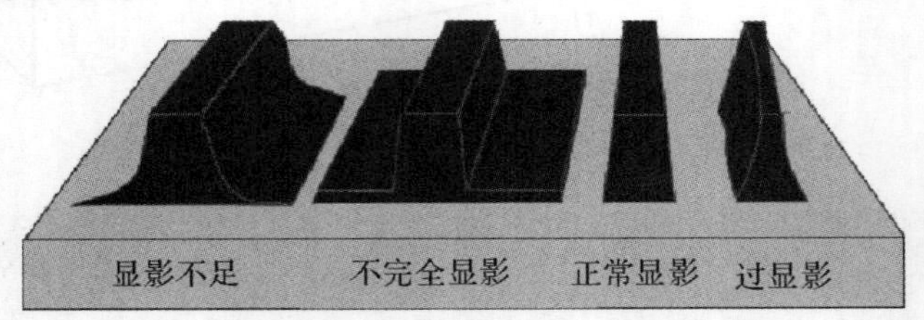

图 4.36 光刻胶显影过程中存在的问题

4.2.10 坚膜

坚膜(Hard Bake)是为了进一步去除光刻胶溶剂和消除显影和显影后喷淋引入胶中的水分,增加黏附力和增强对酸和等离子的抵抗能力,并引起光刻胶回流,使边缘平滑,减少缺陷。为了使得光刻胶容易去除,用于剥离(Lift - off)工艺中的光刻胶不需要进行坚膜。坚膜的温度要略高于软烘温度,在使用热板进行坚膜时,正胶的坚膜温度一般在 110～130℃之间,负胶的坚膜温度一般在 130～150℃之间,时间一般介于 60～90 s 之间。在坚膜过程中,光刻胶会变软并发生流动,从而造成光刻图形变形,故坚膜的温度和时间需要进行严格的控制。

4.2.11 镜检

镜检(Inspect)通常是光学显微镜对光刻的对准精度、线条的关键线宽和线条的完整性进行检查。镜检中发现问题的衬底,不会进入下一步的金属溅射或干/湿法刻蚀等工艺,从而可以避免不必要的材料和工时浪费。为了便于检查关键线宽,在设计微器件版图的时候,应该在对准标记附近设立“胖瘦标记”,如图 4.37 所示。胖瘦标记由五个矩形排布成字母“W”的形状,矩形的宽度应设计成器件的关键线宽大小(大多数的微器件为 5～10 μm)。在进行镜检时,在 1 000× 的光学显微镜下(目镜 10×,物镜 100×),显微镜标尺的一个刻度对应 1 μm,通过显微镜标尺的读数可以直接测量出实际胖瘦标记的宽度,从而确定是否存在线宽损失。

图 4.37 胖瘦标记版图

4.2.12　去胶

光刻将图形由光刻掩膜版转移到光刻胶上，再由光刻胶作为掩蔽层，经过干法刻蚀、湿法腐蚀、金属剥离或注入等后续工艺，将图形转移到衬底上，如图 4.38 所示。

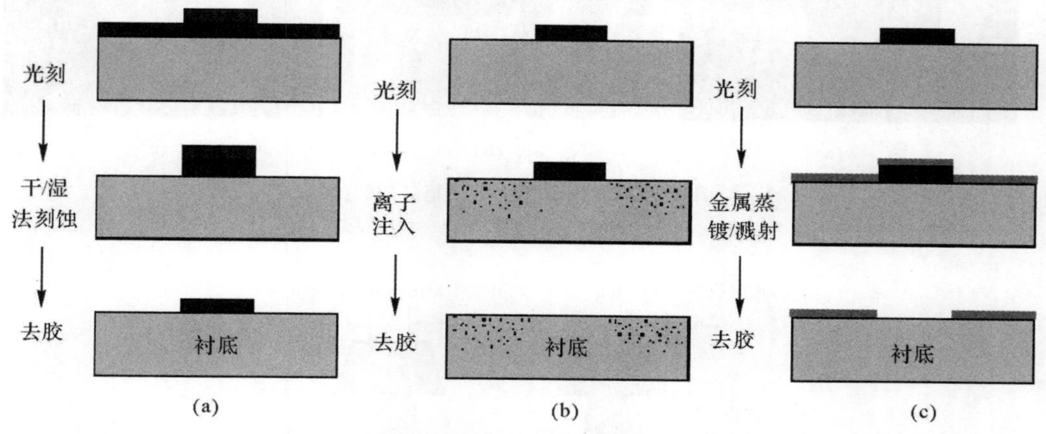

图 4.38　光刻胶作为图形转移媒介的 3 种作用

(a)刻蚀掩膜；(b)注入掩膜；(c)金属剥离

在后续工艺之后，为了进行新一轮的图形传递，需要将光刻胶去除(PR Removal 或 Stripping)以为下一次光刻作准备。去除光刻胶的方法有湿法和干法两种：

(1)湿法去胶。湿法去胶分为有机和无机两种：

1)有机溶剂主要利用丙酮或芳香族溶剂破坏光刻胶结构，使其溶解在有机溶剂中，对未坚膜的光刻胶比较有效。

2)无机溶剂如 SPM 清洗液，靠浓硫酸将光刻胶脱水碳化，靠过氧化氢将碳化后的产物氧化为二氧化碳。

(2)干法去胶。干法去胶(也叫灰化，Plasma Ashing)主要应用于关键线宽小于 1 μm 的工艺中。它使用等离子去胶机产生的氧等离子，与光刻胶里的碳氢化合物反应生成一氧化碳、二氧化碳和水并由真空系统抽离反应室而去胶。干法去胶的优点是不需要使用化学试剂，对金属无腐蚀；缺点是离子带有一定的能量，可能会造成衬底的晶格损伤，降低电学性能。

为了避免干法去胶生成的聚合物颗粒残留在衬底上，使去胶效果更彻底，通常将干法去胶和湿法去胶组合使用。除了通用的湿法去胶方法以外，光刻胶厂商针对正胶和负胶都有对应的去胶液进行去胶。一般来说，正胶比较容易去除，可以采用 SPM 清洗液进行去胶，而负胶比较难以去除，最好使用厂商专用的去胶液进行去胶。

4.3　湿法腐蚀

湿法腐蚀由于其设备简单、可批量生产和选择性好的优点，被广泛地用于制备探针、悬臂梁、V 形槽和薄膜等微结构。使用硅湿法腐蚀制备的 3 种微结构如图 4.39 所示。

在介绍湿法腐蚀工艺之前，首先介绍深宽比和选择比这两个湿法腐蚀和干法刻蚀工艺中用于衡量工艺特性的指标。如图 4.40 所示，腐蚀过程中的参数有腐蚀深度(Etch Depth)、侧向腐蚀

(Side Etch)、过腐蚀(Over Etch)和最小腐蚀宽度(Minimum Width,或称为关键线宽)。

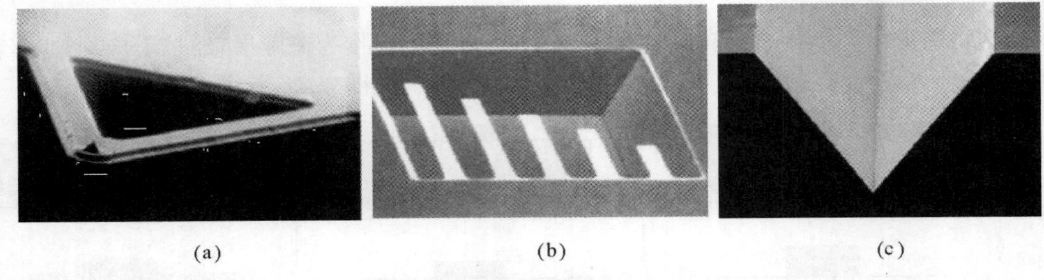

(a) (b) (c)

图 4.39 使用硅湿法腐蚀制备的微结构

(a)微探针； (b)微悬臂梁； (c)V形槽

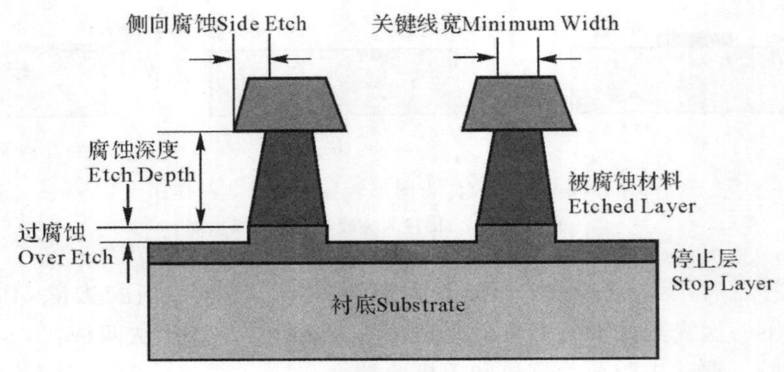

图 4.40 腐蚀参数示意图

腐蚀过程中的选择比定义为

$$\text{Selectivity}=\frac{\text{Etch Depth}}{\text{Over Etch}} \tag{4.3}$$

腐蚀过程中的深宽比定义为

$$\text{AspectRatio}=\frac{\text{Etch Depth}}{\text{Minimum Width}} \tag{4.4}$$

如果过腐蚀远小于腐蚀深度,即腐蚀选择比远大于1,则腐蚀为选择性的;而如果过腐蚀与腐蚀深度相当,则腐蚀是非选择性的。如果侧向腐蚀远小于腐蚀深度,则腐蚀是各向异性的(Anisotropic);而如果侧向腐蚀与腐蚀深度相当,则腐蚀是各向同性的(Isotropic)。对于硅材料,如果使用各向异性腐蚀剂腐蚀,可以得到棱角分明的侧壁,而采用各向同性腐蚀剂腐蚀,侧壁则是平缓的曲面,如图4.41所示。

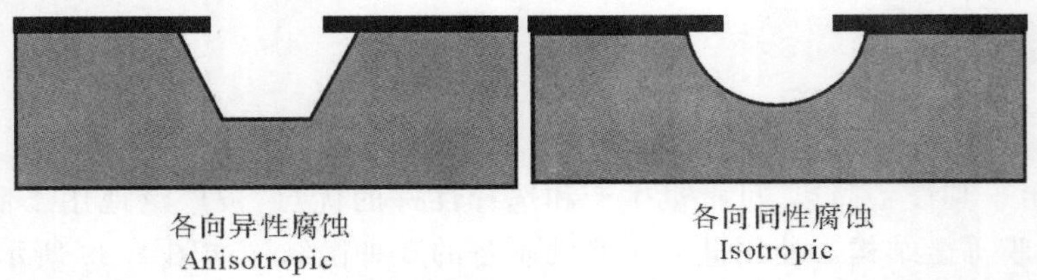

图 4.41 各向异性和各向同性腐蚀得到的侧壁形貌示意图

各向同性湿法腐蚀的特点如下：

(1)各个方向上的腐蚀速率都是一致的；

(2)侧向腐蚀速率和纵向腐蚀速率是接近的；

(3)最终腐蚀形状与腐蚀掩膜的走向无关。

各向异性腐蚀的特点如下：

(1)腐蚀速率取决于晶向；

(2)侧向腐蚀速率与纵向腐蚀速率差异极其显著；

(3)腐蚀掩膜的形状和走向决定腐蚀最终形状；

(4)可以加工复杂结构；

(5)如果掩膜设计不合理或晶向不准确，腐蚀结果可能与预期大为不同。

湿法腐蚀包括以下三个过程：

(1)反应剂输送到硅片表面；

(2)在硅片表面发生化学反应；

(3)反应产物输送出硅片表面。

腐蚀过程需要以下三个要素：

(1)氧化剂，如 H_2O_2，HNO_3；

(2)能溶解被氧化表面的酸或碱，如 H_2SO_4，NH_4OH，HF 酸；

(3)用于输送反应剂和反应产物的稀释剂，如 H_2O 或 CH_3COOH。

硅湿法腐蚀常用的各向同性和各向异性腐蚀剂见表 4.6。

表 4.6　常用的硅湿法腐蚀剂

	HNA	KOH	EDP(EPW)	TMAH
是否各向异性	否	是	是	是
工艺温度/℃	25	70～90	115	90
硅腐蚀速率/($\mu m \cdot min^{-1}$)	1～20	0.5～2	0.02～1	0.5～1.5
(111)/(110)选择比	无	100∶1	35∶1	50∶1
氮化硅腐蚀速率/($nm \cdot min^{-1}$)	低	<1	0.1	<0.1
二氧化硅腐蚀速率/($nm \cdot min^{-1}$)	10～30	10	0.2	<0.1
P^{++} 自停止	否	是，$>10^{20}/cm^3$	是，$>5\times10^{19}/cm^3$	是，$>10^{20}/cm^3$
操作及处理难度	难	易	难	易
毒性	无	无	有	无
腐蚀表面的平整度	多变	佳	极佳	多变
IC 工艺兼容性	兼容	不兼容	兼容	兼容

4.3.1　硅的各向同性湿法腐蚀

对硅来说，最常用的各向同性湿法腐蚀液是 HNA，它是由 HF(氢氟酸)，HNO_3(硝酸)和水或 CH_3COOH(醋酸)组成的混合溶液，HNA 是英文单词 Hydrofluoric acid，Nitric acid 和

Acetic acid 的首字母缩写，其腐蚀过程中的化学反应式为

$$Si + HNO_3 + 6HF \rightarrow H_2SiF_6 + HNO_2 + H_2O + H_2\uparrow \tag{4.5}$$

硝酸是氧化剂，首先将硅氧化，而氢氟酸则腐蚀二氧化硅形成溶解性的产物，水或醋酸则是输送反应剂和反应产物的稀释剂。HNA 腐蚀的原理如图 4.42 所示。其中，硝酸电解形成的 NO_2 具有强氧化能力，能将硅氧化成为二氧化硅，进而与氢氟酸反应形成水溶性产物。

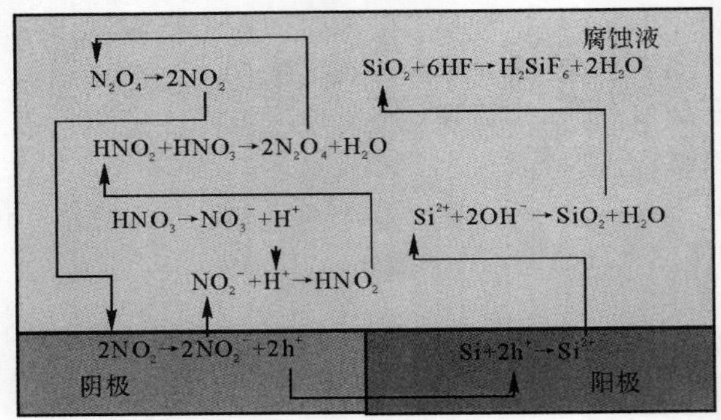

图 4.42　HNA 腐蚀原理

硝酸的氧化势由未电解的硝酸量决定。硝酸的电解方程为

$$HNO_3 \leftrightarrow NO_3^- + H^+ \tag{4.6}$$

由于醋酸的介电常数(6.15)远远小于水(81)，硝酸在醋酸中的电解水平要远远低于在水中的电解水平，具有更强的氧化势。此外，醋酸的极性比水弱，有利于在硅片表面形成亲水面，使得反应剂容易输送到硅片表面，因此在 HNA 腐蚀剂中一般采用醋酸代替水作为稀释剂。

HNA 腐蚀速率图如图 4.43 所示。图中的曲线是表示腐蚀速率的等高线，在同一曲线上不同位置的点，虽然对应的腐蚀液配比不同，但是其腐蚀速率相同。对于图中选定的一点，作平行于三角坐标轴的直线，其与坐标轴的交点便是三种化学腐蚀剂的体积分数。例如，图中给出点对应的 $HF/HNO_3/H_2O$ 的混合体积比为 3/2/5，其腐蚀速率介于 10～50 μm/min 之间。HNA 腐蚀速率图可以分为如图 4.43 所示的 3 个区域：

(1)在区域①中，氢氟酸浓度占优，腐蚀速率受硝酸浓度控制，速率曲线平行于硝酸轴坐标刻度；

(2)在区域②中，硝酸浓度占优，腐蚀速率受氢氟酸浓度控制，速率曲线平行于氢氟酸轴坐标刻度；

(3)在区域③中，初始腐蚀速率对水的量不敏感，只有在水量增加到某个程度之后，腐蚀速率迅速减小。

HNA 可以采用氮化硅或光刻胶作为腐蚀掩膜，当达到最高腐蚀速率时，氢氟酸和硝酸的相对浓度比为 2∶1，最大的腐蚀速率约 800 μm/min，比各向同性腐蚀剂大三个数量级。由于腐蚀速率与浓度成指数关系，腐蚀结果的重复性非常差。当腐蚀容器中存在对流而发生浓度微小变化时，腐蚀速率会发生很大的变化。同时，有搅拌或无搅拌，腐蚀后的侧壁形貌也会有很大差别，如图 4.44 所示。有搅拌时，腐蚀剂和腐蚀产物能够充分在硅片和稀释剂之间交换，腐蚀的各向同性较好，能够得到半圆形的腐蚀侧壁，但是在无搅拌情况下，腐蚀产物容易在底部滞留，影响底部的腐蚀，故腐蚀的各向同性差些，得到半椭圆形的侧壁。

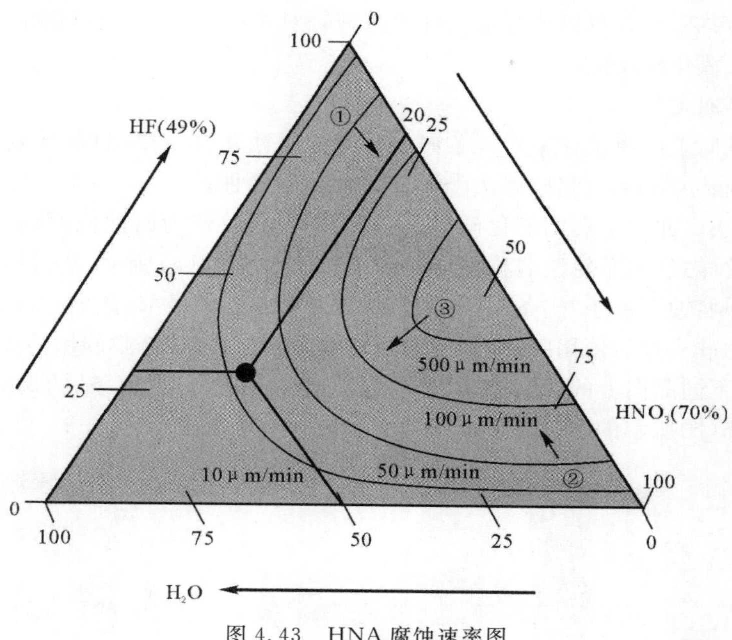

图 4.43　HNA 腐蚀速率图

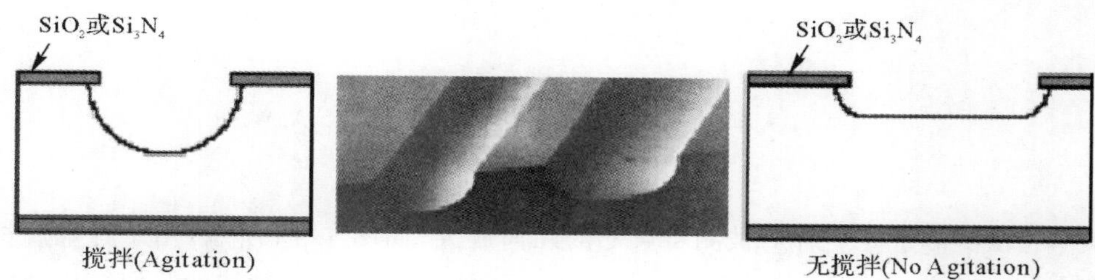

图 4.44　HNA 腐蚀有搅拌和无搅拌得到的不同侧壁形貌

4.3.2　硅的各向异性湿法腐蚀

KOH 是最常用的硅各向异性湿法腐蚀剂，此外，EDP(Ethylene－diamine pyrochatechol，乙二胺，邻二苯酚，吡嗪，又叫 EPW)，TMAH($(CH_3)_4NOH$，四甲基羟胺)，NaOH，CsOH 等碱性溶液都可以用作硅的各向异性湿法腐蚀剂。KOH 和其他碱性溶液对浓硼掺杂(P^{++})硅具有选择性，通常使用浓硼掺杂实现 KOH 腐蚀的自停止。通常 KOH 对硅的腐蚀速率在 0.5～2 μm/min 的量级。当硼掺杂浓度超过 $1\times10^{20}/cm^3$ 时，腐蚀速率会下降为原来的 1/500。氮化硅是 KOH 腐蚀的最佳掩蔽材料，二氧化硅在 KOH 中的腐蚀速率为 10 nm/min，可以用于较短时间腐蚀的掩蔽。光刻胶在碱性溶液中很容易被腐蚀，不能用于 KOH 腐蚀的掩蔽材料。

KOH 危险性小、操作方便且购买容易，但是其腐蚀因气泡的产生而不均匀，对氧化硅的选择性差，含有金属离子并腐蚀 Al 导线，与 IC 工艺不兼容。EDP 不腐蚀铝，腐蚀无气泡，对氧化硅的选择性很高，但是 EDP 有毒，遇氧易分解失效变为红褐色液体；TMAH 是纯有机试剂，无金属离子污染，并且可以通过加入硅粉来减轻对铝的腐蚀，其缺点也是不能长时间保存，易与空气中的二氧化碳反应。

1. 腐蚀速率测定

掌握不同晶向上的腐蚀速率对硅各向异性湿法腐蚀非常重要，目前比较普遍的方法主要有大车轮法(Wagon Wheel)和硅球法(Silicon Sphere)两种。

(1)大车轮法。此方法利用氮化硅、氧化硅或者光刻胶作为腐蚀掩膜，腐蚀掩膜首先图形化成车轮辐条的样式(大车轮法名称即由此而来)，如图 4.45(a)所示，然后将硅片放入各向异性湿法腐蚀液中腐蚀。由于“辐条”状的掩膜靠近硅片圆心处最窄，此处的硅最先被掏空，腐蚀掩膜失去下部的硅支撑后便塌陷掉，随着腐蚀时间的延长，腐蚀掩膜的塌陷逐渐从圆心向圆周扩展，而由于在不同晶向上的腐蚀速率不同，沿不同晶向的车轮“辐条”的塌陷长度也不一样，便形成如图4.45(b)所示的腐蚀结果。

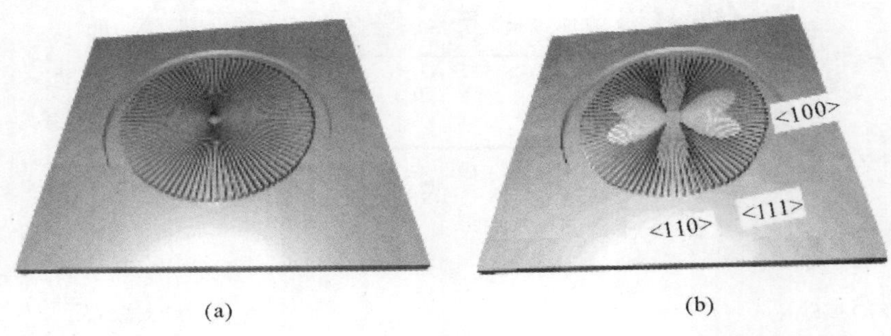

图 4.45 大车轮法测量硅各向异性腐蚀速率(R. A. Wind 等)

(a)腐蚀前； (b)腐蚀后

大车轮法实际上是一种对被测量尺寸的几何放大，如图 4.46 所示，用于计算腐蚀速率的参数是 $D(\theta)$，但是由于 $D(\theta)$ 非常小，直接测量有困难，通过大车轮法的几何结构，将 $D(\theta)$ 的测量转化为 $L(\theta)$ 的测量，两者之间的关系为

$$D(\theta)=L(\theta)\sin\left(\frac{\delta\theta}{2}\right)\approx\frac{L(\theta)\delta\theta}{2} \tag{4.7}$$

或

$$L(\theta)\approx\frac{2D(\theta)}{\delta\theta} \tag{4.8}$$

如果 $\delta\theta$ 为 1°，则 $D(\theta)$ 每变化一个单位，$L(\theta)$ 变化 115 个单位，非常容易先测得 $L(\theta)$，再转化为 $D(\theta)$，最终除以腐蚀时间求得腐蚀速率。

(2)硅球法。硅球法是比较直接的腐蚀速率测试方法。首先将单晶硅块体材料制备成圆球形，将圆球放入各向异性腐蚀液中腐蚀一段时间后取出，如图 4.47 所示。由于沿各个晶向的腐蚀速率不同，单晶硅圆球在不同指向的径向上半径的减小量不同，再使用坐标测量机测得硅球表面的轮廓形貌(见图 4.48)，通过计算现有形貌和标准圆球的偏差，可以得到不同晶向上的腐蚀量，除以腐蚀时间得到腐蚀速率。

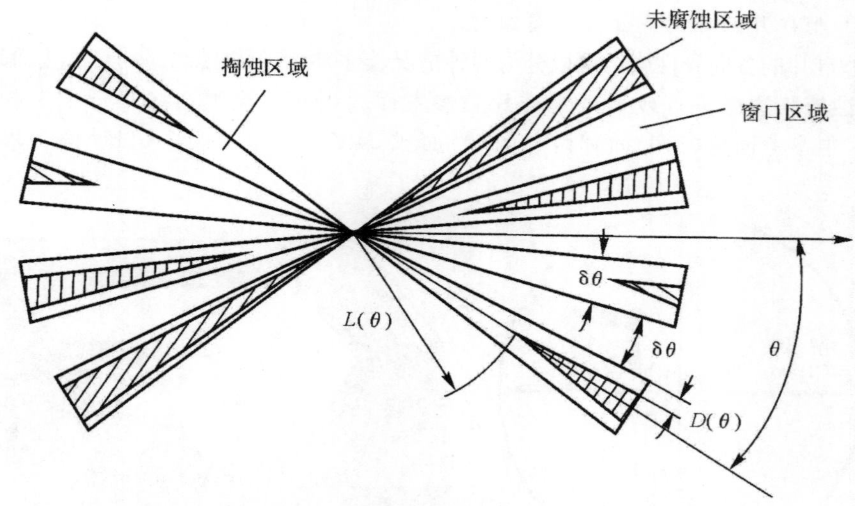

图 4.46　大车轮法中的几何关系

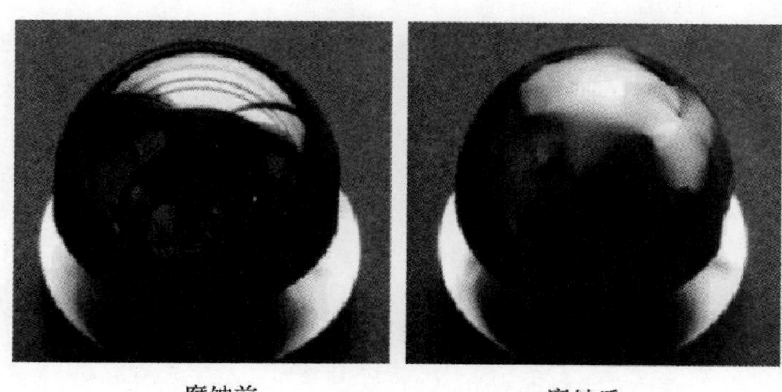

图 4.47　硅球法测量各向异性腐蚀速率(K. Sato 等)

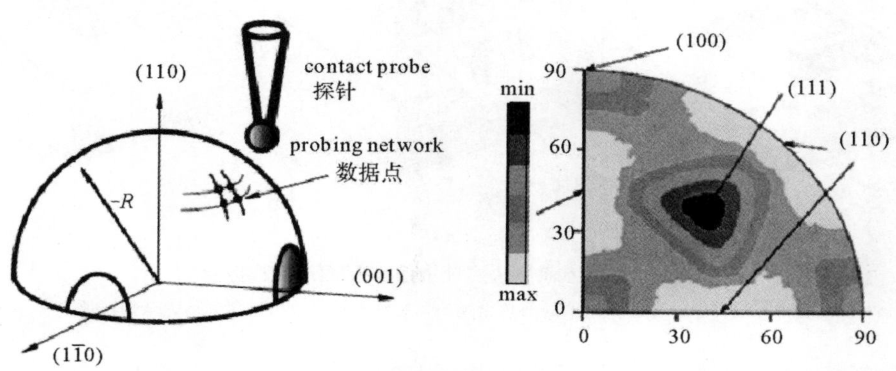

图 4.48　坐标测量机测量腐蚀后硅球表面并得到表面轮廓

2.(100)型硅片的各向异性湿法腐蚀

(100)型硅片的各向异性腐蚀可以分为两种情况,这两种情况腐蚀结果的自停止面是不同的。

(1)腐蚀掩膜边缘垂直或平行于硅片主参考面。当腐蚀掩膜边缘平行于主参考面(对于(100)硅片,主参考面为(110)面)时,与(100)面成54.74°夹角的四个(111)面为停止面,如图4.49所示。

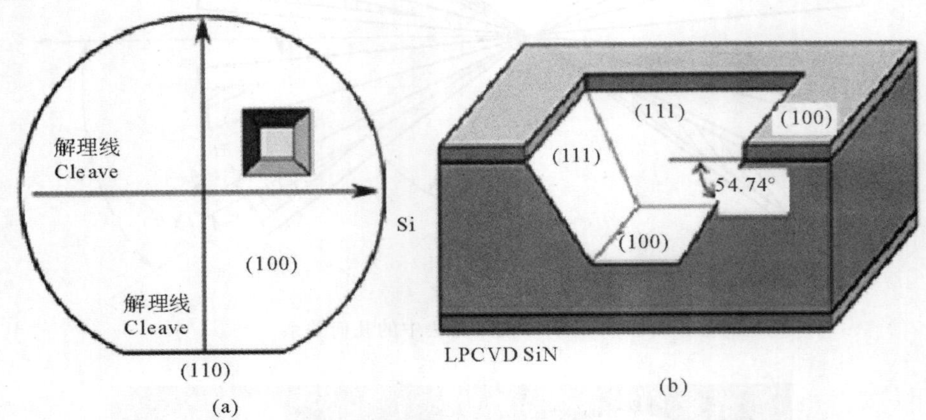

图 4.49 当腐蚀掩膜平行于主参考面时(100)硅片的各向异性腐蚀

(a)俯视图; (b)剖视图

(100)面各向异性湿法腐蚀具有"刻凸不刻凹"的特性,如图4.50所示,凸角虽然受到腐蚀掩膜的保护,但是在腐蚀过程中,凸角处会产生(411)快速腐蚀面,导致凸角被快速掏蚀,最终到达(111)腐蚀停止面,而腐蚀掩膜则被掏空形成悬置结构,这一特性经常被用于制备悬臂梁结构。

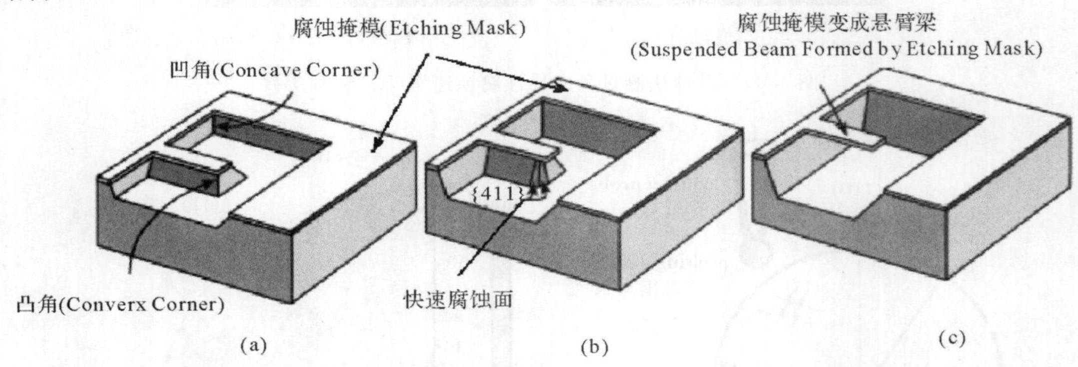

图 4.50 (100)面湿法腐蚀中的"刻凸不刻凹"特性

(a)腐蚀开始; (b)掩膜掩蔽下的凸角出现快速腐蚀面; (c)凸角部分被完全掏蚀掉

由于凸角腐蚀导致方形掩膜掩蔽下的结构侧向掏蚀,通常得到与腐蚀预期大有差别的结构,如图4.51所示。为了在(100)硅片湿法腐蚀中得到方形的结构,需要在腐蚀掩膜设计的时候进行凸角补偿,如图4.52所示。凸角补偿需要根据特定的结构、特定的腐蚀液类型和配比进行专门设计并经过多次优化实现,因为有相当多的文献对此进行过研究,所以本书不作详细介绍。

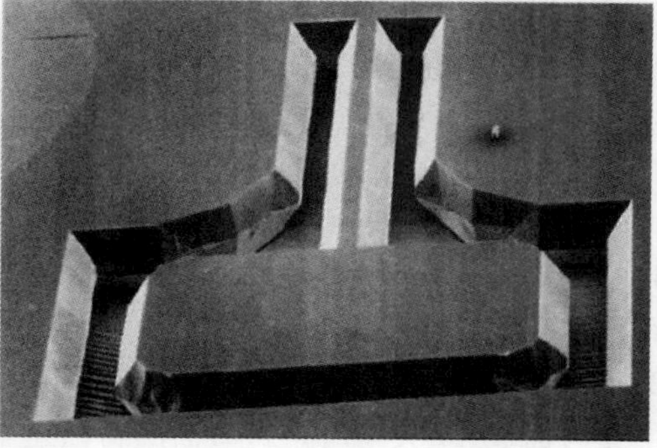

图 4.51　(100)面湿法腐蚀中凸角被腐蚀后的结果

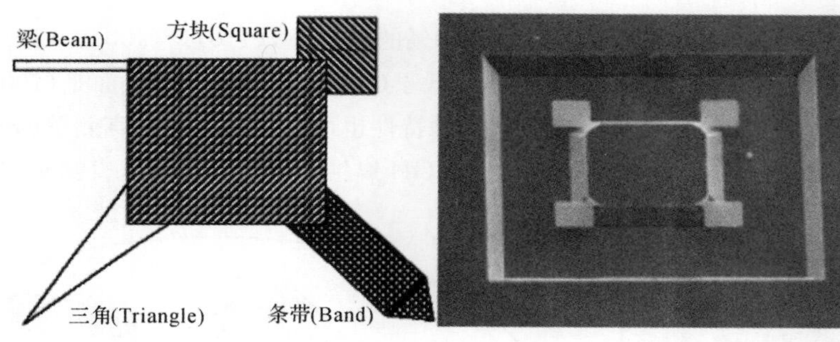

图 4.52　(100)面湿法腐蚀凸角补偿结构

由于“刻凸不刻凹”特性的存在，在进行(100)硅湿法腐蚀的时候，对衬底的晶向偏差要求比较高。如果衬底主参考面与(110)面存在角度偏差，则实际腐蚀得到的图形是边界平行于(110)面，并与原掩膜图形外接的矩形，如图 4.53 所示，图形的大小和走向都会与预期不同，需要特别注意。

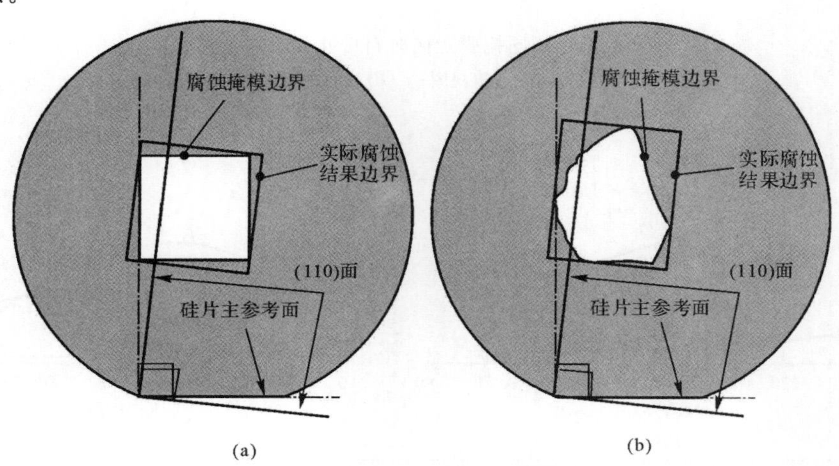

图 4.53　存在晶向偏差时(100)面湿法腐蚀结果

(a)掩膜为矩形；　(b)掩膜为不规则图形

(2)腐蚀掩膜边缘与主参考面成 45°角。当腐蚀掩膜与主参考面成 45°夹角时，自停止面不再是(111)面，而是(110)或(100)面，如图 4.54 所示，具体要视腐蚀液的浓度和添加剂的情况而定。一般认为，单晶硅各晶面在 KOH 溶液中腐蚀速率的排序如图 4.55 所示[11]。

1)在没有添加 IPA 的 KOH 腐蚀液中，(110)＞(100)＞(111)，当掩膜边缘与主参考面成 45°夹角时，(100)面的腐蚀速率低于(110)面的腐蚀速率，腐蚀自停止面是(100)面，可以得到与硅片表面垂直的侧壁，如图 4.56(a)～(c)所示，这种特性可以用于制备具有垂直侧壁的微沟道结构。

2)在添加 IPA 且 KOH 腐蚀液浓度小于 50%的情况下，(100)＞(110)＞(111)，当掩膜边缘与主参考面成 45°夹角时，(110)面的腐蚀速率低于(100)面，腐蚀自停止面是(110)面，可以得到与硅片表面成 45°斜坡的侧壁，如图 4.56(d)(e)所示，这种特性可用于制备光学器件中的反射面。

3)在添加 IPA 且 KOH 腐蚀液浓度大于 50%的情况下，(110)＞(100)＞(111)，当掩膜边缘与主参考面成 45°夹角时，(100)面的腐蚀速率低于(110)面，腐蚀自停止面是(100)面，可以得到与硅片表面垂直的侧壁，如图 4.56(f)所示，这种特性也可以制备具有垂直侧壁的微沟道结构，且沟道的表面质量要比没有添加 IPA 的低浓度 KOH 腐蚀液腐蚀得到的垂直侧壁沟道好。

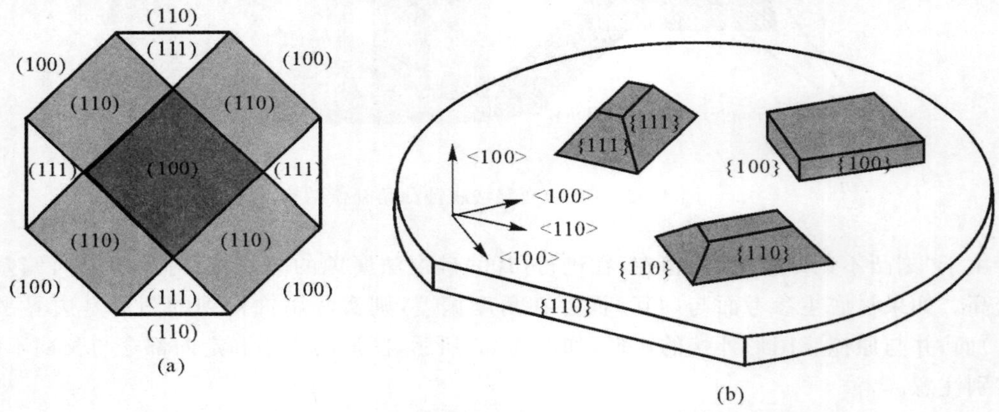

图 4.54　不同掩膜走向时自停止面的对应关系

(a)晶面之间位置关系俯视图；　(b)晶面之间位置关系立体图

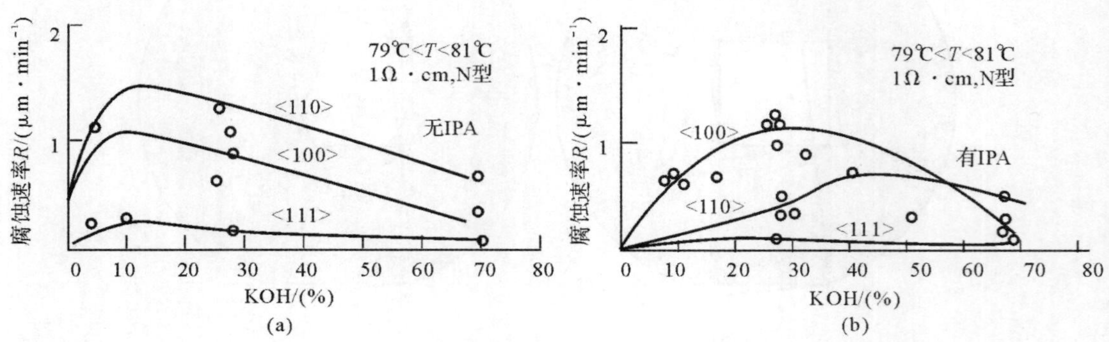

图 4.55　KOH 腐蚀液中不同晶向的腐蚀速率

(a)无 IPA；　(b)有 IPA

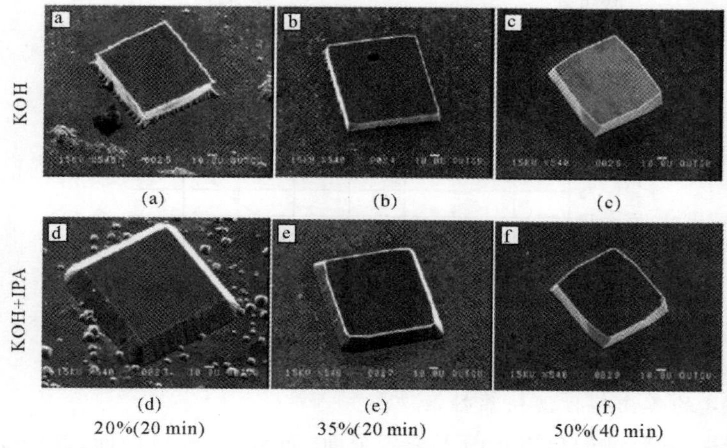

(a) (b) (c)
(d) 20%(20 min)　(e) 35%(20 min)　(f) 50%(40 min)

图 4.56　掩膜与主参考面成 45°夹角时(100)硅片在不同工艺条件下的自停止面[12]

KOH 腐蚀液的浓度除了影响腐蚀速率之外，还影响腐蚀后表面的粗糙度，如图 4.57 所示。由于 KOH 的腐蚀速率随浓度增大先增大后减小，故腐蚀反应的剧烈程度也是随着浓度的增大先增大后减小，反应中产生气泡的密度也先增大后减小。由于气泡产生后容易附着在被腐蚀表面上，阻挡腐蚀液与硅片接触，起到微掩膜作用而在该处留下微凸起，故气泡的多少是影响表面粗糙程度的关键，所以腐蚀后表面的粗糙程度也随着腐蚀液浓度的变化先变差(KOH 浓度从 5％增加到 10％时)，再变好(KOH 浓度从 10％增加到 40％时)，正好与反应速率随浓度的变化趋势相吻合。

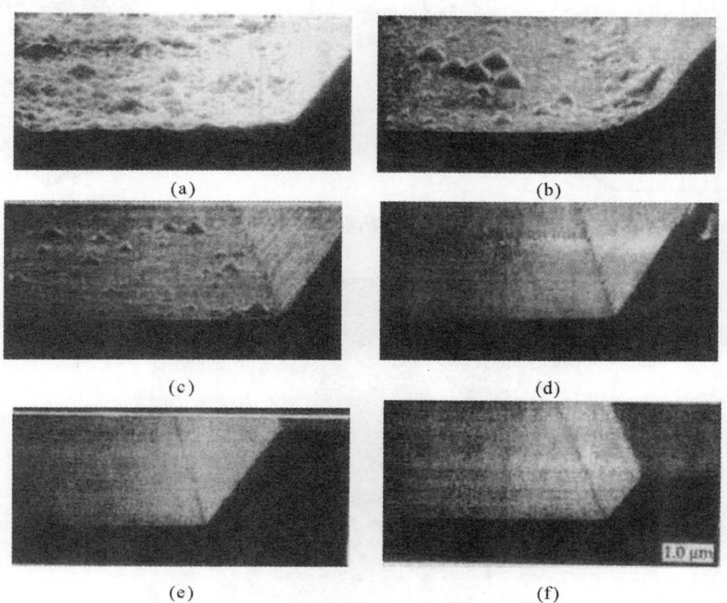

(a) (b) (c) (d) (e) (f)

图 4.57　不同 KOH 腐蚀液浓度下腐蚀后表面的粗糙程度

(a)5％；(b)10％；(c)15％；(d)22％；(e)30％；(f)40％

除了浓度以外，KOH 腐蚀速率还受到温度的影响，图 4.58 给出了 40％的 KOH 溶液腐蚀速率随温度升高而变大的情况。

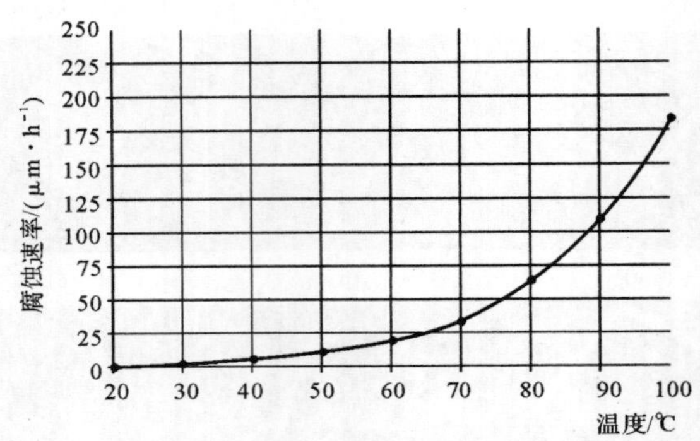

图 4.58　KOH 腐蚀液腐蚀速率与温度的关系[13]

3.(110)型硅片的各向异性湿法腐蚀

对于(110)硅片，其腐蚀的自停止面不是 4 个面，而是 6 个(111)面，其中 4 个与硅片表面垂直，2 个与硅片表面成一定倾斜角，如图 4.59 所示。采用(110)硅片腐蚀得到的垂直侧壁沟槽如图 4.60 所示。对于(100)硅片湿法腐蚀得到的垂直侧壁沟槽，其侧壁与底部皆为(100)面，因为沿(100)面的腐蚀速率相等，沟槽的深宽比只能为 1，如想要增大深度，宽度也必然会跟着增大；但是对于(110)硅片制备的这个垂直侧壁沟槽，其侧壁为(111)面，底部为(110)面，腐蚀速率是差异巨大的，可以用于制备深宽比远大于 1 的沟槽结构。

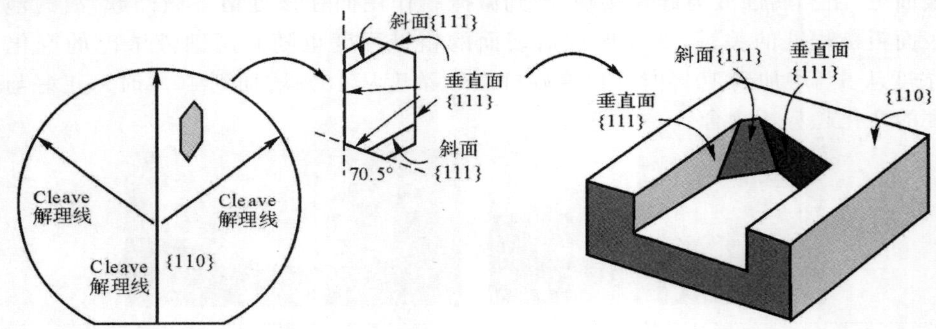

图 4.59　(110)湿法腐蚀的 6 个停止面

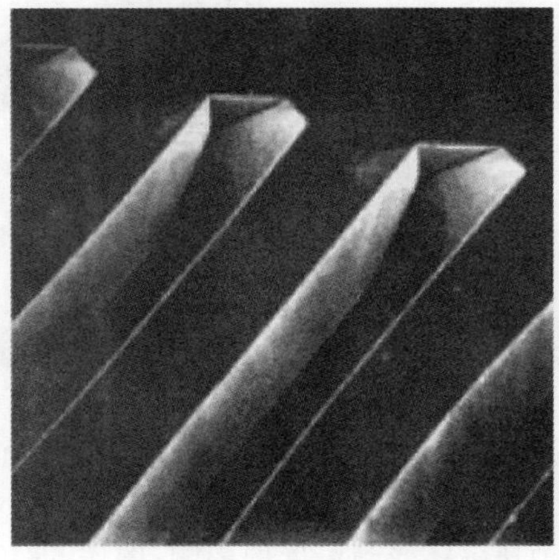

图 4.60　(110)湿法腐蚀得到的沟槽

4.3.3　二氧化硅的湿法腐蚀

常用的二氧化硅湿法腐蚀液都是以 HF 酸作为基本组成成分的，都是各向同性腐蚀剂，主要包括浓 HF 酸(国产浓 HF 酸的浓度为 40%，进口的则为 49%)，50：1HF 酸(体积比，50 体积去离子水：1 体积 HF 酸)，5：1 BOE(Buffered Oxide Etchant，缓冲 HF 酸腐蚀液，亦称 Buffered HF，由 5 体积 40%NH4F 溶液和 1 体积 40%HF 酸溶液组成)溶液，20：1BOE 溶液(由 20 体积 40%NH4F 溶液和 1 体积 40%HF 酸溶液组成)，铝焊盘刻蚀剂和 BOE/甘油混合溶液。浓 HF 的腐蚀速率非常快，可用于牺牲层释放，但是过长时间的释放工艺(如数小时)会对多晶硅结构层和氮化硅电绝缘层造成很大程度的损伤，另外由于其对二氧化硅和 PSG 的腐蚀速率过快，且容易穿透光刻胶造成浮胶，不易于控制和刻蚀掩蔽，一般不用于锚点或防黏附凸点[14]的湿法腐蚀工艺；50：1HF 酸的腐蚀速率低，一般只用于去除原生氧化层；BOE 的腐蚀速率稳定，不会随着腐蚀液的使用而发生腐蚀速率下降的问题，易于精确掌握腐蚀的深度，且不容易造成浮胶，易于控制，一般可用于锚点和防黏附凸点的湿法腐蚀，也可以用于牺牲层释放；铝焊盘刻蚀剂和 BOE/甘油混合溶液在腐蚀二氧化硅的同时，对铝焊盘有一定的保护作用，主要用于牺牲层释放。本节采用 5：1 的 BOE、铝焊盘刻蚀剂和 BOE/甘油混合溶液分别对二氧化硅和磷硅玻璃薄膜进行腐蚀，3 种腐蚀液的配置方法和对西北工业大学微/纳米系统实验室所制备二氧化硅和磷硅玻璃的腐蚀速率见表 4.7。

表 4.7　3 种刻蚀液的配比及其对牺牲层薄膜的腐蚀速率

腐蚀液名称	腐蚀液配比	腐蚀速率/(nm・min^{-1})	
		二氧化硅	磷硅玻璃
5：1 BOE	5 体积 40%的 NH_4F(氟化氨)溶液和 1 体积 40%HF 溶液(240 mL去离子水＋160 g 氟化氨配成体积为 440 mL 溶液，再加入 88 mL 40%HF 酸即可)	125	800
铝焊盘刻蚀剂	NH_4F(刻蚀液中质量分数为 13.5%)，冰醋酸(acetic acid，CH_3COOH，刻蚀液中质量分数为 31.8%)，乙二醇(ethyleneglycole，$C_2H_6O_2$，刻蚀液中质量分数为 4.2%，去离子水(刻蚀液中质量分数为 50.5%)。	30	223
5：1 BOE＋甘油	40 gNH_4F＋60 mL 去离子水＋20 mL HF 酸配成 100 mL 溶液，再加入 60 mL 丙三醇(glycerol，甘油)	30	176

注：本研究腐蚀速率的测定都是在 22℃下进行的，被腐蚀的二氧化硅薄膜在 950℃下退火 1 h，PSG 薄膜在 1 050℃下退火 1 h。

光刻胶的抗刻蚀能力是湿法腐蚀中必须要考虑的因素。对于不同的刻蚀液和不同的被刻蚀对象，光刻胶所能抵抗而不发生浮胶的时间各不相同。实验证明，国产的 BP212 和 BP218 皆不能长时间地抵抗 HF 类刻蚀剂的腐蚀，腐蚀时间过长时容易造成严重的侧向腐蚀，AZ 系列的进口光刻胶抗湿法刻蚀能力则具有明显优势。

4.3.4　氮化硅的湿法腐蚀

采用浓度为 85%的浓磷酸加热到 160℃，采用二氧化硅作为刻蚀掩膜，就可以实现氮化硅的湿法腐蚀。浓磷酸在使用时要特别注意水的蒸发，当浓磷酸水含量降低时，其对氮化硅的腐蚀速率下降，而对二氧化硅的腐蚀速率上升，腐蚀选择性变差。为了防止水分蒸发影响腐蚀速率，浓磷酸腐蚀系统必须有冷却回流装置。

4.3.5 铝的湿法腐蚀

采用磷酸（H_3PO_4）：硝酸（HNO_3）：冰醋酸（CH_3COOH）：去离子水（H_2O）按照体积比50：2：10：9的比例配成溶液，加热至60℃对BP212掩蔽下的铝膜进行湿法刻蚀，腐蚀为各向同性，刻蚀速率与具体铝膜的制备条件有关。硝酸和铝生成$Al(NO_3)_3$，提高硝酸的含量可以提高腐蚀速率，但是不能加得太多，否则会影响光刻胶的抗蚀能力。冰醋酸起到降低腐蚀液表面张力，增加硅片表面与腐蚀液浸润，提高腐蚀的均匀性，起到缓冲作用。铝湿法腐蚀过程中会生成大量的气泡，阻碍工艺的进行，可以加入适量的乙醇来消除气泡。

4.3.6 其他材料的湿法腐蚀

其他微加工常用材料的湿法腐蚀液见表4.8。

表4.8 微加工常用材料的湿法腐蚀液

材料名称	腐蚀液配比	可腐蚀	不腐蚀（可作为掩蔽层）
黄铜（合金Cu：Zn）	$FeCl_3$	Cu，Ni	SiO_2，SiN，Si，光刻胶
青铜（合金Cu：Sn）	1% CrO_3	无	SiO_2，SiN，Si，光刻胶
碳	H_3PO_4 : CrO_3 : NaCN	SiN	SiO_2，Si，光刻胶
铬	$2KMnO_4$: 3NaOH : $12H_2O$	Al	SiO_2，SiN，Si，光刻胶
铜	30% $FeCl_3$	Ni	SiO_2，SiN，Si，光刻胶
铁	$1I_2$: 2KI : $10H_2O$	Au	SiO_2，SiN，Si，光刻胶
镍	30% $FeCl_3$	Cu	SiO_2，SiN，Si，光刻胶
银	$1NH_4OH$: $1H_2O_2$	Al	SiO_2，SiN，Si，光刻胶
不锈钢（合金Fe：C：Cr）	1HF : $1HNO_3$	M	SiN，光刻胶

4.4 干法刻蚀

干法刻蚀是利用等离子体进行刻蚀的技术。当气体以等离子态存在时，它的物理和化学特性具备以下特点：

（1）气体的化学活性比常态下要强很多，根据刻蚀对象选择不同的气体，可以很快地与材料进行反应并具备一定的选择性，实现材料的化学去除。

（2）产生等离子体的电场会对等离子体中的带电离子进行引导和加速，使其具备一定的能量，当电场加速后的离子轰击到刻蚀对象上时，刻蚀对象的原子会被击出，实现材料的物理去除。

根据刻蚀过程中的物理刻蚀多一点还是化学刻蚀多一点，干法刻蚀可以划分为物理刻蚀、化学刻蚀和物理化学刻蚀 3 种。

(1)物理刻蚀又称为溅射刻蚀,纯粹依靠带电离子的轰击作用进行刻蚀,刻蚀的方向性很强(各向异性),但基本上没有选择性。物理刻蚀用的等离子体一般使用惰性气体在真空条件下加高压直流或高频交流电压产生。

(2)化学刻蚀又称为等离子刻蚀,是纯粹利用等离子体中的活性原子团(活性自由基,不带电,不受电场的加速作用)与被刻蚀对象发生化学反应,生成挥发性的产物,随着真空系统抽离反应室而实现材料去除,由于方向性差,这种刻蚀是各向同性的,但是由于活性原子团对刻蚀对象具有较高的选择性,这种刻蚀的选择比比较高。比较典型的化学刻蚀等离子体是用氧气在真空条件下加高压直流或高频交流电压产生,用于刻蚀有机物。

(3)物理化学刻蚀则同时使用化学反应和物理轰击进行刻蚀,具备两种刻蚀的优点,既具有一定的方向性,又具有较好的选择性。比较典型的物理化学刻蚀方法是反应离子刻蚀(Reactive Ion Etching,RIE)和深度反应离子刻蚀(Deep Reactive Ion Etching,DRIE)。比较典型的物理化学刻蚀等离子体是用含氟的气体,如 SF_6,CF_4,CHF_3 等在真空条件下加高压直流或高频交流电压产生,主要用于硅及其硅化物的刻蚀。

与湿法腐蚀相比,干法刻蚀适合刻蚀精细线条,由于不使用酸碱试剂,干法刻蚀的环境污染小,工艺重复性好,易于掩蔽(一般使用光刻胶作为刻蚀掩膜),已经在相当多的应用中取代了湿法腐蚀。干法刻蚀和湿法腐蚀的对比见表 4.9。

表 4.9　干法刻蚀和湿法腐蚀的比较

腐蚀类型	被腐蚀材料	腐蚀试剂	优　点	缺　点
湿法腐蚀	单晶硅、多晶硅	KOH, TMAH, EDP	设备简单便宜,腐蚀速率高,选择性好,各向同性或各向异性刻蚀,可批量	只适合于较粗线宽(大于 3μm),大量使用化学试剂,污染环境
	氮化硅	H_3PO_4		
	二氧化硅	HF 酸		
	铝	H_3PO_4		
干法刻蚀	单晶硅、多晶硅	SF_6 气体	可刻蚀精细线条,刻蚀速率一般,刻蚀方向性介于各向同性和各向异性之间,对环境污染小	选择性一般,设备成本高,批量能力差
	氮化硅	CF_4 气体		
	二氧化硅	CHF_3 气体		
	铝	Cl_2 气体		

4.4.1　等离子基础

所谓的等离子就是带正、负电荷总数相当的一堆离子。将气体电离,就会形成自由电子、离子以及中性粒子,它们带电量总和为零。等离子态是由英国科学家 William Crookes 于 1897 年发现的。除了我们通常认识的气态、液态和固态三种状态,等离子状态是物质的第四种状态。在自然界中,这四种状态对应着不同的温度和分子运动活跃程度,如图 4.61 所示。宇宙中 90%的物质处于等离子体态,闪电和极光是自然界中的等离子体。所有的恒星,都是高温等离子体的聚合,所有生命也起源于等离子体状态。

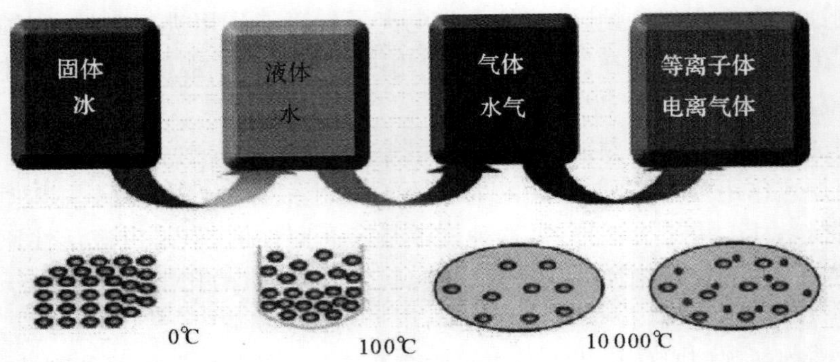

图 4.61　自然界物质的 4 种状态

在气态状态时，气体只含有少量带电离子和自由电子，其余的气体粒子都是完整状态的气体分子；而在等离子态时，气体中则含有大量带电离子和自由电子，如图 4.62 所示。

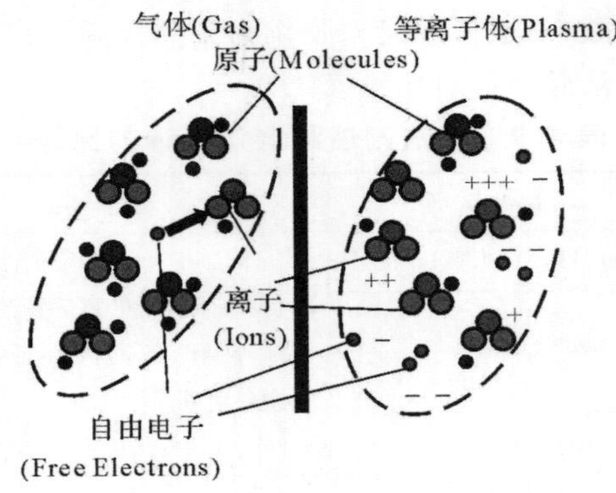

图 4.62　气态和等离子态组分的差异

自然界中等离子体的产生需要上万摄氏度的高温，而人工等离子体一般是通过常温下辉光放电产生的，叫作低温等离子体。产生人工等离子体的关键就是要提供能量，一个能够让原子中的外层电子克服原子核束缚的能量。产生等离子的反应室如图 4.63 所示。反应室包含以下 3 种要素：

(1)两个相对的电极(Electrode)；

(2)高压直流或高频交流电源(通常使用 13.56 MHz 的射频电源)；

(3)真空系统(Vaccum System)。

以氩气等离子体为例，氩气中本身包含有少量的自由电子，在两个相对电极上施加电压时，自由电子在电场加速下具备了足够的能量，当其轰击在氩气原子上时，氩原子被轰击出一个外层电子，成为带有一个正电荷的氩离子，被轰击出的电子和原先的自由电子继续被电场加速，继而轰击别的氩原子，被轰击出来的电子和轰击产生的氩离子则成几何级数递增，产生等离子体。等离子体介于两个对电极之间，分为两部分：

(1)中间发光的部分叫作辉光区，根据产生等离子体所使用气体不同，可以发出不同颜色的光。

(2)辉光区和电极过渡的地方没有辉光，叫作暗区或鞘区(Dark Region 或 Sheath)。

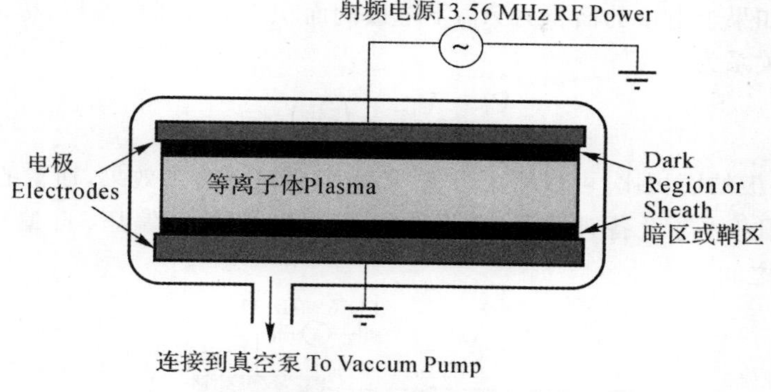

图 4.63　产生等离子体的反应室

辉光区内部大部分都是等电势的，但是辉光区和电极之间存在电势差，这个电势差产生的电场主要落于暗区，辉光区的离子或电子穿过暗区到达电极时，会受到这个电场的加速，最终实现轰击作用。如图 4.64(a)所示，当两个对电极面积相等时，辉光区和两个电极间的电势差相等，自偏压(V_{DC})等于 0，对两个电极轰击作用相等，这样的系统虽然能够产生等离子体，但是还无法用作刻蚀系统；如图 4.64(b)所示，当两个对电极面积不相等时，等离子体和小面积电极间的电势差要大于等离子体和大面积电极间的电势差，自偏压不等于 0，在这样的系统下，离子对小电极的轰击作用强于对大电极的轰击作用。当将金属或其他靶材置于小电极，而硅衬底置于大电极时，金属的原子被轰击出来，一部分的原子穿过对电极之间的间隙沉积在硅衬底上，成为一个溅射镀膜装置；当将硅衬底置于小电极，将大电极与整个设备本体连接甚至接地以增大面积时(小电极与设备本体间绝缘)，便成为一个等离子刻蚀装置。

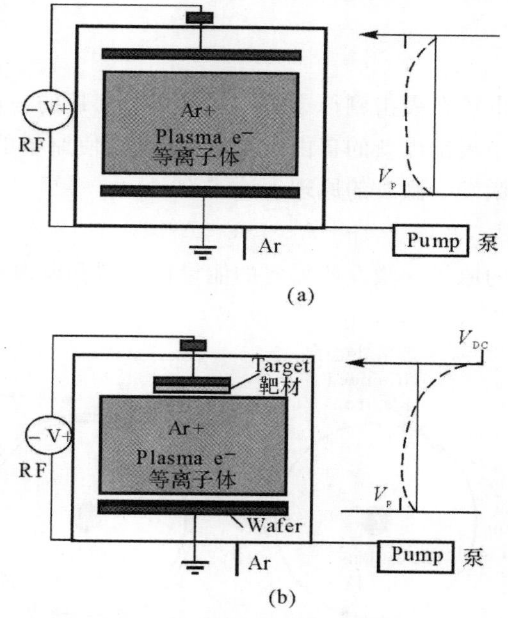

图 4.64　不同对电极面积关系下的自偏压(V_{DC})

(a)电极面积相等；　(b)电极面积不相等

图 4.65 所示对等离子电压和自偏压做出了定义。其中 V_P 是等离子电压，为正值，V_{DC} 是自偏压，为负值，如果上电极的面积为 A_1，下电极的面积为 A_2，则自偏压，等离子电压和上、下电极面积之间的关系为

$$\frac{V_P - V_{DC}}{V_P} = \left(\frac{A_2}{A_1}\right)^4 \tag{4.9}$$

增大上、下电极的面积比，可以增大自偏压，即增强离子轰击效果，通常的等离子刻蚀系统都是将下电极（阳极）与设备外壳连接并整体接地以提高自偏压，自偏压的范围一般介于200～1 000 V 之间。

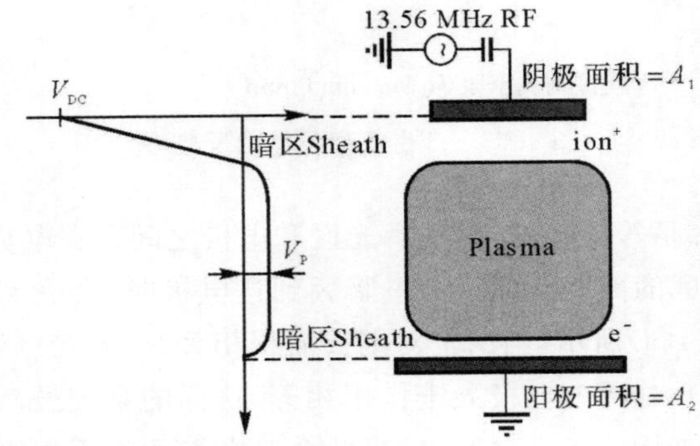

图 4.65　自偏压(V_{DC})与等离子电压(V_P)

V_{DC}—自偏压(Self bias)；　V_P—等离子电压(Plasma Potential)

4.4.2　等离子体的产生

等离子体的产生包括激发（Excitation）、弛豫（Relaxation）、分裂（Dissociation）和电离（Ionization）四个状态。

1. 激发

如图 4.66 所示，自由电子在轰击到原子 A 上后，其所携带的一部分能量转移给原子 A，这部分能力不足以从原子中轰击出新的自由电子，但是可以使原子的外层轨道电子被激发到较高能级。这一过程称为激发。激发的原理表达式为

$$e + A \longrightarrow e + A^* \tag{4.10}$$

式中，A^* 表示处于激发态的原子。激发所需要的能量比分裂和电离都低，以 CF_4 为例，其实现激发态的能量为 4.0 eV。

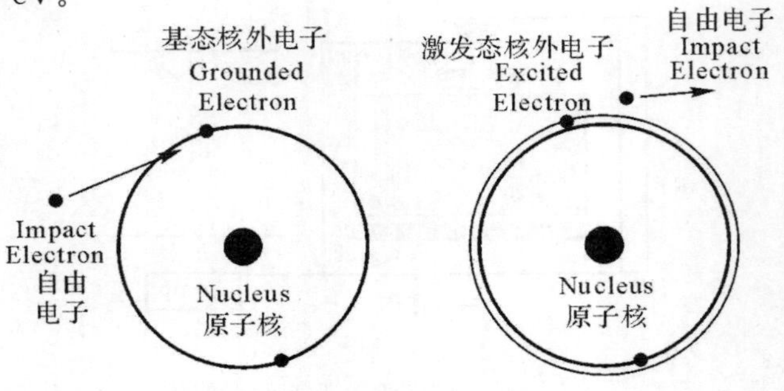

图 4.66　激发态

2. 弛豫

激发态的寿命一般很短，短于 10^{-8} s，所以电子很快就跳回到较低能级，这个过程称为弛豫，如图 4.67 所示。电子从较高能级回到较低能级时会发出光子，宏观上看就是等离子体的辉光现象，不同气体分子发生弛豫时发光的波长不同，即显现出不同的辉光颜色。弛豫的原理表达式为

$$A^* \longrightarrow A + h\nu \tag{4.11}$$

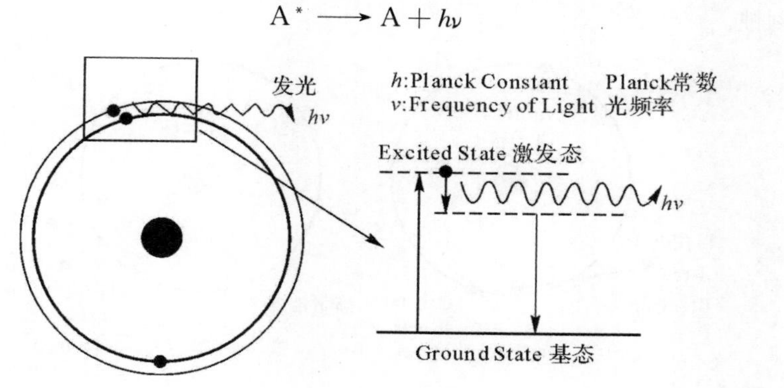

图 4.67　弛豫

3. 分裂

当高能自由电子轰击到气体分子上时，会将气体分子分解成独立的自由原子或分子，这个过程称为分裂，如图 4.68 所示。分裂产生的自由分子或原子比分裂前更加具有活性，非常容易发生化学反应，称为活性自由基，是等离子体实现化学刻蚀的基础。分裂所需要的能量比激发高，比电离低，以 CF_4 为例，其分裂所需要的能量为 12.5eV。分裂的原理表达式为

$$e + AB \longrightarrow e + A + B \tag{4.12}$$

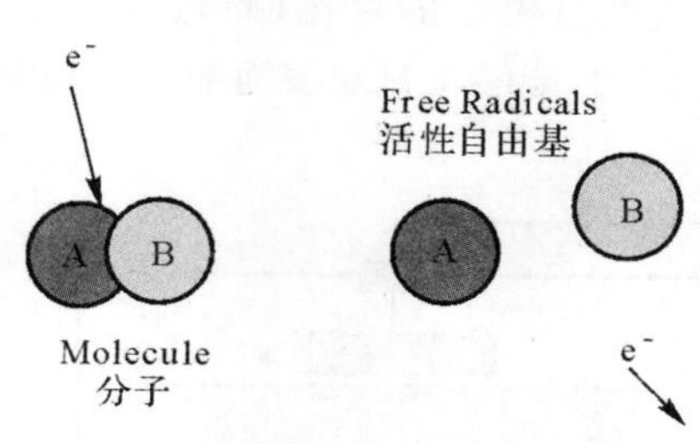

图 4.68　分裂

4. 电离

如图 4.69 所示，自由电子在轰击到原子 A 上后，使原子 A 的外层电子脱离原子核的束缚，成为自由电子，原子 A 失去一个电子后带正电荷，这一过程称为电离。电离的原理表达式为

$$e + A \rightarrow 2e + A^+ \tag{4.13}$$

电离所需要的能量要高于激发和分裂，以 CF_4 为例，其实现电离态的能量为 15.5 eV。实际上等离子设备中的电离率是非常低的，只有约 0.1%，而太阳中心的电离率则高达 100%。

电离产生了自由电子和离子，是维持等离子体存在的基础。

综上所述,等离子体中4种状态对等离子体的贡献为:

(1)激发和弛豫过程使得等离子体发光。

(2)分裂过程形成了具有化学活性的分子或原子(活性自由基),是等离子体进行化学刻蚀的基础。

(3)电离过程中形成更多的电子和离子,能够维持等离子体的存在,并借助离子的轰击作用实现物理刻蚀。

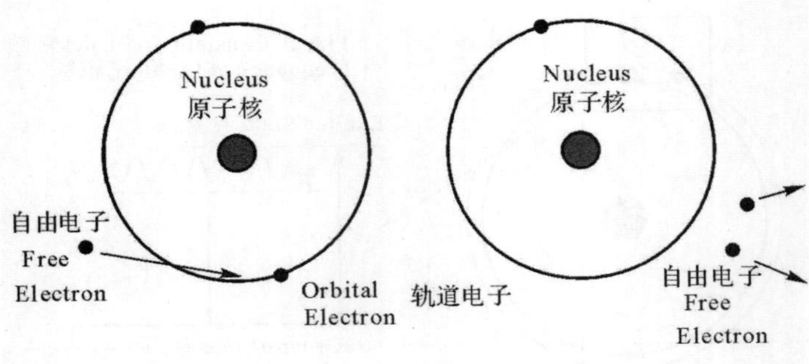

图 4.69 电离

4.4.3 溅射刻蚀

溅射刻蚀是一种纯物理刻蚀,纯粹依靠带电离子的轰击作用进行刻蚀,刻蚀的方向性很强,但基本上没有选择性。比较典型的溅射刻蚀是磁控溅射镀膜机中的衬底高能离子清洗工艺。在磁控溅射镀膜机中,为了提高膜层的附着力,在镀膜之前通常采用高能离子轰击清洗衬底表面,以去除表面脏物,这一清洗工艺便是溅射刻蚀。如图 4.70 所示,采用氩气或其他惰性气体产生的等离子体中没有活性自由基的存在,而氩气的原子量又比较大,电离所产生的 Ar^+ 离子具有很强的物理轰击作用,能够将衬底表面的污染物轰击掉,为后续薄膜沉积提供干净的表面。

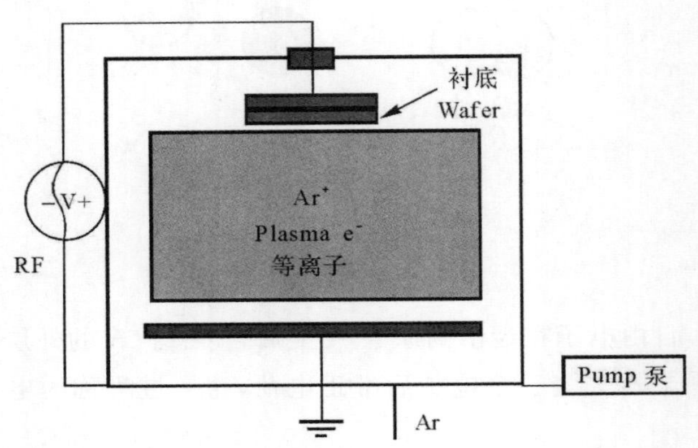

图 4.70 溅射刻蚀进行离子清洗

溅射刻蚀由于是纯物理过程,高能离子对衬底的损伤比较严重,刻蚀速率低,选择性差,所以除了离子清洗以外,很少用于图形传递过程中的材料去除。

4.4.4　等离子刻蚀

等离子体刻蚀则是纯粹利用活性自由基与被刻蚀材料进行化学反应而实现材料去除的。这种刻蚀没有离子损伤问题，刻蚀速率高，选择性好，但是因为整个过程完全是化学反应，所以对材料的刻蚀是各向同性的，随着工艺尺寸的不断缩小，这一缺点愈显突出，使它的应用越来越受到限制，一般仅用于对特征形貌没有要求的等离子灰化去胶（Ashing）工艺。使用氧等离子进行灰化工艺的示意图如图 4.71 所示。

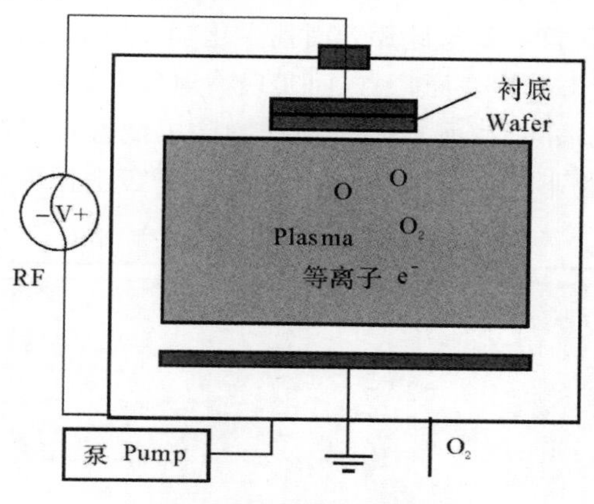

图 4.71　氧等离子灰化工艺

4.4.5　反应离子刻蚀

反应离子刻蚀是溅射刻蚀和等离子刻蚀两种方法相结合的产物，它利用化学和物理作用的相互促进使得反应离子刻蚀同时具有两种刻蚀方法的优点：

（1）良好的形貌控制能力（偏向于各向异性）。

（2）较高的选择比。

（3）可以接受的刻蚀速率。

正是它的这些优越性使得它成为目前应用范围最广的干法刻蚀。通过选择合适的气体组分，可以获得理想的刻蚀选择性和速率。反应离子刻蚀和其他两种刻蚀方法的优劣对比见表 4.10。

表 4.10　3 种干法刻蚀的对比

性　能	溅射刻蚀	等离子刻蚀	反应离子刻蚀
刻蚀机理	物理	化学	物理＋化学
各向异性	优	差	良
选择性	差	优	良
衬底损伤	严重	轻	较轻

一个反应离子刻蚀的工艺包括 6 个步骤。以 CF_4 气体刻蚀硅为例，6 个步骤分别如下：

(1)分裂:CF_4气体在等离子体状态下分裂为具有化学活性的活性自由基 F 和具有物理轰击作用的离子 CF_4^+。

(2)扩散并吸附:F 自由基扩散并吸附到硅片表面。

(3)表面迁移:F 自由基到达被刻蚀表面后,四处移动并重新分布。

(4)反应:F 自由基与硅材料发生反应生成挥发性产物 SiF_4。

(5)解吸:反应产物 SiF_4离开硅片表面。

(6)排出:SiF_4被真空系统抽离反应室,以尾气形式排出。

在刻蚀过程中,除了 F 自由基与硅片表面发生化学反应以外,分裂产生的 CF_4^+离子还在鞘区电场的加速作用下轰击硅片表面,一方面实现物理轰击刻蚀,另一方面利用离子能量促进 SiF_4解吸,整个刻蚀过程如图 4.72 所示。刻蚀产物除了能够自行解吸的 SiF_4外,还包括不能自行解吸的 SiF_2,这种产物不能自行解吸,必须依靠离子轰击作用获得额外能量后解吸。

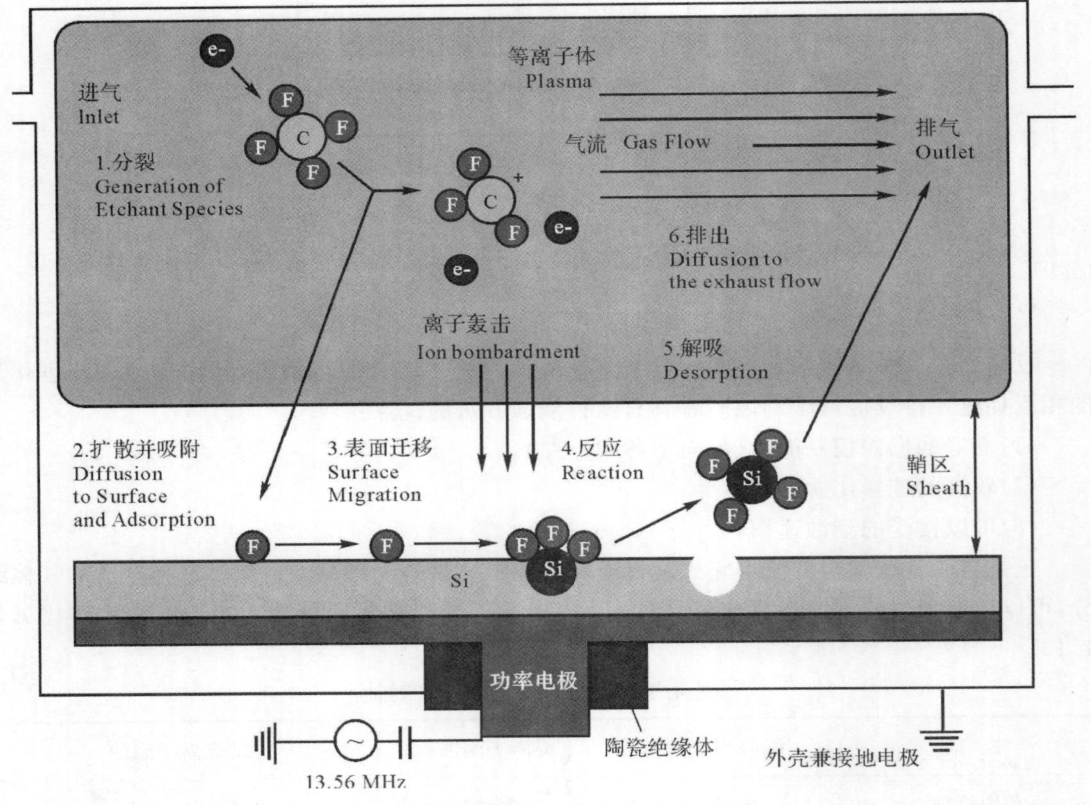

图 4.72　CF_4等离子体刻蚀硅的原理

MEMS 制造工艺过程中可以进行反应离子刻蚀的材料包括硅、氧化硅、氮化硅、铝和光刻胶,每一种材料适合的刻蚀气体和相应的刻蚀产物见表 4.11。对于同一种材料,可能存在多种可以刻蚀的气体,但是为了得到较好的选择比,需要选择一种最佳的气体。以二氧化硅的刻蚀为例,SF_4,CF_4和 CHF_3这 3 种氟基气体都能实现刻蚀,但是其中只有 CHF_3在对二氧化硅进行刻蚀的时候,对氮化硅和硅具有较好的选择比。

表 4.11　反应离子刻蚀常用气体及其刻蚀对象

类　别	被腐蚀材料	刻蚀对象	刻蚀产物
氯基	Cl_2 和 BCl_3	Al	$AlCl_3$
氟基	SF_6，CF_4，CHF_3	SiO_2，SiN，Si	SiF_4，N_2，H_2O
氧基	O_2，O_3，CO_2，H_2O	光刻胶或其他有机物	CO，H_2O

下面分别对几种 MEMS 制造常用材料的刻蚀进行简要介绍。

(1)光刻胶。虽然光刻胶的种类比较多,但基本上都是碳氢化合物,可以在氧等离子体中进行刻蚀,其反应方程为

$$4C_xH_y+(y+4x)O_2 \rightarrow 4xCO\uparrow+2yH_2O\uparrow \tag{4.14}$$

(2)氮化硅。使用 CF_4 作为刻蚀气体,其反应方程为

$$Si_3N_4+12CF_4 \rightarrow 3SiF_4\uparrow+2N_2\uparrow+12CF_3\uparrow \tag{4.15}$$

(3)二氧化硅。使用 CHF_3 作为刻蚀气体,含碳量低的二氧化硅刻蚀速率快,含碳多的二氧化硅(如使用 TEOS 热分解,通过低压化学气相沉积法制备的二氧化硅)则慢,其方程为

$$3SiO_2+4CHF_3 \rightarrow 3SiF_4\uparrow+4CO\uparrow+2H_2O\uparrow \tag{4.16}$$

(4)铝。纯铝使用氯等离子体即可以进行刻蚀,然而,所有的铝表面都有一层氧化物,氯不能刻蚀这层表面,可以添加 BCl_3 增加溅射量以去除表面的氧化层。如果需要使用铝来制备焊盘,一般需要进行退火实现欧姆接触,这时候使用的都是掺有 0.5%～2%的硅或铜的铝合金,也必须添加 BCl_3 来提高物理溅射以去除硅或铜。刻蚀铝必须采用单独或完全清洁的反应室,不能用刻蚀过硅的反应室直接刻蚀铝,这样容易互相污染。在硅刻蚀过程中,氟基残留物中的氟与铝反应生成氟化铝,不能被氯等离子所刻蚀;而刻蚀过铝之后的反应室残留的氯化铝会在氟基等离子环境中形成氟化铝粉末落在样品表面,造成污染。铝的刻蚀反应方程为

$$2Al+3Cl_2 \rightarrow 2AlCl_3\uparrow \tag{4.17}$$

(5)硅。硅可以在氯气环境中进行各向异向刻蚀,但这种异向刻蚀需要很多氯气,代价很大,通常不被采用。SF_6 是最常用的硅刻蚀气体,其反应方程为

$$3Si+2SF_6+2O_2 \rightarrow 3SiF_4\uparrow+2SO_2\uparrow \tag{4.18}$$

在反应离子刻蚀中,工艺参数包括射频功率、气体流量、反应室压力和电极温度。刻蚀硅、二氧化硅和氮化硅时比较典型的工艺参数见表 4.12。

表 4.12　反应离子刻蚀工艺参数

被刻蚀对象	反应室压力/Pa	气体流量/sccm	射频功率/W	电极温度/℃	刻蚀速率/$nm\cdot min^{-1}$
二氧化硅	1.6	CHF_3　30	300	20	33
氮化硅	10	CF_4　40	200	20	50
硅	10	SF_6　40	200	20	800

为了调节刻蚀过程的刻蚀速率、方向性、选择比和防止生成刻蚀残留物,反应离子刻蚀可以选择不同的刻蚀气体组合,见表 4.13。

表 4.13　不同刻蚀气体组合的特点

被刻蚀对象	刻蚀气体组合	刻蚀气体特点
二氧化硅	SF_6，CF_4+O_2	偏各向同性，侧向刻蚀严重，对硅选择性差
	CF_4+H_2，CHF_3+O_2	偏各向异性，对硅有选择性
	$CHF_3+C_4F_8+CO$	偏各向异性，对氮化硅选择性高
氮化硅	CF_4+O_2	偏各向同性，对硅的选择性差，对二氧化硅的选择性好
	CF_4+H_2	偏各向异性，对硅的选择性好，对二氧化硅的选择性差
	CHF_3+O_2	偏各向异性，对硅和二氧化硅的选择性都好
硅	SF_6，CF_4	偏各向同性，侧向刻蚀严重，对二氧化硅的选择性差
	CF_4+H_2，CHF_3	偏各向异性，对二氧化硅没有选择性
	CF_4+O_2	偏各向同性，对二氧化硅的选择性高

反应离子刻蚀中比较常见的问题有三个：

(1)宏观负载效应(Macro Load Effect)。

(2)微观负载效应(Micro Load Effect)。

(3)RIE 草地(RIE Grass)。

宏观负载效应是片间不均匀性，当两片相同材料的衬底上被刻蚀图形密度(被刻蚀区域的面积分数)不同时，在同样的工艺条件下，刻蚀的速率是不同的，被刻蚀区域小的衬底刻蚀速率快，而被刻蚀区域大的衬底刻蚀速率慢。宏观负载非常容易理解，在同等工艺条件下，产生的等离子体密度是相同的，被刻蚀面积大，刻蚀相同深度的时候需要消耗的活性自由基多，刻蚀速率自然要低于被刻蚀面积小的衬底。为了避免宏观负载效应，一般在进行版图设计的时候要求衬底的被刻蚀面积和整个衬底面积的比率介于一个给定的范围，超出这个范围就需要单独进行工艺试验来确定实际的刻蚀速率。

微观负载效应则是片内不均匀性。在同一片衬底上，大的刻蚀窗口和小的刻蚀窗口之间的刻蚀速率存在差异(一般开口大的窗口刻蚀速率快)。随着刻蚀窗口尺寸的减小，气体分子散射增加，入射离子和活性基的数目减少，相对应的刻蚀速率也下降。微负载效应明显时，同一个片子上尺寸不同的刻蚀孔刻蚀速率相差很大。在微加工中，一般采用过刻蚀来保证不同大小刻蚀窗口中的材料被完全去除，但是这样做的前提条件就是刻蚀工艺对被去除材料下面的材料具有良好的选择性。微加工中有一种情况不能使用过刻蚀的方法来获得刻蚀一致性，那就是防黏附凸点(Dimple)[14]的刻蚀。以标准 MUMPs 表面牺牲层工艺为例，用作牺牲层的二氧化硅层厚度为 2 μm，而防黏附凸点的深度为 750 nm，并没有将牺牲层刻透，无法通过过刻蚀来保证均匀性，这样的场合就只能使用 BOE 溶液进行湿法腐蚀来解决，而湿法腐蚀则是完全不存在负载效应的。

等离子体不仅可以用以辅助刻蚀，还可以辅助沉积，等离子增强化学气相沉积(Plasma Enhanced Chemical Vapor Deposition，PECVD)便是借助于等离子的增强作用，在较低温度下(相对于低压化学气相沉积来说)进行薄膜沉积的一种工艺。由于等离子体中除了刻蚀化学反应外，还伴随有能够产生聚合物薄膜的沉积化学反应，在适宜的条件下，沉积的聚合物不能及时被离子轰击所去除，而是残留样品表面的一小块区域，形成刻蚀微掩膜，阻碍后续的刻蚀进行，被刻蚀材料在此处形成圆锥状残留物，很难在刻蚀后去除，称为 RIE 草地。RIE 草地的机理及其预防可以用氟/碳比模型予以解释。氟/碳比模型如图 4.73 所示，在氟碳化合物的等离子体中，氟的作用是与被刻蚀表面反应，产生挥发性的产物，并被抽离反应室，因此当氟的成分增加时，蚀刻速率增加，反应趋向于刻蚀；碳在等离子体中的作用为提供聚合物的来源，因此碳会抑制蚀刻的进行，当碳的成分增加时，将使得蚀刻速率减缓，反应趋向于高分子聚合物的沉积。在改变射频功率以改变等离子体中离子的撞击能量，或者添加其他气体的状况下，亦会改变氟/碳比，反应的趋势也会发生变化。以 CHF_3 等离子为例，其氟/碳比为 2，只有刻蚀离子能量高于某一个阈值之后，等离子中的化学反应结果才是刻蚀，而低于这个阈值的话，等离子中的化学反应结果则是沉积。仍以 CF_4 为例，其氟/碳比为 4，无论离子能量是多少，其化学反应结果都是刻蚀，但是如果在 CF_4 中加入 H_2，可以减小其氟/碳比，使得其也有可能产生化学沉积作用而生成高分子聚合物，进而出现 RIE 草地问题。

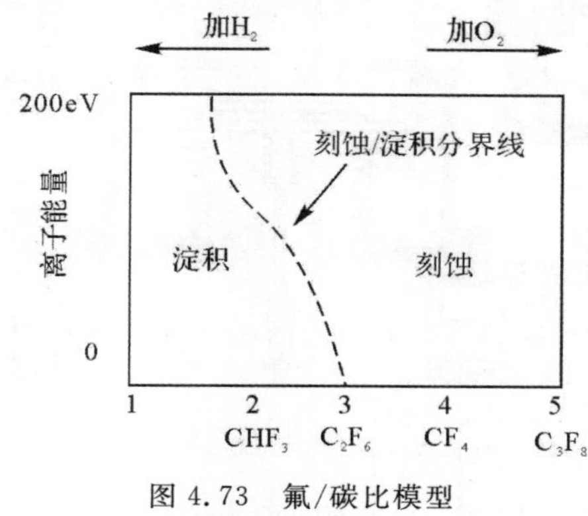

图 4.73　氟/碳比模型

MEMS 制造工艺中最容易出现 RIE 草地的工艺是采用 CHF_3 刻蚀二氧化硅，尤其是刻蚀 TEOS 热分解制备的富碳型二氧化硅，在刻蚀深度超过 500 nm 以后，RIE 草地现象几乎是难以避免的。RIE 草地不利于一个干净工艺层的形成，可能导致器件失效。

4.4.6　深度反应离子刻蚀

反应离子刻蚀是介于各向异性与各向同性之间的刻蚀方法，仍然存在侧向掏蚀，在刻蚀深度比较大时（如数十微米），无法得到陡直的侧壁和精确控制的线宽。除此以外，反应离子刻蚀工艺还存在两个矛盾：

1. 压力和等离子密度之间的矛盾

在低压下（即高真空度下），分子平均自由行程增大，离子和活性自由基在到达被刻蚀表面之前发生碰撞的次数减少，可以提高刻蚀的方向性。但是低压导致所能产生的等离子体密度下降，刻蚀速率下降。

2. 射频功率和等离子密度之间的矛盾

为了获得高的等离子密度，需要增加射频功率以提高电离率，但是高的射频功率又会导致高的自偏压，增强离子轰击作用，造成衬底的离子损伤。

深度反应离子刻蚀使用两个射频源，一个叫作线圈源（Coil RF），另一个叫作平板源

(Platen RF),如图 4.74 所示。线圈源单纯用于产生等离子体,而平板源则用于产生自偏压,通过使用两个射频源将等离子的产生和自偏压的产生分离,有效避免了 RIE 刻蚀中射频功率和等离子密度之间的矛盾。它采用刻蚀和钝化交替进行的 Bosch 工艺以实现对侧壁的保护,能够实现可控的侧向刻蚀,可以制作出陡直或其他倾斜角度的侧壁,如图 4.75 所示。DRIE 工艺的出现,对 MEMS 技术的发展是一个巨大的推动。目前著名的 DRIE 设备厂商为英国的 STS 和法国的 Alcatel。

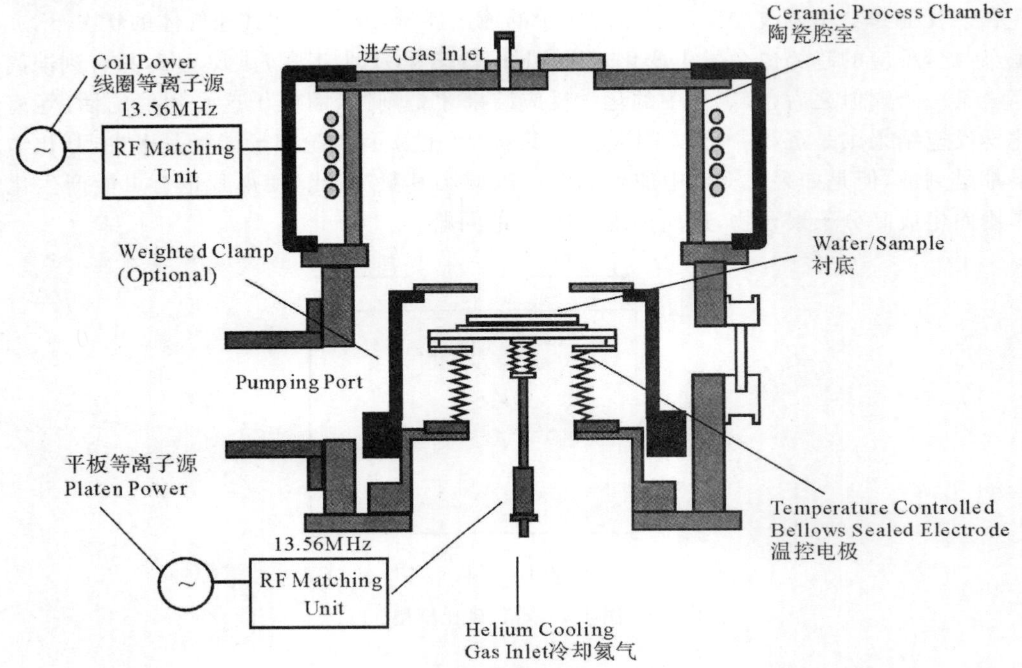

图 4.74　DRIE 设备结构示意图

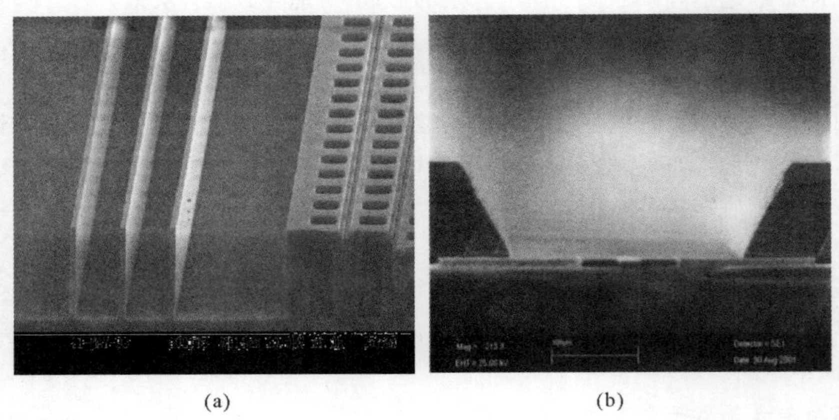

(a)　(b)

图 4.75　DRIE 可控的侧壁形貌

(a)高深宽比垂直侧壁；(b)倒金字塔侧壁

DRIE 中采用的刻蚀/钝化交替过程如图 4.76 所示。在实际的刻蚀中,第一步总是以钝化开始,但此处为了方便说明,第一步以刻蚀开始。

(1)刻蚀,如图 4.76(a)所示,在 DRIE 反应室中通入 SF_6 气体,同时打开 Coil 射频源和 Platen 射频源,未被光刻胶保护的硅表面在氟自由基的化学反应和 SF_x 正电离子的物理轰击下被去除,刻蚀产生的侧壁形貌类似于简单的 RIE,不是一个垂直的侧壁且存在侧向掏蚀。

(2)钝化,如图 4.76(b)所示,在 DRIE 反应室中通入 C_4F_8 气体,只打开 Coil 射频源,关闭 Platen 射频源,C_4F_8 气体在等离子环境中分裂出 CF_2 活性自由基,CF_2 活性自由基的氟/碳比小,其在等离子体中的化学反应主要是沉积,可以在被刻蚀出的表面上形成一层聚合物薄膜,这个过程类似于等离子增强气相沉积。

(3)再刻蚀,如图 4.76(c)所示,这一步是 DRIE 刻蚀的关键,在反应室中通入 SF_6 气体,同时打开 Coil 射频源和 Platen 射频源,刻蚀区域的底部受 SF_x 正离子的物理轰击作用比刻蚀区域的侧壁要强烈,故刻蚀区域底部的钝化聚合物被完全去除的时候,侧壁仍然在聚合物的保护下,暴露出来的底面开始与氟自由基接触并发生化学反应,并一直持续到侧壁的聚合物也被完全去除。

(4)再钝化,如图 4.76(d)所示,当上一步刻蚀中侧壁的聚合物被完全去除后,就要切换到再次钝化过程,刻蚀区域的底部和侧壁又重新被一层 CF_2 活性自由基沉积成的聚合物所覆盖。

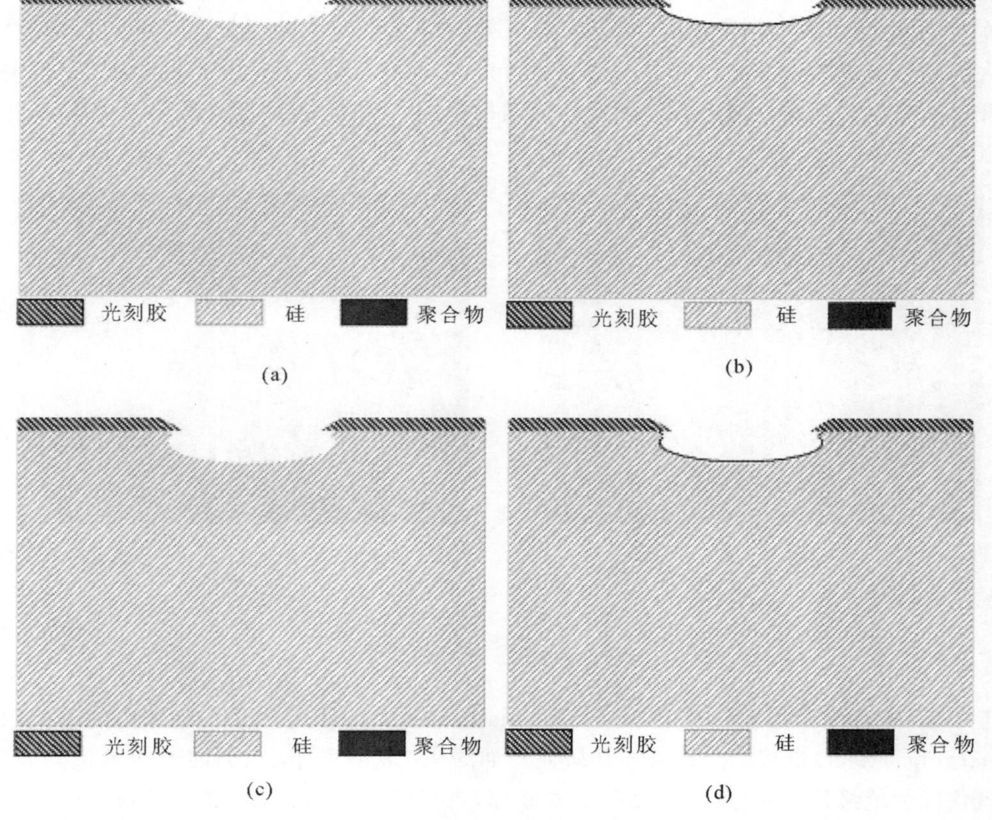

图 4.76　DRIE 刻蚀工艺步骤

(a)刻蚀;　(b)钝化;　(c)再刻蚀;　(d)再钝化

在 DRIE 工艺中，每一步刻蚀和钝化的交替都会在刻蚀侧壁上留下锯齿状痕迹，图 4.77 展示了这种痕迹的剖面图，外文资料中一般称这种痕迹为 Scalloping。

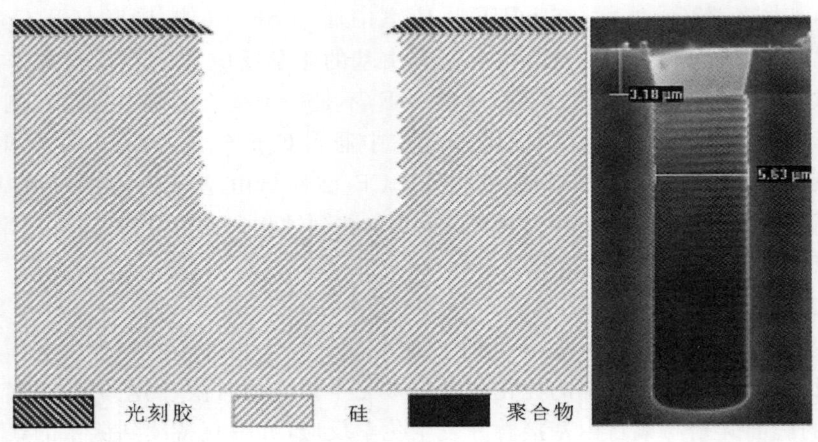

图 4.77　DRIE 刻蚀后产生的锯齿状侧壁

DRIE 工艺存在与普通 RIE 一样的微负载效应，如图 4.78 所示，开口大的刻蚀窗口和开口小的刻蚀窗口在同样时间的刻蚀中所形成沟槽的深度差别很大，英文一般称其为 DRIE Lag 效应，中文翻译为"滞后"效应。DRIE Lag 效应分为正效应和反效应两种。在正效应中，开口大的刻蚀窗口刻蚀深度比开口小的刻蚀窗口深；而在反效应中，开口小的刻蚀窗口刻蚀深度比开口的窗口刻蚀深。通过合理的设计微结构版图[15]和优化工艺参数[16]，DRIE Lag 效应是可以被消除的。

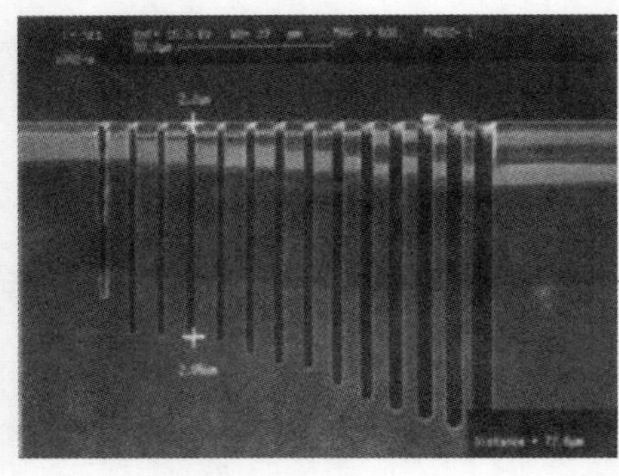

(a)

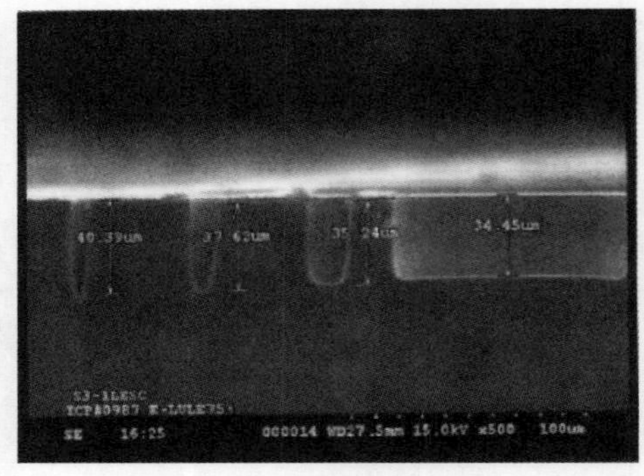

(b)

图 4.78　DRIE 工艺的负载效应

(a)正向负载效应；(b)反向负载效应

近年来，随着绝缘体上硅(Silicon On Insulator, SOI)的使用，DRIE 刻蚀中的电荷积聚效应(Charging Effect)也被广泛地关注和研究。如图 4.79(a)所示，当刻蚀到达氧化硅埋层时，因为氧化硅为绝缘体，SF_x 离子积聚在槽体底部，当后续离子轰击槽底时，受到积聚电荷的排斥而改向轰击侧壁，所以导致侧壁底部被掏蚀。电荷积聚的机理现在还没有一个完美的解释，在刻蚀窗口足够大之后，这种现象就消失不见了，如图 4.79(b)所示。

以 STS 公司的 ICP－ASE 感应耦合高密度等离子刻蚀机为例，其刻蚀 20 μm 浅槽的典型工艺参数见表 4.14。表中的工艺参数对 DRIE 刻蚀结构的影响如下。

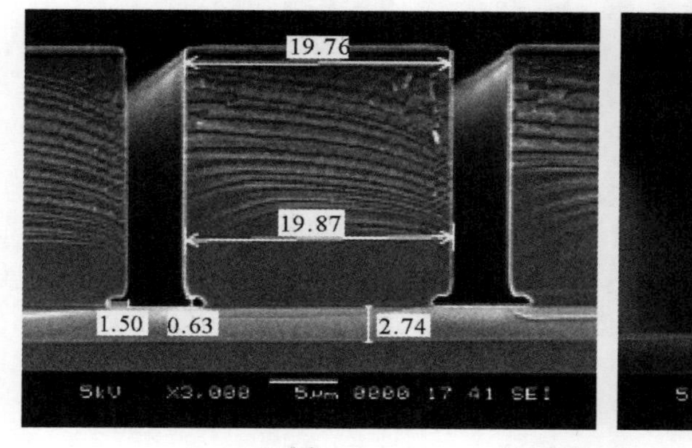

(a)

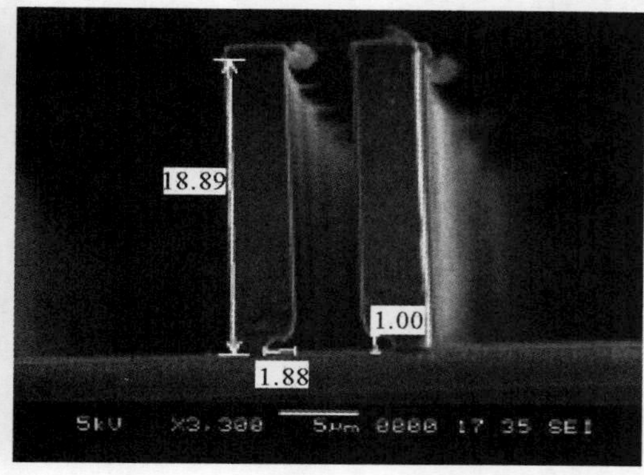

(b)

图 4.79　DRIE 工艺的电荷积聚问题(西北工业大学)

(a)电荷积聚现象；(b)电荷积聚与刻蚀窗口关系

表 4.14　DRIE 浅槽刻蚀典型工艺参数

参数(Parameter)	值(Value)	
	钝化(Passivation)	刻蚀(Etch)
Cycle time/s	5	8
C_4F_8/sccm	85	0
SF_6/sccm	0	130
O_2/sccm	0	13
Coil power/W	600	600
Platen Power/W	0	12
PC/(%)	81.8	81.8
Pressure/mT	20	34

(1)刻蚀/钝化时间比会影响侧壁的形貌，增大刻蚀/钝化时间比，侧壁形状偏向于上小下大，如图 4.80(c)所示，而减小刻蚀/钝化时间比，侧壁形状偏向于上大下小，如图 4.80(a)所示；保持刻蚀/钝化时间比不变，等比例减小刻蚀/钝化的时间，可降低侧壁锯齿状痕迹的显著程度。

(2)Platen 功率影响自偏压，进而影响离子轰击效果，功率过小，离子轰击效果不足，会产生上大下小的形状，如图 4.80(a)所示；而功率过大，离子轰击能量太高，可能会在槽底部反射，轰击在侧壁上，形成中间大、上下小的形貌，如图 4.80(b)所示。

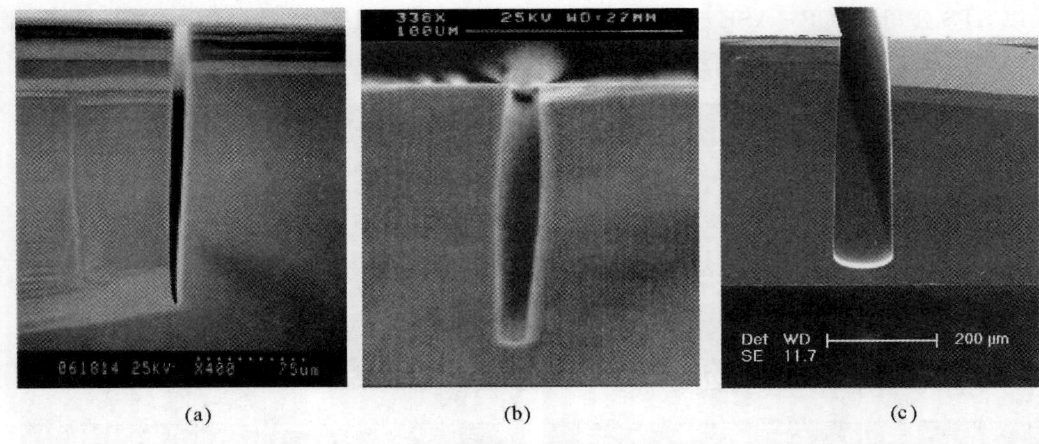

(a) (b) (c)

图 4.80 DRIE工艺的侧壁形貌

(a)上大下小结构；(b)中间大、上下小结构；(c)上小下大结构

(3)反应室压力影响气体分子的平均自由行程，压力高，离子互相碰撞过程中能量损失大，轰击作用不显著，有可能形成如图 4.80(a)所示的上大下小侧壁，同时，离子间碰撞形成的散射还有可能对侧壁腰部产生刻蚀，导致如图 4.80(b)所示的中间大、上下小的侧壁；

(4)Coil 功率，主要影响等离子体的电离率和等离子体密度，功率大则刻蚀速率高，功率小则刻蚀速率低。

总结来说，对 DRIE 刻蚀结构有作用的因素非常多，有大量的科技论文可以参考，此处不再详细介绍。

4.5 氧 化

自从早期人们发现硼、磷、砷、锑等杂质元素在二氧化硅中的扩散速度比在硅中扩散速度慢得多，二氧化硅膜就被大量用在器件生产中作选择扩散的掩膜。同时，在硅表面生长的二氧化硅膜不但能与硅有良好的附着性，而且具有稳定的化学性质和电绝缘性，用高温氧化制备的 SiO_2电阻率可高达 10^{16} Ω·cm 以上，它的本征击穿电场强度为 10^6～10^7 V/cm。不同方法制备的 SiO_2的密度在 2.0～2.3 g/cm^{3}之间，折射率在 1.43～1.47 之间。氧化层在 MEMS 制造中的应用有以下几个方面：

(1)器件保护和隔离。硅表面上生长的二氧化硅可以作为一种有效的阻挡层，用来隔离和保护硅内的灵敏器件。这是因为 SiO_2是种坚硬和无孔(致密)的材料，可以用来有效隔离硅表面的有源器件。坚硬的 SiO_2层将保护硅片免受在制造工艺中可能发生的划伤和损害。

(2)表面钝化。热生长 SiO_2的一个优点是可以束缚硅的悬挂键，从而降低它的表面态密度，这种效果称为表面钝化，它能防止电性能退化并减少由潮湿、离子或其他外部玷污物引起的漏电流通路。用氧化层做 Si 表面钝化层的要素是氧化层的厚度，必须有足够的氧化层厚度以防止由于硅表面电荷积累引起的金属层充电。

(3)栅氧电介质。对于 MOS 技术中常用的重要栅氧结构，用极薄的氧化层做介质材料。因为 SiO_2具有高的击穿场强和高的电阻率，所以其下的硅具有高质量和高稳定性的特点。

(4)掺杂阻挡。SiO_2可作为硅表面选择性掺杂的有效阻挡层。一旦硅表面形成氧化层，那么将掩膜透光处的 SiO_2 刻蚀，形成窗口，掺杂材料可以通过此窗口进入硅片。在没有窗口的地方，氧化物可以保护硅表面，避免杂质扩散，从而实现了选择性杂质注入。与硅相比，掺杂物在 SiO_2 中的扩散速率慢，因此只需要薄氧化层即可阻挡掺杂物（这种扩散速率主要依赖于温度）。

（5）金属层间的介质层。二氧化硅不能导电，它是微芯片金属层间有效的绝缘体。SiO_2 能防止上层金属和下层金属间短路。

常用的二氧化硅膜生长方法有热生长法、化学气相沉积法、阴极溅射法、HF－HNO_3 气相钝化法、真空蒸汽法、外延生长法、阳极氧化法等。其中，热氧化技术可以产生最少数量的表面缺陷而获得最干净的氧化层。硅热氧化过程中，氧气与硅反应生成二氧化硅，在这个过程中，硅存在一定的消耗，每生长 1 个单位的二氧化硅，要消耗掉 0.46 个单位的硅，如图 4.81 所示。

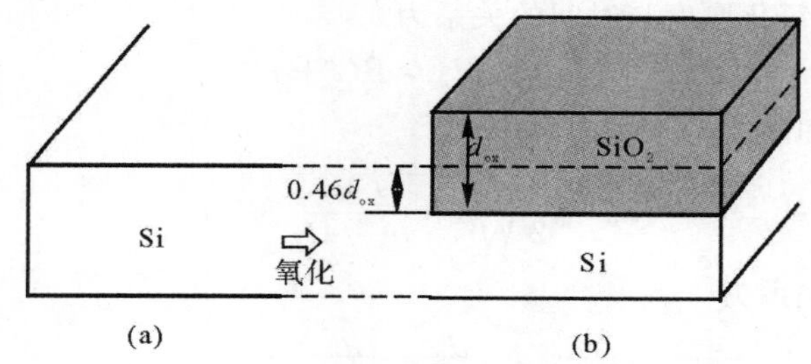

图 4.81　硅热氧化厚度变化示意图

4.5.1　氧化设备

典型的卧式氧化炉结构如图 4.82 所示。

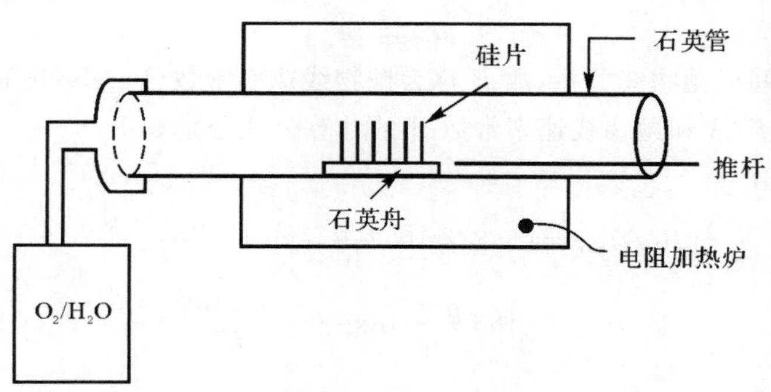

图 4.82　硅热氧化系统设备结构示意图

氧化炉是常压设备，硅片放置在石英舟上，使用石英推杆从炉口位置将石英舟推入石英管的恒温加热区。氧化气体从石英管尾部进入，从炉口排出。可以使用的氧化气体有 3 种：

（1）干氧。使用干燥的高纯氧气进行氧化，得到的氧化层致密无孔，但是当形成一定厚度的氧化层后，由于氧气在二氧化硅中的透过速度非常低，导致后续的氧化速率很低，不适合制备较厚的氧化层。

（2）湿氧。以高纯氧为携带气，将高纯氧通过温度为 98℃ 的水瓶，水瓶中放置去离子水，接近沸腾状态的水产生大量水汽，随氧气进入石英管，因为水在二氧化硅中的透过性高，很容易穿过已经形成的二氧化硅到达硅表面，在硅表面分解，生成氧气和氢气，氧气与硅反应生成二氧化硅,氢气则被吸附在生成的二氧化硅中,成为气泡缺陷。这种氧化方法速率高,缺点是存在气泡缺陷,不够致密。

(3)氢氧合成。同时在炉管中通入一定比例的氢气和氧气,在高温下反应生成水,之后的反应类似湿氧氧化。这种方法因为使用易爆的氢气,存在危险性。

4.5.2 Deal-Grove 氧化模型

硅氧化层的热生长动力学已被深入研究多年,Deal 和 Grove 在 20 世纪 60 年代初期提出的线性抛物线生长动力学模型,迄今仍被广泛使用。根据 Deal Grove 模型,当氧化温度介于 700~1 300℃,炉膛压力为 $0.2\times10^5\sim1\times10^5$ Pa 之间,氧化厚度介于 30~2 000 nm 之间的湿法氧化和干法氧化,其氧化厚度与时间的关系为

$$d_0+Ad_0=B(t+\tau) \tag{4.19}$$

求解可得氧化层厚度和时间的关系为

$$d_0=\frac{A}{2}\left(\sqrt{1+\frac{t+\tau}{A^2/4B}}-1\right) \tag{4.20}$$

时间和氧化层厚度的关系为

$$t=\frac{d_0^2}{B}+\frac{d_0}{B/A} \tag{4.21}$$

当氧化时间较短,满足:$t+\tau\ll A^2/4B$ 时,有

$$d_0\cong(B/A)(t+\tau) \tag{4.22}$$

即氧化层厚度与时间成线性关系,故 B/A 称为线性速率常数(Linear Rate Constant);如果满足 $t\gg\tau\ \&\ t\gg A^2/4B$,则有

$$d_0^2\cong Bt \tag{4.23}$$

即氧化层厚度与时间成抛物线关系,故 B 称为抛物线速率常数(Parabolic Rate Constant)。

线性速率常数 B/A 和抛物线速率常数 B 的计算公式分别如下。

(1)湿法氧化,有

$$(B/A)_{\text{wet}}=(5.8\times10^7\ \frac{\mu\text{m}}{\text{h}})\exp\left(-\frac{1.93\text{eV}}{kT}\right) \tag{4.24}$$

$$B_{\text{wet}}=(188\ \frac{\mu\text{m}^2}{\text{h}})\exp\left(-\frac{0.71\text{eV}}{kT}\right) \tag{4.25}$$

(2)干法氧化,有

$$(B/A)_{\text{dry}}=(7.8\times10^6\ \frac{\mu\text{m}}{\text{h}})\exp\left(-\frac{2.01\text{eV}}{kT}\right) \tag{4.26}$$

$$B_{\text{dry}}=(665\ \frac{\mu\text{m}^2}{\text{h}})\exp\left(-\frac{1.21\text{eV}}{kT}\right) \tag{4.27}$$

式中,k 为常数,大小为 $k=8.617\times10^{-5}$ eV/K,K 为绝对温度(Degrees Kelvin),计算的时候注意要把摄氏温度(Degrees Celsius)换算为绝对温度,即 $T_{\text{k}}=T_{\text{c}}+273.15$。诸多参考书籍给出了一定温度下对应的速率常数,表 4.15 是湿法氧化的速率常数,表 4.16 是干法氧化的速率常数。值得注意的是,采用式(4.24)~式(4.27)计算得到的速率常数和表中所列稍有差异。同时,对于每台氧化炉,其速率常数存在差异,不能完全依赖公式,需要针对不同的氧化炉,经过多次实验之后,在公式计算的结果上进行修正,这样才能准确预测氧化厚度。

表 4.15　湿法氧化速率常数

温度/℃	$A/\mu m$	$B/(\mu m^2 \cdot h^{-1})$	$B/A/(\mu m \cdot h^{-1})$	τ/h
1200	0.05	0.720	14.40	0
1100	0.11	0.510	4.64	0
1000	0.226	0.287	1.27	0
920	0.50	0.203	0.406	0

表 4.16　干法氧化速率常数

温度/℃	$A/\mu m$	$B/(\mu m^2 \cdot h^{-1})$	$B/A/(\mu m \cdot h^{-1})$	τ/h
1200	0.040	0.045	1.12	0.027
1100	0.090	0.027	0.30	0.076
1000	0.165	0.0117	0.071	0.37
920	0.235	0.0049	0.0208	1.40

4.6　掺　杂

本征半导体中载流子数目极少，导电能力很低。但如果在其中掺入微量的杂质，所形成的杂质半导体的导电性能将大大增强。由于掺入的杂质不同，杂质半导体可以分为 n 型和 p 型两大类。n 型半导体中掺入的杂质为磷或其他五价元素（可贡献出一个外层电子，又称为施主），磷原子在取代原晶体结构中的原子并构成共价键时，多余的第五个价电子很容易摆脱磷原子核的束缚而成为自由电子，于是半导体中的自由电子数目大量增加，自由电子成为多数载流子，空穴则成为少数载流子。p 型半导体中掺入的杂质为硼或其他三价元素（需要一个外层电子，又称为受主），硼原子在取代原晶体结构中的原子并构成共价键时，将因缺少一个价电子而形成一个空穴，于是半导体中的空穴数目大量增加，空穴成为多数载流子，而自由电子则成为少数载流子。所谓掺杂（Doping）就是将可控数量的所需杂质掺入到衬底的特定区域内，从而改变衬底的电学特性。扩散（Diffusion）和注入（Implantation）是两种主要的掺杂方法。对硅来讲，硼是常用的 p 型掺杂源，砷和磷是常用的 n 型掺杂源。这三种杂质源在800～1 200℃的温度下，在硅中的固溶度都超过了 $5\times10^{20}/cm^3$。

4.6.1　热扩散掺杂

因为施主或受主杂质原子的半径一般都比较大，它们直接进入衬底晶格的间隙中去是很困难的，只有当晶体中出现晶格空位时，杂质原子才有可能进去占据这些空位，并从而进入晶体。为了让晶体中产生出大量的晶格空位，可以对晶体加热，让晶体原子的热运动加剧，以使得某些原子获得足够高的能量而离开晶格位置，留下空位（与此同时也产生出等量的间隙原子，空位和间隙原子统称为热缺陷）。杂质原子的扩散系数随着温度的升高而呈指数式增大。对于硅晶体，要在其中形成大量的空位，所需要的温度为 1 000℃左右，这也就是热扩散的温度。热扩散有两种机理（见图 4.83）：

(1)当相邻的衬底原子或杂质原子迁移到空位位置时，称这样的扩散为空位扩散。

(2)如果一个间隙原子从一处运动到另外一处而未占据晶格位置，称这种扩散为间隙扩散。

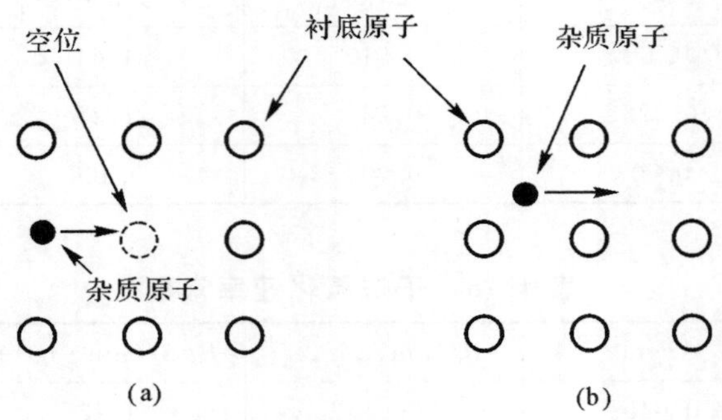

图 4.83　两种扩散机理示意图

(a)空位扩散；(b)间隙扩散

一般情况下，硼、磷、砷和锑等物质的扩散是空位式扩散，而金、银、铜和铁等重金属杂质的扩散则是间隙扩散。常用的扩散方法有固态源扩散(使用 BN，As_2O_3 和 P_2O_5 固态源片)，液态源扩散(使用 BBr_3，$AsCl_3$ 和 $POCl_3$ 液态源)，乳胶源扩散(掺杂硼、磷和砷等的二氧化硅乳胶)和气态源扩散(使用 B_2H_6，AsH_3 和 PH_3)。

(1)气态源扩散。气态杂质源是最常用的，其优点是气瓶运输方便、气体纯度高、污染少；缺点是多数杂质气体有毒或剧毒，使用时需要非常小心。在通入杂质气体的同时，会用氮气稀释及与氧气反应形成含有杂质的氧化层充当杂质源。目前这种做法已经被应用于深亚微米器件的超浅节上，利用扩散热退火，将含在氧化层内的杂质扩散进硅衬底内，可以达到 30 nm 的超浅节面。扩散设备原理图如图 4.84(a)所示，其反应式如下。硼扩散，有

$$B_2H_6+3O_2 \xrightarrow{\Delta} B_2O_3+3H_2O \tag{4.28}$$

$$B_2H_6+6CO_2 \xrightarrow{\Delta} B_2O_3+3H_2O+6CO \tag{4.29}$$

$$2B_2O_3+3Si \xrightarrow{\Delta} 3SiO_2+4B\downarrow \tag{4.30}$$

磷扩散，有

$$2PH_3+4O_2 \xrightarrow{\Delta} P_2O_5+3H_2O \tag{4.31}$$

$$2P_2O_5+5Si \xrightarrow{\Delta} 5SiO_2+4P\downarrow \tag{4.32}$$

(2)液态源扩散。优点是设备简单，操作方便，工艺较成熟；扩散均匀性、重复性较好，p-n结均匀平整；成本低，生产效率高。缺点是扩散温度高，表面浓度不便于做大范围调节；污染较大。液态源扩散在各种器件，特别是高浓度磷扩散场合有应用。扩散设备原理图如图 4.84(b)所示，其反应式如下。硼扩散，有

$$4BBr_3+3O_2 \xrightarrow{\Delta} 2B_2O_3+6Br_2 \tag{4.33}$$

$$2B_2O_3+3Si \xrightarrow{\Delta} 3SiO_2+4B\downarrow \tag{4.34}$$

磷扩散，有

$$4POCl_3+3O_2 \xrightarrow{\Delta} 2P_2O_5+6Cl_2\uparrow \tag{4.35}$$

$$2P_2O_5 + 5Si \xrightarrow{\Delta} 5SiO_2 + 4P\downarrow \tag{4.36}$$

(3)固态源扩散。优点是扩散温度较低,操作简便,不需要盛源容器和携源系统,易于大批量生产;扩散的均匀性、重复性和表面质量都较好,其扩散结果不受气体流量的影响;无毒气影响。缺点是源片受热冲击容易裂开。扩散设备原理图如图 4.84(c)所示,其反应式如下。硼扩散,有

$$4BN + 3O_2 \xrightarrow{\Delta} 2B_2O_3 + 2N_2\uparrow \tag{4.37}$$

$$2B_2O_3 + 3Si \xrightarrow{\Delta} 3SiO_2 + 4B\downarrow \tag{4.38}$$

磷扩散,有

$$Al(PO_3)_3 + 3O_2 \xrightarrow{\Delta} AlPO_4 + P_2O_5 \tag{4.39}$$

$$SiP_2O_7 \xrightarrow{\Delta} SiO_2 + P_2O_5 \tag{4.40}$$

$$2P_2O_5 + 5Si \xrightarrow{\Delta} 5SiO_2 + 4P\downarrow \tag{4.41}$$

(4)乳胶源扩散。优点是沉积掺杂层温度低,可掺杂的元素多,晶格缺陷少,表面状态好,一步扩散即能达到所需的表面浓度和结深,表面浓度可控范围宽,能在低于固溶度的表面浓度下扩散,可用于非硅器件等。缺点是源不易存放过久,否则会有二氧化硅颗粒析出,扩散设备原理图如图 4.84(d)所示。

(5)其他方法。如 CVD 掺杂二氧化硅源扩散,其优点是沉积掺杂层温度低,晶格缺陷少,表面状态好,一步扩散即能达到所需的表面浓度和结深,表面浓度可控范围宽,能在低于固溶度下扩散,p－n 结平整;缺点是高浓度扩散时,表面质量稍差,多次扩散表面形成较高的台阶。它主要应用在其他扩散方法不易控制的高或低表面浓度,特别是表面浓度要求严格的器件或扩散层。

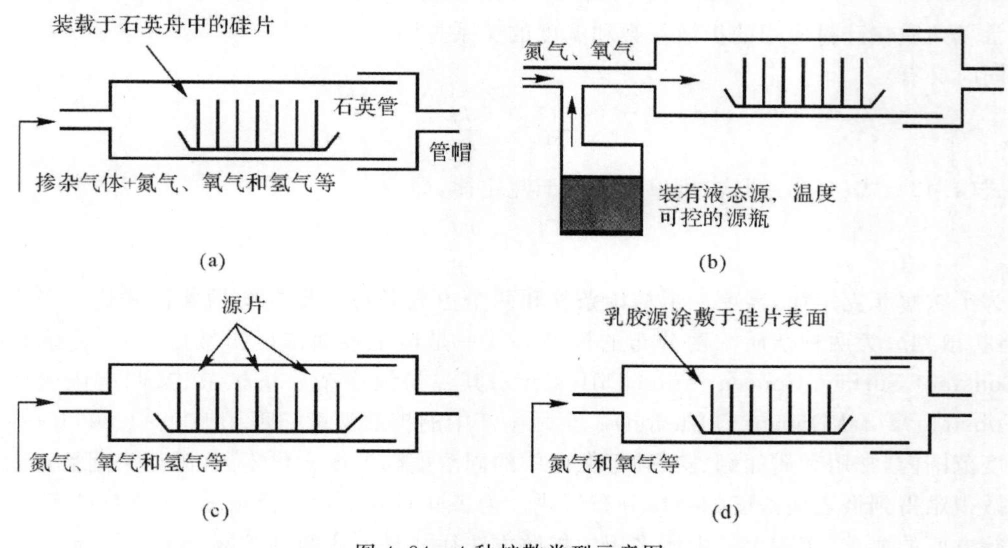

图 4.84　4 种扩散类型示意图

(a)气态源扩散；(b)液态源扩散；(c)固态源扩散；(d)乳胶源扩散

扩散运动是一种微观粒子的热运动,只有当存在浓度梯度时,这种热运动才能形成。扩散运动其实是十分复杂的运动,只有当杂质浓度和位错密度低时,扩散运动才可以用恒定扩散率

情况下的菲克扩散定律(Fick's Law)来描述为

$$J=-D\frac{\partial C(x,t)}{\partial x} \tag{4.42}$$

式中,J 是单位时间内杂质原子通过单位面积的扩散量(The Flux of Dopant Atoms Traversing through A Unit Area in A Unit Time);$\frac{\partial C(x,t)}{\partial x}$ 是掺杂浓度梯度;D 是杂质扩散系数(Diffusion Coefficient);x 是扩散深度(Diffusion Depth,在硅表面,$x=0$);t 是扩散时间;负号表示扩散方向与浓度增加方向相反,即沿着浓度下降的方向。其中,扩散系数既可以查得,又可以采用下式计算,即

$$D=D_0\mathrm{e}^{-\frac{E_a}{kT}} \tag{4.43}$$

式中,D_0 是本征扩散系数或本征扩散率(Intrinsic Diffusivity);T 是绝对温度;k 是玻尔兹曼常数,为 $1.380\,658\times10^{-23}$ J/K 或 $8.617\,385\times10^{-5}$ eV/K;E_a 是阿列纽斯激活能(Arrhenius Activation Energy)。对于间隙扩散,E_a 一般是 0.5～1.5 eV;对于替位扩散,E_a 一般是 3～5 eV。硼、磷和砷的本征扩散系数见表 4.17。因为扩散的机理至今没有一个精确的理论解释,不同参考书籍中给出的扩散系数也有差异,所以此处只给出符合本征扩散条件下的本征扩散系数和激活能,关于非本征扩散,此处不给予介绍。

表 4.17　常见杂质的本征扩散系数和激活能

	B	P	As	Sb
$D_0/(\mathrm{cm^2\cdot s^{-1}})$	0.76	3.85	22.9	0.214
E /eV	3.46	3.66	4.1	3.65

常见杂质在硅衬底中的扩散系数和温度的关系见图 4.85。

同时又有

$$\frac{\partial C}{\partial t}=-\frac{\partial J}{\partial x} \tag{4.44}$$

联立式(4.43)、式(4.44)两式,可以推导出菲克定律,即

$$\frac{\partial C}{\partial t}=D\frac{\partial^2 C}{\partial x^2} \tag{4.45}$$

为了求解菲克定律,需要一个初始条件和两个边界条件。根据初始条件和边界条件的不同,将扩散划分为两种杂质浓度分布的模型。其一是恒定表面浓度扩散(又叫恒定表面源扩散,Constant Surface Concentration Diffusion);其二是恒定杂质量扩散(又叫有限表面源扩散,Constant Total Dopant Diffusion)。实际生产中的扩散温度一般为 900～1 200℃,在这样的温度范围内,常用杂质如硼、磷、砷等在硅中的固溶度随温度变化不大,因而采用恒定表面浓度扩散很难得到低表面浓度的杂质分布形式。为了同时满足对表面浓度、杂质数量、结深以及梯度等方面的要求,实际生长中所采用的扩散方法往往是上述两种扩散方法的结合,也就是将扩散过程分为两大步完成,称为"两步扩散"。第一步叫作预沉积,属于恒定表面浓度扩散;第二步叫作再分布(或叫"推进"),属于恒定杂质量扩散。预沉积是在较低的温度下,采用恒定表面浓度扩散方式,在硅片表面扩散一层数量一定、按余误差函数形式分布的杂质,由于温度较低,且时间短,杂质扩散得很浅,可认为杂质是均匀分布在一薄层内,其目的是为了控制扩散杂

质的数量。再分布是将由预沉积引入的杂质作为扩散源，在较高温度下进行扩散。扩散的同时也进行氧化，其目的是为了控制表面浓度和扩散深度。在这一扩散中，杂质数量一定，只是在较高的温度下重新分布。

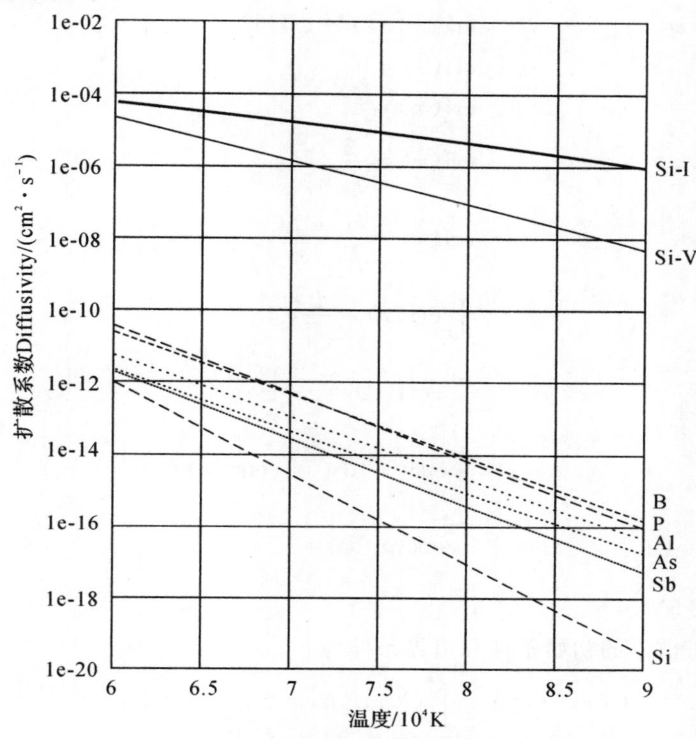

图 4.85　常见杂质在硅中的扩散系数和温度的关系

1. *恒定表面浓度扩散*

恒定表面浓度扩散下的初始条件和边界条件为

$$C(x,0)=0,\ C(0,t)=C_s,\quad C(\infty,t)=0$$

式中，C_s 是表面浓度，初始条件即 $t=0$ 时刻，任意深度的掺杂浓度为 0。其边界条件为

(1)扩散开始后，任意时间硅片表面的浓度都是恒定的，为 C_s；

(2)扩散开始后，任意时间硅片内部远离表面的浓度都是 0。

此条件下对菲克定律进行求解，得到掺杂浓度分布的表达形式为

$$C(x,t)=C_s\operatorname{erfc}\left\{\frac{x}{2\sqrt{Dt}}\right\} \tag{4.46}$$

式中，erfc 表示余误差函数，$\sqrt{Dt}$ 是扩散长度(Diffusion Length)。通常硼和磷的预沉积、隐埋扩散和隔离扩散的预沉积，都属于此类函数分布。单位面积上沉积于硅片表面的杂质总量为

$$Q(t)=2C_s\sqrt{\frac{Dt}{\pi}}\cong 1.33C_s\sqrt{Dt} \tag{4.47}$$

掺杂浓度梯度为

$$\frac{dC}{dx}=-\frac{C_s}{\sqrt{\pi Dt}}\exp\left\{\frac{x^2}{4Dt}\right\} \tag{4.48}$$

余误差函数有以下性质：

$$\mathrm{erf}(x)=\frac{2}{\sqrt{\pi}}\int_0^x \mathrm{e}^{-y^2}\mathrm{d}y$$

$$\mathrm{erfc}(x)=1-\mathrm{erf}(x)$$

$$\mathrm{erf}(0)=0$$

$$\mathrm{erf}(\infty)=1$$

$$\mathrm{erf}(x)=\frac{2}{\sqrt{\pi}},\quad x\ll 1$$

$$\mathrm{erf}(x)=\frac{1}{\sqrt{\pi}}\frac{\mathrm{e}^{-x^2}}{x},\quad x\gg 1$$

$$\frac{\mathrm{d}}{\mathrm{d}x}\mathrm{erf}(x)=\frac{2}{\sqrt{\pi}}\mathrm{e}^{-x^2}$$

$$\frac{\mathrm{d}^2}{\mathrm{d}x^2}\mathrm{erf}(x)=-\frac{4}{\sqrt{\pi}}x\mathrm{e}^{-x^2}$$

$$\int_0^x \mathrm{erfc}(y')\mathrm{d}y'=x\mathrm{erfc}(x)+\frac{1}{\sqrt{\pi}}(1-\mathrm{e}^{-x^2})$$

$$\int_0^\infty \mathrm{erfc}(x)\mathrm{d}x=\frac{1}{\sqrt{\pi}}$$

2. 恒定杂质量扩散

恒定杂质量扩散下的初始条件和边界条件为

$$C(x,0)=0,\quad \int_0^\infty C(x,t)\mathrm{d}x=S,\quad C(\infty,t)=0$$

式中，S 是单位面积上的掺杂杂质总量(Total Dopant 或 Dose)。

在此条件下对菲克定律进行求解，可得

$$C(x,t)=\frac{S}{\sqrt{\pi Dt}}\exp\left(\frac{-x^2}{4Dt}\right) \tag{4.49}$$

符合高斯分布(Gaussian Distribution，$\frac{1}{\sigma\sqrt{2\pi}}\exp\left[\frac{-(x-\mu)^2}{2\sigma^2}\right]$)。

取扩散深度为零，可得

$$C_s(t)=\frac{S}{\sqrt{\pi Dt}} \tag{4.50}$$

即在恒定杂质量扩散中，表面浓度随着时间的增加而减小，而恒定表面浓度扩散中，表面浓度是恒定而与时间无关的。

掺杂浓度梯度是

$$\frac{\mathrm{d}C}{\mathrm{d}x}=-\frac{x}{2Dt}C(x,t) \tag{4.51}$$

浓度梯度在扩散深度为零和扩散深度为无穷大时皆为零。当扩散深度 $x=\sqrt{2Dt}$ 时，浓度梯度最大。图 4.86 给出了恒定表面浓度和恒定杂质量扩散的掺杂浓度与正交化的扩散深度的关系。图 4.87 给出了电阻率和掺杂浓度的关系。

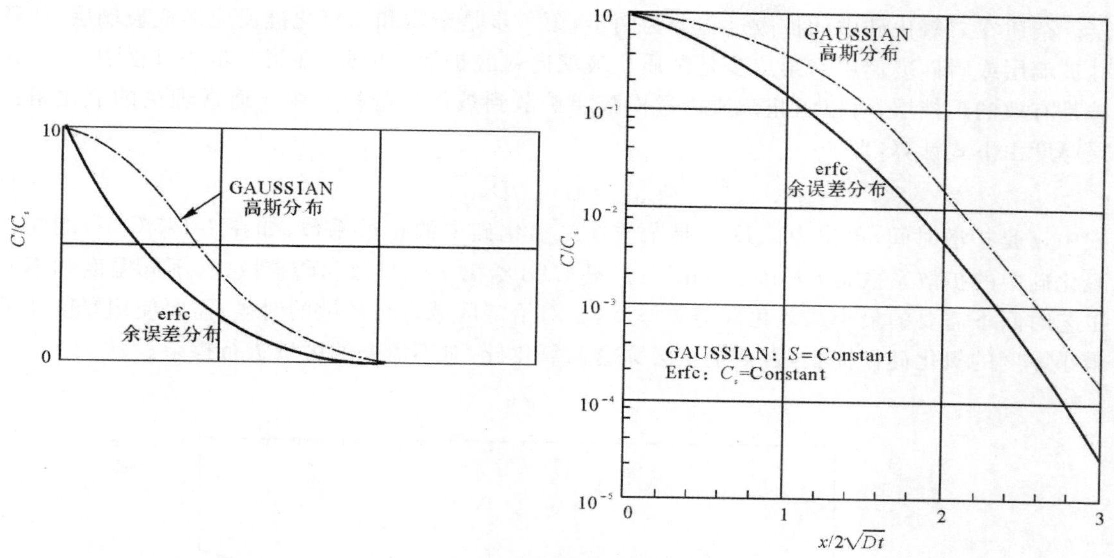

图 4.86　余误差分布和高斯分布

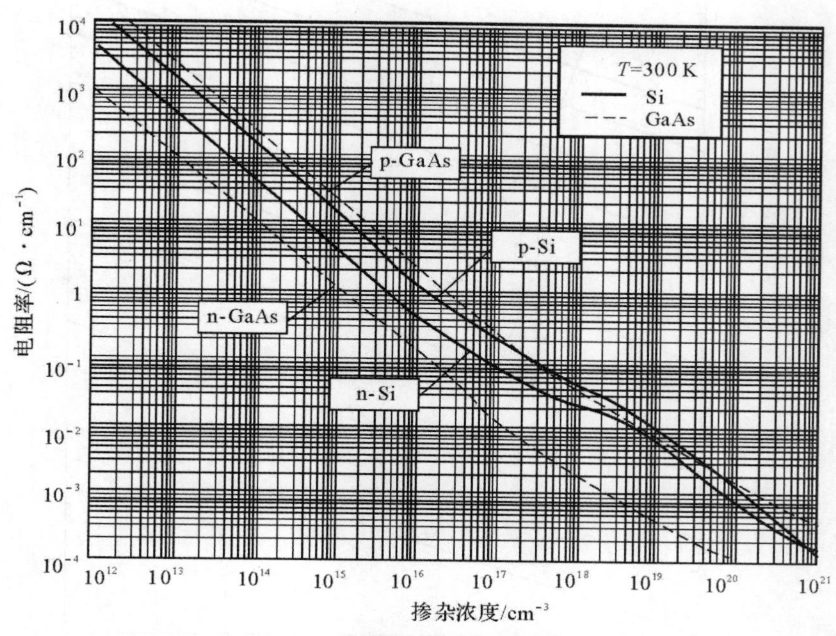

图 4.87　电阻率和掺杂浓度的关系曲线

在微电子工艺中，通常采用双步扩散工艺。首先采用恒定表面浓度扩散在衬底上于较低的温度下沉积扩散层(预沉积)，然后再采用恒定杂质量扩散在较高的温度下进行推进(再分布)。在大多数情况下，预沉积的扩散长度要远远小于推进的扩散长度，可以将预沉积后的杂质浓度分布当作是衬底表面的脉冲函数(Delta Function)。

由于掺杂元素在二氧化硅中的扩散系数都非常小，可以用二氧化硅作为有效的扩散阻挡层。杂质在二氧化硅中的扩散过程分为两步：第一步是杂质和二氧化硅反应形成玻璃层（如硼硅玻璃层或磷硅玻璃层）；第二步是杂质从玻璃向衬底扩散。因此，在第一步的过程中，二氧化硅是有效的阻挡层，可以阻止杂质透过掩蔽层扩散到被保护的衬底中。通常理论的氧化阻挡层厚度由下式计算，即

$$t_{\text{oxide}} = 4.6\sqrt{tD_{SiO_2}} \tag{4.52}$$

式中，t 是扩散时间，单位为 s；D_{SiO_2} 是杂质在二氧化硅中的扩散系数，如在 1 175℃下，硼在二氧化硅中的扩散系数是 $6\times10^{-14}\ \text{cm}^2/\text{s}$。图 4.88 给出了硼扩散和磷扩散中，不同温度和不同工艺时间下需要的最小二氧化硅掩膜厚度，在对给定区域进行扩散的时候，需要使用厚度超过最小厚度的氧化硅作掩膜，否则杂质会穿透二氧化硅，对不需要的区域进行掺杂。

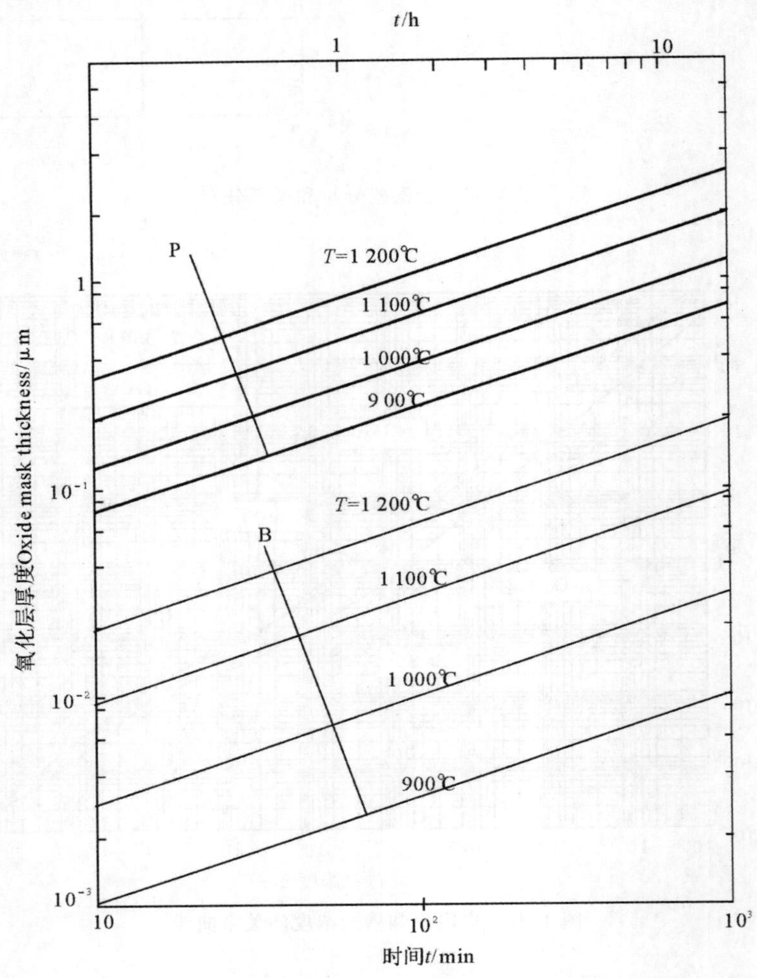

图 4.88　最小氧化层厚度与扩散时间和温度的关系

扩散并不是理想地只在深度方向进行，还会从掩蔽层的边缘横向进行。对于恒定杂质量扩散，横向扩散深度约为纵向扩散深度的 70%。扩散以后要求硅片表面光亮，扩散后常见的缺陷及其解决措施如下：

(1)表面合金点。表面合金点是常见的表面缺陷之一,产生的原因是系统内气体流量太小,或预沉积温度过高,时间过长,致使表面杂质浓度过高。因此,表面浓度不要太高,这是避免产生表面合金点的有效措施之一。

(2)表面黑点和白雾。产生这种表面缺陷主要有以下原因:

1)硅片表面有湿气或暴露在空气中时间过长。因此,环境要干燥,装片后应立即进炉,如不马上进炉,应放在通 N_2 的干燥柜中。

2)净化台清洁度不够,风速小。因此炉口要用 100 级的净化台,风速为 0.5 m/s。

3)排气口堵塞,石英管壁上白色粉末掉落到硅片表面,破坏表面状态。因此,需常用 HCl 清洗石英管(1 次/3 炉)

4)石英舟上的粉末状析出物玷污硅片,故要求每炉换一次石英舟(装片和装源的舟)。

4.6.2　离子注入掺杂

离子注入掺杂方法是将电离的杂质原子经静电场加速后射入衬底,和热扩散掺杂相比,离子注入工艺可以通过测量离子流严格控制剂量和能量,从而控制掺杂的浓度以及深度。对扩散来说,其深度方向上掺杂浓度从衬底表面到内部呈下降趋势,如图 4.89(a)所示,浓度分布主要由温度和扩散时间决定,一般用于形成深结;对注入来说,其深度方向上的掺杂浓度先上升,再下降,如图 4.89(b)所示,浓度分布主要由离子剂量、电场强度和衬底晶向决定,一般用于形成浅结。

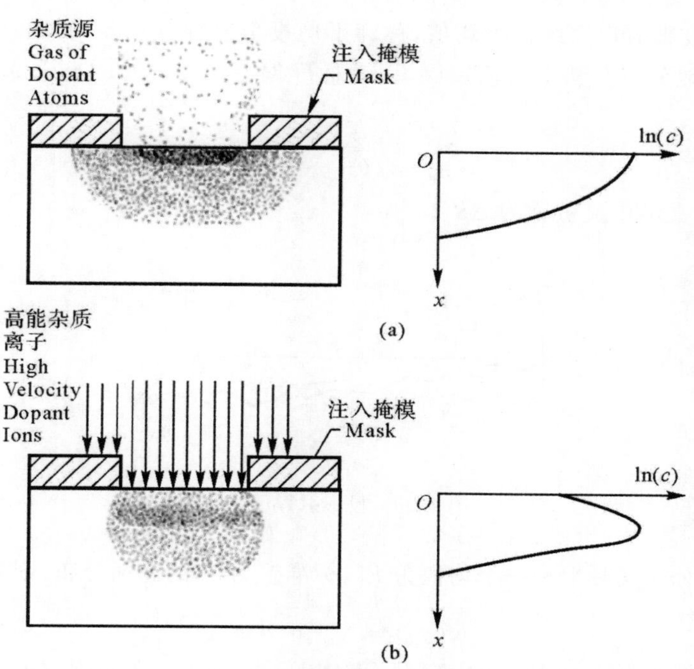

图 4.89　扩散和注入杂质的浓度分布示意图

(a)扩散浓度分布;　(b)注入浓度分布

与热扩散掺杂相比,离子注入掺杂有以下优点:

(1)可通过调节注入离子的能量和数量,精确控制掺杂的深度和浓度。特别是当需要浅

p－n结和特殊形状的杂质浓度分布时，离子注入掺杂可保证其精确度和重复性。

(2)杂质分布的横向扩展小，有利于获得精确的浅条掺杂，可提高电路的集成度和成品率。

(3)可实现大面积均匀掺杂，并可以实现较高的掺杂浓度。

(4)不受化学结合力、扩散系数和固溶度等的限制，能在任意所需的温度下进行掺杂。

(5)可达到高纯度掺杂的要求，避免有害物质进入衬底材料，因而可以提高半导体器件的性能。

然而，离子注入也存在明显的缺点：

(1)设备昂贵，单次工艺批量小。

(2)难以实现超浅结和超深结的掺杂。

(3)入射离子会导致衬底的晶格破坏，造成损伤，必须经过加温退火才能恢复晶格的完整性；同时，为了使注入杂质起到所需的施主或受主作用，也必须有一个加温的激活过程。这两种作用结合在一起，称为离子注入退火。高温退火会引起杂质的再一次扩散，从而改变原有的杂质分布，在一定程度上破坏离子注入的理想分布。

离子注入有着以上的不足之处，虽然它从 20 世纪 80 年代便被广泛应用，但仍然没有能够完全取代扩散掺杂。

在离子注入掺杂中，离子从进入靶起到静止点所通过的总路程称作射程，射程在离子入射方向投影的长度称作投影射程，以 x_p 表示，其含义如图 4.90 所示。虽然各个离子的射程不一定相同，但是所有离子的射程符合一定的统计分布。以 R 表示大量入射离子射程的统计平均值，以 R_p 表示其投影射程的统计平均值，称为平均投影射程(Projected Range)。各入射离子的投影射程分散地分布在其平均值周围，引入标准偏差(Standard Deviation)来表示 x_p 的分散情况，即

$$\sigma_p = \sqrt{\overline{(x_p - R_p)^2}} \tag{4.53}$$

标准差 σ_p 在有些文献中又被称为 ΔR_p。

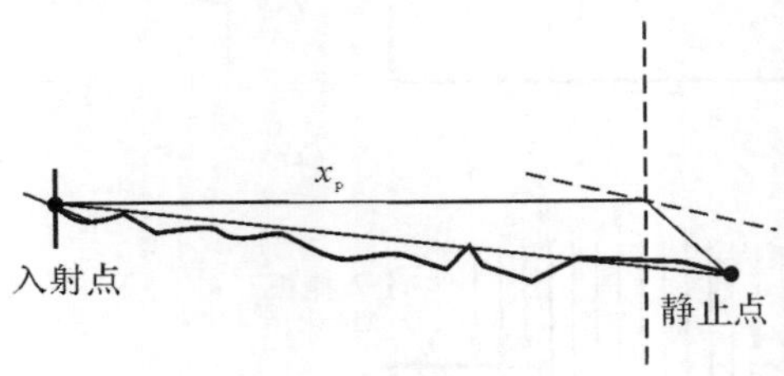

图 4.90　投影射程示意图

杂质离子的分布实际上是一个均值为 R_p，标准差为 σ_p 的高斯分布，则有

$$N(x_p) = N_{max} e^{-\frac{(x_p - R_p)^2}{2\sigma_p^2}} \tag{4.54}$$

杂质离子的空间分布如图 4.91 所示。在图 4.91 中，N_{max} 是峰值浓度(cm^{-3})，N_s 是注入剂量(cm^{-3})，有

$$N_{max} = \frac{N_s}{\sqrt{2\pi}\sigma_p} \cong \frac{0.4N_s}{\sigma_p} \tag{4.55}$$

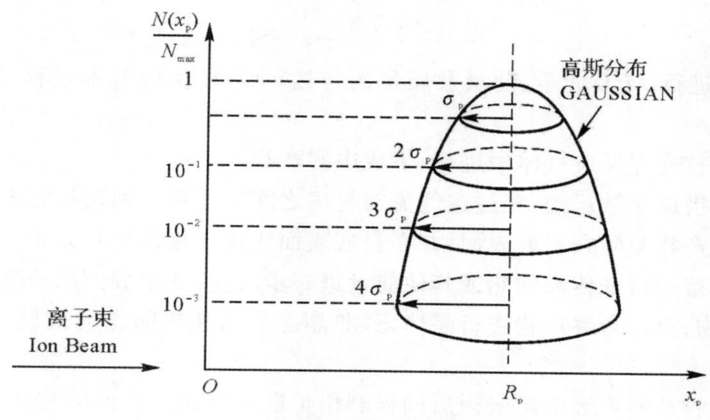

图 4.91　杂质离子的高斯空间分布

4.7　化学气相沉积

化学气相沉积(Chemical Vapor Deposition,CVD)是通过化学反应的方式,利用加热、等离子激励或者光辐射等各种能源,在反应器内使气态或者蒸汽状态的化学物质在气相或者气固界面上经化学反应形成固态薄膜的技术。常用的化学气相沉积主要分为低压化学气相沉积、等离子增强化学气相沉积、金属有机化学气相沉积和原子层沉积。

CVD 是建立在化学反应基础上的,要制备特定的薄膜材料首先要选定一个合理的沉积反应。通常有以下五种 CVD 反应类型:

(1)热分解反应。通过对衬底高温加热,使氢化物、羰基化合物和金属有机物等分解成固体薄膜和残余气体,如多晶硅和非晶硅薄膜的制备反应式如下:

$$SiH_4 \xrightarrow{650℃} Si\downarrow + 2H_2\uparrow \tag{4.56}$$

金属镍薄膜的制备反应式如下:

$$Ni(CO)_4 \xrightarrow{180℃} Ni\downarrow + 4CO\uparrow \tag{4.57}$$

(2)氧化还原反应。一般用氢气做还原性气体,在高温下对卤化物、羰基化物和卤氧化合物以及含氧化合物进行还原反应,如硅膜的同质外延,有

$$SiCl_4 + 2H_2 \xrightarrow{1\,200℃} Si\downarrow + 4HCl\uparrow \tag{4.58}$$

或是利用氧气、二氧化碳作氧化性气体在高温下对卤化物、羰基化物进行氧化反应,生成氧化物薄膜,如低温氧化硅(Low Temperature Oxide, LTO)的合成,有

$$SiH_4 + O_2 \xrightarrow{450℃} SiO_2\downarrow + 2H_2\uparrow \tag{4.59}$$

(3)化学合成反应,利用两种或多种气体进行气相化学反应,生成各种化合物薄膜,如氮化硅的制备,有

$$3SiH_4 + 4NH_3 \xrightarrow{750℃} SiN_4\downarrow + 12H_2\uparrow \tag{4.60}$$

(4)等离子增强反应,利用等离子态下活性自由基化学活性强的特点,可以在较低温度下制备各种化合物薄膜,如非晶硅的制备,有

$$SiH_4 \xrightarrow{350℃+\text{Plasma 等离子}} a-Si\downarrow + 2H_2\uparrow \tag{4.61}$$

CVD 反应的进行，涉及能量、动量及质量的传递。CVD 反应基本过程分为五个步骤，如图 4.92 所示。

(1)化学反应首先在反应气体中进行，生成中间产物。

(2)中间产物借助扩散运动，穿过主气流与衬底之间的边界层到达衬底表面。

(3)反应中间产物吸附在衬底表面，并在衬底表面快速迁移以重新分布。

(4)中间产物接受衬底传来的热或其他能量进一步反应，并生成固态的反应最终产物以及其他气态的副产物；反应最终产物进行晶体态、非晶态或其他中间态的聚集，并最终成为沉积薄膜的一部分。

(5)气态副产物从衬底表面解吸附后同样利用扩散运动通过边界层并进入主气流排出。

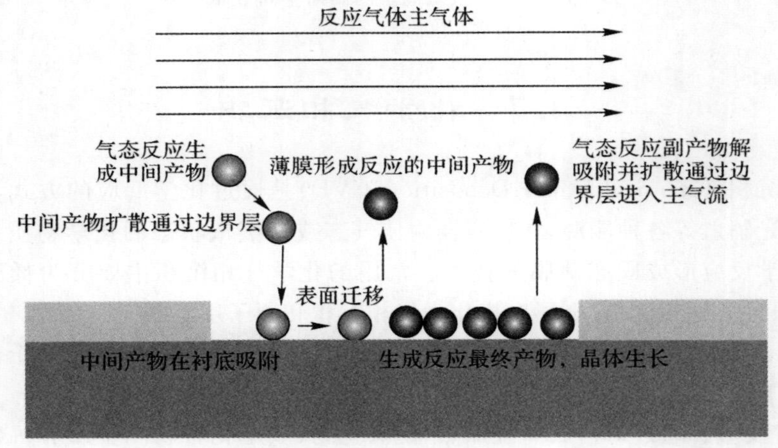

图 4.92　化学气相沉积化学反应基本过程(改编自 Hans H. Gatzen 等[25])

在采用 CVD 方法制备微结构的功能薄膜时，有晶粒尺寸、残余应力和台阶覆盖保形性(Conformality)三个重要的考核指标。

1. 晶粒尺寸

晶粒的粗大程度会影响薄膜表面的粗糙度。对于使用表面牺牲层工艺制备的微镜、光栅等光学微器件，需要使用多晶硅薄膜来充当光学反射面，表面粗糙度对光学衍射效率影响较大，需要严格控制或是通过薄膜沉积后使用化学机械抛光(Chemical Mechanical Polishing, CMP)的方法加以处理。晶粒的尺寸受到生长温度和生长厚度的影响。对 LPCVD 沉积的多晶硅薄膜来说，不同的生长温度对应不同的晶体形态，晶粒大小差别显著。当生长温度小于 590℃时，生长的硅为非晶态，没有晶粒出现，如图 4.93(a)所示，此时可得到光滑的薄膜表面；当生长温度介于 590～610℃之间时，硅为非晶和多晶之间的一种过渡态；而当温度高于 610℃时，则硅为多晶硅，如图 4.93(b)所示，此时沉积温度越高，多晶硅的晶粒就越显著。

除了生长温度，生长厚度也影响晶粒尺寸。如图 4.94 所示，在 620℃下沉积的多晶硅薄膜，当其厚度较小时，其晶粒远没有厚度较大时显著，表面质量随着沉积厚度的增加而变差。

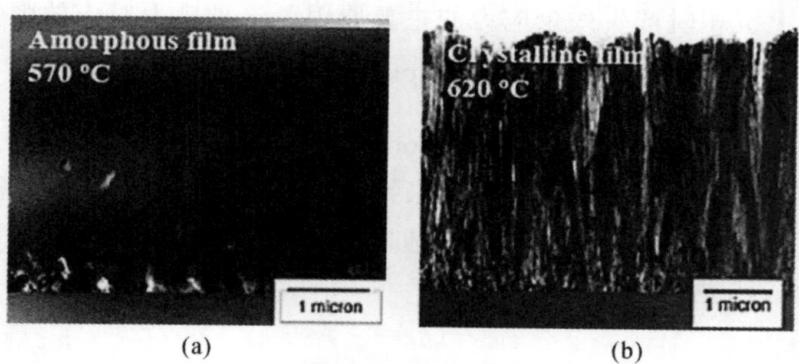

(a)　　　　(b)

图 4.93　沉积温度对晶粒大小的影响

(a)非晶态；(b)多晶态

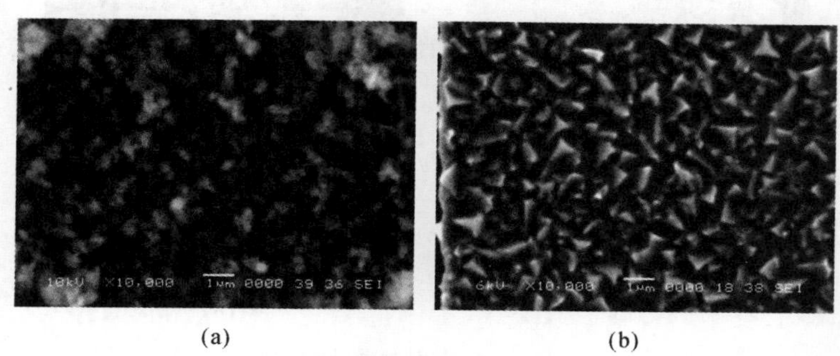

(a)　　　　(b)

图 4.94　沉积厚度对晶粒大小的影响

(a)0.5 μm；(b)2 μm

2. 残余应力

对于微结构来说，为了保证释放后的结构平整，通常希望多晶硅薄膜处于无应力状态或者为小的张应力(防止发生屈曲)。在表面牺牲层工艺中，微结构是经过先在牺牲层上形成平板或者梁，然后再腐蚀掉牺牲层而得到的。这种工艺不可缺少的步骤是在衬底上沉积薄膜，由于在沉积和退火过程中的温度变化，薄膜中不可避免地会产生残余应力。这种应力作用有时非常显著，在腐蚀牺牲层，即释放结构时会引起结构的失稳、弯曲甚至断裂，残余应力还会影响结构的工作性能，比如会改变谐振结构的共振频率，进而影响结构对外界的响应。有残余应力和无残余应力(或应力不显著)状态下微结构的状态如图 4.95 所示。

残余应力在薄膜厚度方向上是不均匀分布的，存在如图 4.96 所示的应力梯度，应力的方向向左表示压应力(Compressive Stress)，符号为负；向右表示张应力(Tensile Stress)，符号为正。图 4.96 中薄膜下表面的张应力要小于上表面，在这个应力梯度的作用下，薄膜会产生一上凹(Concave)变形。沿膜厚成梯度分布的压应力可以分解为两部分，一部分为平均应力，用 σ_0 表示，单位为 MPa，一部分是应力梯度，用 $\Delta\sigma_p$ 表示，单位为 MPa/μm。总的残余应力为

$$\sigma_{total} = \sigma_0 + \sigma_1 y,\quad y \in [-t/2, t/2] \tag{4.62}$$

总的残余应力在厚度方向(y 轴方向)上是变化的。

通常认为，薄膜中的残余应力为热应力(Extrinsic Stress)和内应力(Intrinsic Stress)两者的综合作用。热应力是由于薄膜和衬底材料热膨胀系数的差异引起的，所以也称为热失配应力。热膨胀系数是材料的固有属性，不同种类材料之间的热膨胀系数可能有很大的差异，这种

差异是薄膜在衬底上沉积时产生残余应力的主要原因。这种应力对应的弹性应变为

$$\varepsilon_{th}=\int_{T_1}^{T_2}[\alpha_f(T)-\alpha_s(T)]\,dT \tag{4.63}$$

式中，α 为热膨胀系数（Thermal Expansion Coefficient，TEC），单位是 10^{-6}/K；下标 f 代表薄膜；下标 s 代表衬底；T 表示绝对温度。热膨胀系数不是一个常数，它随着温度的变化而变化，是温度的函数。但是，在一定的温度范围内，通常认为热膨胀系数是一个常数以便于计算。对于有限的温度变化 ΔT，热应变为

$$\varepsilon_{th}=(\alpha_f-\alpha_s)\Delta T \tag{4.64}$$

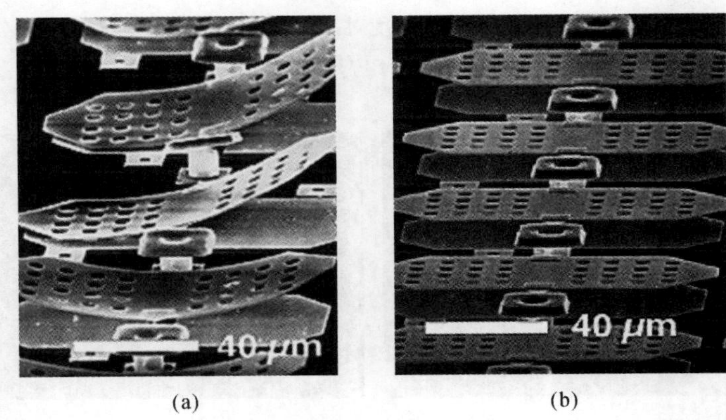

图 4.95　残余应力对微结构的影响

(a)残余应力过大；（b)残余应力较小

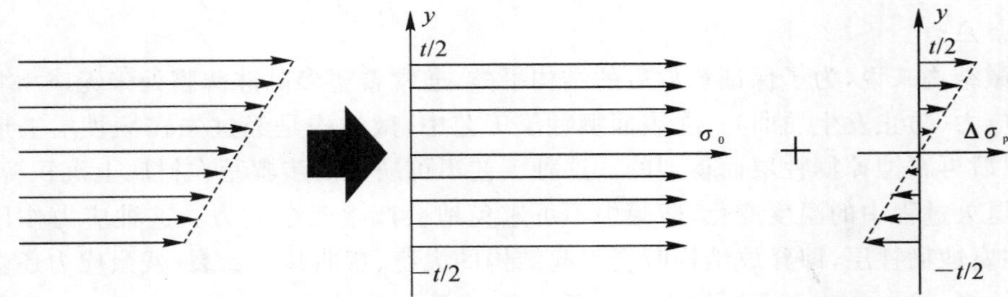

图 4.96　平均残余应力与应力梯度

内应力也称为本征应力，是在薄膜沉积过程中形成的，它的起因比较复杂，目前还没有系统的理论对此进行解释。如晶格失配、掺杂、晶格重构和相变等均会产生内应力。一般认为，内应力与特定的薄膜沉积技术及其沉积工艺参数直接相关，它是必然存在的，需要通过后续工艺来消除。

残余应力与薄膜的沉积温度关系密切，仍以 LPCVD 沉积的多晶硅为例，不同的沉积温度（实际上是不同的晶体状态）对应了不同的应力状态。如图 4.97 所示，当沉积温度小于 570℃时，薄膜上表面为压应力，下表面为张应力，薄膜呈现上凸的变形；当沉积温度介于 570～610℃之间时，薄膜上表面为大的张应力，下表面为小的张应力，薄膜呈现上凹的变形；当沉积温度高于 610℃时，薄膜上表面为小的压应力，下表面为大的压应力，薄膜仍然呈现上凹的变形。

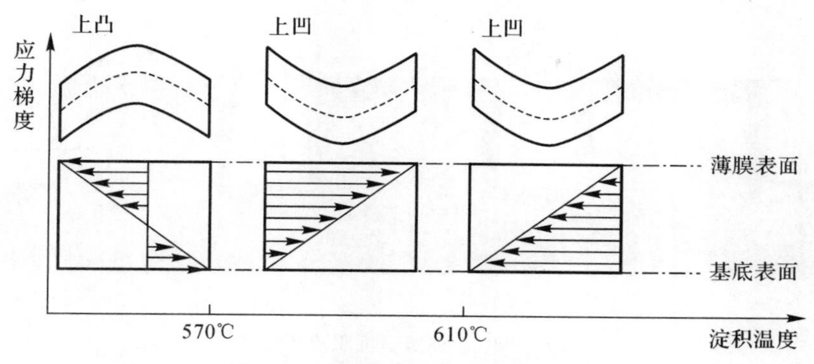

图 4.97　平均残余应力与应力梯度

3. 台阶覆盖保形性

当在薄膜沉积之前，衬底表面已经具备一定高度的三维结构时，后续沉积的薄膜沿袭这种结构的能力称为台阶覆盖保形性。图 4.98 给出了薄膜沉积时的 4 种覆盖方式。图 4.98(a)是完全共形覆盖，薄膜的沉积速率在任意方向上(沿台面、台侧壁和台阶底部)都相等，得到均匀的沉积厚度 t、采用 LPCVD 方法沉积的多晶硅、氮化硅和 TEOS 热分解制备的二氧化硅薄膜通常属于这种情况。形成共形覆盖的条件是吸附于衬底表面的反应中间产物(或反应气体分子)能在发生最终反应前沿表面快速地迁移，此时，不管表面的几何形貌如何，表面的反应中间产物浓度是均匀的，因而能获得完全均匀的厚度；在反应剂吸附后，不发生显著的表面迁移就完全反应的情况下，沉积速率将正比于气体分子的到达角 φ。图 4.98(b)为气体分子的平均自由行程比台阶尺寸大得多的台阶覆盖情况，在台阶顶的水平面上，到达角在二维平面内均为 180°，在垂直侧壁的顶点，到达角只有 90°，因而膜厚变小，沿垂直侧壁的到达角 φ 取决于台阶宽度和该点到台阶顶部的距离 x，即

$$\varphi = \arctan\frac{\omega}{x} \tag{4.65}$$

随着 x 的增加，φ 逐渐减小。因为膜厚与 φ 成正比，所以薄膜沿台阶往下逐渐减薄，并在垂直侧壁的下端达到最小值，此处

$$\varphi = \arctan\frac{\omega}{h} \tag{4.66}$$

式中，h 为台阶的高度，在台阶的下端可能会由于自掩蔽效应出现沉积不连续现象。LPCVD 工艺中使用硅烷和氧气反应制备二氧化硅属于这种情况。

当气体分子自由行程比台阶尺寸还要短而又不存在表面迁移时，台阶覆盖如图 4.98(c)所示。此时台阶顶点的到达角为 270°，覆盖特别厚；而台阶侧壁底部的到达角只有 90°，沉积很薄。当台阶窄而深时，将出现气体耗尽现象，薄膜的不均匀现象将会更加严重。常压化学气相沉积采用硅烷和氧气反应制备二氧化硅属于这种情况。为了简化非共形覆盖的建模问题，此处假设了一种如图 4.98(d)所示的部分共形覆盖对非共形覆盖进行近似，假设衬底上台阶的拐角是尖的，侧壁是竖直的，台阶上表面法线方向上和侧壁法线方向上各自对应的沉积速率是均匀的，沉积之后的厚度分别为 t 和 ct，其中 c 是共形系数，取值范围为 $0 \leqslant c \leqslant 1$。除了在高深宽比的台阶中台阶侧壁的薄膜沉积厚度沿 x 方向会有明显的变化外，这种假设一般都成立。共形系数是衡量台阶覆盖共形性好坏的指标，c 越大，共形性越好，反之则越差。

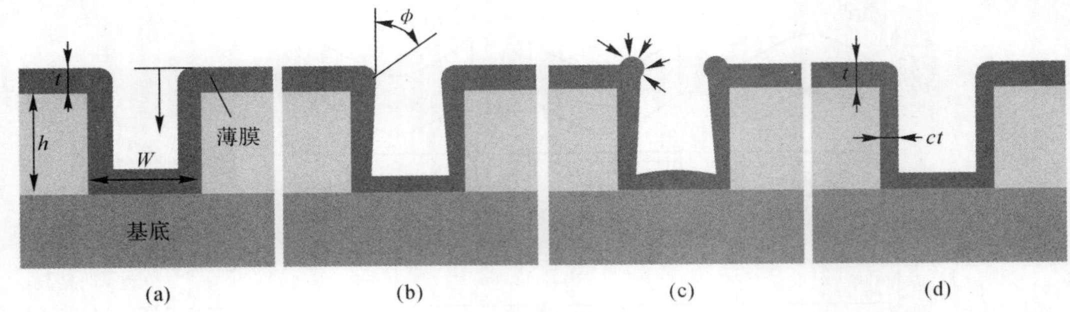

图 4.98 4 种薄膜沉积覆盖方式

(a)快速表面迁移形成的共形覆盖；(b)无表面迁移，长自由行程时的非共形覆盖；(c)无表面迁移，短自由行程时的非共形覆盖；(d)部分共形覆盖

目前存在两种方法求解 CVD 工艺中台阶覆盖之后的表面形貌：一种是建立 CVD 工艺的物理模型，综合考虑反应剂从气体到衬底表面的空间扩散，反应剂分子在衬底表面的迁移，反应剂分子的反应，反应副产物脱离衬底表面的空间扩散和衬底上台阶的深宽比等因素进行物理仿真，这种方法获得了相当广泛的研究，但是由于涉及对 CVD 工艺的物理建模，求解过程比较复杂；另外一种是纯几何方法，是根据工艺经验确定共形系数 c 及台阶覆盖后与共形系数相关的表面形貌解析表达式。第二种方法相对简单，能够比较精确地反映台阶覆盖之后的表面形貌。

由于多晶硅沉积呈现出高的共形性，其共形系数 c 约为 1；二氧化硅或磷硅酸玻璃(PhosphoSilicate Glass，PSG)的共形系数是工艺条件和特征尺寸的函数：

(1)TEOS 热分解 LPCVD 工艺制备的二氧化硅，具有良好的共形性，其共形系数设定为 1。

(2)对于采用硅烷和氧气 LPCVD 沉积生成二氧化硅的工艺来说，孤立的线条或者大特征边缘台阶覆盖的共形系数为 55%，而更窄台阶(约 2 μm)的共形系数为 35%～40%。共形系数不是一个常数，但是，由于共形系数 10%的变化仅仅会导致表面形貌 1%～2%的变化，影响不是很大，可假设硅烷和氧气 LPCVD 沉积制备的二氧化硅的共形系数为常数，大小为 0.4。

台阶覆盖保形性的好坏会影响到微器件的性能，如图 4.99 所示。在使用薄膜材料对沟槽进行填充时，如果保形性不好，台阶的顶端会过早封闭，导致填充材料中出现孔隙。但是，有的时候也利用这种不好的保形性实现圆片级封装(Wafer Level Packaging)，如图 4.100 所示。

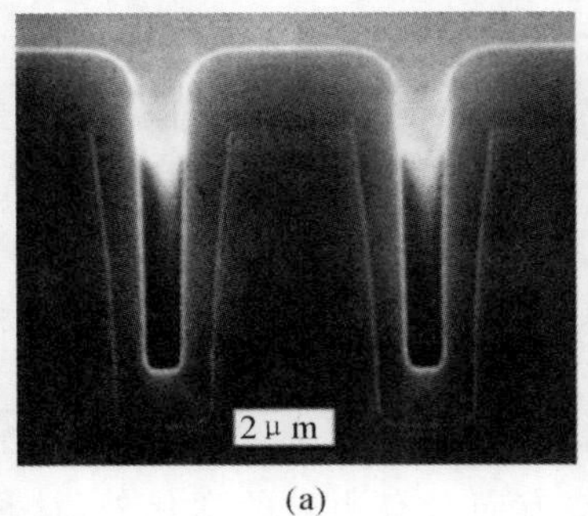

(a)

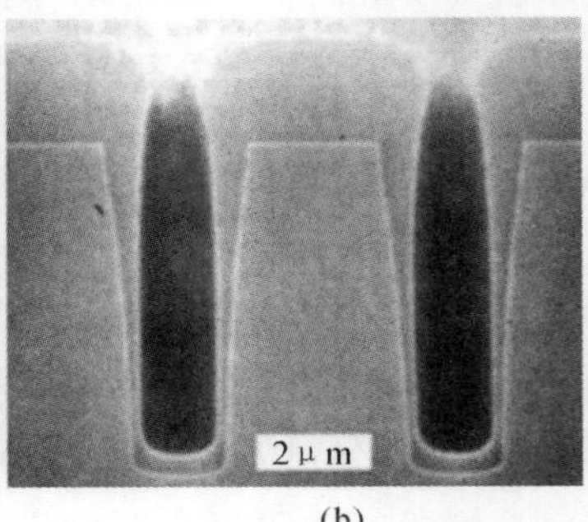

(b)

图 4.99 台阶覆盖保形性

(a)好；(b)不好

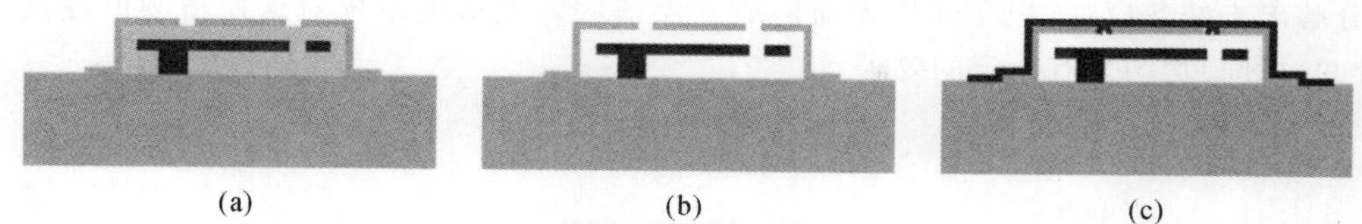

图 4.100　利用非保形覆盖实现圆片级气密封装

(a)气密层上开释放孔；(b)释放液通过释放孔进入，腐蚀掉牺牲层材料以释放可动结构；

(c)沉积薄膜，通过薄膜的非保形覆盖重新封闭释放孔

除了以上 3 个指标以外，CVD 沉积还有沉积速率、膜厚均匀性、黏附性、薄膜组分、掺杂浓度、缺陷密度(针孔、杂质等)和机械性能(弹性模量、疲劳强度、断裂强度等)等其他的考核指标，本书不再一一介绍。

MEMS 制造过程中常用的化学气相沉积技术主要有以下四种：低压化学气相沉积(Low Pressure Chemical Vapor Deposition，LPCVD)、等离子增强化学气相沉积(Plasma Enhanced Chemical Vapor Deposition，PECVD)、金属有机化学气相沉积(Metal－Organic Chemical Vapor Deposition，MOCVD)、原子层沉积(Atomic Layer Deposition，ALD)。以下各节内容将从其工艺原理、工艺设备、工艺应用三个方面进行详细介绍。

4.7.1　低压化学气相沉积 LPCVD

1. 低压化学气相沉积工艺原理

LPCVD 工艺是将反应气体在反应腔内进行沉积反应时的操作压力降低到大约 133 Pa 以下的一种 CVD 反应。这种情况下，分子的自由程与气体扩散系数增大，使气态反应物和副产物的质量传输速率加快，形成薄膜的反应速率增加。LPCVD 的优点是薄膜纯度高，台阶覆盖能力极佳，批量生产能力强；缺点是反应温度高，沉积速率低。

2. 低压化学气相沉积工艺设备

LPCVD 所采用的设备是热壁管式反应器，其结构原理图如图 4.101 所示。LPCVD 是用真空泵将反应室的气压降低到 133 Pa 以下，在反应室内，硅片竖直放在石英架上且与气流方向垂直，膜的均匀性与衬底表面温度的均匀性直接相关，温度为 550～800℃，采用能精确控制炉温的电阻加热炉(控温精度为±0.5℃)，可生长出质量高、均匀性好、成本低的多晶硅膜、二氧化硅膜、氮化硅膜和磷硅玻璃等钝化膜。主要工艺流程见图 4.102。

3. 低压化学气相沉积工艺应用

LPCVD 广泛用于二氧化硅(LTO TEOS)、氮化硅(低应力)(Si_3N_4)、多晶硅(LP－POLY)、磷硅玻璃(PSG)、硼磷硅玻璃(BPSG)、掺杂多晶硅、石墨烯、碳纳米管等多种薄膜。不同的材料沉积采用不同的气体。下面就 MEMS 中常用的氧化硅、氮化硅、多晶硅薄膜进行举例说明。

(1)利用 LPCVD 工艺制备氧化硅薄膜。氧化硅薄膜主要用于介质膜(绝缘层)、光刻掩膜、牺牲层材料。LPCVD 主要采用正硅酸乙酯(英文缩写为 TEOS)的热分解原理来制备 SiO_2(二氧化硅)薄膜。沉积温度约 650～750℃，沉积速率可达 4.3 nm/min。其化学反应式为

$$Si(OC_4H_5)_4 \xrightarrow{加热} SiO_2 + 副产物 \tag{4.67}$$

分解出来的 SiO_2 沉积在硅片表面形成一层薄膜。微机电系统对这层薄膜的厚度和(片内、片间、批间)均匀性有一定的要求。

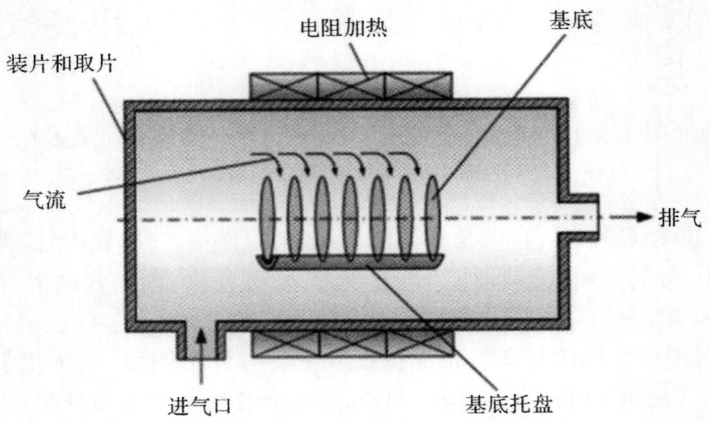

图 4.101　LPCVD 设备结构原理图(改编自 Hans H. Gatzen 等[25])

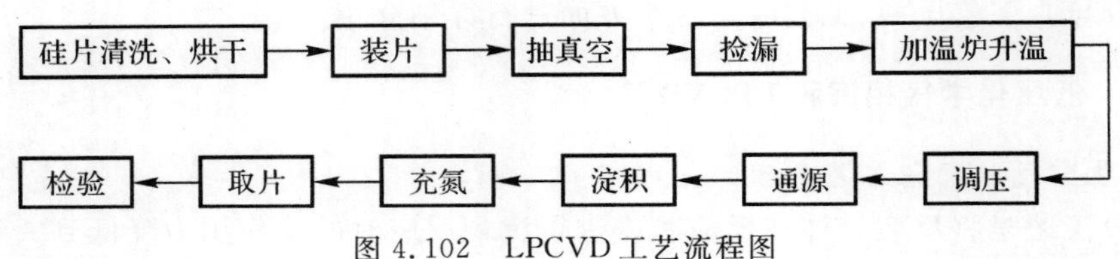

图 4.102　LPCVD 工艺流程图

(2)利用 LPCVD 工艺制备氮化硅薄膜。氮化硅薄膜主要用于电气或热绝缘层、钝化层、掩膜层、刻蚀阻止层。LPCVD 主要采用 SiH_2Cl_2 和 NH_3 化学反应原理来制备 Si_3N_4 薄膜。沉积温度 700～850℃,沉积速率约 2.3 nm/min。其化学反应式为

$$3SiH_2Cl_2 + 7NH_3 \xrightarrow{\text{加热}} Si_3N_4 \downarrow + 3NH_4Cl \uparrow + 3HCl \uparrow + 6H_2 \uparrow \tag{4.68}$$

反应生成的 Si_3N_4 沉积在硅片表面形成一层薄膜。微机电系统对 Si_3N_4 薄膜的厚度和(片内、片间、批间)均匀性有一定的要求。

(3)利用 LPCVD 工艺制备多晶硅薄膜。多晶硅薄膜主要用于门电路、大阻值电阻、局部相连、微结构器件层。LPCVD 主要采用硅烷(SiH_4)热分解原理来制备多晶硅薄膜。沉积温度 580～650℃,沉积速率可达 12.3 nm/min。其化学反应式为

$$SiH_4 \xrightarrow{\text{加热}} Si \downarrow + 2H_2 \uparrow \tag{4.69}$$

分解出的 Si 沉积在硅片表面形成一层薄膜。微机电系统对 Poly－Si 薄膜的厚度和(片内、片间、批间)均匀性有一定要求。

4.7.2　等离子增强化学气相沉积 PECVD

1.等离子增强化学气相沉积工艺原理

PECVD 是通过射频电场而产生辉光放电形成等离子体以增强反应物质的化学活性,促进气体间的化学反应,从而降低沉积温度,可在常温至 350℃条件下进行。PECVD 的优点是

均匀性和重复性好，可大面积制膜；可在较低温度下成膜；台阶覆盖优良；薄膜成分和厚度易于控制；适用范围广，设备简单，易于产业化。

通常，采用 PECVD 技术获得薄膜材料时，薄膜的生长过程主要由以下 3 个基本过程（见图 4.103）：①电子在非平衡等离子体中和反应气体先进行初级反应，促使反应气体分解，形成含有离子和活性基团的混合物；②向薄膜生长表面和管壁扩散输运这些活性基团，同时次级反应在各反应物之间伴随发生；③各种初级和次级反应产物到达生长表面，被表面吸附并与其发生反应，同时也会再释放气相生成物。

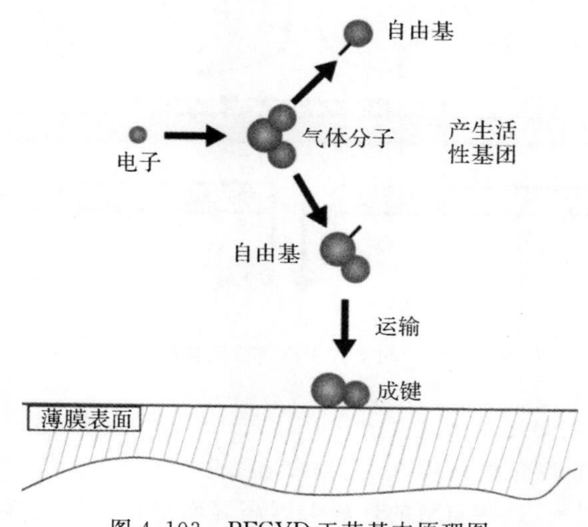

图 4.103　PECVD 工艺基本原理图

2. 等离子增强化学气相沉积工艺设备

Reinberg 在 1974 年推出了第一个商用 PECVD 反应器。图 4.104 所示为平行板反应器，属于直接式 PECVD 工艺设备，上电极连接到射频电源，并具有提供工艺气体的集成淋浴头气体入口。下电极接地，基底通过基座直接位于下电极上，基底直接接触等离子体（低频放电 10～500 kHz 或高频 13.56 MHz）。目前市场上主要使用的是 40 kHz 的频率。下电极集成的电阻单元可以加热衬底，使沉积温度达到 250～350℃。图 4.105 为间接式 PECVD 工艺设备，基底不直接接触激发电极，利用微波激发（如 2.45 GHz 微波激发），产生等离子体。

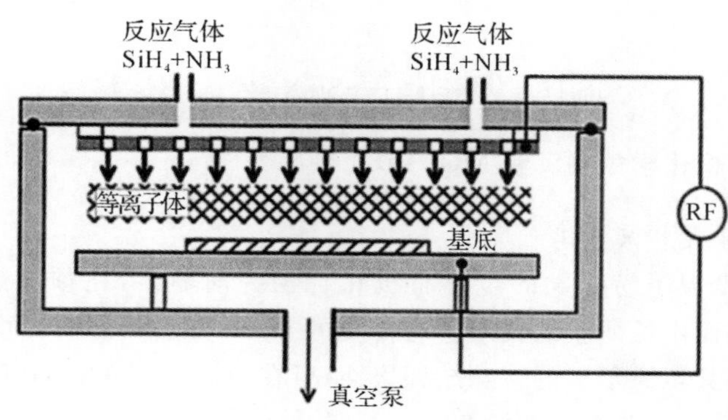

图 4.104　直接式 PECVD 设备结构原理图

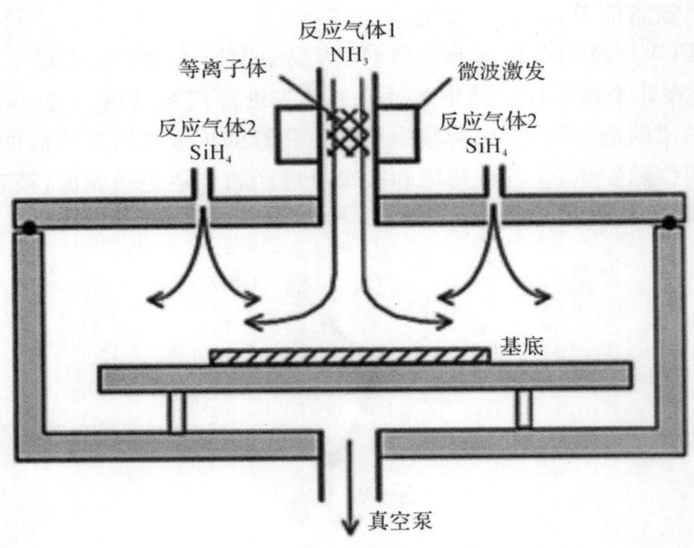

图 4.105　间接式 PECVD 设备结构原理

3.等离子增强化学气相沉积工艺应用

PECVD 通常用于沉积介电薄膜，工艺温度在 350℃至常温。许多微机电系统含有聚合物、磁性层或黏结剂等材料，这些材料的性能会因高温而退化。如磁强计的磁性传感器钝化、聚合物基微光学上的抗反射涂层、用于 MEMS 晶圆级封装的最后一层 TSV 介质隔离层、用于减薄以后硅的弓形补偿层等。

(1)利用等离子增强化学气相沉积工艺制备二氧化硅薄膜。PECVD 制备二氧化硅薄膜，通常是使用硅烷和笑气在等离子状态下反应，沉积温度 200～350℃，其沉积化学反应式为

$$SiH_4 + 2N_2O \xrightarrow{\text{加热}} SiO_2 \downarrow + 2N_2 \uparrow + 2H_2 \uparrow \tag{4.70}$$

(2)利用等离子增强化学气相沉积制备氮化硅薄膜。现在工业上和实验室一般使用 PECVD 来生成氮化硅薄膜。采用的硅烷 SiH_4 和氨气 NH_3 进行反应得到氮化硅 Si_3N_4，沉积温度 250℃～350℃。通过改变反应气体比例可以实现不同应力状态的氮化硅薄膜。化学反应式如下：

$$3SiH_4 + 4NH_3 \xrightarrow{\text{加热}} Si_3N_4 \downarrow + 12H_2 \uparrow \tag{4.71}$$

4.7.3　金属有机化学气相沉积 MOCVD

1.金属有机化学气相沉积工艺原理

MOCVD 是以低温下易挥发的金属有机化合物为前驱体，在预加热的衬底表面发生分解、氧化或还原反应而生长薄膜的技术。与传统的 CVD 方法相比，MOCVD 的沉积温度相对较低，能沉积超薄层甚至原子层的特殊结构表面，可在不同的基底表面沉积不同的薄膜。

2.金属有机化学气相沉积工艺设备

一台简单的 MOCVD 设备应具备以下 4 个基本系统：前驱体供应系统、反应器、控制系

统、尾气处理系统，其中反应器是整个MOCVD过程的核心部分，反应物的混合、化学反应、生成物的沉积都在反应器内进行。MOCVD反应器主要由气体入口装置、反应室、托盘、加热器、废气排出口等部件构成。MOCVD生长过程中，MOCVD反应源物质（金属有机化合物前驱体）在一定温度下转变为气态并随载气（H_2、Ar）进入化学气相沉积反应器，进入反应器的一种或多种源物质通过气相边界层扩散到基体表面，在基体表面吸附并发生一步或多步的化学反应，外延生长成制品或薄膜，生成的气态反应物随载气排出反应系统。结构原理图见图4.106。

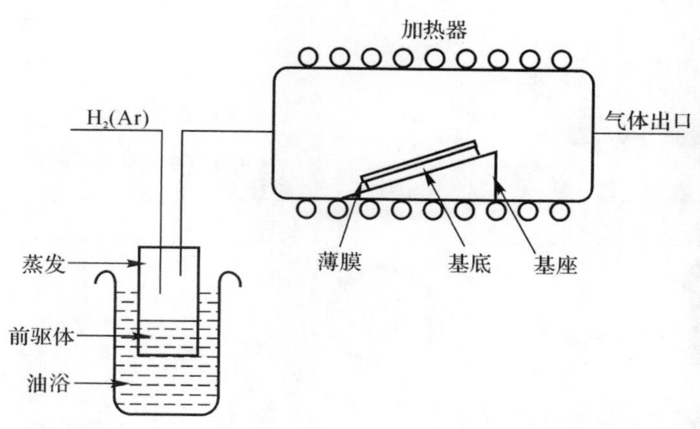

图4.106　MOCVD设备结构原理图

按反应器的加热方式可将MOCVD装置的反应器分为热壁式和冷壁式两种。热壁式反应器一般采用电阻加热炉加热，反应器器壁和基体都被加热，因此会造 成反应生成物在反应器器壁上的沉积；冷壁式加热方式有感应加热、通电加热和红外加热等，冷壁式加热只有基体本身被加热，因此只有在基体上才会发生沉积，有利于节省原料和工序。

3. 金属有机化学气相沉积工艺应用

MOCVD用于制备半导体化合物。MOCVD是气相外延（Vapour Phase Epitaxy, VPE）的一种，经过几十年的发展，MOCVD技术已经发展成为半导体化合物材料气相外延生长的主要技术手段，常用于外延生长Ⅲ-Ⅴ、Ⅱ-Ⅵ及Ⅳ-Ⅵ族半导体材料，如发光二极管（Light - Emitting Diode, LED）、异质结双极晶体管（Heterojunction Bipolar Transistor, HBT）、太阳能电池、光电阴极、激光二极管（Laser Diode, LD）、高电子迁移率晶体管（High - Electron - Mobility Transistor, HEMT）等。除此之外，金属有机化学气相沉积在金属氧化物、氮化物薄膜的制备方面也具有广泛的应用，如制备$BaTiO_3$、$Bi_4Ti_3O_{12}$等铁电性能良好的氧化物薄膜，热解$W(CO)_6$、$Mo(CO)_6$制备电致变色WO_3、MoO_3薄膜，MOCVD法横向外延生长GaN薄膜等。

4.7.4　原子层沉积ALD

1. 原子层沉积工艺原理

ALD是建立在连续的表面反应基础上的一门新兴技术，它本质上是一种CVD技术，但是与传统CVD不同，ALD是交替脉冲式地将气相反应前驱体通入到生长室中，使其交替在衬底表面吸附并发生反应。ALD分为热原子层沉积和等离子原子层沉积,等离子原子层沉积又称等离子增强或者等离子辅助原子层沉积,其工艺步骤和热原子层沉积工艺相似,只是在通入第二种前驱体时,增加了等离子体接触。下述主要介绍热原子层沉积。

图4.107是典型的ALD氧化铝Al_2O_3的循环原理图,利用原子层沉积制备Al_2O_3薄膜的过程中,第一种前驱体三甲基铝$Al(CH_3)_3$首先被基体表面—OH基团吸附并反应至饱和,生成新的表面功能团;抽取剩余的三甲基铝$Al(CH_3)_3$及生成的副产物CH_4后,通入第二种前驱体,它与新的表面功能团反应至饱和,表面又生成新的—OH基团,再抽气,这一系列反应构成了一次ALD循环。

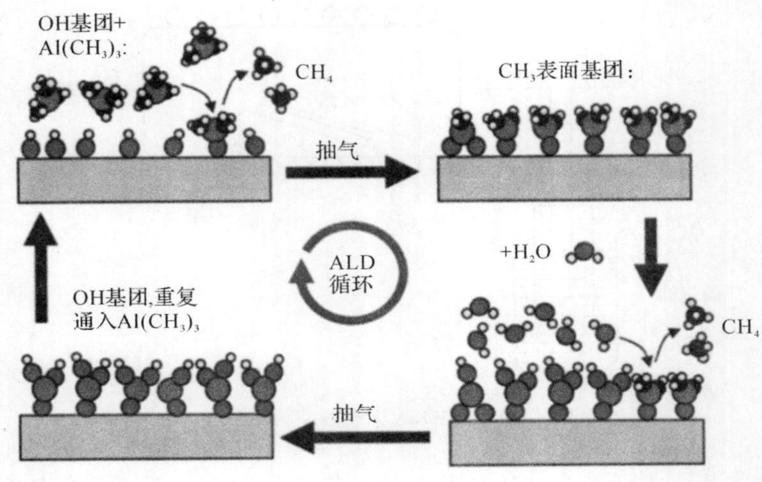

图4.107　典型的ALD循环原理图(改编自Parsons G N等[24])

图4.108和表4.18给出了原子层沉积技术和其他薄膜制备技术的对比。与传统的薄膜制备技术相比,原子层沉积技术优势明显。传统的溶液化学方法以及溅射或蒸镀等物理方法(PVD)由于缺乏表面控制性或存在溅射阴影区,不适于在三维复杂结构衬底表面进行沉积制膜。化学气相沉积(CVD)方法需对前驱体扩散以及反应室温度均匀性严格控制,难以满足薄膜均匀性和薄厚精确控制的要求。相比之下,原子层沉积技术基于表面自限制、自饱和吸附反应,具有表面控制性,所制备薄膜具有优异的三维共形性、大面积的均匀性等特点,适用于复杂高深宽比衬底表面沉积制膜,同时还能保证精确的亚单层膜厚控制。

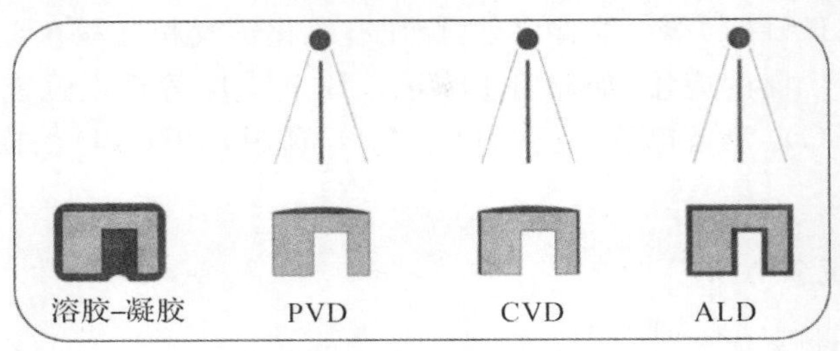

图4.108　原子层沉积技术与其他制膜技术比较

表 4.18　ALD 工艺和 CVD 工艺的对比

沉积技术	前驱体	均匀性	沉积速率	厚　度
ALD	高反应活性；在衬底表面分别反应；在沉积温度下不能分解；过量前驱体可接受	由表面化学饱和吸附、自限制生长机制决定；表面控制	较低（依赖于每个循环时间和应循环次数）	依赖于反应循环次数
CVD	反应活性低；在衬底表面同时反应；在沉积温度下分解；前驱体量需要严格控制	由反应室设计、气流和温度均匀性决定；工艺参数决定	较高	精确的工艺控制

2. 原子层沉积工艺设备

图 4.109 是 ALD 工艺设备的原理图。ALD 设备的设计通常可分为热壁反应室和冷壁反应室两大类。热壁反应室将整个反应室维持或接近于沉积温度，热壁反应室的主要优势是在反应室侧壁上所沉积的也都是高品质的 ALD 薄膜，热壁反应室设备往往能阻止薄膜的早期剥离，由于从加热的侧壁脱附的反应源流量较大，从而加速了对反应空间的清洁。冷壁反应室通常只将衬底加热到沉积温度，其他反应室组件却维持在较低的温度，这将有利于传送在沉积温度可能分解的反应物，但风险是易受长时间净化的影响，冷壁表面的反应源脱附速率的降低导致了更大的化学气相沉积成分。随着反应室内沉积薄膜的积累，上述问题会进一步恶化。

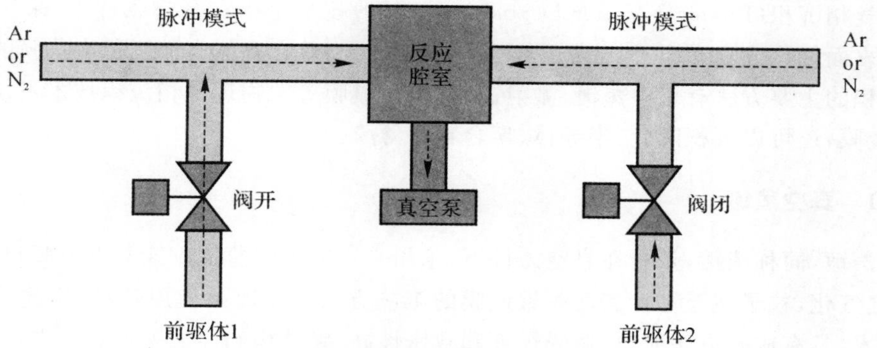

图 4.109　ALD 设备结构原理图（改自 Hans H Gatzen 等[25]）

3. 原子层沉积工艺应用

ALD 可以沉积 Ⅱ－Ⅵ、Ⅲ－Ⅴ 化合物以及金属、各类半导体材料和超导材料等（见图 4.110）。应用于光学薄膜方面，主要是氧化物、氟化物、部分 Ⅱ－Ⅵ 族化合物以及单质材料。

ALD 在半导体工业中的许多应用一直受到依赖，除此之外，在 MEMS/NEMS 中也有应用。其中，ALD 被用于微纳米摩擦学领域，以 Al_2O_3 为薄膜材料制造耐磨涂层和防黏涂层（电荷耗散或疏水性涂层），并可能掺杂 Zn 作为电荷。另一种应用是利用 AIN 作为薄膜材料的散热装置。在 MEMS 器件以及纳米孔结构和生物材料的涂层中也发现了高度适形的 ALD 涂层。另一种应用是用薄膜均匀地覆盖粒子，如用于催化剂。进一步的应用是 ALD 在光学薄膜中的应用，ALD 可用于制备减反膜，折射率可调的薄膜，大面积抗激光损伤膜等其他光学特性的薄膜。

M=elements
N=nitrides
O=oxides
*=ternary or other compunds

1	2	3	4	5	6	7	8	9	10	11	12	13	14	15	16	17	18
H																	He
Li	Be											B	C	N	O	F	Ne
Na	Mg											Al MON*	Si ON*	P	S	Cl	Ar
K	Ca	Sc	Ti MON*	V O	Cr	Mn	Fe	Co MO	Ni M	Cu MO	Zn ON*	Ga ONM*	Ge *	As	Se *	Br	Kr
Rb	Sr O*	Y O	Zr ON*	Nb N	Mo	Tc	Ru MON*	Rh	Pd M	Ag M	Cd	In	Sn O	Sb *	Te *	I	Xe
Cs	Ba		Hf ON*	Ta MON*	W ON*	Re	Os	Ir M	Pt MO	Au	Hg	TI	Pb *	Bi *	Pa	At	Rn
Fr	Ba		Rf	Db	Sg	Bh	Hs	Mt	Ds	Rg	Cn	Uut	Uuq	Uup	Uuh	Uus	Uuo
			La ON*	Ce O	Pr	Nd	Pm	Sm	Eu	Gd ON	Tb	Dy	Ho	Er O*	Tm	Yb	Lu
			Ac	Th	Pa	U	Np	Pu	Am	Cm	Bk	Cf	Es	Fm	Md	No	Lr

图 4.110　ALD工艺可以沉积的材料

4.8 物理气相沉积

物理气相沉积(Physical Vapor Deposition,PVD)技术是指在真空条件下,采用物理方法将材料源表面气化成气态原子、分子或部分电离成离子,并在基体表面沉积为薄膜的技术。物理气相沉积的主要方法有真空蒸镀、溅射镀膜、离子镀膜等。物理气相沉积技术不仅可沉积金属膜、合金膜,还可以沉积陶瓷、半导体、聚合物等薄膜。

4.8.1 真空蒸镀

真空蒸镀,简称蒸镀,是指在真空条件下,采用一定的加热蒸发方式蒸发镀膜材料(或称膜料)并使之气化,粒子飞至基片表面凝聚成膜的工艺方法。蒸镀是使用较早、用途较广泛的气相沉积技术,具有成膜方法简单、薄膜纯度和致密性高、膜结构和性能独特等优点[26]。

真空蒸镀使用的加热方式主要有电阻加热和电子束加热,如图 4.111 所示。除此之外还有射频感应加热、电弧加热和激光加热等方式[27]。

(1)电阻加热:采用低电压(<10V)、大电流(几百安培)加热由钨、钽、钼或碳等材料制成的导电加热体,使其内部镀膜材料蒸发,电阻加热是普遍使用的加热方式,其结构简单、操作方便。

(2)电子束加热:由热阴极发射的电子在电场作用下轰击到镀膜材料上进而使其蒸发。由于聚集电子束的能量密度大,可使材料表面局部区域达到 3 000~4 000℃的高温,适于蒸发高熔点金属、化合物材料和要求高蒸发速率的场合。

(3)射频感应加热:利用高频电磁场在导体材料中感生的热量来直接加热导体镀膜材料本身使其蒸发。

(4)电弧加热:利用高真空中两导电材料制成的电极之间形成电弧放电产生的高温,使电极材料蒸发而在基体上凝聚成膜。

(5)激光加热：利用脉冲激光加热镀膜材料使其瞬时蒸发。

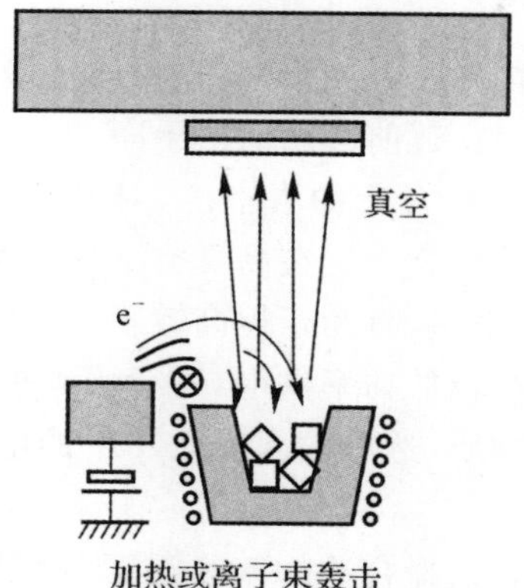

图 4.111　真空蒸镀原理示意图

蒸镀工艺过程必须在空气非常稀薄的真空环境中进行，否则将发生以下这些情况：蒸发粒子将与大量空气分子碰撞，使膜层受到严重污染，甚至形成氧化物；蒸发源被加热氧化烧毁；由于空气分子的碰撞阻挡，难以形成均匀连续的薄膜。

真空蒸镀有三个重要指标：

(1)饱和蒸气压(PV)：指在一定的温度下，真空室中蒸发材料的蒸气在与固态或液体平衡过程中所表现的压力。饱和蒸气压与温度的关系曲线对于薄膜制作技术有重要意义，它可以帮助我们合理选择蒸发材料和确定蒸发条件。

(2)真空度：$P \leqslant 10^{-3}$ Pa。保证蒸发，粒子具有分子流特征，以直线运动。

(3)基片距离(相对于蒸发源)：10～50 cm(兼顾沉积均匀性和气相粒子平均自由程)蒸发出的原子是自由、无碰撞的，沉积速度快。容易根据蒸发原料的质量、蒸发时间、衬底与蒸发源的距离、衬底的倾角、材料的密度等计算薄膜的厚度。

1. 热蒸镀

热蒸镀，即电阻加热蒸镀。通常将线状或片状的高熔点金属(W、Mo、Ti、Ta、氮化硼等)做成适当形状的蒸发源，装上蒸镀材料，通过电流的焦耳热使镀料熔化、蒸发或者升华，蒸发源的形状主要有多股线螺旋形、U 形、正弦波形、薄板形、舟形、圆锥筐形等，如图 4.112 所示。

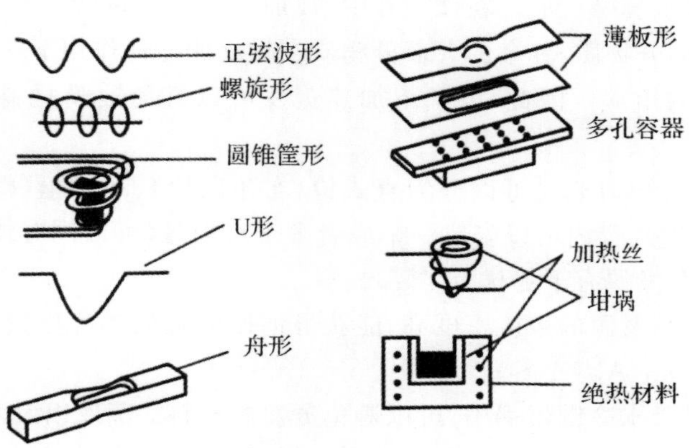

图 4.112　电阻加热常用蒸发源[28]

工艺流程一般包括基片表面清洁、镀膜前的准备、蒸镀、取件、镀后处理、检测和成品等步骤。具体包含以下步骤[28]：

(1)基片表面清洁。真空室内壁、基片架等表面的油污、锈迹、残余镀料等在真空中易蒸发，直接影响膜层的纯度和结合力。镀前必须清洁干净。

(2)镀前准备。镀膜室抽真空到合适的真空度，对基片和镀膜材料进行预处理。加热基片，其目的是去除水分和增强膜基结合力。在高真空下加热基片，能够使基片表面吸附的气体脱附。然后经真空泵抽气排出真空室，有利于提高镀膜室真空度、膜层纯度和膜基结合力。达到一定真空度后，先对蒸发源进行较低功率供电，进行膜料的预热或者预熔，为防止蒸发到基板上，用挡板遮盖住蒸发源及源物质，然后输入较大功率的电，将镀膜材料迅速加热到蒸发温度，蒸镀时再移开挡板。

(3)蒸镀。在蒸镀阶段除了要选择合适的基片温度、镀料蒸发温度外，沉积气压也是一个很重要的参数。沉积气压即镀膜室的真空度，决定了蒸镀空间气体分子运动的平均自由程和一定蒸发距离下的蒸气与残余气体原子及蒸气原子之间的碰撞次数。

(4)取件。膜层厚度达到要求以后，用挡板盖住蒸发源并停止加热，但不要马上导入空气。

蒸镀装置一般由真空抽气系统和蒸发室组成。真空抽气系统由(超)高真空泵、低真空泵、排气管道和阀门等组成。此外，还附有冷阱(用以防止油蒸气的返流)和真空测量计等。蒸发室大多用不锈钢制成。在蒸发室内配有真空蒸镀时不可缺少的蒸发源、基片和蒸发空间。此外，还置有控制蒸发原子流的挡板，测量膜厚并用来监控薄膜生长速率的膜厚计，测量蒸发室的真空变化和蒸发时剩余气体压力的(超)高真空计，以及控制薄膜生长形态和结晶性的基片温度调节器等[29]。

电阻加热蒸镀结构简单，操作方便。该方法要求蒸发源材料具有高熔点和低蒸气压；化学性能稳定，在蒸发温度下不会与膜料发生化学反应或互溶；具有一定的机械强度；具有良好的耐热性，功率密度变化小等特点。

2.电子束蒸镀

在电阻加热法中，由于蒸发源材料与镀膜材料直接接触，存在在较高温度下，蒸发源材料可能会混入镀膜材料中产生杂质，以及镀膜材料的蒸发受蒸发源材料熔点的限制等问题。

电子束蒸发是将镀膜材料放入水冷铜坩埚中，用高能密度的电子束轰击镀膜材料而使其蒸发的一种方法。如图 4.113 所示，蒸发源由电子发射源、电子加速电源、坩埚(通常是铜坩埚)、磁场线圈、冷却水套等组成。在该装置中，被加热的物质放置于水冷的坩埚中，电子束只轰击其中很少的一部分物质，其余的大部分物质在坩埚的冷却作用下一直处于很低的温度，可以看作被轰击部分的坩埚。因此，电子束加热蒸发可以避免镀膜材料和蒸发源材料之间的污染。

电子束蒸发源的结构形式可以分为直式枪(布尔斯枪)、环形枪(电偏转)和 e 形枪(磁偏转)3 种。在一个蒸发装置内可以安置一个或者多个坩埚，这可以同时或者分别蒸发沉积多种不同物质。电子束蒸发源有下述优点[28]：

(1)电子束轰击蒸发源的束流密度高，能获得远比电阻加热源更大的能量密度，可以蒸发高熔点材料，如 W，Mo，Al_2O_3 等；

(2)镀膜材料置于水冷铜坩埚中，可以避免蒸发源材料的蒸发以及两者之间的反应；

(3)热量可以直接加到镀膜材料的表面，使得热效率高，热传导和热辐射的损失小；

(4)电子束加热蒸发方式的缺点是电子枪发出的一次电子和镀膜材料表面发出的二次电子会使蒸发原子和残余气体分子电离，有时会影响膜层质量。

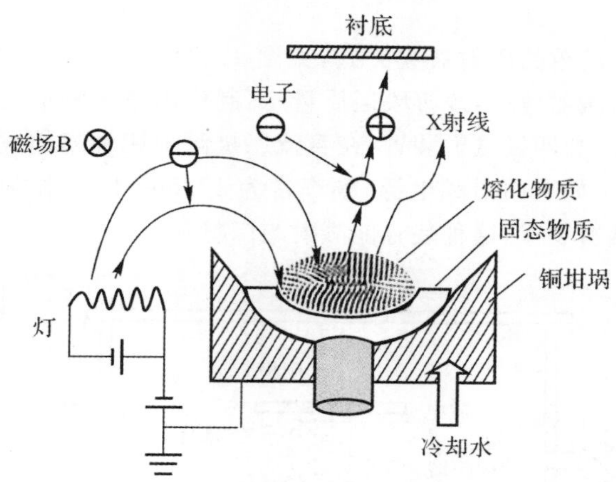

图 4.113　电子束蒸发装置示意图[28]

4.8.2　溅射镀膜

镀膜是以一定能量的粒子(离子或中性原子、分子)轰击靶材表面，使靶材近表面的原子或分子获得足够大的能量而最终逸出靶材表面并沉积在基片或衬底上的工艺。和蒸镀工艺类似，溅射镀膜也只能在一定的真空状态下进行[30]。

溅射一般是在充有惰性气体的真空系统中，通过高压电场的作用，使得氩气电离，产生氩离子流，轰击靶阴极，被溅出的靶材料原子或分子沉淀积累在半导体芯片或玻璃、陶瓷上而形成薄膜。

溅射的优点是能在较低的温度下制备高熔点材料的薄膜，在制备合金和化合物薄膜的过程中保持原组成不变。溅射镀膜可用于制备金属、半导体、绝缘体等材料薄膜，且具有薄膜成分易于控制、镀膜面积大及附着力强等优点。20 世纪 70 年代发展起来的磁控溅射方法通过在靶阴极表面引入磁场，利用磁场对带电粒子的约束来提高等离子体密度，从而提高溅射速率，降低基片或衬底的温升。溅射主要包括下述三个物理过程：

(1)气体电离。溅射用的轰击粒子通常是带正电荷的惰性气体离子，用得最多的是氩离子，通常利用气体放电产生气体电离，获得等离子体。

(2)溅射。带电离子在电场加速下获得动能轰击靶材电极表面，使靶材电极的原子或分子被击出的现象称为溅射。在此过程中还会击发出二次电子，再撞击气体原子形成更多的带电离子。当氩离子能量低于 5 eV 时，仅对靶材电极最外表层产生作用，主要使靶材电极表面原来吸附的杂质脱附，实现溅射清洗；当氩离子能量达到靶材电极原子的结合能(约为靶极材料的升华热)时，可引起靶材电极表面的原子迁移，产生表面损伤；轰击粒子的能量超过靶极材料升华热的 4 倍时，原子被推出晶格位置成为气相逸出而产生溅射。对于大多数金属，溅射阈能为 10～25 eV；

(3)沉积。逸出的靶材原子或分子携带着足够的动能达到基片或衬底的表面形成薄膜。

溅射镀膜有多种方式。按电极结构分类，可以分为直流二级溅射、三级溅射，磁控溅射，对向靶溅射和电子回旋共振(ECR)溅射等。这些基本溅射镀膜方式,经过进一步改进即可成为反应溅射、偏压溅射、射频溅射、自溅射和离子束溅射等[31]。

1. 直流溅射

直流二级溅射是最简单的溅射镀膜方式,见图 4.114。该方法虽然简单,但放电不稳定,沉积速率低。为了提高溅射速率,改善膜层质量,又制作出三极溅射装置(在直流二极溅射装置的基础上附加热阴极)和四极溅射装置(在直流二极溅射靶和基体垂直的位置上,分别放置一热阴极和辅助阳极)。如采用射频电源(频率常为 13.56 MHz)作为靶阴极电源,又可做成直流二极或多极射频溅射装置,这种装置能溅射绝缘材料。

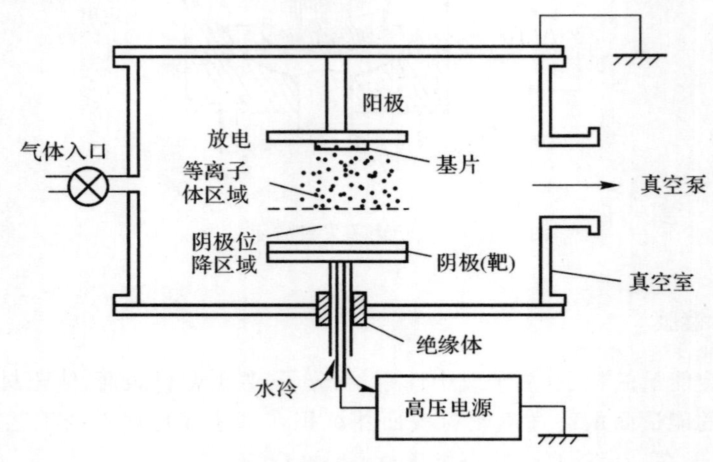

图 4.114　直流溅射装置[28]

2. 交流溅射

用交流电源代替直流电源就构成了交流溅射系统。由于常用的交流电源的频率在射频段,如 13.56 MHz,所以又可称为射频溅射,如图 4.115 所示。在直流溅射装置中如果使用绝缘材料靶时,轰击靶面的正离子会在靶面上累积,使其带正电,从而使靶电位上升,使得电极间的电场逐渐变小,直至辉光放电熄灭和溅射停止,所以直流溅射装置不能用来溅射沉积绝缘介质薄膜。为了溅射沉积绝缘材料,人们将直流电源换成交流电源。由于交流电源的正负性发生周期交替,当溅射靶处于正半周时,电子流向靶面,中和其表面积累的正电荷,并且积累电子,使其表面呈现负偏压,导致在射频电压的负半周期时吸引正离子轰击靶材,从而实现溅射。由于离子比电子质量大,迁移率小,不像电子那样很快地向靶表面集中,所以靶表面的点位上升缓慢。由于在靶上会形成负偏压,所以射频溅射装置也可以溅射导体靶。

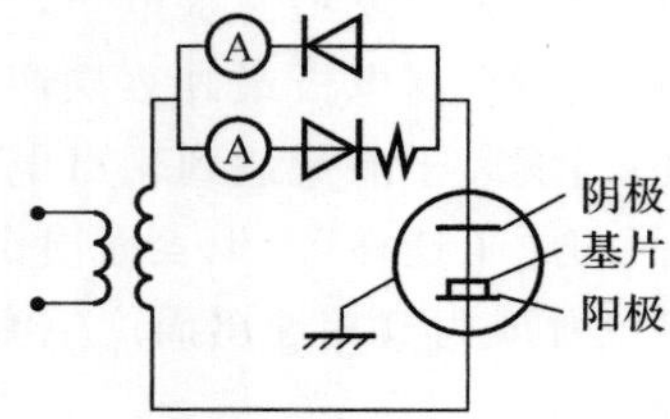

图 4.115　交流溅射原理示意图[32]

在射频溅射装置(见图 4.116)中,等离子体中的电子容易在射频场中吸收能量并在电场内振荡,因此,电子与工作气体分子碰撞并使之电离产生离子的概率变大,故使得击穿电压、放电电压及工作气压显著降低。

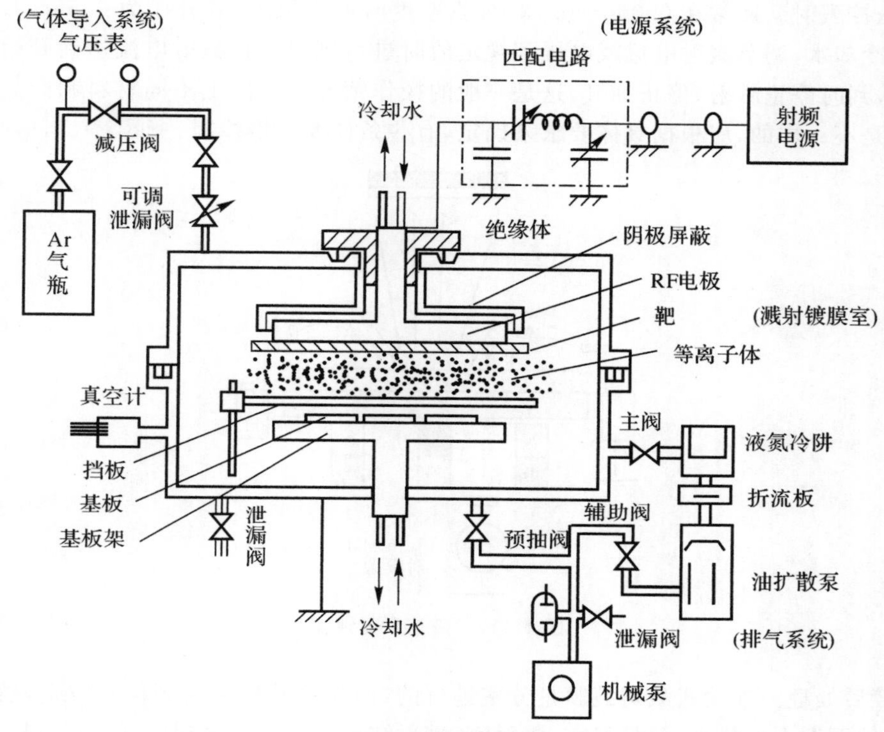

图 4.116　射频溅射装置[28]

3. 磁控溅射

通常直接溅射的效率不高,放电过程中只有 0.3%～0.5%的气体分子被电离。提高溅射镀膜的速率,关键是提高靶材的溅射率,这就必须提高等离子体的电离度,即在相同的放电功率下,获得更多的离子。从离子轰击靶面的溅射产物来看,除了击出原子或分子外,还会击出二次电子,这些电子被电场加速后与气体原子或分子发生碰撞又引起气体电离。充分利用二次电子的能量是提高等离子体电离度的有效途径。

因此,为了能在低气压下有较高的溅射效率,人们发展出了磁控溅射的方法。图 4.117 所示为磁控溅射原理示意图。利用电场与磁场正交的磁控原理,使二次电子的运动轨迹加长,形成螺旋运动并汇聚在阴极(靶材电极)周围。被磁场束缚的电子与工作气体的碰撞次数增加,使离化率提高 5～600 倍,从而提高了溅射速率。同时由于碰撞次数的增加,电子的能量也消耗殆尽,传递到基片或衬底的能量很少,所以溅射时基片或衬底的温升也较低。

磁控溅射按结构有同轴型、平面型和 S 枪等多种类型,根据电源类型又可分为直流和射频两类,直流电源只能用于制备金属薄膜而无法制备半导体介质膜,射频电源则既可制备金属薄膜也可制备介质薄膜。

以间歇式为例,一般工序如下[31]:

(1)镀前表面处理。与蒸发镀膜相同。

(2)真空室的准备。包括清洁处理、检查或更换靶(不能有渗水,漏水,不能与屏蔽罩短路),装工件等。

(3)抽真空。

(4)磁控溅射。通常在0.066～0.13 Pa真空度时通入氩气,其分压为0.66～1.6 Pa。然后接通靶冷却水,调节溅射电流或电压到规定值时进行溅射。自溅射电流达到开始溅射的电流时算起,到时停止溅射,停止抽气,这是一般的操作情况。实际上不同材料和产品所采用的工艺条件是不一样的,应根据具体要求来确定,有些条件要严格控制。

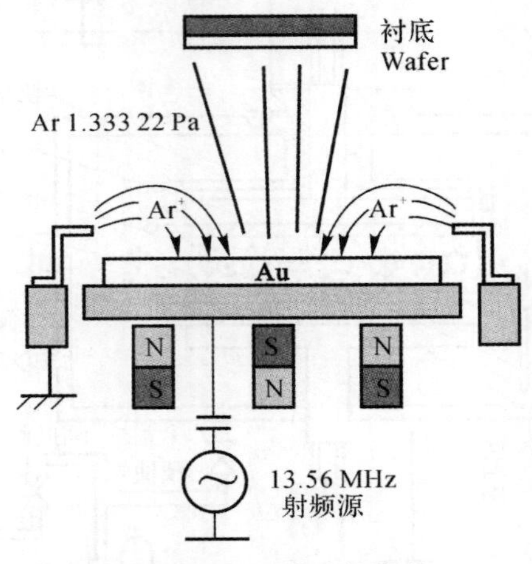

图 4.117　磁控溅射镀膜

(5)镀后处理。连续式溅射镀膜是分室进行的,即先将基材输送到低真空室,然后接连地在真空条件下进入加热室、预溅射室、溅射室,溅射结束后工件又回到低真空室,最后回到大气下。这种不仅镀膜方式生产率高,而且可防止人工误操作,产品质量容易得到保证。缺点是投资大,不适于大批量生产。

在溅射镀膜工艺方面尚需指出的是:

(1)靶的选择和镀膜前处理十分重要,靶表面应平整光洁;

(2)靶的冷却很重要,特别是磁控溅射靶;

(3)对于热导率小、内应力大的靶,溅射功率不能太大,溅射时间不能过长,以免局部区域的蒸发量多于溅射量,更要避免靶破裂;

(4)在正式溅射时,应进行预溅射(此时减少冷却水量或通热水,并适当提高溅射功率),以除去靶面吸附的气体与杂质;

(5)为使基底表面洁净以及有微观的凹凸不平,增强膜层结合力,有时可对基底进行反溅射(即在基底上加相对等离子基体为负的偏压)或离子轰击;

(6)溅射或溅射前,必须对镀膜室内所有部件进行严格的清洗和干燥。

磁控溅射自问世后就获得了迅速的发展和广泛的应用,有力地冲击了其他镀膜方法的地位,主要是由其以下优点决定的:

(1)沉积速度快、基材温升低、对膜层的损伤小;

(2)对于大部分材料,只要能制成靶材,就可以实现溅射;

(3)溅射所获得的薄膜与基片结合较好;

(4)溅射所获得的薄膜纯度高、致密性好、成膜均匀性好；

(5)溅射工艺可重复性好，可以在大面积基片上获得厚度均匀的薄膜；

(6)能够精确控制镀层的厚度，同时可通过改变参数条件控制组成薄膜的颗粒大小；

(7)不同的金属、合金、氧化物都能够进行混合，同时溅射于基材上。

磁控溅射也存在着一些问题，主要有以下 3 个：

(1)磁控电极中采用的不均匀磁场会使靶材产生显著的不均匀刻蚀，导致靶材利用不高，一般低于 40%；

(2)沉积过程中会引入部分气体杂质；

(3)不能实现强磁性材料的低温溅射。

目前，溅射镀膜是制备薄膜材料的主要技术之一，溅射镀膜与真空蒸镀相比有许多优点，例如几乎任何物质均可以溅射，尤其是高熔点、低蒸气压的元素和化合物；溅射膜与基板之间的附着性好；薄膜密度高；膜厚可控制和重复性好等。缺点是设备比较复杂，需要高压装置。而蒸发镀膜的优点是设备简单、容易操作；成膜的速率快、效率高。缺点是薄膜的厚度均匀性不易控制，蒸发容器有污染的隐患，工艺重复性不好，附着力不高。

此外，将蒸发法与溅射法相结合，即为离子镀。这种方法的优点是得到的膜与基板间有极强的附着力，有较高的沉积速率，膜的密度也相对较高。

4.9　剥　离

如果需要在衬底上制备金属图形，常规的方法是先溅射或蒸镀金属薄膜，再在金属薄膜上涂胶并光刻，再以光刻胶为掩蔽层，对金属进行湿法或干法刻蚀。但是，相当一部分金属很难进行干法刻蚀，或者只能进行湿法腐蚀而无法准确得到细微的线条。特别是在制备金属电极时，需要对多层金属形成的复合膜进行图形化，这个时候使用常规的方法就需要多次光刻并使用不同的腐蚀液多次腐蚀，很不方便。剥离(Lift-off)工艺是首先在衬底上涂胶并光刻，然后再制备金属薄膜，在有光刻胶的地方，金属薄膜形成在光刻胶上，而没有光刻胶的地方，金属薄膜就直接形成在衬底上。当使用溶剂去除衬底上的光刻胶时，不需要的金属就随着光刻胶的溶解而脱落在溶剂中，而直接形成在衬底上的金属部分则保留下来形成图形。剥离通常用于铂、金、硅化物和难熔金属的图形化。

为了实现良好的金属剥离，金属膜厚不能超过胶厚的 2/3[35]，同时光刻窗口的剖面必须整齐且形成下宽上窄的正“八”字图形，如图 4.118(c)所示。其目的在于人为设置沉积膜时的“死角”，造成金属膜在图形边缘过渡区的不连续性，使得剥离液能够很容易地渗透到光刻胶中，顺利完成剥离。为了便于使用有机溶剂溶解光刻胶，通常使用正胶进行剥离工艺。但是正胶的曝光曲线决定了正胶只能形成 75°～85°的倒“八”字或接近垂直的侧壁，如图 4.118(a)和图4.118(b)所示，使得金属溅射或蒸镀时，沉积在光刻胶上的金属和沉积在衬底上的金属会形成连续的薄膜，导致剥离时有机溶剂无法接触并溶解光刻胶[见图 4.118(a)]或在金属的边缘发生撕裂(Tear)而产生毛刺[见图 4.118(b)]。

为了使用正胶形成正八字侧壁形貌，剥离工艺中一般采用单层胶氯苯(Chlorobenzene)处理法、双层胶法和图形反转胶法(Image Reversal Photoresist)等三类方法，本节将分别予以介绍。

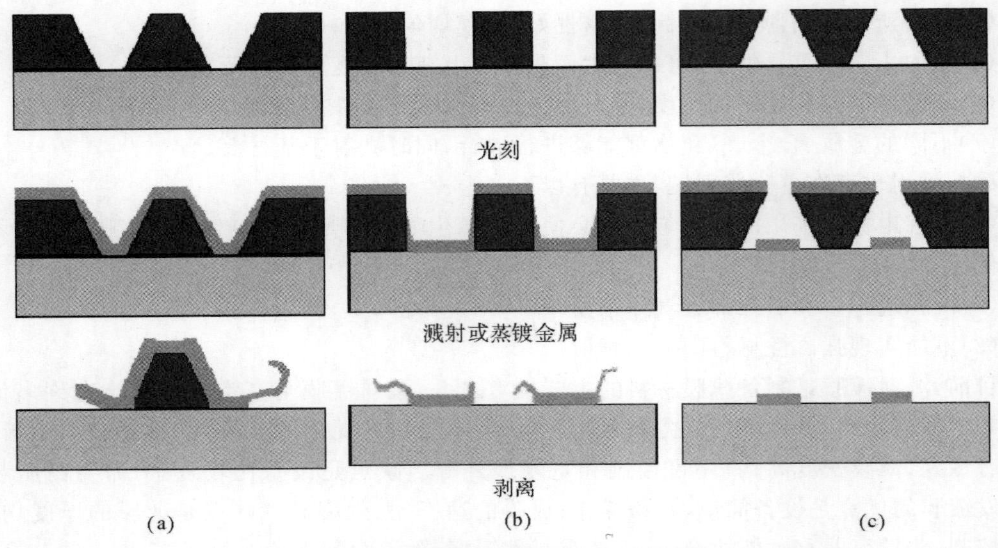

图 4.118　光刻胶侧壁形貌对剥离效果的影响

(a)倒八字侧壁；（b)垂直侧壁；（c)正八字侧壁

4.9.1　单层胶氯苯处理法

单层胶氯苯处理法是指在正胶的曝光前或曝光后(但是一定在显影之前)将衬底放在氯苯或甲苯中浸泡 5～15 min,氯苯或甲苯扩散入光刻胶的上层,使得光刻胶上层强化,在显影液中的溶解速度下降,而下层没有强化,其在显影液中的溶解速度相对较快,从而在显影过程中在光刻胶侧壁上形成底切,实现八字形结构。整个工艺流程如图 4.119 所示。由于氯苯有毒,单层胶氯苯处理法现在已经不再被广泛采用了。

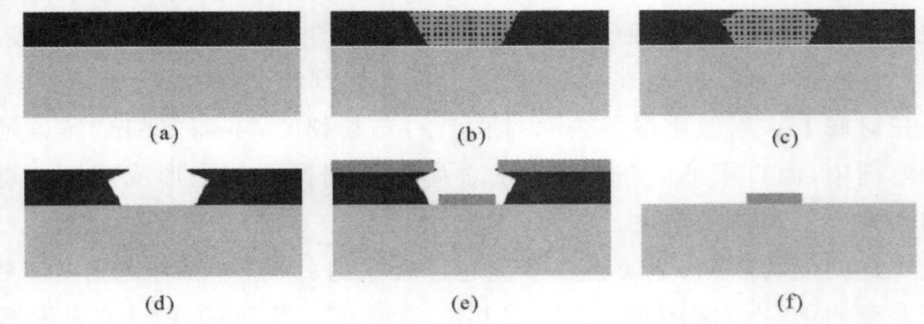

图 4.119　单层胶氯苯处理剥离工艺流程

(a)涂胶；（b)曝光；（c)光氯苯；（d)显影；（e)溅射/蒸镀；（f)剥离

4.9.2　双层胶法

双层胶法是指在涂光刻胶前,先在衬底上涂一层对紫外不光敏,又可以被碱性溶液腐蚀的聚合物薄膜(如专门为双层胶法剥离设计的 Shipley LOL1000 或 Shipley LOL2000)。当显影时,由于碱性溶液对这层薄膜的腐蚀,光刻胶根部发生底切而形成“T”形侧壁,有利于剥离的进行。双层胶法的剥离流程如图 4.120 所示。

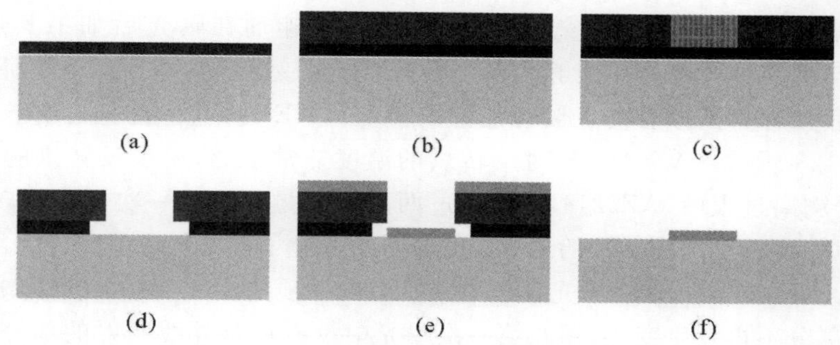

图 4.120　双层胶剥离工艺流程

(a)涂 LOL2000；(b)涂胶；(c)曝光；(d)显影；(e)溅射/蒸镀；(f)剥离

LOL1000 和 LOL2000 的作用相当于牺牲层，其旋涂的厚度、软烘温度和时间对其在碱性溶液中溶解速度的影响如图 4.121 所示[36]。采用 LOL1000 辅助光刻胶制备的 T 形光刻胶侧壁如图 4.122 所示。

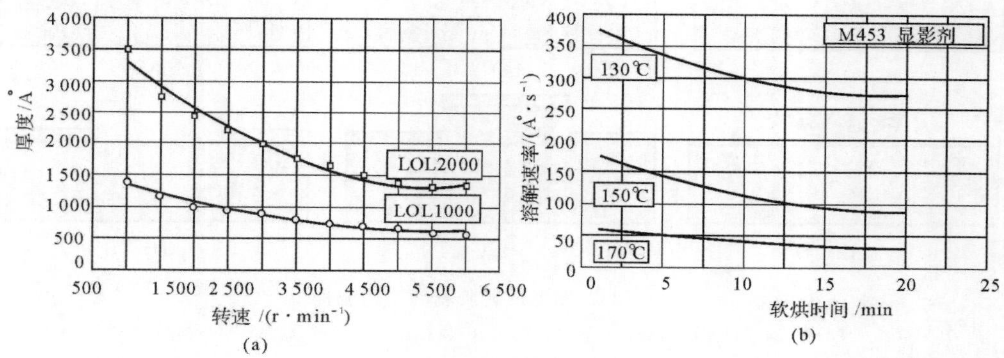

图 4.121　LOL 胶特性

(a)厚度与旋涂转速的关系；(b)溶解速率与软烘温度和软烘时间的关系

图 4.122　双层胶法制备的 T 形侧壁

4.9.3　图形反转胶法

图形反转胶是一种特殊的正胶(如 AZ5214 E 光刻胶)，由于其反转特性，它既可以当作普通正胶来使用(不进行反转烘)，又可以当作负特性胶来使用(进行反转烘)。图形反转胶作用的原理来源于其内部一种特别的交连剂成分，这种交连剂在曝光后如果其烘烤温度超过110℃就会起作用，将原本曝光后能够溶于显影剂的区域变为不溶解区域，称为图形反转，而未曝光的区域则依然保持其原有的正胶性能。以AZ5214 E光刻胶为例，其用于金属剥离的工艺过程如图4.123所示。AZ5214 E对反转烘的温度非常敏感，要求反转烘的温度精度达到±1℃。在整个剥离过程中，AZ5214 E要经过两次曝光过程。第一次是在反转烘之前，使用有掩膜版曝光，使得需要图形反转的地方接受紫外光照射；第二次是在反转烘之后，不使用掩膜版进行泛曝光(Flood Exposure，光刻机本身具有的一项功能)。在第二次曝光中，已经图形反转的光刻胶部分不再发生变化，而在第一次曝光中没有被紫外线照射的部分则发生感光反应，能够被碱性显影液所溶解。

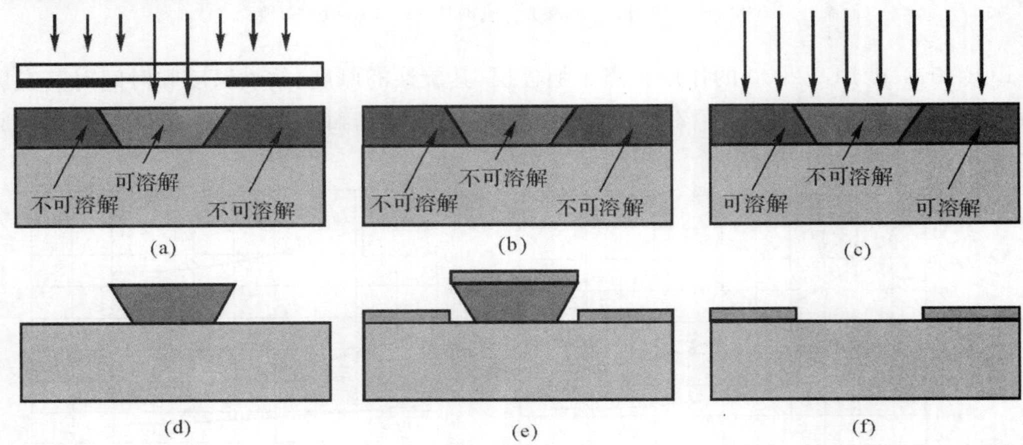

图4.123 图形反转胶剥离工艺流程

(a)曝光；(b)反转烘；(c)泛曝光；(d)显影；(e)溅射/蒸镀；(f)剥离

4.9.4 其他方法

除了以上三种通用方法之外，还存在其他一些特有方法。如韩国的Hyung Suk Lee等提出在曝光光路中加入散光器(Diffuser)的方法，无须对光刻胶进行其他处理即可使用正胶得到正八字形侧壁[37]，如图4.124所示。

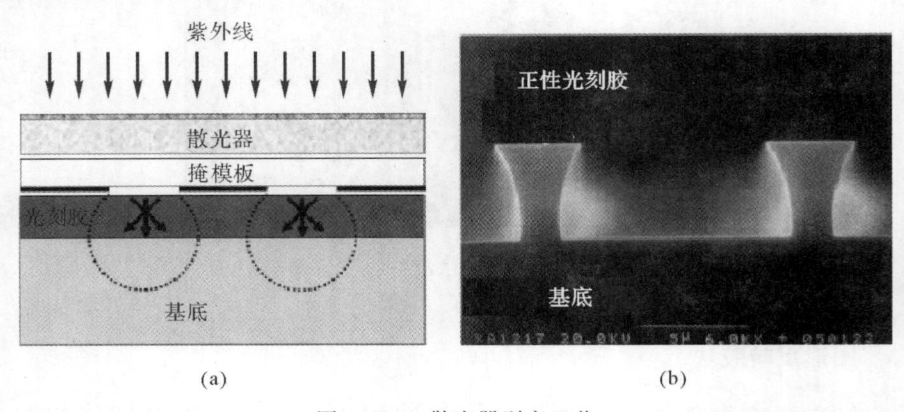

图4.124 散光器剥离工艺

(a)散光器原理；(b)光刻胶侧壁形貌

而摩托罗拉公司半导体产品部的 Randy Redd 等则直接与光刻胶厂商 Clariant 合作研究出不需要进行氯苯处理就可以实现正八字侧壁的单层光刻胶剥离工艺。其原理类似于氯苯处理工艺，是在 AZ6210 光刻胶软烘前使用 TMAH 进行浸泡，在光刻胶表面形成一层显影抑制层，如图 4.125 所示。

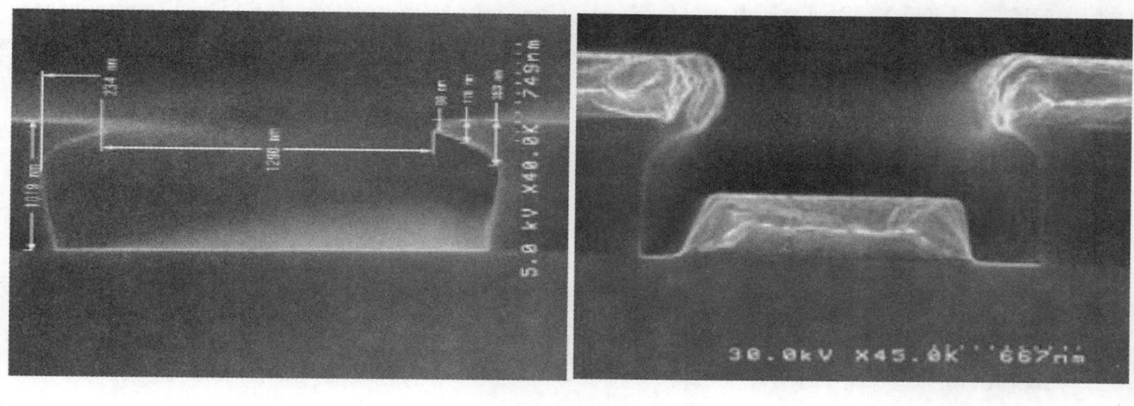

(a)　　(b)

图 4.125　TMAH 浸泡剥离法

(a)溅射金属前的光刻胶侧壁；(b)溅射金属后的光刻胶侧壁

习题与思考题

1. 请解释脱水烘、软烘、中烘和坚膜工艺的作用和工艺参数有什么不同。

2. 请解释为什么负胶更适合做剥离工艺。

3. 计算在 1 150℃时，于(100)硅片上干法生长 1.2 μm 的氧化硅所需要的时间。

4. 在 1 100℃下，于(100)硅片上先进行 30 分钟干法氧化，再进行 30 分钟湿法氧化，求最终得到的氧化层厚度是多少？本题主要考察对 Deal Grove 模型中 τ 的理解。求解提示：先求解得到 1 100℃干法氧化 30 分钟的厚度。第二步湿法氧化时，必须计算 τ 以代表由干法氧化后已经存在的干法氧化层如果用湿法氧化需要多少时间。并将这个 τ 带入 1 100℃湿法氧化的公式中，求解 30 分钟湿法氧化后的氧化层厚度，相当于将 30 分钟的干法氧化折算成了 τ 作为湿法氧化厚度计算公式的输入。

5. 离子镀技术是如何将蒸发法和溅射法结合起来的？其膜/基结合强度有何特点？

6. 与化学气相沉积相比，物理气相沉积具有哪些优势和劣势？

7. 离子镀技术是如何将蒸发法和溅射法结合起来的？其膜/基结合强度有何特点？

8. 简述化学气相沉积的种类并分析每种沉积工艺的优缺点以及应用范围。

参考文献

[1]　ANON. Product Data Sheet of AZ1500 Series Standard Photoresists[Z]. 2008.

[2]　COOPER K A, HAMEL C, WHITNEY B. Conformal Photoresist Coating for High

Aspect Ration Features[Z]. 2009.

[3] PHAM N P, BURGHARTZ J N, SARRO P M. Spray Coating of Photoresist for Pattern Transfer on High Topography Surfaces[J]. J Micromech. Microeng, 2005, 15: 691 - 697.

[4] YU L, LEE Y Y, TAY F E H. Spray Coating of Photoresist for 3D Microstructures with Different Geometries[J]. Journal of Physics 2006, 34: 937 - 942.

[5] SHAW M J. Negative Photoresists for Optical Lithography[J]. Ibm J Res Dev 1997, 41: 81 - 94.

[6] KUKHARENKA A, MICHAEL K, FAROOQUI M M, et al. Electroplating Moulds Using Dry Film Thick Negative Photoresist[J]. J Micromech Microeng, 2003, 13: 67 -74.

[7] FENG R, RICHARD J F. Influence of Processing Conditions on The Thermal and Mechnical Properties of SU8 Negative Photoresist Coatings [J]. J Micromech Microeng, 2003, 13: 80 - 88.

[8] SATO H, KAKINUMA T, GO J S, et al. In - channel 3 - D Micromesh Structures Using Maskless Multi - angle Exposure and Their Microfilter Application[J]. Sensors & Actuators A, 2004, 111: 87 - 92.

[9] WALKER E J. Reduction of Photoresist Standing - wave Effects by Post Exposure Bake[J]. IEEE Transaction on Electron Device, 1975, 22(7): 464 - 466.

[10] MIRCOLITHOGRAPHY. From Computer Aided Design to Patterned Substrate[EB/OL]. [2010 - 8 - 1]. http://seeen.spidergraphics.com/cnf5/doc/Microlithography2004.pdf.

[11] 黄庆安. 硅微机械加工技术[M]. 北京：科学出版社，1996.

[12] POWELL O, HARRISON H B. Anisotropic Etching of {100} and {110} Planes in (100) Silicon[J]. J Micromech Microeng, 2001, 11: 217 - 220.

[13] Etch Rates For Silicon. Silicon Nitride, and Silicon Dioxide in Varying Concentrations and Temperatures of KOH[EB/OL]. [2010 -8 - 1]. http://cleanroom.byu.edu/KOH.phtml.

[14] KOESTER D, COWEN A, MAHADEVAN R. PolyMUMPs Design Handbook. 2003.

[15] KHANNA R, ZHANG X, PROTZ J, et al. Microfabrication Protocols for Deep Reactive Ion Etching and Wafer - Level Bonding[J]. SENSORS, 2001, 18(4): 51 -60.

[16] CHUNG C. GEOMETRICAL Pattern Effect on Silicon Deep Etching by an Inductively Coupled Plasma System[J]. J Micromech Microeng,2004, 14:656 - 662.

[17] 谭刚，吴嘉丽，李仁锋. 低压化学气相淀积多晶硅薄膜工艺研究[J]. 新技术新工艺，2006(11):37 - 38.

[18] 王玉林，郑雪帆，陈效建. 低应力 PECVD 氮化硅薄膜工艺探讨[J]. 固体电子学研究与进展，1999(4):93 - 97.

[19]　李璟文，周艺，吴涛，等. 低温沉积 SiO_2 薄膜工艺的研究[J]. 真空与低温，2013(3)：168 - 171.

[20]　李一，李金普，柳学全，等. 金属有机化学气相沉积的研究进展[J]. 材料导报:纳米与新材料专辑，2012，26(1)：153 - 156.

[21]　许效红，王民，侯云，等. 金属有机化学气相沉积反应器技术及进展[J]. 化工进展，2002(6)：410 - 413.

[22]　申灿，刘雄英，黄光周. 原子层沉积技术及其在半导体中的应用[J]. 真空，2006(4)：6 - 11.

[23]　仇洪波，刘邦武，夏洋，等. 原子层沉积技术研究及其应用进展[J]. 微纳电子技术，2012，49(11)：701 - 708，731.

[24]　HANS H G，VOLKER S，JÜRG L. Micro and Nano Fabrication：Tools and processes [M]. Berlin Heidelberg：Springer - Verlag，2015：126 - 163.

[25]　PARSONS G N，GEORGE S M，KNEZ M. Progress and Future Directions for Atomic Layer Deposition and ALD - based Chemistry[J]. MRS Bulletin，2011，36(11)：865 - 871.

[26]　宣天鹏. 表面工程技术的设计与选择[M]. 北京：机械工业出版社，2011.

[27]　高志，潘红良. 表面科学与工程[M]. 上海：华东理工大学出版社，2006.

[28]　冯丽萍，刘正堂. 薄膜技术与应用[M]. 西安：西北工业大学出版社，2016.

[29]　姜银方，朱元右，戈晓岚. 现代表面工程技术[M]. 北京：化学工业出版社，2006.

[30]　郦振声，杨明安. 现代表面工程技术[M]. 北京：机械工业出版社，2007.

[31]　杜军，朱晓莹，底月兰. 气相沉积薄膜强韧化技术[M]. 北京：国防工业出版社，2018.

[32]　麻莳立男. 薄膜制备技术基础[M]. 北京：化学工业出版社，2009.

[33]　石玉龙，闫凤英. 薄膜技术与薄膜材料[M]. 北京：化学工业出版社，2015.

[34]　田民波，李正操. 薄膜技术与薄膜材料[M]. 北京：清华大学出版社，2011.

[35]　史锡婷. 剥离技术制作金属互连柱及其在 MEMS 中的应用[J]. 半导体技术，2005，30(12)：15 - 18.

[36]　Data Sheet of Shipley Microposit LOL 1000 and LOL 2000 Lift off Layers[Z]. 1998.

[37]　LEE H S，YOON J. A Simple and Effective Lift - off with Positive Photoresist[J]. J Micromech Microeng，2005，15：2136 - 2140.

第 5 章　微机电系统测试

5.1 引　言

微器件在加工过程中的尺寸是否精准，加工完成之后是否能够实现预设的功能，都需要通过测试进行验证。根据测试对象的不同，测试可以分为专门对微器件加工过程中的薄膜厚度、台阶高度、表面曲率、表面粗糙度、材料力学参数、材料电学参数和应力状态等进行测试的工艺参数测试，和对微器件加工完成后的静态性能、动态性能等进行测试的器件性能测试。

5.2 工艺参数测试

5.2.1 方块电阻测试

方块电阻，又叫作薄层电阻，是指一个正方形的薄膜导电材料边到边之间的电阻(即单位面积内的电阻)。方块电阻的大小和薄膜的纵向尺寸(厚度)有关，和薄膜的横向尺寸无关，当薄膜的长度和宽度相等时，其电阻等于其方块电阻。对于给定的材料和给定的厚度，任意大小薄膜的方块电阻都是一样的。电阻和方块电阻之间的关系满足

$$R=\rho\frac{L}{S}=\rho\frac{L}{Wt}=\frac{\rho}{t}\frac{L}{W}=R_{\mathrm{S}}\frac{L}{W} \tag{5.1}$$

式中，R 是薄膜的电阻；R_{S} 是薄膜的方块电阻；L 是薄膜的长度；W 是薄膜的宽度；t 是薄膜的厚度；方块电阻的单位是 Ω/□，方块电阻的大小主要取决于扩散到硅片中的杂质总量，杂质总量越多，方块电阻就越小。材料的方块电阻越大，器件的本征电阻越大，从而电损耗越大。方块电阻在每次扩散后都要测量，以检验工序中掺杂浓度控制的情况。蒸发或溅射金属薄膜，衡量它们厚度的一种方法就是在电阻率已知且比较稳定的前提下测试它们的方块电阻。

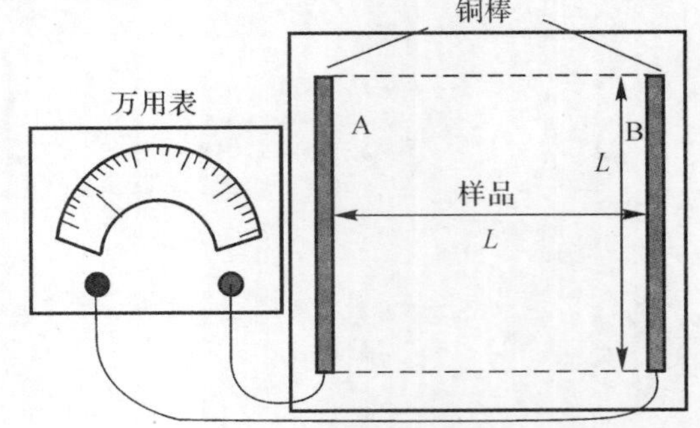

图 5.1　方块电阻的简单测试系统(俯视)

方块电阻不能用万用表电阻挡直接测量，因万用表的表笔只能测试点到点之间的电阻，而这个点到点之间的电阻不表示任何意义。如要测量方块电阻，最简单的方法就是在如图5.1所示的在A边和B边各压上一个电阻比被测薄膜电阻小得多的圆铜棒(圆铜棒光洁度要高，以便和被测薄膜接触良好)，万用表所测得的两个铜棒之间的电阻就是薄膜的方块电阻。由于存

在导线内阻、铜棒与薄膜之间的接触电阻以及万用表本身精度的影响，这种方法只能粗略测量薄膜的方块电阻，如果方块电阻比较小(如在几个 Ω/□ 以下)，使用万用表测试就会出现读数不稳和测量不准的情况。

如果需要测量欧姆量级的方块电阻，需要使用可以进行四端测试的低电阻测试仪器，如毫欧级电阻计、微欧级电阻计等。四端测试的原理如图 5.2 所示。

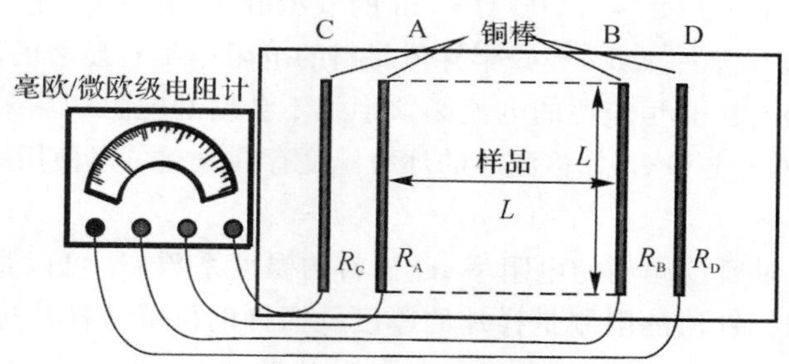

图 5.2　方块电阻的四端测试系统(俯视)

在四端测试中，4 根铜棒所引入的电阻分别为 R_A，R_B，R_C 和 R_D，电阻中包括导线和铜棒的内阻，铜棒和样件之间的接触电阻，由于每次接触状态不可能完全相同，这 4 个电阻的测试值并不固定，四端法测量就是为了消除这种不固定因素对方块电阻测量值的影响。毫欧级电阻计内部通过开关控制接通不同的铜棒分别进行 4 次测量，得到 4 个电阻值分别为

$$R_1 = R_A + R_C$$

$$R_2 = R_B + R_D$$

$$R_3 = R_C + R_S + R_D$$

$$R_4 = R_A + R_S + R_B$$

样件的方块电阻可以计算为

$$R_S = (R_3 + R_4 - R_1 - R_2)/2 \tag{5.2}$$

四端测试法比较简单，精度也比较高，但是为了保证铜棒的长度等于 A 和 B 两根铜棒之间的距离，通常铜棒都做得比较长来减小测量误差，这在被测区域比较小的场合是不适用的。

对于较小测量区域方块电阻的测量，通常采用专门的四探针测量仪(Four - point Probe)来实施。四探针测量技术方法分为直线四探针法和方形四探针法。方形四探针法具有测量微区域的优点，可以测量样品的不均匀性，微小样品的测量多采用这种方法。四探针法按发明人又分为 Perloff 法、Rymaszewksi 法、vander Pauw 法(范德堡法)等。每种方法都对被测样品的厚度和大小有一定的要求，当不满足条件时，必须考虑边缘效应和厚度的修正问题。

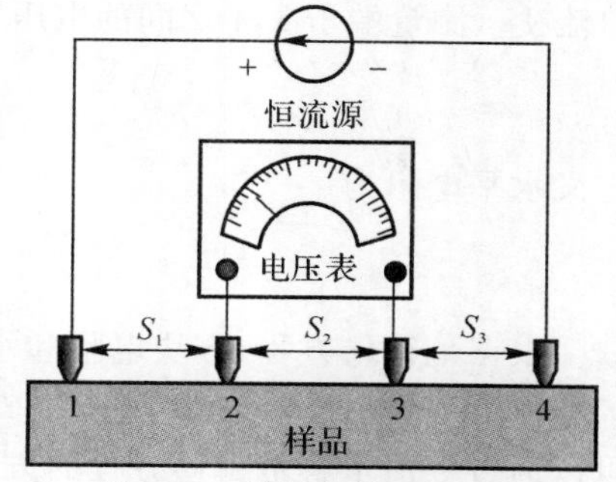

图 5.3　常规直线四探针法测量原理

常规的直线四探针法测量原理如图 5.3 所示。将位于同一直线的 4 个小探针置于一平坦的样片(其尺寸相对于四探针可视为无穷大)上，并施加直流电流 I 于外侧的 1 号和 4 号探针上，测量出内侧的 2 号和 3 号探针之间的电压差 U。在无穷大的样片上，如果探针之间的间距分别为 S_1，S_2 和 S_3，那么检测位置的电阻率 $\rho(\Omega \cdot \text{cm})$ 可由如

下公式计算,有

$$\rho = 2\pi S(U/I) \tag{5.3}$$

$$S = \left(\frac{1}{S_1} + \frac{1}{S_3} - \frac{1}{S_1 + S_2} - \frac{1}{S_2 + S_3}\right)^{-1} \tag{5.4}$$

在得到电阻率之后,再用电阻率除以样片的厚度可以得到方块电阻。常规直线四探针法适用于测量电阻率介于 0.008 ~ 2 000 Ω·cm 的 p 型硅及电阻率介于 0.008 ~ 6 000 Ω·cm 的 n 型硅,测量的精度误差约 1.5%[1]。半导体材料的电阻率都有显著的温度系数(C_T),测量电阻率时必须知道环境温度,且恒流源的电流必须小到不会引起电阻加热效应。通常四探针电阻率测量的参考温度为(23 ± 1)℃,如检测时的环境温度存在偏差可以使用如下的公式进行修正:

$$\rho = \rho_T - C_T(T - 23) \tag{5.5}$$

式中,ρ_T 是温度为 T 时所检测到的电阻率,硅材料的温度系数 C_T 可以查表得到。

使用常规直线四探针法的限制是样片的厚度及探针的位置至样片边缘的距离均需至少为探针间距 S 的 4 倍,只有这样才能得到可靠的测量结果。

测量微小区域的方块电阻可以使用范德堡法,为了减小测试误差,范德堡法需要制备特定形状的测试样件,图 5.4 给出了范德堡法可以使用的 3 种样件,其中图 5.4(a) 苜蓿叶形是最佳的样件形状,图 5.4(b) 是最差的样件形状。

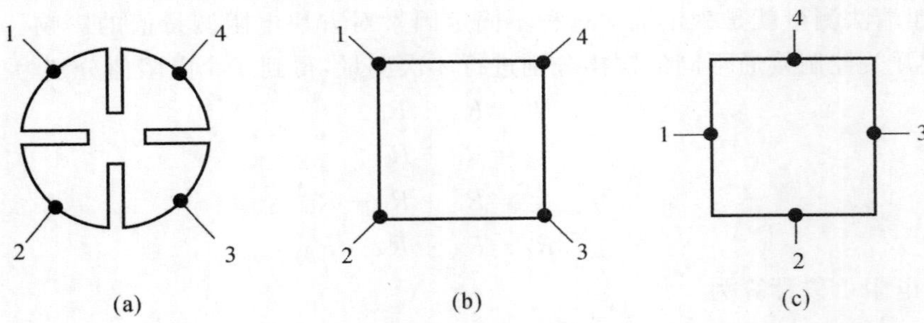

图 5.4 范德堡法测量样件形状

(a) 苜蓿叶形(Cloverleaf); (b) 正方形,四角引出端子; (c) 正方形,四边引出端子

使用范德堡法进行测量,必须要保证 4 个测试端子和样件之间为欧姆接触(见图 5.5)。通过使用开关矩阵在 4 个测试端子上切换电压表和电流源,首先在测试端子 1,2 之间施加直流电流 I_{12},测量端子 3,4 之间的电压 V_{43},如图 5.5(a) 所示;然后在测试端子 2,3 之间施加直流电流 I_{23},测量端子 1,4 之间的电压 V_{14}。定义纵向电阻为

$$R_{\text{Vertical}} = \frac{V_{43}}{I_{12}} \tag{5.6}$$

定义水平电阻为

$$R_{\text{Horizon tal}} = \frac{V_{14}}{I_{23}} \tag{5.7}$$

根据范德堡方程,方块电阻和水平电阻、纵向电阻之间存在如下关系:

$$\mathrm{e}^{(-\pi R_{\text{Vertical}}/R_s)} + \mathrm{e}^{(-\pi R_{\text{Horizon tal}}/R_s)} = 1 \tag{5.8}$$

可以通过数值求解范德堡方程的方式得到方块电阻,也可以根据范德堡方程求解公式

$$R_s = \frac{\pi}{\ln 2}\,\frac{R_{\text{Vertical}} + R_{\text{Horizon tal}}}{2} f\left(\frac{R_{\text{Vertical}}}{R_{\text{Horizon tal}}}\right) \tag{5.9}$$

来求解方块电阻，式中 $f\left(\frac{R_{\text{Vertical}}}{R_{\text{Horizon tal}}}\right)$ 为范德堡修正函数，其数值可以通过查表得到。如果水平电阻和纵向电阻相等且皆为 R，则有 $f\left(\frac{R_{\text{Vertical}}}{R_{\text{Horizon tal}}}\right)=f(1)=1$，则方块电阻求解公式为

$$R_s=\frac{\pi}{\ln 2}R=4.53R \tag{5.10}$$

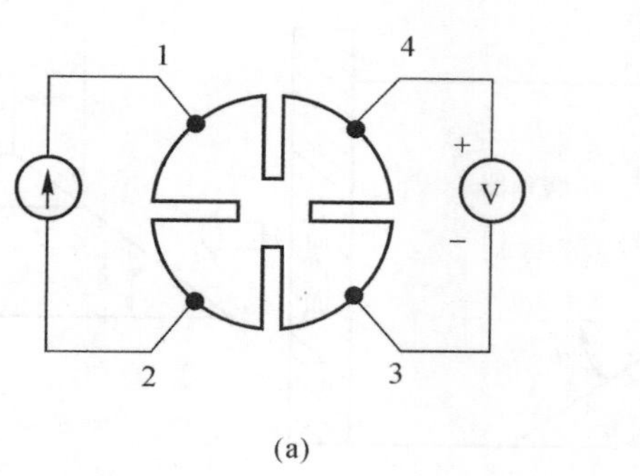

(a)

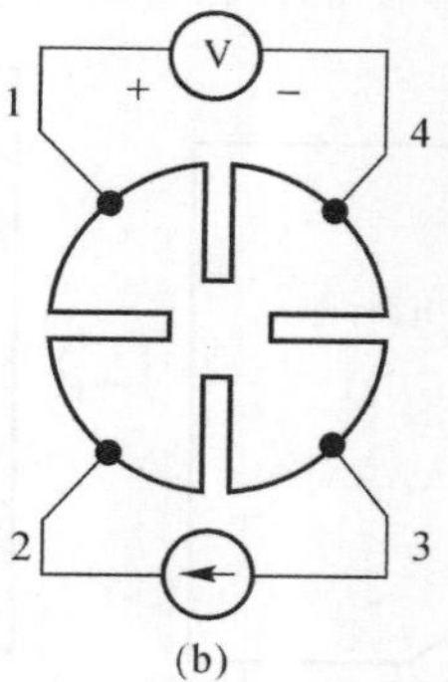

(b)

图 5.5　范德堡法测量电路

(a) 纵向电阻测量；(b) 水平电阻测量

在实际工艺测试过程中，可以采用现成的四探针测试仪进行方块电阻的测量，而不必过于关心其内部到底是如何进行测量的。一个典型的四探针测试仪如图 5.6 所示。

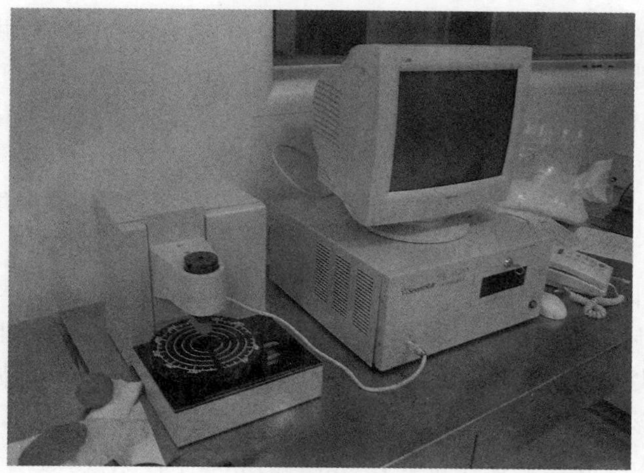

图 5.6　四探针测试仪(西北工业大学)

5.2.2　结深测量

因为结深是在微米数量级，所以想要直接测量具有一定难度，通常采用磨角染色法或滚槽法测量。磨角法是将经过扩散的硅片或陪片磨出一个 1° ~ 5° 的斜面，然后对 p－n 结染色，经过测定和计算获得结深。具体操作如下：将经过扩散的硅片或陪片用松香和石蜡粘在磨角器上，用 M1 金刚砂纸或氧化镁粉磨角，磨好后加热，让松香和石蜡软化取下样品，清洗后染色。

磨角器(其工作原理见图 5.7)是一个一端有 $1^\circ \sim 5^\circ$ 斜面的圆柱体,将硅片按照图 5.7(a)所示的方式用松香和石蜡粘贴于磨角器斜面上,确保硅片的边沿与斜面的边沿对齐,然后将磨角器装入套筒中(磨角器与套筒内壁的公差配合要合适,既保证磨角器可在套筒中上下作活塞式自由运动,又保证磨角器不在套筒中晃动,磨角器在砂纸上的运动轨迹应为 8 字形,靠磨角器的自重将硅片压在砂纸上,而不是靠手部的力量,提高重复性),放在 M1 金刚砂纸上磨出斜角。加热磨角器使松香和石蜡熔化,取下硅片,完成磨角。

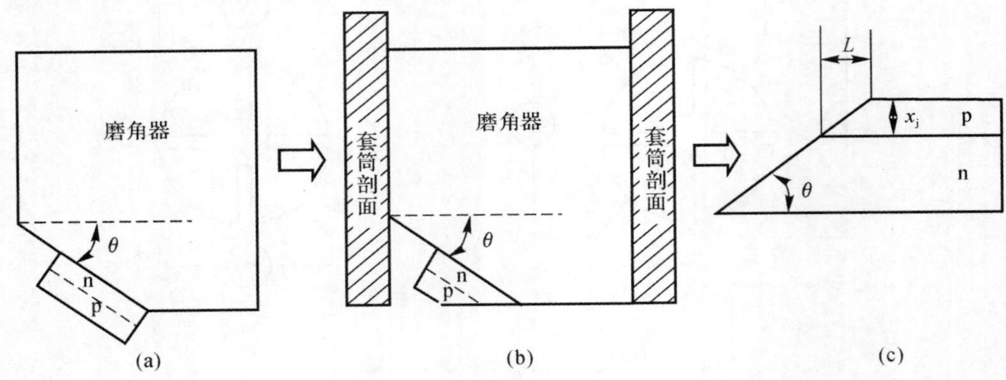

图 5.7 磨角器的工作原理

(a) 将硅片装到磨角器上; (b) 磨角; (c) 染色、测量

染色可以采用硫酸铜溶液进行,硫酸铜溶液的配方:$CuSO_4$(5 g):40% HF 酸(2 mL):H_2O(50 mL),染色液中加入少量 HF 酸的目的是为了把硅片表面的氧化物去除,使反应能顺利进行。染色原理是由于 Si 的电极电位低于 Cu,Si 能从硫酸铜染色液中把 Cu 置换出来,在 Si 表面上形成红色 Cu 镀层,又由于 n 型 Si 的标准电极电位低于 p 型 Si 的标准电极电位,因此会在 n 型 Si 上先有 Cu 析出,这样就把 p－n 结明显显露出来。

对显示出来的 p－n 进行测量和计算便可以得出结深。若磨角器角度为 θ,则结深为

$$x_j = L\sin(\theta) \tag{5.11}$$

如果 θ 越小,斜面越长,测得越准确。其中 L 既可以在显微镜下通过标尺直接读取,又可以通过干涉法测得。干涉法测量 L 的原理如图 5.8 所示。在磨角后的硅片上盖上载玻片,使之与硅片斜面之间形成尖劈形空气薄膜,采用单色光源垂直照射(常用钠灯,波长为 589.3 nm),则在空气隙的上表面形成干涉条纹,条纹是平行于斜面的一组等距离直线,且相邻两条纹所对应的空气隙厚度之差为半波长。观察等厚空气薄膜的等厚干涉条纹,数出 p 区空气薄膜的条纹数目 m 即可以求出结深,计算公式为

$$x_j = \frac{m\lambda}{2} \tag{5.12}$$

式中,λ 是光源的波长。

磨角法存在一定的误差,尤其对浅结,用磨角法很难测量,为了更精确地测量结深,一般采用滚槽法。滚槽在滚槽机上进行,将硅片夹持或用蜡固定在夹盘上,再在硅片表面滴 1 ～ 2 滴研磨液,用滚轮滚磨,滚磨时间根据结深实验确定。滚槽法原理如图 5.9 所示。图中 R 为滚轮的半径,即槽的曲率半径,根据勾股定律,结深可表示为

$$x_j = \sqrt{R^2 - b^2} - \sqrt{R^2 - a^2} = R\left(\sqrt{1 - \frac{b^2}{R^2}} - \sqrt{1 - \frac{a^2}{R^2}}\right) \tag{5.13}$$

由于 $R \gg a, R \gg b$,所以$\frac{a^2}{R^2} \ll 1, \frac{b^2}{R^2} \ll 1$,则有

$$x_j = R\left(1 - \frac{b^2}{2R^2} - 1 + \frac{a^2}{2R^2}\right) = \frac{a^2 - b^2}{2R} \tag{5.14}$$

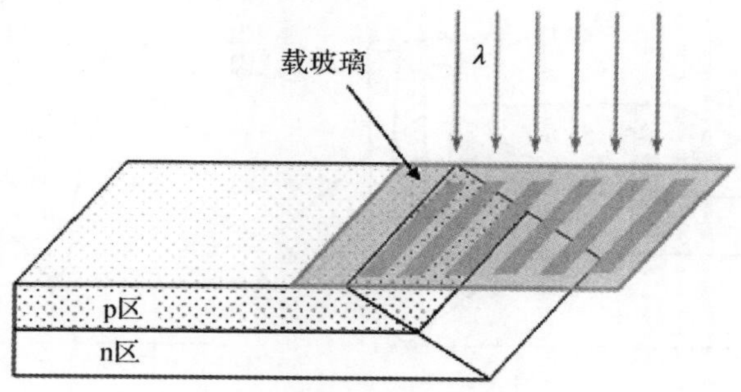

图 5.8　采用干涉法测量结深

滚槽后,对硅片进行染色,用显微镜测出 a,b 的值,结合已知的滚轮半径,可以计算出结深。滚轮的半径越大,滚槽法的测量精度越高。

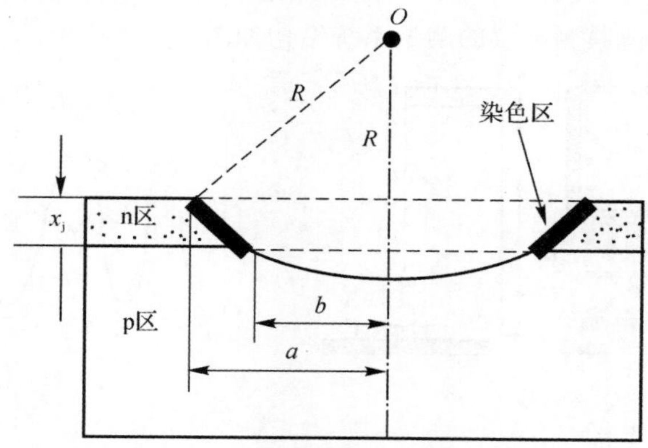

图 5.9　滚槽法测量结深的原理图

磨角染色法和滚槽法只能测量结深,却无法测量掺杂浓度沿厚度方向上的分布。采用扩展电阻法,既可以得到结深,又可以测量掺杂浓度的分布。扩展电阻测试首先也要采用磨角器制作楔角,然后采用探针按照一定的间隔依次测量楔角上的扩展电阻,对于双探针方案,可以根据下面的公式计算出靠近探针点的平均电阻率,则有

$$R_{sr} = \frac{\rho}{2a} \tag{5.15}$$

式中,R_{sr} 是扩展电阻;ρ 是靠近探针点的平均电阻率;a 是探针半径。将电阻率的分布输入计算机计算出掺杂浓度的分布并绘制浓度分布曲线,根据浓度分布曲线的转折点得到结深,其原理如图 5.10 所示。

除了以上3种方法测量结深以外，还可以用阳极氧化剥层法测量结深。这种方法是在室温下，用阳极氧化法生长一定厚度的 SiO_2，再用氢氟酸去掉 SiO_2，然后测量方块电阻，不断重复上述做法，就会发现方块电阻逐渐增大，并趋向无穷大。若在第 n 次测量中，发现方块电阻突然开始变小，那么 p－n 结就是在第 n 次去氧化层后的位置。这种方法可以比较精准地测量结深。

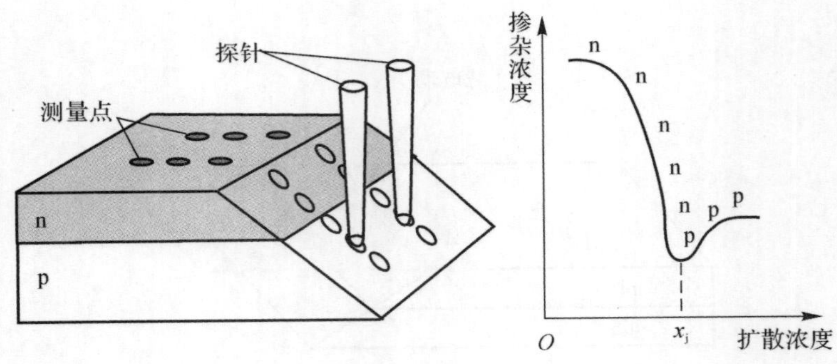

图 5.10　扩展电阻测试原理图

5.2.3　透明薄膜的厚度测量

透明薄膜的厚度测量可以使用光学薄膜测厚仪（光探针）或者椭偏仪进行，两种方法都是非接触光学测量。光学薄膜测厚仪的测量系统结构如图 5.11(a) 所示。

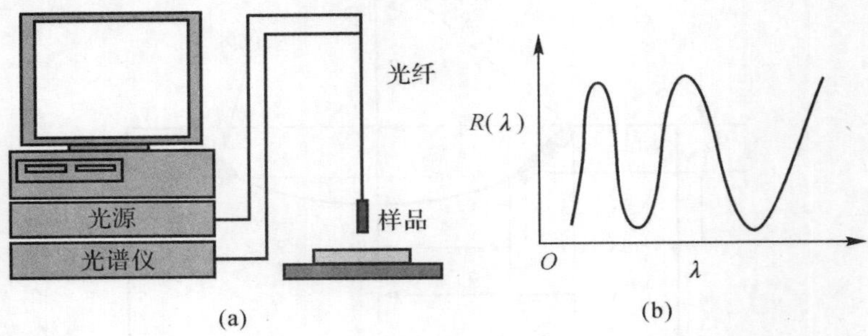

图 5.11　光探针法测量透明薄膜厚度原理图

以单层薄膜为例，样品放置测试台，通过光纤将光源发出的初始光强为 $I_0(\lambda)$ 光束垂直入射到样品表面，样品上表面（空气／薄膜）反射光强 $I_1(\lambda)$ 和样品下表面（薄膜／衬底）反射光强 $I_2(\lambda)$ 叠加成为 $I(\lambda)$ 被光谱仪所接收，则有

$$R(\lambda)=\frac{I(\lambda)}{I_0(\lambda)} \tag{5.16}$$

由式(5.16) 可以计算出的反射率 $R(\lambda)$ 同时又是薄膜厚度 d、薄膜折射率 $n(\lambda)$、薄膜消光系数 $k(\lambda)$ 的函数，在该薄膜材料对应不同波长下的 n,k 值已知的情况下，测出不同波长下的 $R(\lambda)$ 曲线，如图 5.11(b) 所示，可以通过计算机数学运算得到薄膜厚度。反射率和波长的函数曲线随波长的变化上下振荡，且薄膜的厚度越厚，振荡次数越多。这种测量方法可以测量的薄膜厚

度一般为 1 nm ～ 1 mm，测量厚度精度与量程有关，最好为 1 nm。该测量方法需要材料光学常数库支持，需要薄膜样品表面光滑，且为透明或半透明状（对测量波长而言）的单层或多层膜（衬底不透光），测试光斑大小一般为 100 μm × 100 μm 以下。有时候为了测量微小区域处的薄膜厚度，测试光纤还可以接到显微镜上，通过显微镜对准微小测试区域进行测量。

椭偏仪（Ellipsometer）的光谱范围在深紫外的 142 nm 到红外 33 μm 可选。光谱范围的选择取决于被测材料的属性、薄膜厚度及关心的光谱段等因素。例如，掺杂浓度对材料红外光学属性有很大的影响，因此需要能测量红外波段的椭偏仪；薄膜的厚度测量需要光能穿透该薄膜到达衬底，需要选用对该待测材料透明或部分透明的光谱段；对于厚的薄膜选取长波长更有利于测量。椭偏仪的测量原理如图 5.12 所示。将样品放置测试台，用一束已知偏振状态的椭圆偏振光斜照射到样品表面时，入射光与材料相互作用，使得样品反射光的偏振状态相对入射光相位和幅度发生变化，而通过光电传感器可测得反射光的偏振态变化（幅度和相位）。将偏振态变化、入射光波长和材料折射率输入偏振方程，可计算和拟合出薄膜包括厚度在内的许多光学特性。

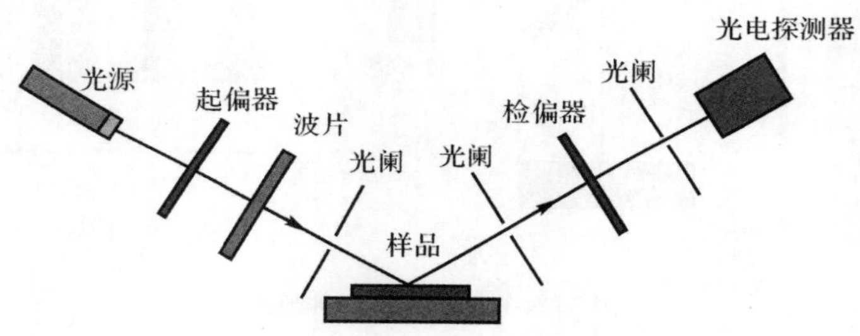

图 5.12　椭偏仪测量透明薄膜厚度原理图

5.2.4　台阶测量

光探针和椭偏仪只能测量透明薄膜的厚度，对于不透明薄膜或者未知材料的厚度，需要在薄膜上制备台阶，通过台阶测量来得到薄膜的厚度。台阶测量也可以用于确定干法或者湿法刻蚀所形成沟槽的深度。台阶测量可以采用接触式的探针轮廓仪（台阶仪，Stylus Surface Profiler）或者非接触式的干涉轮廓仪进行。探针轮廓仪的测量原理如图 5.13 所示。坚硬材料（如金刚石等）制成的针尖（曲率半径只有几个微米）与样品表面物理接触，样品在样品台的带动下在针尖下水平运动，由于样品表面台阶或者粗糙度引起的针尖上下运动传递给与探针臂相连的反射镜，引起反射镜转动，反射镜的转动导致探测光斑在线性差分变送器（Linear Variable Differential Transducer，LVDT）两个光电传感区域中的分布变化，从而将高度变化转化为差分电信号输出。

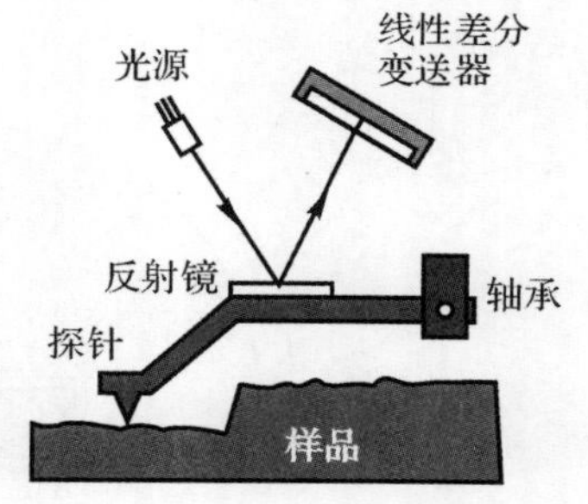

图 5.13　探针轮廓仪台阶测量原理图

由于探针和样品的接触力，探针轮廓仪测量台阶属于有损测量，在柔软样品表面会形成划痕，且当接触力设置不当时，可能会存在测量偏差。对于高深宽比的沟槽，针尖不能下到沟槽的底部，无法进行准确测量。

干涉轮廓仪采用光学干涉原理进行测量,不需要与样品表面直接接触,属于无损测量。如图 5.14(a) 所示是一个典型的迈克尔逊干涉(Michelson Interferometry) 光路,从光源发出的光被分光镜分成两部分,分别射向参考镜和样品。从参考镜和样品反射回来的光经过分光镜后,产生干涉现象。在迈克尔逊干涉光路中,参考镜为一光滑的平面镜,且绝对垂直。如果样品也是一个光滑表面且绝对水平,那么在CCD上观察不到干涉条纹;如果样品为一个光滑表面且与水平面存在一个微小的夹角,则可以在 CCD 上观察到明暗相间的水平条纹,夹角约大,条纹越密集。每隔一个条纹间距 S,代表样品平面和水平面的距离增加或减少 $\lambda/2$,如图 5.14(b) 所示。

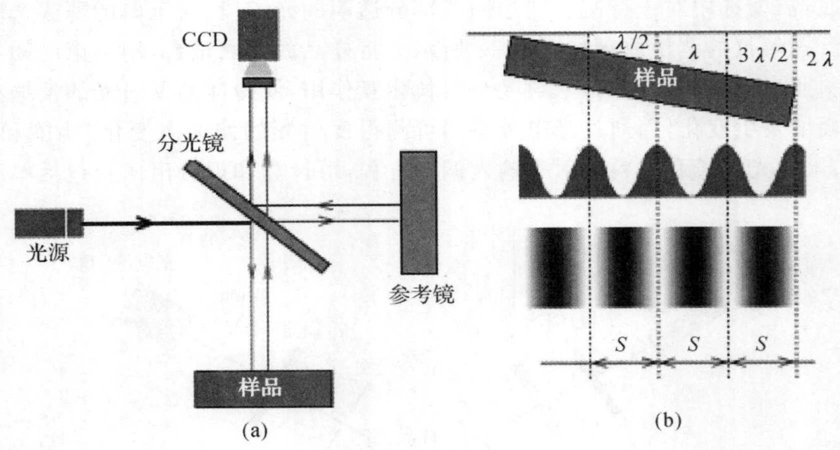

图 5.14　迈克尔逊干涉原理

(a) 干涉光路; (b) 干涉条纹

当被测样品不是光滑表面,而是存在深度为 d 的台阶时,如图 5.15(a) 所示,迈克尔逊干涉得到的不是水平条纹,而是在沟槽处出现一定偏差 Δ,如图 5.15(b) 所示,则有沟槽深度 d 与偏差 Δ 存在以下关系:

$$d=\frac{\lambda}{2}\frac{\Delta}{S} \tag{5.17}$$

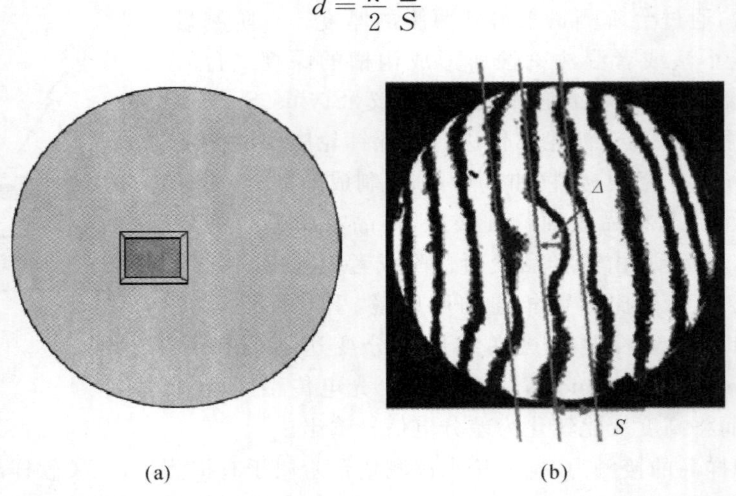

图 5.15　迈克尔逊干涉测量台阶高度原理

(a) 样品表面存在台阶; (b) 干涉条纹变化

这便是使用干涉法测量台阶的基本原理。基本干涉原理能够测量的台阶高度不能超过测量波长的一半，否则便得不到有效测量结果。商业化的显微干涉轮廓仪使用白光取代单一波长，并采用显微镜和一定的扫描机构，通过改变显微镜物镜相对于被测样品的距离，实现纵向扫描干涉(Vertical Scanning Interferometry, VSI)，适合粗糙表面的形貌测量，可以达到纳米级的纵向分辨率和毫米级的量程，且测量速度快；或者是通过改变参考镜的水平位置(即改变参考光路的长度)，实现相移干涉(Phase Shifting Interferometry, PSI)，适合光滑表面的形貌测量，可以实现0.3 nm的纵向分辨率，但是测量速度较低。除了迈克尔逊干涉光路之外，林尼克干涉(Linnik Interferometry)和米劳干涉(Mirau Interferometry)等干涉光路也被采用以实现微小区域台阶高度、表面轮廓和表面粗糙度的复杂测量。一般来说，物镜放大倍数在5倍以下的显微干涉轮廓仪一般采用迈克尔逊干涉光路，物镜放大倍数在5倍以上，50倍及以下的显微干涉轮廓仪一般采用米劳干涉光路，而物镜放大倍数为100倍时，一般采用林尼克干涉光路。图5.16所示是采用干涉表面轮廓仪得到的微梁阵列的三维轮廓，该三维轮廓是一幅伪色彩图，不同的色彩表示不同的高度。

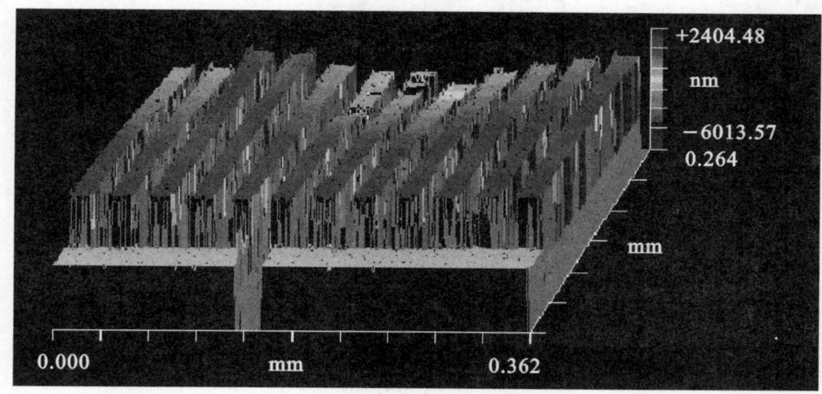

图 5.16　干涉轮廓仪得到的微梁阵列三维结构(西北工业大学)

5.2.5　扫描电子显微镜测量

干涉轮廓仪可以得到台阶高度及微结构的三维表面轮廓。但是，干涉轮廓仪只能以俯视角度对微结构进行三维成像，所能表达出的微结构三维信息非常有限。在微机电系统领域，通常采用扫描电子显微镜，简称扫描电镜(Scan Electron Microscope, SEM)，对三维微结构进行表征。SEM不仅可以在比较大的成像角度得到微结构的三维形貌，还可以对微结构的断面进行扫描，辅助标定软件测量探针轮廓仪和干涉轮廓仪所不能测量的高深宽比台阶或沟槽深度。

当一束高能的电子束轰击物质表面时，被激发的区域将产生二次电子、俄歇电子、特征X射线、背散射电子、透射电子，以及在可见、紫外、红外光区域产生的电磁辐射。对二次电子的采集和处理，可得到有关结构高分辨率微观形貌信息，而对X射线的采集，则可得到结构的化学物质成分信息。

SEM的工作原理是用一束极细的电子束逐点扫描样品表面，在样品表面激发出二次电子的多少与电子束入射角有关，也就是说，与样品的表面结构有关，二次电子由检测器收集并转换成调制信号，最后在荧光屏上显示反映样品表面各种特征的图像。扫描电镜具有景深大、图像立体感强、放大倍数范围大且连续可调(几十倍到几十万倍)、分辨率高、样品室空间大和样品制备简单等特点。

扫描电镜观察常见样品有断口样品、块状样品和粉末样品。对于断口样品可以就新鲜的断口直接进行扫描电镜的观察,粉末样品可以直接将粉末撒在导电胶上进行样品的观察,块状样品则需要经过切割、研磨、抛光、腐蚀等步骤进行样品的制备。对于导电材料来说,除要求尺寸不得超过仪器规定的范围外,需用导电胶把它粘贴在铜或铝制的样品座上,即可放到 SEM 中进行观察。对于导电性较差或者绝缘的样品来说,由于在电子束作用下会产生电荷堆积,影响入射电子束斑形状和样品发射的二次电子运动轨迹,使图像质量下降。这类样品一般需要进行喷镀导电层处理。通常使用二次电子发射系数较高的金等做导电层。

扫描电子显微镜结构如图 5.17 所示,由真空系统、电子束系统以及成像系统三部分组成。真空系统主要包括真空泵和真空柱两部分。真空柱是一个密封的柱形容器,真空泵则用来在真空柱内产生真空。成像系统和电子束系统均内置在真空柱中。真空柱底端即为样品室,样品室内装有可以移动、转动和倾斜的样品台。

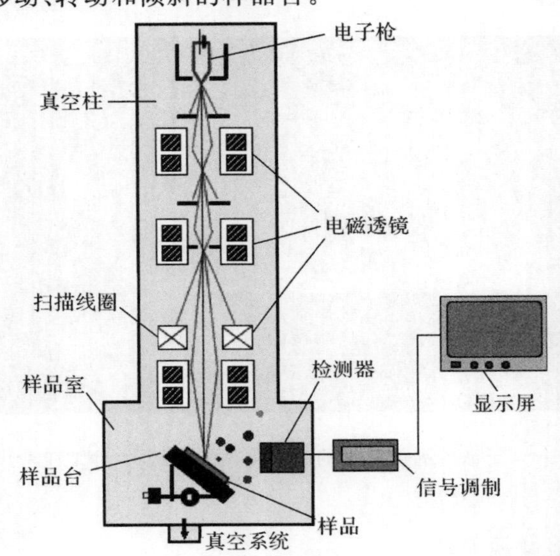

图 5.17　扫描电镜结构原理图

在 SEM 的真空柱中,由电子枪发射出的电子在电场作用下加速,又经过电磁透镜的聚焦作用,在样品表面聚焦成为极细的电子束,最小直径可以达到 1 ～ 10 nm。电子束与样品间可以发生相互作用,激发样品产生出如二次电子和特征 X 射线等物理信号。其中,二次电子的强度随样品表面特征而改变,检测器将这种改变成比例地转换为视频信号,经过视频放大和信号处理,从而在荧光屏上获得能反映样品表面特征的扫描图像。

图 5.18 是与图 5.16 同样的一组微梁使用扫描电镜所得到的一幅照片,使用扫描电镜得到的微结构照片更加具有立体感,更加便于了解微结构的三维信息。

图 5.19 则是在拍摄 ICP 刻蚀沟槽断面的 SEM 照片后,通过 SEM 仪器所提供的标定软件,通过手工标定所得到的沟槽深度、沟槽宽度和沟槽侧壁质量等几何尺寸信息。需要注意的是,通过手工标注得到的尺寸信息由于存在人为误差和照片的角度偏差,可能存在一定的误差,只具有一定的参考意义。

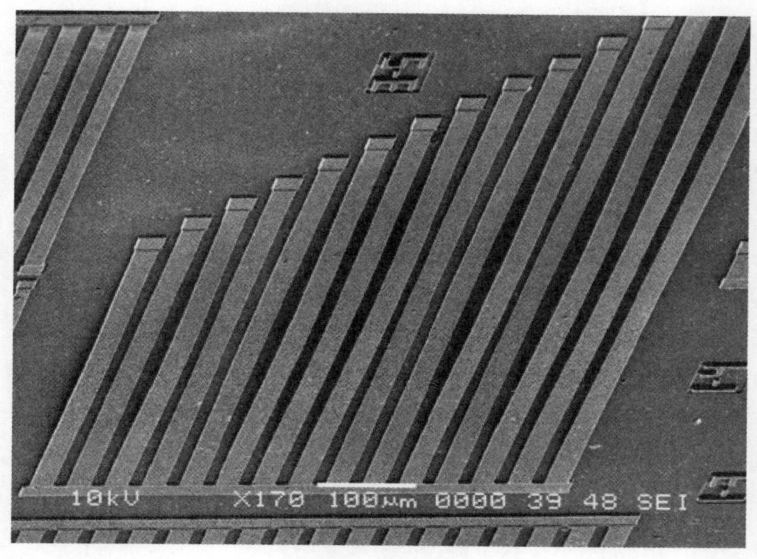

图 5.18　扫描电镜得到的微梁阵列三维结构(西北工业大学)

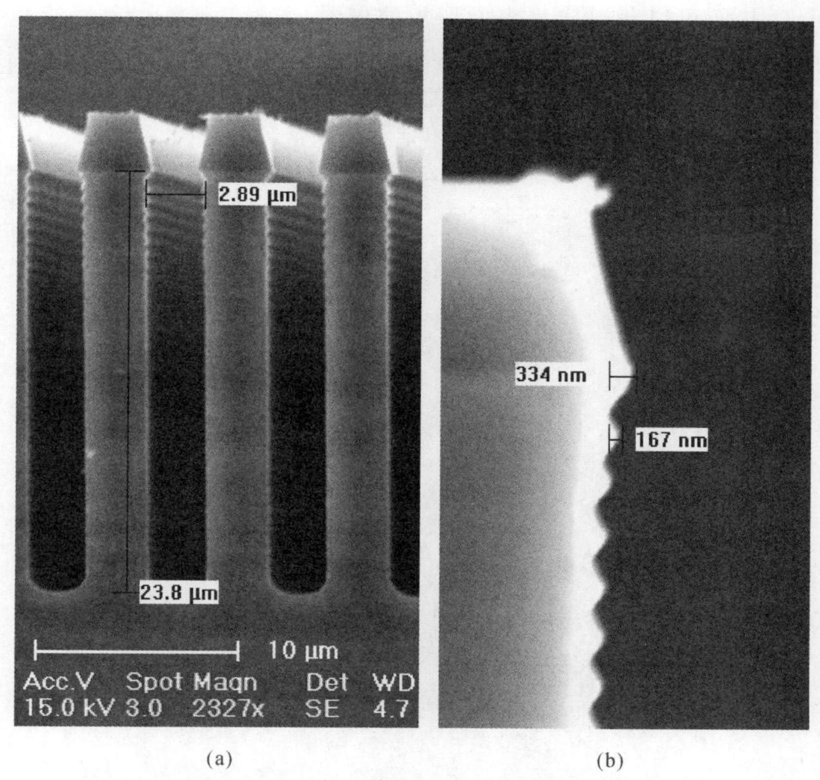

(a)　　(b)

图 5.19　扫描电镜测量几何尺寸信息(西北工业大学)

(a) 扫描电镜测量 ICP 刻蚀沟槽深度；(b) 扫描电镜测量 ICP 刻蚀侧壁质量

5.2.6 原子力仪测量

轮廓仪和扫描电镜可以得到微观结构的三维形貌，但是只能达到纳米级的分辨率，适合对微米尺度结构起伏的测量。为了测量纳米量级甚至埃量级的表面结构起伏，需要用到原子力仪显微镜(Atomic Force Microscope)。原子力仪显微镜就是利用原子间的作用力来进行样品表面形貌测量的仪器。原子力仪显微镜的基本结构如图 5.20 所示，将一个对微弱力极敏感的微悬臂梁一端固定，另一端有一微小的针尖，由于针尖尖端原子与样品表面原子间存在极微弱的作用力(当探针与样品之间的工作距离为数个 Å 时为排斥力，为数十到数百 Å 时为吸引力)，通过在扫描时控制这种力的恒定，带有针尖的微悬臂梁将对应于针尖与样品表面原子间作用力的等位面而在垂直于样品的表面方向起伏运动。利用光学检测法或隧道电流检测法，可测得微悬臂梁对应于扫描各点的位置变化，从而可以获得样品表面形貌的信息。图 5.21 给出了一幅原子力仪显微镜对纳米结构的测量结果，可以看到原子力仪显微镜测量能够得到 Å 级的分辨率。但是，原子力仪的视场非常小，测量区域的边长最大不过数十微米，如果需要得到微结构的整体三维信息，就不适合使用这种仪器。

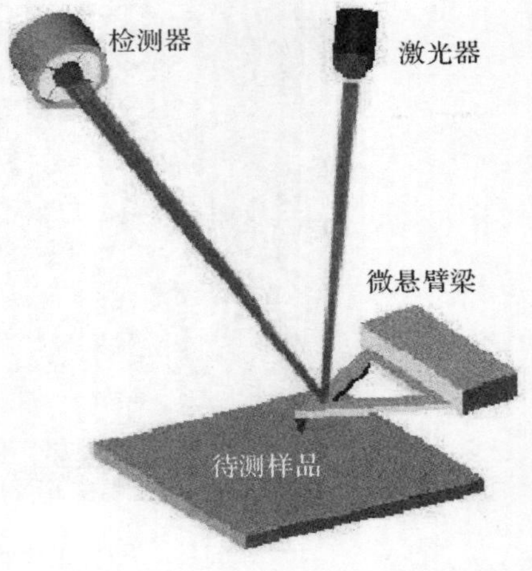

图 5.20　原子力仪显微镜的基本结构

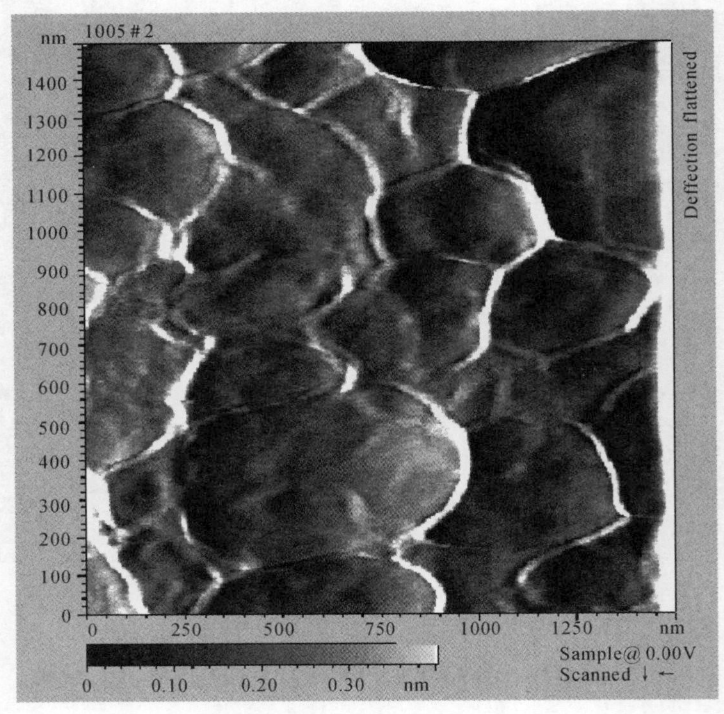

图 5.21　原子力仪显微镜测量结果(西北工业大学)

5.2.7　残余应力测量

在微结构中，由于薄膜残余应力的存在将引发一系列失效现象，极大影响微器件的工作性能和使用寿命。研究如何有效控制 MEMS 薄膜中的残余应力成为工艺监测与控制、MEMS 器件设计优化与性能改进的一个不容忽视的方面。

目前存在诸如曲率法、挠曲法、转动法、悬臂梁法、谐振频率法、加载变形法和结构位移法等多种残余应力的测试方法[2,3]。其中比较经典的有曲率法、挠曲法、转动法和悬臂梁法 4 种方法。

1. *曲率法*

曲率法是最经典的残余应力测量方法，许多商业化的残余应力测量仪就是基于这种方法进行测量的。在薄膜残余应力的作用下，衬底的曲率会发生变化，这种变化虽然很小，但通过激光干涉仪或者表面轮廓仪，能够测量出沉积薄膜前后的曲率，曲率的变化程度反映了薄膜残余应力的大小，斯托尼公式(Stoney Equation)[4] 给出了曲率变化和薄膜残余应力之间的关系，即

$$\sigma_{\mathrm{f}} = \frac{E_{\mathrm{s}}}{1-\nu_{\mathrm{s}}}\frac{t_{\mathrm{s}}^2}{6t_{\mathrm{f}}}\left(\frac{1}{R_f}-\frac{1}{R_0}\right) \tag{5.18}$$

式中，E_{s}，ν_{s}，t_{s}，t_{f}，R_{f}，R_0 分别是衬底材料的弹性模量、泊松比、厚度、薄膜的厚度、薄膜沉积之后的衬底曲率半径和薄膜沉积之前的衬底曲率半径。使用斯托尼公式的时候必须满足以下假设条件：

(1) 薄膜厚度远远小于衬底厚度。

(2) 衬底和薄膜的弹性模量相近。

(3) 衬底材料和薄膜材料是均匀的、各向同性和线弹性的。

(4) 薄膜残余应力是双轴平面应力且沿厚度方向均匀分布。

实际上很多情况并不能完全满足上述假设，斯托尼公式需作必要的推广，使用时必须明确该公式的适用范围。此外，斯托尼公式的测量精度不高，不能测量小的应力；只能测量平均应力，而不能测量应力的梯度；只能测量整个薄膜的应力，而不能测量薄膜不同区域的局部应力(即应力在二维平面上的分布)。

2. *挠曲法*

挠曲法是利用梁在压应力下的失稳对应力进行测量。当存在压应力的时候，两端固支的梁在释放之后会伸长，由于两端固定，当残余应力大于临界状态时，梁会发生挠曲(Buckling)。对于长度为 L，厚度为 t 的两端固支梁，当应变大于临界值

$$\varepsilon_{\mathrm{c}} = \frac{\pi^2}{3}\left(\frac{t}{L}\right)^2 \tag{5.19}$$

时，挠曲就会发生，若梁的中心位移为 d，应变可以表示为

$$\varepsilon = \frac{\pi^2 d^2}{4L^2} \tag{5.20}$$

从而可以计算出残余应力。由于垂直于衬底方向上的挠曲量 d 的测量比较困难，所以一般不采用式(5.20) 来计算应力值，而是直接采用临界长度计算，即在衬底上制作不同长度的梁阵列，测出最短发生挠曲的量的长度(临界长度，Critical Length)，利用式(5.19) 和式(5.21) 来确定膜内的残余应力，则有

$$\sigma=\frac{E}{1-\upsilon}\varepsilon \tag{5.21}$$

其中，σ 代表残余应力；ε 代表应变；υ 代表泊松比；E 代表薄膜的弹性模量。

挠曲法测量分辨率取决于梁的长度，由下式给出，则

$$\frac{\Delta\varepsilon}{\varepsilon}=2\frac{\Delta L}{L} \tag{5.22}$$

这种测量方法原理简单，可以测量释放之后的残余应力，并可以制作在微结构旁边实现原位测量；其缺点是精度不高，只能测量压应力，且不能测量应力梯度。为了提高测量精度和测量张应力，挠曲法还可以进行一些改进[5]，此处不作详细介绍。

3. *旋转法*

利用微旋转结构测量残余应力的方法是 Goosen 等最先提出的，Zhang Xin 等对该方法进行了发展[6]。旋转结构由两个较宽的测试梁和一个指针梁组成，如图 5.22[7] 所示。中间与梳齿结构相连的梁为指针梁，指针梁与锚点之间的梁为测试梁。测试梁的长度比较长，因为在同样残余应变的情况下，梁的长度变化量与梁的长度成正比。同样因为指针梁在一定偏转的情况下，指针梁顶端（即梳齿）的旋转位移与指针梁的长度成正比，而测试梁与指针梁之间的连接部分尺寸比较小，这样更有利于指针梁的旋转。

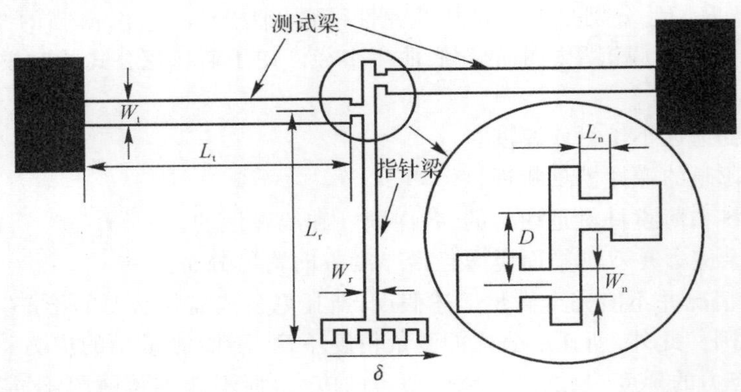

图 5.22　旋转测试结构原理图

微旋转结构的基本工作原理就是将薄膜中的残余应变转换成指针梁梳齿端的旋转位移 δ，从而根据 δ 就可以直接推算出薄膜的残余应变。下述分析旋转结构的工作过程。当薄膜中存在张应力时，释放之后会产生收缩应变，两个测试梁在收缩过程中所形成力矩使得中间的指针梁沿顺时针方向旋转，产生一段圆弧位移，由于圆弧位移相对于旋转指针梁的长度很小，可以等效为向左水平位移。如果薄膜中存在压应力，则产生向右的水平位移。根据旋转的方向和位移，就可以求得残余应力的方向和大小。相关研究表明[7]，测试梁与指针梁连接处宽度 W_n，测试梁长度 L_t，指针梁长度 L_r 和两个连接处的间距 D 四个参数对旋转结构的灵敏度有显著的影响，而连接处长度 L_n，测试梁宽度 W_t 和指针梁宽度 W_r 3 个参数对旋转结构灵敏度的影响不大。要提高旋转结构的灵敏度，可以增加指针梁和测试梁的长度，但梁长度也不能太大，否则会因为重力或残余应力变形接触到衬底或向上翘曲，使得旋转结构失效；减小两个连接处的间距或减小连接处宽度也可以提高灵敏度，但是连接处的极限应力不能超过材料的屈服极限，否则也会使得测试结构失效。

对于旋转应力测试结构，没有一个精确的解析公式来描述残余应变和指针位移 δ 之间的关系，但是对于特定的旋转结构设计，可以通过有限元的方法对其进行标定，即通过数值仿真的方法确定残余应变和指针位移 δ 之间的关系曲线。在实际测量的时候，可以通过测得的 δ，借助标定曲线求解残余应变的大小，然后在弹性模量已知的情况下，根据式(5.21)就可以求得残余应力的大小。旋转结构法的优点是可以测量释放之后的残余应力，能制作在微器件的附近进行原位测量，能同时测量压应力和张应力；缺点是仍然只能测量薄膜厚度上的平均应力，而不能测量沿厚度方向上的应力梯度。为了测量沿薄膜厚度的应力梯度，需要应用下面介绍的悬臂梁法。

4. 悬臂梁

W. Fang 等利用微悬臂梁的变形，同时实现了平均应力和应力梯度的测量[8]。但是这种方法实际操作起来比较烦琐，本书在此进行了一定程度的简化。悬臂梁由于应力梯度引起的弯矩为

$$M=\int_{-t/2}^{t/2} w(\sigma_0+\Delta\sigma_1 y)y\mathrm{d}y=\frac{wt^3}{12}\Delta\sigma_1 \tag{5.23}$$

式中，w 是悬臂梁的宽度。弯矩和悬臂梁的弹性模量 E、转动惯量 I 和变形曲率半径 R 之间的关系为

$$M=\frac{EI}{R} \tag{5.24}$$

式中，转动惯量为 $I=\frac{wt^3}{12}$，可得残余应力梯度和曲率半径之间的关系为

$$\frac{\Delta\sigma_1}{E}=\frac{1}{R} \tag{5.25}$$

根据梁弹性变形理论，梁的出平面变形 z 和梁的曲率半径 R 之间的近似关系为

$$\frac{\mathrm{d}^2 z}{\mathrm{d}x^2}=\frac{1}{R} \tag{5.26}$$

二次积分可得

$$z=\frac{1}{2R}x^2+bx+c \tag{5.27}$$

根据锚点固支边界条件可知 $b=0$，$c=0$，于是有

$$z=\frac{\Delta\sigma_1}{2E}x^2 \Leftrightarrow \Delta\sigma_1=\frac{2E}{x^2}z \tag{5.28}$$

可以直接使用光学干涉仪轮廓仪测出悬臂梁自由端的出平面变形，根据悬臂梁的长度和材料的弹性模量就可以计算出薄膜的应力梯度。

5.3　器件性能测试

由于 MEMS 微结构具有结构尺寸小、集成度高、运动频率高和动作幅度小等特点，对测量 MEMS 结构性能系统提出了位移测量精度高(纳米级)、频率响应高和非接触式无损测量等要求。目前，激光多普勒测振仪(Laser Doppler Vibrometer，LDV)和频闪显微干涉显微镜(Stroboscopic Interferometer Microscope)是有效测量微结构动作性能的仪器。

5.3.1 激光多普勒测量

假设某波源发射波长为 λ 的波，波速为 c，波源的移动速度为 v，观察者固定不动观察波源。波在波源移向观察者时接收频率变高，观察到的波源频率为 $(c+v)/\lambda$，而在波源远离观察者时接收频率变低，观察到的波源频率为 $(c-v)/\lambda$。当观察者移动时也能得到同样的结论，这种现象叫作多普勒效应，所产生的频率差叫作多普勒频率。对于光源来说，当光源移向观测者时，光波被压缩，频率升高（蓝移，Blue Shift），而当光源远离观测者时，光波被拉长，频率降低（红移，Red Shift）。根据光波红（蓝）移的程度，可以计算出光源沿着观测方向运动的速度。

激光多普勒测振仪就是应用了多普勒原理，如图 5.23 所示。将波长为 λ，频率为 f_0 的激光照射到移动速度为 V 的被测对象上，激光入射方向与被测对象运动方向夹角为 θ，从移动物体上反射出来光会产生多普勒效应，即除了本身的激光频率外 f_0 还附加了一个频率 f_D，称为多普勒频率，物体移动的速度越大，多普勒频率也越大。通过测量多普勒频率，可以根据以下公式计算出被测对象的移动速度，即

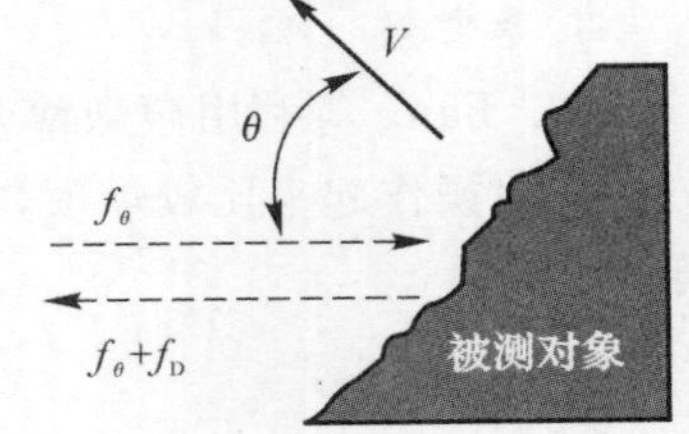

图 5.23 激光多普勒测量原理

$$f_D = \frac{2V\cos\theta}{\lambda} \tag{5.29}$$

在实际的激光多普勒测振仪中，由于激光的频率非常高，直接测量多普勒频率 f_D 是比较困难的，通常的做法是将反射光频率 f_0+f_D 与入射光的频率 f_0 进行相干涉的方法，把多普勒频率 f_D 检测出来。激光多普勒测振仪一次只能测量被测结构表面单个点的运动情况，通过实时测量该点速度和位移随时间的变化曲线，获得被测结构在该点处的动力学特性（如频率响应函数）。如果需要获得整个结构的动力学特性，可以辅助一定的扫描装置对被测结构表面各点依次进行激光多普勒测量。

5.3.2 频闪显微干涉测量

干涉式轮廓仪能够获得微结构高分辨率静态表面形貌。但是，当微结构在高速运动（兆赫级）时，由于干涉仪采用连续照明光源，而目前最快的高速 CCD 相机只能达到 100 kHz 的采样频率，无法实现高频运动捕捉，也就无法得到高速运动下的微结构表面形貌。频闪照明的原理是用一持续时间极短的脉冲频闪光去照射高速且具周期性运动的物体，并使频闪光的闪光频率等于物体运动的变化频率，则当每次闪光时，物体运动总是到达同一位置，人眼观察或 CCD 拍摄的仿佛是一幅“冻结”不变的静止图像。

频闪显微干涉（Stroboscopic Interferometry）就是将频闪照明技术与显微干涉技术相结合。保持频闪光的闪光频率与物体运动频率相等，通过在不同运动周期的相同相位点多次照明，可以满足 CCD 相机的曝光要求，得到一个相位点的微结构冻结不动的干涉图案，配合干涉扫描技术，在该相位点可获得一组干涉图案集，通过干涉图案处理构造出该相位点微结构的一幅高分辨率表面形貌图；再逐渐调整频闪光脉冲与周期性运动的相对延时，则可以获得一系列的高分辨率表面轮廓，每一表面轮廓对应物体运动周期内的某一相对时刻（相位）。此时，频闪照明下获取运动图像的时间分辨率不再由 CCD 相机的帧频所决定，只是取决于频闪光进行同步闪光时所能调整的最小延时增量。图 5.24 给出了不同延时条件下微结构 4 个相位点表面形貌。

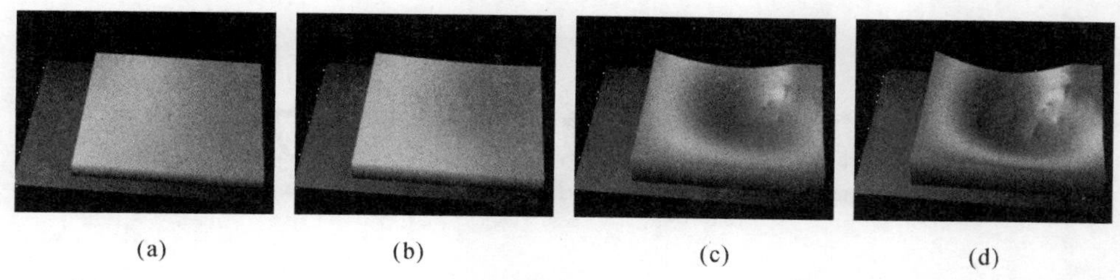

图 5.24　频闪干涉测量得到的不同时间点的微结构表面形貌(Veeco 公司)
(a) 相位差 = 0；(b) 相位差 = π/6；(c) 相位差 = 2π/3；(d) 相位差 = π

频闪照明的缺点是它不能测量随机运动，而只能测量周期性平稳过程或周期性瞬态过程。但在 MEMS 微结构动态测试分析中，可以通过设计将激励信号选为周期性信号(如谐波信号或周期性方波信号)，从而使被测物体也做周期性运动。

习题与思考题

1. 对于 MEMS 器件结构制备过程中的薄膜残余应力测量方法有哪些？
2. 试列举能够实现 MEMS 微结构三维形貌测量的技术方法。
3. 针对 MEMS 微结构的运动参数的测量通常有哪些方法？
4. 针对 MEMS 器件的运动参数检测技术需具备哪些特点？
5. 比较分析扫描电子显微镜及原子力显微镜实现微观形貌测量的适用性及性能优劣。

参考文献

[1] 刘玉岭，檀柏梅，张凯亮. 微电子技术工程：材料、工艺与测试[M]. 北京：电子工业出版社，2004.

[2] 何日晖，叶雄英，周兆英. 微型机械材料的残余应力测量[J]. 机械工程材料，2001，25(4)：29－32.

[3] 王阳元. 多晶硅薄膜及其在集成电路中的应用[M]. 北京：科学出版社，2001.

[4] STONEY G G. The Tension of Metallic Films Deposited by Electrolysis [J]. Proceedings of the Royal Society of London A，1909，82(553)：172－175.

[5] GUCKEL H. Surface Micromachined Pressure Transducers[J]. Sensors and Actuators A，1991，28(2)：133－146.

[6] ZHANG X，ZHANG T，ZOHAR Y. Measurements of Residual Stresses in Thin Films Using Micro-rotating-structures[J]. Thin Solid Films，1998，335：97－105.

[7] 刘祖韬. 微机械式薄膜残余应变测试结构的研究[D]. 南京：东南大学，2003.

[8] FANG W，WICKERT J A. Determining Mean and Gradient Residual Stresses in Thin Films Using Micromachined Cantilevers[J]. J Micromech Microeng，1996，6：301－309.

第 6 章　典型微机电器件及系统

6.1 引　言

MEMS 技术是一种典型的多学科交叉的前沿性研究领域，它几乎涉及自然及工程科学的所有领域，如电子技术、机械技术、物理学、化学、生物医学、材料科学、能源科学等。而它与不同的技术结合，往往便会产生一种新型的 MEMS 器件或系统。正因为如此，MEMS 器件的种类极为繁杂，几乎没有人可以列出所有的 MEMS 器件。如今，MEMS 正以润物细无声的方式进入人们的日常生活，并不动声色地改变着人们的生活方式。如办公室投影仪中的 DLP 系统，笔记本电脑中的硬盘碰撞保护系统，喷墨打印机的喷墨头；随身携带 iPhone 的旋转感应，数码照相机和数码摄像机的防抖系统；家庭影院系统全都已经引入了 MEMS 技术。MEMS 可以分为只完成单一功能，需要集成到其他系统中发挥作用的微器件，和集成了多个微器件、处理电路和电源，能够独立完成系统性功能的微系统，本章将分别予以介绍。

6.2 微传感器

微型传感器是 MEMS 的一个重要组成部分。1961 年第一个硅微型压力传感器问世，开创了 MEMS 传感器的先河。现在已经形成产品和正在研究中的微型传感器有压力、力、力矩、加速度、速度、位置、流量、电量、磁场、温度、气体成分、湿度、pH 值、离子浓度和生物浓度、微陀螺、触觉传感器等。微型传感器正朝着集成化和智能化的方向发展。

6.2.1 微加速度计

微加速度计是一类重要的微惯性传感器。其主要用于测量载体的加速度，并可通过积分，提供速度和位移的信息，在汽车安全气囊展开、车辆或飞行器的姿态参照、游戏机手柄感应、手机的运动响应（闪信、游戏、屏幕自动翻转、运动感应菜单等）、笔记本电脑的坠落保护中应用十分广泛。其中，汽车防撞、刹车防抱死（ABS）、家用电器和电子游戏等低精度应用领域对微加速度计的性能要求是几十 mg 到几十 g；而导航、制导、电子稳定系统、地震监测和钻探等高精度应用领域则对微加速度计的性能要求是几 μg 到 100 000 g。

加速度计的测量原理可以用图 6.1 所示的质量-弹簧-阻尼系统来描述，它是由一个弹性系数为 K 的弹簧，阻尼系数为 B 的阻尼器和一个质量为 M 的检测质量块组成的，假设被测物体的绝对位移是 X_i，则其速度为 X'_i，加速度为 X''_i，设质量块 M 的与被测物体之间的相对位移是 X_0，则根据牛顿第二定律，得此系统的运动方程是

$$MX''_i = MX''_0 + BX'_0 + KX_0 \tag{6.1}$$

可知，加速度 X_i'' 仅为 X_0 的函数，通过检测 X_0 的变化，便可以求得被测物体的加速度。

所有的微加速度计都以质量-弹簧-阻尼结构为基础，不同的是，当外加一个加速度时，检测质量块与被测对象相对位移的方式不一样。常用的读出结构可利用压阻效应、压电效应、热效应、电容效应、电感效应、谐振效应、隧穿效应和光学效应来测量检测质量块和被测对象之间的相对位移，其中，压阻式微加速度计读出电路非常简单，但是压敏电阻制作难度大，温度系数大；压电式微加速度计的结构简单，但是无法测量直流（常加速度），温度系数较大；谐振式微加速度计能够实现直接数字输出，具有实现高精度测量的潜力；隧穿效应微加速度计具有极高的灵敏度，但其低频噪声太大，必须闭环工作；热对流式微加速度计结构和读出电路简单，但响应较慢，线性工作范围小，受温度影响大；电容式微加速度计敏感器件制作简单，不受温度影响，但是读出电路复杂，易受寄生参数影响，存在非线性问题。在此，本书只对电容效应检测做简单介绍，其他读出方法不一一赘述。

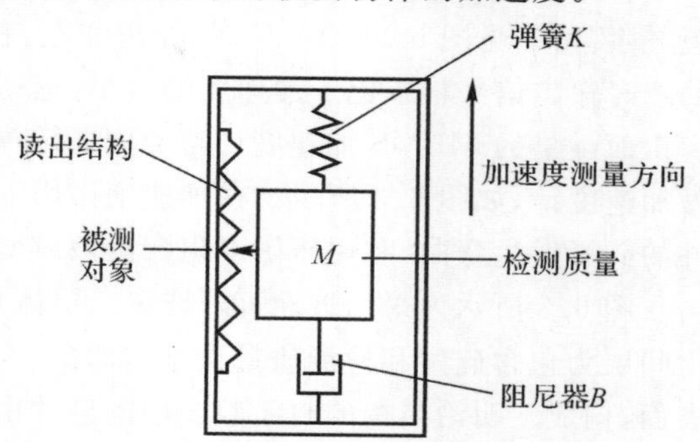

图 6.1　典型加速度计之等效系统

电容效应检测是在电容的两个平行板之间放置检测质量块，这种方法需要特殊的电路来检测微小的电容变化量（$<10^{-5}$ F），并将其放大和转化为电压信号输出。本节重点介绍美国 ADI 公司（Analog Devices, Inc.）使用表面微细加工技术制造的电容式微加速度计 ADXL05。

ADXL05 型加速度计是集成在单个芯片上的完整的加速度测量系统，它由多晶硅表面加工技术制作的敏感元件和信号处理电路构成，可以检测正负加速度。图 6.2(a)(b)分别是 ADXL05 静止状态和敏感状态的简化示意图。

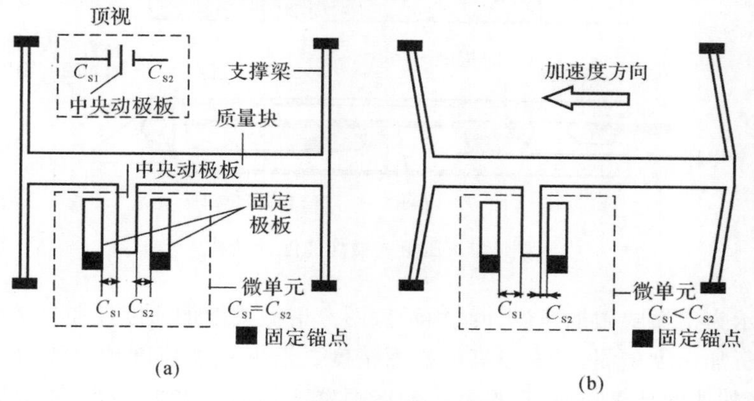

图 6.2　ADXL05 微加速度计的工作示意图

(a)静止状态；(b)敏感状态

电容式微加速度计由活动极板与若干对固定极板组成。活动极板通过一对弹性支撑梁与衬底相连，支撑梁能使活动极板（检测质量块）敏感加速度而产生位移。活动极板上有若干对梳齿，每个梳齿对应一对固定极板，固定极板固定在衬底上。如图 6.2(a)所示，当加速度计处于静止状态时，梳齿正好处于一对固定电极板的中央，即梳齿和与其对应的两个固定电极板的间距相等(为 y_0),这时电容量 $C_{S1}=C_{S2}$。当加速度计敏感加速度时,在惯性力作用下,活动极板产生位移[见图 6.2(b)],这时,梳齿和左、右两固定极板的间距发生变化,即 $C_{S1}\neq C_{S2}$,产生的瞬时输出信号将正比于加速度的大小,运动方向则通过输出信号的相位反映出来。

而最早的 MEMS 加速度计是美国斯坦福大学的研究者在 20 世纪 70 年代制造的压阻式微加速度计,如图 6.3 所示。在加速度作用下,检测质量块相对外围框架运动,作为弹性连接件的硅梁发生弯曲,利用压敏电阻测出该应变从而可求得加速度值。

图 6.3 所示为采用玻璃-硅-玻璃三层体加工技术制备的压阻式微加速度计结构示意图。中间层为包含硅梁和检测质量块结构的硅片。两个经各向同性腐蚀的玻璃片键合在硅片上下表面,构成三明治结构的封闭腔。中间硅片由双面腐蚀制作而成,惯性质量块通过硅梁支撑并连接在外围框架上,扩散形成的压敏电阻集成在硅梁上。当外界有 Z 方向(垂直于器件表面方向)的加速度时,检测质量在加速度的作用下在 Z 方向产生运动,运动将导致硅梁产生变形,从而导致硅梁上的压敏电阻的阻值发生变化,通过检测阻值的变化则可以反求出加速度的大小。由于悬臂梁根部的应变最大,因此为提高灵敏度,压敏电阻一般制作在靠近悬臂梁根部的位置。

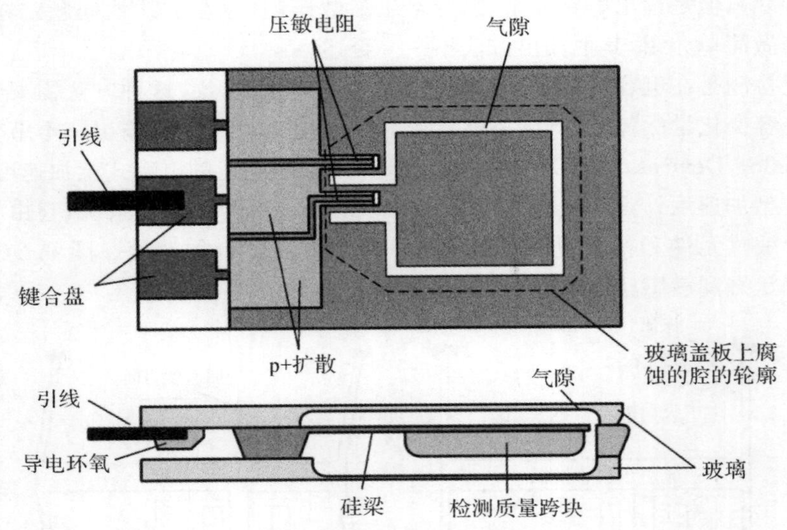

图 6.3　压阻式微加速度计结构

图 6.4 所示为谐振式微加速度计结构示意图。谐振式微加速度计通过敏感谐振器的固有频率变化来进行加速度检测,具有较高的检测精度。谐振式加速度计主要由两个谐振器与惯性质量组成,当加速度计工作时,谐振器 1 和谐振器 2 均处于谐振状态(通常情况下两个谐振器的固有频率相同),即谐振器在其固有频率振动。当 x 方向有加速度输入时,根据牛顿第二定律,惯性质量在 x 方向受到惯性力的作用,从而导致谐振器 1 和谐振器 2 分别受到拉应力和压应力的作用,进而改变两个谐振器的固有频率。因此,通过检测两个谐振器的固有频率变化即可反求出 x 轴方向外界输入的加速度。

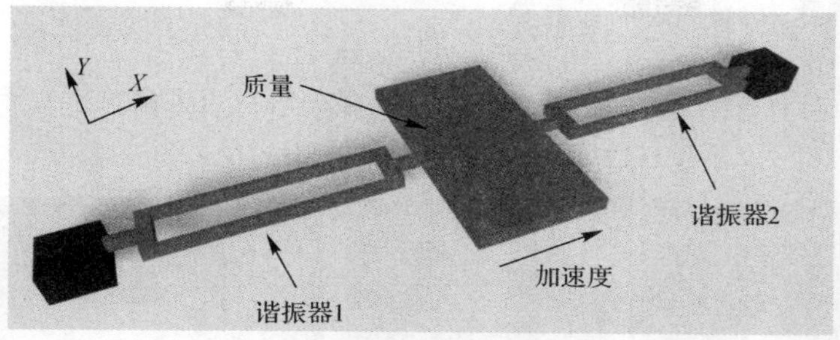

图 6.4　谐振式微加速度计结构

图 6.5 所示为隧穿式微加速度计原理图。隧穿式微加速度计是一种具有极高精度的微型加速度计，它利用两物体之间的隧穿电流检测物体的间距，从而反求出外界的加速度。如图 6.5 所示，隧穿式微加速度计主要由硅针尖结构、惯性质量、弹性梁构成，当有如图所示 y 方向的加速度输入时，惯性质量在 y 方向产生微小的位移，此时硅针尖与惯性质量的隧穿电流将发生变化。典型情况下，硅针尖与惯性质量的初始间距为 1 nm，当间距变化 0.01 nm 时，隧穿电流将改变 4.5%。可见，隧穿式微加速度计具有极高的检测精度，但该结构制造困难，尚难于商业应用。

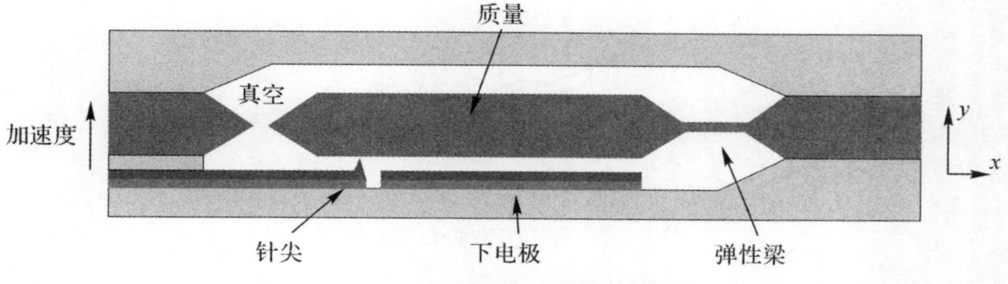

图 6.5　隧穿式微加速度计结构图

上述微加速度计均为单轴加速度计，即只能检测一个轴向的加速度，而随着智能手机、汽车电子等对低成本、小体积、多轴向的加速度计需求的增加，三轴微加速度计现在已经在智能终端中普及应用。

图 6.6 所示为两种三轴微加速度计照片，均已经广泛应用在智能手机领域。图 6.6(a)所示的三轴微加速度计由 3 个独立的加速度计组成，从左到右分别敏感 x、z、y 轴的加速度，均采用电容检测方式。其中 x、y 轴敏感结构通过梳齿结构进行电容检测，原理与前文提到的 ADXL05 微加速度计类似，z 轴敏感结构通过 z 方向的下电极进行电容检测，通过一种不平衡的跷跷板结构实现电容的差动检测。图 6.6(b)所示的三轴微加速度计中将 x、y 轴敏感结构集成到一起，形成一种可同时敏感两个轴向加速度的敏感结构，并依然采用梳齿结构进行电容检测，z 轴敏感结构与图 6.6(a)相同。

6.2.2　微机械陀螺

微机械陀螺是利用科氏效应(Coriolis Effect)进行角速度、角加速度、角度检测的新型惯性传感器。科氏效应是指旋转体系当中，做直线运动的物体出现的运动方向偏移的现象。物

体受到的力即为科氏力,科氏力可表示为

$$\boldsymbol{F}_k = 2m\boldsymbol{v} \times \boldsymbol{\Omega}$$

式中,m 为惯性质量;$\boldsymbol{v}$ 为速度向量;$\boldsymbol{\Omega}$ 为角速度向量。科氏力方向可由右手螺旋判定,如图6.7所示。

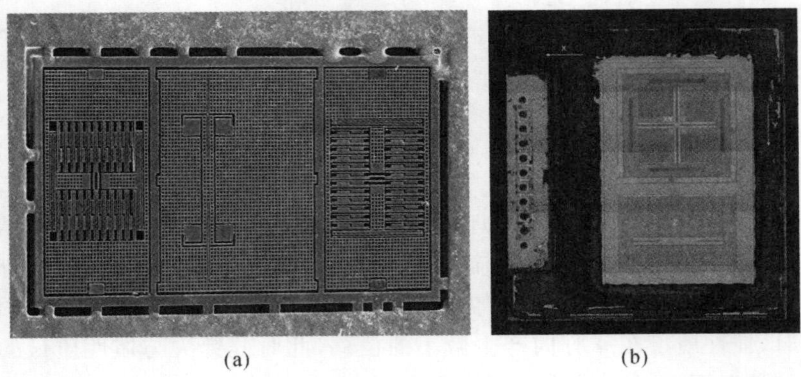

图 6.6 商用三轴微加速度计照片

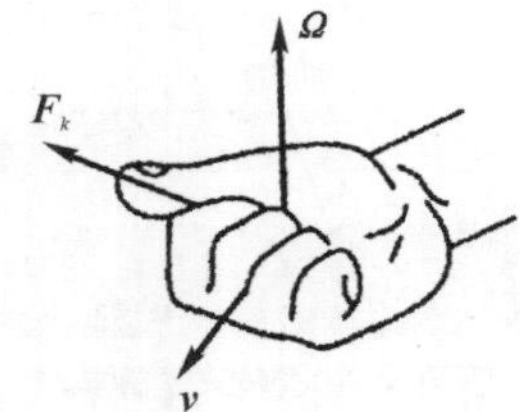

图 6.7 科氏力方向判定方法

与传统的陀螺相比,微机械陀螺具有体积小、功耗低、成本低、可靠性高、适合大批量生产等特点,因此它具有广泛的商业应用前景和军事应用价值,各国的高度重视,纷纷投巨资研究其在众多领域的应用。在军用领域,如战术导弹、智能炮弹、微型飞机的自主导航系统等;在汽车领域,如汽车的安全气囊、防倾覆系统、胎压检测系统、防撞系统、防滑系统等;在工业领域,如机器人、振动监控、飞行物体的姿态控制等;在消费电子领域,如智能手机、体感游戏、空间鼠标、相机防抖和运动器材等。不同应用领域对陀螺的精度指标要求不同,消费级、战术级、导航级和战略级分别对应的精度要求见表 6.1。

表 6.1 不同级别陀螺精度要求

参 数	消费级	战术级	导航级	战略级
零偏稳定性/[(°)·h^{-1}]	>150	0.15~150	0.001~0.15	<0.001

基于科氏效应的振动式微机械陀螺可以简化为一个仅具有沿平面内两个坐标轴线性自由度的刚体。如图 6.8 所示,以 x 方向作为微机械陀螺的驱动方向,则质量块将受到 x 方向的简谐振动力 $F_x = F_0\sin(\omega_0 t)$,其中 ω_0 为外界驱动力频率。当存在 z 轴方向的输入角速度 Ω 时,由于科氏效应影响,质量块将具有一个沿 y 方向的科氏加速度,并在 y 方向产生振动。通

过检测这一振动信号即可推导出外界角速度 Ω 的大小。

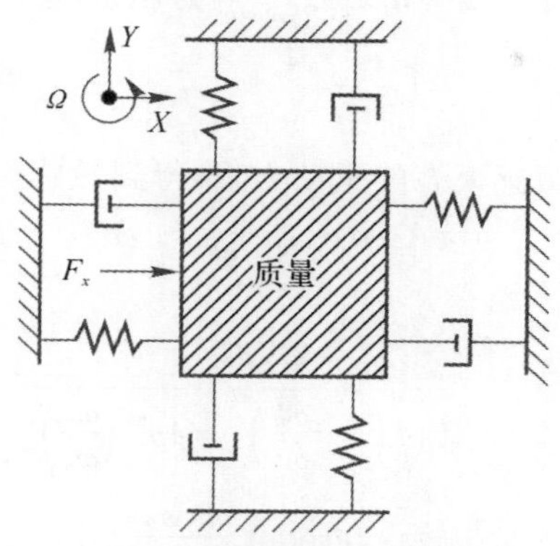

图 6.8　微机械陀螺简化原理图

微机械陀螺的两个模态均可以简化为典型的质量-弹簧-阻尼的二阶系统，当 z 方向无角速度输入时，其运动方程可描述为

$$m_x\ddot{x}+c_x\dot{x}+k_x x=F_x \tag{6.2}$$

$$m_y\ddot{y}+c_y\dot{y}+k_y y=F_y \tag{6.3}$$

式中，m_x，m_y 驱动模态及敏感模态的等效质量；c_x，c_y 驱动模态及敏感模态阻尼系数；k_x，k_y 驱动模态及敏感模态的刚度系数；F_x，F_y 驱动模态及敏感模态的外力；x，$\dot{x}$，$\ddot{x}$，y，$\dot{y}$，$\ddot{y}$ 驱动模态及敏感模态的位移、速度及加速度。

当 z 方向有角速度 Ω 输入时，根据科氏效应，两个模态的运动方程变化为

$$m_x\ddot{x}+c_x\dot{x}+(k_x-m_x\Omega^2)x-m_x\dot{\Omega}y=F_x+2m_x\Omega\dot{y} \tag{6.4}$$

$$m_y\ddot{y}+c_y\dot{y}+(k_y-m_y\Omega^2)y+m_y\dot{\Omega}x=F_y-2m_y\Omega\dot{x} \tag{6.5}$$

当 z 方向角速度频率远小于微机械陀螺两模态固有频率，且角速度变化量较小时，方程可简化为

$$m_x\ddot{x}+c_x\dot{x}+k_x x=F_x+2m_x\Omega\dot{y} \tag{6.6}$$

$$m_y\ddot{y}+c_y\dot{y}+k_y y=F_y-2m_y\Omega\dot{x} \tag{6.7}$$

微机械陀螺工作时敏感方向一般不施加外力，因此 $F_y=0$。同时，敏感模态耦合到驱动模态的科氏力 $2m_x\Omega\dot{y}$ 相对于驱动力 F_x 很小，可略去不计，则方程可进一步简化，最终微机械陀螺两个模态的运动方程表示为

$$m_x\ddot{x}+c_x\dot{x}+k_x x=F_0\sin(\omega_0 t) \tag{6.8}$$

$$m_y\ddot{y}+c_y\dot{y}+k_y y=-2m_y\Omega\dot{x} \tag{6.9}$$

求解方程，可得驱动位移的稳态解为

$$x=A_x\sin(\omega_0 t-\varphi_x) \tag{6.10}$$

其幅频特性和相频特性分别为

$$A_x=\frac{F_0}{m_x\omega_x^2\sqrt{\left(1-\frac{\omega_0^2}{\omega_x^2}\right)^2+4\delta_x^2\left(\frac{\omega_0}{\omega_x}\right)^2}} \tag{6.11}$$

$$\varphi_x=-\arctan\frac{2\delta_x\omega_x\omega_0}{\omega_x^2-\omega_0^2} \tag{6.12}$$

式中，$\omega_x=\sqrt{\dfrac{k_x}{m_x}}$为驱动模态的谐振频率；$\delta_x=\dfrac{c_x}{2m_x\omega_x}$为驱动模态的阻尼比；驱动模态品质因子$Q_x=\dfrac{1}{2\delta_x}$。

将驱动位移的稳态解代入敏感模态的运动方程，得到敏感振幅的稳态解为

$$y=A_y\cos(\omega_0 t-\varphi_x-\varphi_y) \tag{6.13}$$

其幅频特性和相频特性分别为

$$A_y=\frac{2A_x\Omega\omega_0}{\omega_y^2\sqrt{\left(1-\dfrac{\omega_0^2}{\omega_y^2}\right)^2+4\delta_y^2\left(\dfrac{\omega_0}{\omega_y}\right)^2}} \tag{6.14}$$

$$\varphi_y=-\arctan\frac{2\delta_y\omega_0\omega_y}{\omega_y^2-\omega_0^2} \tag{6.15}$$

式中，$\omega_y=\sqrt{\dfrac{k_y}{m_y}}$为敏感模态的谐振频率；$\delta_y=\dfrac{c_y}{2m_y\omega_y}$为敏感模态的阻尼比；敏感模态品质因子$Q_y=\dfrac{1}{2\delta_y}$。

虽然绝大多数微机械陀螺均采用上述科氏效应原理进行角速度检测，但结构形式却多种多样。按照结构形式可分为单质量微机械陀螺、双质量微机械陀螺、框架式微机械陀螺等；按照运动形式可分为线振动式微机械陀螺、角振动式微机械陀螺、酒杯振动式微机械陀螺等；按照敏感轴数量可分为单轴微机械陀螺、三轴微机械陀螺等，如图 6.9 所示。

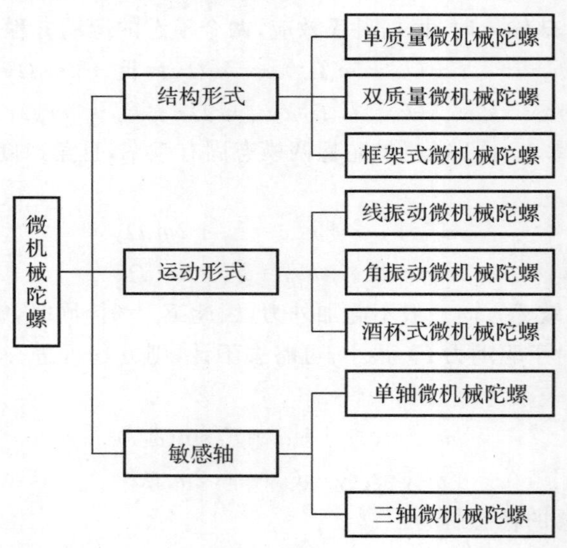

图 6.9 微机械陀螺分类

下面简要介绍几种典型结构的微机械陀螺。

1. 单轴全对称式微机械陀螺

全对称式微机械陀螺如图 6.10 所示，是一种单质量、线振动微机械陀螺。该陀螺驱动模态与敏感模态结构完全一致，因此很容易通过加工保证两个模态频率的一致性，从而具有较高

的灵敏度。该微机械陀螺工作时,驱动质量在驱动电极的作用下沿 x 轴振动,主质量将跟随驱动质量运动,而由于敏感质量上连接的解耦梁在 x 方向具有极大的刚度,故敏感质量保持静止。当外界有 z 轴方向的角速度 Ω 输入时,驱动质量与主质量将同时受到沿 y 方向的科氏力作用,但由于驱动质量所连接的解耦梁在 y 方向具有极大的刚度,故驱动质量保持原有的运动状态,而主质量将沿 y 方向振动,同时带动敏感质量在 y 方向振动,通过敏感电极的电容变化即可推导出输入角速度 Ω 的大小。

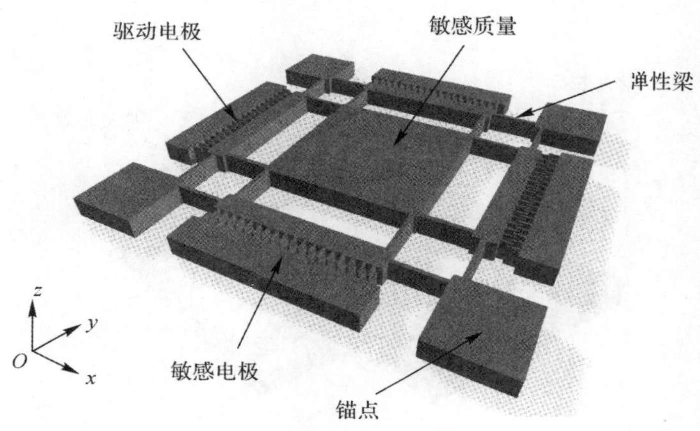

图 6.10　全对称式微机械陀螺结构图

2. 音叉式微机械陀螺

音叉式微机械陀螺是一种双质量、线振动微机械陀螺。音叉式微机械陀螺因其工作模态与音叉类似而得名,它是世界上最早出现的完全基于 MEMS 技术的硅微机械陀螺。图 6.11 为典型音叉式微机械陀螺结构。两个敏感质量在驱动力作用下沿 x 轴作反向运动,当有 y 方向角速度 Ω 输入时,两个敏感质量将分别受到沿 z 轴正负方向的科氏力,从而在 z 轴方向产生反向位移,z 方向的敏感电极将产生差动的电容变化,通过检测这一电容变化即可反求出外界输入的 y 轴角速度。

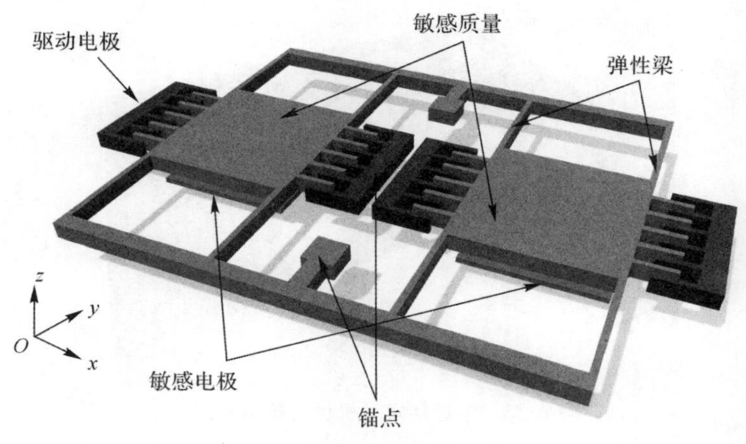

图 6.11　音叉式微机械陀螺结构图

3. 框架式微机械陀螺

框架式微机械陀螺如图 6.12 所示，是一种框架式、线振动微机械陀螺。惯性质量可分为质量框架和敏感质量两部分，其中质量框架用于隔离驱动模态与敏感模态的运动，从而消除两个模态之间的运动能量耦合。陀螺工作时，质量框架在驱动电极的作用下沿 x 轴方向振动，带动敏感质量也在 x 方向振动。当外界有 z 轴方向的角速度 Ω 输入时，敏感质量将受到沿 y 方向的科氏力作用，从而导致检测电极的电容变化，通过检测这一电容变化即可反求出外界输入的角速度。

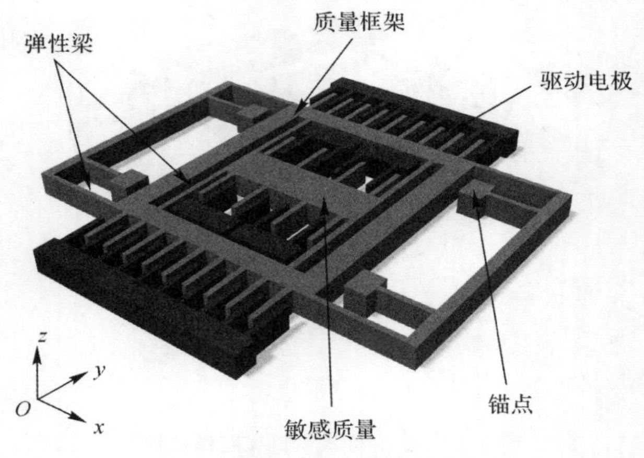

图 6.12　框架式微机械陀螺结构图

4. 角振动式微机械陀螺

角振动式微机械陀螺如图 6.13 所示，同样是一种基于科氏效应的振动式微机械陀螺。区别于线振动式微机械陀螺，角振动式微机械陀螺在驱动时敏感质量在弧形驱动电极的驱动下绕中心锚点作弧形往复运动，左右敏感质量的运动速度大小相等、方向相反。根据科氏效应原理，当有 x 方向的角速度时，敏感质量将受到 z 方向的科氏力作用，通过敏感质量底部的敏感电极上的电容变化即可反推出 x 方向的角速度。

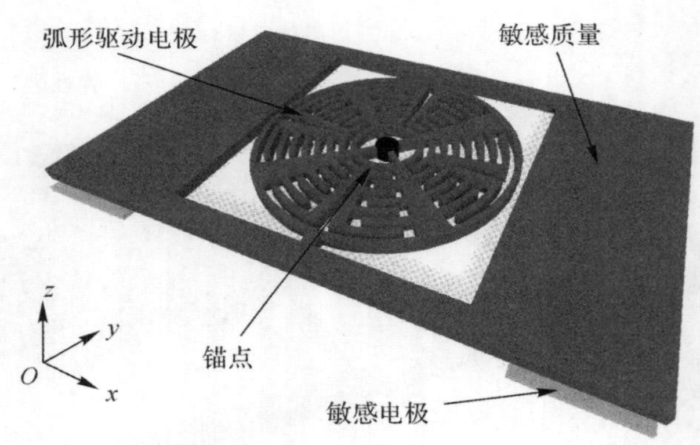

图 6.13　角振动式微机械陀螺结构图

5. 环形谐振式微机械陀螺

上述介绍的线振动式、角振动式微机械陀螺，存在多个锚点支承结构，使得其锚点损耗过大；或存在力或力矩的不平衡现象，从而限制了其精度提升。而目前一种新型的环形谐振式微机械陀螺有效地避免了上述问题，从而具有更高的精度潜力，其结构如图 6.14 所示，是一种酒杯运动模式的微机械陀螺。该陀螺结构由以一个中心锚点支承的多个（或单个）圆环组成，电极可分布在谐振环周围或嵌入多个谐振环之间。

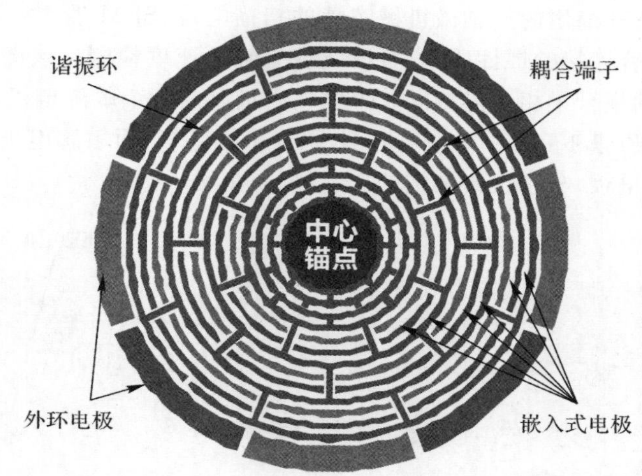

图 6.14　环形谐振式微机械陀螺结构图

环形谐振式微机械陀螺可工作在多种运动模式，其中 $n=2$ 的椭圆工作模式如图 6.15 所示。环形谐振式微机械陀螺在驱动力的作用下在 x 轴及 y 轴做椭圆振动，当存在 z 轴方向的角速度时，根据科氏效应，谐振环上的点将受到与运动方向垂直的科氏力，如图 6.15(a)所示，此时圆环上受到的科氏力合力使得圆环振型变为图 6.15(b)所示，通过布置在 45°及 135°方向的敏感电极进行检测，即可反求出外界输入的角速度。

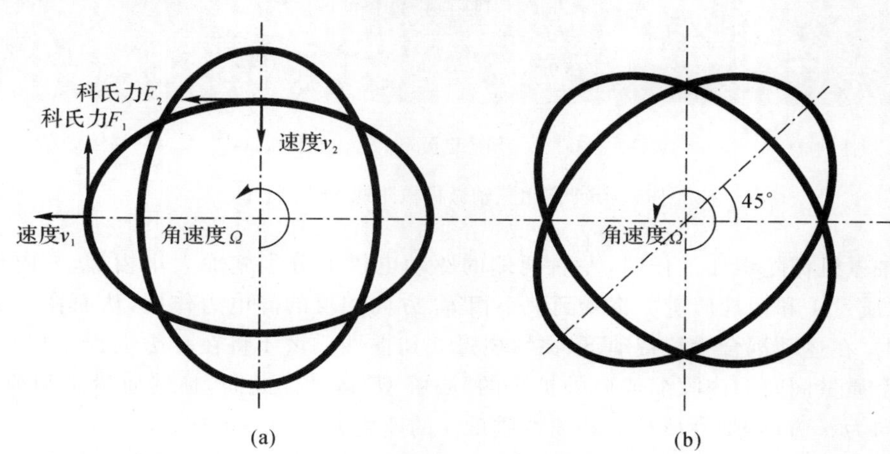

图 6.15　环形谐振式微机械陀螺工作原理图

6. 三轴微机械陀螺

上述微机械陀螺均为单轴微机械陀螺，即仅能敏感一个轴向的角速度变化，而在实际应用中往往需要同时敏感 3 个轴向的角速度变化。为满足实际应用需求，一种方式是将 3 个单轴微机械陀螺通过相互正交的方式安装在载体中，实现三轴角速度检测，但这种方式在装配时很难保证 3 个陀螺仪完全正交，存在装配误差。另一种方式与三轴微加速度计类似，在一颗芯片上同时设计出三轴微机械陀螺结构。

图 6.16 所示是一种商用的三轴微机械陀螺的扫描电镜(SEM)照片。该微机械陀螺巧妙地设计了 4 个相互耦合连接的惯性质量，可以实现三轴角速度检测。该微机械陀螺主要由以下部分组成：通过运动耦合梁相互连接的 4 个惯性质量以及 6 个敏感电极，其中敏感电极 1～敏感电极 4 位于惯性质量 1～惯性质量 4 底部，均为平板电极；而敏感电极 5 和敏感电极 6 为梳齿电极。两组驱动电极，分别位于结构的左右侧。

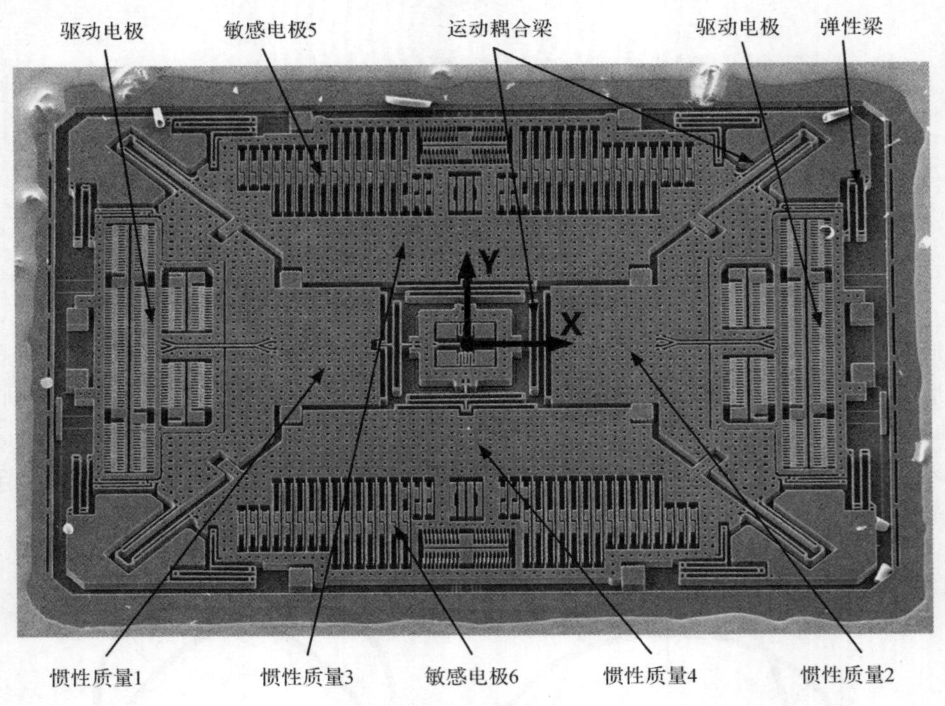

图 6.16　商用三轴微机械陀螺 SEM 照片

该三轴微机械陀螺在工作时，左右两侧的驱动电极上分别施加大小相等、方向相反的电压，则惯性质量 1 和惯性质量 2 将受到大小相等、方向相反的静电力作用，从而在 x 方向产生位移。此时，在运动耦合梁的带动下，惯性质量 3 和惯性质量 4 将在 y 方向产生位移，这样就会形成四个质量同时向内收缩或向外扩张的“心脏型”运动。此时，惯性质量 1 和惯性质量 2 的速度方向为 x 方向，惯性质量 3 和惯性质量 4 的速度方向为 y 方向。

当有 x 方向的角速度输入时，速度方向为 y 的惯性质量 3 和惯性质量 4 将受到 z 方向的科氏力作用，产生 z 方向的位移。位于其底部的敏感电极 2 和敏感电极 4 的电容将发生变化。通过检测这两个电容变化即可反求出 x 方向的角速度。

当有 y 方向的角速度输入时，速度方向为 x 的惯性质量 1 和惯性质量 2 将受到 z 方向的科氏力作用，产生 z 方向的位移。位于其底部的敏感电极 1 和敏感电极 2 的电容将发生变化。通过检测这两个电容变化即可反求出 y 方向的角速度。

当有 z 方向的角速度输入时，4 个惯性质量同时受到科氏力作用。以四个质量扩张为例，惯性质量 1 的速度方向为 x 轴负方向，其受到的科氏力方向为 y 轴正方向；惯性质量 2 的速度方向为 x 轴正方向，其受到的科氏力方向为 y 轴负方向；惯性质量 3 的速度方向为 y 轴正方向，其受到的科氏力方向为 x 轴正方向；惯性质量 4 的速度方向为 y 轴负方向，其受到的科氏力方向为 x 轴负方向。由此可见，最终的合力形成一个平面内顺时针方向的扭矩，结构层整体产生扭转，敏感电极 5 和敏感电极 6 的电容将发生变化。通过检测这两个电容变化即可反求出 z 方向的角速度。

这种三轴微机械陀螺虽然能够同时敏感 3 个轴向的角速度变化，但由于敏感结构的运动和信号之间存在一定的交叉耦合，其检测精度不高，因此仅适用于消费电子等中低端精度领域的应用。

6.2.3　微压力传感器

压力传感器已经普遍使用在汽车、压力容器、气体输送管道和真空设备中。以汽车为例，汽车中进气歧管绝对压力传感器能够根据发动机的负荷状态测出进气歧管内绝对压力（真空度）的变化，并转换成电压信号，与转速信号一起输送到电控单元，作为确定喷油器基本喷油量的依据。测量压力的方法有很多种，基本原理就是把压力转化为敏感材料的长度和厚度等尺寸变化来测量。敏感元件可以是压阻计、谐振应变片或一个变化的电容。压力传感器中的弹性元件通常都采用金属或者半导体膜。硅材料由于其蠕变小、耐疲劳、回滞小、小尺寸、高弹性模量和低密度的特点，使压力传感器取得突破进展。按照读出原理的不同，微压力传感器可以分为压电式、压阻式、电容式、谐振式和光纤式等不同形式[1]。

1. *压电式微压力传感器*

压电式压力传感器以压电晶体为变换元件，当压力作用于压电晶体表面时，在其表面产生与压力成正比的电荷，通过合适的测量电路输出电压信号。现在的压电传感器敏感元件通常是压电材料薄膜或两层极性相反的压电材料组成的悬臂梁，敏感元件的垂直位移引起压电材料的应力变化，进而产生输出电压。压电式微压力传感器具有结构简单和电路简单的特点，但因自身所具有的较高噪声电平，其在高精度压力测量应用中受到一定的限制。

2. *电容式微压力传感器*

简单的电容式压力传感器通常具有两个电极板，以绝缘体作为中间支撑，将上、下两个电极板分开，两个极板中的一个受到压力的作用，产生弹性变形，引起极板间的电容变化，通过检测电容来实现压力测量。电容式结构具有高阻抗输出、量程范围大、固有频率高和动态响应特性好的特点，并且可利用电容器极板间的静电力来补偿外压力，可实现力反馈，能实现非接触测量。其缺点是对温度变化敏感，存在温度漂移，且电容变化非常微小，易受寄生电容干扰，其温度补偿、接地、屏蔽和读出电路设计要求都较为严格。现在电容式微压力传感器已经比较成熟，其最高精度可以达到 0.1％～0.075％，可以长时间使用而无须校准。

3. *压阻式微压力传感器*

早期的压力传感器大部分基于压阻式检测原理。至今，压阻式压力传感器仍是应用最广泛的微压力传感器。压阻式压力传感器是利用单晶硅(或多晶硅)的压阻效应制成的。在硅(或多晶硅、氮化硅等)膜片的特定方向上排布四个等值的半导体电阻,并连成惠斯登电桥,在膜片受外界压力作用产生应变后,电桥电阻阻值发生变化,导致电桥失衡,若对电桥加激励电源(恒流或恒压),便可得到与电阻变化成正比例的输出电压,从而达到测量目的。压敏电阻可以通过扩散法制作到膜里,也可以沉积在膜上,通常是将可调电阻器介入惠斯登电桥中进行温度补偿。最后可将硅片与玻璃键合,若玻璃通过刻蚀等工艺刻透,直达气腔,则为差压式;若真空键合,则为绝压式。压阻式传感器的主要特点是制造工艺简单,线性度高,信号易于采集,工艺相对成熟;缺点是温度敏感性和零点漂移偏大,但这一问题配合温补和零漂补偿技术已得到较好的克服。

4. 谐振式微压力传感器

谐振式压力传感器输出的是振动元件谐振频率的变化。谐振式压力传感器可分为两种:

(1)振动膜式。此时,谐振频率的变化依赖于膜片的上下压差,该类型谐振式微压力传感器的谐振频率不仅依赖于压力,而且还依赖于膜片附近气体的种类和温度,进而造成气体与谐振器的相互作用,并且化学物质和灰尘的吸附以及腐蚀作用都将改变谐振器的质量,并引起传感器的输出漂移。

(2)膜上振动结构式。压差引起膜的挠曲,振动结构的谐振频率随膜片表面的应力变化而改变。在一定的量程范围内,谐振频率的改变与外加压力之间有很好的线性关系。因此,通过检测梁的谐振频率,就可达到压力检测的目的。

谐振式压力传感器的优点在于准数字信号输出,抗干扰能力强,分辨力和测量精度高,长期稳定性好。但是存在的问题在于制造工艺复杂,且一般情况下振动元件集成在挠曲膜上,谐振器和膜之间的耦合会引起许多问题。目前随着制造技术的发展以及研究的不断深入,其中一些问题已经得到很好的解决,谐振式压力传感器已经成为当前研究的热点之一。

5. 光纤微压力传感器

光纤微压力传感器是以光为载体、光纤为媒质,感知和传输外界压力信号的一种新型传感器。光纤微压力传感器可分为功能型和非功能型两种。

(1)功能型,是在外界压力作用下对光纤自身的某些光学特性(强度、相位等)进行调制,调制区在光纤之内,光纤同时具有“感知”和“传输”两种功能,因此又称内调制光纤压力传感器或传感型光纤压力传感器。

(2)非功能型,是借助其他光学敏感元件来完成传感功能,调制区在光纤之外,光纤在系统中只起传输作用,因此称之为外调制光纤压力传感器或传光型光纤压力传感器。

压阻式微压力传感器具有灵敏度高、响应快、易于小型化和便于批量生产等优点,是微机电系统最早和最成功的传感器产品。而法布里-珀罗干涉仪结构的光纤传感器(后文简称为光纤 F-P 传感器)则以其结构简单、体积小、可靠性高、灵敏度高、响应频率高、单光纤信号传输等优点受到人们普遍的关注。本书将对压阻式微压力传感器和光纤 F-P 传感器进行详细介绍。

图 6.17 所示是压阻式微压力传感器的测量原理,是将一具有压阻特性的材料放置在传感器膜片上。当外部压力 P 施加到膜片上时,膜片会产生弯曲变形,而压阻也会随之产生变形,压阻电阻值由原来的 R 变成$(R+\Delta R)$,若有四个压阻连接成惠斯登电桥电路,则 ΔR 经由电路转换,可获得 ΔV 的电压信号,压力 P 越大,ΔR 也越大,ΔV 也越大。在如图 6.18 所示的横

截面为圆形的压阻材料两端施加外力 F,其电阻值会因材料的变形而变化为 $R+\Delta R$。受压前电阻值为

$$R=\rho\frac{L}{A} \tag{6.16}$$

式中,ρ 是电阻率;L 是压阻长度;A 是横截面面积;r 是横截面半径。式(6.16)两边取对数,得

$$\ln R=\ln\rho+\ln L-\ln A \tag{6.17}$$

两边求导,得

$$\frac{\Delta R}{R}=\frac{\Delta L}{L}-\frac{\Delta A}{A}+\frac{\Delta\rho}{\rho} \tag{6.18}$$

式中,$\Delta L/L$ 是应变,用符号 ε 表示,即 $\varepsilon=\Delta L/L$;$\Delta A/A$ 是圆形压阻材料的横截面积相对变化量,有 $\Delta A/A=2\Delta r/r$,又根据弹性力学的知识可知

$$\frac{\Delta r}{r}=-\nu\frac{\Delta L}{L}=-\nu\varepsilon \tag{6.19}$$

式中,ν 为泊松比,新的电阻值为

$$\frac{\Delta R}{R}=(1+2\nu)\varepsilon+\frac{\Delta\rho}{\rho}=\varepsilon\left[(1+2\nu)+\frac{\Delta\rho}{\varepsilon\rho}\right] \tag{6.20}$$

通常把单位应变引起的电阻值变化称为压阻材料的灵敏度系数。灵敏度系数受到两个因素的影响:一个是受力后材料几何尺寸的变化,即$(1+2\nu)$;另一个是受力后材料电阻率的变化,即$(\Delta\rho/\rho)/\varepsilon$。对金属压阻材料来说,灵敏度系数中的$(1+2\nu)$要比$(\Delta\rho/\rho)/\varepsilon$大得多,而硅材料则正好相反。

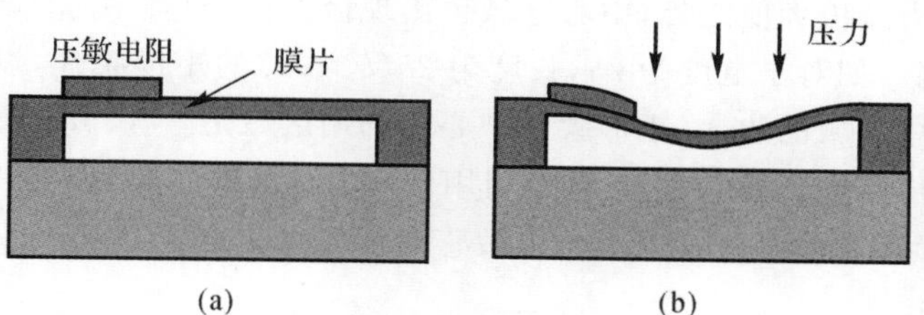

图 6.17　压阻式压力传感器测量原理

(a)不受压;　(b)受压

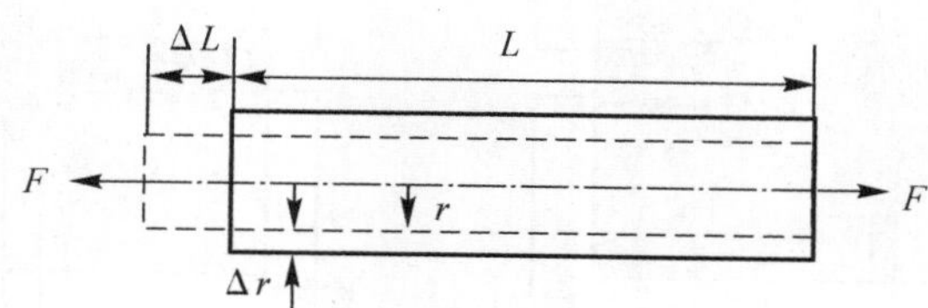

图 6.18　圆截面压阻材料变形

同传统的压阻式压力传感器一样,压阻式硅微压力传感器也是利用材料的压阻特性进行检测,但不同之处在于压阻式硅微压力传感器利用硅薄膜替代金属材料作为弹性膜片,再利用掺杂在膜片适当位置形成压阻来替代粘贴的应变片,从而形成一个整体结构。压阻式硅微压力传感器由周边固定的硅膜片构成,膜片背面用扩散法制成电阻。当膜片两面有压力差存在

时，膜片发生变形，从而导致电阻变化，检测出电阻值的变化，便可以计算出压力的变化。为了减小温度漂移和提高线性度，通常制作4个压敏电阻，并连成惠斯登电桥结构。

对于硅材料来说，式(6.20)中的 $\Delta\rho/\rho$ 与应力、应变的关系为

$$\frac{\Delta\rho}{\rho}=G\sigma=GE\varepsilon \tag{6.21}$$

式中，G 是硅材料的压阻系数。将式(6.21)代入式(6.20)中，得

$$\frac{\Delta R}{R}=(1+2\nu+GE)\varepsilon \tag{6.22}$$

实验证明，硅材料的 GE 值比 $(1+2\nu)$ 值大上百倍，故 $(1+2\nu)$ 可以忽略不计，因而硅材料的应变灵敏度为

$$K=\frac{\frac{\Delta R}{R}}{\varepsilon}=GE \tag{6.23}$$

硅材料的突出优点是灵敏度高，比金属高出50～80倍，尺寸小，横向效应小，动态响应好。缺点是温度系数大，存在较强的非线性。

压阻式硅微压力传感器常用的膜片结构有圆形、方形和矩形3种。由于硅膜片通常是用各向异性腐蚀方法制作的方形和矩形膜片，硅膜片所在晶面通常为(100)晶面，此时，压敏电阻取向沿<110>晶向时，压阻系数最大。对于圆形和方形膜片，在膜片的有效面积边缘处，压力差最大，因此将4个压敏电阻制作在膜片有效面积的边缘处时压力传感器的灵敏度最高。同方形膜片和圆形膜片不同，矩形膜片的中心区域是设置压敏电阻的理想位置。因为矩形膜片除了边缘处出现应力差极大值之外，中心区域也出现极大值，而且中心区域应力差变化非常缓慢，可利用区域很宽。如对于宽度为 $2a$，长度为 $2b(b>2a)$ 的矩形膜片，以压力差下降到极大值一半作为可以利用区域的边界，矩形膜片中心可利用区域是 $[-0.4a\sim+0.4a]$ 和 $[-0.6b\sim+0.6b]$，比方形膜片和圆形膜片边缘可以利用区域 $(0.2a\sim0.3a)$ 要大得多[2]。图6.19(a)(b)分别给出了矩形和方形膜片情况下4个敏感电阻的排布方式。

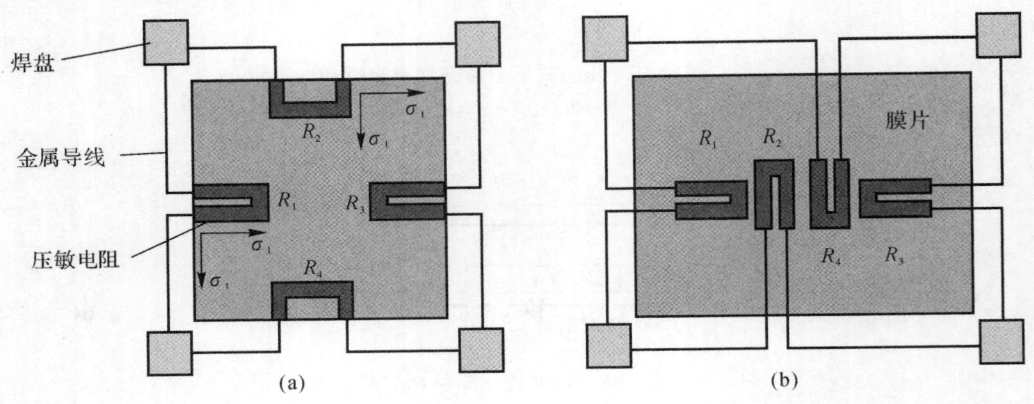

图6.19 压敏电阻排布

(a)方形膜片；(b)矩形膜片

4个电阻连成如图6.20所示的惠斯登电桥电路，当没有压力差作用在膜片上时，膜片无应变，R_1，R_2，R_3 和 R_4 四个电阻阻值相同，皆为 R，电桥输出电压为0；当有压力差作用于膜片

上时，电阻 R_1 和 R_3 的长度增加，阻值增大，而电阻 R_2 和 R_4 的宽度增加，阻值减小，有

$$R_1 = R_3 = R + \Delta R \tag{6.24}$$

$$R_2 = R_4 = R - \Delta R \tag{6.25}$$

则有惠斯登电桥输出电压

$$V_{\text{out}} = \frac{R+\Delta R}{2R} V_{\text{bridge}} - \frac{R-\Delta R}{2R} V_{\text{bridge}} = \frac{\Delta R}{R} V_{\text{bridge}} \tag{6.26}$$

故有电桥的输出电压、输入电压、压力传感器灵敏度和应变的关系为

$$\frac{V_{\text{out}}}{V_{\text{bridge}}} = \frac{\Delta R}{R} = K\varepsilon \tag{6.27}$$

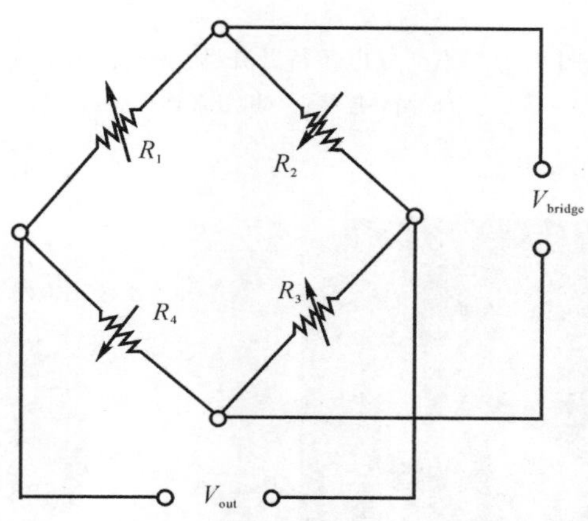

图 6.20　惠斯登电桥连接示意图

如图 6.19 所示，当有压力差作用于膜片上时，电阻实际上受到径向应力 σ_1 和切向应力 σ_t 的双重作用，为了提高传感器的灵敏度，需要增加径向应力和切向应力之间的差距。仿真结果表明，膜片的长宽比越大，应力差越小，只有正方形的膜片才具有最大的应力差。

电桥一般有闭环和开环两种形式，如图 6.21 所示。闭环设计只能利用桥臂并联电阻调节电桥的平衡，优点是引出线相对较少，缺点是直接用万用表测定桥臂阻值时，受其他桥臂的影响，测量值比实际值小。实际的电桥在零压下并不平衡，即使调节平衡后，随桥压变化，零点输出也随之变化，产生所谓的零点漂移现象，因此需要考虑零点失调的独立平衡调节。开环形式虽然引出线多了一根，但是桥臂可同时串、并联电阻调节平衡，而且补偿热零点漂移和灵敏度漂移也方便得多，并可直接用万用表测定四个桥臂电阻的阻值。因此，大部分压阻式微压力传感器都是采用开环电桥电路。

一个采用充油体封装技术封装的压阻式硅微压力传感器如图 6.22 所示。这样的充油体再配上专门的处理电路模块和特定接口的不锈钢外壳，即市场上商品化的压力变送器。

光纤传感技术的发展始于 20 世纪 70 年代，是光电技术发展最活跃的分支之一[3]。近十余年，随着半导体光电技术、光纤通信技术以及计算机技术等相关技术的进步，光纤传感技术迅速发展。光纤传感器具备独特的优势，比如抗电磁场干扰、绝缘性高、灵敏度好等。典型的传感器件包括光纤压力传感器、光纤电流传感器、光纤陀螺仪、光纤水听器等，适用于航空航天、航海、医疗以及其他工程领域[4]。

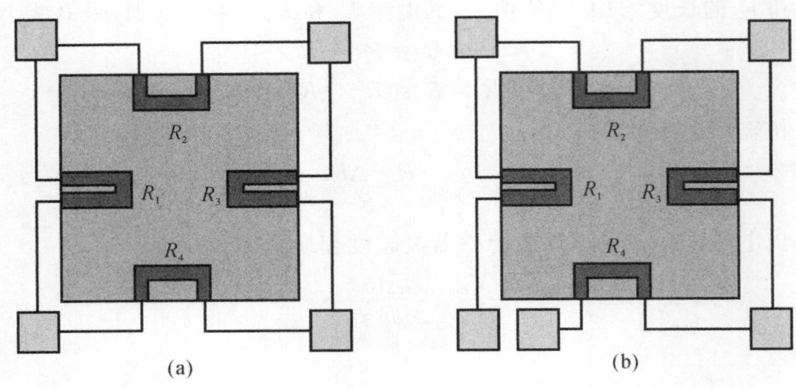

图 6.21 惠斯登电桥桥臂开、闭环连接示意图
(a)闭环连接；(b)开环连接

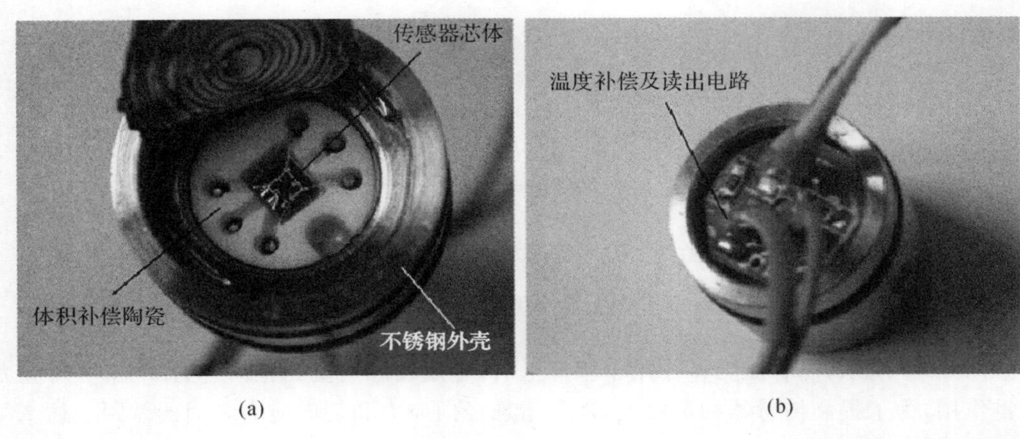

图 6.22 压力传感器充油体封装实物照片
(a)正面；(b)背面

自 1988 年 Lee 和 Talyor 等人[5,6]首次报道基于本征型法布里-珀罗干涉仪(Intrinsic Fabry - Perot Interferometer,IFPI)结构的光纤传感器和 1991 年 Murphy 等人[7]报道基于非本征型法布里-珀罗干涉仪(Extrinsic Fabry - Perot Interferometer, EFPI)结构的光纤传感器件以来,光纤 F - P 传感器以其结构简单、体积小、高可靠性、高灵敏度、高响应频率、单光纤信号传输等优点受到人们普遍的关注,成为近年来光纤传感技术及其应用研究的热点之一。

相比于全光纤结构的本征型光纤 F - P 传感器,非本征型光纤 F - P 传感器可以通过选择适当的光纤、准直毛细管、以及传感器芯片材料等实现高灵敏度及大动态范围的测量,且与本征型光纤 F - P 传感器相比,非本征型光纤 F - P 传感器具有更小的温度及传输光偏振态的交叉敏感特性[8],减少了外部环境对传感器输出信号的干扰,因此非本征型光纤 F - P 传感器的敏感结构及其特性得到了更加广泛的研究。下面着重介绍非本征型光纤 F - P 传感器的基本原理、典型器件的研究进展以及传感器的应用领域。

(1)光纤法珀传感器工作原理及分类。光纤 F－P 传感器基于光纤法布里-珀罗干涉仪，其采用多光束干涉原理，由两块相互平行端面组成的高度反射结构构成。入射光通过光纤进入 F－P 腔，在腔内经过多次反射形成谐振现象并返回入射光纤。经调制的干涉信号光程差在入射光光源的相干长度范围内时，可通过对反射光的提取与分析，对 F－P 腔结构的光程差(即腔长)进行解调。在光纤 F－P 传感器中，F－P 腔作为测量物理参数的敏感单元，获取被测参量信息。

1)光纤法珀传感器工作原理。

a)多光束干涉原理及特性。光纤 F－P 传感器基于多光束干涉原理，多光束干涉是指多束平行的相干光波同时经过空间某一区域时，会发生总合强度不等于各束光强度之和的现象[9]。以一块折射率为 n，厚度为 L 的透明平行介质为例，此处为了简化模型，研究单色光入射 F－P 腔的情况，如图 6.23 所示。

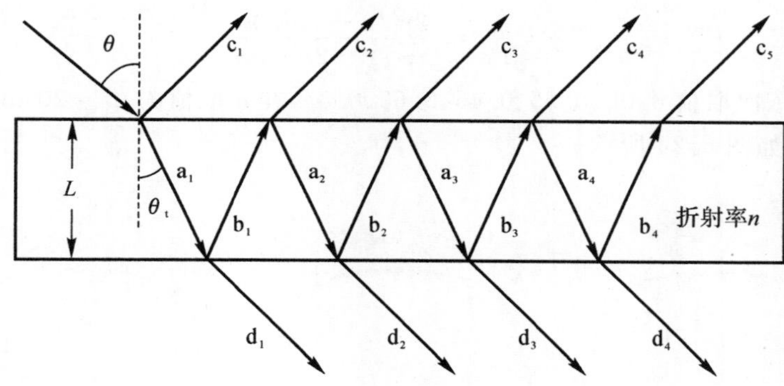

图 6.23　多光束干涉原理示意图

一束单色光线以 θ 角从平行介质的某处入射，在第一个入射点处，分解为一束透射光线 a_1 和一束反射光线 c_1。透射光线 a_1 在平行介质下表面处分为透射光线 d_1 和反射光线 b_1。接着，反射光线 b_1 会在平行介质中继续传播，在光线 b_1 传至平行介质上表面时再次发生光线的分解，分解为一束透射光线 c_2 和一束反射光线 a_2，反射光线 a_2 又会在平行介质的下表面处分解为一束透射光线 d_2 和一束反射光线 b_2。该束单色光以这种方式在平行介质和平行介质的两侧传播。因此，光线组 c_1、c_2、c_3 等便构成了一组频率相同并且相邻的两束光之间光程差一致的平行光束，将会在平行介质的一侧形成多光束的干涉现象。无论是反射光线还是透射光线，任意两束相邻光线之间由平行介质造成的相位差 δ 均相同，则有

$$\delta=\frac{4\pi}{\lambda_0}nL\cos\theta_t \tag{6.28}$$

式中，λ_0 为真空的光波长；n 为介质折射率；θ_t 为入射平行光线的折射角；L 为介质厚度。

设 r、t 为光线进入平行介质时的反射系数与透射系数，r'、t' 为光线从平行平板出射时的反射系数与透射系数。由光的反射定律可知，光束在经过多次折反射后，从平行介质的上表面射出的光线 c_1、c_2、c_3、c_4 的振幅分别为 rA、$tt'r'A$、$tt'r'^3A$、…

对多光束的合成，采用复数振幅相加，各反射光的复振幅可表示为

$$\left.\begin{aligned} &A_{c1}=rA_0;\\ &A_{c2}=tt'r'A_0\mathrm{e}^{\mathrm{i}\delta};\\ &A_{c3}=tt'r'^3A_0\mathrm{e}^{\mathrm{i}2\delta};\\ &\cdots\cdots\\ &A_{cn}=tt'r'^{(2n-3)}A_0\mathrm{e}^{\mathrm{i}(n-1)\delta} \end{aligned}\right\}\tag{6.29}$$

根据光的叠加原理[10] 可知，反射光的复振幅为

$$A_c=\sum_{m=1}^{\infty}A_{cm}=rA+tt'r'A\mathrm{e}^{\mathrm{i}\delta}\frac{1-(r'\mathrm{e}^{\mathrm{i}\delta})^{m-1}}{1-r'^2\mathrm{e}^{\mathrm{i}\delta}}\tag{6.30}$$

则可知经过平行介质反射光的光强为

$$I_R=A_cA_c{}'=\frac{2r^2(1-\cos\delta)}{1+r^4-2r^2\cos\delta}\cdot I_0\tag{6.31}$$

式中，I_0 为入射光强度。将式(6.31)做归一化处理，有

$$y=\frac{I_R}{I_0}=\frac{2r^2(1-\cos\delta)}{1+r^4-2r^2\cos\delta}\tag{6.32}$$

将反射率 r 依次取值 0.05、0.25、0.45、0.65、0.85，在 δ 取值为 0 ~ 20 rad 的范围内采用 MATLAB 作图，如图 6.24 所示。

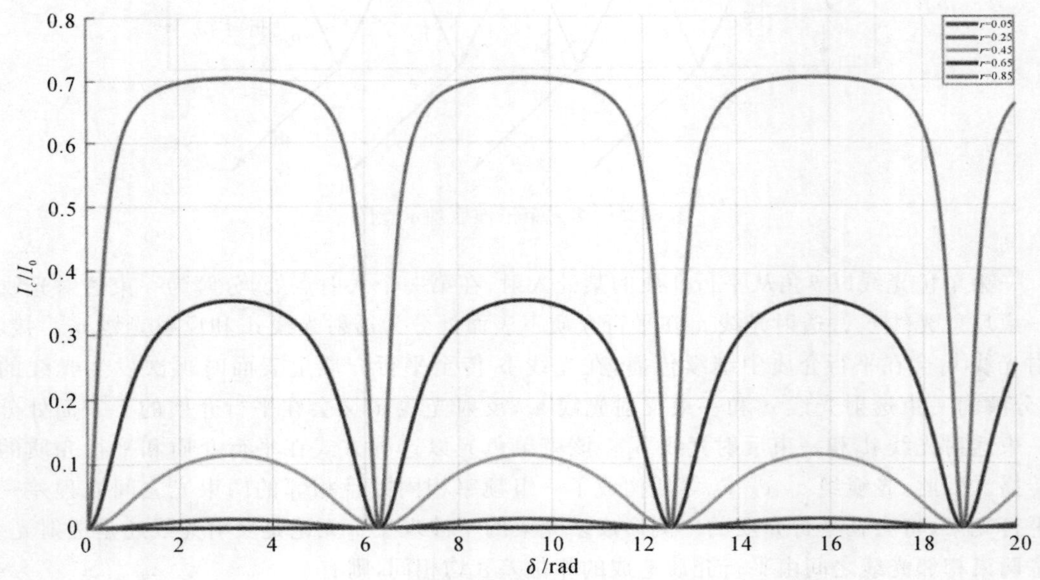

图 6.24　不同反射率下干涉强度分布曲线

从图 6.24 可知看出，当反射率 r 增加时，反射光的波峰能量增高，其干涉光谱的精细度越强。

由式(6.31)知，当 F-P 腔上下表面的反射率较低时，便可忽略掉反射光强中的高价项，即 $r^2\ll 1$ 时，认为此时主要是由第一次与第二次反射的两束光发生干涉现象，其反射光强为

$$I_R=2r^2I_0(1-\cos\delta)\tag{6.33}$$

对于大多数光纤 F-P 压力传感器，光线为垂直射入 F-P 腔内部，且内部腔室为空气介质，

此时，$\theta=\theta_t=0^\circ$，$n=1$，则 $\delta=4\pi L/\lambda$，其反射光强可以表示为

$$I_R=2r^2I_0\left(1-\cos\frac{4\pi L}{\lambda}\right) \tag{6.34}$$

当 F-P 腔的腔长发生改变时，其对应的光程差会发生变化，从而使得经调制后的反射光光强输出函数发生变化。通过对反射光光谱进行采集并解调，即可实现对腔长及相关物理量的标定。

b)光纤法珀传感器解调原理。随着 F-P 传感器研究的不断加强，和传感器相对应的解调方法的研究成为一个重要的发展方向。F-P 传感器解调方法一般分为强度解调法、波长解调法和相位解调法。

强度解调[11]是较早出现的解调方法，最先是由 Ranade 等人提出。强度解调的原理是通过单色光经耦合器入射到传感器，反射光再经耦合器进入光电探测部分。由于 F-P 腔的传递函数是类余弦函数，如果信号动态范围较小，输出腔长信号位于函数的波峰波谷之间，如图 6.25 所示，输入和输出近似线性关系，即可通过光强与腔长的对应关系实现解调。其优点是实现简单，解调成本低，缺点是其对光源稳定性要求较高，容易受光源及光路波动的影响，且可用信号区间较小，仅适用于小动态范围的传感器信号解调。

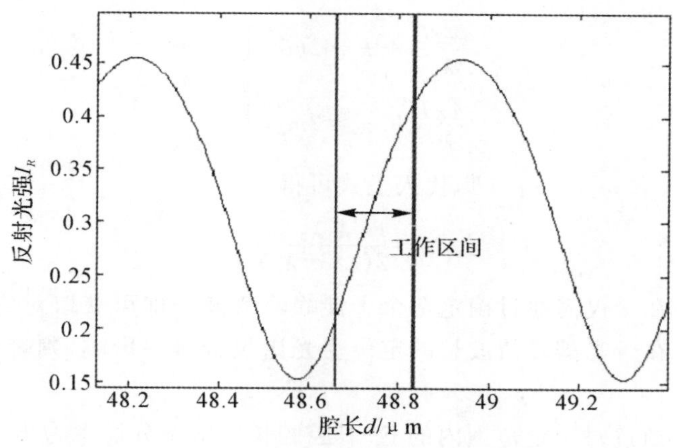

图 6.25　强度解调使用的光谱区间

波长解调技术近年来发展迅速，出现了波峰追踪、傅里叶变换等多种方法。例如弗吉尼亚理工大学的研究人员 Shah M. Musa 等人[12]于 1997 年提出了离散腔长变换的解调方法。该方法可以直接实现腔长的计算，但算法复杂且无快速算法，编程实现困难。

相位解调法由于其精度高、动态范围大、算法复杂度低等优势，目前在实际应用中最为广泛[13]。相位解调法中最为常用的是光谱法解调，解调原理如图 6.26 所示。具有一定波长范围的光经由宽带光源发出，通过光纤环形器进入 F-P 传感器压力芯片，光信号经由 F-P 腔压力芯片调制后形成干涉光，并通过入射光纤耦合返回，再经由光纤环形器进入光谱仪模组。光谱仪模组通过色散元件将不同波长的光按像素点进行分离，并使用线阵 CCD 探测器接收各个像素点位的光强，通过将每个像素点位的离散光强数据拟合，得到以波长为横坐标、光强值为纵坐标的返回光光谱。最后使用 PC 采集获取到的光谱数据，并通过光谱分析使用相对应的腔长解调算法，即可获得 F-P 腔腔长值。

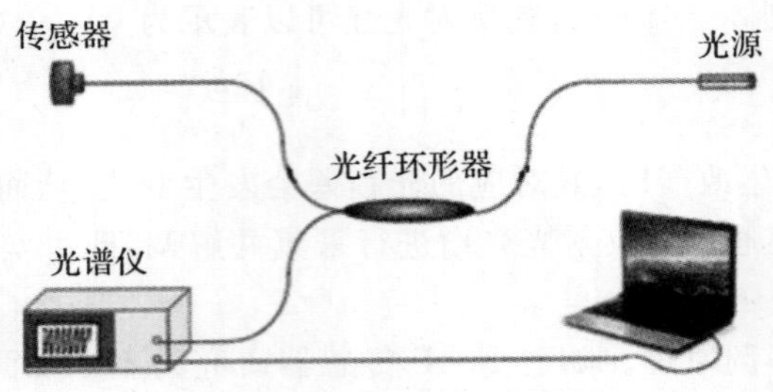

图 6.26　光谱法解调原理示意图

可用于F-P腔腔长解调的算法有较多种，目前最常用的主要是峰值解调法与相关系数法。峰值解调法指通过跟踪干涉光谱中相邻的两个干涉峰所对应波长的解调方法。由于F-P腔干涉光光强传递函数为类余弦函数，则由式(6.34)有周期光强峰值点，即

$$\delta = \frac{4\pi L}{\lambda} + \pi = 2m\pi, \quad m = 1,2,3,\cdots \tag{6.35}$$

对相邻的两个干涉峰值点，令其波长为 λ_1、λ_2($\lambda_1 < \lambda_2$)，干涉级次分别为 m_1、m_2，则根据式(6.35)，有

$$\left.\begin{aligned} \frac{4\pi L}{\lambda_1} + \pi = 2m_1\pi \\ \frac{4\pi L}{\lambda_2} + \pi = 2m_2\pi \end{aligned}\right\} \tag{6.36}$$

又对相邻两个干涉峰，有 $m_2 - m_1 = 1$，代入上式可得

$$L = \frac{\lambda_1\lambda_2}{2(\lambda_2 - \lambda_1)} \tag{6.37}$$

该解调算法优势在于仅需通过确定两个干涉峰峰值波长即可获取对应的腔长信息，算法简便，复杂度低，缺点在于光谱峰值波长的定位受光谱仪分辨率影响，判峰准确度引入的误差较大。

相关系数法是指通过对一定范围内的F-P腔腔长以解调分辨率为步长建立模板函数，得到不同腔长条件下的理论光谱，并通过对理论光谱与实际光谱的互相关运算获得最近似的腔长值。定义光谱信号理论值与实际值光谱能量分别为 E、E'，则有

$$\left.\begin{aligned} E = \sum_{i=1}^{m} |I_c(\lambda_i)|^2 \\ E' = \sum_{i=1}^{m} |I_c{}'(\lambda_i)|^2 \end{aligned}\right\} \tag{6.38}$$

两者信号能量有限，则可定义两信号相关系数为

$$\rho = \frac{\sum_{i=1}^{m} I_c(\lambda_i) I_c{}'(\lambda_i)}{\sqrt{EE'}} \tag{6.39}$$

式中，对于确定性信号，$\sqrt{EE'}$ 为一定值，则相关系数大小由 $\sum_{i=1}^{m} I_c(\lambda_i) I'_c(\lambda_i)$ 决定。又根据许瓦兹不等式，有 $|\rho| \leqslant 1$，则当 $I_c(\lambda_i) = I'_c(\lambda_i)$ 时，有最大相关系数 $\rho = 1$；两者信号越相似，

$\sum_{i=1}^{m} I_r(\lambda_i) I'_r(\lambda_i)$ 越大，ρ 越接近 1。

相比于峰值解调法，相关系数法解调精度更高，且解调分辨率可控，更适用于检测微小腔长变化量，但其缺点在于分辨率的提升带来了更高的计算复杂度，且腔长的变化范围受模板函数制约，目前相关科研人员正在对该解调算法做进一步的改进与优化，在保证解调精度与稳定性的前提下降低该算法的复杂度。

图 6.27 所示为西北工业大学空天微纳实验室研制的基于光谱法的 F－P 腔腔长解调仪，该解调仪采用相关系数算法，集成了 ASE 光源、微型光谱仪以及 FPGA 芯片等元件，可实现不同芯片材料、大腔长区间的高速动态解调，解调分辨力为 0.1 nm，采样频率为 20 kHz。

2）MEMS 光纤法珀传感器。MEMS 光纤 F－P 传感器是将 MEMS 微纳加工技术与光纤法珀传感技术相结合的一类传感器，其传感元件由通过 MEMS 工艺制成的含有 F－P 腔结构的芯片构成，并通过精密光学封装构成光学传感部分。该类传感器将 MEMS 芯片小型化、集成化、批量化的优势与光纤法珀传感的高灵敏度、大动态范围以及抗电磁干扰等优势相结合，已经成为目前国内外研究的重点。目前主流研究方向根据物理参量区分主要分为以下几类传感器。

a）光纤法珀压力传感器。光纤法珀压力传感器主要原理是通过检测敏感膜片变形导致的法珀腔长变化量从而得到外界施加的压力大小的一类传感器，是目前应用较为广泛的一种光纤法珀传感器。典型的光纤法珀压力传感器敏感芯片结构如图 6.28 所示。图中几何尺寸参数含义如下：P 为外部施加的压力，w 为敏感膜片挠度，r 为敏感膜片有效半径，t 为敏感膜片厚度。

图 6.27　光纤 F－P 动态压力高速解调仪

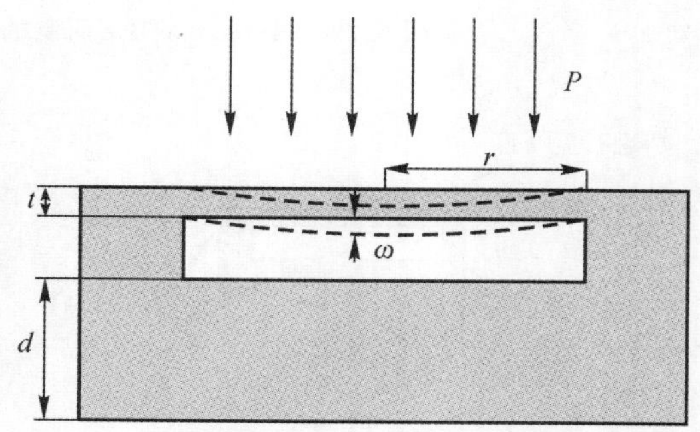

图 6.28　光纤法珀压力传感器敏感结构示意图

传感器敏感结构尺寸对传感器的压力灵敏度及使用范围有很大影响，当外部压力作用于敏感结构时，膜片将发生一定的变形，即产生一定挠度，如图 6.28 虚线所示。挠度会使膜片一面产生拉伸应力，一面产生压缩应力，应力随着外部压力及挠度增大而增大，随着膜片厚度增大而减小，通过将传感器敏感膜片近似为薄膜，可以用下式来估计外部压力下的最大挠度（w），即

$$w=\frac{3(1-\nu^2)Pr^4}{8Et^3} \tag{6.40}$$

式中，E 为材料杨氏模量；ν 为泊松比；传感器压力灵敏度 S 为挠度与外部压力的比值，可用下式来表示：

$$S=\frac{w}{P}=\frac{3(1-\nu^2)r^4}{8Et^3} \tag{6.41}$$

由式(6.41)可知，当敏感结构材料一定，即弹性模量与泊松比确定时，传感器灵敏度与敏感膜片有效半径成正比，与敏感膜片厚度成反比。

光纤 F－P 压力传感器应用广泛，Hyungdae Bae 等人[14,15]采用聚合物作为法珀腔体，高分子金属复合薄膜作为压力敏感膜片制备了一类 F－P 压力传感器，并利用光纤光栅或者二氧化硅/聚合物腔实现了同步测量温度，如图 6.29 所示，该类传感器尺寸小，且具有良好的线性度。Juncheng Xu 等人[16]使用熔融石英研制了一种光纤压力传感器(见图 6.30)，该传感器采用 CO_2 激光诱导键合避免了异质材料热胀系数不匹配产生的较大应力，其使用温度最高 700℃，灵敏度为 2.93 nm/psi，分辨率为 0.01 psi，在 0～1.38 MPa 测试范围内为线性响应。西北工业大学[17]面向颅内压检测，针对硅玻法珀压力传感器展开了一定研究，研制的传感器压力灵敏度为 3.22 nm/mmHg，5～40℃零点漂移 0.46 mmHg/℃(见图 6.31)。

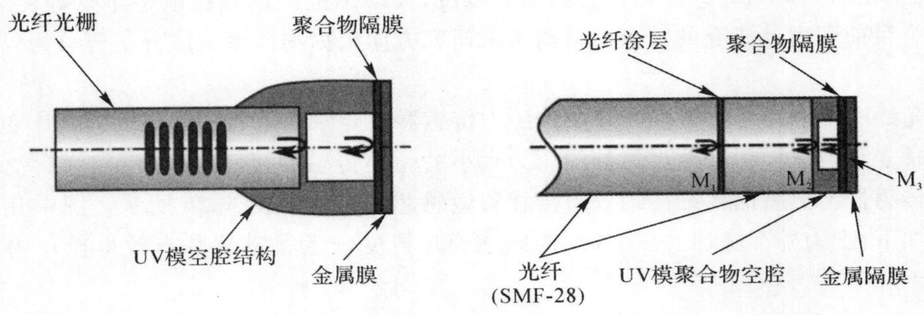

图 6.29　Hyungdae Bae 研制的光纤 F－P 压力传感器[14,15]

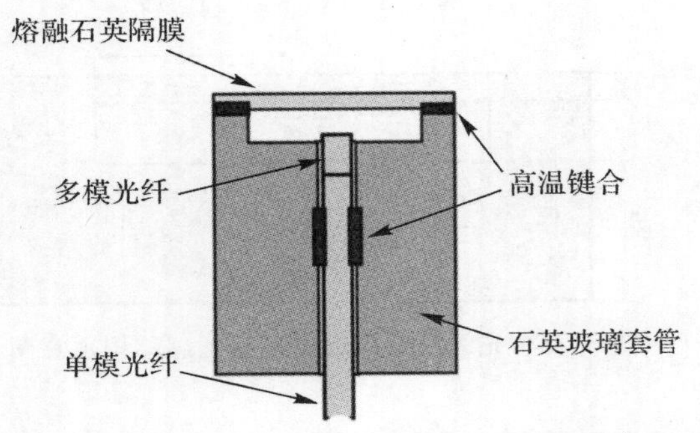

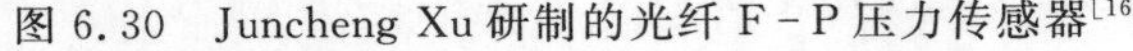

图 6.30　Juncheng Xu 研制的光纤 F－P 压力传感器[16]

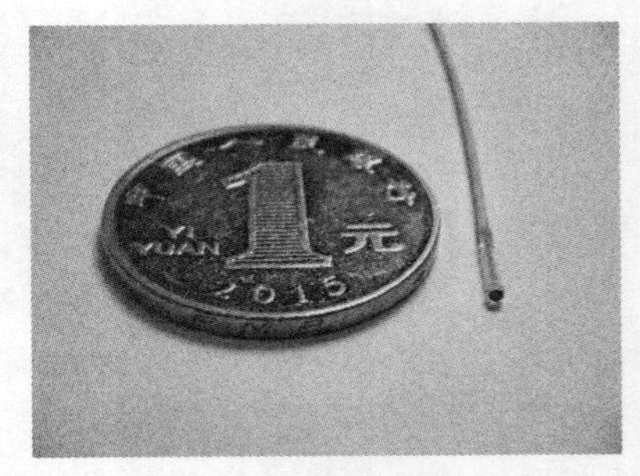

图 6.31　西北工业大学颅内压传感器[17]

高温压力传感器在航空航天、能源开发等领域有广阔的应用需求，而光纤法珀压力传感器工作温度受到传感器敏感结构材料的限制，目前研究成果较多的光纤法珀高温压力传感器主要采用蓝宝石或者碳化硅材料。其中，国外具有代表性的是美国 LUNA 创新公司、英国 OX 公司等研制的高温压力传感器，国内西北工业大学、中北大学、北京航空航天大学等也开展了一定研究。

2006 年 Luna 创新公司的 Robert S. Fielder 等人[18]开发了一种压力传感器，用以监测燃气涡轮发动机涡轮入口和燃烧动态压力波动。该传感器采用了单晶蓝宝石膜片作为压力敏感单元,使用膜片、陶瓷套管与光纤端面构成 F-P 腔结构,通过解调光学信号达到压力测量的目的,如图 6.32 所示。传感器在 800℃上的应用已经成熟。在 1 050℃的高温环境中测试了 0~3.5 MPa 范围内的动态压力测量,温度校准小于±0.15%,一个压力循环迟滞为 0.3% FS,3 个压力循环的传感器的重复性是±0.25%FS。

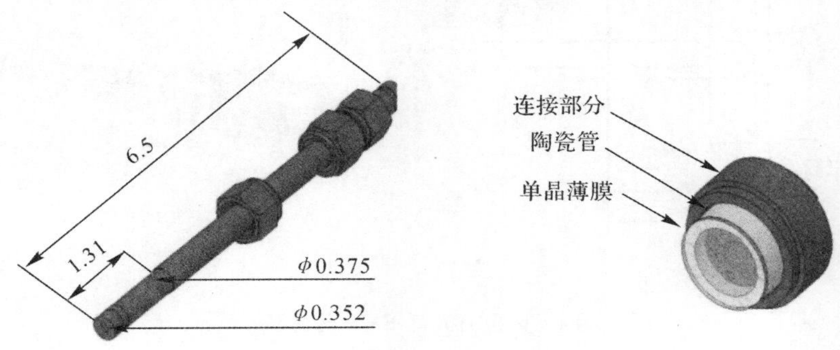

图 6.32 蓝宝石光纤 F-P 传感器以及应用[18]

2012 年,Matthew A. Davis 等人[19]采用柔性膜片作为敏感膜片的耐高温高频率光纤压力传感器,工作温度 1 000 K,传感器频率大于 1 MHz,如图 6.33 所示。该传感器在 X-51 型超声速燃烧冲压喷气发动机上进行了测试,在 10 次运行测试中显示了良好的重复性和耐久性。传感器分辨力为 0.01 psi,响应频率为 1.5 MHz,在 0~103 kPa 范围内,测量误差小于 0.6 psi。传感器在高温环境下(1 023 K),0~206 kPa 内标定曲线的线性度<±0.02% FS。然而由于传感器敏感膜片采用柔性膜片制备,在发动机高腐蚀性的环境下的使用寿命受到一定限制。

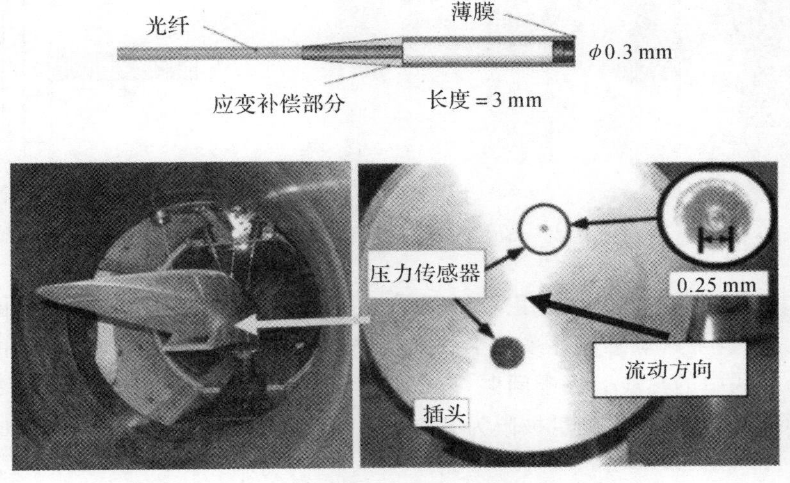

图 6.33 耐高温光纤压力传感器以及应用[19]

2013 年,英国的 Oxsensis 有限公司 R. D. Pechsted[20]采用多腔设计的蓝宝石材料制作成的蓝宝石高温压力与温度传感器(见图 6.34),测量范围为在 700℃下超过 6 MPa 的压力测量。在整个温度范围内压力测量线性度<±0.1% FS,温度压力交叉灵敏度<±0.03% FS。

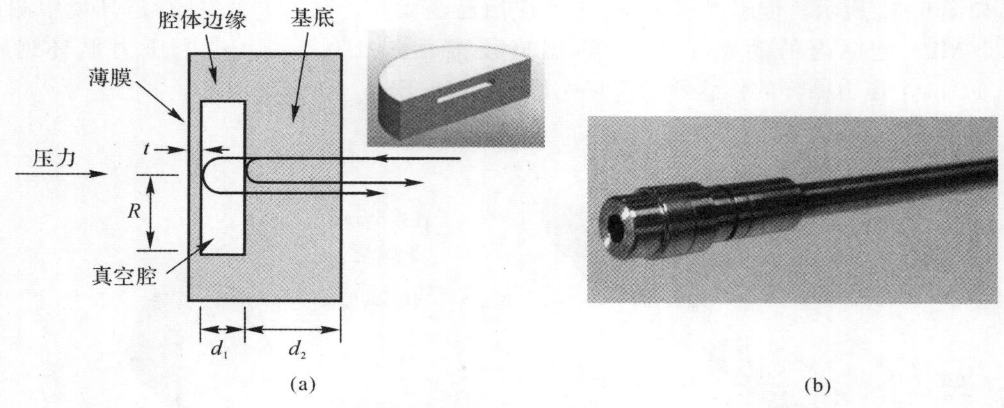

图 6.34 蓝宝石光纤 F-P 传感器[20]

2016 年,北京航空航天大学的 Yonggang Jiang 等人[21]运用单晶 SiC 材料制成了 SiC 基的高温压力传感器(见图 6.35),其通过超声振动研磨的方法加工压力敏感膜片,运用镍扩散键合的方法制作 F-P 腔,实现了在室温条件下 0.1~0.9 MPa 范围内良好的线性度,精确度达到了 0.24%。但是由于 SiC 键合界面上的镍在高温环境下与 SiC 的热膨胀系数存在差异,因此高温环境下由于热应力失配限制了传感器的使用温度。

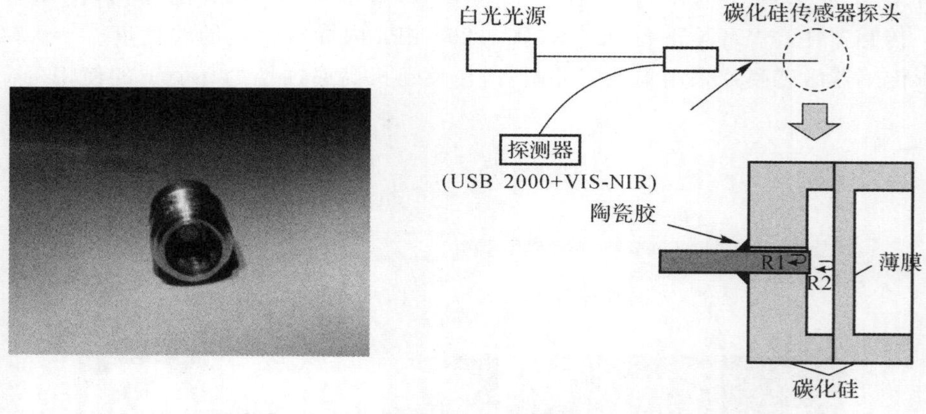

图 6.35 SiC 光纤 F-P 传感器以及应用[21]

2019 年,中北大学熊继军课题组[22]研制了一种蓝宝石基光纤 F-P 高温压力传感器,如图 6.36 所示。其蓝宝石敏感芯片采用干法刻蚀和高温直接键合技术制成,无中间材料层,杜绝了传统键合方法中的热应力失配问题,有效提高了传感器的工作温度。测试表明该传感器最高可耐受 800°C 高温,压力测量极限为 700 kPa,具有 0.000 25 nm/(kPa・°C)的极低温度交叉灵敏度。

西北工业大学针对航空航天发动机高温动态压力测试需求,开展了蓝宝石基光纤 F-P 高温压力传感器的系列研究,通过解决蓝宝石敏感结构微纳加工工艺难题,突破传感器耐高温特种封装技术，最终研制出可耐受 1 200℃、测压范围 0.1～3 MPa 的高温压力传感器，传感器分辨率 1 kPa，非线性度±5%(见图 6.37)。

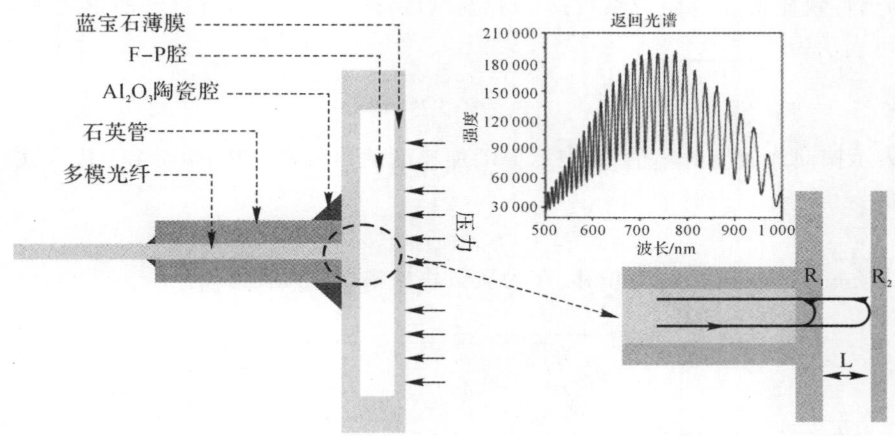

图 6.36　中北大学蓝宝石基 F-P 高温压力传感器[22]

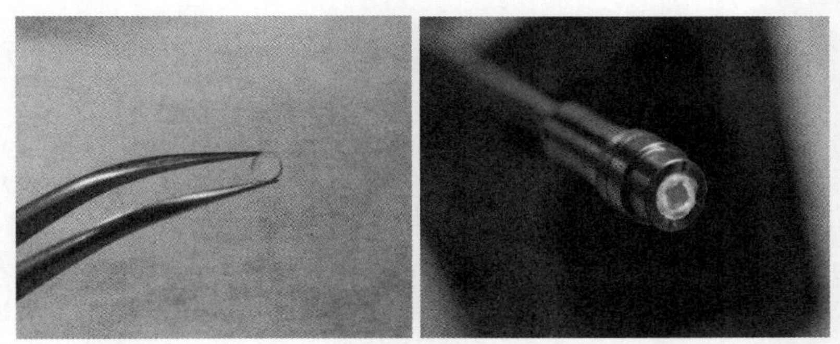

图 6.37　西北工业大学研制的蓝宝石基光纤 F-P 高温压力传感器

b)光纤法珀振动传感器。光纤 F-P 振动传感器是通过对 MEMS 芯片结构中的惯性系统的位移量进行检测从而获取传感器振动参数的传感器。当轴向加速度载荷作用于传感器时，惯性系统中的悬臂梁、质量块等结构在惯性力的作用下产生位移，引起 F-P 腔腔长改变。一般的光纤 F-P 振动传感器可简化为包含弹簧、阻尼、质量块的二阶单自由度系统，如图 6.38 所示。

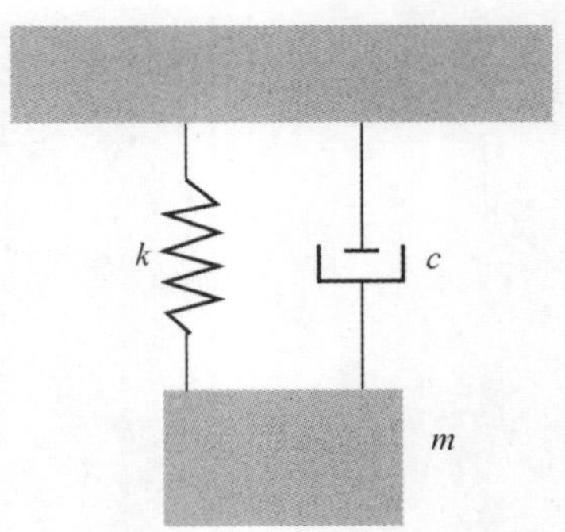

图 6.38　单自由度二阶振动系统

传感器通过底座固定在被测物体上，被测物体振动将带动底座一起振动，然后将力传递给上面的单自由度二阶系统。当振动作用到底座上后，由于阻尼器及弹性元件的作用，惯性质量和底座产生的位移不同。设底座的位移为 x，惯性块位移为 x_m，则根据牛顿第二运动定律，有

$$m\frac{\mathrm{d}^2x}{\mathrm{d}t^2}+c\left(\frac{\mathrm{d}x_m}{\mathrm{d}t}-\frac{\mathrm{d}x}{\mathrm{d}t}\right)+k(x_m-x)=0 \tag{6.42}$$

式中，m 为惯性块质量；c 为阻尼系数；k 为弹簧刚度；t 为时间。假设振动的形式为正弦，则振动加速度可表示为

$$\frac{\mathrm{d}^2x}{\mathrm{d}t^2}=a_{\mathrm{m}}\cos(\omega t) \tag{6.43}$$

式中，a_{m} 表示振动加速度的幅值；ω 表示振动加速度的角频率。将式(6.43)代入式(6.42)可得方程特解：

$$x_{\mathrm{d}}=x-x_{\mathrm{m}}=A\sin(\omega t-\varphi) \tag{6.44}$$

式中，x_{d} 为质量块与底座的相对位移；A 为质量块振幅；φ 为相位。有

$$A=\frac{-a_{\mathrm{m}}}{\omega_0^2\sqrt{\left(1-\left(\frac{\omega}{\omega_0}\right)^2\right)^2+\left(2\xi\frac{\omega}{\omega_0}\right)^2}} \tag{6.45}$$

式中，$\omega_0=\sqrt{\frac{k}{m}}$ 为系统固有频率；$\xi=\frac{c}{2\sqrt{km}}$ 为系统的阻尼比。

由式(6.45)可知，通过对系统振幅进行动态测量，即可获取系统加速度以及振动频率等物理参量。

光纤 F－P 振动传感器在常温领域的研究较为广泛。2012 年，加拿大蒙特利尔理工大学 Kazem Zandi 等人[23]提出了一种以 SOI 为基底的光纤法珀振动传感器，如图 6.39 所示。其采用两个分布式布拉格反射器(DBRs)来检测加速度，该传感器的灵敏度为 90 nm/g，分辨率为 111 μg，动态范围 263 mg，只能完成微小振动量的检测。2018 年，大连理工大学赵志浩等人[24]研制出一种基于高速白光干涉解调的光纤 F－P 振动传感器，如图 6.40 所示，该传感器的特征频率为 270 Hz，轴向灵敏度为 3.86 μm/g，频响范围为 10～120 Hz，加速度分辨率在最大测量范围(±30 g)内为 8.52 μg。西北工业大学针对航空航天发动机、桥梁建筑等应用研制了一种基于硅玻键合的 MEMS 光纤 F－P 振动传感器，如图 6.41 所示，该传感器加速度测量范围为 1～500g，加速度分辨力 1g，灵敏度 0.5 nm/g，频响范围 20～8 000 Hz。

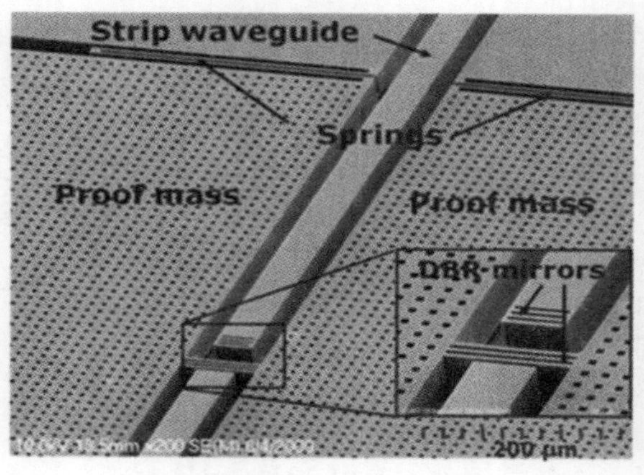

图 6.39　SOI 基光纤 F－P 振动传感器[23]

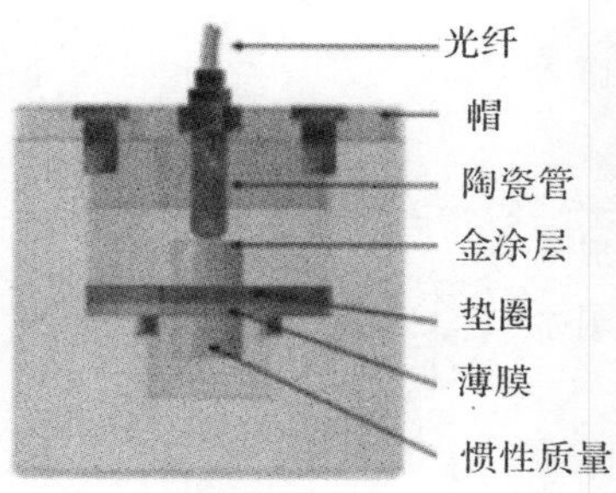

图 6.40　基于高速白光干涉解调的光纤 F－P 振动传感器[24]

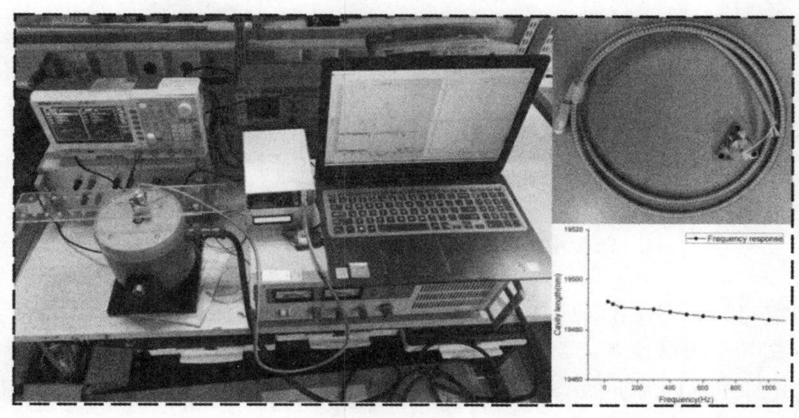

图 6.41　基于硅玻键合的 MEMS 光纤 F－P 振动传感器

光纤 F－P 振动传感器在高温领域的研究相对较少。2018 年，武汉大学周超然等人[25]研制了一种基于碳化硅膜片的耐高温光纤 F－P 振动传感器。该传感器使用下端面抛光的碳化硅膜片作为反射面，使用高温陶瓷校准器、陶瓷管等对碳化硅膜片进行封装形成 F－P 腔，如图 6.42 所示。该传感器在 800℃高温下工作性能良好，频响范围 100～1 000 Hz，相对误差小于 1.56%。但该传感器加速度量程仅 0.4g，无法应用于高 g 值领域的振动测量。

c)光纤 F－P 声传感器。与压力传感器类似，光纤 F－P 声传感器一般通过直接测量传感器膜片在声信号作用下的位移来解算声学信息。不同的是，相比于压力信号，声信号引起的动态压力幅值较小且频率范围更广，因此要求用于声信号测量的光纤 F－P 声传感器具有更高的灵敏度及更宽的频率响应范围。光纤 F－P 声传感器的敏感机理与压力传感器类似，可表示如下：当声压作用于传感器声敏膜片表面时，膜片将会产生与之对应的挠曲变形，其变形量可按下式描述，即

$$\Delta L=\frac{3Pr^4(1-\nu^2)}{16Eh^3} \tag{6.46}$$

式中，ΔL 为挠曲位移量；P 为入射声压；r，h 分别为膜片半径、厚度；ν 为泊松比；E 为杨氏模量。

同时，由于声压敏感膜片和光纤端面形成 F－P 腔，因此膜片挠曲变形将引起腔长变化，并最终反应在干涉光谱中。通过对光谱的获取、滤波及解调等步骤即可解算出腔长改变

量 ΔL。

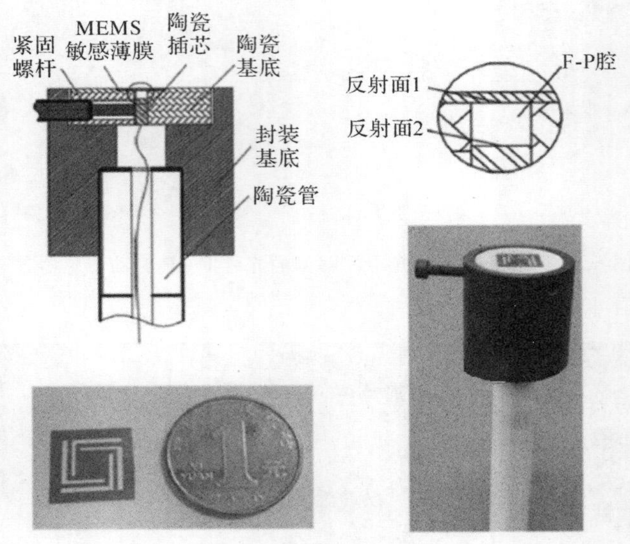

图 6.42 基于碳化硅膜片的耐高温光纤 F-P 振动传感器[25]

光纤 F-P 声传感器的潜在应用领域主要包括低频水声探测、医用超声探头以及用于气体分析的高灵敏声光频谱仪等。2014 年,国防科技大学王福印等人[26],研制了一种采用中心纹膜的差压式光纤 F-P 水听器(见图 6.43),可以实现对深海环境巨大静水压中微小的声压的高灵敏度测量。传感器频响范围 10～2 000 Hz,灵敏度 154.6 dB rad/μPa。

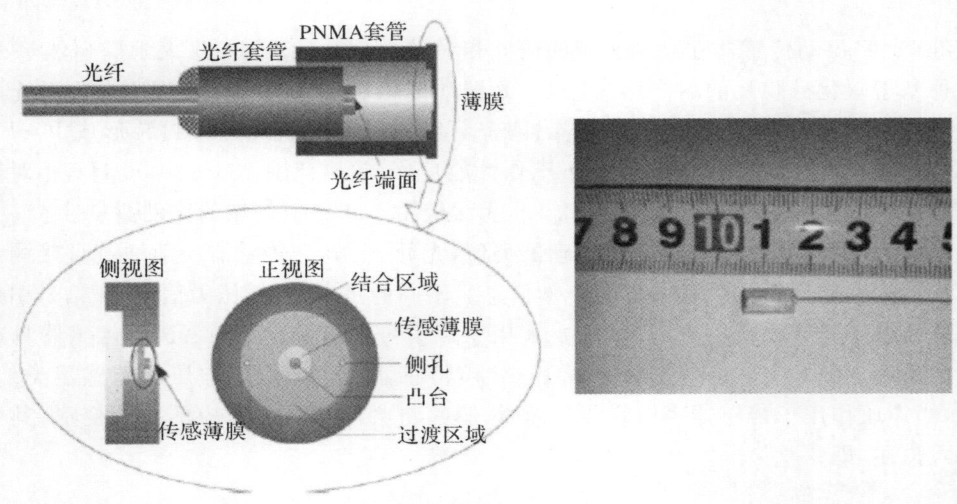

图 6.43 差压式光纤 F-P 水听器[26]

大连理工大学的 Gong 等人[27]通过真空蒸发沉积方法在 NaCl 衬底上沉积 Parylene-C 和金,并通过胶接方法将 Parylene-金复合膜片转移至传感器探头,如图 6.44 所示,制造完成后传感器探头直径约为 9 mm。该传感器机械灵敏度 2 239 nm/Pa,传感器最小可探测声压水平为 22.1 μPa/Hz。

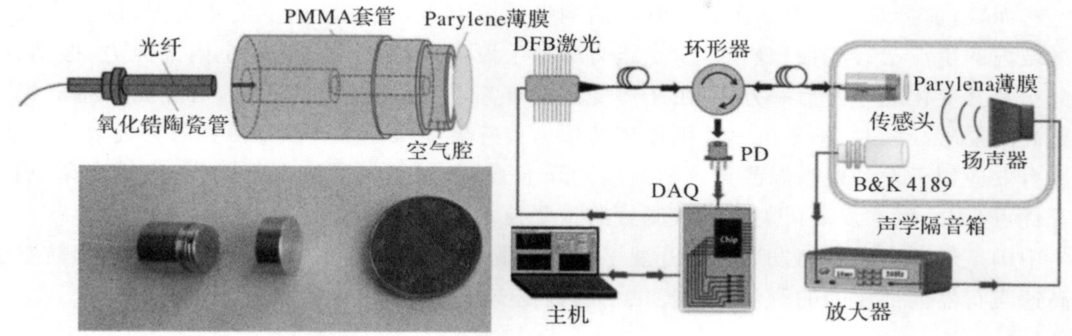

图 6.44　基于 Parylene 有机膜片的光纤 F－P 声传感器[27]

光纤 F－P 声传感器在高温领域的应用主要针对燃气涡轮等发动机燃烧室噪声的原位测量与声源定位。2009 年，德国宇航局[28-29]研制了一种基于 F－P 腔的耐高温噪声传感器，如图 6.45 所示。该传感器以 20 μm 厚的不锈钢膜片感受声压，通过双零差干涉法解调膜片在声波激励下的振动，并完成了燃烧试验台的模拟环境测试，其可在 1 400 K 的燃气温度下工作，能检测声压级高达 153 dB 的噪声信号。

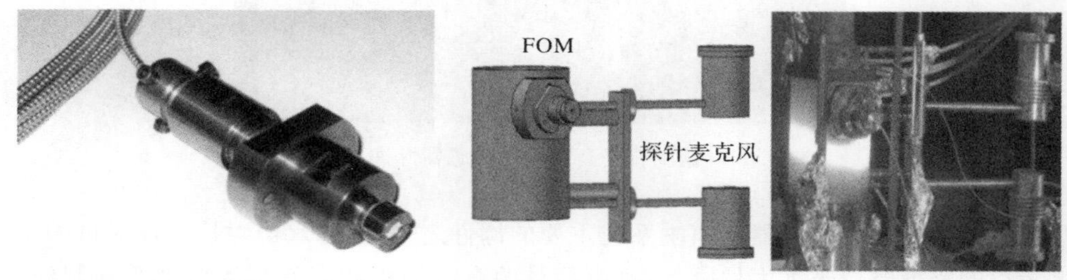

图 6.45　用于航空燃气涡轮发动机的耐高温光纤 F－P 噪声传感器[28-29]

(2)光纤 F－P 传感器的应用。光纤 F－P 传感器由于其低成本、高灵敏度、耐高温、抗腐蚀、抗电磁干扰等优良特性，在工业领域得到了广泛的应用，其中包括航空航天、航海、医疗、桥梁检测、地质勘探等诸多领域。

1)航空航天领域。航空航天发动机是在超高温、超高压、高转速和高负荷等极为苛刻的条件下工作，其关键参数的测量和工作状态的诊断尤为重要。

动态压力是航空发动机试验中参与安全监测的关键参数，压力的测量是判定是否形成稳定燃烧的依据，是最基本的、不可或缺的测量工作。压力波动不仅是引起燃烧不稳定的重要诱因，也是燃烧不稳定现象的重要表征。

发动机异常振动也是发动机喘振、失速等故障的表现，其故障因果关系错综复杂难以诊断，是设计、研制、生产和使用新一代发动机的瓶颈。

高温噪声测试可为发动机燃烧室、涡轮、喷管等热端部件燃烧诊断提供重要依据。燃烧室中的湍流火焰是固有噪声源，其噪声谱蕴含了包括湍流尺度、火焰速度及对流速度等丰富的燃烧流场信息，其中总声压级、频谱特性及声场分布与燃烧效能关系密切。

因此,发动机内部动态压力、振动及噪声的测量可为航空发动机燃烧诊断、在线健康监测及后续优化设计提供重要技术支撑。

然而,目前针对航空发动机关键参数的测量手段有限,且受燃烧室尺寸所限,仅能实现测量区域内的少点参数测量。然而,少点压力测量手段无法很好表征燃烧室内部压力、振动、噪声分布及其变化规律。另一方面,由于燃烧室具有高温、强腐蚀性的特点,对测试传感器提出了更高的要求。同时,基于电学检测原理的压力传感器受限于本底热噪声和材料失效等因素,无法有效应用于发动机高温测量。耐高温光纤 F-P 传感器具有抗电磁干扰、灵敏度高、响应快等优点,成为航空发动机关键参数测量的重要技术手段。

中国空气动力研究与发展中心开展了脉冲风洞动态压力测量实验(见图 6.46),为航空航天高速飞行器内部压力的测量分析提供了的数据支撑。

图 6.46　蓝宝石基高温压力传感器脉冲风洞实验

2)航海领域。水声传感器是声呐系统重要的部件之一,随着水声对抗与反对抗的发展,水下军事装备的辐射噪声被大大地降低,水声信号的有效探测和有效探测范围受到制约。而对水下目标高动态、远距离精确地探测是在军事对抗中获取优势的基础,因此为适应水下反潜战的需要,光纤声压传感技术在光纤传感和光电子技术发展基础上应运而生。在军事需求推动下,光纤水听器技术的发展取得了阶段性成果,现已进入实用阶段,美国已实现军备列装。

光纤 F-P 水听器具有抗电磁干扰、灵敏度高、传输距离远、动态范围大、耐恶劣环境和复用性强等优势,基于目前对水声信号苛刻的探测需求,光纤 F-P 声压传感技术被认为是最有可能构成未来声呐系统的技术[30-31]。

为适应不同海洋环境和不同探测需求,光纤水听器阵列有多种军事应用方式,包括海底固定式岸基阵、舰载拖曳阵、舷侧阵,以及浮标、潜标等。随着光纤水听器单元和 成阵技术的不断成熟,光纤水听器阵列不断向大规模、远距离发展。

2004 年,美国海军实验室与英国 QinetiQ 公司合作,成功研制 96 单元光纤水听器海底阵列(FOBMA),该阵列采用 6 路波分、16 路时分的复用方案,按 48 单元为一段,全阵两段的方式设计,工作水深大于 300 m。

近年来,随着光纤布拉格光栅(FBG)的发展,光纤水听器的尺寸进一步减小,光纤复用度提高,工艺复杂度降低。目前比较成功的基于 FBG 的光纤 F-P 水听器主要有美国定型量产的 TB－33 光纤超细线拖曳阵列系统，其探头直径约 10 mm，采用时分和波分复用技术，能够实现上百通道的信号在 4 条光纤中传输，TB33 型光纤拖曳阵列已部分装备于“弗吉尼亚”级核潜艇。

3)医疗领域。在生物医疗领域，光纤 F－P 传感器主要面向于颅内压力监测。颅内压监测是指利用传感技术，将颅内的压力值导出或转化为其他可供接收的物理量并实时提供给医护人员的一种技术，能够迅速、客观和准确地对颅内压的真实情况进行反映。

颅内压监测能够有效地对颅脑疾病患者的病情进行观察与诊断，并为医护人员在手术时间判断、临床用药等方面提供重要的数据支持，从而大大提高患者的康复比例。

光纤传感器相比于传统的压阻式、电容式传感器，具有抗电磁干扰特性，可实现脑部 CT、核磁共振等强电磁环境下的不间断连续测量[32]，是目前植入式医疗设备的主要发展方向之一。光纤 F－P 传感器作为应用最广泛的光纤式传感器之一，在传感器探头材料、探头体积、灵敏度、量程等方面具有较大的可控范围，且监测距离长、测量精度高，可以满足颅内压监测对传感器结构尺寸、性能参数等方面的需求。

欧美国家对光纤 F－P 颅内压传感器研究较早，目前已有相关产品应用于临床。美国 Integra 公司研制的 Camino 系列颅内压监护仪是目前市场最主流使用的颅内压监护设备，如图 6.47 所示。该监护仪通过将光纤 F－P 压力传感探头与热敏电阻复合，可以同时实现对颅内温度与压力的长时间复合测量。

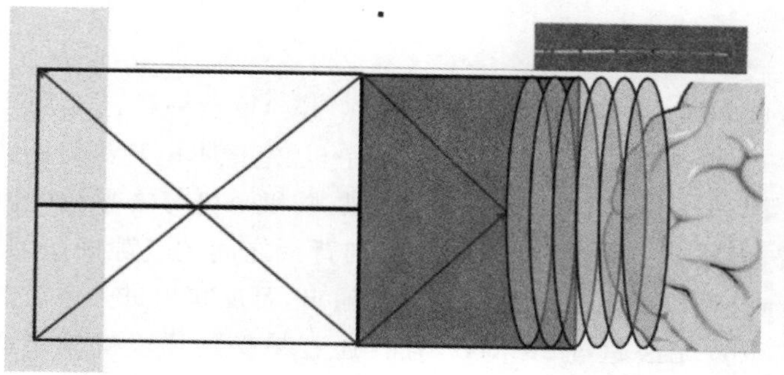

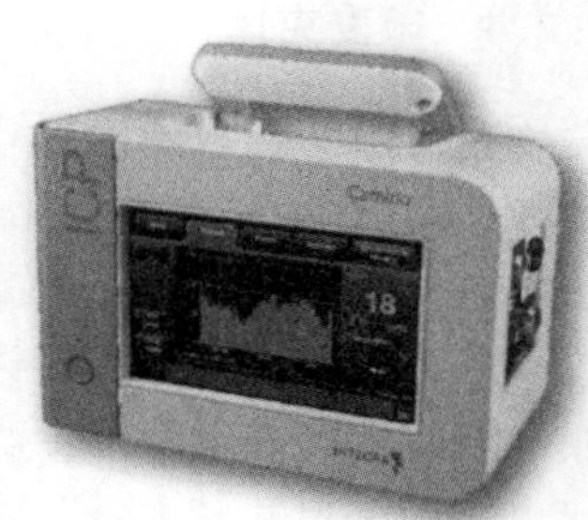

图 6.47　Camino 光纤 F－P 颅内压传感器与监护仪

4)其他工程应用。除了上述方面，光纤 F－P 传感器在桥梁监测、地质勘探等其他工程领域也有较为广泛的应用。

光纤 F－P 传感器在桥梁健康监测中主要应用于以下 3 方面[33]：对采用 FRP(Fiber Reinforced Polymer)等新型复合材料的桥梁结构进行监测，掌握材料和结构的工作性能；对交通枢纽或具有重大意义的大型桥梁的健康监测，掌握桥梁的正常运行状态；对有一定损伤的旧桥进行监测，从而了解其健康状况并采取针对性的维护和加固措施。通过将传感器以埋入式、点焊式等方式将传感器置入预应力混凝土支撑的钢增强杆和炭纤复合材料筋上，可以实现对桥梁在各种载荷条件下振动情况的长期监测。

在地质勘探方面，光纤 F－P 传感器主要针对油页岩的地下原位开采，其加热井、监测井以及采油井等地下采油工艺，必须基于井下的温度、压力、流量和液位等参数来实施流程控制[34]。传统的电类传感器无法在井下诸如高温、高压、腐蚀、地磁地电等干扰的恶劣环境下长期工作。光纤传感器可以克服这些困难，其对电磁干扰不敏感而且能承受极端条件，包括高温、高压以及强烈的冲击与振动，可以高精度地测量井筒和井场内压力、温度等环境参数。采用分布式光纤监测系统(包括 DTS 和准分布式光纤光栅压力传感系统)实现油页岩地下原位转化过程中地层温度、压力、流量和液位等参数的原位检测，从而达到油页岩勘探开发过程中动态监测的目的。

(3)光纤 F－P 传感技术的发展趋势。MEMS 光纤 F－P 传感器因其独特的抗电磁干扰、高灵敏度、快响应速度、尺寸小、敏感芯片批量加工等优点，成为各种类型传感器的必然发展趋势和主流研究方向。在今后的发展过程中，对于光纤 F－P 传感器的设计、机理研究、制备工艺、封装等方面，都有很多需要系统研究及改进优化的地方，其具体发展趋势如下：

1)随着新一代发动机、油井钻探机等设备的发展，对于设备健康状态检测及推进效率提高，对于测试传感器提出了更高的要求，耐高温，抗强腐蚀环境的光纤 F－P 传感器将有巨大应用前景；

2)设计并制备压力、温度、振动等多参数测量的复合传感器，实现多参数的共点同步测量也是传感器的发展趋势；

3)要真正实现光纤 F－P 传感器的工程化应用，需要进一步提高传感器稳定性，研究基于不同应用场景的传感器的高可靠性封装结构及封装方法；

4)与人工智能技术相结合，开发传感器分布式测量网络，从而实现远程多点控制，减小操作者工作量，提高安全性。

6.2.4 微麦克风

传统驻极体电容器麦克风(Electret Capacitance Microphone, ECM)是一种已有数十年历史的技术，它作为一种机电元件一直以来都用于数以十亿计的手机、笔记本电脑等便携式电子设备中。传统 ECM 是一个金属罐，由一层可移动的永久充电振膜和一块与之平行的刚性背板以及场效应晶体管(FET)构成，声波使振膜弯曲，改变振膜和背板之间的气隙间距，从而使振膜和背板之间的电容发生改变，这种改变以电压变化的形式输出，可反映出进入声波的频率和幅度。由于尺寸较大，ECM 的带宽无法超过 20 kHz，且其还容易受到环境机械振动的干扰。

当 ECM 被置于振动环境时，环境振动将引入比较大的噪声。在过去 50 年间，虽然 ECM 一直在不断缩小，但它已达到其尺寸极限，再进一步变小，就得付出敏感性、频率响应及噪声等性能降低的代价。目前，便携式电子设备中所用 ECM 的标准尺寸范围为直径 4～6 mm，高度 1.0～2.0 mm。在麦克风和电路板之间必须使用某种形式(插座或弹性压缩式连接器)的手工焊接，从而使本已很大的元件总体高度更大，它的组装成本更高，可靠性更低。

基于 MEMS 技术的硅微麦克风实际上是一个采用半导体工艺制备的微型电容器。它既可以通过 CMOS MEMS 工艺将微麦克风机械结构与集成电路集成到一个芯片上，又可以分别制造 MEMS 芯片和专用集成电路(Application－Specific Integrated Circuit，ASIC)芯片，再封装到一个表面贴装(Surface Mount Technology，SMT)器件中。在硅微麦克风中，用于感测声压的硅振膜的典型直径小于 0.5 mm，质量非常小，带宽可达 50 kHz，因环境振动引入的机械噪声非常小，且由于处理电路是片上集成或者是间隔极小的双片集成，输入/输出隔离更好，几乎没有可能会把电磁场耦合到麦克风里。硅振膜能够耐受表面贴装时所需的高温环境(260℃的高温回流焊)，不再需要进行手工组装，故而降低了成本，提高了可靠性、生产能力和成品率。由于微麦克风在体积、性能、安装方面的各项优势，其已经逐渐成为日益轻薄的便携式电子产品的最佳选择。图 6.48 所示是 Akustica 公司商业化的微麦克风产品，其采用表贴管壳封装后的长度也仅相当于圆珠笔的直径。

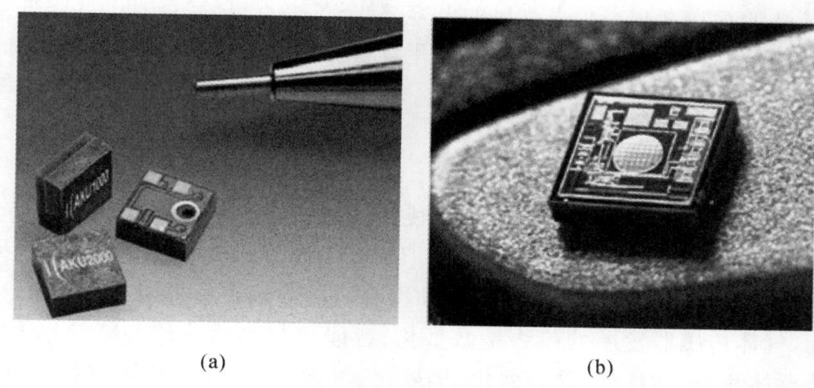

(a)　　(b)

图 6.48　Akustica 公司的商业化微麦克风产品

(a)表贴封装；(b)芯体

如图 6.49 所示是电容式硅微麦克风结构原理。电容由振膜和背板构成。背板上开孔或沟槽以保证空气间隙在振膜形变时的气压保持不变。为了保证在有声压变化时只有振膜发生变化，需要背板的刚度比振膜大得多。有两种方法可以实现大刚度的背板：

(1)在微麦克风结构设计过程中，将背板的厚度设计成比振膜厚度大得多。

(2)利用双端固支梁在残余应力(仅限于压应力)作用下的挠曲现象，将背板设计成双端固支梁阵列，并将梁的长度设计成大于临界长度，使梁在释放后挠曲，利用挠曲后的应力刚化提高背板的刚度。

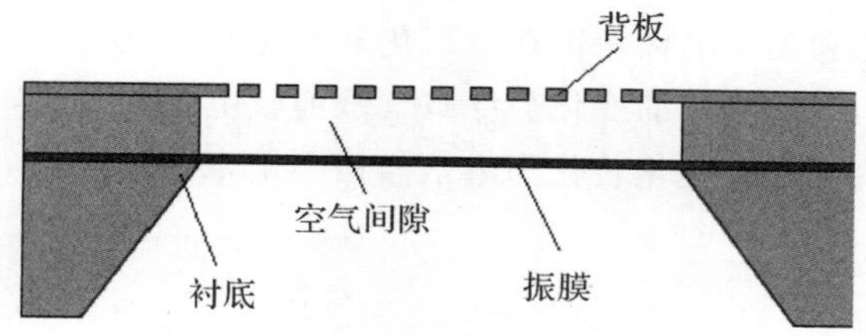

图 6.49　电容式硅微麦克风结构原理

当振膜和背板之间的电容发生变化时，根据下面式可以将电容的变化转化为电压的变化，

$$V=\frac{Q}{C} \tag{6.47}$$

式中，V 是电压；C 是电容；Q 是电荷。

灵敏度是微麦克风的一个重要指标，由于存在应力刚化，振膜中的残余应力越大，振膜对外部声压的变化越不敏感，微麦克风的灵敏度也就越低。对于利用溅射或者化学沉积制备的振膜，可以通过优化工艺参数减小残余应力，并同时在振膜上刻蚀各种应力释放花样(如放射线状或螺旋状浅槽等)，将残余应力对振膜的应力刚化作用降到最低。当然，对残余应力的降低是有限的，使用化学气相沉积制备的薄膜，残余应力最小也在数十兆帕量级，使用残余应力更小的单晶硅(如使用SOI衬底)材料来制备振膜是提高灵敏度的有效方法。

带宽也是微麦克风的重要指标。随着麦克风的尺寸缩小,背板和振膜之间空气间隙中的气流将直接影响微麦克风的上限截止频率。为了减小气流阻力,必须在背板上设置大量的导流孔,但是导流孔的存在又减小了麦克风的电容,降低了麦克风的灵敏度,并降低背板的刚度,引入噪声。因此在微麦克风的设计中,综合优化背板和振膜的设计,使得灵敏度和带宽达到最优是核心问题。

6.2.5 微气体传感器

早在20世纪70年代,气体传感器就已经成为传感器领域一个大系,属于化学传感器一个分支。气体传感器可检测NH_3、CO、NO、NO_2、CL_2、H_2S、SO_2、H_2、O_2、CO_2等气体,在家庭安全、工业生产、矿井作业、医学诊断、军事国防和特种运输领域中的应用十分广泛。随着先进科学技术的应用,气体传感器发展的趋势是微型化、智能化和多功能化。MEMS技术制备的微结构气体传感器体积小、功耗低,易阵列化、集成化、智能化,是气体传感器技术发展的一个重要方向。

当前,基于MEMS技术的气体传感器按照工作原理主要可以分为以下两种:

(1)气敏膜电阻变化型气体传感器。这种微气体传感器是利用一些金属氧化物半导体材料或掺杂有机高分子聚合物材料在一定温度下,其电阻率或者体积等参数随环境气体成分变化而变化的原理制造,可用于检测H_2、CO、NH_3、NO_2、CH_4等气体。常用的金属氧化物有ZnO、SnO_2和TiO_2等。由于气敏材料必须在某特定温度(320～460℃)下其敏感程度最高,所以这种传感器都必须内置加热器。在使用MEMS结构以前,这种传感器主要基于陶瓷衬底,体积较大,加热需要的功率也比较大。在使用MEMS热隔离结构之后,传感器的功耗可以显著降低。一个典型的气敏膜式微气体传感器如图6.50所示。传感器由加热电极、硅衬底、梳齿电极和气敏薄膜组成。硅衬底上使用干法刻蚀或者湿法腐蚀从背面制作气腔作为隔热结构,减缓热量损失。加热和测温电极包覆在二氧化硅绝缘膜中,防止其与梳齿电极短路。在梳齿电极上施加恒定电压,气体浓度的变化会导致气敏薄膜电阻的变化,从而转化为两个梳齿对电极上电流的变化,将气体浓度变化转化为电信号检测出来。

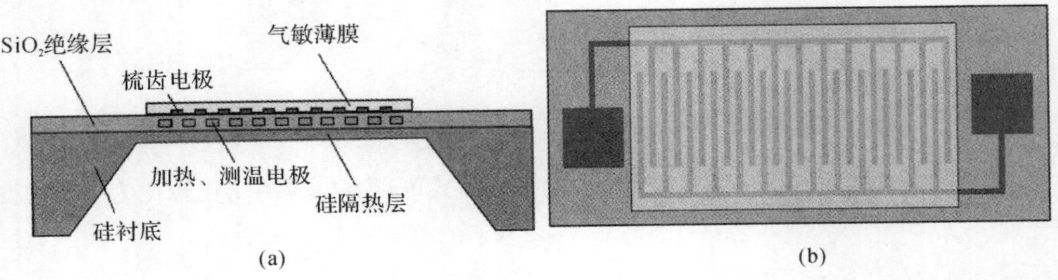

图6.50 气敏膜式微气体传感器结构原理

(a)剖视图; (b)俯视图

(2)微结构谐振频率变化型气体传感器。这种微气体传感器属于质量型气体传感器,其基本结构式是微悬臂梁。悬臂梁的谐振频率和悬臂梁的质量有关。如果在微悬臂梁的表面涂覆ZnO、SnO_2、TiO_2,掺杂聚酰亚胺和聚异丁烯等敏感材料时,敏感材料可以实现对一类或特定气体的吸附，吸附量同环境气体体积分数变化成线性关系[35]。当环境气体浓度变化时，悬臂梁的吸附量变化而导致质量变化，从而引起谐振频率的变化，通过特定的电路就可以将这种频率变化读取出来。

6.2.6　微流量传感器

微流量传感器是利用 MEMS 技术制作的，把液体或气体的流量、流速和流向转换为电信号输出的器件。微型流量传感器按作用原理主要可分为两大类：机械式和热式。

(1)机械式微流量传感器。机械式微流量传感器是利用流体流动时产生的黏滞力或流道进出口之间的压力差，带动机械结构运动或变形，通过压阻效应或电容变化等，感知流体的流动速度。其由一个悬臂梁加上集成在梁上的压敏电阻或电容测量感应件组成。如图 6.51 所示是一个基于黏滞力的机械式微流量计，该流量计采用体硅湿法腐蚀工艺制备，悬臂梁材料为氮化硅，压敏电阻材料为铂。平行于流动方向的黏滞力 F_D 为

$$F_D = Cav\eta \tag{6.48}$$

式中，C 是障碍物形状有关的常数；a 是悬臂梁末端障碍物的尺寸；v 是流体流速；η 是流体的绝对黏度。

由于在受力变形时其根部的应力最大，压敏电阻一般布置在悬臂梁的根部，如图6.52所示。

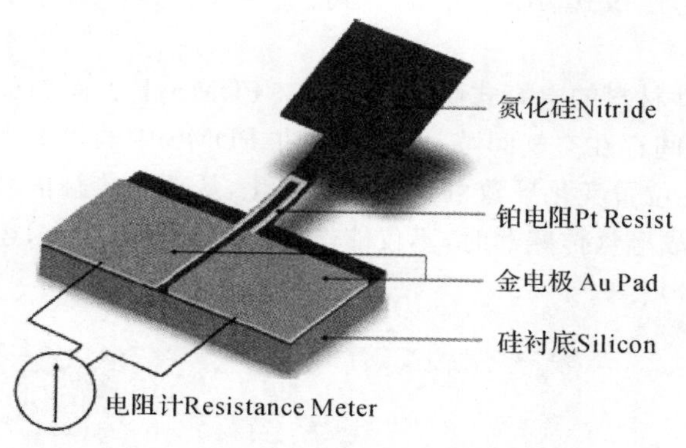

图 6.51　基于黏滞力的机械式微流量计[36]

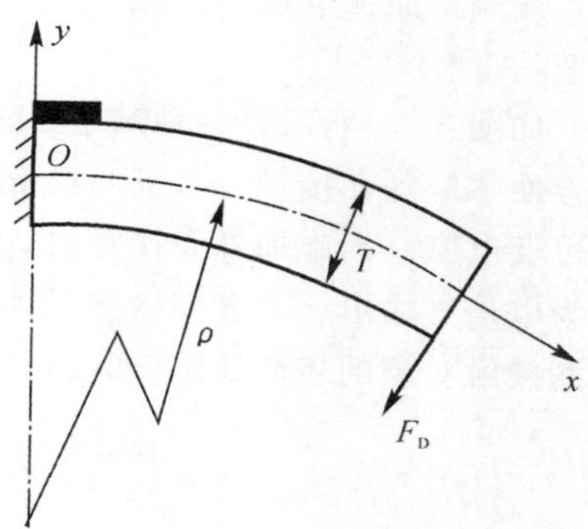

图 6.52　基于黏滞力的机械式微流量计悬臂梁受力分析

当悬臂梁在黏滞力作用下发生弯曲变形时，其曲率半径 ρ 可以采用下式求解，即

$$\frac{1}{\rho} = \frac{\mathrm{d}^2 y}{\mathrm{d}x^2} = \frac{M(x)}{EI} = \frac{F_D L}{E}\frac{12}{WT^3} \tag{6.49}$$

则在悬臂梁根部处上表面的应力为

$$\sigma = E\varepsilon = E\frac{y}{\rho} = E\frac{T}{2}\frac{F_D L}{E}\frac{12}{WT^3} = \frac{6F_D L}{WT^2} \tag{6.50}$$

式中，L 是悬臂梁长度；W 是悬臂梁宽度；T 是悬臂梁厚度。

压敏电阻的阻值变化率为

$$\frac{\Delta R}{R} = K\sigma = \frac{K6Ca\eta L}{WT^2}v \tag{6.51}$$

其中,K 的含义见式(6.23)。机械式微流量计可以将流速的变化转化为电阻的变化,从而检测出来。其优点是普遍适用于气体和液体,可采用现有的微压力传感器和微加速度计读出电路;缺点是需要可动结构,在流体中容易发生堵塞或损坏。

(2)热式微流量传感器。流体流动时会把热源的热量带走,或把热量从上游带到下游。热式微流量传感器便是利用加热元件和测温元件,通过测量带走或带来的热的情况,得到流体流动的速度和方向,其测量原理如图 6.53 所示。其主要由一个加热元件和两个测温元件构成。向加热元件施加一定热功率时,加热元件周围形成随流体流场变化的温度场,分别位于上、下游的测温元件之间就会产生温差,可以通过检测这个温差换算出流体的流速。热式微流量传感器的优点是尺寸小、响应快、灵敏度高,缺点是功耗较大。

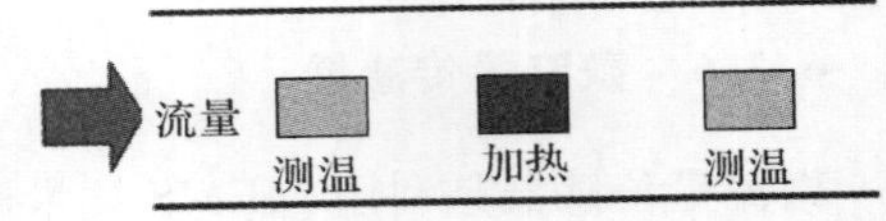

图 6.53 热式微流量传感器原理

6.2.7 微触觉传感器

触觉是生物体获取外界信息的一种重要的知觉形式。广义的触觉包括接触觉、压觉、力觉、滑觉和冷热觉,而狭义的触觉仅指接触面上的力感觉。狭义的触觉传感器(Tactile Sensor)可认为是一种压力传感器,只是其敏感元件直接与固体接触,敏感元件一般制作成阵列形式。通过触觉传感器可以获得目标物体的形状、硬度、粗糙度、纹路和抖动等多种物理信息。从测量原理上划分,触觉传感器可分为压敏式、压电式、电容式、电导式和超声式等多种类型。

如图 6.54 所示是一种基于 PDMS 柔性材料的电容式触觉传感器。PDMS 上表面制成凸点方便感应外在接触,上、下两层 PDMS 之间存在空气间隙,两块埋藏在 PDMS 中的对电极组成可变电容。当施加外力接触时,上电极的位置变化导致可变电容的变化,从而将接触信号转变为电信号输出。当多个敏感元件阵列组成触觉传感器时,不仅能够感测接触力的大小,还能感测接触对象的表面纹路(如进行指纹测量)。

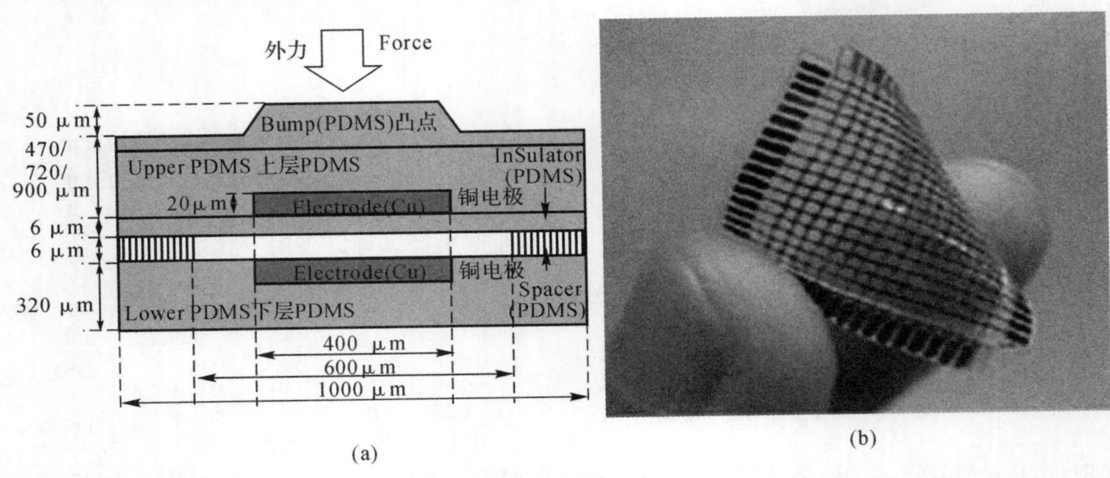

(a) (b)

图 6.54 基于 PDMS 材料的电容式触觉传感器[37]

(a)单个敏感元件原理; (b)敏感元件阵列实物

6.2.8　微红外探测器

日常生活中常见的图像探测器是 CCD 与 CMOS 探测器，两者都是利用感光二极管(Photodiode)进行光电转换，能够在可见光或波长 1 μm 以下的近红外光照明的情况下获得被拍摄物体的图像。CMOS 和 CCD 图像探测器中仅使用电子线路，没有三维微结构，不需要用到 MEMS 技术。需要使用 MEMS 技术的图像探测器主要是红外探测器。任何温度高于绝对零度的物体都会发射红外辐射，红外光是一种不可见光，与所有电磁波一样，具有反射、折射、散射、干涉、吸收等性质。红外光在介质中传播会产生衰减，在金属中传播衰减很大，但能透过大部分半导体和一些塑料，大部分液体对红外辐射吸收非常大，不同的气体对红外光吸收程度各不相同，波长为 1～5 μm 和 8～14 μm 范围红外光在大气中具有比较大的透过性，目前是红外成像技术的主要应用波段。红外探测器能将不可见的红外辐射转化为可见的图像。按照探测原理的不同，可以将红外探测器分为量子型和热敏型两种。

(1)量子型探测器又称为光子型探测器，是基于光电效应原理，利用物体发射出的红外光子在探测器内激发自由载流子(电子和空穴)，红外辐照的强弱可以转化为载流子数目的多少而被检测出来。热电子能量几乎和红外光子的能量相当，为了消除热电子的影响，必须对量子型红外探测器进行制冷，一般需要工作在液氮温度(～77 K)以下，需要复杂而昂贵的制冷装置。

(2)红外光的最大特点就是具有光热效应，它是光谱中最大光热效应区，热敏型探测器是利用辐射热的热效应，使探测元件接收到辐射能后引起温度升高，进而使探测器中依赖于温度的性能发生变化。检测其中某一性能的变化，便可探测出辐射，这是一种对红外光波无选择的红外传感器。热敏型探测器对红外辐射的响应时间(ms)比量子型探测器的响应时间(ns)要长得多。但是热敏型探测器不需要冷却，其体积和成本要远低于量子型红外探测器。

引入 MEMS 技术的红外探测器主要是各种热敏型红外探测器。根据热敏原理不同，又可以划分为多种形式。

1)热堆型红外探测器。图 6.55 给出了热堆型红外探测器的结构原理。红外热堆是多个两种不同成分的导体一端连接制成的热偶对组成的串联结构，热偶对的热端处于悬空的薄膜上，薄膜下方是采用湿法腐蚀或者干法刻蚀制备的空腔用于隔热，热端上方覆盖黑体膜以增强红外吸收效果，热偶对的冷端位于薄膜以外，并在冷端上覆盖绝热层，以提高热堆的探测率。热端在吸收红外辐射能后温度升高，在冷、热两端产生温差，从而在串联热偶对两端产生热电压，而热电压的大小将随辐射强度的变化而变化。

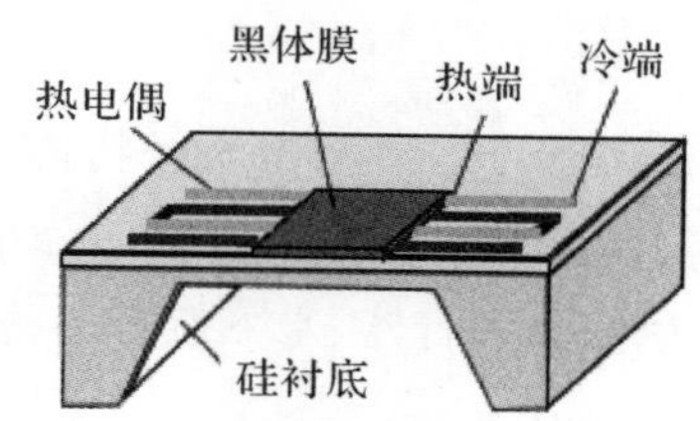

图 6.55　热堆型红外探测器结构原理

2)热阻式红外探测器。热阻式红外探测器的结构类似于热堆式红外探测器，无非是将敏感原件由热电偶变成了半导体热敏电阻，当敏感原件吸收红外辐射能量而温度升高时，热敏电阻的阻值发生变化，从而检测出红外信号的变化。

3)隧道式红外探测器。隧道式红外传感器最早是由 Kenny 等人[38]在电子隧道效应的原理上研制成功的。当两个电极非常接近时，在外加电场作用下形成隧道，隧道电流与电极间的距离成负指数关系，当电极间距离发生变化时，隧道电流会随之变化，通过对隧道电流进行检测或对隧道间隙进行反馈控制，可以在很高的灵敏度下实现位移检测。隧道式红外传感器原理结构如图 6.56 所示。结构由两片硅片组成，上方的硅片用微加工方法加工出密闭微腔，内封有常压下的空气。微腔的下部是加工了凹槽的另一硅片，凹槽底部有微小的硅尖。微腔内的气体在红外辐射下被加热，气体体积膨胀，引起微腔底部薄膜形变，可由隧道效应检测该形变，以实现红外辐射的测量。其中形变电极的作用是使柔性薄膜发生预形变，使隧道电极的距离减小直至进入工作状态。该种红外探测器非常灵敏，且具有良好的动态性能和宽广的频率范围(取决于薄膜的谐振频率，可以达到数万赫兹)。

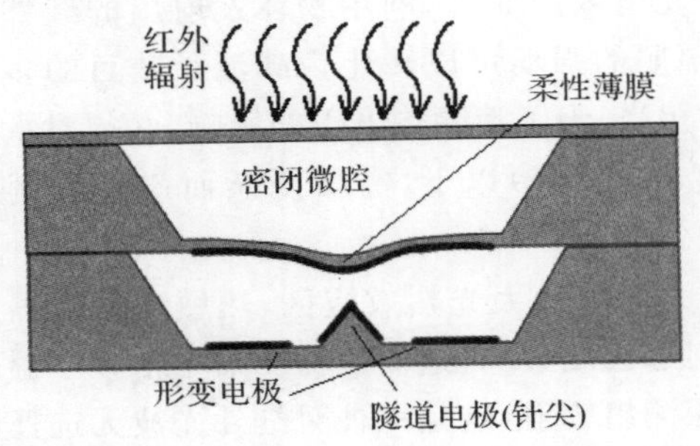

图 6.56　隧道式红外探测器结构原理

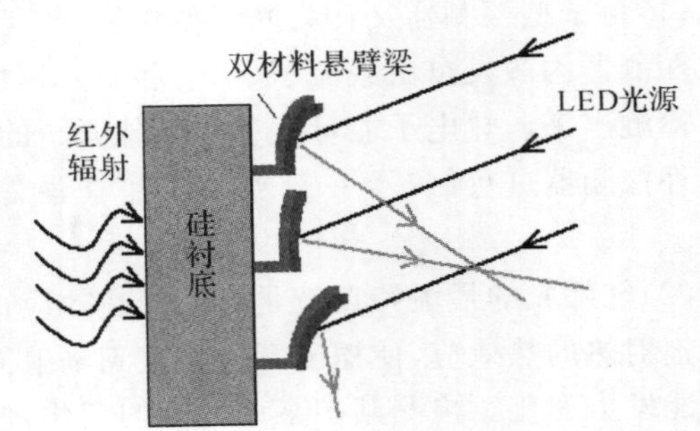

图 6.57　悬臂梁式红外探测器结构原理

4)悬臂梁式红外探测器。前面所介绍的集中热敏型红外探测器都需要在每个探测元件配备寻址和控制电路，这就必然限制了单位面积内探测元件的数量，很难实现高分辨率红外探测器。悬臂梁式红外探测器采用光学读出原理，在探测元件本身不使用任何寻址、控制、读取或者信号转化电路，其成本低、体积小、质量轻、功耗低[39]。如图 6.57 所示是悬臂梁式红外探测器的结构原理，每一个探测元件是两种热膨胀系数差别很大的材料构成的微悬臂梁，当探测元件受到红外辐射照射时，入射的红外能量转化为悬臂梁的温升，从而引起梁的变形，温升不同，微悬臂梁的变形也不同。微悬臂梁变形后引起的反射角度变化可由光学系统检测出来。

6.2.9　剪应力传感器

流体壁面剪应力(Wall Shear Stress)是指流体流经物体表面时，由于黏性作用在壁面产生的切向应力，是评估任何流体工程设备性能和表面摩擦分布的重要物理量[40]。在航空、航天、航海领域，流体壁面剪应力的研究为飞行器、水下航行器的边界层流动状态机理、减阻降噪提供了重要的理论依据。

根据空气动力学理论，在高速飞行的条件下，飞行器所受阻力主要来自表面摩擦阻力，大型运输飞机的摩擦阻力可达总阻力的 50%；另外，热防护设计的依据是飞行器表面的气动热状态，而气动热的主要来源之一是由空气与飞行器表面的摩擦产生的。而壁面剪应力是流场状态的最直接物理量，其准确有效测量是研究流场结构、分析流动机理的基础。因此，流体壁面剪应力的精确测量，对飞行器表面减阻、热防护设计具有重要意义[41]。

在水中，壁面剪应力的准确测量对于航行器的流场结构机理研究方面同样具有重要作用：通过分析壁面剪应力的分布情况，可以判定流动分离与再附着的位置，从而指导流动控制；有利于优化水动力设计，实现更好的节能减噪功能；可以通过壁面剪应力来求得摩擦速度，从而实现流体边界层内长度参数和速度参数的无量纲化。

1. 壁面剪应力传感器的分类与工作原理

近几十年来，为了准确测量流体壁面剪应力，各国研究者已经开发了诸多测量方法，如图 6.58 所示。按照测量原理的不同，这些方法可以分为直接测量法和间接测量法[42]。直接测量法是指直接对作用在敏感结构上的剪应力进行测量，而间接测量法主要通过测量中间物理量，如近壁面区域热交换、沿流向压力梯度、多普勒频移等，再利用中间物理量和剪应力之间的理论或经验关系推导间接得到剪应力量值。

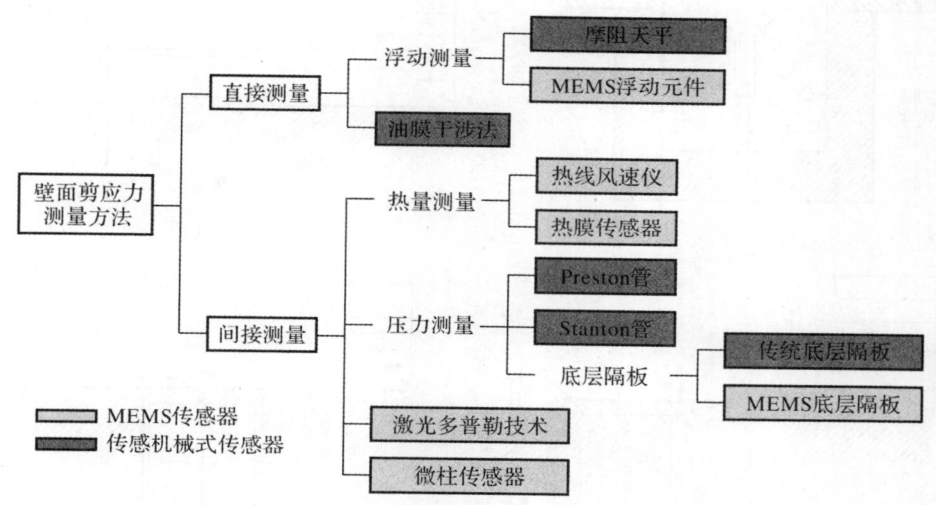

图 6.58　流体壁面剪应力测量方法分类

随着微机电系统 MEMS 技术的不断进步，壁面剪应力测量技术正朝着微型化、全局化、动态化等方向发展[43]。根据尺寸大小的不同，壁面剪应力传感器又可以分为传统机械式传感器与 MEMS 微传感器两种。传统的流体壁面剪应力测量方法主要有摩阻天平、Preston 管、底层隔板等。而 MEMS 微传感器基于 MEMS 浮动元件、热线/热膜、MEMS 底层隔板等测量技术，其敏感元件的尺寸大大减小，通常在毫米至微米量级。

(1)传统机械式剪应力测量手段。常见的传统机械式剪应力测量装置包括摩阻天平、Preston 管、Staton 管、底层隔板等，具有制造工艺简单、抗干扰能力强等特点，通常适用于稳态流场的剪应力标定校准或剪应力的局部精确测量。但由于制造方法和结构尺寸的制约，它们均存在动态范围窄、信号滞后等弊端。

利用摩阻天平进行测量是获得流体壁面剪应力的直接方法之一。传统浮动式摩阻天平主要由天平主体、测头、弹性梁和应变片等部分组成[44]，如图 6.59(a)所示。测量时流体直接作用在测头表面，测头发生位移带动相连的弹性梁产生变形，粘贴在弹性梁上的应变片感受到弹性梁的变形并转化成电信号，通过信号采集和计算即可获得壁面剪应力[45-47]。

Preston 管[见图 6.59(b)]、Stanton 管[见图 6.59(c)]和底层隔板[见图 6.59(d)]均是通过测量物体表面边界层内的总压或者障碍物前后的差压获得速度信息，从而建立与测点上表面剪应力之间的关系。Preston 管[48]是一种特制的 Pitot 管，使用时紧贴于待测壁面，利用湍流近壁剪切流的"壁面律"，结合压差所反映的流速特征，最终可确定壁面剪应力[49-51]。Stanton 管[52]将 Pitot 管变形为一个壁面上的静压孔与紧贴壁面的刀片以构成一个表面总压管。由于刀片的厚度一般在几十微米到几百微米之间，因此对流场扰动较小[53,54]。传统底层隔板[55]在应用时垂直于壁面安装，位于壁面以上的凸出部分(高度约为几百微米)受到流场作用，引起隔板上下游产生压差，通过压差测量得到隔板展向的平均剪应力值。

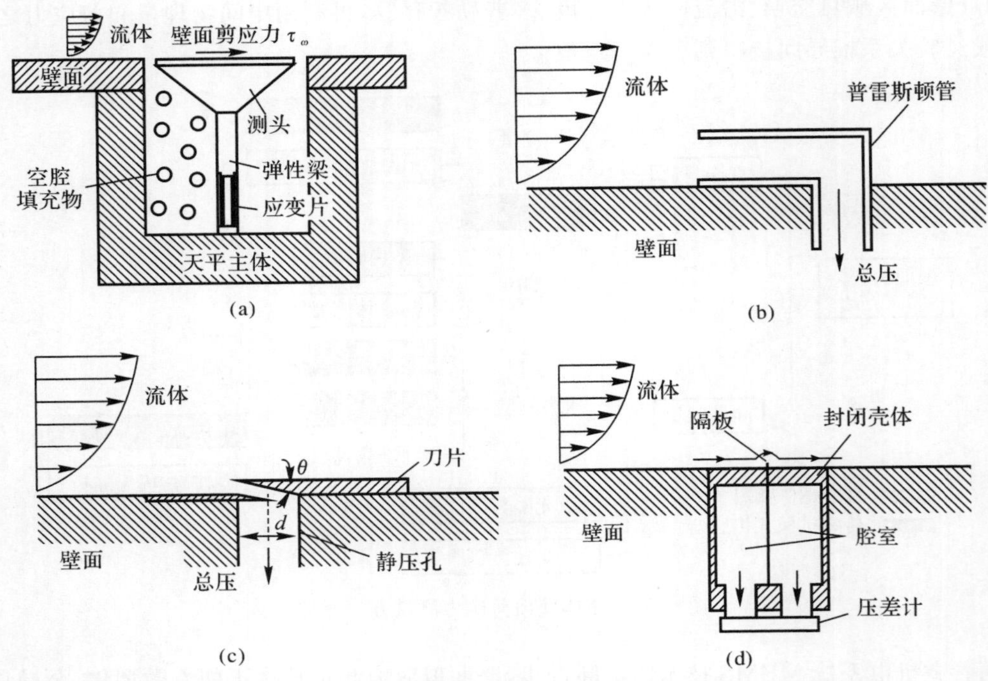

图 6.59　传统机械式剪应力测量原理示意图

(a)浮动式摩阻天平[44]；　(b)Preston 管[48]；　(c)Stanton 管[52]；　(d)底层隔板

(2)MEMS 剪应力微传感器。MEMS 是在微电子技术基础上发展起来的多学科交叉科学。采用 MEMS 技术制作的剪应力微传感器在尺度上比常规小型传感器至少要小一个量级，且由于惯性质量和热容量显著减小，因此频响范围大大扩展，使过去很难做到的局部区域的高分辨率、快速测量成为可能，这对流体力学问题的研究是至关重要的。同时，随着传感器封装和集成技术的不断进步，将多个微型剪应力传感器进行集成形成阵列化成为可能，将剪应力微传感器阵列布满需要测量的流动区域，组成分布式传感单元阵列，即可实现该区域流动参数的分布测量。

1) 浮动式传感器。浮动式传感器是通过检测浮动元件的位移量从而得到剪应力大小的一种传感器，是最常用的一种剪应力直接测量方法。典型的浮动式壁面剪应力传感器结构如图 6.60 所示[56]，图中相关几何尺寸参数如下：浮动元件长 L_e、宽 W_e、厚 D_e，弹性梁长 L_t、宽 W_t。

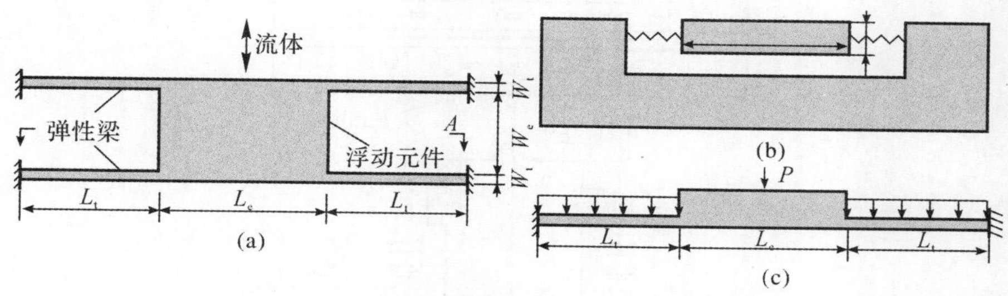

图 6.60　浮动式剪应力传感器结构示意图

(a) 俯视图；(b) 截面 A—A 示意图；(c) 弹性梁受力示意图

当流体经过传感器表面时，剪应力作用在由弹性梁支撑的浮动元件上，引起弹性梁的弯曲变形。弹性梁受力包括由浮动元件位移产生的力 P(N)，以及流体直接作用在弹性梁上的分布载荷 $Q(\mathrm{N \cdot m^{-1}})$ 两部分，如图 6.60(c) 所示。其表达式分别为

$$P = \frac{\tau_\omega L_e W_e}{2} \tag{6.52}$$

$$Q = \tau_\omega W_t \tag{6.53}$$

式中，τ_ω 为流体壁面剪应力，单位是 $\mathrm{N \cdot m^{-2}}$。而弹性梁中心点的位移即浮动元件的位移可以用下式表示，有

$$\delta = \frac{PL_t^3 + QL_t^4}{24EI} \tag{6.54}$$

式中，E 为弹性梁材料的弹性模量；I 为弹性梁截面惯性矩，$I = D_e W_t^3 / 12$。

将式(6.52)、式(6.53) 代入式(6.54) 中，最终得到了浮动元件位移 δ 与剪应力 τ_ω 的关系式为

$$\delta = \frac{\tau_\omega L_e W_e}{4ED_e}\left(\frac{L_t}{W_t}\right)^3\left(1 + 2\frac{L_t W_t}{L_e W_e}\right) \tag{6.55}$$

相比于传统浮动式摩阻天平，基于 MEMS 技术的浮动式剪应力微传感器的浮动元件尺寸较小(一般在微米量级)，尺寸效应的优势大幅提升了剪应力测量的分辨率和频响应频率，使摩阻天平很难做到的局部区域高分辨率、快速测量成为可能。此外，随着微传感器封装和集成技术的不断发展，MEMS 浮动式微传感器还便于浮动元件的集成化与阵列化，实现了流动参数的分布测量。

Schmidt 等人[57]最早研究了 MEMS 浮动元件的剪应力传感器。该传感器采用聚酰亚胺/铝表面微加工工艺，使用差分电容检测浮动元件的移动，测量原理如图 6.61 所示。传感器量程为 0.01～1.0 Pa，灵敏度为 52 mV/Pa，共振频率约为 10 kHz。Pan 和 Hyman 等人[58-60]首次采用差分电容梳齿结构检测浮动元件的移动，并且将传感、激励以及控制电子设备整体集成在一个芯片上设计制作力反馈电容传感器，减少了制造工艺的复杂度，如图 6.62 所示。

国内西北工业大学马炳和教授团队基于 SOI(Silicon - On - Insulator)工艺在顶层硅和背衬底之间引入了一层氧化层，基于感应耦合等离子体刻蚀(Inductively Coupled Plasma，ICP)工艺刻蚀正面结构与背腔，形成浮动元件。研发出的浮动电容式剪应力微传感器在最大60 Pa

剪应力下分辨率可达 0.26 Pa,非线性度±1.5%,响应频率 6.6 kHz(见图 6.63)。

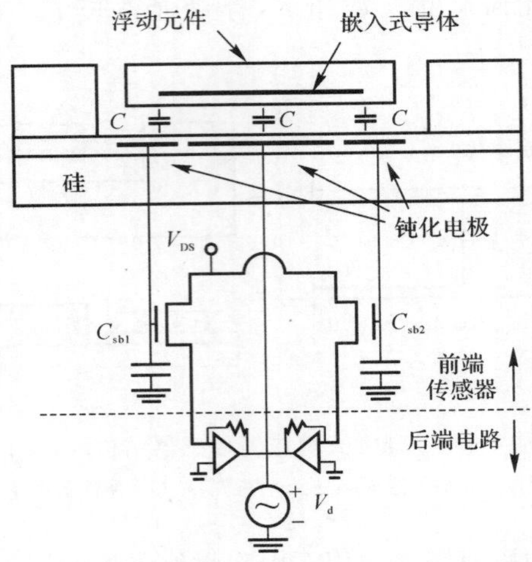

图 6.61 Schmidt 的 MEMS 浮动元件传感器[57]

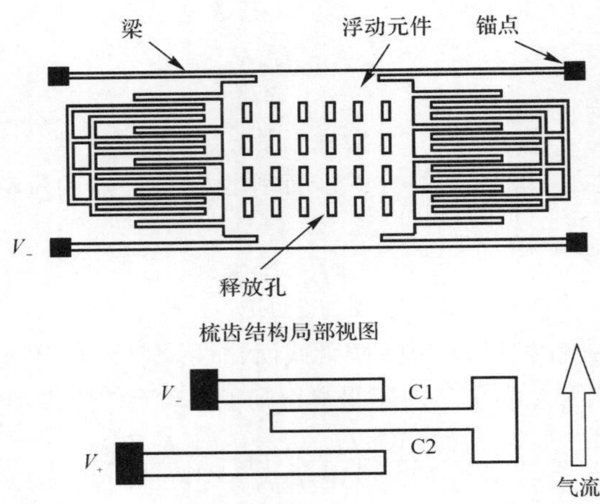

图 6.62 Pan 的梳齿结构浮动式传感器[58-60]

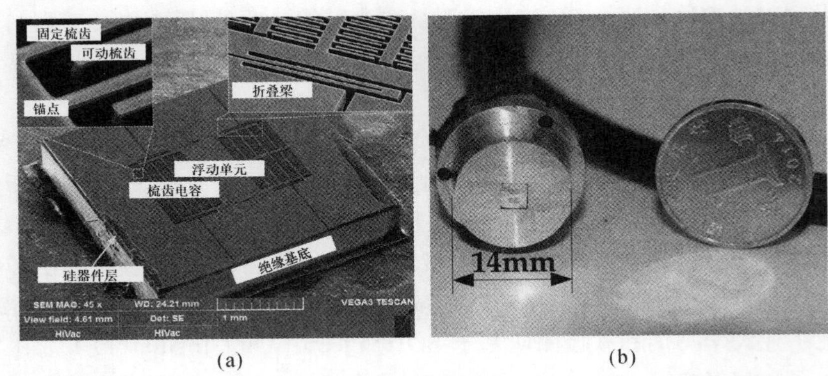

(a) (b)

图 6.63 西北工业大学研发的浮动电容式剪应力微传感器[61-64]

(a)SEM 图; (b) 实物图

2)热膜传感器。热膜剪应力传感器是利用热敏单元将流动引起的热耗散速率转换成电压的测量装置。流体流过传感器时热敏单元热量通过热对流的方式向流体中耗散,热耗散速率与边界层速度梯度密切相关。因此,通过测量热敏单元热耗散量可以获得剪应力大小[65]。

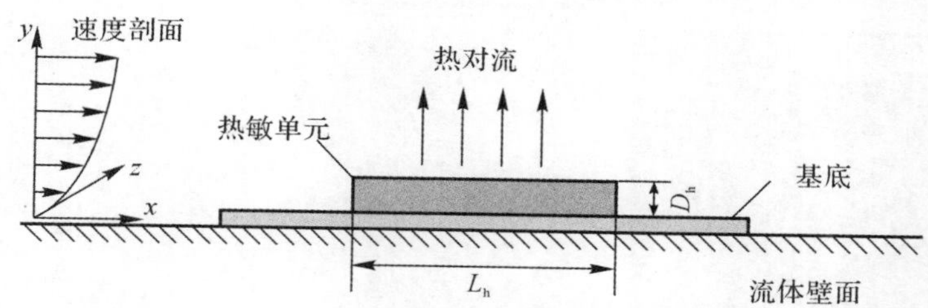

图 6.64　热式剪应力传感器的工作原理示意图

典型的热膜传感器如图 6.64 所示,传感器置于流体边界层近壁面底部,由驱动电流对其进行焦耳加热,而热敏单元本质上是一个热电阻,其电阻值和温度关系式为

$$R_w = R_0[1+\alpha(T_w - T_0)] \tag{6.56}$$

式中,R_w 和 R_0 分别是热敏单元在温度 T_w 和 T_0 时的阻值;α 为电阻温度系数;单位是 10^{-6}℃。根据热平衡原理,驱动电流使柔性热膜传感器产生的热量等于总耗散热量。当壁面剪应力作用于传感器时,流体强制对流影响占主导地位,通过采集传感器的输出电压变化量,经运算间接得出流体壁面剪应力量值。根据经典 King's 方程,热敏元件的剪应力测量原理如式所示

$$Q = I^2 R_w = (A\tau_\omega^{\frac{1}{3}} + B)(T_w - T_f) \tag{6.57}$$

式中,T_w 和 T_f 分别为热敏单元的工作温度和流体温度;A、B 为常数。

热膜剪应力传感器的热敏单元依附于片状基底,基底的多样化导致传感器形态的多样化,一般可分为硅基热敏式传感器与柔性热膜传感器两种类别。硅基热敏式剪应力传感器以硅、硅的氧化物和硅的氮化物等材料作为基底,具有频响快、精度高的特点,但不易贴附安装,局限于平面或微小曲率表面等使用场合。硅基热敏式传感器通过硅刻蚀工艺完成基底的制备,以多晶硅或溅射沉积铂(Pt)、镍(Ni)等热敏金属薄膜为热敏单元。为减小传感器向壁面传递热量而造成的误差,这类传感器一般在背面刻蚀空腔进行热传导隔离。柔性热膜剪应力传感器的基底制备工艺通常是旋转涂敷聚酰亚胺(PI)、聚二甲基硅氧烷(PDMS)和聚对苯二甲酸乙二酯(PET)等柔性材料,后续溅射沉积形成金属热敏薄膜并通过真空热处理工艺提高其性能。这类传感器质地柔软,具有良好的共形能力,但在高温、多颗粒杂质污染的流场条件下难以正常工作。

1988 年,Oudheusden 和 Huijsing[66]首先开发出了用于壁面剪应力测量的微型热敏传感器,该传感器由集成在硅基片上的热电偶和信号调理电路组成。2004 年,德国萨尔州立大学 Ngo 等[67]使用 MEMS 工艺在柔性 PI 上制作了一种热膜传感器阵列(见图 6.65),并成功应用于飞机机翼流速和剪应力测量。2013 年,Beutel[68,69]利用旋涂聚酰亚胺工艺可以获得最小厚度为 7 μm 的热膜微传感器(见图 6.66),该传感器热敏电阻材料为镍,电阻温度系数可以达到 4 900×10^{-6}℃$^{-1}$。

国内清华大学[70-71]设计制作了一种集成了柔性电路板(FPCB)的 PI 基底热膜传感器,并成功应用在小型无人机的流速和剪应力等气动参数的感知。西北工业大学[72-76]面向湍流边

界层流动测试需求，围绕关键制备封装工艺、电阻温度系数调控、定常/非定常边界层流动测试应用展开了研究，针对性的设计研制了高性能柔性热膜微传感器，如图 6.67 所示。其电阻温度系数可达到 4 700×10^{-6}℃$^{-1}$，剪应力测量范围可达 60 Pa。

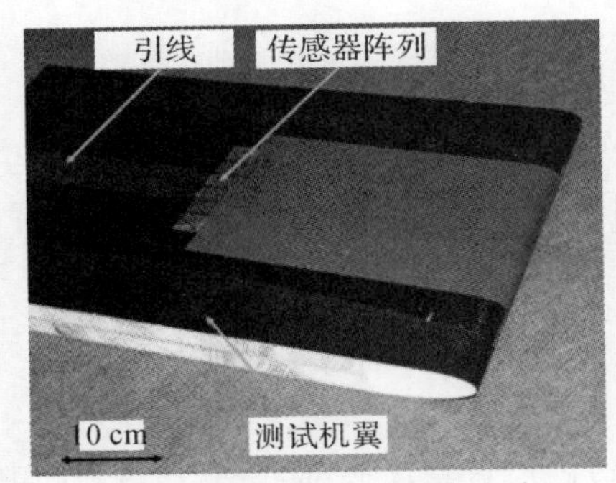

图 6.65　Ngo 的柔性 PI 基底热膜传感器[67]

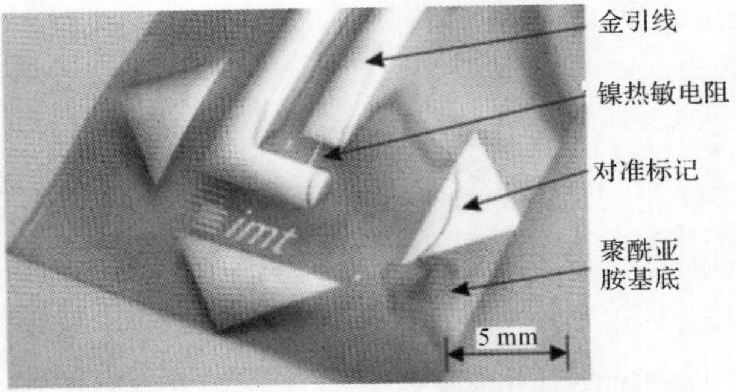

图 6.66　Beutel 的 PDMS 基底热膜传感器[68,69]

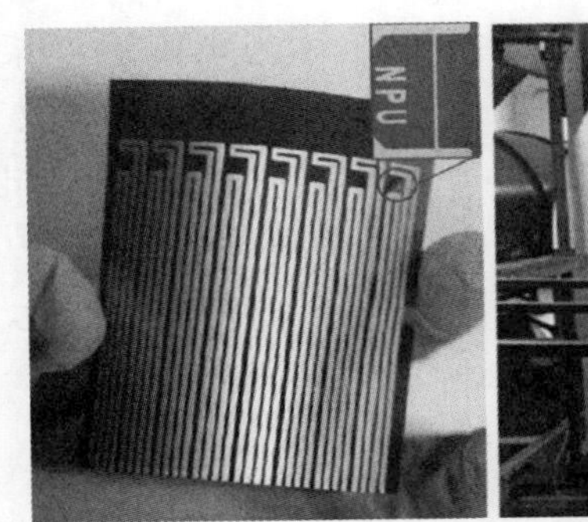

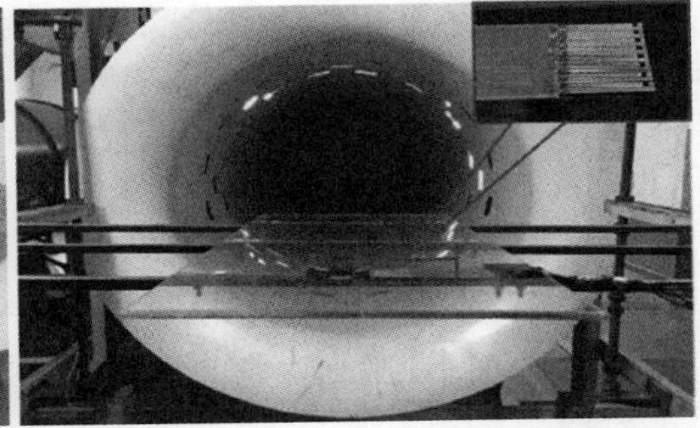

图 6.67　西北工业大学研发的柔性热膜微传感器[72-76]

3)MEMS 底层隔板。MEMS 底层隔板微传感器的测量原理与传统机械式底层隔板相近，都是通过测量隔板上下游的压差得到平均剪应力值。弹性隔板是 MEMS 底层隔板感受流场作用的主要敏感结构，它凸出于壁面以上且位于边界层内部。当流体经过隔板时，其上下游压差将引起弹性元件整体挠曲，进而导致应力聚集区域的力敏压阻的阻抗发生变化，最后结合信号处理电路即可建立底层隔板微传感器与壁面剪应力的直接关系(见图 6.68)。

由于隔板上下游压差与近壁面的速度分布相关，而近壁区流场的流动状态仅与 τ_ω，ρ，υ 及隔板特征长度有关，于是可令

$$\Delta P = f'(\rho, \upsilon, \tau_\omega, h) \tag{6.58}$$

式中，ΔP 为底层隔板上下游的压力差，Pa；h 为隔板突出高度，m。

根据式(6.58)，由量纲分析可以得到底层隔板压力与剪应力的关系，即

$$\frac{\Delta P h^2}{4\rho\upsilon^2} = F\left(\frac{\tau_\omega h^2}{4\rho\upsilon^2}\right) \tag{6.59}$$

MEMS 底层隔板微传感器一般采用深硅刻蚀工艺，用几十微米厚的硅弹性梁作为敏感结构，利用离子注入技术在弹性梁根部形成可感受应变的敏感电阻并传导隔板两侧压差，有效避免了传统机械式底层隔板外接压差计引起的输出信号滞后问题。

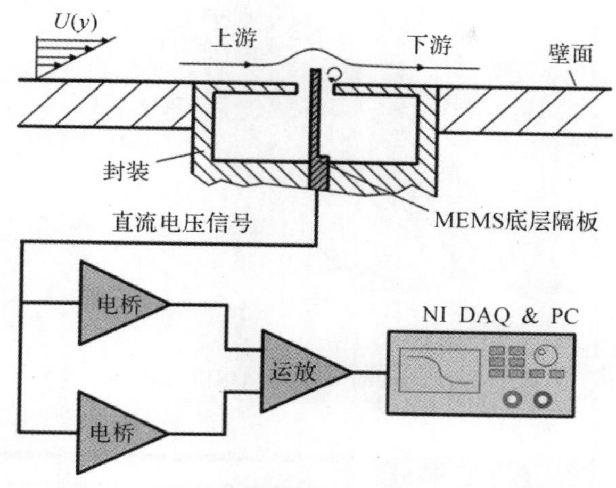

图 6.68　MEMS 底层隔板工作原理示意图

2002 年，Papen[77] 开发出了如图 6.69 所示的微型隔板传感器，利用硼离子注入改性技术形成应变敏感电阻；通过磁控溅射技术及金属图形化工艺使多个压阻电阻实现惠斯通电桥连接；利用深硅刻蚀工艺和硅湿法腐蚀工艺最终释放形成微底层隔板传感器。Schober[78] 于 2004 年对微传感器敏感梁结构作了改进(见图 6.70)，通过在凸出隔板结构下方设置一个 10 μm的窄槽结构，来提高应变电阻植入区域的集中应力，使微底层隔板的输出灵敏度得到提升。在约±0.7 Pa 量程范围内，微传感器最小分辨率为 0.02 Pa，时间分辨率达到 1 kHz。2015 年，西北工业大学[79] 研发了一种基于 MEMS 技术的双底层隔板剪应力微传感器(见图 6.71)，可同时实现剪应力量值和角度的测量，方向测量精确度达到±5°。

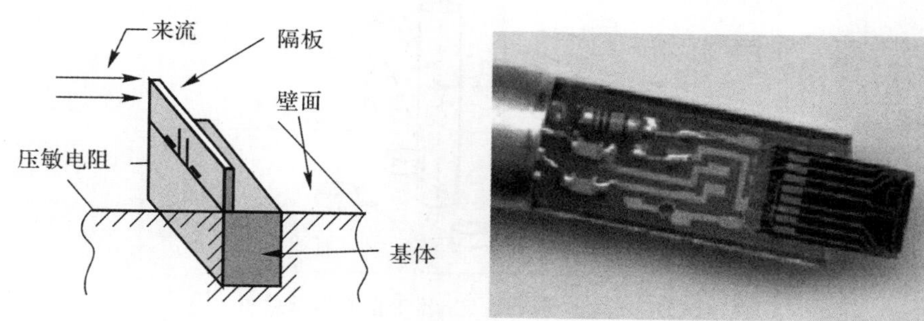

图 6.69　Papen 等人的微型隔板传感器[77]

4)微柱传感器。微柱剪应力传感器的敏感单元由直径几十微米的弹性微柱构成，通过测量其位移获得剪应力量值[80,81]。测量时微柱顶端完全浸没在边界层黏性底层中，它会弯曲到阻力和内部弹性应变平衡的位置，顶端的位移 Δ_p 与剪应力成正比，如图 6.72 所示。微柱的偏移同时被正上方的高速放大成像系统记录，通过标准粒子示踪技术可以得到微柱顶端的位移，从而获得剪应力的大小和方向。

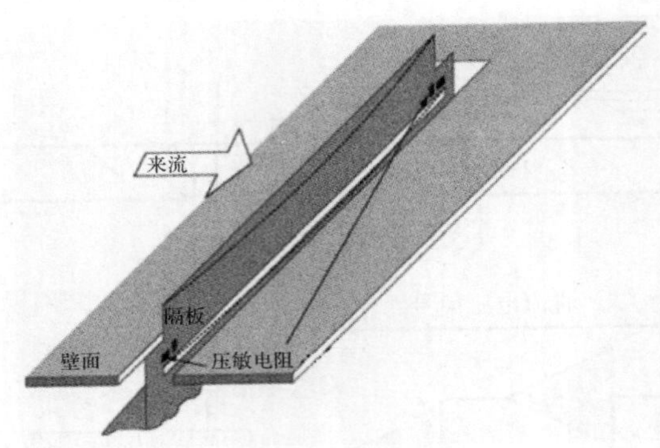

图 6.70 Schober 的窄槽结构微型隔板[78]

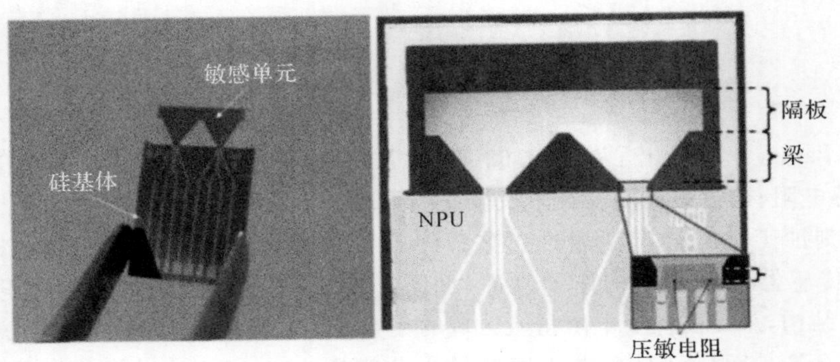

图 6.71 西北工业大学双底层隔板微传感器[79]

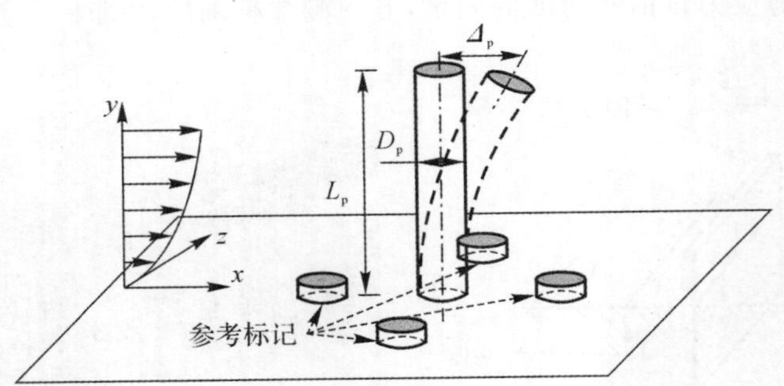

图 6.72 微柱剪应力传感器工作原理示意图

传感器的弹性微柱一般由 PDMS 等柔性材料基于微铸造工艺加工成型，传感器的灵敏度与微柱的纵横比（L_p/D_p，L_p 为微柱的高度，D_p 为微柱的直径）和杨氏模量 E 有直接的关系。增大微柱的纵横比可以提高灵敏度，但由于空气的低阻尼，传感器输出响应具有一个强烈的谐振，只有湍流频率低于传感器谐振频率的结构才能用来测量剪应力。增大纵横比会降低传感器的谐振频率，同时为保证微柱具有一定的刚度值以及高度不超出黏性底层，微柱纵横比不宜取太大。因此需要综合考虑传感器的纵横比和灵敏度。

Brucker 等人[82,83]首先提出了微柱剪应力传感器，如图 6.73 所示。他们基于负性光刻胶刻蚀工艺制作了具有微孔结构的硅模板，使用 PDMS 通过微铸造工艺制作出了柔性微柱传感器，并且证明了其具有测量不稳定流体剪应力分布的能力。2008 年，Grosse[84] 研发了纵横比 $L_p/D_p=15\sim25$ 的高灵敏度柔性微柱传感器阵列，如图 6.74 所示，在雷诺数 $Re=2\times10^4$ 时传感器最大量程为 10 MPa，测量误差小于 0.5%。Gnanamanickam 等人[85] 通过在微柱周围制造一些参考标记来增加测量微柱位移的准确度，减小了实验设备和光学系统振动引入的误差。

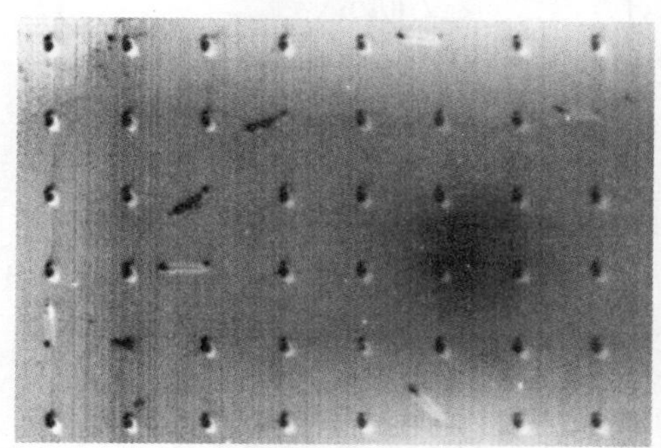

图 6.73　Brucker 的微柱剪应力传感器[82,83]

图 6.74　Grosse 的高灵敏度微柱传感器阵列[84]

5）激光多普勒传感器。激光多普勒技术壁面剪应力传感器是利用微粒经过具有条纹模板光线的黏性底层时，对这些模板光线的散射产生的多普勒频移效应。其光学测量原理如图 6.75所示[86]，光束投射到 PMMA 衍射镜头上产生衍射光；在石英玻璃基片的表面刻有两道平行的槽，用于对到达的衍射光进行空间滤波，以产生发散条纹模板。设条纹发散率为 κ，当距离壁面为 y 时，其条纹间距 $\delta=\kappa y$。若示踪粒子以速度 u 通过发散条纹场，则散射模板光线的多普勒频移为

$$f=u/\delta \tag{6.60}$$

散射光线经过石英玻璃与 PMMA 衍射镜头后聚焦投射到单模接收光纤。如果发散场和接收场的交点位于边界层的黏性底层，那么壁面剪应力可表示为

$$\tau_\omega=\mu\frac{u}{y}=\mu\kappa f \tag{6.61}$$

因此，壁面剪应力可以通过多普勒频率与动力黏性系数和条纹发生率的简单乘积获得。此外，激光多普勒技术属于非侵入式的光学测量，对流场无干扰，测量精度高。但其不足之处

在于:每次只能进行单点测量,数据采样率较低,难以适用于非定常测量;对于高雷诺数的湍流边界层,传感器发散场和接收场的交点难以控制在边界层的黏性底层。

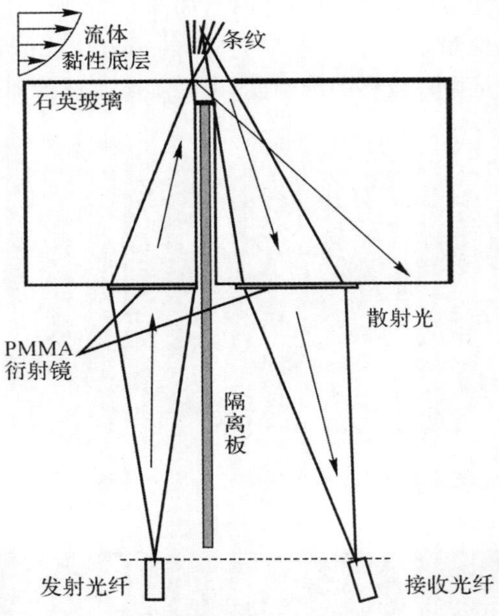

图 6.75　激光多普勒技术测量原理示意图[86]

Fourgette 等人[87,88]提出了一种探针伸出壁面 66 μm 的激光多普勒剪应力传感器,对低雷诺数层流边界层的测量精确度达到了 99%,但随着雷诺数的增加,探针高度相对黏性底层高度变大,因此测量精度会随雷诺数增加而下降(见图 6.76)。Lyn 等人[89]基于双频激光多普勒测量技术研究了在雷诺数 $Re=2.14\times10^4$ 的定常流场中近尾迹湍流特性。由清华大学[90]研制的双频激光多普勒测速仪的测量原理如图 6.77 所示,其采用线偏振双频激光器作为光源,并使两个频率的线偏振光同时探测和传感速度信息,可以有效提高测速上限。

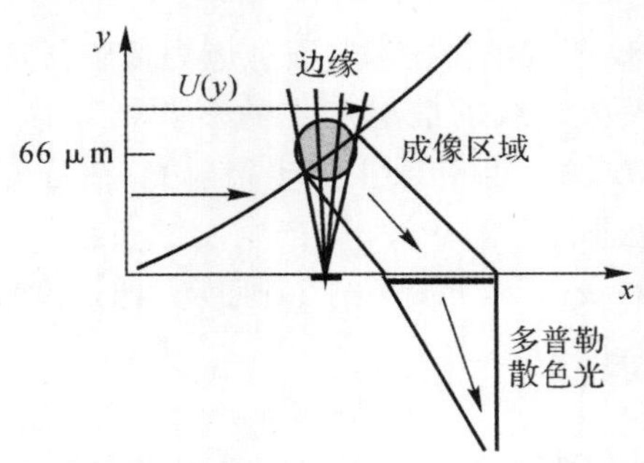

图 6.76　Fourgette 等人的激光多普勒传感器[87,88]

2. 壁面剪应力传感器的应用

流体壁面剪应力是最基本流体力学参量之一,是分析边界层内流动状态、摩擦阻力的基础,是流体力学研究的重要课题。准确测量壁面剪应力的能力具有广阔的应用范围,可应用于飞行器/水下航行器减阻设计、水利工程、生物医学以及工业生产等诸多领域。

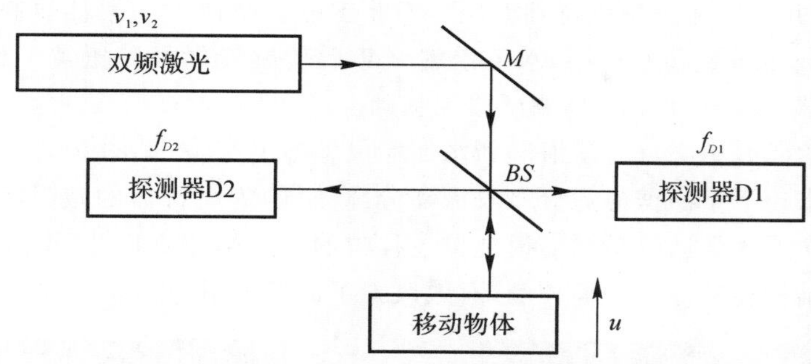

图 6.77　清华大学的双频激光多普勒测速仪[90]

(1)航空领域。对于飞行器的减阻设计而言，在高速飞行的条件下由于空气黏性作用，其表面会产生相当大的摩擦阻力，从而增加燃料的消耗。对于飞机而言，摩擦阻力增加 20%，其油耗量将增加 10%。因此，精确测量剪应力对飞行器的减阻增升和减少燃料的消耗，具有十分重要的意义。此外，飞行器绕流流场边界层的转捩与分离会造成大量的能量损失甚至失速，影响飞行安全。而壁面剪应力传感器在湍流边界层中的输出信号时均和脉动特征能够反映边界层流动特性，是边界层转捩和分离状态的主要判别方法之一。

中国空气动力研究与发展中心开展了平板模型、大飞机翼型和榴弹模型表面剪应力与流动转捩分离现象测试，为高速流畅边界层理论分析和航空航天高速飞行器的壁面摩阻分析提供了支撑。中国商用飞机有限责任公司上海飞机设计研究院将柔性热膜剪应力传感器应用于翼型表面剪应力与流动状态测量和 ARJ21－700 全机模型机翼表面流动分离攻角测量(见图 6.78)，成功获得飞机表面流动分离的剪应力分布数据，助力我国大型客机研制与改进相关气动实验。

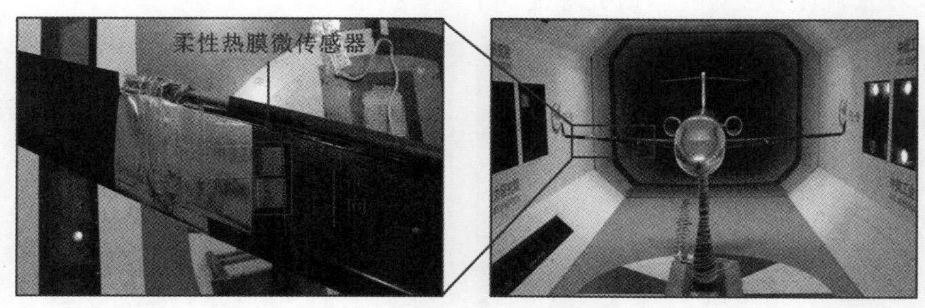

图 6.78　ARJ21－700 风洞试验模型

在航空发动机内流场测试校准技术应用领域，北京长城计量测试技术研究所利用亚声速高温风洞对传感器在高温流场中的信号进行了研究，并在航空发动机进气口和叶片间隙进行了流场状态测量，为航空发动机内流场测试技术提供了支持。

(2)航海领域。研究表明，对于船舶等水中航行器而言，摩擦阻力降低 20%，其速度会提升 6.8%。因此，为了提高航行速度、优化水动力设计、实现更好的节能减噪功能，壁面剪应力的精确测量至关重要。

由于绝缘、密封以及压力干扰等因素的影响，水中壁面剪应力的测量相比空气中具有更高的难度。随着封装防护技术的不断进步，基于 MEMS 技术的水中壁面剪应力传感器得以突破这一关键性问题，并在实际测量中得到应用。西北工业大学研发的柔性热膜剪应力传感器采用升华法制备 Parylene C 防水涂层，水下浸泡 2 年后传感器仍可以正常工作，探头阻值仅变化 0.9%，为传感器应用于水下流场测试奠定基础。

中国船舶科学研究中心进行了潜艇和水面船模型拖曳实验（见图 6.79），获得了水下航行体和水面船不同水速下壁面剪应力分布及流动分离数据，为航行器的减阻降噪提供了有效的技术手段。上海交通大学通过检测船模拖曳过程中的边界层分离特性（见图 6.80），研发了生涡器应用于水面结构物的流动分离控制，有效改善了流场的阻力性能。

图 6.79　中国船舶科学研究中心深水拖曳水池

图 6.80　上海交通大学船模拖曳实验

（3）水利工程。在水利工程方面，剪应力的测量是评估堤坝抗洪防灾能力的前提，同时也是研究水利设施的受力情况，以及自然界中泥沙的搬运和沉积机理的基础，对于水坝、堤岸和引水工程等的设计具有重要的指导作用。

南京水利科学研究院应用壁面剪应力测量仪器进行了水中携沙状态和破浪作用下床面剪应力分布测量（见图 6.81），得到了水体含沙度和破浪不同破碎形式对床面剪应力的影响规律。研究成果已在江苏射阳港、天津黄骅港航道骤淤预报研究中得到了应用，为我国沿海重大港口航道工程水流泥沙关键技术研究等提供了重要技术支撑。

(a)

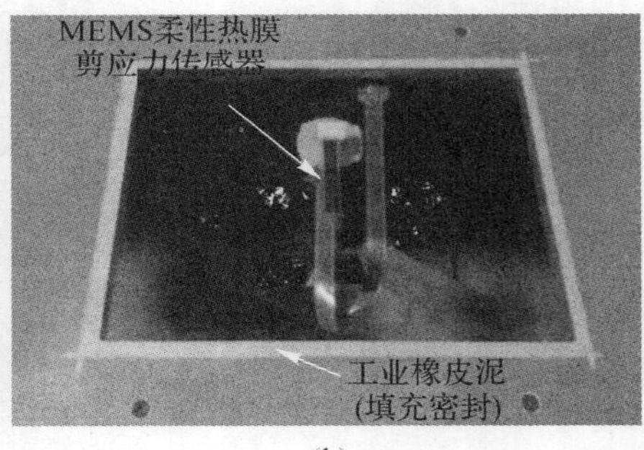

(b)

图 6.81　南京水利科学研究院破浪剪应力测量实验

(a)破浪实验水槽；（b)安装于实验斜坡上的剪应力传感器

（4）其他工程应用。在生物医学研究方面，壁面剪应力的测量可以为人体动脉血管疾病发病机理研究提供重要的参考。通过研究剪应力的均值和突变行为，可以分析和了解病人的生理变化，判断是否发生血栓或脉管阻塞，是研究动脉硬化等疾病病理的重要观测手段。

在工业生产方面，涂层工艺、挤压工艺、注塑工艺等加工工艺都会涉及流体黏性测量以及与液面接触面的摩擦阻力的计算和评估；黏度计、液压设备以及高性能流体机械等产品的研发也在壁面剪应力的精确测量基础上进行。因此，剪应力传感器在这些方面具有充分的应用空间，能够为工艺优化和产品设计提供依据。

此外，壁面剪应力传感器还在高速列车与汽车风阻测试、管道运输、热工、海洋工程等领域有着广阔的应用前景。

3. 壁面剪应力测量技术的发展趋势

在流体中准确测量壁面剪应力在空气动力研究、工业过程控制和生物医学等领域中有着广泛的应用。基于传统工艺的剪应力传感器进一步目标就是通过改进制造工艺，提高传感器的鲁棒性与集成度，减小对流场的扰动，实现微型化与非侵入测量。而基于 MEMS 技术的微传感器具有高分辨率、低功耗、快速测量等优点，成为近几十年来的研究热点。目前国内外学者们提出了诸多壁面剪应力测量技术，并在各领域中得到了广泛的应用。而在未来的工作中，无论是传感器的基础理论、制备工艺还是应用领域方面，都还有值得研究改进和拓展的地方：

1)为了更加深入地研究边界层流场状态、拓展壁面剪应力的工程应用范围，有针对性地研发超高响应频率、高时空分辨率、高灵敏度的高性能传感器；

2)针对高温等极端检测环境，提高传感器材料的耐受性，降低环境因素对敏感元件的干扰，保持稳定的工作状态；

3)开发应用于高超声速飞行器的边界层状态测试的壁面剪应力传感器，建立有效的烧蚀防热、减阻增升、气动特性优化方法；

4)结合现代计算机技术，通过与信息处理和控制芯片的集成实现不同工况下的自适应测量、建立复杂流场环境实时在线测试微系统等智能化功能，实现飞行器、水下航行器的智能流动测试这一目标。

6.3　微执行器

如果说微传感器扩展了人们的视觉、听觉、嗅觉和触觉，那么微执行器则延伸了人们的手臂，使我们能在通常所不能触及的空间中进行操作。

微执行器也叫微作动器或微致动器，是微电子机械系统中的一个重要研究领域。尽管人们对微执行器的研究时间相对较短，但是发展非常快。微执行器最基本的工作原理是将其他能量（一般是电能）转换为机械能，实现这一转换经常采用的途径主要有三类：通过静电场转化为静电力或机械力，即静电驱动或压电驱动；通过电磁场转化为磁力，即磁驱动；利用材料的热膨胀或其他热特性（比如利用记忆金属合金的一些特性）实现能量转换，即热驱动。

6.3.1　微变形镜

变形镜作为一种常见的波前校正器，是自适应光学(Adaptive Optics，AO)系统中重要的组成部分。自适应光学是 20 世纪 70 年代以来迅速发展起来的光学新技术。典型的自适应光学系统如图 6.82 所示，主要由波前传感器(如 Hartmann Shack 波前传感器)、波前校正器(如变形镜)和波前信号处理与控制单元组成。

自适应光学在地基光学天文望远镜、空间光学望远镜、战略激光武器、激光通信系统和医疗高分辨率成像等方面有重要应用，并对变形镜提出了多样化的要求。需要孔径介于几个毫米至数百毫米，驱动器数量介于数十个至数十万个，驱动器间距介于数百微米至数毫米的变形镜，而传统技术却无法覆盖如此种类繁多的变形镜的制造要求。MEMS技术在微小型变形镜制造方面为传统技术提供了一种有益的补充，用MEMS技术制造的微变形镜具有体积小、响应快及集成度高等特点，可以通过成熟的IC工艺等半导体工艺技术实现批量生产，制造成本低，性能一致性好，使变形镜技术进入了一个全新的发展阶段。受到半导体材料的限制，微变形镜目前所能实现的孔径比较小，还不能满足大口径望远镜的要求。如主镜直径为100 m的望远镜，所需要的变形镜孔径至少为1 m，而目前最大的单晶硅片直径仅为12 in（约为300 mm），即便是用整张硅片制造的变形镜，其孔径也无法满足要求。但是，随着自适应光学技术的不断进步，能够突破孔径的限制，可以将微变形镜应用到更大孔径光学系统中的新型自适应光学系统架构正在研制之中。

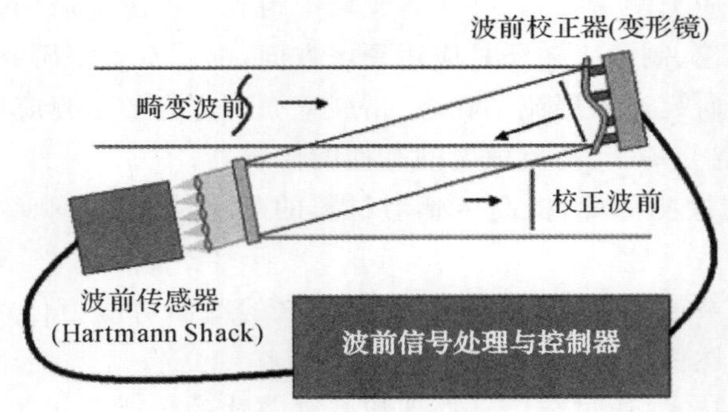

图 6.82　自适应光学系统构成

按照镜面的组成方式不同，微变形镜可以划分为薄膜式微变形镜（Continuous Membrane Micro Deformable Mirror）和分立式微变形镜（Segmented Micro Deformable Mirror）如图6.83所示。薄膜式微变形镜的镜面是由覆盖在驱动器阵列上的整张薄膜构成的，而分立式微变形镜的镜面则是由大量连接在独立驱动器上，能够独自运动的小镜面单元以阵列形式组合而成的。两种不同镜面组成方式的微变形镜在设计理论、控制理论和制造工艺上有着根本的差别。

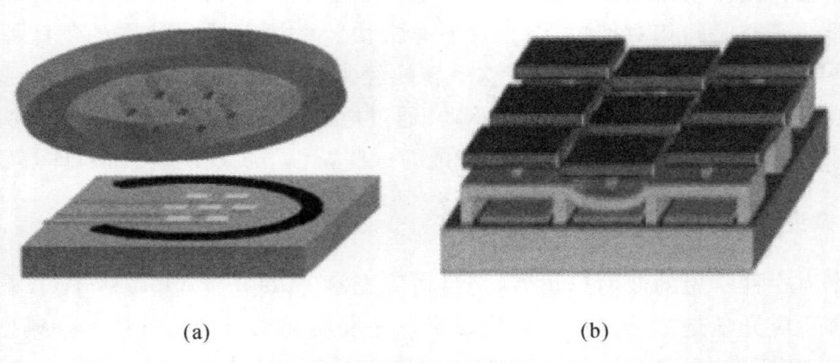

图 6.83　微变形镜的两种镜面组成形式

(a)薄膜式镜面；(b)分立式镜面

对于同一种镜面组成方式的微变形镜，按照驱动器驱动镜面的方式不同，微变形镜又可以细分为压电驱动、电磁驱动、热致伸缩驱动和静电力驱动等四种不同的类型。在压电驱动中，利用压电材料做成驱动器，当给驱动器施加一定的电压时，在压电效应的作用下，驱动器带动镜面产生形变。在电磁驱动中，利用电磁线圈中施加电流时所产生的磁场吸引镍铁质镜面产生形变。在热致伸缩驱动中，由热敏电阻做成支撑镜面的驱动器，当给电阻通以不同大小的电流时，电阻的长度变化，会导致镜面的形变。在静电力驱动中，镜面与下方的驱动电极阵列之间构成平板电容式静电力驱动器阵列。在驱动电极和镜面之间施加电压时，产生的静电力带动镜面发生相应的形变，而电压的大小及组合决定镜面的形状。

(1)薄膜式微变形镜。目前得到实际应用的微变形镜都是薄膜式微变形镜。荷兰 Delft 大学开发的薄膜式微变形镜结构如图6.84(a)所示，其采用 500 nm 氮化硅作为镜面，采用静电力驱动，镜面和控制电极分别制作在两张硅片上，通过黏合剂组合在一起，已经由荷兰的 OKO 公司实现商品化。这种薄膜式变形镜的特点是结构简单，加工工艺易于实现，响应频率高。但由于采用氮化硅作为镜面，氮化硅的内应力限制了镜面的大小和厚度，因而无法做出具有大反射面积的微变形镜，镜面的平整度也不理想。为了提高镜面的平整度，Stanford 大学的 Mansell 等人在 Delft 大学微变形镜的基础上研制了如图 6.84(b)所示的柱状电极微变形镜，其采用抛光之后的单晶硅作为镜面，并采用 KOH 湿法刻蚀在镜面背部腐蚀出台柱状电极与控制电极相对应。由于单晶硅材料无应力变形的困扰，这种薄膜式微变形镜可以实现非常光滑的光学镜面。但是，柱状电极的运用增加了镜面的质量，降低了这种微变形镜的响应速度，且柱状电极在镜面上形成了一块刚性区域，造成镜面变形的不连续，从而给电极的尺寸设计带来许多限制。以上两种薄膜式微变形镜结构的共同特点是都采用体加工方法制造并采用静电力驱动，镜面既作为光学反射面，又作为电极和弹性支撑，提供抵制静电引力的弹性回复力。这种结构的优点是工艺简单，易于实现比较大的电极间隙，缺点是当给某个电极施加电压时，不仅驱动其上方对应的镜面运动，还会带动镜面的其他部分产生变形，产生交连。交连的大小用交连值来衡量，交连值是主动驱动器单位变形在相邻驱动器上引起的变形，一般在 5%～20%之间。交连值如果太小，会使拟合面形不连续，引起高阶像差；如果太大，则会产生各个控制通道的串扰。由于以上两种变形镜的周围约束，中间悬空，只能向一个方向变形，因此在其变形的同时，整个镜面有一个整体的平移，其拟合能力不大，交连值多高于 50%。这两种微变形镜在用于波前校正时，由于驱动器之间的交连值过大，致其控制算法相当复杂。

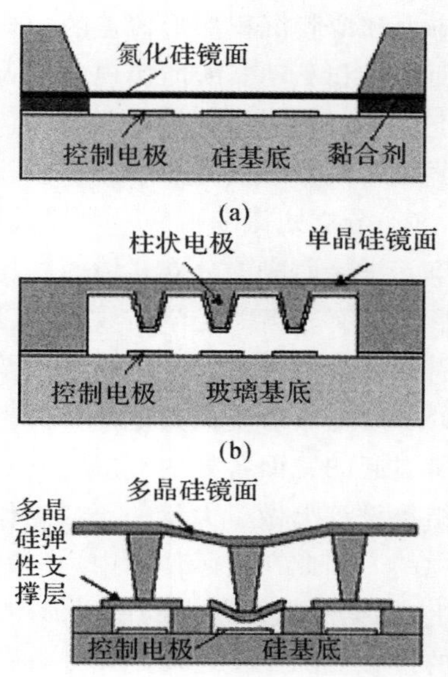

图 6.84　3 种不同单位研制的薄膜式微变形镜结构示意图
(a)Deft 大学研制；
(b)Stanford 大学研制；
(c) Boston 大学研制

为了降低薄膜式微变形镜的交连值，美国 Boston 大学研制了双层薄膜式微变形镜，在镜面下方再增加一层可动结构，借助这层可动结构的缓冲作用，可以将不同驱动器之间的相互影响大为降低，交连值可以控制到 25%以下。双层薄膜式微变形镜的结构示意图如图 6.84 (c)所示。双层薄膜式微变形镜结构比较复杂，只能采用硅表面牺牲层工艺制造。受到多晶硅残余应力和薄膜沉积保形覆盖的影响以及牺牲层厚度的限制，双层薄膜式微变形镜所能达到的镜面质量和驱动器所能实现的最大位移都难以令人满意，而且由于镜面结构释放问题，薄膜镜面上必须留有一定数量的释放孔，当光入射到此处时会不可避免地产生衍射效应，从而降低双层薄膜式微变形镜的光学性能。

(2)分立式微变形镜。薄膜式微变形镜的镜面是由一个完整的反射表面构成的，它与由多个单元拼接而成的分立式镜面相比，具有光学效率高、校正效果好等显著特点。尽管薄膜式微变形镜具有较高的光学质量，但其组成特性使得当在某一驱动电极单元上施加电压时，它不仅会引起其上方所对应的镜面发生变形，还会带动整个镜面产生相应的动作，为了描述类似这种某处驱动电极对镜面其他部分的影响，通常使用影响函数这一概念，它被定义为由某一驱动电极所引起的镜面各处的变形与其对应的镜面处的变形之比。为了尽可能减小影响函数，人们在结构设计上做了大量的研究工作，然而连续面型这一本质决定了其是不可能从根本上加以避免的。因此在实际使用中，必须首先测量出在各种可能情况下镜面的影响函数，然后在此基础上，根据所需要获得的镜面形貌来计算出相应的各电极处应施加的控制电压，这通常是很烦琐的过程。除了交连问题以外，薄膜式微变形镜还存在响应速度慢和驱动电压高的问题。如 Standford 大学研制的 20×20 单元薄膜式微变形镜，其谐振频率只有 100 Hz，只适用于速度要求不高的能动光学，而不适用于需要动态调制的自适应光学；而 Boston 大学研制的微变形镜需要 240 V 的驱动电压，不易实现与控制电路的片上集成，成为整个自适应光学系统微小型化和集成化的重大障碍。

与薄膜式微变形镜相比，分立式微变形镜的控制则相应简单得多。分立式微变形镜的镜面是由许多相同的小镜面单元以某种阵列形式排列而成的。各个单元之间没有任何形式的连接，可分别单独进行控制而不必考虑其他各处反射镜的状态。分立式微变形镜各镜面单元独立运动，控制算法简单，单元质量轻，谐振频率高，响应速度快，驱动电压低，功耗低，利于实现自适应光学系统高速低功耗校正；其采用与半导体工艺相兼容的硅表面牺牲层工艺制造，有利于实现与波前传感器和波前重构电路的单片集成，在星载相机和医疗高分辨率成像方面有着广泛的应用前景，已成为国内外微变形镜研究的新方向和热点。美国 Colorado 大学(使用 MUMPS 工艺)，美国加州大学 Berkeley 分校(将 MUMPs 工艺与 SOI 工艺相结合)，美国空军技术学院(与 Sandia 实验室合作，采用 4 层多晶硅表面牺牲层工艺，制作高填充比镜面)，国内的西北工业大学和华中科技大学等许多单位都对其展开了研究(见图 6.85)。

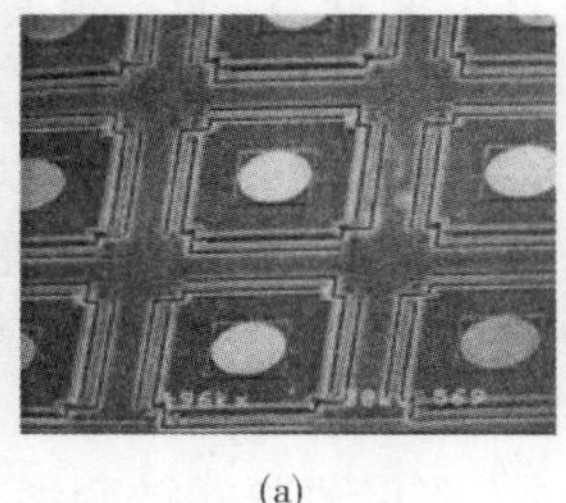

(a)

(b)

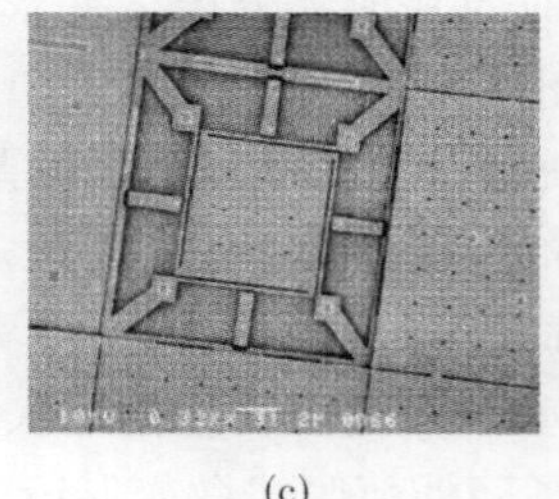

(c)

图 6.85　3 种不同单位研制的典型分立式微变形镜电镜照片

(a)Colorado 大学研制；（b) 加州大学 Berkeley 分校；（c) 美国空军技术学院研制

如图 6.86(a)所示的由美国德州仪器(TI)公司生产的数字微镜器件(Digital Mirror Device，DMD)和如图 6.86(b)所示的由美国 Lucent 科技 Bell 实验室生产的光开关阵列可以算作是分立式微变形镜的最初形态。它们由多个单元组成阵列形式，并且每个单元都可以在静电力驱动下实现定角度旋转，能够改变反射光束的传播方向，实现对光波的强度调制。光开关型微镜通常只具有某一方向上的自由度，从而只能实现单一的校正功能，这就极大地限制了它的应用范围，一般只能用在数字投影或者光交换矩阵中。

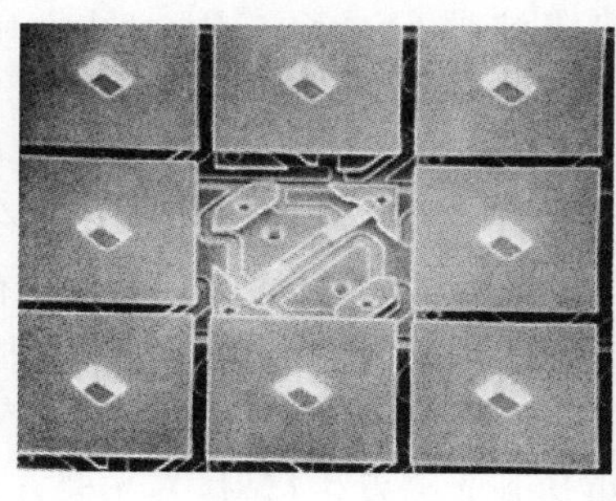

(a)

(b)

图 6.86　扭转式微变形镜

(a)数字微镜；(b)光开关阵列

大部分分立式微变形镜都是采用平板电容式静电力驱动器进行驱动，这种驱动方式具有响应快、能耗低、结构简单的优点，是要求快速响应的微变形镜理想的驱动方式。图 6.87 给出了一个平板电容式静电驱动器的结构原理。上、下极板的初始间距为 g_0，支撑上极板的弹性梁弹性系数为 k，上、下极板间施加电压 V 后上极板移动的距离为 Δg。

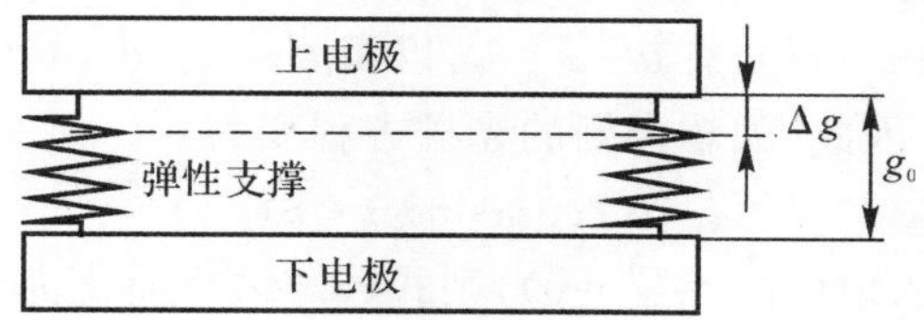

图 6.87　平板电容式静电力驱动器示意图

当 Δg 增加时，弹性支撑所产生的回复力是线性增加的，而引起上极板移动的静电力表达式为

$$F=-\frac{\varepsilon_a A V^2}{2\,(g_0-\Delta g)^2} \tag{6.62}$$

式中，ε_a，A 分别是空气介电常数和极板面积，负号表示该力为吸引力。由式(6.62)可知，静电力是随着 Δg 增加非线性增加的，其增大的程度要远远大于回复力。理论分析和试验都表明，当 $\Delta g< g_0/3$ 时，这种驱动还是比较稳定的；当 $\Delta g>g_0/3$ 时，就会发生叫作“拉入”(Pull - in，又称为静电吸合)的不稳定现象，上、下极板直接吸附在一起，这就是由于静电力增加程度远远大于回复力增加程度造成的。发生 Pull - in 时的电压称作 Pull - in 电压。受到静电拉入的限制，平板电容式静电力驱动器所能实现冲程只能小于初始间距的 1/3，这点在设计静电驱动器件时必须予以注意。

6.3.2 微光学滤波器

随着光学系统或平台的小型化发展，传统光学器件已难以适应发展趋势，微/纳光机电系统(Micro/nano - Opto - Electro - Mechanical Systems，MOEMS/NOEMS)的发展为一些光学器件的微型化、可调化和可定制化提供了技术支撑。其中，微光学滤波器是一类典型的广泛应用于光学领域的微执行器，其原理均是驱动 MEMS 可动结构实现光学参量可调化，其中典型的微光学执行器有微纳可调光栅、可调谐珐珀滤波器(Fabry - Perot Interferometer，FPI)[91]等。

1. 微纳可调光栅

光栅(又称衍射光栅)是光学系统中常用的一种分光元件，其原理是利用光波在狭缝中的多缝衍射效应实现色散分光，在光谱分析、光谱成像、精密测量、色散补偿等领域具有广泛的应用。光栅通常由周期性分布的狭缝组成，按照光是透射还是反射可分为透射式光栅和反射式光栅，其关键光学参量主要有相位、闪耀角和周期。以反射式光栅为例，当光栅为平面光栅时，如图 6.88(a)所示，光栅面处于绝对水平面，相邻光束达到光栅发生衍射，其光栅方程为

$$d(\sin\theta-\sin\theta')=k\lambda \tag{6.63}$$

式中，θ 和 θ' 分别表示入射角和衍射角；d 为光栅周期；λ 为入射光波长；k 为衍射级次(取±1，±2，±3，…)。当满足该公式时，在 θ' 方向上得到入射光 λ 的第 k 级衍射主极大。当两相邻光栅面存在高度差 h 时，则两衍射光之间存在一相位差，即

$$\Delta\varphi=\frac{2\pi}{\lambda}[d(\sin\theta-\sin\theta')+h(\cos\theta+\cos\theta')] \tag{6.64}$$

当光栅面与水平方向存在一定夹角时，其光栅方程仍满足式(6.63)，入射光和衍射光相对光栅面满足反射定律时(即 $\alpha=\alpha'$)，有 $\theta=\alpha+\theta_b$，以及 $\theta'=\alpha-\theta_b$，其中 θ_b 为光栅刻槽面与基底之间的夹角，称为闪耀角。因此，闪耀光栅的光栅方程变为

$$d(2\cos\alpha\sin\theta_b)=k\lambda \tag{6.65}$$

若入射光垂直光栅面入射(即 $\alpha=\alpha'=0$)，则式(6.65)可简化为

$$2d\sin\theta_b=k\lambda \tag{6.66}$$

满足式(6.66)的入射光 λ_b 称为闪耀波长，一般 λ_b 集中了衍射光能量的 70%以上。

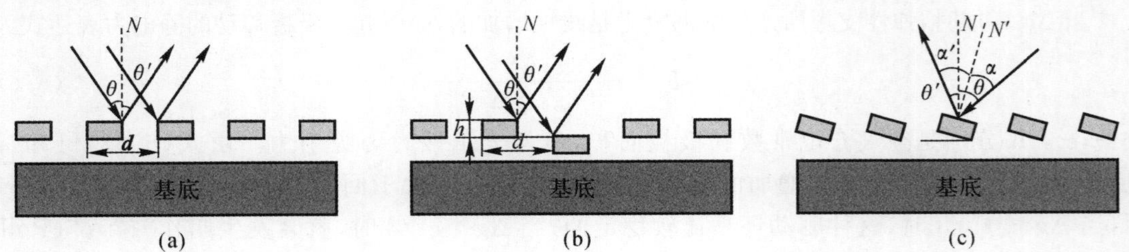

图 6.88 光栅衍射原理图

(a)平面光栅； (b)相位光栅； (c)闪耀光栅

传统的光栅采用机械刻划、复制等方法制作，制作完成后期相位、闪耀角和周期等参数通常是不可变的，在一定程度上限制了光栅的应用范围。随着 MEMS 技术应用到光学领域，不仅实现了光学元件的小型化和轻量化，更是实现光学元件由静到动的质的飞跃和性能的大幅

提升。采用 MOEMS 技术制作光栅，实现了相位、闪耀角和周期的可调化，分别制作出了相位可调式光栅、闪耀角可调式光栅和周期可调式光栅。

3 种可调光栅的工作原理如图 6.89 所示，相位可调式光栅的部分或全部光栅微梁在驱动力的作用下可实现上下移动，引起相邻光栅微梁上的出射光产生相位差，实现相位调制；闪耀角可调式光栅的光栅微梁在驱动力的作用下发生扭转，使出射光角度发生改变，实现闪耀角变化；周期可调式光栅则是在驱动力作用下产生横向位移，改变光栅之间的距离，从而改变光栅周期。无论哪种形式的微纳可调光栅，其最终的结果都是改变出射光的光强分布。

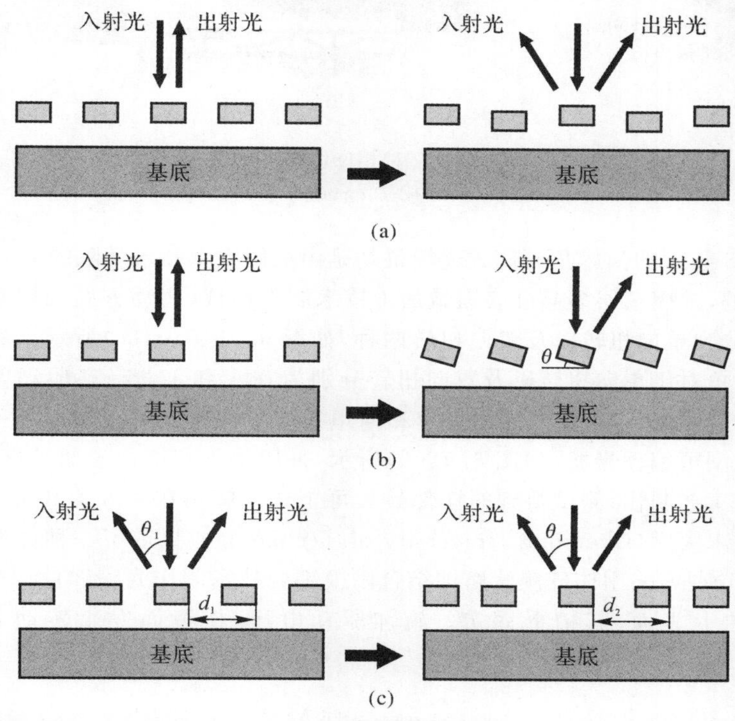

图 6.89　三类 MEMS 可调光栅工作原理

(a)相位可调式光栅；(b)闪耀角可调式光栅；(c)周期可调式光栅

相位可调式光栅是最早的微纳可调光栅，目前已开发出多种商品化的相位可调式光栅，包括光栅光阀(Grating Light Valve，GLV)、多色仪(Polychromator)和光栅机电系统(Grating Electromechanical System，GEMS)等。图 6.90 所示为 3 种相位可调式光栅，它们均采用表面加工技术制作而成。其中，最早的相位可调式光栅是美国斯坦福大学的 D．M．Bloom 于 1992 年发明的 GLV，单个像素由 6 根光栅微梁组成，相隔的 3 根光栅微梁可采用电压驱动实现垂直位移[92]。GLV 具有响应速度快、衍射效率高、插入损耗低、可承受大的能量密度、可靠性高、成本低等优点，已经在投影显示、印刷制版、光通信等领域得到一定应用。Polychromator 是由 Honeywell 公司、MIT 和 Sandia 国家实验室联合研制的，用于实现远距离气体探测，最初的原型系统于 1999 年报道[93]。Polychromator 的核心部分由 1024 根多晶硅微梁组成，其表面沉积金膜以提高反射率。Polychromator 技术已经在化学分析、光谱测量、质量控制、工业过程监控、光通信等领域获得了一定应用。GEMS 是由美国伊斯曼柯达公司(Eastman Kodak Co)研制的，其制作工艺类似 GLV，然而，GEMS 对光栅微梁进行了化学机械抛光处理，使器件表面具有更低的粗糙度[94]。GEMS 主要面向的应用领域是高分辨率投影显示以及光谱成像。

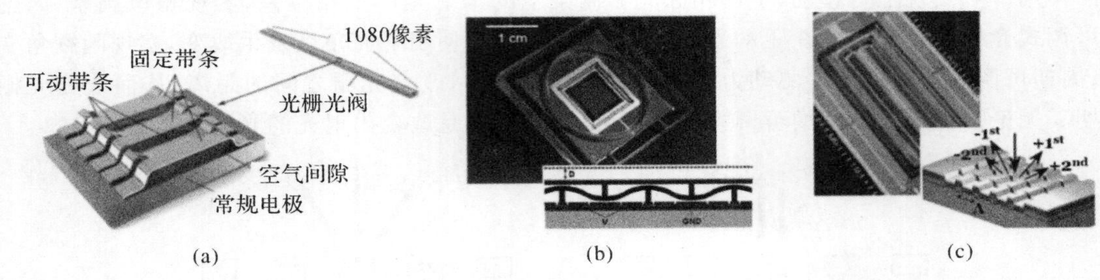

图 6.90　三种相位可调式光栅

(a)GLV；(b)Polychromator；(c)GEMS

基于 MEMS 技术的闪耀角可调式光栅最初是由美国空军技术学院的 D. M. Burns 等人于 1997 年提出的，采用三层多晶硅表面微加工技术制作而成，驱动方式利用静电驱动和热驱动，静电驱动又分为单向扭转以及双向扭转两种，如图 6.91(a)～(c)所示。静电驱动实现的最大可工作闪耀角对于单向扭转以及双向扭转分别为 0.6°和 1.25°；热驱动实现的最大可工作闪耀角为 0.86°。2002 年，美国加州大学和斯坦福大学的研究人员报道了一种相位和闪耀角同时可调的微型可编程光栅，如图 6.91(d)所示，采用上下四组梳齿驱动器，由三层多晶硅表面微加工技术工艺制作，测试得到的样件最大可工作闪耀角在 0.8°至 1.0°范围。2001 年，德国开姆尼茨技术大学(Chemnitz University of Technology)报道了一种微型可编程闪耀光栅，如图 6.91(e)所示，采用体硅湿法腐蚀结合阳极键合技术制作光栅样件。光栅分布在静电驱动扭转微镜的上表面，其槽形固定。施加驱动电压，使镜面发生转动，从而实现光谱扫描[97]。

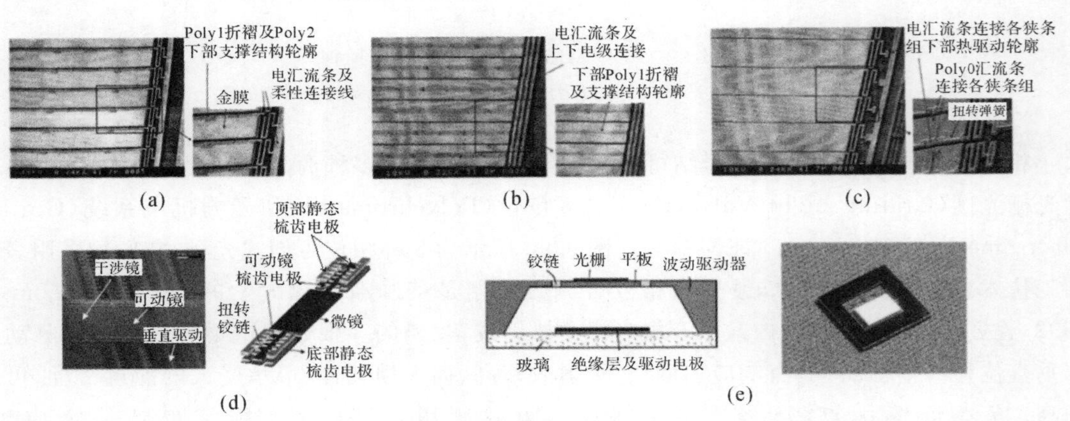

图 6.91　各类闪耀角可调式光栅

(a)单向静电驱动；(b)双向静电驱动；(c)热驱动；

(d)开姆尼兹大学微型可编程闪耀光栅；(e)加州大学相位和闪耀角可调光栅

2000 年，国立新加坡大学的 X. M. Zhang 等人报道了一种热驱动的周期可调式微型可编程光栅，如图 6.92(a)所示。采用多晶硅表面微加工技术制作。设计的菱形热驱动器，当温度变化 200℃时，可以使光栅周期从 13 μm 连续调制到 18.6 μm，对应的＋1 级衍射角从 6.8°连续变化到 4.8°[98]。该光栅面向的应用领域主要为光纤通信网络中的密集波分复用系统。美国 MIT 的 W. C. Shih 等人从 2002 年开始报道了两种周期可调式的微型可编程光栅，分别利用静电梳齿驱动[99]和压电驱动[100]两种工作方式，如图 6.92(b)所示。前者用 SOI 硅片制作，只需单层掩膜，在 10 V 电压作用下光栅周期的变化范围约为 57 nm；而后者将表面工艺与体工艺相结合，光栅周期的调制范围比静电梳齿驱动的小，但是其调制精度增加(＜0.1 nm)，光栅制作在薄膜压电驱动器的上表面，周期随薄膜的伸缩而发生相应改变。

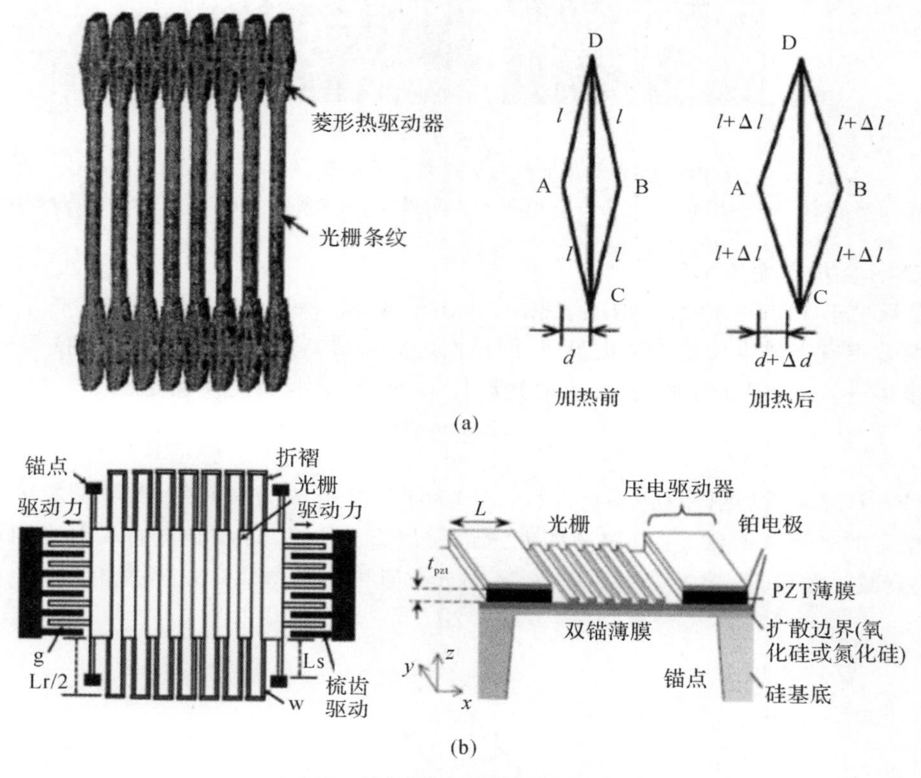

图 6.92　周期可调式光栅

(a)新加坡国立大学周期可调式可编程光栅[98]；　(b)MIT 周期可调式可编程光散：静电驱动式(左)[99]，压电驱动式(右)[100]

我国在 MEMS 微型可编程光栅方面的研究起步较晚，仅有少量报道。2001 年，清华大学首次报道了有关相位式微型可编程光栅的研究。2002 年，上海交通大学报道了一种以形状记忆合金驱动的周期可调式微型可编程光栅，它是一种透射式光栅，光栅周期为0.2 mm，工作过程中周期的可调率大于 10％；然而，所用的驱动方式使器件的响应速度非常慢。西北工业大学从 2003 年就开始微型可编程光栅的基础研究，至今已形成较完善的 MEMS 微型可编程光栅的设计与加工制作体系，相继开发出相位可调式光栅和闪耀角可调式光栅(最大闪耀角可达 5.1°)，并基于硅玻键合(SOG)工艺和 SOI 工艺开发出了两种周期可调式光栅[101-102]，如图 6.93所示。

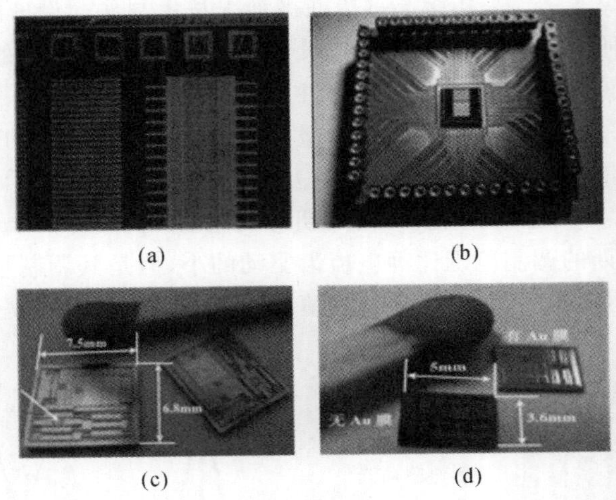

图 6.93　西北工业大学各类可调光栅[101-102]

(a)相位可调光栅；（b)闪耀角可调光栅；（c)基于 SOG 的周期可调光栅；（d)基于 SOI 的周期可调光栅

2. MEMS 法珀滤波器

FPI 是最早于 1897 年由法国物理学家 C. Fabry 和 A. Perot 提出，如图 6.94 所示，其基本结构由两片带有半透半反镜的平板组成，两镜面之间形成特定长度 F－P 干涉腔[103]。当入射光透过镜体进入 F－P 干涉腔内时，入射光波长 λ_m 与 F－P 腔长度 d 满足：

$$\lambda_m = \frac{2nd\cos\theta}{m} \tag{6.67}$$

式中，n 为 F－P 腔介质折射率；$m(m=1,2,3,\cdots)$为干涉等级；θ 为入射角；入射光 λ_m 可在F－P 腔内发生稳定的多光束谐振，并以较高的能量透射出 F－P 腔，其余波长的入射光则逐渐在 F－P 腔中衰减。假设 F－P 腔介质为空气，入射光垂直入射时，式(6.67)可简化为

$$\lambda_m = \frac{2d}{m} \tag{6.68}$$

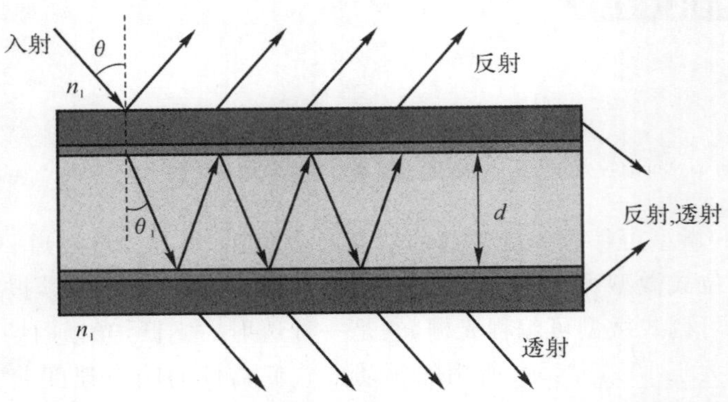

图 6.94　珐珀腔多光束干涉原理

传统的 FPI 通常难以实现可调谐滤波，称为 F－P 标准具(Fabry－Perot Etalon)，且滤波性能较低。采用 MEMS 加工技术不仅实现了可调谐 FPI 的高精度、高效率制备，且大幅提升了 FPI 的滤波性能。基于 MEMS 技术的可调谐 FPI(MEMS－FPI)的基本结构和可调滤波原

理如图 6.95 所示，由分别带有半透半反镜的可动镜体和固定镜体两部分组成，并按照一定距离隔开形成 F-P 干涉腔。其中，可动镜体采用 MEMS 技术制作可动微机构，通过 MEMS 驱动技术驱动可动镜体运动改变 F-P 腔长度，从而改变透射光的波长。基于 MEMS-FPI 的微小型光学系统在武器制导、无线通信和遥感遥测等领域有着广阔的应用前景，尤其在光谱成像领域，可服务于星/机载探测、智慧农林业、生物医学检测和智慧识别等行业。

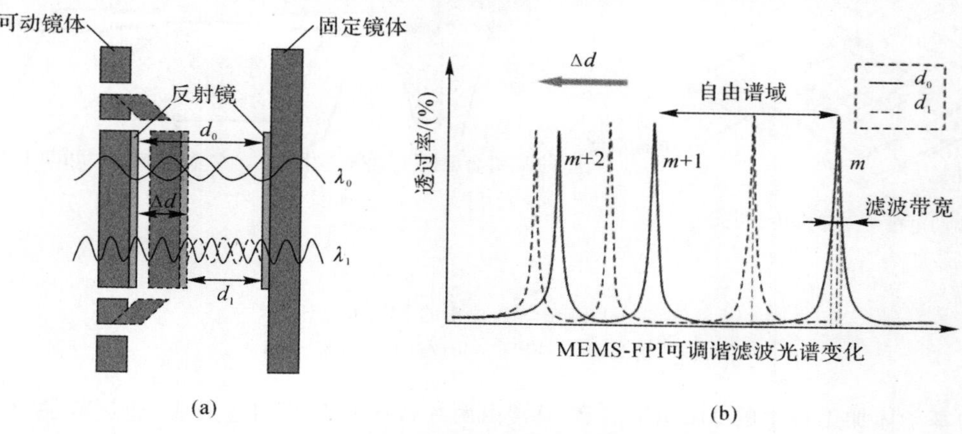

图 6.95　MEMS-FPI 基本结构及工作原理

(a)MEMS-FPI 基本结构；(b)MEMS-FPI 滤波光谱变化

根据现有文献记载，最早的 MEMS-FPI 是 Mallinson 等人于 1987 年采用 MEMS 技术制作出了用于波分多路复用的 MEMS 法珀滤波器[91]，如图 6.96(a)所示，该滤波器采用 MEMS 体加工技术制作，其尺寸为(13×15) mm²，利用静电驱动技术驱动可动镜体运动调节 F-P 腔长度，可在 1.3～1.5 μm 的近红外波段实现自由调节，并于 1991 年提出了第二代改进型 MEMS-FPI，如图 6.96(b)所示。此外，通过在两镜体之间的传感电极，建立闭环控制机制，从而实现滤波器的精确可控调节。这款 MEMS-FPI 的意义不仅仅在于是采用 MEMS 技术制作 FPI 的先例，而且为后续各种形式的 MEMS-FPI 的结构设计、工艺设计和加工制造等方面提供技术参考。经过 30 年的发展，已报道出多种不同形式的 MEMS-FPI，但按照采用的加工技术可大体分为两种类型：基于体加工技术的 MEMS-FPI 和基于表面加工技术的 MEMS-FPI。两种类型的 MEMS-FPI 在结构设计、加工方式和性能方面存在差异，并表现出不同的优势，见表 6.2。

表 6.2　两类型 MEMS-FPI 差异对比

	基于体加工技术的 FPI	基于表面加工技术的 FPI
基本结构	两片或多片基底，键合形成 F-P 腔	单片基底，牺牲层工艺形成 F-P 腔
设计灵活性	高	低
镜面质量	高，形变小	低，形变大
移动质量，加速度敏感性	高	低
可调节范围	大	小
器件尺寸，孔径值	大	小
复杂程度，制造成本	高	低

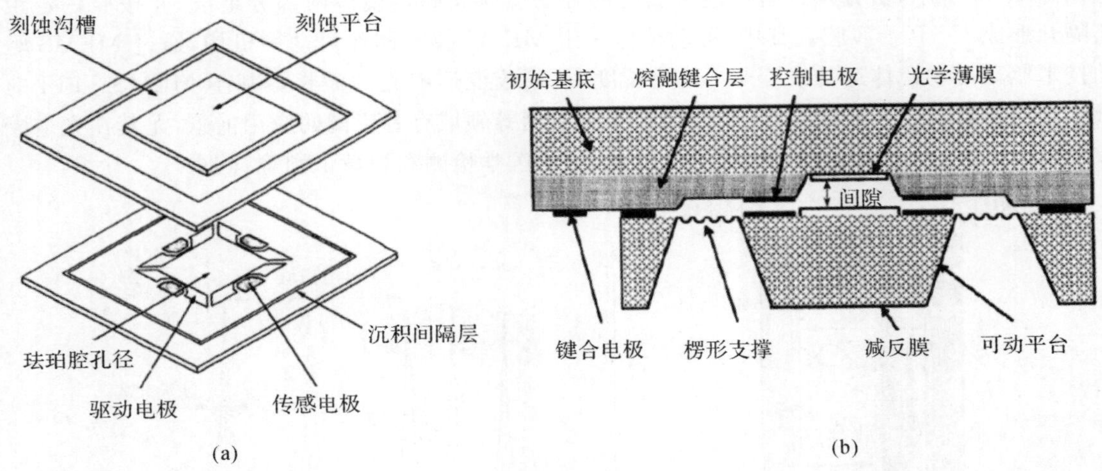

图 6.96　Mallinson 等人提出的 MEMS - FPI[91]
(a)第一代 MEMS - FPI；(b)改进型 MEMS - FPI

(1)基于体加工技术的 MEMS - FPI 通常由两片或多片基底构造而成，通过刻蚀、沉积分别制作可动结构和光学结构，并经过键合工艺形成法珀干涉腔。体加工技术具有较高的灵活性，适用于大孔径的宽幅调制 MEMS 法珀滤波器的制作，但采用该技术制作的 MEMS 法珀滤波芯片的可动结构本身质量不可忽视，因此加速度敏感性较高，易受外力干扰。

(2)基于表面加工技术的 MEMS - FPI 通常在单片基底上采用薄膜沉积、光刻、刻蚀和牺牲层等工艺制作。与体加工技术相比，采用表面加工技术制作的 MEMS 法珀滤波芯片具有器件加速度敏感性小、加工成本低的优点，但由于薄膜应力的存在，使得该工艺难以加工大孔径的 MEMS - FPI，且由于施加大驱动力时会产生薄膜弯曲，因此无法实现大范围调制。

MEMS 驱动技术是驱动微执行器可动部件运动和实现微执行器功能的最直接动力来源，对微执行器的各方面性能指标有至关重要的影响。MEMS 微执行器常用的驱动方式主要有静电驱动、热驱动、压电驱动和电磁驱动等。现有已报道的 MEMS - FPI 主要以静电驱动方式为主，其优点在于结构简单易制作、可响应速度快和可实现闭环控制等，但大范围调节需施加较大的电压，因此驱动范围有限，且存在非线性响应、“下拉”效应(Pull - in)和易击穿等缺点。1997 年，J. Peerlings 等人报道了一种采用热驱动的 MEMS - FPI，通过热电阻的电热效应驱动可动镜运动，当停止施加电压，热量逐渐消散后珐珀腔复位，采用热驱动的 MEMS - FPI，需要较长时间的加热与散热，因此存在响应速度慢、功耗大的缺点。2013 年，芬兰国家技术研究中心开发了一款采用压电驱动技术的 MEMS - FPI，其原理是采用压电材料逆压电效应，通过对压电材料施加电压发生形变，从而改变 F - P 腔长度的方式实现光谱调控。但压电材料较难采用 MEMS 加工技术进行加工，因此影响滤波器的批量化、高效率生产[105]。

随着人工智能的发展，基于多/超光谱成像的智能识别技术日益受到各国的重视，并致力于开发相匹配的 MEMS - FPI。目前，国外主要的研究机构以德国英福泰克公司(InfraTec)、芬兰国家技术研究中心(VTT)、澳大利亚西澳大学、美国 NASA 和陆军实验室等，而我国主要以西北工业大学、华中科技大学和上海微系统所的研究成果为主，各研究机构的 MEMS - FPI 的功能样件图与特点见表 6.3。

表 6.3　国内外各研究机构开发的 MEMS－FPI 及其特点

国内外 研究机构	MEMS－FPI 功能样件图	特　点
InfraTec	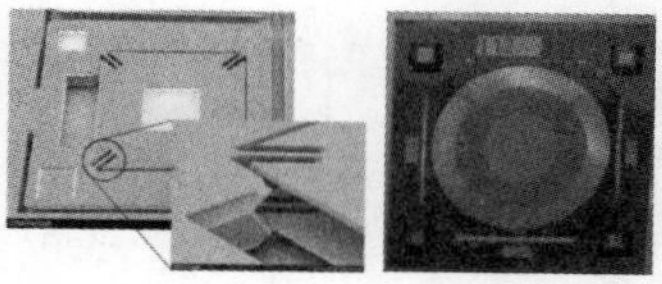	圆片级体加工技术制作； 静电驱动方式； 最大孔径 5 mm； 工作波段：红外波段、可见光波段； 滤波带宽 1.3～2 nm
VTT[105-106]		体加工技术制作； 压电驱动方式； 最大孔径 15 mm； 工作波段：紫外～红外； 滤波带宽 27～77 nm
		圆片级表面加工技术制作； 静电驱动方式； 最大孔径 3 mm； 工作波段：可见光波段； 滤波带宽 4～7 nm
西澳大学[107]	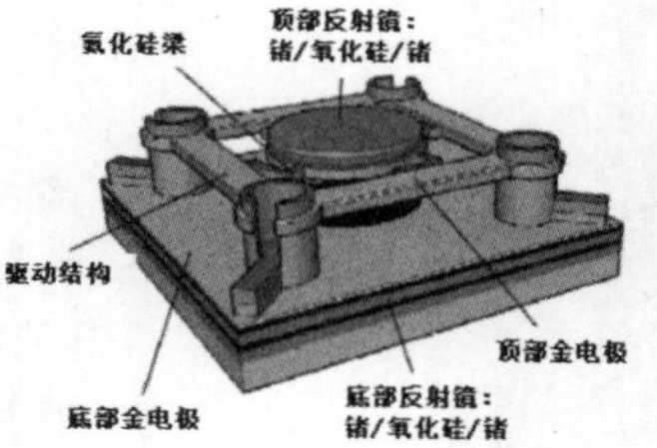 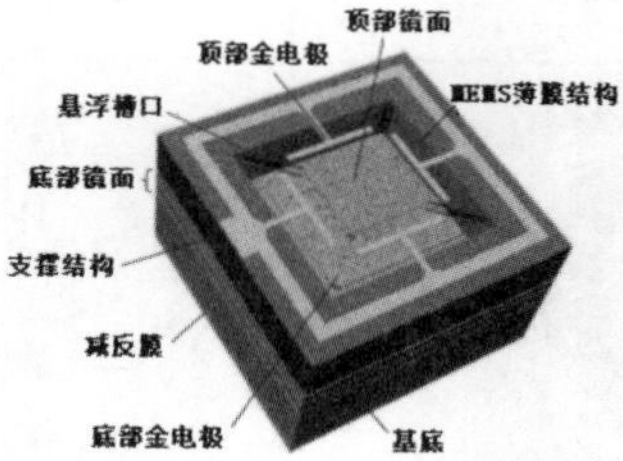	表面加工技术制作； 静电驱动方式； 工作波段：红外波段； 最大孔径 150 μm； 滤波带宽 10～50 nm
NASA[108]	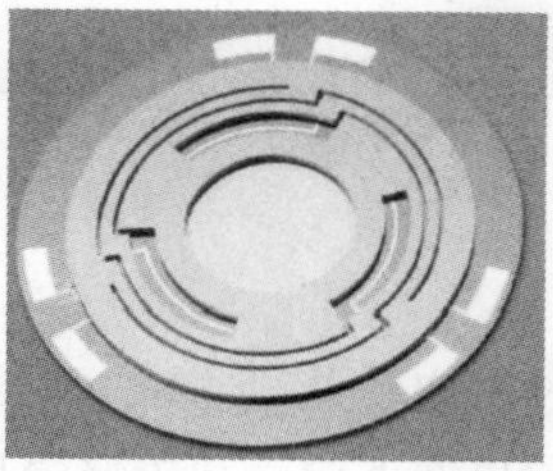	体加工技术制作； 静电驱动方式； 最大孔径 11 mm； 工作波段：红外波段

续表

国内外研究机构	MEMS－FPI 功能样件图	特　点
美国陆军实验室[109]	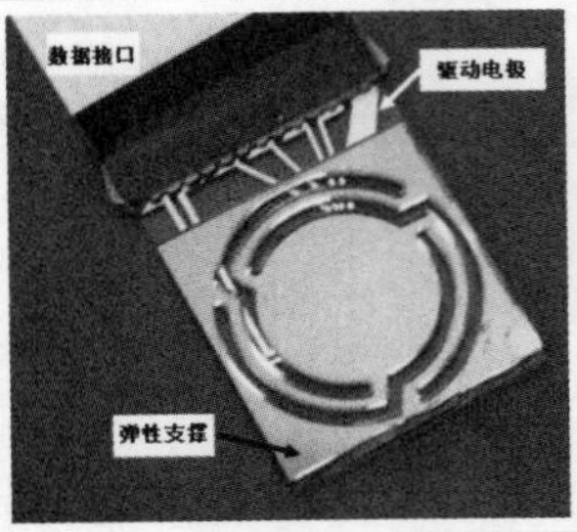	体加工技术制作； 静电驱动方式； 最大孔径 6 mm； 工作波段：可见光波段
西北工业大学	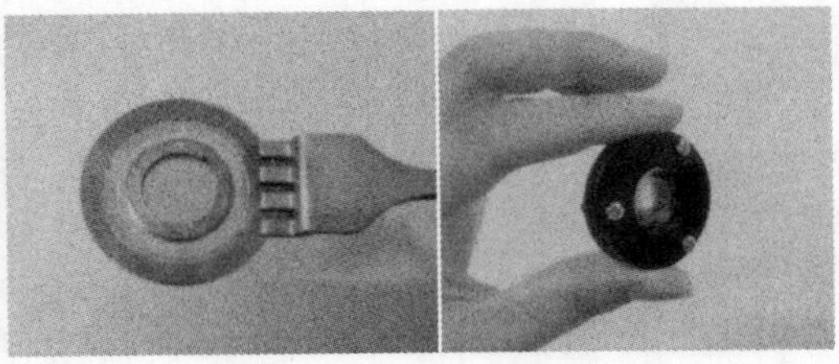	体加工技术制作； 电磁驱动方式； 最大孔径 10 mm； 工作波段：可见光波段； 滤波带宽 5～10 nm
华中科技大学[110]	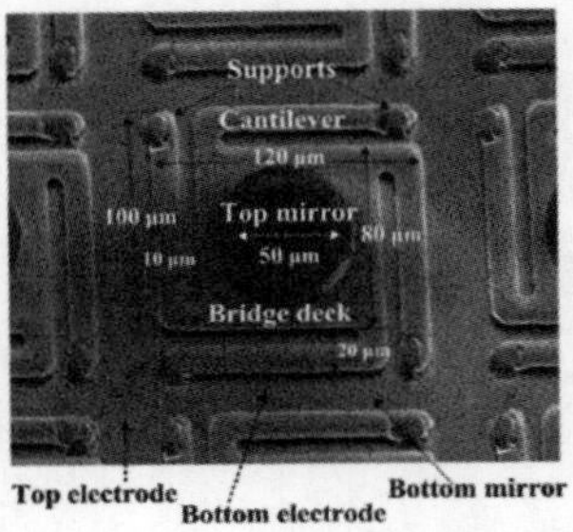	圆片级表面加工技术制作； 128×128 FPI 阵列； 静电驱动方式； 单个孔径 50 μm； 工作波段：中红外波段； 滤波带宽 38 nm
上海微系统所[111]	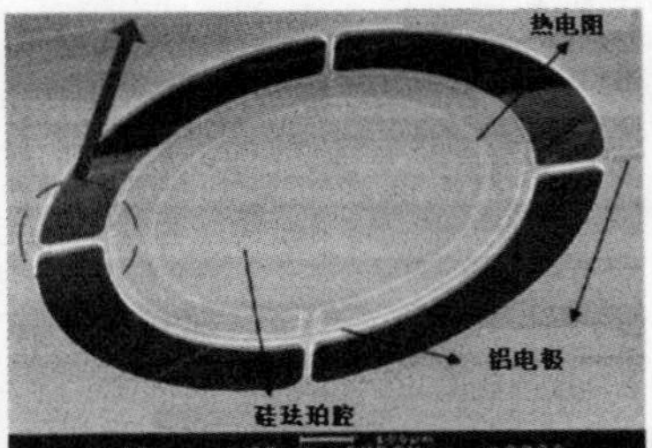	体加工技术制作； 热驱动方式； 最大孔径 700 μm； 工作波段：近红外波段； 滤波带宽 0.29 nm

6.3.3 微泵

微泵是微流体驱动和控制的动力源，其通过一定的驱动方式，使流体从一端流向另一端，或使两端的出口间产生一定的背压。典型地，微尺度下的流动主要表现为层流状态，其流量通常在几 nL/min 至几百 μL/min 之间。根据是否存在可动部件，微泵可分为机械式微泵和非机械式微泵。机械式微泵主要包括压电式、静电式、电磁式、热-气动式等驱动方式。非机械式微泵主要包括磁流体式、电流体式、电渗式和电化学式等驱动方式。以下介绍几种典型的微泵。

1. 压电式微泵

压电式微泵基于压电晶体的逆压电效应，压电晶体在电压作用下产生形变，再由变形产生泵腔容积变化实现流体输出。微泵的压电片根据施加在上、下两个电极上的电压极性不同，可以分别产生上凸或下凹的变形。如图 6.97(a)所示，当压电片上凸时，泵腔的容积增大，泵入口和泵出口都吸入液体，但是由于入口和出口形状不同而带来的压力梯度不同，入口吸入的液体量要远大于出口；如图 6.97(b)所示，当压电片下凹时，泵腔的容积变小，泵入口和泵出口都向外排出液体，但是出口排出的液体量要远大于入口，实现了液体从出口向入口的转移。压电驱动具有驱动力大、可控性好等优点，但是需要较高的驱动电压。

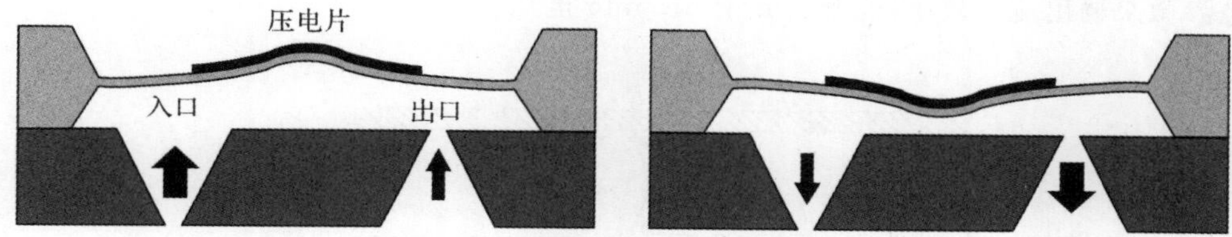

图 6.97　压电式微泵工作原理

(a)吸入；　(b)排出

2. 静电式微泵

静电式微泵是利用静电力驱动电极产生平移运动，使泵腔体薄膜发生变形，进而导致泵腔容积变化，并通过膜阀的打开和关闭实现流体输出。如图 6.98 所示，静电式微泵由一个薄膜(作为可动电极)和另一个固定电极组成，当在两个电极上施加静电电压时，在静电吸引力作用下，泵腔体上方的薄膜向上拱起，导致泵腔体体积增大，此时入口的单向膜阀打开，有液体进入泵腔，而出口单向膜阀则封闭，没有液体进入；当去除两个电极上的电压时，腔体薄膜恢复原状，泵腔体变小，入口单向膜阀在腔内液体挤压下关闭，而出口单向膜阀则打开，液体排出泵腔。静电驱动方式响应时间快，可靠性好，使用寿命长，制作工艺比压电驱动方式简单，但是存在驱动电压高以及驱动效率低等缺点。

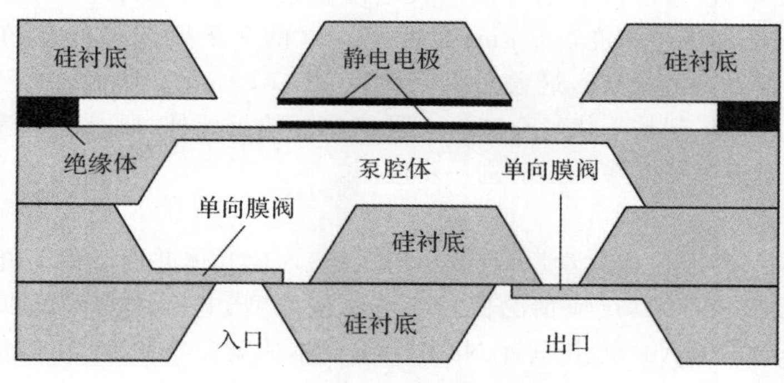

图 6.98　静电式微泵工作原理

3. 电渗微泵

电渗微泵是利用电解液在外加电场作用下的电渗现象来驱动液体，具有加工工艺简单、可连续输液、流速均匀分布、输出压力高等优点。如图 6.99 所示，当电解液与通道管路接触时，管壁表面会产生电荷，在通道两端施加电场，电荷在电场作用下作定向移动，从而带动周围液体流动。当管道表面电荷为负时，电解液由电场的正极流向负极。根据驱动方式不同，电渗微泵可分为直流电渗泵和交流电渗泵。而根据电渗泵微通道的结构特征，又可以分为多孔介质电渗泵和开放通道电渗泵。填充床多孔介质电渗微泵是通过将介电硅胶微粒(直径通常为 1 至 5 μm)填充进毛细管或者微流控芯片微通道中，并利用柱塞结构将微粒保留在通道内。当电解溶液与微粒接触时，介电微粒被双电层包围，在外加电场作用下在介电微粒的间隙中形成电渗流。由于介电微粒间的空隙非常小，造成了很高的水力阻力，同时间隙通道湿周表面积与流体体积之比较大，使得填充床电渗泵的输出压力高达几 MPa 甚至几十 MPa。但是，这种类型的电渗微泵输出流量较小，通常为几十 nL/min 至几 μL/min。

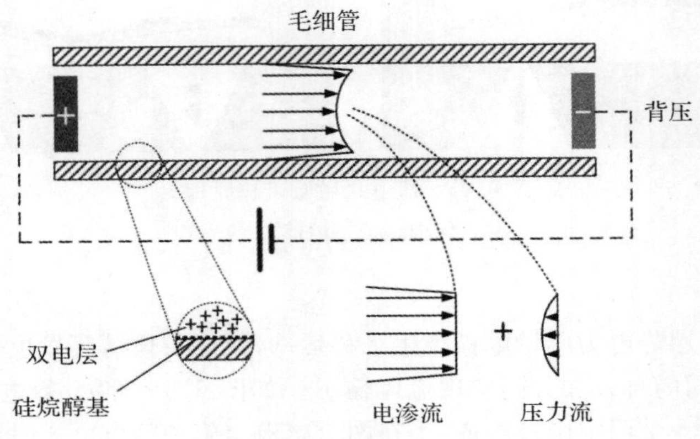

图 6.99　电渗微泵工作原理

多孔介质电渗微泵虽然能够输出较大的压力，但是其制作工艺较为复杂，需要额外制备柱塞结构。而开放通道电渗微泵仅需要采用光刻、干法刻蚀或湿法腐蚀等工艺加工出微通道，降低了工艺复杂性。如图 6.100 所示，美国俄克拉荷马大学设计了一种串联开放通道电渗微泵，即通过电渗泵单元串联、电压并联的方法增大电渗微泵的输出压力[112]。采用光刻和湿法腐蚀工艺在玻璃基底上加工出深度 1.5 μm，宽度 60 μm 的多条平行微通道，在 6 kV 的驱动电压下，其最大输出压力为 17 MPa，最大输出流量为 500 nL/min。然而，由于电渗微泵的驱动电压较高(通常为数百伏到数千伏)，会产生大量的焦耳热。此外，要求电解液具有恒定的 pH 值以及导电性，因而限制了电渗微泵的进一步应用。

4. 电化学微泵

电化学微泵是一种通过电化学反应(或电解反应)产生气体并用于驱动流体的装置。电解反应通常发生在电极表面，其反应情况依赖于电解液类型、电极种类和施加电压/电流大小。对于惰性金属电极如 Pt、Au 等，其电解 Na_2SO_4 溶液本质就是电解水，在阳极发生氧化反应，阴极发生还原反应，其电解反应式如下。

总反应式为

$$2H_2O(l) \longrightarrow 2H_2(g) + O_2(g) \tag{6.69}$$

阳极为

$$4OH^-(aq)-4e^- \longrightarrow 2H_2O(l)+O_2(g) \tag{6.70}$$

阴极为

$$4H^+(aq)+4e^- \longrightarrow 2H_2(g) \tag{6.71}$$

电解反应的原理如图 6.101 所示，首先在电解腔室内填充电解液，然后使用压敏胶带密封，通过在电极上施加一定的电压/电流，电解液发生电解反应产生气体，从而使腔室内的压力逐渐增大，产生的压力为流动相提供了驱动力。美国加州理工学院于 2002 年首次证明了基于电解方法能够产生高达 200 MPa 的压力，为电化学微泵的高压应用提供了理论基础[113]。电化学微泵具有驱动电压或电流低、能耗少、输出压力高、操作简单等优点，在药物输送、液滴生成、液相色谱分离等领域得到了广泛的应用。根据电极制作工艺不同，电化学微泵主要分为印刷电路板（Printed Circuit Board，PCB）工艺电化学微泵、微机电系统（Micro - Electro - Mechanical System，MEMS）工艺电化学微泵以及组装和密封工艺电化学微泵。

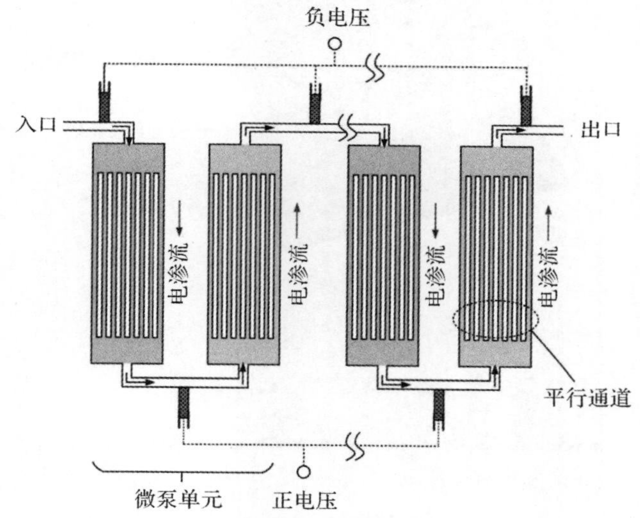

图 6.100　串联开放通道电渗微泵示意图

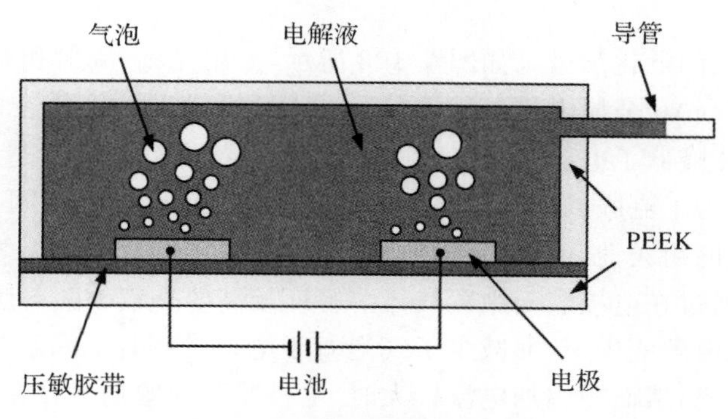

图 6.101　电化学微泵工作原理

基于 PCB 工艺的电化学微泵示意图如图 6.102(a)所示，通过氧等离子体处理和热压工艺将 PMMA 通道层和 PMMA 储液层进行键合，再通过压敏胶带将键合后的 PMMA 芯片粘接到 PCB 上而成[114]。电化学微泵的组成部件 PCB 上设计有矩形结构和梳齿状结构的镀金电极以及刻度尺标记，镀金电极用于发生电解反应，刻度尺标记用于记录气-液界面运动一定长度距离所需时间从而测定电化学微泵的输出流量。如图 6.102(b)所示，电化学微泵的功能部件主要包括电解池和电解液入口、样品池和样品入口、微通道和出口。当电化学微泵工作时，电解液腔室内发生电解反应，产生的大量气体推动样品池中的样品进入到微通道中，实现微泵驱动流体的功能。基于该电化学微泵，已成功制备了单分散性良好的水包油液滴。PCB 工艺电化学微泵具有加工成本低、加工周期短等优点。然而该微泵在电解过程中存在电极溶解和脱落问题，导致微泵使用寿命较短，通常仅为几分钟至几十分钟，且目前报道的最大输出压力为 0.55 MPa。

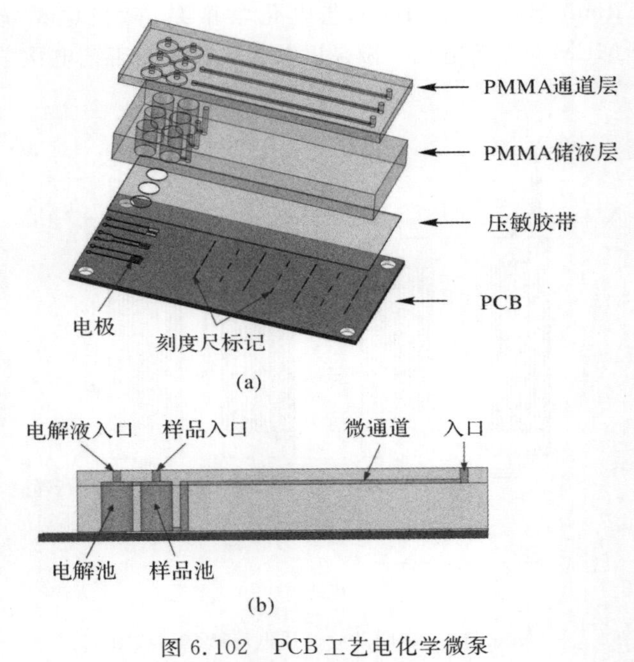

图 6.102 PCB 工艺电化学微泵

(a)爆炸示意图； (b)侧面示意图

基于 MEMS 工艺的电化学微泵如图 6.103 所示，采用光刻、溅射和剥离等 MEMS 工艺在玻璃基底上制作出 Cr/Au 金属电极。然而，基于 MEMS 工艺的电极在电解过程中也容易被腐蚀，而且产生的气体降低了电极与基底之间的黏附力导致电极脱落，造成电极的耐久性仅为几十分钟至几小时。为了克服以上问题，一方面通过优化 MEMS 工艺可以提高电极与基底的黏附力从而提高电极的耐久性，然而当施加电流较大时(例如 10 mA)，电极在短时内也容易发生脱落；另一方面通过在电极表面涂覆气体溶解度较高的全氟磺酸薄膜，使得产生的气泡快速地从电极表面进入电解液中，从而减少了气泡对于电极的损坏，提高了电极耐久性，同时也间接地提高了电解效率，然而当施加电流较大时，电极脱落问题仍然存在。

为了从根本上解决电解过程中电极存在的腐蚀和脱落问题，西北工业大学提出了一种基于组装和密封工艺的电化学微泵，如图 6.104 所示，首先选用百微米直径的铂丝电极代替传统 PCB 和 MEMS 工艺的几百纳米或几微米的电极，再通过阵列微槽和压敏胶带等将铂丝等间距排列和固定实现铂丝阵列电极的组装，有效解决了电极在电解过程中电流较大或电解时间较长时发生脱落的问题；然后将密封圈置于铂丝阵列电极和电解腔体之间并通过螺纹连接实现微泵的高压密封，使得微泵装置能够承受高压[115]。实验结果表明，该电化学微泵最大输出压力为 8.55 MPa，相较于 PCB 和 MEMS 工艺的电化学微泵提高了两个数量级；其耐久性大于 480 h，也提高了两个数量级以上；其不同背压条件下的输出流量在 357 nL/min～16.72 μL/min 之间连续可调，能够满足芯片式液相色谱等应用领域的高压、低流量流体驱动需求。

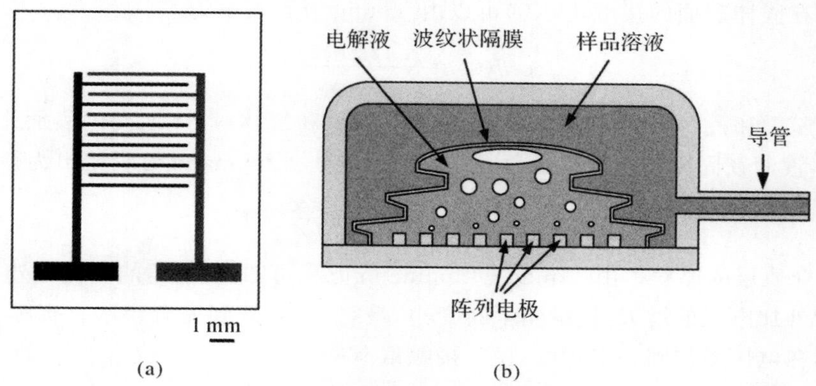

图 6.103　MEMS 工艺电化学微泵

(a)阵列电极示意图；（b)微泵示意图

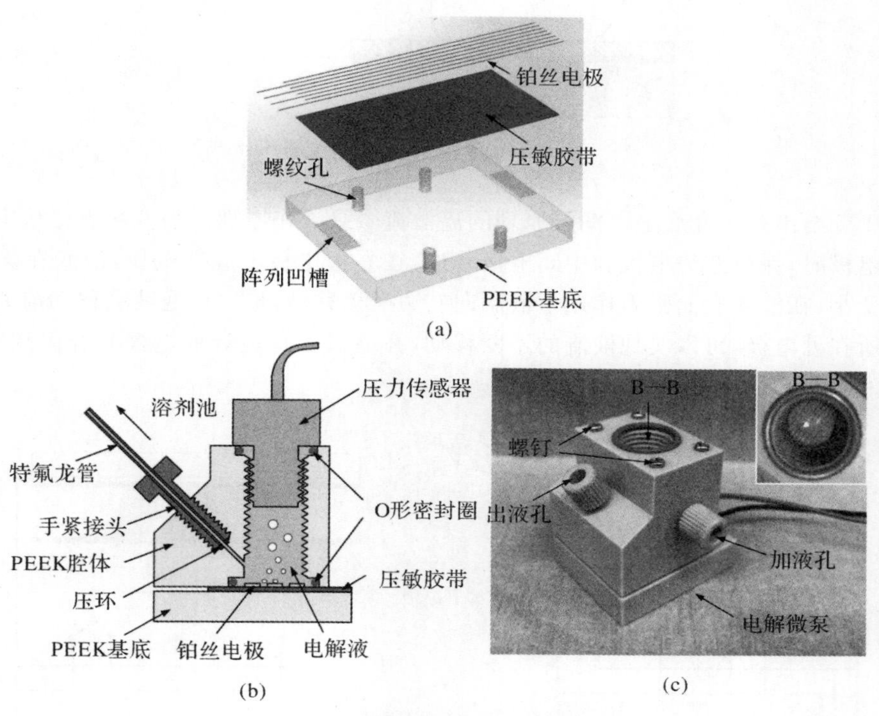

图 6.104　组装和密封工艺电化学微泵

(a)电极制作示意图；（b)微泵示意图；（c)微泵实物图

5. 电润湿微泵

一般来说,微流体可以分为连续流和离散流。前面所介绍的几种微泵能够对连续流进行操作,然而其在将一种液体注入另外一种液体时会产生交叉污染,在应用上有很多限制。基于介质上电润湿(Electrowetting on Dielectrics, EWOD)的微泵通过操纵表面张力来驱动微流体,从而能够实现对离散流的操纵和控制。EWOD 是指通过改变液体与疏水性固体介质膜下面的电极之间的电势来控制液体表面润湿性的方法,如图 6.105 所示,初始状态时,忽略重力的影响,液滴在固体表面的接触角 $\theta(0)$ 可以由 Young 方程表示为[116]

$$\cos\theta(0)=\frac{\gamma_{\text{sol-gas}}-\gamma_{\text{sol-liq}}}{\gamma_{\text{gas-liq}}} \tag{6.72}$$

其中,$\gamma_{\text{sol-gas}}$,$\gamma_{\text{sol-liq}}$ 和 $\gamma_{\text{gas-liq}}$ 分别是固体-气体、固体-液体和气体-液体之间的表面张力系数。施加电压 V 后,液滴在固体表面的接触角 $\theta(V)$ 由 Young - Lippmann 方程给出为

$$\cos\theta(V)=\cos\theta(0)+\frac{\varepsilon_0\varepsilon_r}{2d\gamma_{\text{gas-liq}}}V^2 \tag{6.73}$$

式中,d 是电介质层的厚度。由 Young - Lippmann 方程可知,接触角的变化和外加电压有关。理论上,随着外加电压的增大,接触角不断变小,最终为零,达到完全亲水。实际上,存在一个饱和接触角,在电压增加到一定程度之后,接触角不再减小。

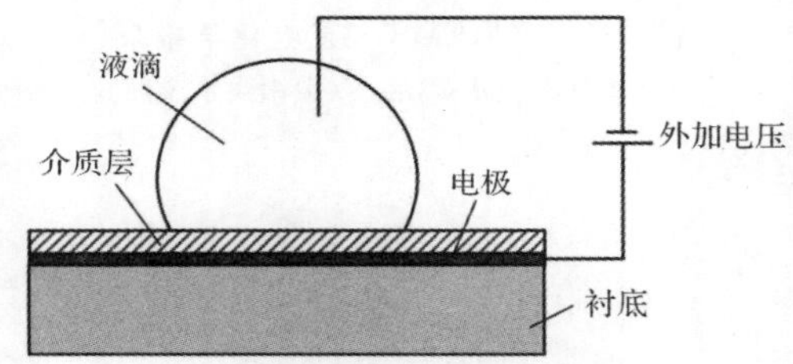

图 6.105 介质上电润湿原理

图 6.106 给出基于介质上电润湿原理的离散流微泵工作原理。当液滴需要从中间电极转移到右边电极时,保持左边电极和中间电极接地,在右边电极上施加电压,液滴在静电场作用下接触角变小,在液体表面张力作用下液滴向右边电极移动,依次接通液滴移动前方的电极并关闭液滴所在处电极,可以实现液滴的不断移动,并通过合理设计的电极和开关顺序,还可以控制液滴的分离和合并。

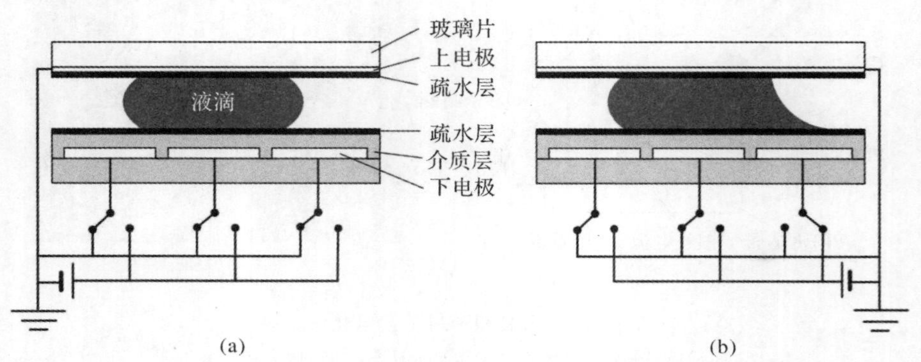

图 6.106 基于介质上电润湿原理的离散流微泵

(a)未加电压,接触角 120°; (b)加电压 30 V,接触角 80°

6.3.4　微马达

微马达是 MEMS 的一种重要动力源，它的作用是把电信号转换成机械运动，是 MEMS 研究中最活跃的分支之一。从微马达驱动机理方面看，微马达可以分为静电马达、电磁马达和压电马达 3 种。

(1)静电马达。静电马达是最早提出的微马达，1988 年 7 月，美国加州大学制成了第一台厚度为 1～1.5 μm，直径为 100 μm 的静电微马达。1993 年以来，我国清华大学和上海冶金所分别研制出了静电微马达，清华大学研制的静电微马达转子直径为 120 μm ，转速为 1 200 r/min，上海冶金所研制的静电微马达直径为 100 μm ，转速为 0.001～10 r/min。静电微马达的转子和定子可以在同一平面内制造，由于微马达与集成电路的兼容性较好，可以进行批量生产，因而成本较低。缺点是驱动力矩小，但是由于单位质量的静电力与马达尺寸成反比，因此，尺寸愈小，静电的作用力愈大。随着微马达尺度的进一步缩小，静电微马达将具有更大优势。图 6.107 所示是使用 MUMPs 表面加工工艺制作的静电微马达的实物图和结构原理图。马达由定子、转子和轴构成。转子接地，当在各个定子上交替施加电压时，转子可围绕马达中央的轴做旋转运动。

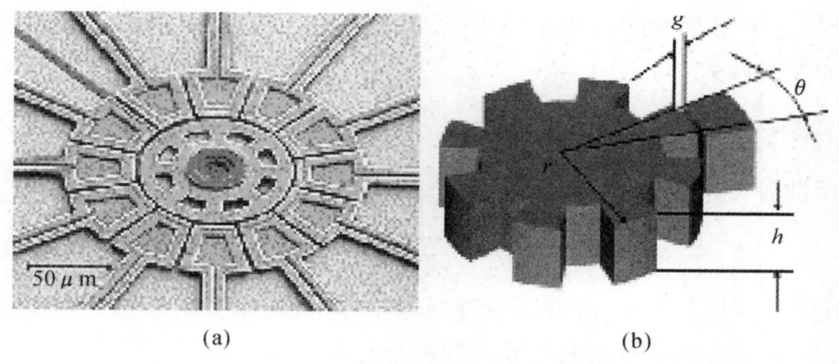

图 6.107　静电微马达(来自于 MEMS Exchange)

(a)SEM 图；　(b)结构原理图

为了研究静电微马达的工作原理，首先研究由两个平行平板构成的平板电容式静电驱动器。在如图 6.108 所示平板电容式静电驱动器中，假定电极上每一点的电场在垂直于极板的方向上都近似均匀分布(Quasi - uniform)，且忽略其余方向的静电力作用，忽略电容间的边缘场效应(Fringing Field Effect)和电容在边界上的漏电场，则上、下驱动电极间均匀分布的电场的大小为

$$E=\frac{q}{\varepsilon_r\varepsilon_0 A} \tag{6.74}$$

上、下极板间的电势差为

$$V=Ed=\frac{qd}{\varepsilon_r\varepsilon_0 A} \tag{6.75}$$

可求得电容为

$$C=\frac{q}{V}=\frac{\varepsilon_r\varepsilon_0 A}{d} \tag{6.76}$$

式中，q是电荷；V是瞬态电压；A是有效面积；d是上、下极板间的瞬态距离；ε_0是真空中的介电常数；ε_r是空气的相对介电常数。当电压变化时产生的瞬态电流为$i=C\frac{\partial v}{\partial t}$时，瞬态功率是$P=Vi$，电容中的瞬态电场能为

$$W=\int P\mathrm{d}t=\int CV\mathrm{d}V=\frac{1}{2}CV^2+X_{\mathrm{int}}=\frac{1}{2}CV^2=\frac{q^2}{2C} \tag{6.77}$$

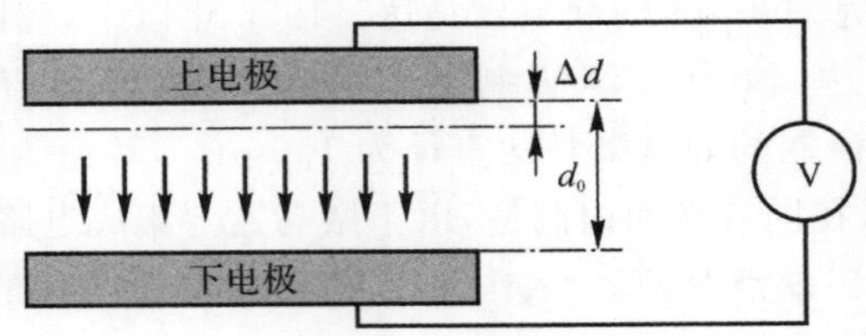

图 6.108　平板电容式静电驱动器

由式(6.77)可知，平板电容器中存储的电场能为$W=\frac{1}{2}CV^2$，则对如图 6.107 所示的静电微马达来说，转子与定子间存储的电场能与重叠面积有关，而重叠面积又与转动角度θ有关，电场能可以表示为θ的函数，即

$$W(\theta)=\frac{1}{2}CV^2=\frac{1}{2}\left(\varepsilon_r\varepsilon_0\ \frac{A}{g}\right)V^2=\frac{1}{2}\left[\varepsilon_r\varepsilon_0\ \frac{(r+g)\theta h}{g}\right]V^2\cong\frac{1}{2}\left(\varepsilon_r\varepsilon_0\ \frac{r\theta h}{g}\right)V^2 \tag{6.78}$$

将电场能对角度求微分可求得扭矩为

$$\tau=\frac{\mathrm{d}W}{\mathrm{d}\theta}=\frac{\varepsilon_r\varepsilon_0}{2}\ \frac{rh}{g}V^2 \tag{6.79}$$

由式(6.79)可知，欲提升扭矩τ，可以通过增加工作电压，减少转子与定子间隙g(但受限于工艺关键线宽，不能无限减小)，加大尺寸r和增加厚度h来实现。

(2)电磁马达。电磁型微马达的优点是驱动力矩大，可作为微型机器人和微型飞机的动力源；缺点是需要用到 LIGA 或准 LIGA 技术，加工难度较大。电磁型微马达和静电微马达的不同之处还在于随着体积缩小，电磁能转换过程的体积效应得不到充分利用，从而将造成电磁型微马达的驱动转换效率降低。美国 Wisconsin 大学的 Guckel 等人和 Georgia 理工学院、德国 IMM 公司、日本东芝公司都已分别研制出自己的电磁微马达，其中东芝公司的电磁型微马达直径为0.8 mm，质量仅 4 mg，转速在 60～1 000 r/min，我国上海交通大学也研制出了直径 2 mm、速度可调、转向可逆的电磁型微马达。

(3)压电马达。压电马达分为行波型和驻波型，它们的共同优点是结构简单，能够实现低速运转，成本低且无噪声。1993 年 Racine 等人报道了混合结构的压电微型马达(定子采用微机械加工，转子采用手工加工)。1997 年，瑞士 Dellmann 等人报道了采用微机械电铸工艺制作压电马达转子的结果，体现了当时微机械压电马达研究的最新进展。中科院上海冶金所等单位也开展了微型压电马达的研究工作，并于 1998 年报道了微机械压电行波马达的研究结果，该电压行波马达的定子和转子分别采用微机械加工工艺，通过微组装技术得到完整的一个微机械压电马达。马达定子、转子的尺寸均为 2 mm，在小于 10 V 的交流信号激励下，马达转速可达 50 r/min。

(4)热致伸缩马达。与前面 3 种马达不同的是,热致伸缩马达不能输出转动,只能输出直线运动。利用热膨胀(Thermal Expansion)现象设计与制作的热致伸缩马达具有大输出力和大位移的优点,广泛地应用于微光学镜片、微爪和微型自组装结构等。1992 年,Guckel[117]首先以镍做材料,利用 LIGA 技术制造了"U 形"的热致伸缩驱动器,此种结构由粗细不等且只有一端互联的两根悬臂梁构成。当通入电流加热的时候,较细的悬臂梁由于具有较大的电流密度而相对温度较高,形成热端,而较粗的悬臂梁则构成冷端,使得微制动器朝向冷端作弧状变形运动。由于多晶硅的电阻系数比金属高,且具有较大的弹性模量和极限应变(0.93%),所以可以获得大变形量和大输出力,近年来的热致伸缩马达大都采用多晶硅材料。图 6.109(a)所示是用于连杆机构中的热致伸缩马达,如图 6.109(b)所示是用于实现步进运动的热致伸缩马达;如图 6.110(a)(b)所示分别是未通电流和通电流之后的热致伸缩微马达。

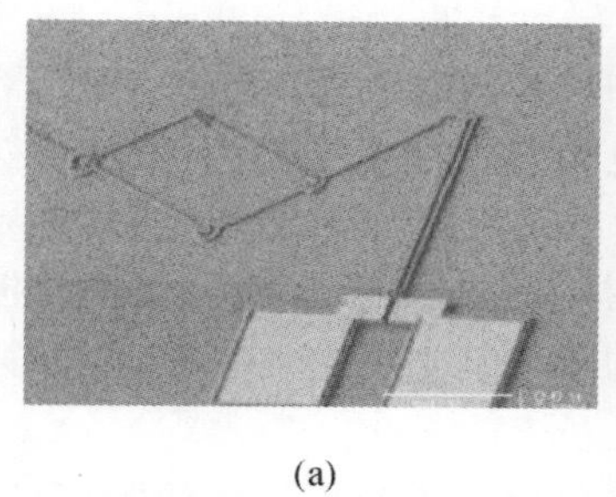

(a)

(b)

图 6.109　热致伸缩微马达的两种应用

(a)用于连杆机构中的热致伸缩微驱动器；(b)用于步进马达的热致伸缩微驱动器

(Massachusetts Institute of Technology, 1999)　(Air Force Research Laboratory, 1998)

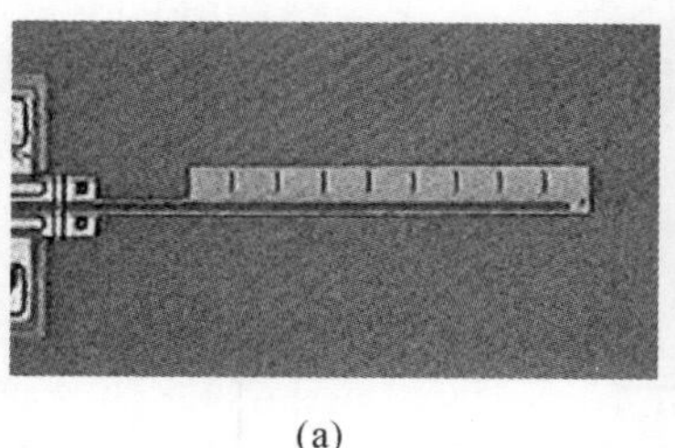

(a)

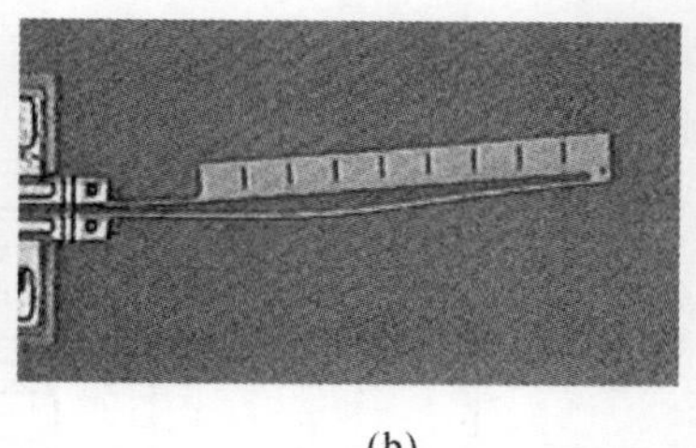

(b)

图 6.110　热致伸缩微马达两种状态(ANSYS 公司)

(a)未通电；(b)通电

6.3.5　微谐振器

微谐振器作为驱动部件,在惯性微传感器、微机电滤波器、高 Q 值振荡器和微执行器位移控制等方面应用十分广泛。微谐振器常用的驱动方式为静电梳齿驱动,如图 6.111 所示,这种微谐振器又称为梳状微谐振器,本节主要介绍这种微谐振器。

(a)

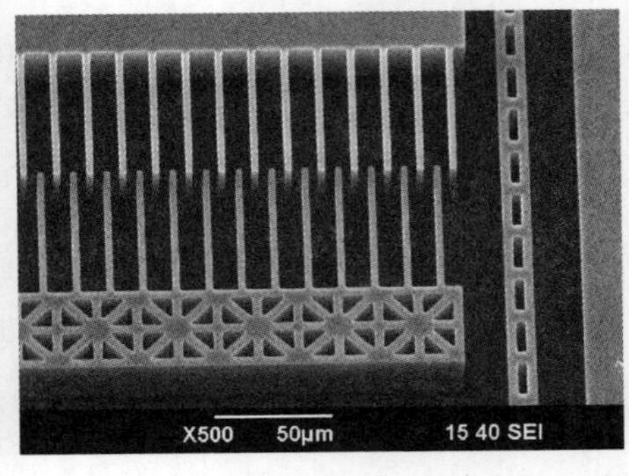

(b)

图 6.111 梳状微谐振器

(a)典型梳状微谐振器 SEM 图(NASA)； (b)梳状驱动电极细节

静电驱动方式可以分为平行板电容静电结构和梳状静电结构。与平行板电容静电驱动方式相比较，梳状结构静电驱动一般为横向驱动，静电力与位移几乎无关，可以获得很大的振幅($>10\ \mu$m)。其结构为横向分布，受到的阻尼较小，品质因数 Q 值一般较大，容易实现精细的几何结构(如音叉陀螺的驱动和检测部件)，有利于提高器件的灵敏度。而平行板电容静电驱动结构垂直分布，驱动力较大，但驱动力与极板间的距离呈非线性关系，驱动位移有限，且必须使用多层工艺制造，应用受到一定限制。

平行板电容结构一般为垂直驱动，驱动力较大；但驱动力与极板间的距离呈非线性关系，从而限制了可动结构的位移。梳状结构为横向驱动，与传统的平行板电容结构相比，静电力与位移几乎无关，可以获得很大的振幅($>10\ \mu$m)。其结构为横向振动，受到的阻尼较小，品质因数 Q 值一般较大。由于是横向结构，容易实现精细的几何结构，如差分式电容驱动和检测(音叉)，且不增加工艺步骤，这对提高器件的灵敏度非常有利。图 6.112 所示是将梳状静电驱动微结构简化成一对梳齿的形式以便于分析。图中 x 表示梳齿的交叠长度，h 表示梳齿的厚度，g 表示可动梳齿和固定梳齿之间的间距。

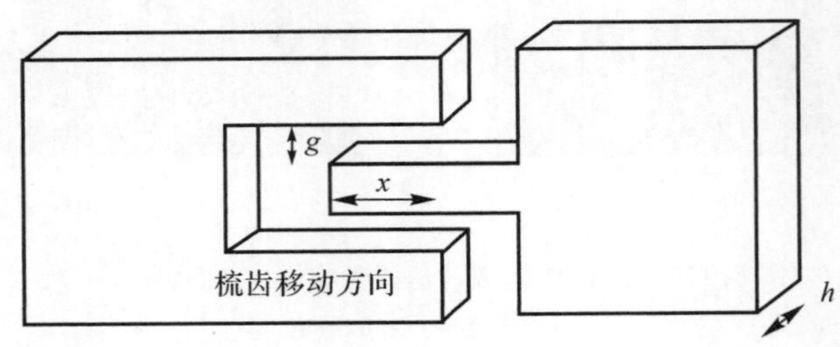

图 6.112 单对梳齿静电驱动微结构

在如图 6.112 所示的单对梳齿示意图中，由式(6.77)可知，由固定梳齿和活动梳齿所构成的电容中所存储的电场能为

$$W=\frac{1}{2}CV^2$$

梳齿间的静电力大小为

$$F=\frac{\partial W}{\partial x}=\frac{1}{2}\frac{\partial C}{\partial x}V^2=\frac{1}{2}\frac{\partial}{\partial x}\left(\frac{\varepsilon_r\varepsilon_0 xh}{g}\right)V^2=\frac{1}{2}\frac{\varepsilon_r\varepsilon_0 h}{g}V^2 \tag{6.80}$$

可知梳状静电驱动器的静电力是与距离 x 无关的常数，这样，即使在大位移情况下，梳状谐振器也能保持线性的机电转换功能。

图 6.113 所示是一个梳状静电驱动微谐振器的示意图。它主要由固定梳齿、活动梳齿、弹性支撑梁和锚点组成。活动梳齿和可动极板连成一体，可动极板通过支撑梁与锚点相接，固定于衬底上。在梳齿间的静电力作用下，可动极板发生位移，使支撑梁发生形变。若施加的电压是交变信号，则可动极板在静电力与支撑梁的弹性力作用下产生振动。在图 6.113 中，V_p 为偏置电压，V_d 为交流驱动电压。

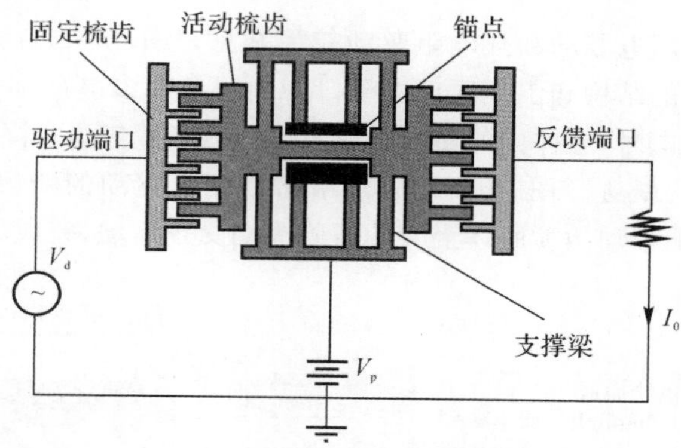

图 6.113　梳状静电驱动微谐振器

若在驱动端口加上交流驱动电压，电压幅值为 V_d，则可动梳齿和固定梳齿之间的电压为

$$V=V_p+V_d\sin(\omega t) \tag{6.81}$$

当 $V_d \leqslant V_p$ 时，静电力为

$$F=\frac{1}{2}\frac{\partial C}{\partial x}V_p^2\left[1+\frac{2V_d}{V_p}\sin(\omega t)\right] \tag{6.82}$$

式中的直流分量被测量端口的静电力所平衡，故可动极板受到的合力为

$$F=V_pV_d\frac{\partial C}{\partial x}\sin(\omega t) \tag{6.83}$$

设支撑梁的等效弹性系数为 k，则可动极板，即叉指的位移为

$$x=\frac{F}{k}=\frac{V_pV_d}{k}\frac{\partial C}{\partial x}\sin(\omega t) \tag{6.84}$$

可动极板以交流驱动电压的频率同相振动。振幅为

$$x_{\max}=\frac{V_pV_d}{k}\frac{\partial C}{\partial x}=\frac{V_pV_d}{k}\frac{n\varepsilon_r\varepsilon_0 h}{g} \tag{6.85}$$

式中，n 是梳状静电驱动谐振器中梳齿的对数。

可见，要获得大振幅，除了提高驱动电压和偏置电压外，结构设计上要求有大的 $\frac{\partial C}{\partial x}$，并减小振动方向上的等效弹性系数 k。

以上的讨论中未考虑品质因数 Q 的影响。在实际应用中，当驱动电压频率与静电梳状驱动结构的固有频率相同或接近时，结构处于谐振状态，振幅大大增加，以上的计算中就必须增加 Q 这一项。用于微传感器、微机电滤波器中的梳状微谐振器，必须是弱阻尼系统，即具有很高的 Q 值，可以通过采用真空封装来减低阻尼，提高品质因数 Q。

6.3.6 微喷

微喷由喷口、腔体和驱动部件组成。在驱动部件的作用下，腔体内的液体或气体以一定的粒径（液体）或速度从单孔或阵列化的喷口喷出，形成具有一定推力或其他要求的喷射流。微喷的主要应用有喷墨打印头、气流控制、芯片冷却、药物雾化和微型推进器。微喷最广泛也是最成功的应用是喷墨打印头，该产品在 2006 年的产值就已经超过 20 亿美元，并以超过 10% 的年均增长率上升。

微喷的驱动方式以压电驱动和热电阻驱动较为常见。图 6.114(a)给出了采用热电阻驱动的气泡式微喷打印头的结构和工作原理。喷口一侧制备有多晶硅加热电阻，当在极短的时间内（微秒级）给电阻通电时，腔体内的墨水受热急剧膨胀形成气泡，并将气泡前端的墨滴高速推出喷口，形成纸张上的墨迹。图 6.114(b)则给出了压电驱动的喷墨打印头结构和工作原理，压电片在交流信号下带动微喷腔体上方的薄膜周期交替运动，完成墨水的喷射工作。

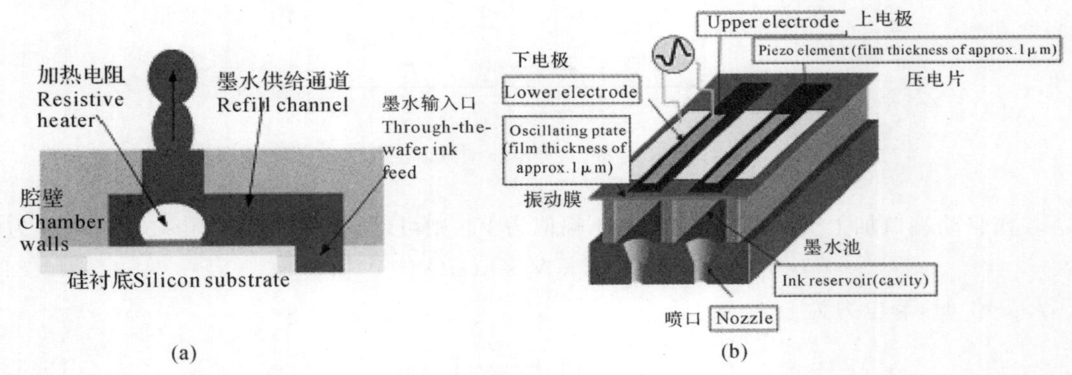

图 6.114 用于喷墨打印头的微喷

(a)热电阻驱动(Kodak 公司)； (b)压电驱动(Epson 公司)

微喷在气流控制和芯片冷却方面的应用主要是射流器。射流器由一个腔体和一个驱动膜片构成，工作介质一般为气体，在驱动膜片对面的腔体壁上开小孔或狭缝。当驱动膜片上下振动时，气体因腔内压力的变化而吸进或喷出，当膜片的振动频率足够大时，就会在孔外形成连续的射流场，最大喷射速度可达 30 m/s。

射流器净质量流量为零，无须流体输运，在电子器件冷却和机翼流场自主控制方面都有一定的应用前景。微型射流器的结构原理和实物如图 6.115 所示。

随着微/纳卫星概念的提出，微喷也被应用到微推进领域，专门用于微型太空飞行器的姿态调整。图 6.116 给出了一个电阻式微推进器的实物照片。推进器由硅片和玻璃片阳极键合制成。硅片上采用 DRIE 工艺刻蚀出装药孔，可以填装氨盐等固态推进剂。与每一个推进孔对应的玻璃片位置上有一个加热电阻，每一个都可以单独寻址控制。在装药孔对应的点火电阻通电后，在高温作用下，推进剂燃烧后产生的高温、高压气体高速喷出，产生反推力。采用微推进器可以达到较高的推重比，甚至是大火箭的 10～100 倍。通常一个微推进器上同时集成许多推进单元而构成阵列，每个单元可以单独控制也可以编组控制，从而实现数字式推进控制的效果。

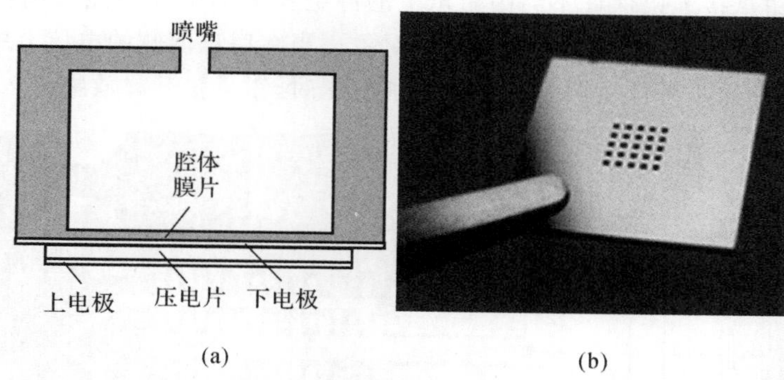

图 6.115　微型射流器（西北工业大学）
(a)结构原理；(b)实物

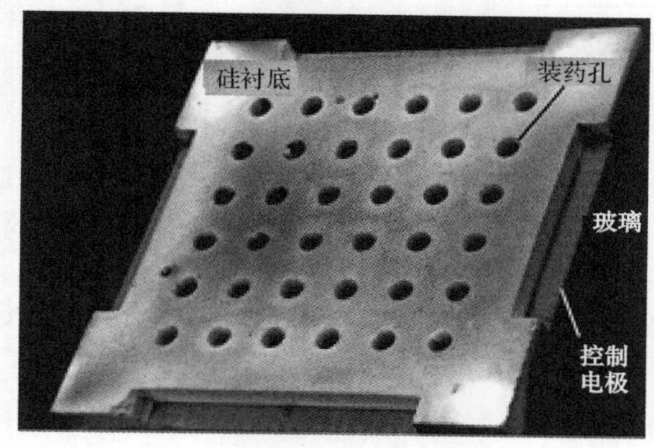

图 6.116　微推进器（西北工业大学）

6.3.7　微夹钳

微夹钳(Micro Tweezer)又叫微夹持器，是 MEMS 应用领域的一个重要执行器件，在微装配、微操作等方面扮演着重要的角色。微夹钳根据其夹持原理不同，可以分为吸附式和机械式两种。吸附式微夹钳是利用真空、静电等所产生的吸附力来抓取微型零件；机械式微夹钳则是利用两个或多个钳爪，通过钳爪互相接近的运动来产生夹持动作和夹持力。微夹钳直接与被操作对象相接触，需要在不损坏微小物体的情况下夹持和操作。随着微操作对象尺寸的逐渐减小，尺度效应的影响逐渐显著。在微米级尺度下，范德华力、静电力、表面张力等表面力已经取代体积力占据主导地位。一方面，由于尺度效应的影响，微小对象很容易黏着于微钳爪上而实现拾取操作，但是在钳爪分开，夹持力消失后微小对象可能在表面力作用下依然黏着在钳爪上，无法释放，因此，微夹钳的设计关键不仅在于有效夹持，更重要的还要实现稳定释放。一般来说，可以通过在钳爪上增加化学涂层，通过化学改性的方式，或者在钳爪上设计锯齿等粗糙结构的物理改性方法来减小钳爪和被夹持物体之间的表面力以实现稳定释放。

微夹钳的结构主要包括基座、驱动器、力传递/放大机构、微钳爪和力反馈机构。微夹钳的驱动方式有静电、电热、形状记忆合金、压电和电磁等。图 6.117 给出了一个采用静电力驱动的微夹钳。该微夹钳的力传递/放大机构和钳爪为一体，两个钳爪采用柔性梁支撑(图中未给出支撑梁部分)，钳爪接地以保证不会因钳爪上的静电积累而引起不能顺利释放被夹持物体，钳爪末段加工出纳米结构，可以夹持纳米尺度对象。当在钳爪内侧的电梳上施加电压时，钳爪闭合实现夹持，当在钳爪外侧的两个电梳上施加电压时，钳爪张开释放物体。

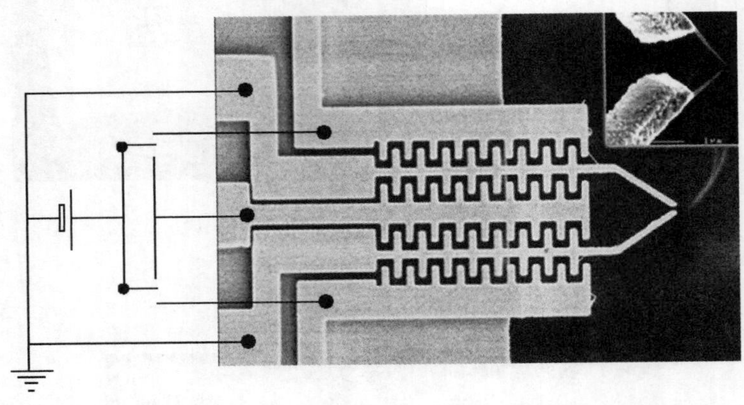

图 6.117 静电驱动微夹钳

图 6.117 所示的微夹钳没有力反馈装置，在需要精密控制夹持力的应用中，钳爪的夹持力必须能够被测量并反馈给微夹钳的驱动器。图 6.118 给出了一个带力反馈装置的静电驱动微夹钳。左边的电梳为驱动器，在夹钳加电后，驱动左夹钳向右运动，在左、右夹钳发生接触后产生夹持力，引起右夹钳向右运动，右边的电梳将右夹钳的运动转化为电容变化，从而得到夹持力的变化情况，为左夹钳的静电驱动提供反馈信号。

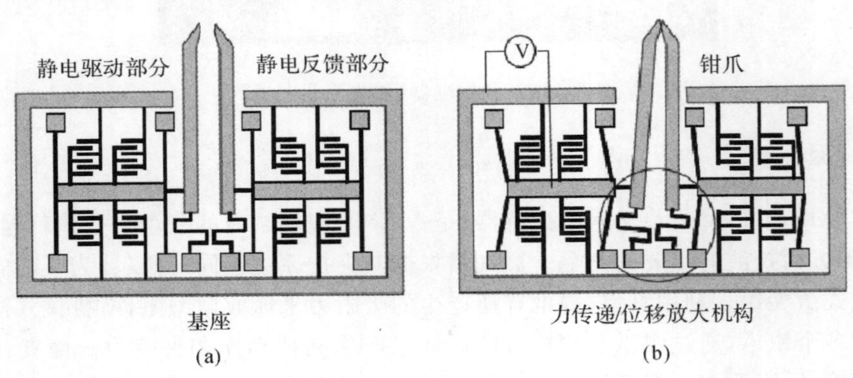

图 6.118 带力反馈的静电驱动微夹钳

(a)未工作； (b)夹持状态

6.3.8 射频开关

交变电流通过导体时会在导体周围会形成交变的电磁场，称为电磁波。频率低于

100 kHz的电磁波会被地表吸收，不能形成有效传输，频率高于 100 kHz 的电磁波可以在空气中传播，并借助大气的电离层反射而形成远距离传输能力。射频(Radio Frequency) 通常就是指具有远距离传输能力的高频电磁波，频率范围介于 100 kHz～300 GHz (包括 RF、微波和毫米波)。射频技术在无线通信领域具有广泛的、不可替代的作用。在使用 MEMS 技术以前，射频通信系统中的电感、可变电容、滤波器、耦合器、移相器和开关阵列基本上是片外分立元件，限制了通信系统的微型化。使用 MEMS 技术来制备的无源通信器件能够直接和有源电路集成在同一芯片内，实现射频通信系统的高度片内集成，消除由分立元件带来的寄生损耗，提高系统的性能。RF MEMS 器件包括电感、可变电容、滤波器和开关等大量器件，本节就以射频开关为例对射频器件进行介绍。在 RF 应用中，RF MEMS 开关和传统 RF 开关相比具有以下优点：

(1)隔离度好，介入损耗低。

(2)控制电路能耗低。

(3)工作频带宽，功率容量大。

(4)设计、加工成本低。

表 6.4 将 MEMS 射频开关和传统的射频开关进行了比较。

表 6.4　MEMS 射频开关和传统射频开关比较

开关类型	隔离度	介入损耗	功率容量	能量损耗
PIN 二极管	良	良	良	差
GaAs 场效应管	良	良	差	优
MEMS	优	优	优	优

表 6.5 给出了 RF MEMS 开关的详细分类。大多数 RF MEMS 开关使用静电力驱动，其优势在于能量损耗低。一般来说，RF MEMS 开关按照信号通道可分为电容耦合式和欧姆接触式。如图 6.119(a)(b)所示分别是电容耦合式和欧姆接触式的示意图。对于电容耦合式开关，在与桥型膜片(微桥)正对的 RF 传输线上有一电介质薄层和空气间隙，通过静电驱动来调节空气间隙的大小，从而调节微桥和 RF 传输线间电容的大小，进而达到通(微桥在上)和断(微桥在下)的转化，适用于高频场合。欧姆接触型开关则是通过金属-金属之间的接触达到导通的目的，适用于低频场合，开关在未接触时处于断开状态，在接触时处于导通状态。

表 6.5　MEMS 射频开关分类

信号通道	电容耦合式；欧姆接触式
驱动方式	静电力；电磁力；热
复原方式	弹簧；有源法
几何结构	悬臂梁；桥式；圆形
电路结构	串联；并联
掷	单；多

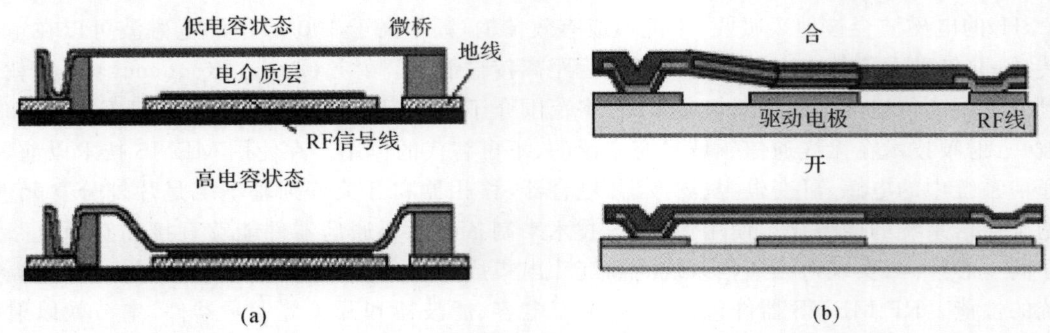

图 6.119　两种形式的 RF MEMS 开关

(a)电容耦合式；　(b)欧姆接触式

(1)电容耦合式射频开关。图 6.120 给出了电容耦合式 RF MEMS 开关的三维原理图，其由共面波传输线(或称为共面波导，Coplanar Waveguide，CPW)、微桥和绝缘介质膜构成。绝缘介质膜厚度极小，仅覆盖微桥下方的传输线，以防止微桥直接接触到传输线短路而不能形成电容。

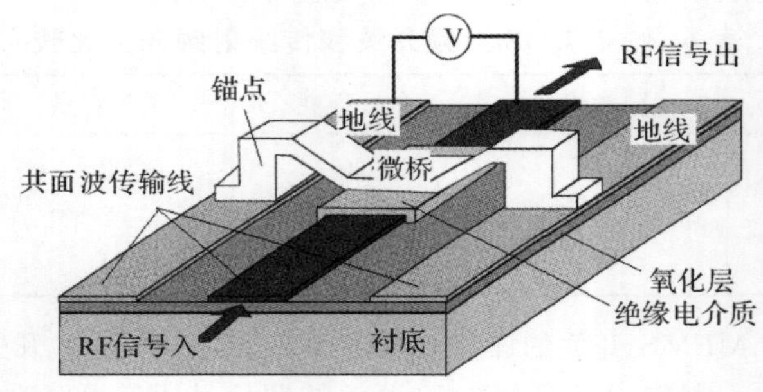

图 6.120　电容耦合式 RF MEMS 开关三维原理图

电容耦合式射频开关实际上是一个可变电容。电容对直流信号阻力无穷大，即电容具有隔直流作用，但是电容器对交流信号的阻力取决于交流信号频率，相同容量的电容对不同频率的交流信号呈现不同的容抗。交流信号频率高，电容器的充放电次数增多，充放电电流就强，即电容器对高频交流信号的阻碍作用弱，容抗小；反之，电容对低频交流信号的容抗大。对于同一频率的射频信号，电容容量越大，容抗就越小；而容量越小，容抗就越大。在没有施加电压的时候，微桥没有变形，此时微桥和 RF 信号线之间的间距相当大，两者之间的耦合电容很小，为数十 fF(10^{-15} F)量级，射频信号基本上不会被耦合到地线回路上去，以很低的插入损耗通过开关，开关是导通的；在微桥和 RF 信号线之间加直流偏置电压后，静电吸力拉动微桥向下变形直至与传输线上的绝缘介质层紧密接触(此时介质层可以防止微桥和 RF 信号线短路)，微桥和 RF 信号线之间的耦合电容显著变大，几 pF(10^{-12}F)量级，使得射频信号几乎全部耦合到地线上，只有很小一部分从输出端输出，开关断开。对于电容耦合式开关，通/断状态的电容比是一个非常重要的参数。

开关导通状态的电容为

$$C_{on}=\frac{1}{\frac{h_d}{\varepsilon_d A}+\frac{h_a}{\varepsilon_0 A}} \tag{6.86}$$

开关断开状态的电容为

$$C_{off}=\frac{\varepsilon_d A}{h_d} \tag{6.87}$$

式中，h_d，h_a，ε_d，ε_a，A 分别是电介质厚度、气隙厚度、电介质介电常数、空气介电常数和电容有效面积。

下述介绍开关的一些重要参数，它们是不同的开关相互比较的依据。

1)隔离度(Isolation)。开关断开和导通时，输出端的信号功率比定义为

$$10\times\lg(P_{off}/P_{on}) \tag{6.88}$$

式中，P_{off}和 P_{on}分别是断开和导通状态的输出功率。理想的隔离度是$-\infty$ dB。

2)介入损耗(Insertion Loss)。在导通状态，信号通过开关所产生的能量损耗，其定义为

$$10\times\lg(P_{out}/P_{in}) \tag{6.89}$$

式中，P_{out}和 P_{in}分别是开关的输出功率和输入功率。理想的介入损耗是 0 dB。

除以上两个重要参数外，还有像瞬变时间(Transition Time)、切换速度(Switching Speed)、驱动电压(Actuation Voltage)、截止频率(Cut off Frequency)和功率容量(Power Handling Capacity)等参数，在这里就不详细介绍了。

电容耦合式射频开关的共面波传输线一般采用金、银、铜、铝等高电导率的金属材料，并且考虑到高频下的趋肤效应[①]，金属的厚度应该至少大于两倍的趋肤深度。为了减少损耗，共面波传输线需要采用带有氧化绝缘层的高阻硅作为衬底，并进行信号线和地线之间的阻抗匹配设计(特别是要优化设计信号线的宽度及信号线和地线间距等参数)。

(2)欧姆接触式射频开关。与电容式开关通过高频耦合的并联方式控制射频信号的通断不同，欧姆接触式射频开关是直接通过线路的接通和断开来控制射频信号。串联式欧姆接触射频开关的剖视图如图 6.121 所示，其中，可动部分是悬臂梁。悬臂梁上有金属触点，金属触点下方的 RF 信号线是两截断开的。在未加电状态，RF 信号线的输入和输出端不连通，此时开关断开；在加电状态，悬臂梁在驱动电极作用下向下运动，触点和射频信号线接触，将断开的信号线连通，开关接通。

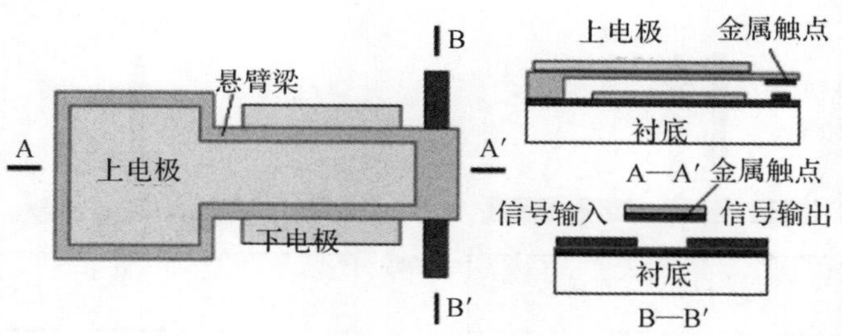

图 6.121　串联型欧姆接触式 RF MEMS 开关原理剖视图

① 与直流信号在整个导体中流动不同，高频交流信号在导体表面流动。导体边缘的电阻比导体中心的要小，因而表面传输的高频电流密度最大，这种高频电流流经导体时有趋向于集中在导体外表层的现象，称为趋肤效应。

除了串联型欧姆接触开关以外，还有旁路型欧姆接触开关，后者与前者的区别在于当悬臂梁被拉下时，金属触点不是将信号线导通，而是将信号线与地线相连，信号被直接旁路到地。

6.3.9 可编程光栅

传统技术制作的光栅，其闪耀角、光栅周期等结构参数都无法随应用的实时要求而改变，即实现工作过程中的动态控制，因此其应用受到一定程度的限制。基于MEMS技术的微型可编程光栅是一种全新概念下的光栅，其“可编程”的含义是指：通过驱动电路的编程控制，使光栅结构单元产生预期的变形，从而实现对闪耀角、光栅周期等结构参数的调节，引起衍射光的光能分布发生变化，得到预期的衍射和干涉能量分布特性。微型可编程光栅的这种特性使其在应用中较传统光栅具有更大的灵活性，极大地拓展了光栅的应用空间，使片上光谱仪系统的最终实现成为可能。

就目前的研究情况来看，可以将MEMS微型可编程光栅分成三大类，分别为相位式、闪耀角可调式以及周期可调式。商品化的微型可编程光栅都是相位式的，至于闪耀角可调式以及周期可调式仍处于实验室样件研制阶段。图6.122给出了三类MEMS微型可编程光栅的基本工作原理。相位式微型可编程光栅的全部或部分光栅微梁能够在驱动力作用下产生上下位移，从而引起相邻光栅微梁上出射光的相位差，商业化的光栅光阀(Grating Light Valve，GLV)就是这种形式的可编程光栅；闪耀角可调式微型可编程光栅的光栅微梁能够在驱动力作用下发生扭转，从而导致闪耀角的变化；周期可调式微型可编程光栅的光栅微梁能够在驱动力作用下产生横向位移，从而改变光栅周期。不管哪种形式，最终的结果都是改变出射光的光强分布。

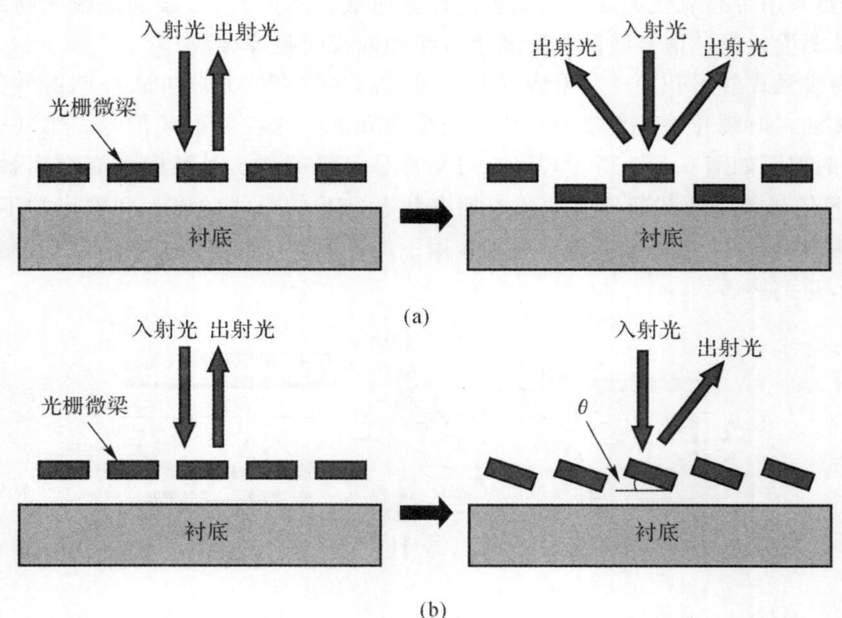

图6.122 三类MEMS微型可编程光栅的基本工作原理

(a)相位式； (b)闪耀角可调式

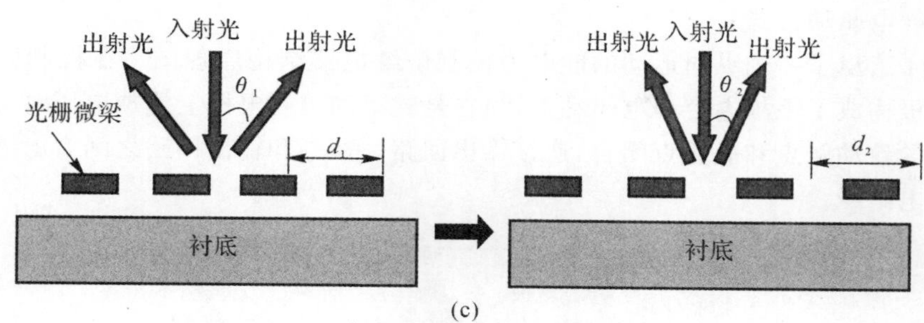

续图 6.122　三类 MEMS 微型可编程光栅的基本工作原理
(c)周期可调式

图 6.123 给出了周期可调式微型可编程光栅的扫描电镜图。光栅结构两端各连接梳齿静电驱动器，在驱动器上施加电压时，光栅结构被上下拉长，引起光栅周期变化。

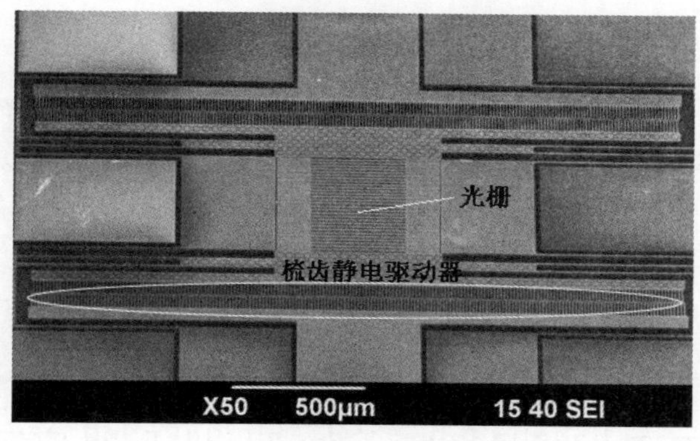

图 6.123　周期可调式微型可编程光栅(西北工业大学)

6.3.10　微继电器

继电器(Relay)是一种电子控制器件，它利用弱电信号的控制回路来控制强电信号的输出回路，在电路中起着自动调节、安全保护和转换电路等功能。继电器是一种基础的机电控制元件，它广泛应用于通信、仪器仪表、自动控制、航空航天等多个领域。传统继电器主要是机电继电器和固态继电器。电磁式继电器是一种常见的机电继电器，它一般由铁芯、线圈、衔铁和触点簧片组成。只要在线圈两端加上一定的电压，线圈中就会流过一定的电流，从而产生电磁效应，衔铁就会在电磁力吸引的作用下克服返回弹簧的拉力吸向铁芯，从而带动衔铁的动触点与静触点吸合。在线圈断电后，电磁的吸力随之消失，衔铁就会在弹簧的回复力下返回原来的位置，使动触点与静触点分离，从而达到了在电路中的导通和切断目的。机电继电器的导通电阻低，漏电流小，但它的开关速度慢，体积大，触点易磨损；固态继电器不存在可动部件，开关频率高，成本低，易于集成，但它不能实现控制端和开关端的完全隔离，导通电阻和漏电流大。基于 MEMS 技术制造的微继电器有机地结合了上述两种继电器的优点，满足系统设备集成化和小型化发展趋势的迫切需要。微继电器驱动方式可以采用热、电磁、静电、压电等多种激励方式。由于静电驱动具有功耗低、结构简单、工艺兼容性好等优点，多数进入产业化生产的微型继电器都采用了静电驱动方式。

图 6.124 给出了一个纵向运动的静电力控制微继电器结构原理图。在控制回路中，悬臂梁和控制电极构成了平板电容静电驱动器，当在悬臂梁和控制电极上施加电压时，悬臂梁向下运动并最终导致动触点和静触点闭合，连接输出回路。控制和输出回路之间有电隔离层，保证它们之间的电绝缘。

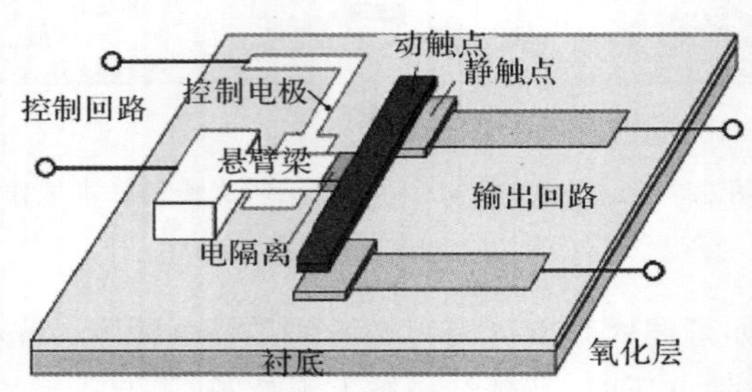

图 6.124　纵向驱动微继电器

纵向驱动的微继电器三维结构相对比较复杂，加工工艺需要进行多次套刻。为了简化加工工艺，还可以使用 SOI 衬底制备水平驱动的微继电器，工艺过程可以大大简化。图 6.125 给出了一个采用 SOI 衬底制备的水平驱动微继电器的俯视图，由于该继电器只存在面内运动，所以不需要复杂的多层结构，加工工艺可以得到简化。

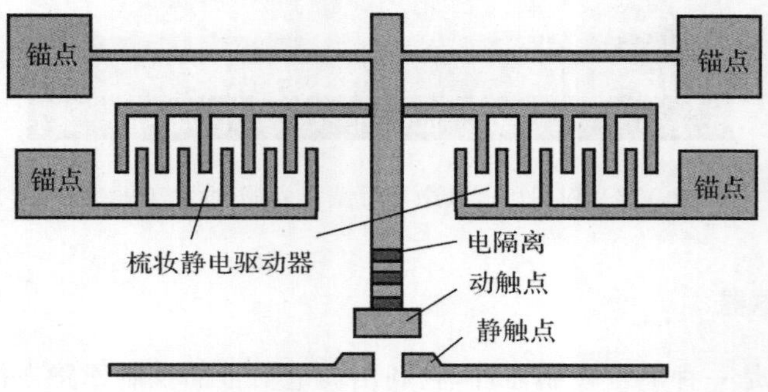

图 6.125　水平驱动微继电器

驱动回路和输出回路之间的电隔离对微继电器非常重要，北京大学开发的基于 DRIE 刻蚀和氧化硅气相沉积回填技术实现电隔离的典型工艺如图 6.126 所示。

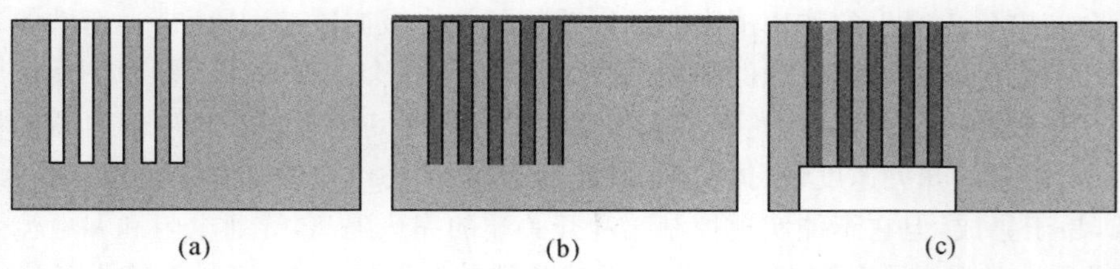

图 6.126　电隔离结构实现工艺

6.4　微能源装置

随着微/纳米技术的飞速发展，各种各样的微/纳器件甚至微/纳系统相继出现并被应用到传统系统所无法企及的领域当中。微/纳系统可埋藏于建筑物、桥梁和公路地基中，用于长期监测各参数的变化；可分布于大气中，用于对生化武器的监控；可植入人体内，用于糖尿病人血糖的控制等。然而，由于自身能量密度和工作原理的限制，以化学电池、燃料电池和光伏电池为代表的常规电池缩小到与微/纳系统相匹配的尺度时，无法长久供电。目前，常用锂电池的能量密度约为 0.3 mW·h/mg，甲醇燃料电池的能量密度约为 3 mW·h/mg，在这样的能量密度下，常规电池难以对微/纳系统连续供能，需要不定期更换或充电，尤其不适用于有移动性、植入性或分布性要求的长期工作场合。以常规电池供电的微飞行器仅能持续飞行数十秒；每立方毫米常规电池仅能使一个分布式传感网络节点满负荷工作 1.5 h。由此可见，微/纳尺度电源的缺乏，已经成为制约各类微/纳系统实用化的瓶颈问题，是微/纳米技术发展的基础和共性问题。

目前微能源的发展思路是以常规能源为基础，运用微细加工或其他加工方式，制造整个微能源或是其中的某个部件，使其能以某种方式集成于微系统中，以实现更加智能完备的功能。当前微能源器件依据能量的获取方式不同，可以分为微型电池技术和微能源收集技术。微型电池技术的能量主要来源于前期存储在电池中的化学能、生物能、核能或电能等，通过特定的转化获传导机制，将能量按一定规律释放出来，例如微燃料电池、微型核电池、微型锂离子电池和微型超级电容器等。与传统电池相比，微型电池有质量轻、体积小、寿命长的特点。微能源收集技术主要通过光伏、热电、压电、电磁等化学或物理等能量转化机制，将周围环境中广泛存在的光能、热能、机械能、风能等能量转化成电能，经过电路调制和能量管理输出，以替代或补充传统电池为传感器持续提供电能的技术。该技术彻底摆脱了对电池容量的限制和依赖，可以利用外界能量为微系统提供源源不断的能量来源，有广泛的发展前景。

6.4.1　微型电池技术

1. 微燃料电池

燃料电池(Fuel Cell)是一种将存在于燃料与氧化剂中的化学能直接转化为电能的发电装置。与锂离子电池或是镍氢电池相比，燃料电池具有更高的能量密度，且其填装燃料的时间要远短于锂电池。MEMS 与燃料电池技术结合主要是利用 MEMS 技术制作燃料电池中的阀、泵、改质器等电池组件。微型化燃料电池主要为直接甲醇燃料电池(Direct Methanol Fuel Cell，DMFC)。

直接甲醇燃料电池的前身是氢燃料电池，它的主要部件为涂有一层催化剂的质子交换膜(Proton Exchange Membrane，PEM)，膜上的催化剂能够将氢原子的电子夺走，使之成为带正电荷的氢质子，而氢质子可以透过薄膜，与另一侧来自空气中的氧结合形成水。被夺走的电荷则不停地向外迁移，形成电流。使用氢作燃料的质子交换膜电池从 20 世纪 60 年代就已经开始使用，它可以在 170℃下工作。氢质子交换膜电池需要纯氢来产生电子，由于目前缺乏获得氢的经济性手段，不得不采用价格便宜的甲醇作为氢的替代品。直接甲醇燃料电池的原理结构如图 6.127 所示，采用液体甲醇溶液取代氢气作为燃料，工作温度为 50～100℃，总体反应

相当于甲醇燃烧生成二氧化碳和水，在阳极发生的反应为

$$CH_3OH + H_2O \rightarrow CO_2 + 6H^+ + 6e \tag{6.90}$$

在阴极发生的反应为

$$O_2 + 4H^+ + 4e \rightarrow 2H_2O \tag{6.91}$$

总反应为

$$2CH_3OH + 3O_2 \rightarrow 2CO_2 + 4H_2O \tag{6.92}$$

甲醇在阳极催化层被氧化产生二氧化碳、质子和电子，电子通过外电路达到阴极并产生电流，质子则通过中间的质子交换膜，在阴极催化层与氧气和通过外电路到达的电子发生还原反应生成水。

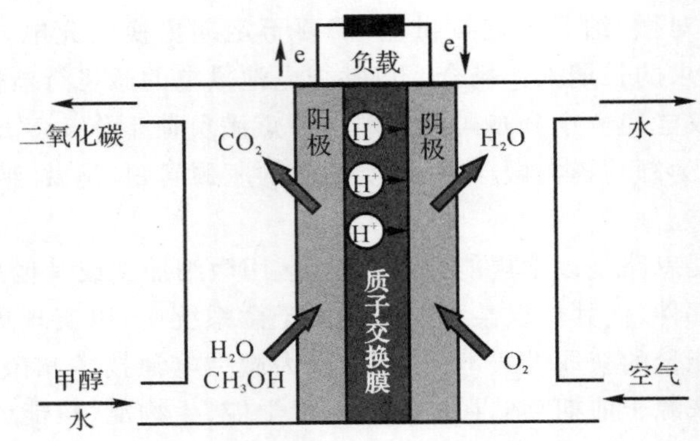

图 6.127　直接甲醇燃料电池工作原理

2. 微型核电池

核电池并不是一个新概念，基于温差热堆的核电池很早就在人造卫星、宇宙飞船、海上的航标以及无人灯塔之中获得应用。尤其是在远离太阳系飞行时，核电池是目前唯一可选的电源。目前最好的传统化学电池具备 0.3 mW·h/mg 左右的能量密度，而据韩国三星电子集团预测，下一代便携式计算机、手机、掌上电脑等电子产品需要 0.5 mW·h/mg 的能量密度，美国国防部则在 2006 年对配置在便携式军用电子装置上的电池提出能量密度为 1～3 mW·h/mg的更高标准，即便是当今最好的锂离子电池也达不到以上要求。

核电池的能量密度高达数千 mW·h/mg，远高于一般电池。目前，美、俄两国均已具有成熟的放射性核电池制备技术，并且已成功地应用到许多航天器上。但是，现有的核电池都是热电式(亦称为温差热堆，Radioisotope Thermoelectric Generator，RTG)，采用“辐射-热-电”式发电原理，为了屏蔽辐射和隔热，需要采用耐高温的合金材料做成外壳进行包装密封，其体积与质量大，介于千克到数百千克量级，难以实现微型化。

MEMS 技术的发展为核电池的微型化提供了新的途径。Cornell 大学和 Wisconsin-Madison 大学联合设计了一种悬臂梁装置直接将放射能转变电能，如图 6.128 所示。该发电装置使用 Ni^{63} 放射性同位素作为放射源，与放射源对应的硅悬臂梁(长度 8 mm，厚度 40 μm)上固定了一片铜箔，放射源辐射 β 射线而带正电，铜箔吸收 β 射线而带负电，在静电力的作用下，悬臂梁向放射源弯曲直至二者接触导致电中和，在弹性回复力的作用下，悬臂梁回到初始位置，开始下一个循环，从而形成周期性振荡，固定在悬臂梁根部的压电片则将这种周期性运动转变为电能。国内的大连理工大学也在进行悬臂梁式核能发电的研究。

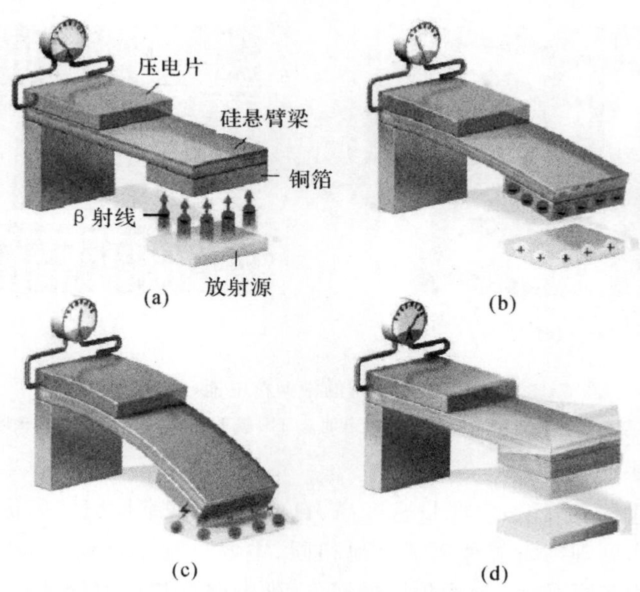

图 6.128　基于悬臂梁的微型化电池

为了防止悬臂梁上的电荷因空气电离而流失，这套装置必须工作在真空状态下，使得这种发电原理的应用具有一定的局限性。美国 Rensselaer 理工学院，Wisconsin - Madison 大学，Cornell 大学，国内的西北工业大学、厦门大学和北京理工大学正在研究使用半导体 p - n 结或肖特基结的辐生伏特效应直接将辐射能转化为电能，以进一步简化微型核能发电装置。辐生伏特类似于太阳能电池的光生伏特，其原理如图 6.129 所示。当放射源发出的 β 或者 α 射线粒子入射到 p - n 结中时，放射粒子与半导体材料原子碰撞失去能量并激发产生电子空穴对。空穴电子对在 p - n 结内建电场的牵引下发生定向运动，电子被集中到 n 区一侧，而空穴被集中到了 p 区，再通过两端电极的引出，就可以产生电流。如图 6.130(a)(b)所示分别是西北工业大学利用碳化硅肖特基结和高阻硅 p - n 结制备的辐生伏特式微型核电池，输出功率密度可以达到 1 μW/cm^2。

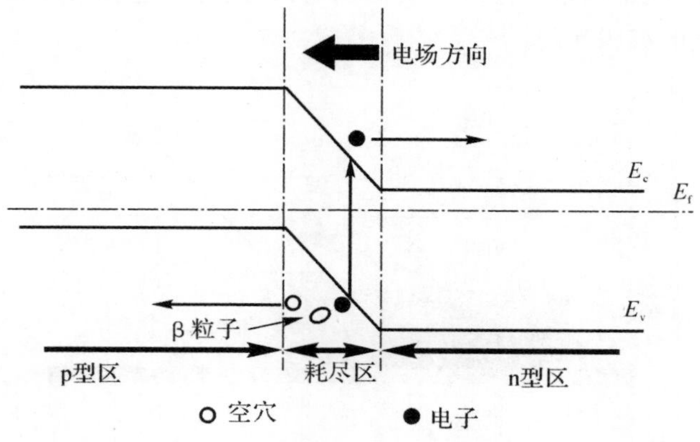

图 6.129　辐生伏特原理

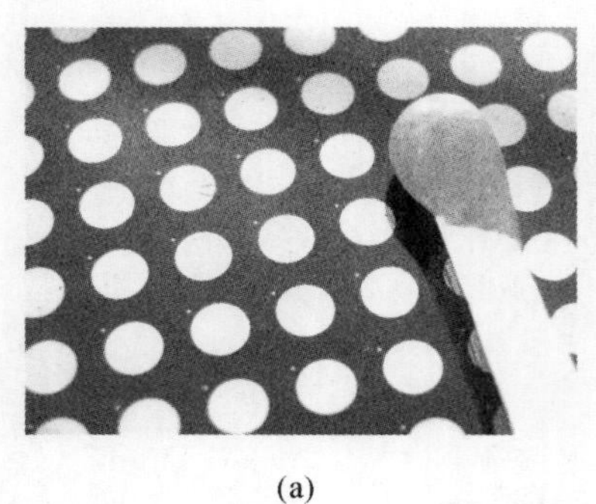

(a)

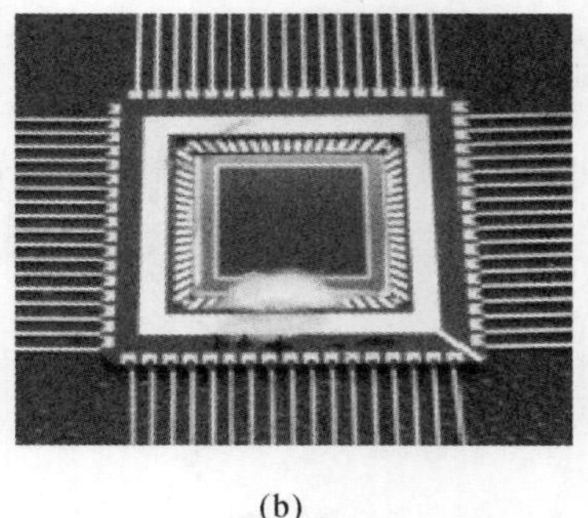

(b)

图 6.130　基于辐生伏特的微型核电池(西北工业大学)

(a)基于碳化硅肖特基结的微型核电池；（b)基于硅基 p－n 结的微型核电池

3. 微型锂离子电池

微型锂离子电池具有质量轻、能量密度高、自放电小、倍率性能好等优点，在微能源领域极具应用潜力。其工作原理与常规锂离子电池相同，主要是基于锂离子的嵌/脱机制。充电时，Li^+ 由正极脱出，经电解质传输，到达负极后嵌入，外电路有相应电量的电子到负极与 Li^+ 进行中和。放电时，Li^+ 由负极脱出，经过电解质传输，回到正极嵌入，同时向外电路释放相应电量的电子。当前微型锂离子电池的研究热点是全固态微型锂离子电池，其能量密度高、集成性能好，是目前实现能源微型化、集成化的最佳选择之一。全固态微型锂离子电池主要有二维和三维两种结构[118]。

二维全固态锂离子电池又称为薄膜锂离子电池，其经典结构如图 6.131 所示，主要由衬底、负极集流体层、负极膜、固体电解质膜、正极膜、正极集流体层、保护层(封装层)这七部分构成[119]。在电池制作过程中，各功能层可通过磁控溅射、热蒸发等平面镀膜技术依次沉积在基底上。然而，二维全固态锂离子电池的封装面积上空间利用率较低，这限制了其电池容量。三维结构微型锂离子电池可以有效利用其有限的封装空间，既能保持锂离子较短的扩散路径，又能增加活性物质的比表面积，因此其能量密度通常高于二维结构锂离子电池。目前构建三维锂离子电池主要通过制备三维结构的电极、集流体等方式实现。例如，在二维结构锂离子电池的衬底上利用 MEMS 技术制备三维阵列结构微电极，此种工艺较为复杂，需要解决在非平面结构上各层活性物质的沉积问题[118]。

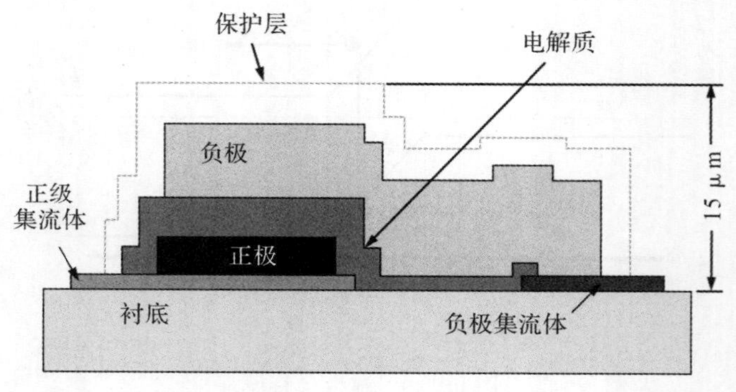

图 6.131　一种典型的薄膜锂离子电池结构示意图(剖视图)[119]

4. 微型超级电容器

超级电容器，又名电化学电容器，是一种介于传统电容器和电池之间的储能装置。它具有充放电时间短、功率密度高、使用寿命长等优点。传统的超级电容器一般为典型的三明治结构，它是由两个被隔膜隔开的平行电极组成的[见图 6.132(a)]。与传统电容器的结构不同，微型超级电容器通常为平面叉指结构[见图 6.132(b)]。两对叉指电极之间的缝隙狭窄且充满电解质，这种结构有利于电解质离子的快速传输。得益于这种结构设计，微型超级电容器继承了传统超级电容器的优点，还表现出体积小、质量轻、柔性良好和便于集成等特点。

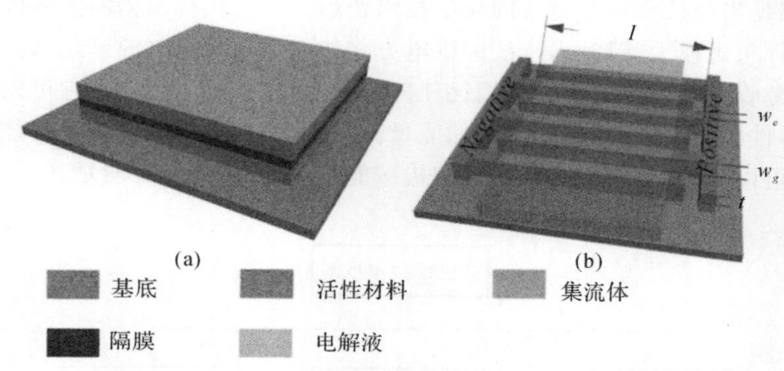

图 6.132　传统三明治型超级电容器和平面叉指型微型超级电容器的结构示意图[120]

微型超级电容器遵循传统超级电容器的分类原则，根据储能机理可以分为双电层电容器、赝电容器和混合型超级电容器。在双电层电容器中，电荷存储是通过电极/电解质界面处的静电荷的吸附和脱附来完成的。由于此类吸附和脱附发生得非常迅速，所以双电层电容器功率密度高、循环寿命长，但其能量密度不高。其电极材料多为具有高比表面积的碳材料，如活性炭、碳纳米管和石墨烯等。与双电层超级电容器不同，赝电容器是依靠电极活性材料表面或者近表面发生的快速可逆的氧化还原反应或高度可逆的化学吸附/脱附来实现储能的。赝电容反应过程不仅发生在电极/电解质的界面处，也发生在电极活性材料的内部，这使得赝电容器具有更高的能量密度，但其功率密度和循环寿命不及双电层电容器。赝电容器常用的电极活性材料为金属氧化物/氢氧化物和导电高分子。使用不同的赝电容材料和双电层电容材料构建的混合型超级电容器，其电荷存储机制结合了双电层电容的静电荷吸附/脱附作用和赝电容材料的表面或近表面的赝电容反应，其能量密度优于双电层电容器，同时其功率密度和循环稳定性优于赝电容器。

微型超级电容器现有的制备方法主要有光刻、激光划刻、丝网印刷、喷墨打印和 3D 打印等[121]。探索简单高效的方法规模化制备叉指电极(探索简单高效的规模化制备叉指电极的方法)仍然是目前制备工艺研究的热点。比如 EI－Kady 等人利用常见的 LightScribe DVD 刻录机在还原氧化石墨烯(RGO)薄膜上制备微型超级电容器[122]。制备过程由电脑程序控制，30 min 内可以在柔性基底上制备超过 100 个微型器件，且该器件的比电容可达 2.32 mF/cm^2，功率密度高达 200 W/cm^3。随着对微系统需求的快速增长，微型超级电容器的设计和制备将朝着规模化、多功能化和高集成化方向发展。

以上各种微型能源特点不同，可将多种能源组合成复合微能源系统，以满足外电路的需求。例如微型太阳能电池受天气因素的影响比较大，能源来源不稳定，为了保证其持续稳定供能，可与微型锂离子电池和微型超级电容器等储能器件、过充放电保护电路、分压电路、能量分配控制电路等组成太阳能复合能源系统，在太阳能充足时将多余的能量储存起来，在太阳能不足的情况下由储能器件补足。

6.4.2 微能源收集技术

当前，物联网技术和可穿戴/便携式电子产品在通信、国防、建筑、生物医疗和环境检测等方面的广泛应用是当今社会一个显著的科学技术变革。作为执行末梢的无线传感器具有体积小、功耗低、分布广、规模大等特点，传统的供电方式如电池和有线电源已难以满足要求。理论上说，由于微能源收集器工作时不需要消耗任何矿物燃料或者外界电能，它可以为各种低功耗传感器或电子器件提供持续的、取之不尽的能量。目前，可以用于微能源收集技术的能量源从本质上讲，主要可以分为电磁辐射能、热能和机械能 3 种，如图 6.133 所示。

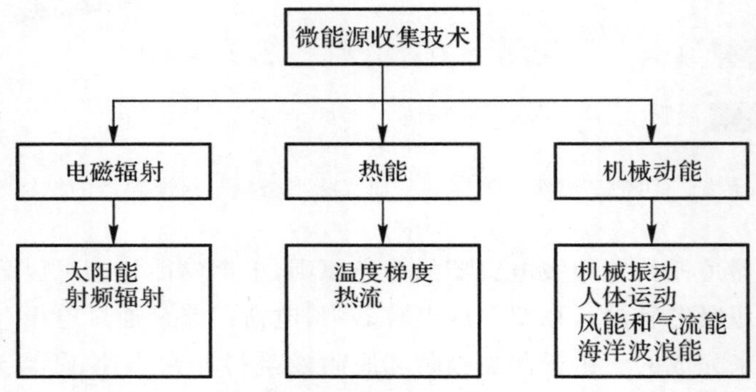

图 6.133 可以用于微能源收集技术的各种能量源

电磁辐射能主要有两种——太阳能和射频辐射能。太阳能可以转化成热能、电能、化学能、生物质能等多种形式的能量。基于光伏发电效应的太阳能电池是目前最成熟的能量转化方式，可以产毫瓦到兆瓦不等的电能。热能是生命之源。它可以维持人体正常的体温，为各种生理活动提供能量。热能对于人就像煤炭对于蒸汽机一样。同时，热能还是一种普遍存在于自然环境中的能量源，人们可通过采集热能来进行生活活动。对应的能量采集器被称为温差电池或热电发电机，它是基于热电效应（又称塞贝克效应）的原理工作的，通过物体温度差异，使热能转化成电能。由于各种损失的存在，热电转换器的效率与卡诺循环限制相去甚远。理论研究表明，热电转换器的效率能够大于 10%，但实际使用时大都远低于这个值，从早期只能产生几个 nW 的功率到目前几个至几十 μW 量级的功率。热电发电机最成功的应用例子使日本精工株式会社的腕式手表，通过采集周围环境和人体之间的温差，来转换成微瓦量级的能量来驱动手表机械运动。机械动能是普遍存在自然界中的一种能量，以其通用性和普遍性而备受关注。机械动能可以从结构振动、人体运动、气流或水流中导出。由于其在自然界中普遍存在，更适合于小型嵌入式的无线传感等方面的应用。机械动能的转化方式主要分为电磁能量转化、静电能量转化、压电能量转化、磁致伸缩能量转化和摩擦发电等五种能量转化机制。下面就以染料敏化纳米晶太阳能电池、环境振动能电池和卡门涡街流体能电池进行简要介绍。

1. 染料敏化纳米晶太阳能电池

1991 年，瑞士科学家 Michael Gratzel 等人受到绿色植物光合作用的启发，在 *Nature* 上发表了总能量转化效率 7% 的染料敏化二氧化钛纳米晶太阳能电池（Nanocrystalline Photovoltaic Cell，NPC），开辟了纳米晶太阳能电池这一崭新的研究领域，将纳米技术应用于染料敏化光电化学电池。这种染料敏化方法制备的光电化学太阳电池不但可以克服宽禁带半导体自身只吸收紫外光的缺点，使得电池对可见光谱的吸收大大增加，而且纳米晶膜的多孔性使得它的总表面积远大于其几何面积，可以吸附大量的染料，从而可有效地吸收太阳光，同时又可以保证高的光电量子效率。由于这种电池成本仅为硅太阳电池的 1/5～1/10，且制备工艺简单，性能稳定，已引起各国科研工作者的兴趣。

使用二氧化钛纳米晶薄膜的染料敏化电池工作原理如图 6.134 所示。吸附在纳米二氧化钛表面的染料（光敏化剂），在可见光作用下，通过吸收光能而跃迁到激发态，由于激发态的不稳定性，通过染料分子与二氧化钛表面的相互作用，电子很快跃迁到较低能级的二氧化钛导带，进入二氧化钛导带中的电子最终被玻璃上的导电膜收集，然后通过外回路，到达阴极，产生光电流；被氧化了的染料分子被从阴极产生的 I^- 离子还原，回到基态，同时电解质中产生的 I_3^- 离子扩散回阴极被电子还原成 I^- 离子，这就是染料敏化纳米薄膜太阳能电池的主要工作原理，具体过程可以用下式子表示：

染料激发，产生电子，有

$$S \xrightarrow{h\nu} S^* \xrightarrow{-e} S^+ \tag{6.93}$$

燃料被还原，有

$$2S^+ + 3I^- \rightarrow 2S + I_3^- \tag{6.94}$$

电解质被还原，有

$$I_3^- + 2e \rightarrow 3I^- \tag{6.95}$$

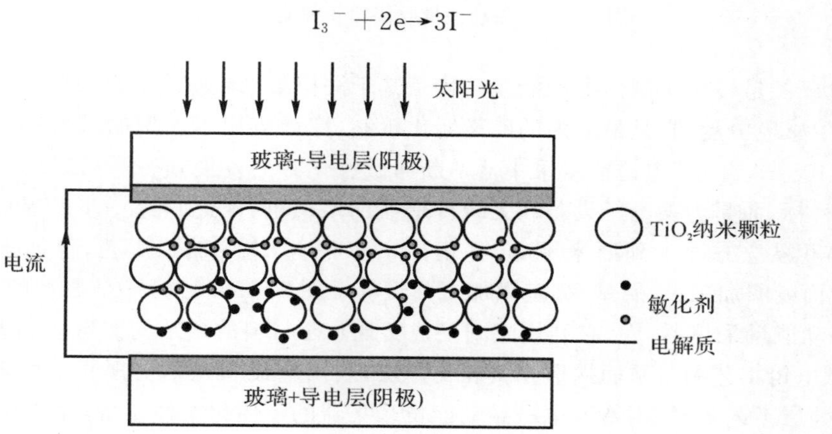

图 6.134　染料敏化纳米晶太阳能电池工作原理

染料敏化纳米晶太阳能电池是一种光电化学式电池，从某种意义上讲，这种电池可以说是具有绿色植物光合作用的“人造树叶”。纳米薄膜的使用使得整个电池具有很大的内部表面积，能够吸收大量的染料分子，又能使太阳光在内膜多次反射，反复吸收。除了制备工艺简单，成本低廉，对光线的入射角度和温度变化不敏感的优点以外，其最大的特点是透明的，可广泛用于建筑门窗及交通工具上，已引起了各国科研工作者的广泛关注。2014 年，Michael Grätzel

等人通过分子工程合理设计了一种新型卟啉染料，使得相应的染料敏化太阳能电池的能量转化效率达到了13%[123]，能量转化效率的显著提升进一步促进了基于染料敏化太阳能电池的经济型光伏器件的研究，使其更具有竞争力。

2. 环境振动能电池

环境振动能电池主要将环境中广泛存在的机械振动和人体运动等机械动能，通过电磁、静电、压电、磁致伸缩和摩擦等能量转化机制，转化成电能来给微系统提供电能，其5种振动能量收集的转化机制如图6.135所示。

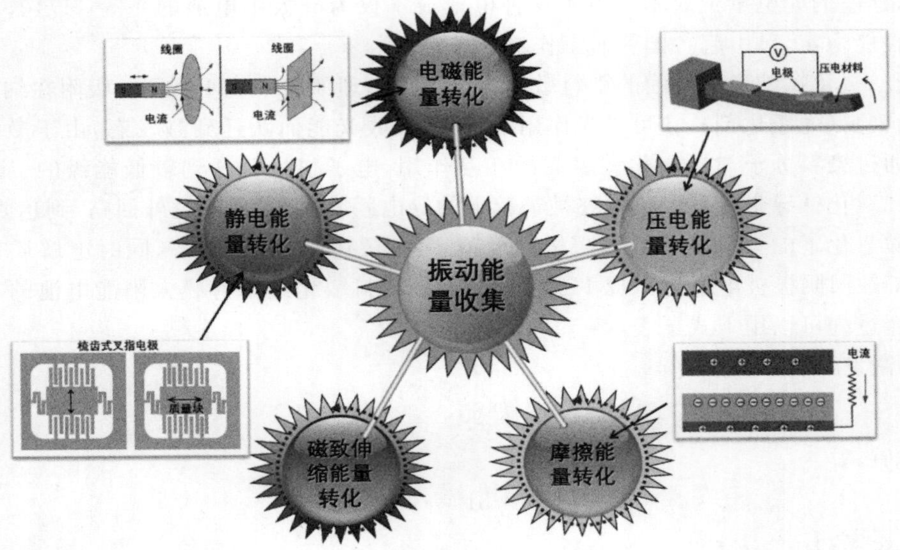

图6.135　振动能量收集的5种能量转化机制

(1)电磁能量转化机制。电磁能量转化是基于法拉第电磁感应定理，即闭合线圈中磁通量的变化产生感应电流，它是最成熟的能量转化机制，广泛应用于大型的风力和水力发电装置。在过去的10～20年里，电磁能量采集器不断向微型化方向发展，它不再以风力或水坝等大规模发电为目标，而是为微电子设备和无线传感器网络供电，因此它进一步发展成各种微/纳米级器件，体积从立方微米到厘米不等，并衍生出多种MEMS加工工艺，包括永磁体图形化、MEMS平面线圈加工、金属基/硅基微加工弹簧等。图6.136(a)为一个典型的全集成电磁式MEMS振动能量采集器[124]，它利用光刻工艺实现永磁材料的微结构图形化制备NdFeB永磁体，利用微电铸工艺制备平面蛇形弹簧和支撑层，利用电镀和光刻实现几十微米的平面弹簧，最终利用叠层工艺实现MEMS电磁振动能量采集器的一体化柔性制备，如图6.136(b)。

(2)静电能量转化机制。静电能量转化机制的工作原理是在外界激励下，将外界的机械扰动转化为恒定偏置电压下可变电容器的电容变化，引起两极板之间的电荷流动，从而将机械能转化成电能。总体来说，静电能量转化机制可以分为电压恒定和电荷恒定两种工作模式，即在电压恒定的能量转化系统中，电极板上的电荷由于电容极板的相对运动而发生循环流动，从而把外界的振动转化成极板上电荷的流动；同理，在电荷恒定的能量转化系统中，电极板上的电压由于电容极板的相对运动而发生变化，也可以将机械能转化成电能。图6.137(a)(b)为静电叉指电极在不同弹簧设计下的垂直和水平运动模型，可以将不同方向的外界运动转化成叉指电极上电容的变化[125]。

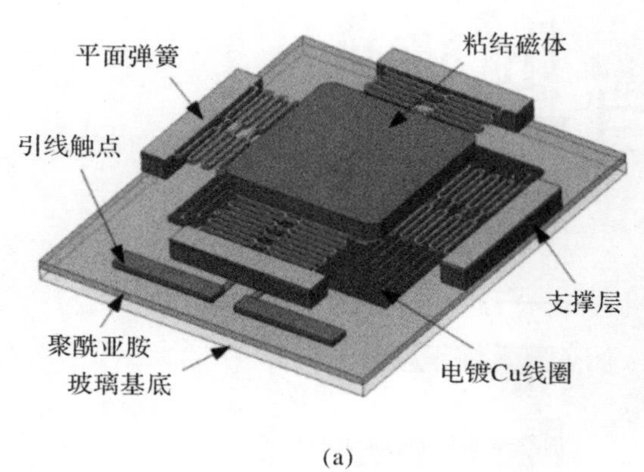

(a)

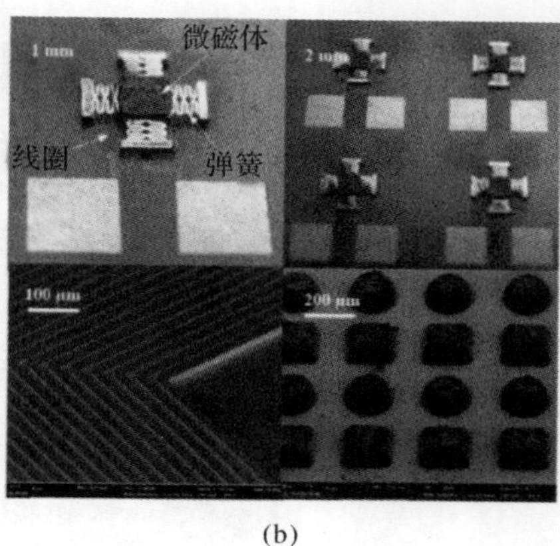

(b)

图 6.136　MEMS 电磁式振动能量采集器

(a)全集成电磁式 MEMS 振动能量采集器结构图；

(b)能量采集器件光学照片、电镀平面线圈和 NdFeB 永磁体阵列的扫描电镜图片[124]

随着技术的发展，静电能量转化机制需要外界预置恒定电压或者引入电荷泵才能激发电荷的流动的方法，不仅要消耗电能，而且会大大增加系统的复杂性。因此，进一步发展了基于驻极体材料的静电能量转化机制。驻极体又称为"永电体"，是具有能够半永久贮存电荷或偶极极化的电介质材料，它可以在周围形成一个永恒的电场，驻极体材料已广泛应用于微电子学、声学、光学等多个领域。因此，驻极体可以作一个恒定的电压源为静电能量采集器提供偏置电压。图 6.137(c)(d)为基于驻极体的静电振动能量转化的原理图。它分为上下两个极板，上极板是有图形化条状电极的可动极板，下极板是有驻极体材料的固定极板。在开始状态，上面的可动极板上会产生一定的感应电荷；当有外界激励时，上面可动极板的左右移动会导致其感应电荷发生变化，从而在外电路产生电流以实现机械能到电能的转化。在最近十年，基于驻极体材料的 MEMS 静电能量采集器有了长足的发展，在驻极体材料的图形化加工、与 MEMS 器件集成、电荷充电方法等方面做了大量的研究，不断向产业化方向迈进。

(3)压电能量转化机制。压电能量转化机制主要是利用外界激励不断压缩或拉伸压电材料，将动能转化为电能。压电材料具有直接机电耦合的独特优势，可以将机械应变转化为电能，反之亦然。压电能量采集器的性能在很大程度上取决于材料的压电性能。压电材料一般可分为压电陶瓷(PZT 或锆钛酸铅)、钛酸钡(BaTiO3)、单晶(石英)、薄膜(ZnO 或 AlN)、压电陶瓷基厚膜和聚合物材料(PVDF)等。其中，压电陶瓷(PZT)和微纤维复合压电材料(MFC)由于其极高的压电系数，是目前最常用的压电材料。PVDF 薄膜由于其成本低、柔韧性好等优点，被广泛应用于流动或声压检测，但其压电系数相对较低。通常，压电能量收集中有两种最常见的模式：d_{31} 模式和 d_{33} 模式。d_{31} 模式是指施加的应力/应变与压电极化方向成直角，产生的功率与应力垂直[见图 6.138(a)]；d_{33} 模式是指施加的应力/应变与压电极化方向平行，产生的功率沿同一方向[见图 6.138(b)]。基于 d_{31} 和 d_{33} 工作模式的两款悬臂梁压电式 MEMS 振动能量采集器的扫描电镜如图 6.138(c)(d)所示[126]。

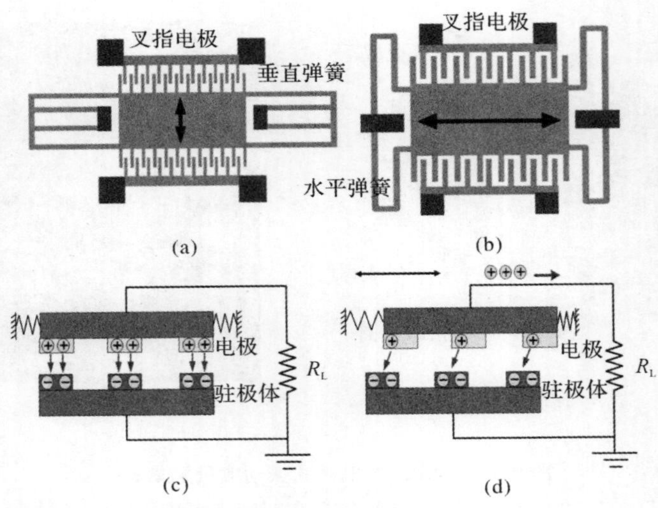

图 6.137 MEMS静电式振动能量转化原理

(a)(b)静电叉指电极在不同弹簧设计下的垂直和水平运动模型[125]；
(c)(d)基于驻极体的静电振动能量转化的原理图

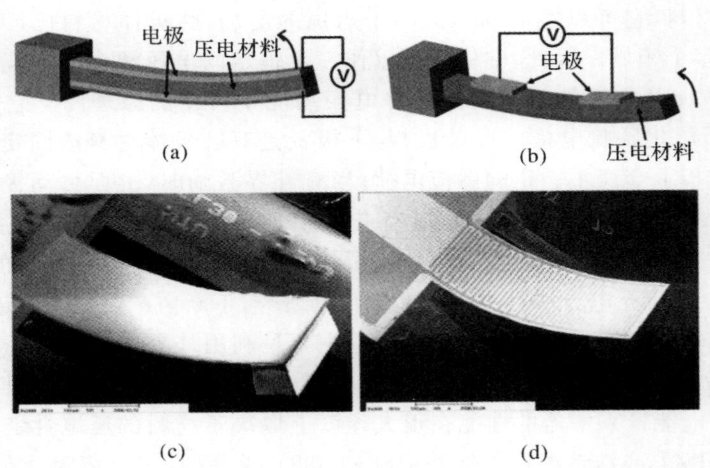

图 6.138 基于悬臂梁压的电式振动能量采集器的两种工作模式示意图

(a)d_{31}模式和(b)d_{33}模式；两款压电式 MEMS 振动能量采集器的扫描电镜图；
(c)d_{31}模式和(d)d_{33}模式[126]

(4)磁致伸缩能量转化机制。磁致伸缩能量转化机制的基本原理也是基于法拉第电磁感应定理，将闭合线圈中磁通量的变化转化成电能。而磁场的改变不是基于线圈与磁体的相对运动，而是基于维拉里效应(Villari Effect)，即铁在磁场中磁化时，如加不大的应力，其磁化曲线会随应力变化，从而将机械能转化成电能。根据外界激励的类型，可以分为由外界压力和振动两种工作模式，如图 6.139(a)(b)所示。维拉里效应跟压电效应相似，压电材料具有将机械应变转化为电能的能力，而磁致伸缩材料能将机械应变转化为磁场的改变。在最近几年，有几种类型的磁致伸缩材料被用于能量收集应用，如 Terfenol－D、Galfenol(镓铁合金)和 Alfenol(铝铁合金)等。

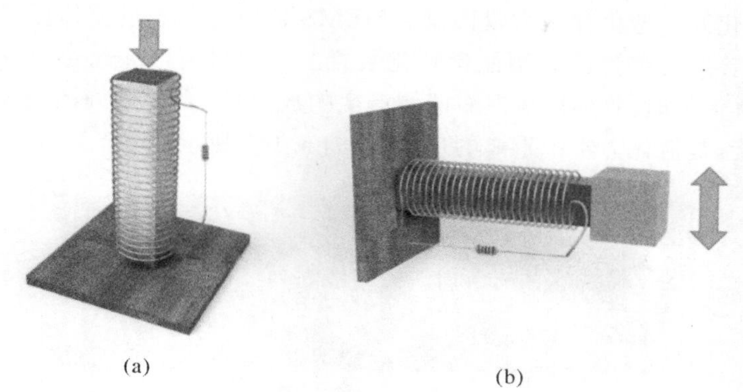

图 6.139　基于磁致伸缩能量转化机制的两种工作模式

(a)有压力引起的磁通量变化；(b)由振动引起的磁通量变化

(5)摩擦纳米发电机。摩擦学纳米发电机是王中林教授团队在 2012 年首次提出的[127]。摩擦纳米发电是指两种不同材料接触时发生的电荷转移现象，这也是人们生活中各种静电荷的基本来源。摩擦学纳米发电机是基于接触摩擦起电和静电感应两种能量转化原理，首先通过摩擦使对电子束缚能力不同两种材料表面发生电荷的转移；当接触的两个材料分离时，由于静电感应，会导致外接电路电荷的流动，从而将机械能转化成电能。它与静电能量转化机制类似，主要有两种工作模式即垂直接触-分离模式和水平滑动模式，如图 6.140 所示。由于小尺寸效应，相对于电磁式发电，摩擦纳米发电机主要优势在于低频和小型化，适合于收集小尺度微型机械能。因此，摩擦纳米发电机在人体振动能量收集和环境中低频能量转化等方面具有明显的优势。

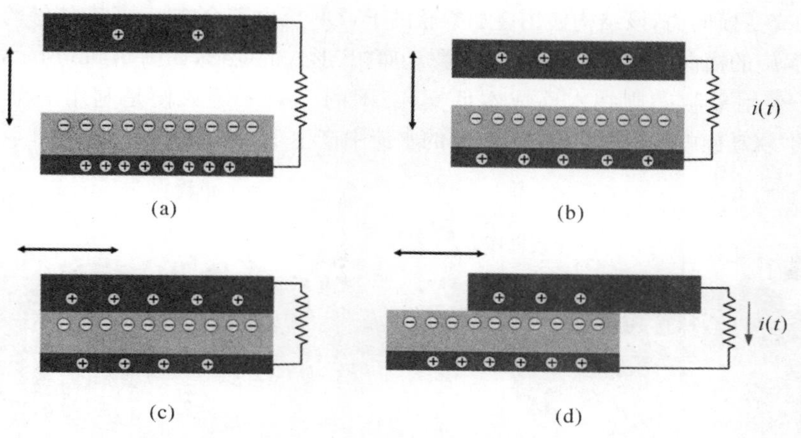

图 6.140　摩擦纳米发电能量转化机制常见的两种工作模式

(a)(b)垂直接触-分离模式；(c)(d)水平滑动模式

3. 卡门涡街流体能电池

风能和水能等流体能是可再生的清洁能源，受到世界各国的普遍优先开发和利用。风力发电和水力发电的原理，是将流体的动能转化为风轮叶片或水力涡轮的旋转，从而带动线圈绕组切割磁力线而产生电能。风轮机和水轮机使用复杂的旋转部件和调速机构，属于高度精密机械装置，其微型化和小型化存在大量困难。MEMS 领域想要通过流体能发电，必须研制一种结构简单，无旋转运动部件的新型能量转化装置。卡门涡街（Karman Vortex Street）是流体绕过非流线型扰流体时，物体尾流左右两侧产生的成对的、交替排列的、旋转方向相反的反对称交变双线涡旋，是流体力学中重要的现象，如图 6.141 所示。

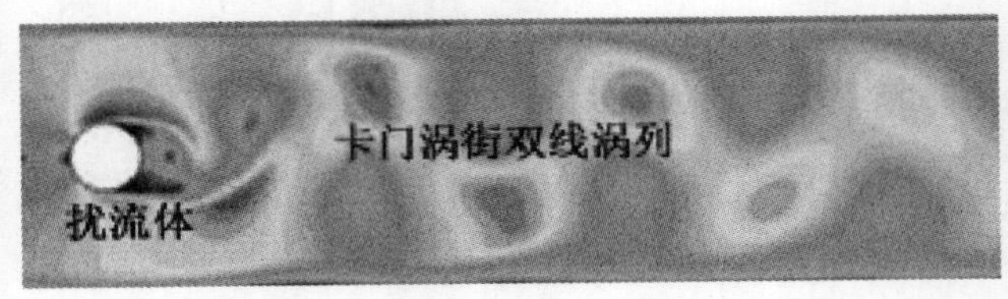

图 6.141 卡门涡街流场

流体绕流电线、管道和立柱时都会产生卡门涡街。涡街中的涡旋在脱离扰流体时，会对扰流体产生交替变化的升、降力，推动扰流体做周期性的上下运动。美国 Michigan 大学的 Bernitsas 等利用安装在弹性基座上的铝制圆筒作为扰流体，用齿轮/齿条装置将扰流体的涡激直线往复运动转变为发电装置的旋转运动来发电，称为 VIVACE 装置[128]，其不需要水坝提升水的势能，直接放置在流速缓慢的河流中即可产生功率密度为 50 W/m^{3}的电能。

VIVACE 装置需要机械运动部件，其微型化仍然存在一定困难。德国的 Pobering 等提出了一种基于压电材料的卡门涡街发电结构[129]，将平行于涡列走向的 PZT 压电悬臂梁固定在扰流体的末端，卡门涡街流场中的流体会对压电材料产生一个周期性的横向交变作用力，使压电材料产生振荡变形，由压电效应所产生的电荷经过电极引出和电路整流后便可以得到功率密度为 68.1 W/m^3 的交流电，如图 6.142 所示。为了提高电能输出，Pobering 还设想了另外一种更长的悬臂梁结构来利用多个涡旋的交变横向力，该结构使用更加柔软的 PVDF 压电聚合物，其长度能够跨越多个交变涡旋，并在多个涡旋的横向交变力下产生类似“飘动旗帜”形式的变形，如图 6.143 所示，这种结构易于制造并且由于采用平版印刷技术而成本低廉，美国的 Taylor 等人便是利用一个 50 in×6 in×400 μm大小的“飘动旗帜”结构能够在 1 m/s 的水流中产生 1 W 的电能[130]。

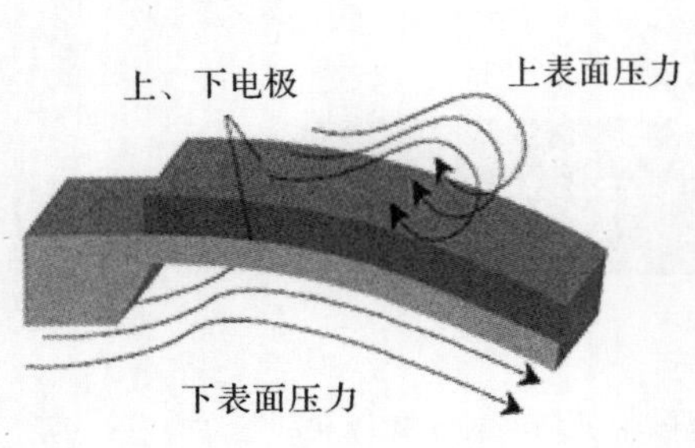

图 6.142 压电悬臂梁发电装置

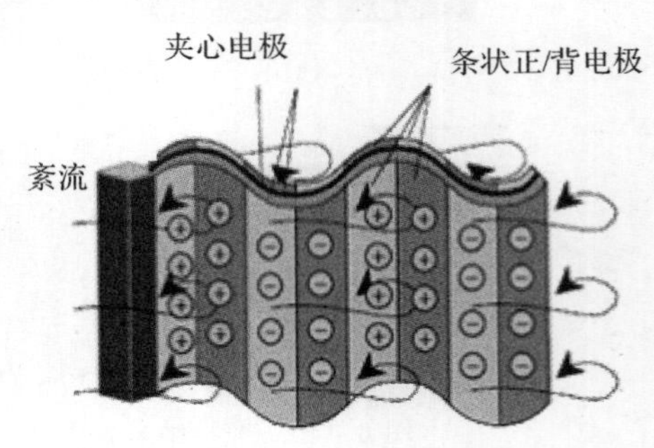

图 6.143 “飘动的旗帜”压电发电装置

利用压电材料在卡门涡街流场中的变形来发电，没有任何滑动或滚动摩擦，制作工艺简单，利于微型化，可为不便外接电源并长期独立工作的管道振动测量、流量测量和温度测量等微器件或微系统供电。

6.5 典型微系统

微系统是指集成了微传感器、微执行器、处理芯片和电池，能够独立完成特定功能的集合体。MEMS 技术与各个行业结合，不仅实现了传统系统的微小型化，还利用其体积小的优势，创造出大量前所未有的新型微系统，本节将选取两种比较典型的微系统进行介绍。

6.5.1 微型飞行器

微型飞机(Micro Air Vehicle，MAV)是 20 世纪 90 年代发展起来的高技术产品。其翼展为15 cm或更小，飞行速度为 30～60 km/h。它不但能完成战地的局部侦察，还能完成其他民用任务。微型飞机的研制涉及材料、能源、传感和控制等多个领域，而 MEMS 技术可以为微型飞机提供微马达、微推进器等动力模块；提供微型加速度计、微型陀螺、微型磁强计和微型压力传感器等控制模块；提供微型 RF 器件等通信模块和微红外探测器等侦察模块。

美国是最早提出也是最早投资研制微型飞机的国家。美国 DARPA 早在 1997 年就拨款3 500 万美元研究微型飞机，对微型飞机的要求是：最大尺寸 15 cm，质量 124 g，航程 10 km，航速 64～80 km/h。它应具有实时成像、导航及通信能力。一次性使用的微型飞机的价格在 1 000 美元以下。

图 6.144(a)所示是美国新南威尔士大学研发的 MAVSTAR 微型直升机平台，该微型直升机重 489 g，使用一块 1 320 mA・h 的 LiPo 电池作为电源，续航时间 18 min。

微直升机使用的发动机重 135.4 g，搭载的电路板和 MEMS 传感器重 20.1 g，射频通信模块重 3.7 g，摄像机重 37 g，其碳纤维材质的旋翼能够产生 650 g 的升力。

图 6.144(b)所示是美国 AeroVironment 公司的黑寡妇(Black Widow)固定翼微型飞机，呈 6 in 盘状，航程 16 km，航速 43 km/h，由锂电池推动螺旋桨工作，需要弹射装置起飞。可以携带彩色摄像机，自主导航装置可以锁定航向、飞行速度和飞行高度。机载电子设备是世界上最为小巧的，其飞控装置仅重 2 g，GPS 装置仅重 5 g。

(a)

(b)

图 6.144 微型飞机
(a)MAVSTAR； (b)黑寡妇

微型飞行器不是常规飞行器的简单小型化，其翼展仅有 15 cm 大小，要想使如此之小的飞行器飞上天空并不是一件容易的事，需要提出和解决许多不同于传统飞行器设计的新问题。

(1)由于飞机的尺寸受到严格限制，在这么小的尺寸下，空气的黏滞性很大，传统的空气动力学已不再适用，由于飞机既小又轻，在面临湍流或突发阵风时会造成飞机飞行姿态不稳定，这意味着要解决在低雷诺数的空气动力学环境下的飞行稳定与控制问题。

(2)必须要研制出体积小、质量轻的大功率、高能源密度的发动机和电源，这意味着必须采用全新的设计方案来制造推进装置，要有独特的思路解决能源供应问题。

(3)微型飞机一旦飞到天空，就需要随时保持与控制人员的通信联系。由于体积和质量都很小，在目前只能采用微波通信方式，尽管微波可以传播大量数据，足够进行实况电视转播，但它只能定向传播，且无法穿透墙壁，因而只能在视距范围内使用。当飞机飞离操纵人员的视线时，就需要一个空中通信中继站，这可以通过卫星或另一架飞机来实现。为使飞机能自主飞行，可以利用地理信息系统提供地图导航，也可以利用全球定位系统(GPS)来确定它的位置。但目前最小的 GPS 装置的功率至少要 0.5 W，而天线的质量达 20～40 g。由于电子器件的耗电量太大，天线尺寸又大，因此还需要进一步的改进。

(4)此外，微型飞机还需要携带一些侦察传感器，如电视摄像机、红外及生化探测器等，现在正在研制 1 g 重的 CCD 摄像机，它可在 100 m 的空中以足够的分辨率探测出地面人员和车辆。但是要执行多种任务时，不得不携带多种传感器，这势必增加飞机的总质量，亟须发明具有多功能的智能传感器，只有这样才可以达到质量尽可能小，实现多种侦察任务的目的。

6.5.2 惯性测量微系统

惯性测量微系统是指采用微电子和微机械加工技术制造出来的、特征尺寸至微米级、具有将惯性参量及其辅助参量转换成电信号并进行必要的信号反馈控制、补偿、量化、编码压缩以及数据实时存储的器件和系统[131]。整个系统由微型惯性传感器、信号检测/调理/补偿电路、自适应采样/数据编码压缩/控制模块存储模块以及必要的电源和接口电路组成，不依赖于导航卫星、无线基站、电子标签等任何辅助设备或先验数据库，仅通过载体自身配置的小型微型惯性传感器，可完成任何场景下人员、车辆、机器人等的准确定位。

惯性测量微系统是以陀螺和加速度计为敏感器件的导航参数解算系统，该系统根据陀螺输出建立导航坐标系，根据加速度计输出解算出运载体在导航坐标系的速度与位置。然而仅利用惯导解算的高度发散较为严重，为了抑制高度漂移，加入了气压计，通过测量当地的大气压强来获得运载体的高度信息，修正惯导解算的高度数据。因为普通陀螺仪有很大的漂移误差，为了提高 IMU 的姿态检测精度，加入了三轴磁强计，通过磁强计对地磁场的检测提供绝对的航向信息，修正陀螺仪的数据，完成较高精度的数据融合、姿态解算和位置信息估算。

随着 MEMS 惯性器件技术的进步，成本较低、体积较小的 MEMS 器件精度越来越高，“微惯导”定位技术已经逐步推广到工业、消费等领域，且在消防救援、武警反恐、应急救援等领域中得到了比较成熟的应用。典型应用包括：基于 MEMS 惯性技术的姿态参考系统、寻北系统和组合导航系统等。

1. 姿态参考系统

姿态参考系统以惯性元件为敏感元器件来测量载体相对于惯性空间的运动参数，主要包括三轴陀螺仪，加速度计和磁强计，能够为飞行器提供提准确可靠的姿态与航行信息[132]。优点是自主性强，不受环境、载体机动等的干扰，具有非常好的稳定性和短期精度。姿态参考系统与惯性测量单元(IMU)的区别在于，姿态参考系统包含了嵌入式的姿态数据解算单元与航向信息，惯性测量单元仅仅提供传感器数据，并不具有提供准确可靠的姿态数据。

目前的姿态参考系统向着一高一低的趋势变化。高精度姿态系统陀螺仪精度较高，通常采用挠性陀螺、高精度光纤陀螺或激光陀螺，主要应用对象为飞机等大型系统，并通过其他机载传感器如高度表、空速计来进行数据融合，在某些方面来修正了数据信息随时间变化的漂移；而低精度姿态参考系统通常采用 MEMS 输出角速度惯性元件或低精度光纤陀螺、MEMS 采集加速度和磁场值的元件等，由于具有性价比好，体积小，质量轻，可靠性高，抗震动冲击力强等一系列独特的特点，在军事和其他方面有较好的使用前途。

诺思罗谱 & 格鲁曼(Northrop Grumman)机构意大利部研发的 LISA－200 是军用姿态参考系统的代表，它选用了由 Northrop Grumman 战术级光纤陀螺构成的 LN－200 惯性测量单元，并可扩展与 GPS、ADS(Air Data System)等信息融合，广泛应用于军用固定翼和旋翼飞机。美国克尔斯博(Crossbow)公司是国际上低精度惯性系统的领跑者，其研制的 AHRS500 是世界上第一个通过了 FAA 认证的 MEMS 姿态参考系统，可应用于通用航空飞机。北京耐威时代科技有限公司(Nav)是国内较早开展精度不高的惯性导航研发单位，其 MEMS 姿态参考系统 AHRS100 应用于航空领域、车辆导航和天线稳定系统。美国 Innalabs 公司的姿态参考系统 M2－0.25 主要用于车辆导航、机器人和平台稳定系统。荷兰 Xsens 公司的微型姿态参考系统 MTi 主要用于照相机、机器人、测量等设备的稳定和控制。以上系统的外形如图 6.145 所示，主要数据对比见表 6.6。

图 6.145　几种姿态参考系统图

表 6.6　几种姿态参考系统主要参数对比

单　位	产　品	横滚角/(°)	俯仰角/(°)	航向角/(°)	尺寸/cm
美国 Northrop Grumman 公司	Lisa－200	0.3	0.3	0.8	1.91×10.2×11.4
美国 Crossbow 公司	AHRS 500	2.0	2.0	2.0	11.8×11.5×12.4
北京耐威时代科技有限公司	AHRS 100	1.5	1.5	1.5	9.6×7.8× 9.6
美国 Innalabs	M2－0.25	0.4	0.4	0.7	12.7×3.1 ×2.9
荷兰 Xsens 公司	MTi	2	2	2	5.8×5.8× 2.2

2. 寻北系统

寻北系统是一种不需要借助外部电磁信息的高精度的自动指北装置，它利用陀螺仪测出被测点的地球自转角速率的水平分量来获得被测点的北向信息，利用加速度计测量陀螺载体相对被测点的倾斜角度，对陀螺仪的输出数据进行补偿，经过解算得到参考轴与真北方向的夹角，实现寻北[133]。惯性寻北原理图如图 6.146 所示，ω_g 为陀螺敏感轴的角速度输出，L 为当地纬度，ω_e 为地球自转角速度，α 即为陀螺敏感轴与真北方向的夹角。

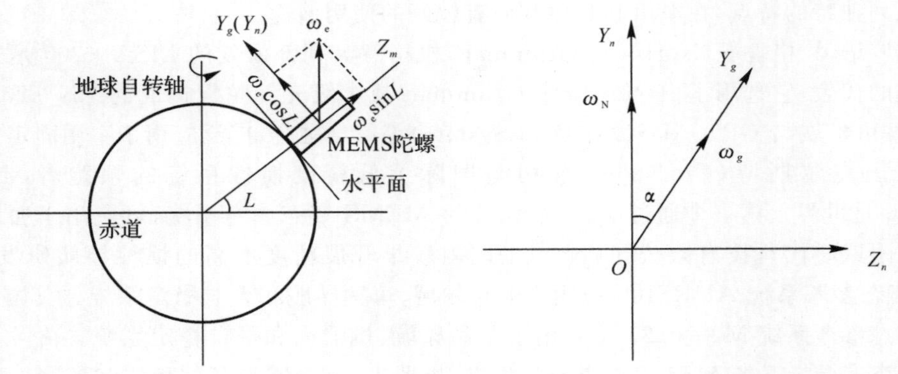

图 6.146　寻北原理示意图

$$\alpha=\arccos\frac{\omega_g}{\omega_N}=\arccos\frac{\omega_g}{\omega_e\cos L} \tag{6.96}$$

随着 MEMS 技术的发展，MEMS 陀螺仪精度不断提高，且相对于传统的陀螺具有体积小、成本低、启动快、能承受恶劣环境条件等优势。因此，基于 MEMS 陀螺仪的惯性寻北系统在导弹的初始对准、火炮瞄准发射、惯导测试设备初始对准、地球物理探测、煤矿开采、大地测量、隧道建设等领域中应用非常广泛，见表 6.7。

表 6.7　惯性寻北系统应用领域及其特点

应用领域	惯性寻北系统应用图	特　点
绘测行业	MEMS 陀螺寻北仪 MF100	不受磁场干扰，不依赖卫星信号； 寻北精度 0.5°，寻北时间≤6 min； 体积较小，携带方便，操作简便，快速自主确定真北方向，连续输出变化的动态倾角及方位角

续表

应用领域	惯性寻北系统应用图	特 点
单兵作战系统	单兵导航系统	惯性寻北系统可以为单兵导航系统提供精确的航向角，从而提高单兵导航系统的可靠性； 惯性寻北系统用于单兵手持导弹的初始对准，为其提供初始方位信息
煤矿井下定向	电机 CUP处理器 陀螺仪 ω_x ω_y 加速度 a_x a_y 数据采集 寻北解算 θ φ γ + 三轴MEMS陀螺 寻北系统 跟踪系统 矿用钻机开孔定向仪系统	开孔定向仪由寻北系统和跟踪系统构成。寻北系统用于测量该仪器静态下与真北方向之间的姿态数据，跟踪系统用于测量该仪器寻北后的测量数据在动态情况下随时间变化而变化的姿态测量数据
制导武器定向	陆基巡航式导弹	惯性寻北系统工作时不依赖外界信息，不向外辐射能量，不会受到敌方、磁场物质等的干扰，不易被敌方侦察，是一种自主式的方位指示系统。 它能在全天候的环境下快速较精确地测定北向，特别适合高机动野战环境，符合现代战争要求

3. 组合导航系统

组合导航系统是利用计算机和数据处理技术把汽车、飞机或者轮船上的两种或者两种以上的导航方式组合在一起，以达到优化的目的，整个系统由输入装置、数据处理和控制部分、输出装置以及外围设备组成。组合导航系统是用以解决导航定位、运动控制、设备标定对准等问题的信息综合系统，具有高精度、高可靠性、高自动化程度的优点。GPS/INS 组合导航系统是最常见的组合导航系统，它既拥有 GPS 能迅速、准确、全天候地提供定位导航信息和 INS 能完全自主地提供高频率的分辨率的优势，同时可以弥补 GPS 在城市高楼区、林荫道等常常失效和 INS 累积误差情况。随着我国自己的北斗卫星系统、欧洲 GALILEO 系统、俄罗斯的 GLONASS 系统、日本和印度的区域增强系统建立，许多研究机构和学者融合了这些不同卫星系统，不断推进一个多星座的卫星导航定位技术的研发[134]。

GNSS 与 INS 组合导航模型主要有松组合、紧组合和深组合 3 种模型，再通过滤波算法将组合系统的进行融合，然后计算出位置、速度等信息。国内外学者在组合导航方向做出许多贡献。Godha 等人利用轨迹约束算法的紧组合 GPS /MEMS－INS 导航系统，实现了 GPS 失效时长 30 s 条件下的持续导航能力。该实验运行轨迹的不同部分上的卫星可见性如图 6.147 所示，可以注意到，GPS 卫星可见性非常差（特别是在 C，D 和 E 区），并且具有频繁的部分 GPS 和完整 GPS 停电，在超过 50％的时间内，可见卫星的数量少于 4 颗。图 6.148 显示了在不使用任何约束（即纯 GPS / INS）以及同时使用两个约束的情况下获得的轨迹，可以看出使用约束可以有效避免因 GPS 失效造成的轨迹误差[135]。张涛等人设计了基于小波多分辨率分析理论辅助神经网络技术的 GPS/INS 组合导航算法，使用了高精度 INS（光纤陀螺）与 DGPS 构建的硬件平台，实现 GPS 信号失效时长 100 s 内条件下 10 m 的导航精度[136]。E. S. Abdolkarimi 等人利用自适应神经模糊推理系统获得了比传统扩展卡尔曼滤波的 GPS / MEMS－INS 组合系统更高的精度。图 6.149 描绘了实验测试系统的硬件设备，图 6.150 所示为自适应神经模糊推理系统（AFNO），自适应状态观测器（ANO）和扩展卡尔曼滤波（EKF）估算的地理纬度轨迹与参考真实轨迹的对比，从图中可以看出使用 AFNO 得到的经纬度路径定位精度更高[137]。

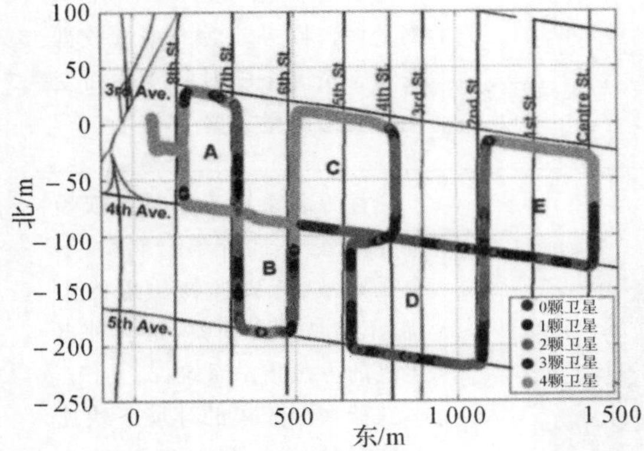

图 6.147　GPS 卫星能见度的轨迹

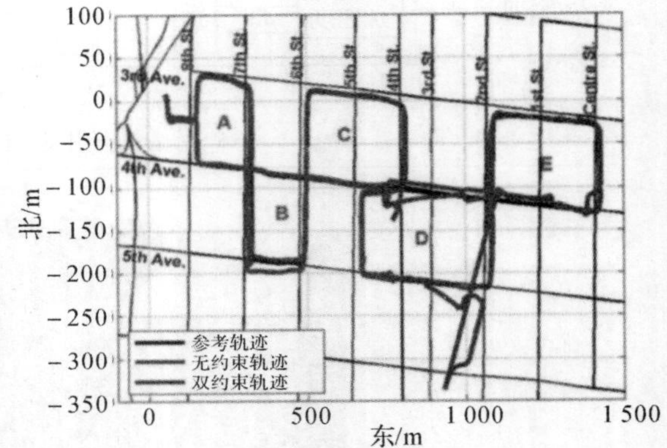

图 6.148　有航迹约束和无约束的轨迹

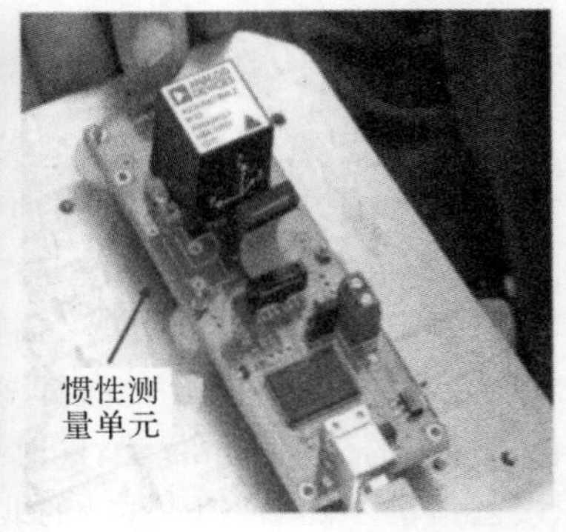

图 6.149　测试系统的硬件设备

Galco 等人分析了松组合和紧组合的 GNSS/INS 方案的性能，开发了具有简洁数学模型的 GPS 双频 RTK ＋ INS 紧密耦合算法（Ref NOVATEL），通过在实际城市场景进行一系列测试来评估性能，并与以独立 GPS 运行模式或具有松耦合集成的商用模块进行比较。结果如图 6.151 所示，可以看出使用 Ref NOVATEL 算法的定位性能更优[138]。Wang 等人分析了基于 Allan 方差削弱 INS 误差的卡尔曼滤波和机体速度限制的松组合 MEMS-SINS/GNSS 组合导航系统方案，并进行了道路实地测试，其中卫星信号被高层建筑阻挡，多径效应明显。图 6.152 所示为不同系统的车辆的测试环境和测试轨迹，可以看出，MEMS-SINS / GNSS 导航解决方案生成的轨迹明显优于独立 GNSS 定位，并且与参考轨迹基本一致[139]。Li Tuan 等人提出了基于离群抗性模糊度解析和 kalman 滤波算法的紧组合的 Multi-GNSS/MEMS-IMU 的 RTK 技术的方案，证明其在市中心复杂环境下，可以实现高精度动态导航定位并其结果好于双频段的 Multi-GNSS RTK 技术[140]。

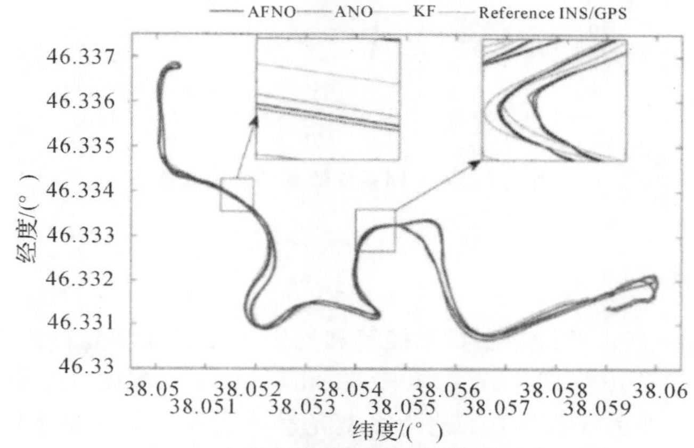

AFNO:自适应神经模拟推理系统轨迹；
ANO:自适应状态观测轨迹;
AF:扩展卡尔曼滤波轨迹;
Reference INC/GPS:INS/GPS组合导航参考轨迹

图 6.150　多种方法轨迹对比图

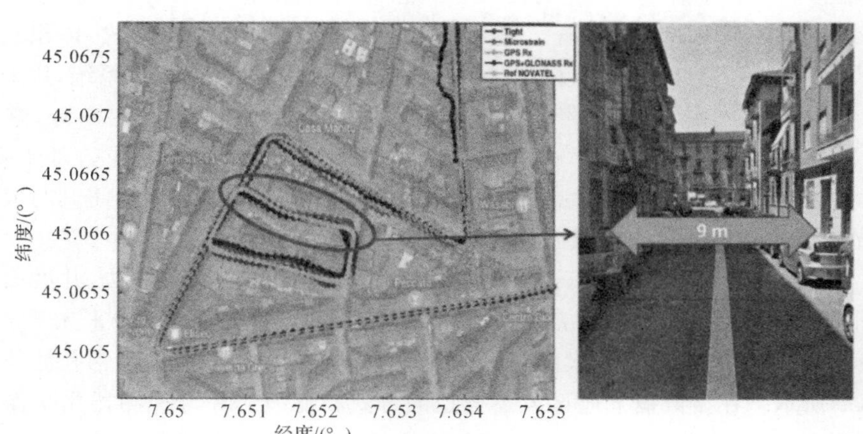

Tight:紧组合轨迹。
Microstrain:松耦合集成的商用模块轨迹。
GPS Rx:独立GPS轨迹。
GPS+GLONASS Rx:GPS格/洛纳斯组合轨迹。
Ref NOVATEL:GPS双频实时差分定位+INS紧密耦合算法轨迹。

图 6.151　城市中心多种方法对比轨迹图

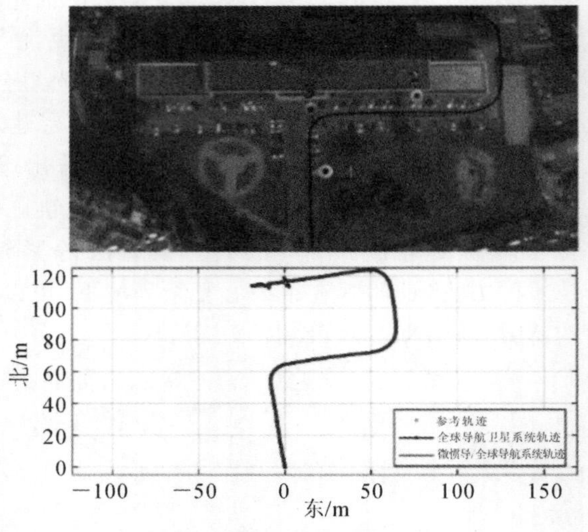

图 6.152　不同系统的车辆测试轨迹

6.5.3　微光学系统

传统的光学系统一般由透镜、反射镜、棱镜和光阑等多种光学元件组成。随着微/纳光机电系统(Micro/Nano - Opto - Electro - Mechanical Systems，MOEMS/NOEMS)新兴技术的发展，各种微型光学元件和微纳制造工艺为微型光学系统提供了解决途径。6.3.2 节介绍了典型的微型光学元件——微光学滤波器。在此基础上，这里分别介绍单片集成式和分立式的微光学系统。

1. 单片集成式微光学系统

光谱成像系统是一种重要的光学系统，可以在获取目标空间信息的同时得到表征其理化属性的光谱信息，实现“图谱合一”，广泛运用于遥感遥测、物质鉴定、目标探测等领域。传统的光谱成像系统一般采用探测器与棱镜、光栅、滤波轮等分光元件耦合的方式，体积较大。2018 年底发射的“嫦娥四号”月球探测器，在月球车上搭载了一台红外光谱成像系统，用来探测月面土壤中的矿物质成分。该设备采用声光可调谐滤波器实现分光，总重量达 6 kg，这个体量对于航天应用以及无人机、消费电子产品等轻量化设备来说仍然偏大、偏重。基于 MOEMS/NOEMS 技术，各类微米、纳米尺度的滤波结构，可以实现精细化光场调控，将其与成像器件深度融合，为光谱成像系统的片上集成创造了可能。

国际两大商业巨头索尼公司和三星集团瞄准新型光学成像体制和方法，开展面向与探测器单片集成的微纳滤波芯片前沿研究，在业内产生了很大影响，有望改变未来光学系统的构造模式。2013 年，索尼联合加州理工大学提出一种基于表面等离激元的纳米铝孔滤波阵列[141]，如图 6.153(a)所示。在显微镜下通过人工操控的方式将滤波芯片与探测器焦平面按照像素通道进行对准贴合，实现了滤波元件和成像元件的单片集成。2017 年，三星和加州理工大学也提出了一种可与 CMOS 探测器集成的硅基孔阵列型滤波芯片[142]，采用 Si 和 SiO_2 材料体系，与半导体生产工艺具有很好的兼容性，这使得微纳滤波芯片和单片集成式光学成像系统向实际应用迈出了关键一步。

(a)　　　　(b)

图 6.153　微纳滤波芯片与探测器单片集成

(a)索尼公司纳米孔阵列滤波芯片与 CMOS 相机的集成制造;[141]

(b)三星集团硅基纳米孔阵列型滤波芯片[142]

欧洲微电子研究中心(IMEC)是最早开展光谱成像集成芯片研究的机构之一,先后研制了 100 波段线扫描阵列、32 波段平铺式阵列和 5×5 马赛克式阵列。如图 6.154(a)所示,这些成像芯片都采用在探测器焦平面上按像素通道沉积珐珀干涉薄膜的方法[143],通过薄膜厚度控制各通道的中心波长,其第二代像元镀膜工艺微型超光谱成像系统,能覆盖可见光到近红外波段。上海技物所研制的微型近红外光谱成像系统[144],选用商用的基于镀膜工艺的线性渐变滤光片作为分光元件,将其紧密耦合在探测器焦平面表面,具有紧凑的光学结构和稳定的光学特性,工作波长范围为 900～1 700 nm,波长准确性优于 1.3 nm。

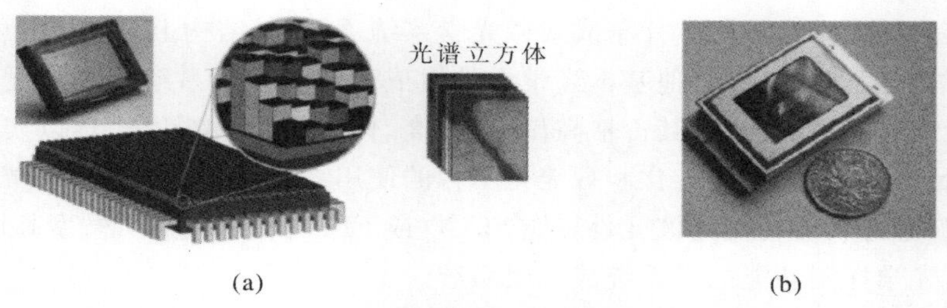

(a)　　　　(b)

图 6.154　基于镀膜工艺的微型光谱成像系统

(a)欧洲微电子研究中心(IMEC)[143];　(b)上海技物所[144]

随着微纳制造工艺的不断发展,集成了微纳滤波芯片的微型光谱成像系统已开始推广到实际应用中。2017 年,芬兰国家技术研究中心(VTT)研制的一款可见光—近红外超光谱相机,作为微小卫星的有效载荷发射升空。如图 6.155(a)所示,该相机可在 500～900 nm 波段内,实现对探测谱段的编程控制,整机尺寸约合 0.5U 立方星的体积。除了用于航天应用,该款相机还能广泛用于各领域的探测成像。在 IMEC 像元镀膜工艺的基础上,德国 XIMEA 公司结合 IMEC 的高光谱成像芯片研制了工业级的微型高光谱相机"xiQ",如图 6.155(b)所示,整机仅重 30 余克,最低功耗 0.9～1.8 W。2018 年初,IMEC 的微型超光谱成像系统,首次亮相美国西部光电技术展,它能实现波长范围为 470～900 nm 或 600～975 nm,最高 150 波段的光谱成像,如图 6.155(c)所示。这款微型光谱成像系统的最大亮点在于它的响应时间缩短到 200 ms 以内,极大地提高了光谱成像的效率。信噪比优于 200∶1 的性能也使它在同类产品中具有很强的竞争力。这些商用级的微型光谱成像系统,都证明了将滤波芯片与探测器单片集成的优势,也预示了光谱成像系统未来的发展趋势。

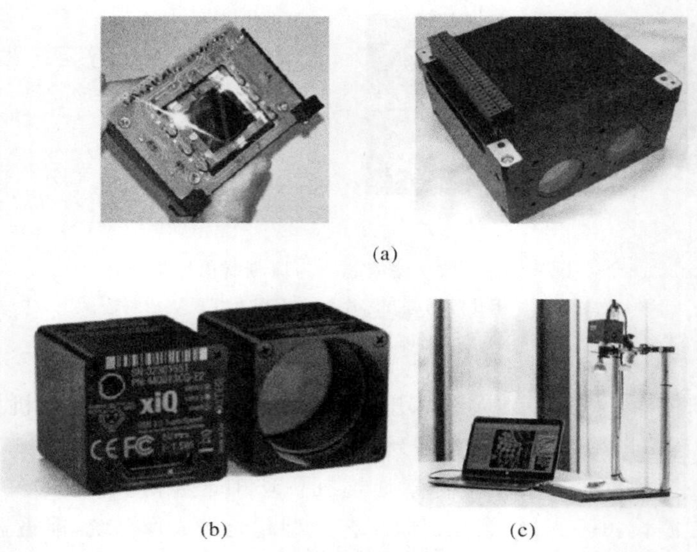

(a)

(b) (c)

图 6.155 商用级微型光谱成像系统

(a)VTT； (b)德国 XIMEA 公司； (c)IMEC

2. 分立式微光学系统

分立式集成微光学系统与单片集成式微光学系统不同，其结构上与传统光学系统类似，通常由滤波元件、探测器元件和其他基本光学元件组成。传统光学系统的滤波元件通常为傅里叶变换分光计或光栅分光元件，其价格高昂、功耗高、体积大、结构复杂，难以实现集成化和微型化，无法满足未来微型化、无人化和智能化平台的使用需求。分立式集成微光学系统通过采用 MEMS 滤波芯片代替传统滤波元件，结合 CCD 或 FPA 探测器芯片、微型高性能光学透镜，组成具备基本光学探测功能的子系统或完整系统。

6.3.2 节所介绍的 MEMS－FPI 是一种可替代传统滤波元件的 MEMS 滤波芯片，其体积小、功耗低、具备强大的可调滤波功能。目前，已有多家研究机构采用 MEMS－FPI 为核心滤波元件，构建了多种分立式微小型光学系统，如芬兰 VTT、德国 InfraTec 和美国 Axsun 等。以德国 InfraTec 为例，以其开发的双波段 MEMS－FPI(中波红外和长波红外)为核心，采用两个带通滤波片、两个双通道热电探测器，构建了一款可用于中波和长波红外波段的微型光谱仪模组。微型光谱仪模组结构和工作原理如图 6.156(a)中所示，红外热辐射光通过双波段 MEMS－FPI 后在中波和长波波段被划分为窄带宽光谱后，到达二元分光镜，中波红外光谱被分光镜反射，长波红外光谱则穿过分光镜，两波段的红外光谱分别到达对应的带通滤光片后再次过滤杂散光波，最后光谱信号被热电探测器接收转换为电信号[145]。微型光谱仪模组的实际组装结果如图 6.156(b)所示，其采用 TO－8 封装工艺，实现模组各光学元件的高精度装配。

美国 Axsun 则以 MEMS－FPI 为核心，构建了一款用于食品、药物在线监测等过程分析技术的近红外光谱仪，如图 6.157(a)所示，其以 MEMS－FPI 为核心扫描滤波器，采用超发光二极管为红外光源，结合微透镜和光纤等基本光学元件，集成在具备热稳定性的光学平台上，形成一个完整的光学系统[146]。其所采用的 MEMS－FPI 如图 6.157(b)中所示，采用 SOI 硅片制作，中间为硅薄膜，采用螺旋结构支撑和约束，通过孔径为 300μm，工作范围为 1～2.5 μm，光谱分辨率可达 0.025nm。该微光学系统采用 SUSS MicroTec FC150 和 FC250 键合机进行自动装配和校准，实现了超高精度装配。经实际测试，该系统实现了对 C_2H_2 气体等物质的光谱探测和监测。

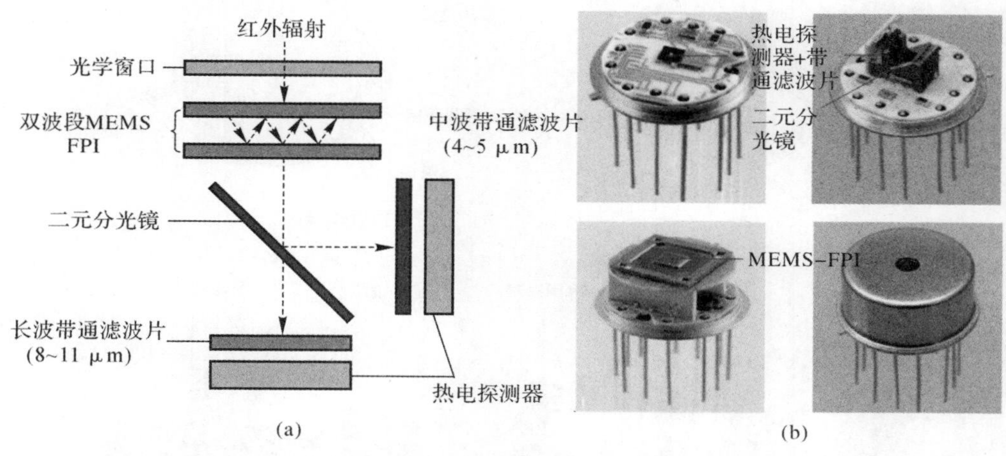

图 6.156　德国 InfraTec 微型光谱仪模组[145]

(a)结构示意图；（b)实物图

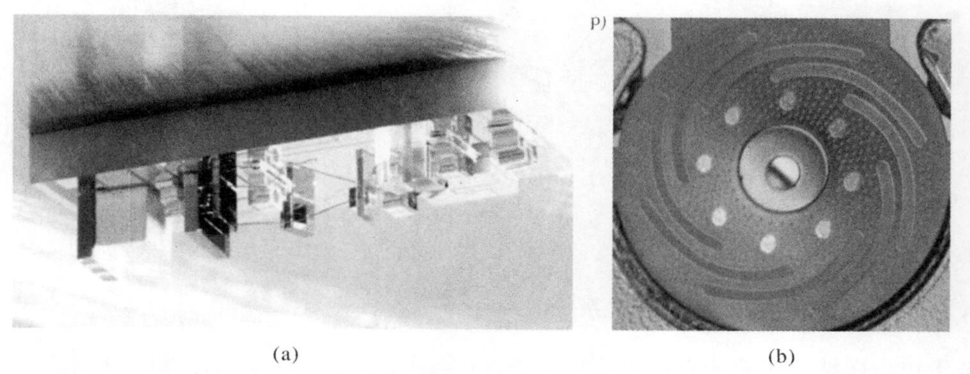

图 6.157　美国 Axsun 微型近红外光谱仪系统[146]

(a)微型近红外光谱仪实物图；（b)MEMS－FPI

仿生学是人类自古以来就存在的一门学科，通过人工的模仿自然界中生物的某些特征，实现类似的生物功能。MEMS 自诞生以来，就以制造各种具备生物感官功能的传感器为目标，实现了看、听、嗅等方面的生物功能。其中，MEMS 光学传感器则是实现"看"功能的关键光学部件，而各种微光学系统则发挥"眼"的功能。在自然界中，存在具备不同功能类型的生物眼睛，其中哺乳动物眼睛最为常见。2016 年，德国弗莱堡大学的 Hans Zappe 教授课题组采用柔性微光学元件，制作出了一款具备人类眼睛功能的可调微光学成像系统[147]。如图 6.158(a)和(b)所示为真实人类眼睛结构与该仿生眼系统结构对比，系统中采用聚焦透镜、可调虹膜、可调透镜、图像传感器、PC 接口等人工结构代替眼角膜、虹膜、晶状体、视网膜和视神经等真实的人眼组织结构，所有部件经组装后形成状似人类眼球的微光学系统，其爆炸图如图 6.158

(c)所示,该人工眼球通过调节人工可调虹膜和可调透镜,可在一定距离内实现对远近不同物体的成像和观测。

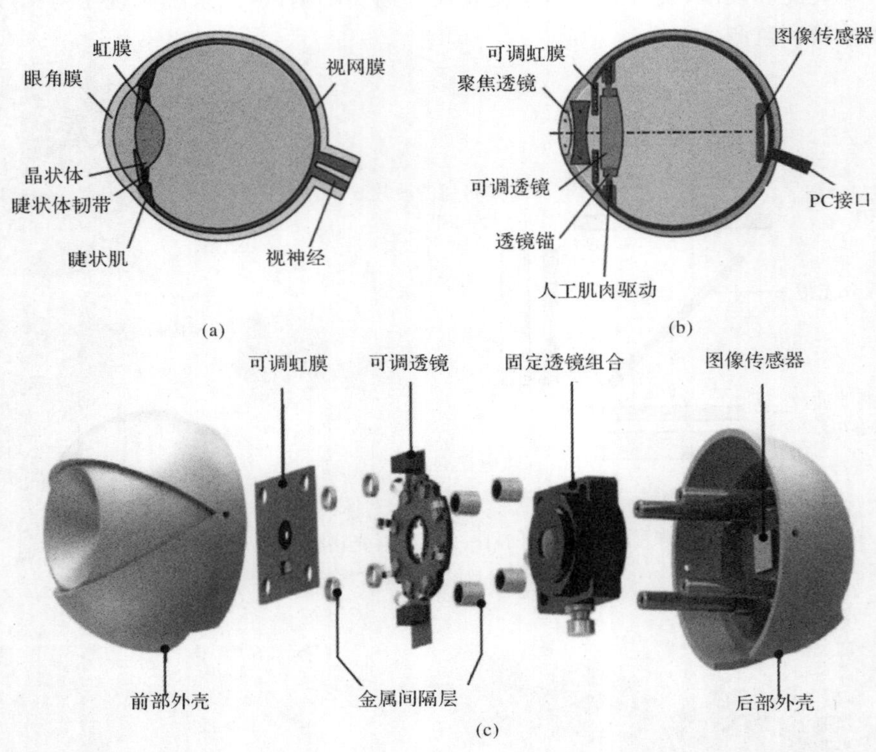

图 6.158 德国弗莱堡大学开发的仿生人眼微光学系统[147]
(a)真实人眼结构; (b)仿生人眼结构; (c)仿生人眼实物系统

6.5.4 仿生微纳功能表面蒙皮系统

基于仿生微纳结构功能表面的蒙皮系统,可实现航行器的隐身、防冰以及减阻等功能。随着微/纳机电系统等新兴技术的发展,各种微纳制造工艺为仿生微纳结构功能表面蒙皮系统提供了解决途径,使得相关系统在近年来获得了广泛的关注和研究。这里将重点介绍仿生微纳结构防冰蒙皮和减阻蒙皮系统。

1. 仿生微纳结构防冰蒙皮系统

飞机结冰极大威胁飞行安全,导致飞机失控甚至坠毁[148]。当飞机处于结冰的气象条件时会给飞行安全带来一系列的威胁,例如升力降低,阻力增加,临界迎角减小等,进而影响飞机整体的操纵性能,严重时可导致飞机坠毁事故[149]。防除冰技术是确保飞行安全的必需。

传统的飞机防除冰技术主要包括气动式、防冰液、气热式、电热式等。气动式除冰技术是利用高压气源使机翼表面的膨胀管快速膨胀,碎除表面结冰然后被外部气流带走,但该方法会破坏飞机的气动外形。防冰液主要用于飞机地面防冰,通过专用车辆喷洒防冰液,且防冰液对环境有一定污染。气热防除冰是利用热气加热飞机部件而达到防除冰效果,但是从发动机引热气一定程度会降低发动机的效率。电热防除冰是利用电能转变为热能，加热飞机蒙皮或者其部件，进而起到防除冰的目的，然而传统电热系统能耗很大。

近年来国际上提出了仿生微纳结构表面防冰的新方法，具有无能耗、负载小等优点，成为国际研究热点。将仿生微纳结构防冰表面、结冰传感器、能源管理与控制系统集成在飞机上，构成以微纳技术为核心的，包括传感、控制、功能表面等为一体的仿生微纳结构防冰蒙皮系统，可为飞机防/除冰提供有效的技术手段。

仿生微纳结构防冰表面是该系统的核心，下述介绍 3 种不同的仿生微纳结构防冰表面。

(1)仿荷叶超疏水防冰表面。荷叶表面双层微纳复合结构是其具有超疏水性的关键[150,151]，超疏水表面使水在表面难以聚集并结冰，如图 6.159 所示。2009 年，美国匹兹堡大学 Gao 等人[152]研究发现纳米颗粒复合物超疏水表面可以在实验室和自然条件下阻止过冷水滴结冰，表面微观结构对防冰性能有重要影响。此后仿荷叶超疏水表面防冰研究开始成为研究热点。

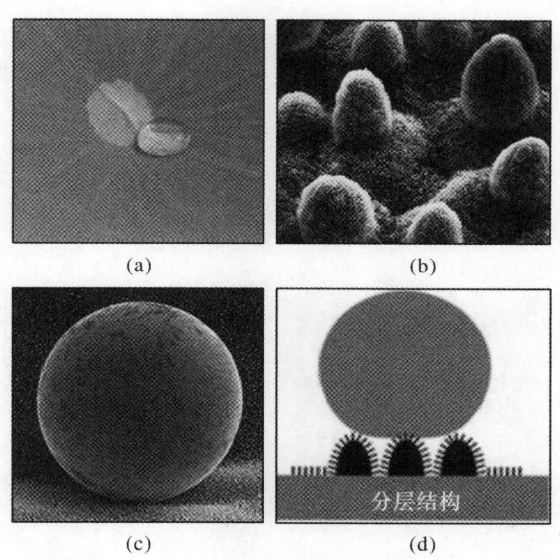

图 6.159　仿荷叶超疏水表面

(a)荷叶效应　(b)荷叶微纳复合结构；(c)荷叶表面的水滴；(d)水滴与荷叶超疏水表面接触示意图[150,151]

冰黏附和传热是仿荷叶超疏水表面防冰机理研究的重要方面。例如，加拿大魁北克大学 Kulinich 等人[153]通过离心法测量表面冰黏附力，发现接触角接和触角滞后影响冰黏附。美国麻省理工学院 McKinley 等人[154]测量了 21 种不同涂层表面的冰黏附力，发现冰黏附强度与后退接触角存在着线性关系。北京航空航天大学郑咏梅等人[155]分析了固-液-气三相界面的热传递过程，发现水滴在仿荷叶微纳复合结构表面单位时间内热增益较大，导致结冰时间大大延迟。

仿荷叶超疏水防冰表面可通过化学涂层方法获得。例如，美国哈佛大学 Brassard 等人[156]利用电化学沉积的方法将锌镀在钢基底表面，然后涂覆一层超薄的硅酮橡胶获得超疏水防冰涂层，如图 6.160 所示。浙江大学张庆华等人[157]通过表面催化剂催化原子转移自由基聚合的方法将二氧化硅纳米粒子复合到氟化聚合物链上获得超疏水防冰涂层。

仿荷叶超疏水防冰表面也可通过在表面制备微纳结构并化学改性来获得。例如，加拿大魁北克大学 Jafari 等人[158]通过阳极氧化法在铝表面制备微纳结构，然后射频溅射聚四氟乙烯(PTFE)涂料获得超疏水防冰表面。华北电力大学汪佛池等人[159]在铝表面制备微纳小孔，表面修饰氟硅烷(FAS)后获得超疏水防冰表面，如图 6.161 所示。

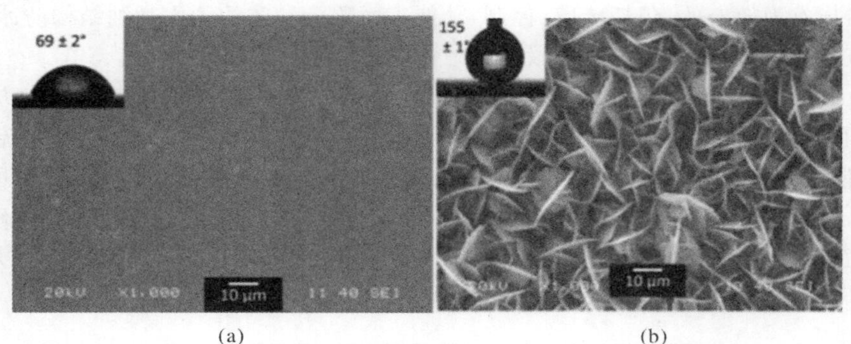

(a)　　(b)

图 6.160　Brassard 等制备的超疏水防冰涂层

(a)纯钢表面 SEM 观测图与静态接触角；(b)制备的防冰表面 SEM 观测图与静态接触角[156]

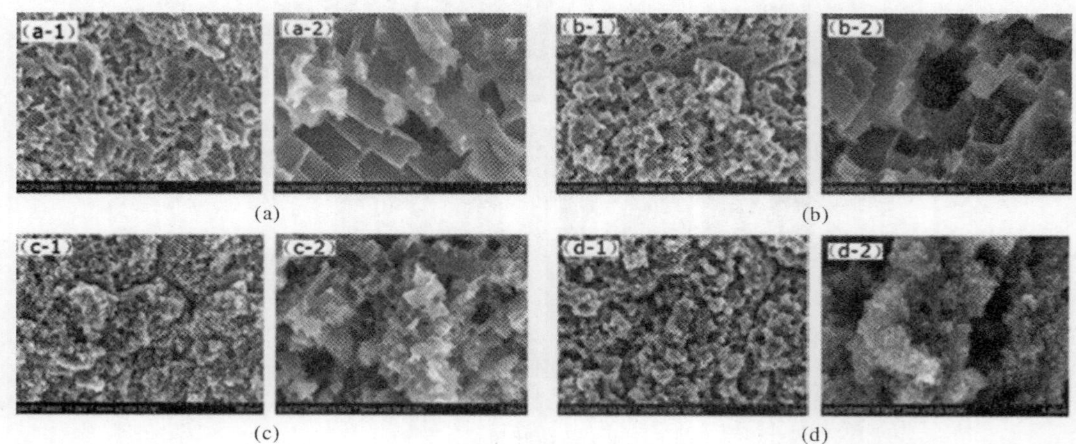

(a)　　(b)

(c)　　(d)

图 6.161　汪佛池等制备的超疏水微纳防冰表面

(a)—(d)获得的不同粗糙度的样品表面形貌电镜观测图[159]

(2)仿猪笼草超润滑表面。猪笼草是一种食肉植物，依靠常年湿润的捕虫笼内壁来捕捉停于其上的昆虫。图 6.162 为猪笼草整体形貌及唇部超润滑表面微纳结构电镜图。2011 年哈佛大学的 Wong 等人[160]首次提出了仿猪笼草液体灌注型多孔超润滑表面(SLIPS)，如图 6.163 所示，引起了研究者的极大关注。

猪笼草沟槽状微纳结构表面分泌黏液是其具有超润滑性的关键，超润滑表面使水或冰容易滑移。中国科学院王健君等人[161]发现在微孔内注入聚合物形成自润滑液体层，可使得超润滑表面冰黏附强度极大降低。美国弗吉尼亚大学 Yeong 等人[162]通过在涂层内储存润滑剂来不断地补充表面失去的润滑剂，可实现稳定防冰。

仿猪笼草超润滑表面可以通过在表面制备微纳结构并注入液体润滑层实现。美国亚利桑那州立大学 Sun 等人[163]制备了由表层的超疏水多孔渗透层和注有防冻剂的类似灯芯的内层构成的超润滑防冰表面。南京大学王庆军等人[164]将不同剂量的硅油注入 PDMS 涂料中获得超润滑防冰表面。西安交通大学陈烽教授等人[165]采用单步飞秒激光法在聚酰胺-6(PA6)基底上建立了多孔网络微结构，通过氟烷基层修饰和注入润滑液，制备出超润滑表面，如图 6.164 所示。

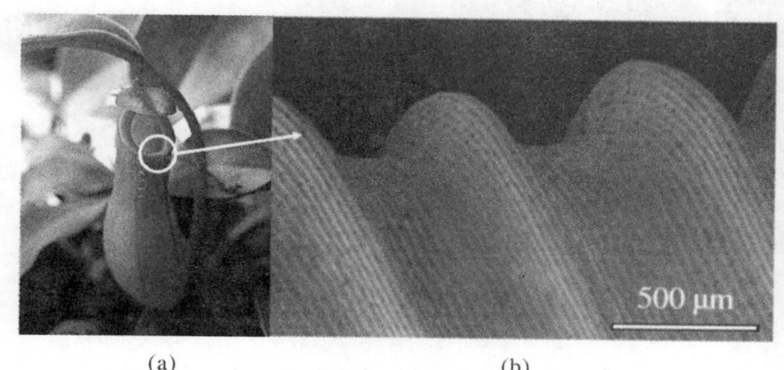

(a)　　(b)

图 6.162　猪笼草形貌

(a)整体外观；(b)猪笼草唇部超润滑表面微纳结构电镜图

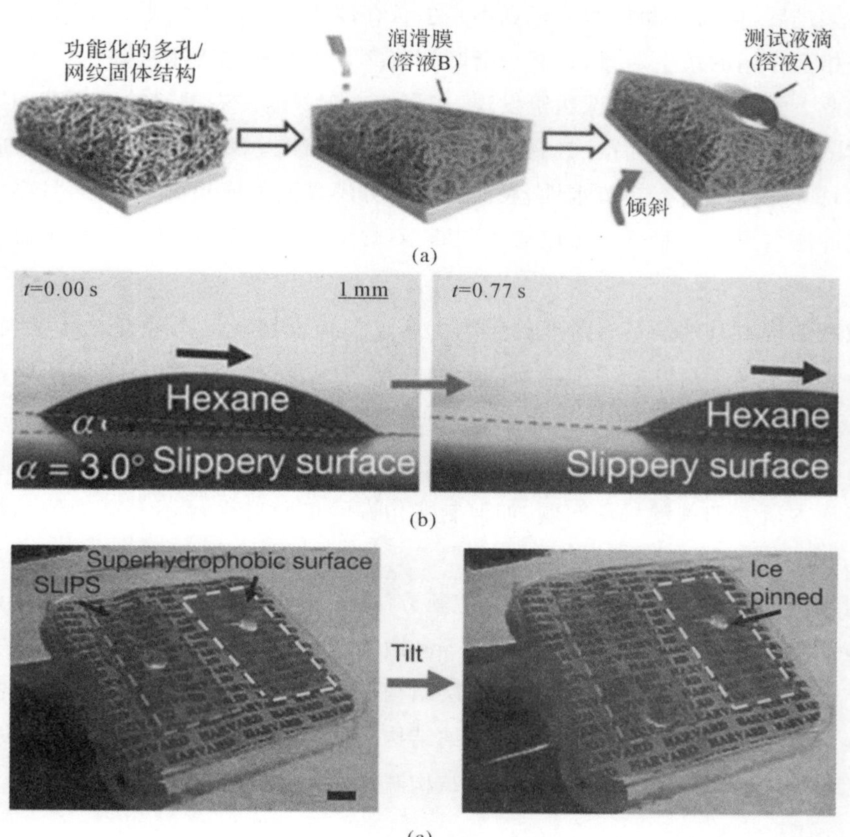

(a)

(b)

(c)

图 6.163　Wong 等人制备的超润滑表面(SLIPS)

(a)SLIPS 的制造过程示意图；(b)低表面张力液体在低倾角($\alpha=3.0°$)SLIPS 表面滑动

(c)SLIPS 与超疏水表面冰黏附力对比测试[160]

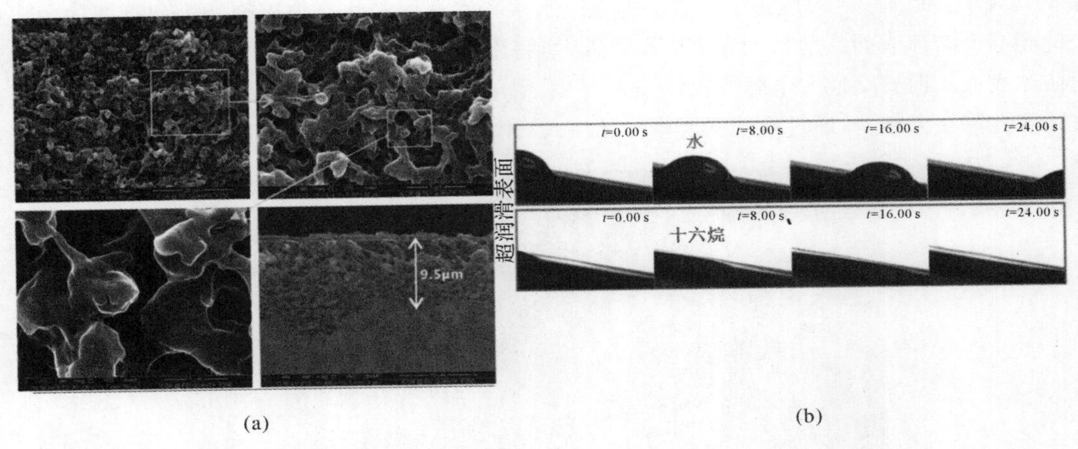

(a)

(b)

图 6.164　陈烽教授等人通过飞秒激光法制备 SLIPS[165]

(a)飞秒激光法获得的多孔微结构扫描电镜图；（b)水滴和十六烷液滴沿着制备的 SLIPS 滑落

(3)仿秦岭箭竹叶微纳结构防冰表面。虽然仿荷叶超疏水表面和仿猪笼草超润滑表面防冰取得了很大进展，但荷叶和猪笼草毕竟不是生长在冰雪环境。人们不禁要问，自然界有没有直接与冰雪相互作用的仿生对象，具有与荷叶和猪笼草不一样的防冰机制?

西北工业大学苑伟政、何洋课题组发现，在海拔 3 000 m 左右的秦岭高山草甸区半年处于冰雪环境，其中生长的秦岭箭竹叶具有优异的疏冰性能，冰雪容易脱落，表面难以成冰。实验发现秦岭箭竹叶表面不具有超疏水性，表面也没有分泌黏液形成超润滑表面，且秦岭箭竹叶表面比荷叶表面冰雪更容易脱落。可以初步判断，秦岭箭竹叶具有不同于荷叶和猪笼草的疏冰机制。

表面微观结构对其性能具有重要的影响。通过扫描电镜观测秦岭箭竹叶微观结构，发现秦岭箭竹叶表面不同于荷叶乳突加纳米凸起的双层微纳复合结构，具有多层不等高微纳结构特点，如图 6.165 所示。基于生物进化理论，表面形貌特征必是其长期适应生存环境的演变结果。由此可推测多层不等高微纳结构是秦岭箭竹叶表面疏冰的关键。多层不等高微纳结构疏冰机理是待深入研究的关键科学问题，如何制造仿秦岭箭竹叶多层不等高微纳结构也成为一个挑战。

课题组提出并实现了分层转移组装制造新方法，如图 6.166 所示，解决了仿秦岭箭竹叶多层不等高疏冰微纳结构加工难题，将多层不等高微纳结构分成各个独立的单层，通过模塑复型获得单层结构，再将各单层转移并组装成多层结构。该技术突破了柔性结构对准键合、界面黏附力控制等关键问题，实现了多层不等高微纳结构的仿生制造。面向边防无人机防/除冰的迫切需求，研制了基于秦岭箭竹叶的仿生微纳结构疏冰蒙皮，极大降低能耗，并实现了首次飞行实验，如图 6.167 所示。

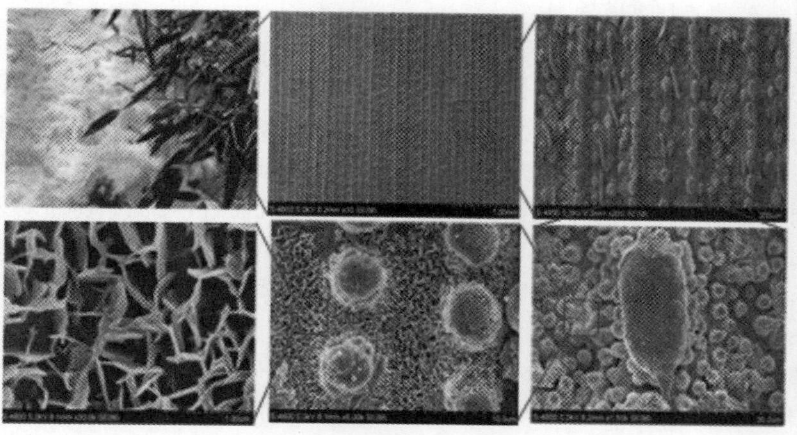

图 6.165　秦岭箭竹叶疏冰微纳结构

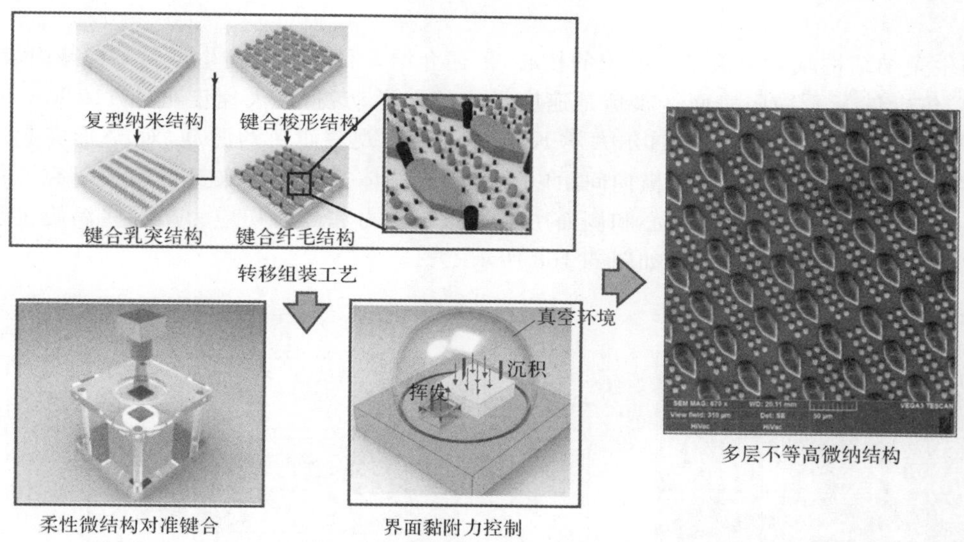

图 6.166　仿秦岭箭竹叶多层不等高微纳结构分层转移组装制造

(a)　　(b)

图 6.167　仿秦岭箭竹疏冰蒙皮

(a)研制的仿生微纳结构疏冰蒙皮；(b)仿生微纳结构疏冰蒙皮无人机搭载飞行实验

2. 仿生微纳结构减阻蒙皮系统

当前，我国开展的"大飞机工程"迫切需要实现大承载、长航程、低油耗等目标，对气动减阻提出了更高的要求。传统的减阻技术途径是通过改进翼型形状、全机外形优化、降低机身表面突出物等方式减少飞行阻力，即持续进行气动布局的优化和改型设计，从而降低全机飞行阻力。然而，经过数十年的发展，大飞机总体气动布局相对稳定，气动设计方法日趋成熟。对欧美航空发达国家的代表——波音和空客的渐进式改型飞机而言，飞机气动布局外形参数改进对降低油耗的贡献在1%～2%之间，标志着大飞机的气动设计对于降低飞行阻力的研究进入了瓶颈期[166]。面对目前传统的飞机减阻技术已处于瓶颈阶段的困境，迫切需要先进的理论和方法为大飞机研制带来变革和进步。

通过改变大飞机表面的微观结构实现气动减阻，是突破现有瓶颈的重要方法。国内外许多研究机构的众多研究工作者对气动减阻微纳结构进行了探索。将仿生微纳结构减阻表面与射流器等主动控制系统集成在飞机上，构建以微纳技术为核心的，包括控制与功能表面等为一体的仿生微纳结构减阻蒙皮系统，有望进一步提升飞机的减阻性能，推动气动减阻技术的发展。

仿生微纳结构减阻表面是该系统的核心，下述介绍3种不同的仿生微纳结构减阻表面。

(1)仿旗鱼V形减阻表面。旗鱼是速度最快的海洋动物，最大速度可达110 km/h，其表面有许多V形突起。韩国国立首尔大学Kim等人通过观察旗鱼的游动，对V形突起的高度和宽度、相邻凸起之间的横向和横向间距以及它们的总体分布模式来进行参数研究。每个突起诱导一对顺流涡，分别在其中心和侧面产生低剪切应力和高剪切应力。这些涡旋也与从相邻突出物诱导的涡旋相互作用，如图6.168所示[167]。

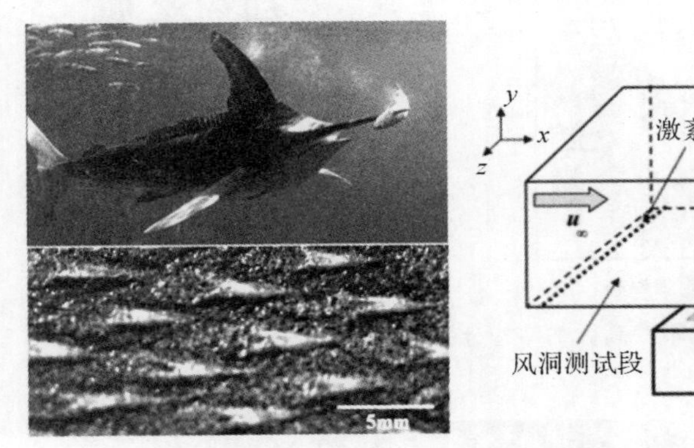

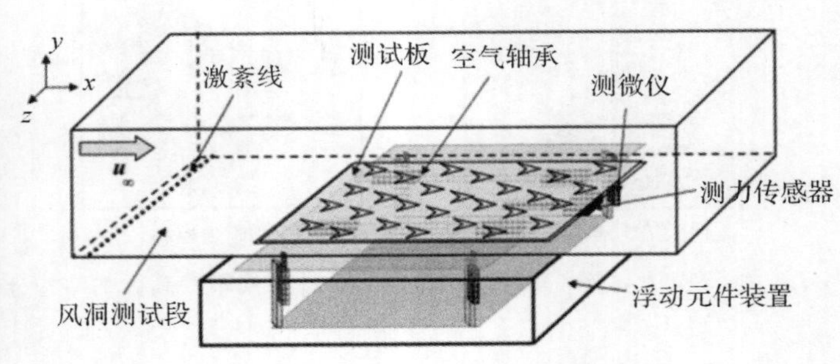

图6.168 旗鱼表面及风洞测试旗鱼结构装置原理图[167]

(2)仿鲨鱼小肋减阻表面。源于鲨鱼皮仿生研究的小肋气动减阻技术被学术界认为是很有前景的方案。1979年和1980年，美国NASA兰利研究中心的研究员M. J. Walsh发表了系列文章，研究了有关微凹槽结构和小肋结构对流场影响的特点，并发表了凹槽结构具备流体减阻特性的论文，奠定了小肋结构减阻的研究基础[168-171]，在他的研究中发现，典型的三角形沟槽最高可实现8%的减阻率(见图6.169)。

在2000年左右，以德国宇航中心研究员D. W. Bechert为核心的团队发现了小肋结构的一种重要优化方案，即用薄肋结构替代典型的三角形沟槽结构，同时把深宽比从1∶1降到1∶2可以把最大减阻系数从8%提升至10%[172]，如图6.170所示。

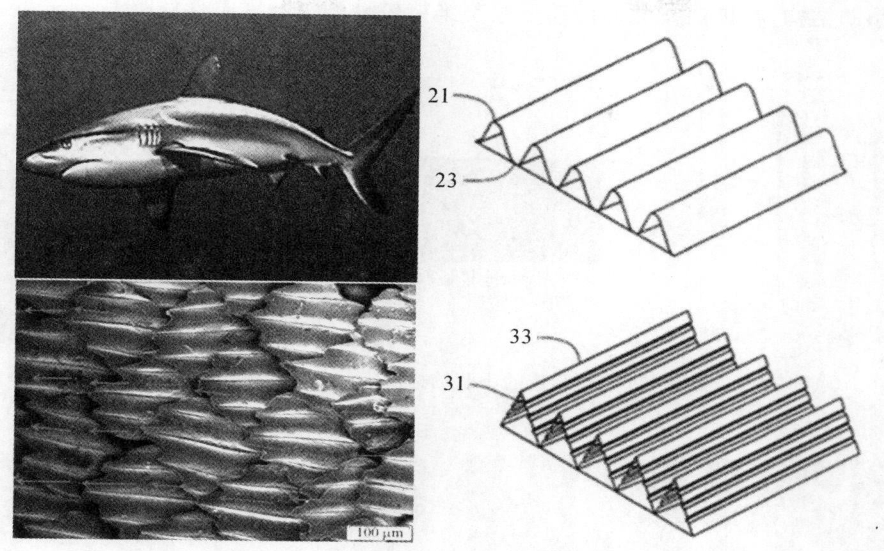

图 6.169　鲨鱼减阻盾鳞结构及 NASA 兰利研究中心三角形减阻沟槽[168-171]

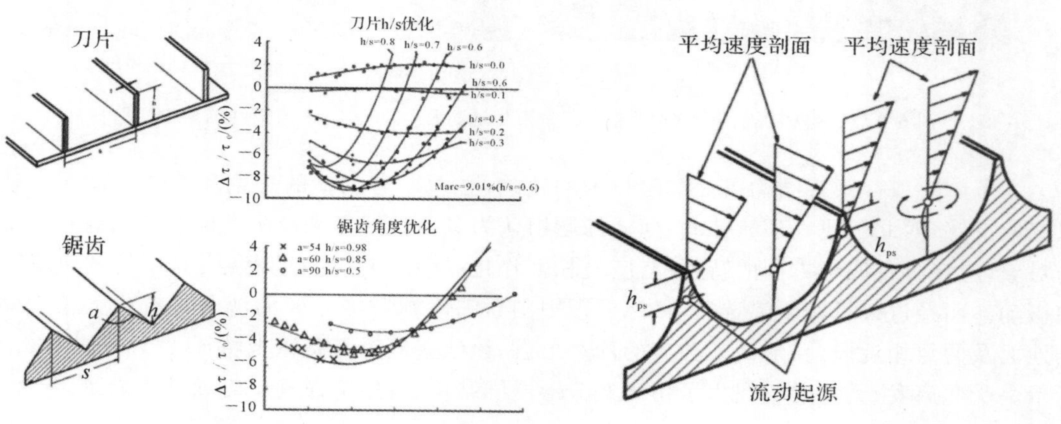

图 6.170　德国宇航中心不同结构表面的减阻测试结果及有效突出高度理论示意图[172]

美国 3M 公司用压制或者拉伸的方法成型小肋结构薄膜，主要工艺过程包括预制热塑性聚合物板材，用带有三角齿状小肋结构的滚轮预压制板材形成具有一样结构的薄板，最后通过逐级压制或者拉伸的方法将这种薄板变成薄膜[173]。之后空中客车公司将 A320 试验机表面积的约 70％贴上沟槽薄膜，飞行测试其达到节油 1％～2％的效果。小肋结构薄膜及其表面贴附的飞行实验如图 6.171 所示。

美国俄亥俄大学 Bhushan 研究小组以生物组织作为模板，通过压印的方法复制其表面结构，利用水稻叶子和蝴蝶翅膀作为模板，用硅胶和氨基甲酸酯聚合物分两部步压印制成仿鲨鱼小肋的结构，并用表面活性剂包裹的纳米二氧化硅修饰表面[174,175]，如图 6.172 所示。

(1)仿沙垄减阻表面。虽然小肋气动减阻技术的研究取得了较大的进展，但是随着研究的深入，发现小肋气动减阻技术的气动减阻性能有待提高，且风向鲁棒性较差，即前人研究的形貌笔直的小肋结构,在风向参数的摄动下很难维持较好的气动减阻性能[176]。

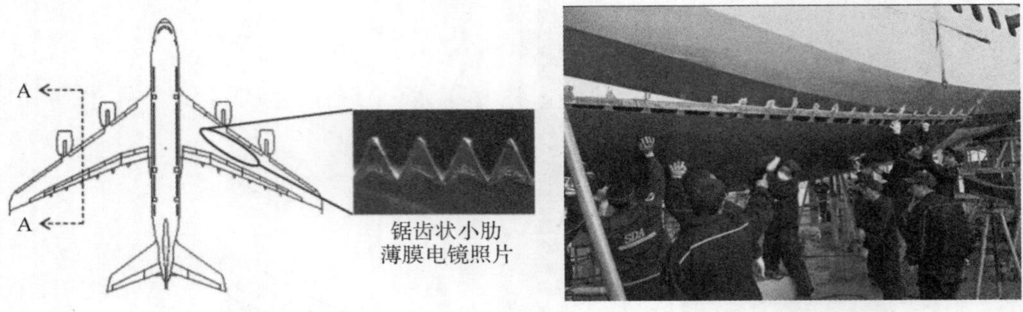

图 6.171 美国 3M 公司制造的小肋结构薄膜及其表面贴附的飞行实验[173]

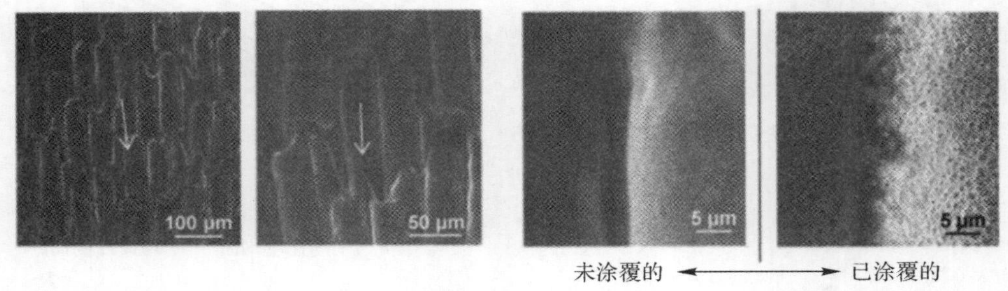

图 6.172 美国俄亥俄大学以鲨鱼皮为模板通过压印方法制作的柔性结构[174,175]

为了解决以往微观结构表面减阻技术的缺陷,必须要有创新的理论和方法。师法自然可以获取灵感,西北工业大学苑伟政、何洋课题组认为具备较好气动减阻性能和风向鲁棒性的模仿对象,应该具备四个方面的特征:与空气相互作用、雷诺数大、有肋状结构、所处的风场有风向摄动。而经过大量调研筛选后,最终发现中国新疆库姆塔格沙漠的沙垄具有广大平坦倾斜的地面及两组相近风向,形成了独有的沙垄形态,该沙垄同时具备以上特征[177-179],如图 6.173 所示。受此启发,其课题组提出了仿沙垄分形微纳结构,有望突破现有气动减阻瓶颈。

图 6.173 库木塔格沙漠中沙垄形态[177-179]

表面微观结构对其性能具有重要的影响。课题组基于 MEMS 常见工艺方法,设计特殊的套刻顺序和与之相应的掩膜层材料,利用各掩膜材料之间化学性质的差异,采用 3 层金属与非金属混合掩膜套刻技术和干法刻蚀硅工艺的混合方法，实现了 3 层分形结构阵列的仿生制造，如图 6.174 所示。将基于仿沙垄微纳结构表面贴附于大飞机表面有望提高减阻性能并提升减阻效果的鲁棒性。

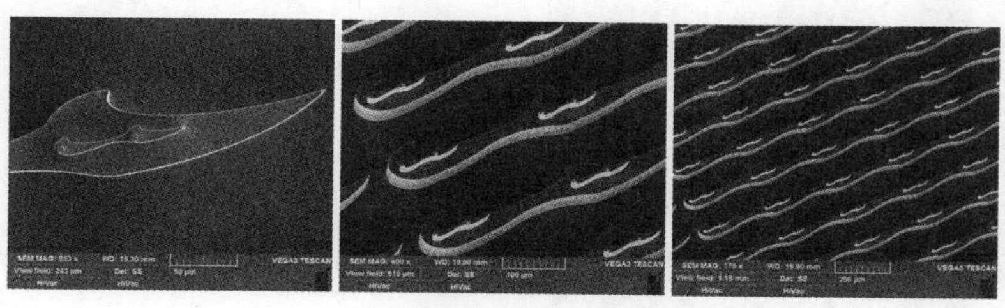

图 6.174　制造的仿沙垄微纳结构

6.5.5　生物医学微系统

生物医学微系统是指涉及生命科学与技术各领域中，以解决特定生物医学问题为指向的，具有在微米尺度上起功能效用的微结构或微组件及其组合物或集成物[180]。

1. 血管机器人

血管机器人是能够沿血管运动的微小机器人，有着高灵活性，可以在不损伤人体组织器官的情况下直达患处，甚至是血管介入器械无法到达的盲区。携带信息采集与药物注射等模块的血管机器人可以协助医生完成血管介入手术。近年来，血管机器人技术发展迅速，已被逐步应用于疾病诊断、信息采集、血管疏通、药物投放等医疗领域，具有广阔的医学应用前景。

目前，血管机器人主要分为纳米尺度的纳米机器人和微米至毫米尺度的 MEMS 机器人两种尺度[181]。纳米机器人是一种在微纳米尺度上应用生物学原理设计的分子机器人，具有成像、操纵、表征机械特性和跟踪的多种功能，使得医生能够从微观甚至分子水平进行血管的诊断和治疗，纳米机器人也可以用于对活细胞进行复杂的纳米手术，实现在血管中进行的诊疗，在血管介入治疗等医疗领域有着广阔的应用前景。

2000 年，瑞典学者 Edwin W. H. Jager 研制出一种纳米级的微机器人[182]，如图 6.175 所示。该机器人以用黄金和多层聚吡咯(Polypyrrole，PPY)制成，有着 2～4 个类似人类手指的灵活部件。其原理是利用电解质溶液进入或渗出 PPY，使吸附在 PPY 上的金双层产生较大幅度的运动，由此构成肌肉的收缩和膨胀。该纳米微机器人能捡起并移动肉眼看不见的玻璃珠，能在血液、尿液和细胞介质中捕捉和移动单个细胞，可应用在血管疾病的诊疗中。

2015 年，Li 等学者提出并研制开发出了混合动力驱动微机器人[183]，如图 6.176 所示。该机器人由鞭毛细菌和电磁场结合驱动的，依靠电磁场控制的路径和细菌的趋化性及运动性，使机器人在血管内进行有效移动。由于电磁制动系统的驱动力较大、高速可控，细菌致动系统具有主动靶向性，有望用于药物运输等医疗领域。

除了纳米血管机器人，MEMS 机器人也是国内外血管机器人研究的热点之一。2009 年，日本 Yuichi 和 Nakazato 等人研制了一种仿蚯蚓有缆血管机器人[184]，如图 6.177 所示。该机器人能够通过使用液压，特别是使用生理盐水溶液作为作用流体，通过反复扩张和收缩的蠕动运动，可在 2～3 mm 直径的血管中移动。蠕动运动方式是借鉴蚯蚓和线虫蠕动的原理，通过伸缩引起形状变化和重心移动，实现缓慢伸缩运动，这种运动方式不容易损伤脆弱的血管内壁。

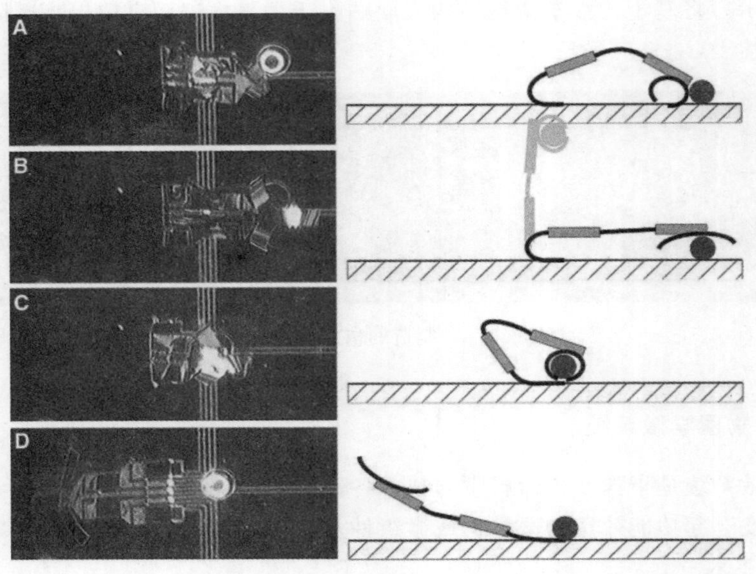

图 6.175 纳米微型机器人[182]

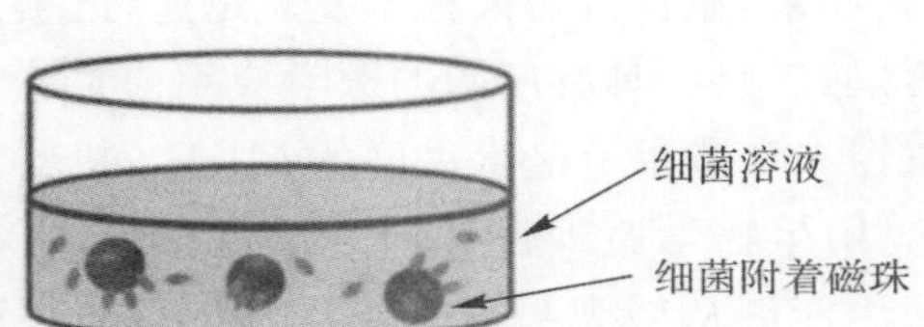

图 6.176 混合动力驱动微机器人[183]

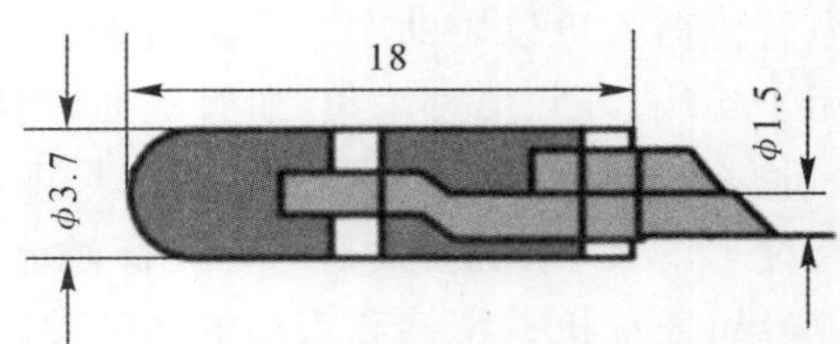

图 6.177 仿蚯蚓血管机器人[184]

蠕动驱动方式结构简单、驱动力大、能耗小，但机器人运动过程中与血管壁之间摩擦力一旦过大，对血管壁还是有损伤，而仿生游动机器人有着较高的性能，对于血管的损伤可以降至较低水平。

2002 年，Kazuhiro Tsuruta 等人研制了一种利用压电陶瓷驱动的仿生游动无线微型机器人[185]，如图 6.178 所示。机器人可在直径为 10 mm 的管道中移动，并可对管道内部进行观察，通过模仿微生物完成一些生物医学操作。仿生游动机器人可以在体内药物输送、疾病早期症状监测等医学应用中发挥作用。

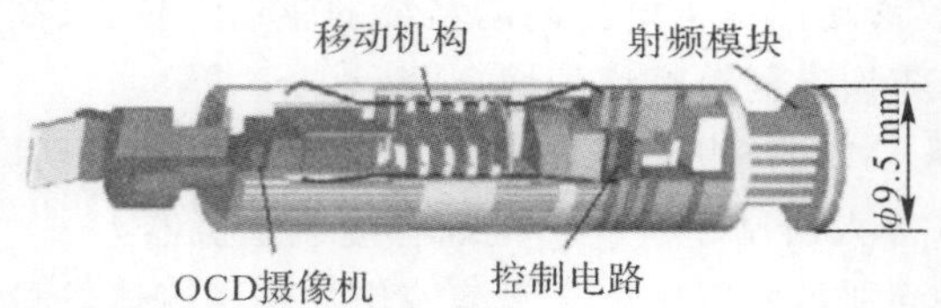

图 6.178 压电陶瓷驱动的管道无线微型机器人[185]

2005 年，日本香川和哈尔滨工程大学根据仿生学模仿游动并结合爬行机制的原理研制了一种利用 IPEC 驱动的微型机器人[186]，如图 6.179 所示。该机器人长 40 mm，宽 10 mm，有一对尾鳍，由 ICPF 材料制成，可以依靠改变脉冲电压的频率控制 ICPF 材料，由于其柔软性和低电压性，可以完成微机器人在血管的游动和行走。

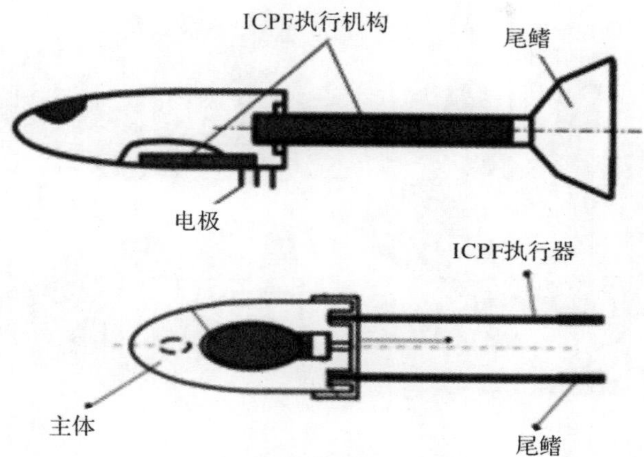

图 6.179　IPEC 驱动的微型机器人[186]

许多仿生游动机器人运用智能材料驱动，然而它们常常占据了血管机器人体积的大部分，使得这些机器人在使用和推广上有一定的局限性，因此不需要电源电缆、电池或控制系统的外磁场驱动机器人应运而生，通过外部的磁场控制，驱动机器人的磁致微制动器产生推动力，实现血管机器人的泳动。

2009 年，加拿大的 J. Scogna 和 J. Olkowski 研制了一种仿大肠杆菌运动的微型机器人[187]，如图 6.180 所示。该机器人根据大肠杆菌的运动原理，机器人头部可以用来携带药物，尾部的鞭毛使用磁性材料制作，利用外部三维磁场来驱动鞭毛旋转，旋转鞭毛产生推进力。机器人的定向运动通过控制鞭毛丝实现，通过一个高速相机和一个特定的旋转磁场(通过调整提供的电压和频率产生)提供了实时有效控制。

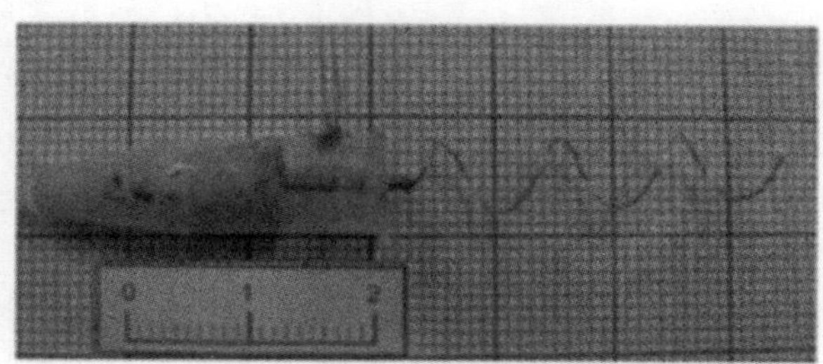

图 6.180　仿大肠杆菌运动机器人[187]

2015 年，韩国汉阳大学的研究者[188]研制出了由磁导航系统操纵的双体磁螺旋机器人(Dual - body magnetic helical robot，DMHR)，如图 6.181 所示。DMHR 是一种由内体和外体组成的双体结构，内体位于外体内部，中间有一个小间隙，可以使内体相对于外体进行旋转。内体具有供输送的货物空间，外体具有在外旋转磁场作用下产生螺旋推进力的螺旋螺纹，内体和外体各有一个磁槽，轴向磁化的圆柱形磁铁（M1 和 M2）通过磁槽横向插入，使内外物体的旋转运动依赖于磁体与外部磁场的相互作用。DMHR 借助螺旋运动在人体血管中导航和钻血凝块，它还可以产生释放运动，即双体之间的相对旋转运动，将载物释放到目标区域。

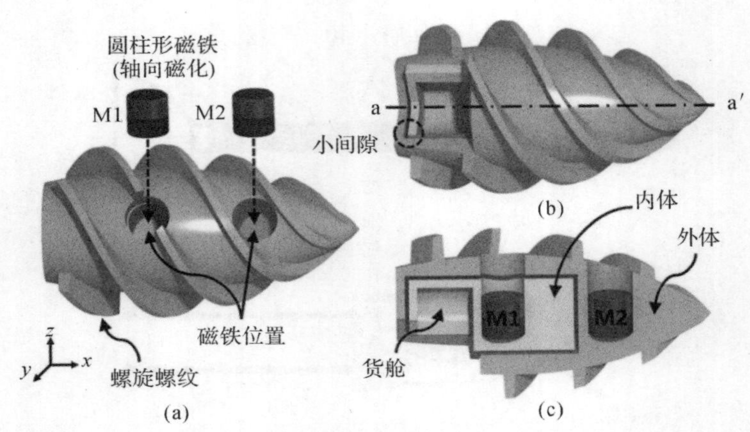

图 6.181　双体磁螺旋机器人（DMHR）

(a)DMHR 的俯视图；（b)DMHR 的底部视图；（c)沿 aa′的剖视图[188]

血管机器人是多学科交叉的研究领域，涉及机械、电子、生物、医学和通信等方面的技术。从国内外的研究来看，目前血管机器人大部分仍属于实验室阶段，许多研究成果由于技术的不完善，价格昂贵，未能得到广泛应用。但随着微机电系统和纳机电系统技术的发展，血管机器人将不断完善并最终造福于人类。

2. 人工耳蜗

人工耳蜗在功能上来看是一种听神经补偿系统，也是人类历史上第一个真正意义上的“人工器官”，它能将声能转换为电能，通过植入电极，直接刺激耳蜗内残余的听神经纤维，使双耳听阈大于 90dBHL 听力级以上佩戴大功率助听器无效的极重度耳聋患者产生听觉，是微电极阵列在神经假体上的具体应用，治疗听觉障碍的有效性已经得到了临床验证，目前已经实现了商业化生产。人工耳蜗植入物由一个电极阵列组成，该电极阵列被插入耳蜗，将在外部声音处理器中处理成电脉冲数字信号的声波传递至听觉神经，以刺激剩余的神经纤维[189]。图 6.182 所示是一个典型的人工耳蜗系统的示意图[190]。人工耳蜗价格昂贵，一套人工耳蜗售价 30 000 到 40 000 美元，要让人工耳蜗实现大规模普及，昂贵的价格仍然是需要解决的主要问题。

3. 电化学仿生眼 EC - EYE

人眼具有宽视场、高分辨率、低像差等特殊的图像传感特性，而且非常精妙，视网膜呈半球形，穹顶形状能自然地减少通过晶状体的光线的扩散，相比照相机之类的平面成像的图像传感器，聚焦能力更好，但也因此给仿生眼的制造带来了巨大的挑战，受工艺条件的限制，制造半球形的图像传感器几乎是不可能的。2020 年 5 月，Nature[191] 发布的一项香港科技大学、加利福尼亚大学 Berkeley 分校和劳伦斯伯克利国家实验室的联合研究成果打破了这个限制：采用仿生半球形视网膜结构的电化学仿生眼系统 EC - EYE。他们使用可弯曲的三氧化二铝制作了视网膜，也就是眼球的后半部分球形，前半部分球形用的是衬有钨膜的铝，然后用离子液体模仿人眼球中的玻璃体。人眼球视网膜穹顶的部分布满了感光细胞，感光细胞接收到的光信号会通过和眼球相连的神经纤维，传递到大脑。研究人员在铝制视网膜的孔隙中嵌入了纳米材料传感器，传感器由感光材料钙钛矿制成的高密度纳米感光材料阵列组成。有了“感光细胞”，还需要神经纤维，他们将液态金属（共晶镓－铟合金）制成的细软电线密封在柔软的橡胶管中，制成外径仅有 700 μm 的一根根的神经纤维，将信号从纳米线光传感器传输到外部电路进行信号处理，这些电线模拟了连接人类眼睛和大脑的神经纤维。最后，研究人员还用硅酮聚合物制作了一个“插座”，把人造视网膜固定住，保证“人造感光细胞”和“人造神经纤维”的正确对齐。

该眼球由透镜（晶状体）、离子液（玻璃体）、感光阵列（视网膜）、导线（视神经）组成，如图 6.183 所示。

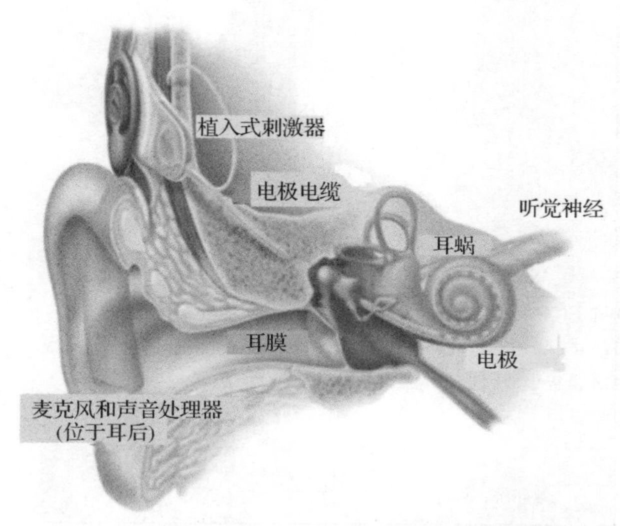

图 6.182　典型的人工耳蜗系统的示意图[190]

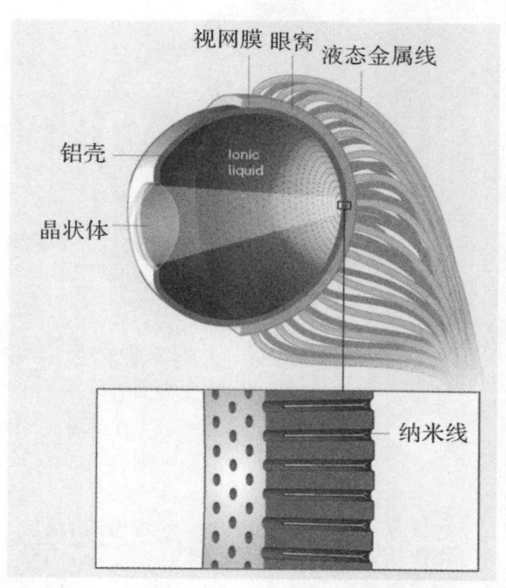

图 6.183　EC－EYE 组成结构图

图 6.184 所示为人类视觉系统(a)～(c)和电化学仿生眼成像系统(d)～(f)的对比。更详细的 EC－EYE 电化学仿生眼结构见图 6.185。可以看到，这款利用新技术和新材料制造出的仿生眼球和人眼的整体结构相似，因而拥有了 100°的广阔视野。此外，该人造视网膜可以探测到大范围（从每平方厘米 0.3 μW～50 mW）的光强度，在被测量的最低强度下，人造视网膜中的每根纳米线平均每秒能检测到 86 个光子，与人类视网膜感光细胞的灵敏度相当，这种敏感性源于制造纳米线的钙钛矿材料。与以往人工视网膜中，光感受器在平坦坚硬的基底上制作后要么转移到弯曲的支撑表面要么折叠形成弯曲的基底，导致成像仪单元密度受到限制不同，这款仿生眼球中的纳米线是直接在曲面上形成的，因此可以更紧密地结合在一起。事实上，纳米线的密度高达 4.6×10^8 根/cm^2，远高于人类视网膜上的光感受器（约 10^7 个/cm^2）。虽然人造眼球的整体性能有了一个飞跃，但仍有很多工作要做。首先，光电传感器阵列目前仅为 10×10 像素，像素之间的距离大约为200 mm，意味着光探测区域只有 2 mm 宽。此外，制造过程涉及一些昂贵和低通量的步骤。其次，为了提高视网膜的分辨率和尺寸，液态金属线的尺寸需要减小。最后，人造视网膜的使用寿命也需要提升。尽管如此，鉴于这项工作的进展，我们似乎可以期待在未来十年见证人造仿生眼为更多的患者带来福音。

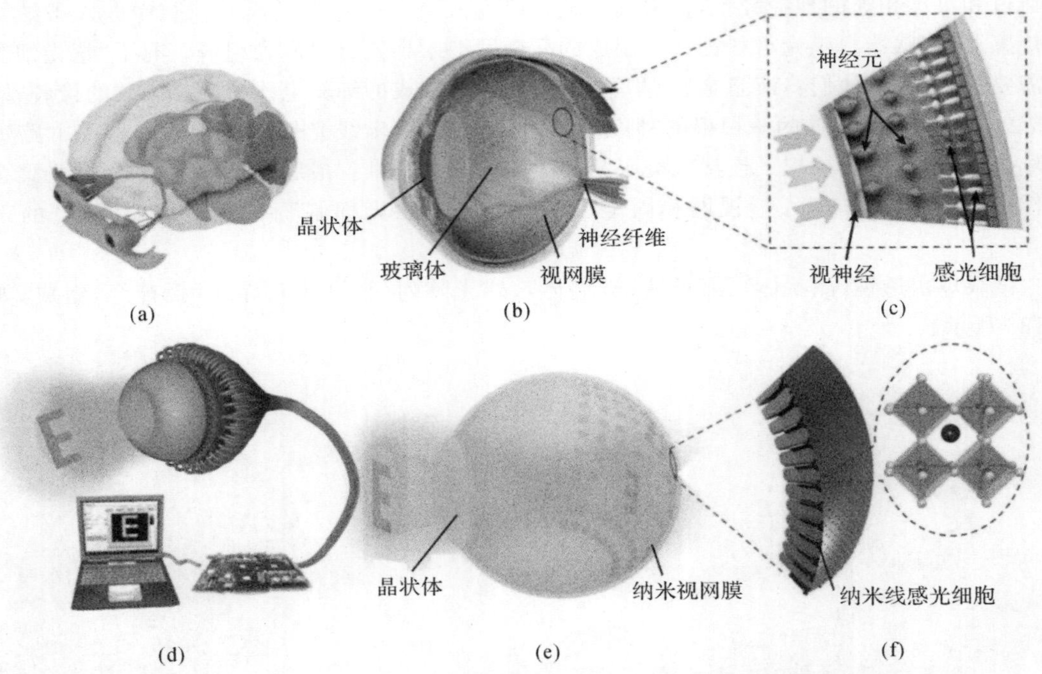

图 6.184　人类视觉系统(a)～(c)与 EC - EYE 成像系统(d)～(f)的总体比较。

(a)人类视觉系统示意图；(b)人眼；(c)视网膜；(d)EC - EYE 成像系统示意图

(e)EC - EYE 工作机理；(f)PAM 模板中的钙钛矿纳米线及其晶体结构[191]

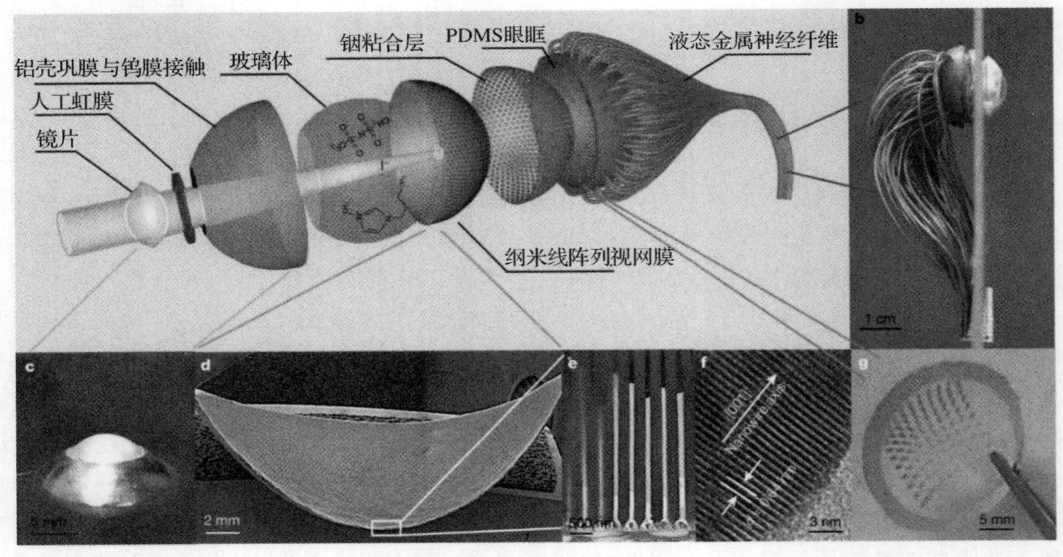

图 6.185　EC - EYE 的详细结构

(a) EC - EYE 的爆炸图；(b)完整 EC - EYE 的侧视图

(c)完整 EC - EYE 的俯视图；(d)半球形聚丙烯酰胺/纳米线的低分辨率横断面扫描电镜图像

(e)聚丙烯酰胺中纳米线的截面扫描电镜图像；(f)单晶钙钛矿纳米线的高分辨率透射电子显微镜图像

(g)聚二甲基硅氧烷(PDMS)插座照片，它改善了液态金属线的排列[191]

4. 乳腺癌检测柔性 MEMS 生物传感器

Pandya 等人[192]制造了一种新型柔性 MEMS 传感器[见图 6.186(a)]用于检测乳腺组织，根据压力的不同区分良性乳腺组织与恶性肿瘤组织。该传感器在机械传感器中集成了导电 SU-8 支柱，采用 8 个应变片以提高检测灵敏度，能够测量纳米至微米的牛顿力。现有研究表明，对于微米大小的乳腺组织，正常组织的硬度高于恶性肿瘤组织，因此可通过对被测乳腺组织施加压力，使其具有相同的形变量[即图 6.186(c)中 Z-position]，由于良性组织与恶性组织硬度不同，因此所施加的压力大小不同，进而位于传感器中央的 8 个应变片阵列所输出的压力不同，从而达到区分乳腺癌组织的目的。图 6.186(b)所示为传感器测试原理示意图，3D 打印的支架一端与柔性传感器紧密贴合，另一端与微控制器相连，精确控制传感器 z 轴位移。图 6.186(c)所示为不同乳腺组织测试结果，由图可知良性与恶性肿瘤在相同 z 轴位移下，所输出的电压有明显差异，恶性乳腺组织的反馈电压明显高于良性组织。图 6.186(d)所示为测试装置实物图。

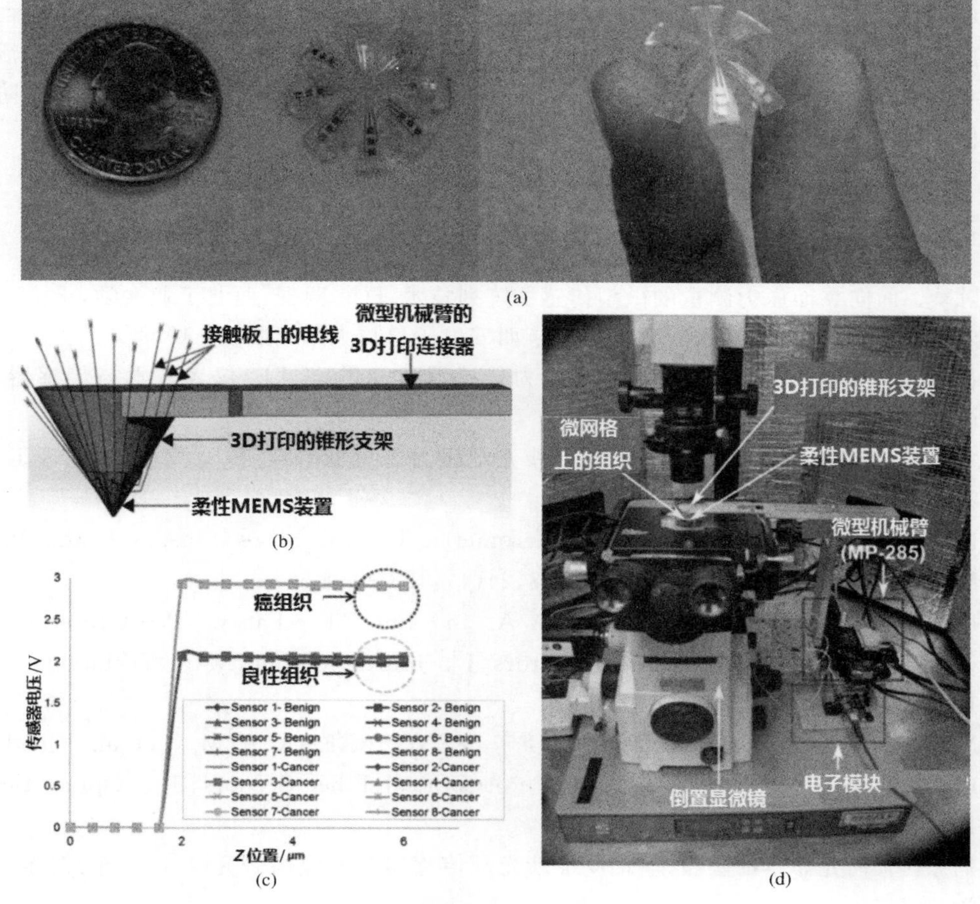

图 6.186　柔性 MEMS 传感器

(a)柔性 MEMS 生物传感器；(b)传感器测试原理示意图；(c)不同乳腺组织测试结果；(d)测试装置实物图[192]

习题与思考题

1. 分析图 6.6(b)所示的三轴微加速度计如何应对三轴加速度的交叉耦合影响?

2. 根据微机械陀螺敏感原理,尝试设计一种微机械陀螺结构。

3. 请说明压力传感器与麦克风工作过程中的相同点和不同点。

4. 在哪些场景可以充分发挥微型飞行器具有的重量轻、易于集群等技术特点?

5. 6.5.4 节介绍了 IMEC 基于像元镀膜工艺的单片集成式微光学系统(图 6.5(a)),本书相关章节中的哪些制造工艺可用于这类微系统的制造?请简要提出一种工艺方案。

6. 科学发展史是重要的,因为它使我们了解到科学的发展总是建立在以前的研究基础之上。从 20 世纪 70、80、90 年代和 21 世纪 00 年代的科学发现中各列举一个对生物医学微系统有贡献的事例。

7. 师法自然,润物有声。对生命现象的理解与模仿,实现与超越,使得仿生学自从 1960 年提出以来就具有无限的潜力。自然界动植物所具有的独特的物理化学性能往往与其表面结构密不可分,因此针对仿生微纳功能表面的研究与应用远不止于此。那么我们在实际生活中还有哪些生命现象给予我们启发?它们具有怎样的结构,又能够实现怎样的功能?除了防冰与减阻,仿生微纳功能表面还在哪些领域具有潜在应用?

参考文献

[1] 陈爽. 面向翼面压力测量的微型传感器阵列技术[D]. 西安:西北工业大学, 2007.

[2] 刘君华. 智能传感器系统[M]. 西安: 西安电子科技大学出版社, 1999.

[3] 吕涛. 非本征法布里-珀罗腔光纤压力传感器研究进展[J]. 仪表技术与传感器,2015(7):1-6,17.

[4] 董玉珮. 微型非本征法布里-珀罗干涉光纤压力传感器研究[D]. 大连:大连理工大学,2006.

[5] LEE C E, TAYLOR H F. Interferometric Optical Fibre Sensors Using Internal Mirrors[J]. Electronics Letters,1988,24(4):193-194.

[6] LEE C E, GIBLER W N, Robert A A. In-line Fiber Fabry-Perot Interferometer with High-reflectance Internal Mirrors[J]. Journal of Lightwave Technology,1992,10(10):1376-1379.

[7] MURPHY K A , GUNTHER M F , VENGSARKAR A M , et al. Quadrature Phase-shifted, Extrinsic Fabry-Perot Optical Fiber Sensors[J]. Optics Letters,1991, 16(4):273-275.

[8] 荆振国. 白光非本征法布里-珀罗干涉光纤传感器及其应用研究[D]. 大连:大连理工大学,2006.

[9] 杜述松, 王咏梅, 陶然. 多光束干涉光谱成像技术[J]. 光学学报, 2013, 33(8):302-308.

[10] 朱增辉, 丁三红. 光的干涉原理[J]. 科技信息, 2013(34):100.

[11] 王军. 光纤F-P及FBG传感器通用解调系统研究与设计[D]. 重庆:重庆大学,2006.

[12] SHAH M M. Real - time Signal Processing and Hardware Development for A Wavelength Modulated Optical Fiber Sensor System [D]. Blacksburg: Virginia Polytechnic Institute and State University, 1997.

[13] 迟建卫. 光纤法珀(F-P)腔传感器的解调方法研究[D]. 大连:大连理工大学,2006.

[14] BAE H, YU M. Miniature Fabry - Perot Pressure Sensor Created by Using UV - molding Process with an Optical Fiber Based Mold [J]. Opt Express, 2012, 20(13): 14573 - 14583.

[15] BAE H , YUN D , LIU H , et al. Hybrid Miniature Fabry - Perot Sensor with Dual Optical Cavities for Simultaneous Pressure and Temperature Measurements [J]. Journal of Lightwave Technology, 2014, 32(8):1585 - 1593.

[16] XU J C, PICKRELL G, WANG X W, et al. A Novel Temperature - insensitive Optical Fiber Pressure Sensor for Harsh Environments [J]. IEEE Photonics Technology Letters, 2015,17(4):870 - 872.

[17] 喜奇. 面向颅内压监测的光纤法珀压力传感器技术研究[D]. 西安:西北工业大学, 2020.

[18] PALMER M, DAVIS M, ENGELBRECHT G, et al. Un - Cooled Fiber - optic Pressure Sensor for Turbine Engines, Operation to 1922°F and 500psig[C]//44th AIAA Aerospace Sciences Meeting and Exhibit: American Institute of Aeronautics and Astronautics. Reno Nevada: AIAA, 2006:11 - 23.

[19] PECHSTEDT R D. Fibre Optic Pressure and Temperature Sensor for Applications in Harsh Environments[C]// Fifth European workshop on optical fibre sensors, 19 - 22 May 2013. Krakow, Poland:SPIE, 2013:879405.1 - 879405.4.

[20] SPOSITO A, PECHSTEDT R D. Optical Sensors for Aerospace Applications: Brake Temperature Sensors and Fuel Pump Pressure Sensors for Aircraft[C]//2016 IEEE Metrology for Aerospace (MetroAeroSpace). Florence, Italy:IET, 2016: 97 - 101.

[21] JIANG Y G, LI J, ZHOU Z, et al. Fabrication of All - SiC Fiber - optic Pressure Sensors for High - temperature Applications [J]. Sensors, 2016, 16(10): 1660 - 1663.

[22] LI W, LIANG T, JIA P, et al. Fiber - optic Fabry - Perot Pressure Sensor Based on Sapphire Direct Bonding for High - temperature Applications [J]. Applied optics, 2019, 58(7): 1662 - 1666.

[23] ZANDI K, BÉLANGER J A, PETER Y A. Design and Demonstration of An In - plane Silicon - on - insulator Optical MEMS Fabry - Perot - based Accelerometer Integrated With Channel Waveguides [J]. Journal of Microelectromechanical Systems, 2012, 21(6): 1464 - 1470.

[24] ZHAO Z, YU Z, CHEN K, et al. A Fiber - Optic Fabry - Perot Accelerometer Based on High - Speed White Light Interferometry Demodulation [J]. Journal of Lightwave Technology, 2018, 36(9): 1562 - 1567.

[25] ZHOU C , TONG X , MAO Y , et al. Study on a High - temperature Optical Fiber F - P Acceleration Sensing System Based on MEMS[J]. Optics and Lasers in Engineering, 2019, 120(SEP.):95 - 100.

[26] WANG F ,SHAO Z,XIE J,et al. Extrinsic Fabry - Perot Underwater Acoustic Sensor Based on Micromachined Center - Embossed Diaphragm[J]. Journal of Lightwave Technology, 2014, 32(23):57 - 60.

[27] GONG Z, CHEN K, ZHOU X, et al. High - sensitivity Fabry - Perot Interferometric Acoustic Sensor for Low - frequency Acoustic Pressure Detections [J]. Journal of Lightwave Technology, 2017, 35(24): 5276 - 5279.

[28] KONLE H, ROEHLE I, PASCHEREIT C, et al. Design and Application of Fiber - Optic Microphones for Thermo - Acoustic Measurements[C]//15th AIAA/CEAS Aeroacoustics Conference (30th AIAA Aeroacoustics Conference). Miami, Florida: AIAA,2009: 3300.

[29] KONLE H J, PASCHEREIT C O, RÖHLE I. A Fiber - optical Microphone Based on a Fabry - Perot Interferometer Applied for Thermo - acoustic Measurements [J]. Measurement Science and Technology, 2009, 21(1): 015302.

[30] NASH P. Review of Interferometric Optical Fibre HydrophoneTechnology [J]. IEEE Proceedings - Radar Sonar and Navigation, 1996, 143(3): 204 - 209.

[31] CRANCH G A, NASH P J,KIRKENDALL C K. Large - Scale Remotely Interrogated Arrays of Fiber - Optic Interferometric Sensors for Underwater Acoustic Applications [J]. IEEE Sensors Journal, 2003, 3(1): 19 - 30.

[32] 韩冰，高超. 光纤 F - P 腔压力传感器的研究进展[J]. 计测技术，2012(2):5 - 10.

[33] 吴文江，杜彦良，丁万斌. 法布里-珀罗光纤传感器在桥梁健康监测中的应用[J]. 中国安全科学学报，2003,13(10):73 - 75.

[34] 崔洪亮，常天英. 光纤传感器及其在地质矿产勘探开发中的应用[J]. 吉林大学学报(地球科学版)，2012, 42(5):1571 - 1579.

[35] 李珂，于世洁，尤政，等. 基于 MEMS 技术的气体传感器[J]. 传感器与微系统，2008, 27(11): 5 - 7.

[36] WANG Y, LEE C, CHIANG C. A MEMS-based Air Flow Sensor with a Free-standing Micro-cantilever Structure[J]. Sensors,2007, 7: 2389 - 2401.

[37] LEE H, CHANG S, YOON E. A Flexible Polymer Tactile Sensor: Fabrication and Modular Expandability for Large Area Deployment [J]. Journal of Micro ElectroMechanical Systems,2006, 15(6): 1681 - 1686.

[38] KENNY T W, KAISER W J, PODOSEK J A, et al. Micromachined Electron Tunneling Infrared Sensor [C]// The 5th IEEE Solid-State Sensor and Actuator Workshop. Hilton Head Hsland:IEEE,1992: 174 - 177.

[39] 陈大鹏，焦彬彬，李超波，等. 非制冷 MEMS 红外成像系统[J]. 红外与激光工程，2007, 36(增刊): 7 - 9.

[40] SHEPLAK M, CATTAFESTA L, NISHIDA T, et al. MEMS Shear Stress Sensors:

Promise and progress [J]. Mems Shear Stress Sensors Promise & Progress, 2013: 67 -76.

[41] XU Y, JIANG F, NEWBERN S, et al. Flexible Shear - stress Sensor Skin and Its Application to Unmanned Aerial Vehicles [J]. Sensors & Actuators A, 2003, 105 (3):321 - 329.

[42] FERNHOLZ H H, JANKE G, SCHOBER M, et al. New Developments and Applications of Skin - friction Measuring Techniques [J]. Measurement Science & Technology, 1996, 7(10):1396 - 1409.

[43] KUO J T W, YU L, MENG E. Micromachined Thermal Flow Sensors—A Review [J]. Micromachines, 2012, 3(4):550 - 573.

[44] MERITT R J, SCHETZ J A. Skin Friction Sensor Development, Validation, And Application for High Speed, High Enthalpy Flowconditions [J]. Journal of Propulsion and Power, 2016, 32(4): 821 - 833.

[45] SILVESTER T B, MORGAN R G. Skin - friction Measurements and Flow Establishment Within a Long Duct at Superorbital Speeds [J]. AIAA Journal, 2008, 46(2):527 - 536.

[46] MERITT R J, SCHETZ J A, DONBAR J M, et al. Skin Friction Sensor for High - Speed, High - Enthalpy Scramjet Flow Applications[C]//50th AIAA/ASME/SAE/ASEE Joint Propulsion Conference. Cleveland, OH: AIAA, 2014: 3942.

[47] 赵荣娟，吕治国，黄军，等.基于压电敏感元件的摩阻天平设计[J].空气动力学学报，2018,36(04):555 - 560.

[48] PRESTON J H. The Determination of Turbulent Skin Friction by Means of Pitot Tubes [J]. Journal of the Royal Aeronautical Society, 1954, 58(518):109 - 121.

[49] PATEL V C. Calibration of the Preston Tube and Limitations on Its Use in Pressure Gradients [J]. Journal of Fluid Mechanics Digital Archive, 1965, 23(01):185 - 208.

[50] NITSCHE W, HABERLAND C. Wall Shear Stress Determination in Boundary Layer With Unknown Law of The Wall by a Modified Preston Tube Method [J]. Proceedings of 13th ICAS/AIAA Congress Conference,1982,1:769 - 783.

[51] 戴昌晖，刘天舒，滕永光，等. 湍流附面层壁面摩擦应力的测量方法[J]. 航空学报，1988, 5: 203 - 210.

[52] STANTON T E, MARSHALL D, BRYANT C N. On The Conditions st The Boundary of A Fluid in Turbulent Motion[J]. Proceedings of the Royal Society of London. Series A, Containing Papers of a Mathematical and Physical Character, 1920, 97(687):413 - 434.

[53] KUBOTA T, LEWIS J E. Stanton Tube Calibration in a Laminar Boundary Layer at Mach 6[J]. AIAA Journal, 1966, 4(12):2251 - 2252.

[54] EAST L F. Measurement of Skin Friction at Low Subsonic Speeds by the Razor - blade Technique[R]. London: Her Majesty's Stationery Office, 1966.

[55] KONSTANTINOV N I, DRAGNYSH G L. The Measurement of Friction Stress on

A Surface [J]. DSIR RTS, 1960,2(1): 1499.

[56] 吕海峰. 浮动式微剪应力传感器及其在气动测量中的应用[D]. 西安:西北工业大学, 2012.

[57] SCHMIDT M A, HOWE R T. Design and Calibration of a Microfabricated Floating - element Shear - stresssensor [J]. IEEE Transactions on Electron Devices, 1988, 35 (6): 750 - 757.

[58] PAN T,HYMAN D,MEHREGANY M, et al. Microfabricated Shear Stress Sensors, Part 1: Design and fabrication [J]. AIAA Journal,1999,37(1):66 - 72.

[59] HYMAN D, PAN T, RESHOTKO E, et al. Microfabricated Shear Stress Sensors, Part 2: Testing and calibration [J]. AIAA Journal,1999,37(1):73 - 78.

[60] PATEL M P, RESHOTKO E, HYMAN D. Microfabricated Shear Stress Sensors, Part 3:Reducing Calibration Uncertainty [J]. AIAA Journal, 2002, 40(8): 1582 - 1588.

[61] 吕海峰,姜澄宇,邓进军,等.用于壁面切应力测量的微传感器设计[J]. 机械工程学报, 2010,46(24):54 - 60.

[62] 丁光辉,马炳和,邓进军,等. 浮动电容式剪应力微传感器结构设计解析模型[J]. 实验流体力学,2017,31 (3):53 - 59.

[63] DING G H, MA B H, YUAN W Z, et al. Development of the Floating Element Wall Shear Stress Sensor with an Analytical Model[C]//2017 IEEE Sensors. Glasgow, UK:IEEE, 2017.

[64] DING G H, MA B H, DENG J J, et al. Accurate Measurements of Wall Shear Stress on a Plate with Elliptic Leadingedge [J]. Sensors, 2018, 18(8):2682 - 2684.

[65] 孙宝云. 柔性热膜微传感器及其边界层流动测试技术[D]. 西安:西北工业大学, 2019.

[66] OUDHEUSDEN B W V, HUIJSING J H. Integrated Flow Frictionsensor [J]. Sensors and Actuators, 1988, 15(2):135 - 144.

[67] NGO L, KUPKE W, SEIDEL H, et al. Simulation and Experimental Results of a Hot - film Anemometer Array on a Flexible Substrate [C]//CANEUS 2004 Conference on Micro - nano - technologies. Monterey, California: AIAA,2004.

[68] BEUTEL T, SCHADEL M L, DIETZEL A. Manufacturing of Flexible Micro Hot - film Probes for Aeronautical Purposes [J]. Microelectronic Engineering, 2013, 111: 238 - 241.

[69] SCHWERTER M, BEUTEL T, SCHADEL M L, et al. Flexible Hot Film Anemometer Arrays on Curved Structures for Active Flow Control on Aairplane Wings[J]. Microsystem Technologies, 2014, 20(45): 821 - 829.

[70] LIU P, ZHU R, QUE R. A Flexible Flow Sensor System and Its Characteristics for Fluid Mechanicsmeasurements [J]. Sensors, 2009, 9(12): 9533 - 9543.

[71] 阙瑞义, 朱荣, 刘鹏, 等. 组合热膜式流速矢量传感器[J]. 光学精密工程, 2011, 19 (01): 103 - 109.

[72] 马炳和，傅博，李建强，等. 溅射-电镀微成型制造柔性热膜传感器阵列[J]. 航空学报，2011，(11):2147 - 2152.

[73] SUN B Y，WANG P B，LUO J，et，al. A Flexible Hot - film Sensor Array for Underwater Shear Stress and Transitionmeasurement [J]. Sensors，2018，18(10).

[74] SUN B Y，MA B H，LUO J，et al. Sensing Elements Space Design of Hot - film Sensor Array Considering Thermal Crosstalk[J]. Sensors and Actuators A：Physical，2017，265(1):217 - 223.

[75] 孙宝云,马炳和,邓进军,等. 热敏式壁面剪应力微传感器技术研究进展[J]. 实验流体力学,2017,31 (2):26 - 33.

[76] 肖同新,马炳和,邓进军,等. 基于柔性热膜传感器的流体壁面剪应力测量系统[J]. 传感器与微系统,2013,32(7):101 - 105.

[77] PAPEN T V，STEFFES H，NGO H D，et al. A Micro Surface Fence Probe for the Application in Flow Reversal Areas[J]. Sensors and Actuators A：Physical，2002，97 (1)：264 - 270.

[78] SCHOBER M，OBERMEIER E，PIRSKAWETZ S，et al. A MEMS Skin - friction Sensor for Time Resolved Measurements in Separatedflows [J]. Experiments in Fluids，2004，36(4):593 - 599.

[79] MA C，MA B H，DENG J J，et al. A Study of Directional MEMS Dual - fences Gauge[C]// 10th IEEE International Conference on Nano/micro Engineered and Molecular Systems. Xi'an，China：IEEE,2015.

[80] HUGHES C，DUTTA D，BASHIRZADEH Y，et al. Measuring Shear Stress with A Micro Fluidic Sensor to Improve Aerodynamic Efficiency[C]// 53rd AIAA Aerospace Sciences Meeting. Kissimmee，Florida：AIAA，2015：1919.

[81] KJEANG E，ROESCH B，MCKECHNIE J，et al. Integrated Electrochemical Velocimetry for Microfluidic Devices [J]. Microfluidics and Nano fluidics，2007，3 (4)：403 - 416.

[82] BRUCKER C，SPATZ J，SCHRODER W. Feasability Study of Wall Shear Stress Imaging Using Microstructured Surfaces with Flexible Micropillars[J]. Experiments in Fluids，2005，39(2)：464 - 474.

[83] BRUCKER C，BAUER D，CHAVES H. Dynamic Responseof Micro - pillar Sensors Measuring Fluctuating Wall - shear - stress [J]. Experiments in Fluids，2007，42 (5)：737 - 749.

[84] GROSSE S，SCHRODER W. Dynamic Wall - shear Stress Measurements in Turbulent Pipe Flow Using the Micro - pillar Sensor MPS～3 [J]. International Journal of Heat and Fluid Flow，2008，29(3):830 - 840.

[85] GNANAMANICKAM E P，NOTTEBROCK B，GROBE S，et al. Measurement of Turbulent Wall Shear - stress Using Micro - pillars [J]. Measurement Science and Technology，2013，24(12)：124002.

[86] FOURGUETTE D，MODARRESS D，TAUGWALDER F，et al. Miniature and

MOEMS Flow Sensors[C]// 15th AIAA Computational Fluid Dynamics Conference. Anaheim, CA: AIAA, 2001: 2982.

[87] FOURGUETTE D, MODARRESS D, WILSON D, et al. An Optical MEMS—based Shear Stress Sensor for High Reynolds Number Applications[C]//41st Aerospace Sciences Meeting and Exhibit. Nevada :ASME,2003: 742.

[88] GHARIB M, MODARRESS D, FOURGUETTE D, et al. Optical Microsensors for Fluid Flow Diagnostics[J]. Proceedings of 40th AIAA Aerospace Sciences Meeting & Exhibit. 2002:14 - 17.

[89] LYN D A, EINAV S, RODI W, et al. A Laser - Doppler Velocimetry Study of Ensemble - Averaged Characteristics of the Turbulent near Wake of a Squarecylinder [J]. Journal of Fluid Mechanics, 2006, 304(304):285 - 319.

[90] ZHANG Y Y, HUO Y J. A Novel Velocity Measurement Method with Dual - frequency Laser[C]//The 2nd Asia - Pacific Optical Sensors Conference,[S. l.]: APOS,2010.

[91] MALLINSON S R, JERMAN J H. Miniature Micromichined Fabry - perot Interferometers in Silicon[J]. Electronics Letters, 1987, 23 (20): 1041 - 1043.

[92] SOLGAARD O, SANDEJAS F S A, BLOOM D M. Deformable Grating Optical Modulator[J]. Optics Letters, 1992, 17(9):688 - 690.

[93] HUNG E S, SENTURIA S D. Extending The Travel Rangeof Analog - tuned Electrostatic Actuators[J]. Journal of Microelectromechanical Systems, 1999, 8(4): 497 - 505.

[94] BRAZAS J C, KOWARZ M W. High - resolution Laser - projection Display System Using A Grating Electromechanical System (GEMS)[J]. Proceedings of SPIE - The International Society for Optical Engineering, 2004, 5348: 65.

[95] BURNS D M, BRIGHT V M, GUSTAFSON S C, et al. Optical Beam Steering Using Surface Micromachined Gratings And Optical Phased Arrays[J]. Proc. SPIE, 1997, 3131:99 - 110.

[96] KRISHNAMOORTHY U, LI K, YU K, et al. Dual - mode Micromirrorsfor Optical Phased Array Applications[J]. Sensors & Actuators: A Physical, 2001, 97:21 - 26.

[97] FLASPÖHLERM, KUHN M, KAUFMANN C, et al. Image Capturing Method Using A Microactuator with Diffraction Grating[J]. Proceedings of the Actuators, Bremen, Germany: 2002:325 - 328.

[98] ZHANG X M, LIU A Q. A MEMS Pitch - tunable Grating Add/Drop Multiplexers [C]// 2000 IEEE/LEOS International Conference on Optical MEMS. Kauai, HI, USA: IEEE, 2000:25 - 26.

[99] SHIH W C, KIM S G, BARBASTATHIS G. High - resolution Electrostatic Analog Tunable Grating With a Single - Mask Fabrication Process [J]. Journal of Microelectromechanical Systems, 2006, 15(4): 763 - 769.

[100] WONG C W, JEON Y, BARBASTATHIS G, et al. Analog piezoelectric - driven

tunable gratings with nanometer resolution[J]. Journal of Microelectromechanical Systems, 2004, 13(6):998 - 1005.

[101] 俞静峰. MEMS 微型可编程光栅技术研究[D]. 西安:西北工业大学, 2006.

[102] 虞益挺. 微型可编程光栅及其多光谱成像技术[D]. 西安:西北工业大学, 2009.

[103] VAUGHAN J M. The Fabry - Perot Interferometer: History, Theory, Practice and Applications[M]. Los Angeles:CRC Press,1989.

[104] PEERLINGS J, DEHE A, VOGT A, et al. Long Resonator Micromachined Tunable Gaas - Alas Fabry - Perot Filter[J]. IEEE Photonics Technology Letters, 1997, 9(9): 1235 - 1237.

[105] MANNILA R, SAARI H. Spectral Imager Based On Fabry - Perot Interferometerfor Aalto - 1 Nanosatellite [J]. Proceedings of SPIE - The International Society for Optical Engineering, 2013, 8870(5): 441 - 443.

[106] RISSANEN A, AKUJRVI A, ANTILA J, et al. MOEMS Miniature Spectrometers Using Tuneable Fabry - Perot Interferometers [J]. Journal of Micro/Nanolithography, MEMS,and MOEMS, 2012, 11(2), 1 - 7.

[107] MAO H, TRIPATHI D K, REN Y, et al. Large - area MEMS Tunable Fabry - Perot Filters for Multi/Hyperspectral Infrared Imaging[J]. IEEE Journal of Selected Topics in Quantum Electronics, 2017, 23(2): 45 - 52.

[108] MOTT D B, GREENHOUSE M A, HENRY R, et al. Micromachined Tunable Fabry - Perot Filters For Infrared Astronomy[J]. Proceedings of SPIE - The International Society for Optical Engineering, 2002,4841(3): 578 - 585.

[109] GUPTA N, TAN S, ZANDER D R. MEMS - basedTunable Fabry - Perot Filters [J]. Proceedings of Spie the International Society for Optical Engineering, 2011, 8032(15): 1342 - 1348.

[110] MENG Q, CHEN S, LAI J, et al. Multi - physics Simulationand Fabrication of A Compact 128 × 128 Micro - electro - mechanical System Fabry - Perot Cavity Tunable Filter Array for Infrared Hyperspectral Imager[J]. Applied Optics, 2015, 54(22): 6850 - 6856.

[111] LI S, ZHONG S, XU J, et al. Fabrication and Characterizationof A Thermal Tunable Bulk - micromachined Optical Filter[J]. Sensors & Actuators: A - Physical, 2012, 188: 298 - 304.

[112] WANG W , GU C , LYNCH K B , et al. High - pressure Open - channel On - chip Electroosmotic Pump for Nanoflow High Performance Liquid Chromatography[J]. Analytical Chemistry, 2014, 86(4): 1958 - 1964.

[113] CAMERON CG, FREUND M S. Electrolytic Actuators: Alternative, High - performance, Material - based Devices [J]. Proceedings of the National Academy of Sciences, 2002, 99(12):7827 - 7831.

[114] LI X, LI D, LIU X, et al. Ultra - monodisperse Droplet Formation Using PMMA Microchannels Integrated with Low - pulsation Electrolysis Micropumps[J]. Sensors

and Actuators B：Chemical，2016，229：466 - 475.

[115] LI D，CHEN H，REN S，et al. Portable Liquid Chromatography for Point - of - care Testing of Glycated Haemoglobin[J]. Sensors and Actuators B：Chemical，2020，305：127484.

[116] 岳瑞峰，吴建刚，曾雪锋，等. 基于介质上电润湿的液滴产生器的研究[J]. 电子器件，2007(01)：41 - 45.

[117] GUCKEL H，CHRISTENSON J，SKROBIS K，et al. Thermo - Magnetic Metal Flexure Actuators [C]//The 5th IEEE Solid - State Sensors and Actuators Workshop. Hilton Head Island：IEEE，1992：73 - 75.

[118] 董全峰，宋杰，郑明森，等. 微型锂离子电池及关键材料的研究[J]化学进展，2011，23:374 - 381.

[119] BATES J B，DUDNEY N J，NEUDECKER B，et al. Thin - film Lithium and lithium - ion batteries[J]. Solid State Ionics，2000，135:33 - 45.

[120] LIU N，GAO Y. Recent Progressin Micro-supercapacitors with In-plane Interdigital Electrode Architecture[J]. Small，2017，13(45):1701989.

[121] 岳阳，可集成的自修复微型超级电容器的研究[D]. 武汉：华中科技大学，2019.

[122] EI - KADY M F，KANER P B. Scalable Fabrication of Light - power Graphene Micro - supercapacitors for Flexible and on - chip Energy Storage[J]. Nature Communications，2013，4:1475.

[123] MATHEW S，ELLA A，GAO P，et al. R. Dye - sensitized Solar Cells with 13% Efficiency Achieved Through the Molecular Engineering of Porphyrin Sensitizers[J]. Nature Chemistry，2014，6:242 - 247.

[124] TAO K ，DING G ，WANG P ，et al. Fully Integrated Micro Electromagnetic Vibration Energy Harvesterswith Micro - patterning of Bonded Magnets[C]// IEEE 25th International Conference on Micro Electro Mechanical Systems. Paris，France：IEEE，2012:1237 - 1240.

[125] ROUNDY S ，WRIGHT P K ，PISTER K. Micro - electrostatic Vibration - to - electricity Converters[C]// ASME International Mechanical Engineering Congress & Exposition. New Orleans，LA：Department of Mechanical Engineering 2111 Etcheverry Hall Berkeley，2002:1 - 10.

[126] LEE B，LIN S，WU W，et al. Piezoelectric MEMS Generators Fabricated with an Aerosol Deposition PZT Thin Film [J]. Journal of Micromechanics and Microengineering 2009，19：065014.

[127] WANG J，ZHONG Q，FAN F，et al. Finger Typing Driven Triboelectric Nanogenerator and Its Use for Instantaneously Lighting up LEDs[J]. Nano Energy，2013，2(4):491 - 497.

[128] BERNITSAS M M，RAGHAVAN K，B - S Y，et al. VIVACE (Vortex Induced Vibration Aquatic Clean Energy)：A New Concept in Generation of Clean and Renewable Energy From Fluid Flow[J]. J Offshore Mech Arct Eng，2008，130：

41101.

[129] POBERING S, SCHWESINGER N. Device for Harvesting Hydropower with Piezoelectric Bimorph Cantilevers[C]//Proc of 5th Euspen International Conference. Montpellier, France: EUSPEN, 2005: 283 - 286.

[130] TAYLOR G W, BURNS J R, KAMMANN S M, et al. The Energy Harvesting Eel: A Small Subsurface Ocean/River Power Generator[J]. IEEE J Oceanic Eng, 2001, 20(4): 539 - 547.

[131] 张文栋,董海峰,石云波. 微型惯性测量系统及其应用[J]. 中北大学学报(自然科学版)),2001,22(004):256 - 261.

[132] 白杨. 基于 MEMS 的无人机航姿参考系统的设计[D]. 镇江:江苏科技大学,2015.

[133] 武俊兵. 基于 MEMS 陀螺仪的寻北定向关键技术研究及其系统实现[D]. 成都:电子科技大学,2015.

[134] 梁健. 廉价 GNSS/INS 组合导航系统的研究[D]. 上海:上海海洋大学,2019.

[135] GODHA S , CANNON M E . GPS/MEMS INS integrated system for navigation in urban areas[J]. Gps Solutions, 2007, 11(3):193 - 203.

[136] 张涛,徐晓苏. 基于小波和人工智能技术的车辆无缝定位技术研究[J]. 控制与决策, 2010,25(7):1109 - 1112.

[137] MUSAVI N, KEIGHOBADI J. Adaptive Fuzzy Neuro - observer Applied to Low Cost INS/GPS [J]. Applied Soft Computing Journal, 2015, 29:82 - 94.

[138] GIANLUCA F, MARCO P, GIANLUCA M. Loose and Tight GNSS/INS Integrations: Comparison of Performance Assessed in Real Urban Scenarios [J]. Sensors, 2017, 17(2):27.

[139] WANG M L, FENG G, YU H, et al. A Loosely Coupled MEMS - SINS/GNSS Integrated System for Land Vehicle Navigation in Urban Areas[C]// 2017 IEEE International Conference on Vehicular Electronics and Safety (ICVES). Vienna, Austria: IEEE, 2017.

[140] LI T, ZHANG H P, GAO Z Z, et al. High - Accuracy Positioning in Urban Environments Using Single - Frequency Multi - GNSS RTK/MEMS - IMU Integration[J]. Remote Sensing, 2018, 10(2):205.

[141] BURGOS S P, YOKOGAWA S, ATWATER H A. Color Imaging Via Nearest Neighbor Hole Coupling in Plasmonic Color Filters Integrated onto A Complementary Metal - oxide Semiconductor Image Sensor[J]. ACS Nano, 2013, 7 (11): 10038 - 10047.

[142] HORIE Y, HAN S, LEE J, et al. Visible Wavelength Color Filters Using Dielectric Subwavelength Gratings For Backside - Illuminated CMOS Image Sensor Technologies[J]. Nano Letters, 2017, 17(5): 3159 - 3164.

[143] GEELEN B, TACK N, LAMBRECHTS A. A Compact Snapshot Multispectral Imager with A Monolithically Integrated Per - Pixel Filter Mosaic[J]. Proceedings of SPIE, 2014, 8974:8.

[144]WANG X Q, HUANG S L, YU Y, et al. Integrated Linear Variable Filter/Ingaas Focal Plane Array Spectral Micro - Module And Its Wavelength Calibration[J]. Acta Photonica Sinica, 2018, 47(5): 0530001.

[145] EBERMANN M, MEINIG M, KURTH S. Tiny MID - and Long - wave Infrared Spectrometer Module with A MEMS Dual - band Fabry - Pérot filter [C]// International Conference on Infrared Sensors & Systems, Wunstorf: AMA Service, 2011:94 - 99.

[146] CROCOMBE R A, FLANDERS D C, ATIA W. Micro - optical Instrumentation for Process Spectroscopy[J]. Proceedings of SPIE - The International Society for Optical Engineering, 2004, 5591: 11 - 25.

[147] PETSCH S, SCHUHLADEN S, DREESEN L, et al. The Engineered Eyeball, A Tunable Imaging System Using Soft - matter Micro - optics[J]. Light Science & Applications, 2016, 5(7): e16068.

[148] 林贵平,卜雪琴,申晓斌,等. 飞机结冰与防冰技术[M]. 北京:北京航空航天大学出版社,2016.

[149] 赵安家,孟哲理. 飞机结冰及预防控制措施研究[J]. 飞机设计,2018,38(03):55 - 59.

[150] HE Y, JIANG C Y, YIN H X, et al. Tailoring the Wettability of Patterned Silicon Surfaces with Dual - scale Pillars: From Hydrophilicity to Superhydrophobicity [J]. Applied Surface Science, 2011, 257(17):7689 - 7692.

[151 HE Y, JIANG C Y, CAO X B, et al. Reducing Ice Adhesion by Hierarchical Micro - nano - pillars[J]. Applied Surface Science, 2014, 305:589 - 595.

[152] CAO L L, JONES A K, SIKKA V K, et al. Anti - icing Superhydrophobic Coatings [J]. Langmuir, 2009, 25(21), 12444 - 12448.

[153] KULINICH S. A, FARZANEH M. Ice Adhesion on Super - hydrophobic Surfaces [J]. Applied Surface Science, 2009, 255(18), 8153 - 8157.

[154] MEULER A J, SMITH J D, VARANASI K K, et al. Relationship Between Water Wettability and Ice Adhesion[J]. ACS Applied Materials & Interfaces, 2010, 2 (11), 3100 - 3110.

[155] GUO P, ZHENG Y M, WEN M X, et al. Icephobic/anti - icing Properties of Micro/Nanostructured Surfaces[J]. Advanced Materials, 2012, 24(19), 2642 - 2648.

[156] BRASSARD J D, SARKAR D K, PERRON J, et al. Nano - micro Structured Superhydrophobic Zinc Coating on Steel for Prevention of Corrosion and Ice Adhesion[J]. Journal of Colloid and Interface Science, 2015, 447, 240 - 247.

[157] ZHAN X L, YAN Y D, ZHANG Q H, et al. A Novel Superhydrophobic Hybrid Nanocomposite Material Prepared by Surface - initiated AGET ATRP and Its Anti - icingproperties [J]. Journal of Materials Chemistry A, 2014, 2(24), 9390 - 9399.

[158] JAFARI R, MENINI R, FARZANEH M, et al. Superhydrophobic and Icephobic Surfaces Prepared by RF - sputtered Polytetrafluoroethylene Coatings[J]. Applied

Surface Science, 2010, 257(5): 1540 - 1543.

[159] WANG F C, LV F C, LIU Y P, et al. Ice Adhesion on Different Microstructure Superhydrophobic Aluminum Surfaces [J]. Journal of Adhesion Science and Technology, 2013, 27(1), 58 - 67.

[160] WONG T S, KANG S H, TANG S K, et al. Bioinspired Self - repairing Slippery Surfaces with Pressure - stable Omniphobicity[J]. Nature, 2011, 477(7365), 443 - 447.

[161] CHEN J, DOU R M, CUI D P, et al. Robust Prototypical Anti - icing Coatings with A Self - Lubricating Wiquid Water Layer Between Ice and Substrate [J]. ACS Applied Materials & Interfaces, 2013, 5(10), 4026 - 4030.

[162] YEONG H Y , MILIONIS A, LOTH E, et al. Self - lubricating Icephobic Elastomer Coating (SLIC) for Ultralow Ice Adhesion with Enhanced durability [J]. Cold Regions Science & Technology, 2018, 148, 29 - 37.

[163] SUN X, DAMLE VG, LIU S, et al. Bioinspired Stimuli - Responsive and Antifreeze - Secreting Anti - Icing Coatings [J]. Advanced Materials Interfaces, 2015, 2(5).

[164] WANG G Y, SHEN Y Z, TAO J, et al. Fabrication of A Superhydrophobic Surface with A Hierarchical Canoflake-micropit structure and its Anti - icing Properties[J]. RSC Advances, 2017, 7(16):9981 - 9988.

[165] YONG J L, CHEN F, YANG Q, et al. Nepenthes Inspired Design of Self - repairing Omniphobic Slippery Liquid Infused Porous Surface (SLIPS) by Femtosecond Laser Direct Writing[J]. Advanced Materials Interfaces, 2017, 4(20): 1700552.

[166] JENS H M, TALAMELLI A, BRANDT L, et al. Delaying Transition to Turbulence by A Passive Mechanism[J]. Physical Review Letters, 2006, 6:1 - 4.

[167] GONG W S, KIM C. Does The Sailfish Skin Reduce The Skin Friction Like The Shark Skin? [J]. Physics of Fluids. 2008, 20:1 - 4.

[168] WALSH M J. Riblets, Viscous Drag Reduction in Boundary Layer [J]. Progress in Astronautics & Aeronautics, 1990,123:203 - 262.

[169] WALSH M J, WEINSTEIN L M. Drag and Heat - transfer Characteristics of Small Longitudinally Ribbedsurfaces [J]. AIAA Journal, 1979, 17(7):770 - 771.

[170] WALSH M J. Grooves Reduce Aircraftdrag [J]. Journal of Neurology Neurosurgery & Psychiatry, 1980, 70(1):9 - 14.

[171] WALSH M J. Drag Characteristics of V - groove and Transverse Curvatureriblets [J]. AIAA, 1980:168 - 184.

[172] BECHERT D W, BRUSE M, HAGE W, et al. Experiments on Drag - reducing Surfaces and Their Optimization with An Adjustable Geometry [J]. Journal of Fluid Mechanics, 1997, 338(338):59 - 87

[173] MARENTIC F J, MORRIS T L. Drag Reduction Article: United States, 4986496

[P]. 1991.

[174] JUNG Y C, BHUSHAN B. Biomimetic Structures for Fluid Drag Reduction in Laminar and Turbulent Flows[J]. Journal of Physics: Condensed Matter, 2010, 22 (3): 1-9.

[175] BIXLER G D, BHUSHAN B. Bioinspired Rice Leaf and Butterfly Wing Surface Structures Combining Shark Skin and Lotus Effects[J]. Soft Matter, 2012, 8(44): 12139-12143.

[176] HAGE W, BECHERT D W, BRUSE M. Yaw Angle Effects on Optimized Reblets [J]. AIAA, 2000, 278-285.

[177] BAGNOLD R A. The Physics of Blown Sand and Desert Dunes[M] New York: Chapman & Hall, 1941.

[178] QU J J. Kumtag Desertmap [M]. Beijing: The Publishing House of Map of China, 2004.

[179] 夏训诚,樊自立. 库姆塔格沙漠的基本特征:罗布泊科学考察与研究[M]. 北京:科学出版社,1987.

[180] 蒋稼欢. 生物医学微系统技术及应用[M]. 北京:化学工业出版社,2006.

[181] 曾志坚,邓亚博,黄永聪,等. 血管机器人研究现状与关键技术问题分析[J]. 机械工程与技术,2018,7(6):462-472.

[182] JAGER E W, INGANÄS, O, LUNDSTRÖM I. Microrobots for Micrometer-Size Objects in Aqueous Media: Potential Tools for Single-CellManipulation [J]. Science, 2000, 288: 2335-2338.

[183] LI D, CHOI H, CHO S, et al. A Hybrid Actuated Microrobot Using an Electromagnetic Field and Flagellated Bacteria for Tumor-TargetingTherapy [J]. Biotechnology & Bioengineering, 2015, 112:1623-1631.

[184] NAKAZATO Y, SONOBE Y, TOYAMA S. Development of an In-Pipe Micro Mobile Robot Using PeristalsisMotion [J]. Journal of Mechanical Science & Technology, 2010, 24, 51-54.

[185] TSURUTA K, SASAYA T, KAWAHARA N. In-Pipe Wireless MicroRobot [J]. Proceedings of SPIE - The International Society for Optical Engineering, 2001, 3834, 166-171.

[186] GUO S, OKUDA Y, ASAKA K. Hybrid Type of Underwater Micro Biped Robot with Walking and Swimming Motions [J]. IEEE International Conference on Mechatronics and Automation, 2005, 3, 1604-1609.

[187] SCOGNA J, OLKOWSKI J, FATEMA, N, et al. Biologically Inspired Robotic Microswimmers[C]//37th Annual Northeast Bioengineering Conference. Troy: IEEE,2011.

[188] LEE W, JEON S, NAM J, et. al. Dual-body Magnetic helical robot for drilling and cargo delivery in human bloodvessels [J]. Journal of Applied Physics, 2015, 117, 17B314.

[189]　ZHOU D, GREENBERG R. Electrochemistry in Neural Stimulation by Biomedical Implants [J]. Electrichemistry, 2011, 17(3):249 - 262.

[190]　LIM H, LENARZ M, LENARZ T. A New Auditory Prosthesis Using Deep Brain Stimulation: Development and Implementation[M]//ZHOU D, GREENBAUM E. Implantable Neural Prosthes, Devices and Applications. New York: Springer, c2009: 117 - 154.

[191]　GU LEILEI, PODDAR S, LIN Y J, et. al. A Biomimetic Eye with A Hemispherical Perovskite Nanowire Array Retina [J]. Nature, 2020, 581:278 - 284.

[192]　PANDYA H J, PARK K, DESAI J P. Design and Fabrication of a Flexible MEMS - based Electro - mechanical Sensor Array for Breast Cancerdiagnosis [J]. J Micromech Microeng. 2015, 25: 075025.